气象服务学基础

主　编　马鹤年

副主编　沈国权　阮水根　秦祥士

气象出版社

内容简介

本书从软科学和气象科学相结合的角度，系统概述了气象服务业发展的基本原理和总体技术方法，提出了现代气象服务学的基础框架和主要内容。本书注重总结我国气象服务的实践经验，并从理论上予以系统化，研究气象科技成果转化为气象服务能力的有效方法。在内容的叙述上，不仅对气象服务业适应市场经济所涉及的软科学问题进行了系统的研究，还对气象服务技术作了系统的概括，特别对气象信息服务技术和气象工程服务技术作了专门论述。

本书可为气象科技工作者和管理工作者提供关于气象服务理论和基本技术方法的系统指导，并可作为气象服务人才系统培训的教材，也可作为气象服务研究的参考资料。此外，本书还可供气象服务用户参考。

图书在版编目(CIP)数据

气象服务学基础/马鹤年主编. —北京：气象出版社，2001.1(2010.4 重印)

ISBN 978-7-5029-3055-4

Ⅰ.气… Ⅱ.马… Ⅲ.气象服务-概论 Ⅳ.P451

中国版本图书馆 CIP 数据核字(2000)第 73073 号

Qixiang Fuwuxue Jichu

气象服务学基础

主　编　马鹤年

副主编　沈国权　阮水根　秦祥士

责任编辑：陶国庆　张锐锐　终　审：周诗健

封面设计：阳光图文工作室　责任技编：谷　青　责任校对：谷　青

出版发行：气象出版社

出版社地址：北京市海淀区中关村南大街 46 号　邮政编码：100081

总 编 室：010-68407112　网　址：http://www.cmp.cma.gov.cn

发 行 部：010-68409198　E-mail：qxcbs@263.net

印　刷：北京昌平环球印刷厂　版　次：2001 年 1 月第 1 版

开　本：787mm×960mm　1/16　印　次：2010 年 4 月第 3 次印刷

印　张：32.5　字　数：652 千字

定　价：60.00 元

《气象服务学基础》编著者

主　编　**马鹤年**

副主编　**沈国权　阮水根　秦祥士**

第一编

第一章	马鹤年	第七章	马鹤年、高兴龙、程　磊
第二章	张钛仁、柴秀梅	第八章	秦祥士、张绍棣
第三章	马鹤年	第九章	张钛仁、史国宁、柴秀梅、王　波
第四章	马鹤年、秦祥士	第十章	沈国权、王海啸、梅连学
第五章	阮水根、梅连学	第十一章	马鹤年、程　磊
第六章	王海啸	第十二章	阮水根、程　磊、齐小夏、高　云

第二编

第十三章	马鹤年	第十八章	吴宝俊、孟遂珍、赵秀英、彭志班
第十四章	王淑静	第十九章	吴贤伟、刘燕辉
第十五章	马鹤年、吴宝俊、王淑静	第二十章	张洪广、邢福源
第十六章	刘　杨	第二十一章	秦祥士、张绍棣、刘　杨
第十七章	王淑静	第二十二章	秦祥士、张绍棣

第三编

第二十三章	沈国权	第二十五章	佘万明、沈国权
第二十四章	钟志武	第二十六章	关象石、杨维林、蔡正兴

序言一

气象事业是为经济建设、国防建设、社会发展和人民生活服务的社会基础性公益事业，气象服务是气象事业的立业之本。在各级党政领导的重视和关心下，在不断增长的对气象服务需求的推动下，我国的气象服务工作取得了显著的成绩。随着经济和科学技术的持续发展、人民生活水平的不断提高以及改革的不断深化，气象服务正面临空前的发展机遇，也面临严峻的挑战。为了抓住机遇、迎接挑战，需要着力加强新时期气象服务的研究，有针对性地研究气象服务发展和改革中提出的新问题，为进一步加强气象服务工作提供理论依据和技术指导。为此，中国气象局于1998 年由马鹤年副局长牵头 组织了“新一代气象服务体系”课题研究。

两年多来，“新一代气象服务体系研究”课题组做了大量的工作，在该课题研究成果的基础上编著的这本《气象服务学基础》，还广泛地吸收了国内外有关气象服务的成功经验和有效方法，从软科学和气象科学结合的高度系统概括研究了气象服务的理论和技术方法。这是关于气象服务发展和改革的很有意义的探索，我相信《气象服务学基础》的出版将会进一步推动这种探索，从而进一步促进气象服务的理论和方法研究的不断发展。

值得强调的是，为了不断提高气象服务能力以适应日益增长的气象服务需求，还需要大力加强气象服务队伍的培训，强化理论对气象服务实践的指导。本书的出版也为气象服务人才的培训提供了系统的教材，我衷心希望本书的出版将进一步促进气象服务人才培训工作，进一步促进气象科技成果向服务效益的转化，进一步促进气象服务不断提高科技水平。

温克刚

2000 年 6 月

序言二

气象学属于应用物理学科，发展气象科学技术的最终目的是以气象知识造福于人民。气象服务就是实现这个目标的具体途径。

随着生产的发展和气象科学技术的进步，气象行业的分工逐步细化，当代的气象服务业已成为具有鲜明特色科技服务业。知识经济的强劲发展势头给气象服务业大展宏图提供了空前的机遇，而气象服务业的大发展正在呼唤加强相应的理论和技术方法研究。

迄今为止，已有一些应用气象学科，例如航空气象学、水文气象学、农业气象学等等，这些应用气象学科的发展对开拓和深化气象服务起到了较好的作用。但是，为了进一步促进气象服务发展，还需要在总结各行业具体服务经验的基础上研究气象服务的共性问题和普遍规律，需要研究气象服务的基本原理和通用方法，需要在总结现有的一些有效方法的基础上概括形成气象服务方法体系。

以马鹤年为组长的"新一代气象服务体系研究"课题组近几年在这一方面做了系统的研究，并在研究成果的基础上综合国内外有关气象服务的成果，编著成这本《气象服务学基础》，终于填补了这一领域的空白，在气象服务的普遍原理和方法研究方面实现了零的突破。该书特别注意系统总结我国气象服务实践的丰富经验，并上升到理论高度概括和系统化，特别注意研究将气象科技成果转化为气象服务能力的有效方法，并努力将涉及气象服务的软科学问题和具体工程技术问题有机结合起来研究。《气象服务学基础》的出版为气象服务业的科技人员提供了关于气象服务理论和基本方法的系统指导。

我衷心希望本书的出版将进一步推动气象服务的理论和方法研究，加速气象服务学更趋成熟，进一步促进气象服务业的发展。

陶詩言

2000 年 6 月 22 日

前　言

气象知识转化为经济是典型的知识经济概念，知识经济占主导地位的新时代将为气象知识转化为经济提供空前的机遇，气象服务业必然有一个大发展。

气象科学技术是一门应用物理学科。随着生产的发展，气象科学技术不断取得新的进步，尤其是在20世纪取得了举世瞩目的巨大发展。气象科技的发展为气象服务进一步提高效益打下了坚实的基础。随着生产的发展，气象服务领域逐渐发展出各种专业气象服务，并形成了相对成熟的专业气象学科，气象服务业也逐渐形成相对独立的科技服务产业。然而，比之于气象服务实践的发展，关于气象服务的理论和方法的系统研究却显得相对滞后，气象服务业还没有形成与之相适应的系统的理论和方法体系，丰富的气象服务实践经验还有待于进一步通过系统总结上升为理论。

为了适应气象服务业的大发展，为了促进气象科技成果更有效地转化为气象服务效益，需要加强气象服务普遍规律和系统方法的研究。气象服务业的发展正在呼唤气象服务学尽早问世。

在中国气象局党组的大力支持下，"新一代气象服务体系研究"课题组开展了对气象服务的系统研究，并取得了一批可喜的成果。在此基础上，由课题组倡议，中国气象学会气象软科学科学委员会、总体规划研究设计室以及中国气象局政策法规司和预测减灾司共同组织召开了首次全国气象服务学术研讨会。课题组在学术研讨会成果的基础上，又进一步广泛吸收了有关方面的成果，终于编著出呈献给读者的这本《气象服务学基础》。

全书共分三编。第一编论述气象服务基本原理以及相关的软科学问题；第二编重点讨论气象信息服务技术方法问题；第三编阐述气象工程服务技术方法问题。全书由马鹤年负责统一审定。

本书有关成果的主要来源是“新一代气象服务体系研究”课题组的研究成果，此外还尽可能吸收了已经公开发表的有关文献资料和相关的内部资料。在所引用的成果中，凡是已经正式发表的均列在各章章末的参考文献之中，可以公开的内部资料的名称亦在所引用当页之末尾加页注说明。

本书的主要特点是：

1.重点研究气象服务业的共性问题，气象服务业发展的普遍规律和通用基本方法，包括气象服务基本原理、气象服务方法论以及方法体系问题；

2.着眼于从系统工程的观点出发研究气象服务的全过程；

3.努力将涉及气象服务的软科学问题和相关的自然科学技术问题有机结合。

因此，本书是关于气象服务学的基础性专著，而不是手册性的工具书。作者希望本书能对读者从总体上认知气象服务理论，从总体上掌握气象服务方法论和方法体系有所帮助。本书可供气象服务业技术开发研究和业务、服务管理人员参考，可作为气象服务业务技术培训教材，也可供有关气象服务用户参考。

编著本书的目标是实现气象服务学专著的零的突破。作者深知这是一个艰巨的任务。书中不完善之处肯定很多，错误也在所难免，作者衷心期待对本书的批评指正。

本书在编著的过程中得到许多学者的鼓励、支持和帮助。特别是，没有中国气象局专门立题支持开展新一代气象服务研究，本书就不可能问世；在编著的过程中，丑纪范院士、李泽椿院士、许健民院士以及纪乃晋、唐万年、丁一汇、章国材、吴正华、汤绪、王锦贵、蒋伯仁、陈立亭、王万瑞等专家学者给于了热情的支持和帮助，并提出了宝贵的意见和建议，在此一并表示衷心感谢！

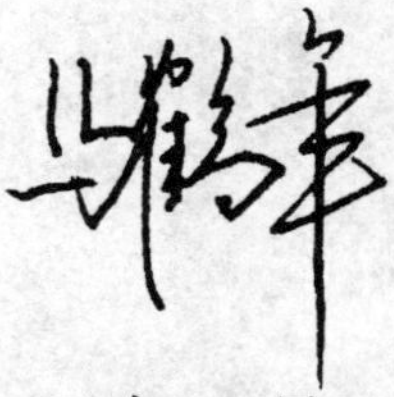

2000 年 6 月 5 日

目　录

第三编　气象工程服务技术

第一编

气象服务学总论

第一章　导　论

学科分支的发展和业务分工的精细化是科学技术和生产力发展的必然结果，精细化的程度是学科及其相应的业务发展水平的重要标志。气象服务学和气象服务业的发展也经历了这样一个过程，气象服务实践的拓展要求相应的理论和技术方法有相应的发展，以进一步指导服务业的发展。

气象学，作为一门应用物理学，始终是在生产实践需求的推动下发展的。在19世纪之前，气象科学水平很有限，也谈不上专业化的气象服务业。那时的气象基本业务和服务既无必要也没有可能进行精细的专业化分工。由于生产力水平不高，也由于气象科学水平的限制，古代的气象还没有发展成专门的学科，也谈不上形成专业化的气象业务，更不可能有业务和服务的进一步分工。但是，由于毕竟气象和人们的生产和生活休戚相关，古书中很早就有不少关于古人如何趋气象之利、避气象之害的记载。例如，战国时《墨子》中就记述有："为宫室之法曰：高，足以辟润湿；边，足以圉风寒；止，足以待雪、霜、雨、露"。这说明人类很早就开始关注气象问题。随着生产力的发展，对气象服务的需求逐步提高，随着气象科学技术的发展，也有可能在基本气象产品基础上进行更精细的专业化加工，制作出越来越有针对性的专业气象预报。特别是20世纪中叶以后，计算机和信息技术的迅速发展，为气象科学的发展以及气象服务业的进步提供了空前的好条件。另一方面，随着市场的发展，从20世纪的中叶开始，国际上商业性气象服务出现强劲的发展趋势，商业性气象服务的发展进一步促进了气象服务的精细化和专业化。在这样的情况下，气象服务和基本气象业务工作的分工日趋细化，气象服务逐步发展成为越来越专门的业务。90年代初，中国气象局根据气象科技业务和服务发展的实际需要和可能，提出了新一代气象业务技术体系的框架，突出强调气象服务是新一代气象业务技术体系的第四功能块。

在一些和气象关系特别密切的行业的需求推动下，航空气象学、农业气象学、医疗气象学等等，相继问世。这些专业气象学科的形成对推动气象为特定专业经济部门的服务起到明显的促进作用。但是，专业气象学科重点研究的只是气象对某特定专业的应用问题，还不可能超出所限定的专业去系统、全面地研究气象服务的共性问题。

20世纪中叶以后，开始出现有一定综合性的气象服务方面的专著。例如，1962年日本荒川秀俊等编著了《应用气候大全》，内容包括工业气象、航空气象、建筑气象、大气污染控制等，共13分册；1990年日本朝仓正编著了《产业与气象的ABC》，内容包括商业金融、电力、家电、农业、航海、航空等领域的气象服务问题。但是以上两书均比较偏重于气象知识的介绍，涉及气象和各专业的关系时一般还只限于定性的描述，尚缺乏严格的数学计算和理论分析。1982 年荷兰出版了由西德 E. J. Plate 主编的《工程气象学》；1985 年美国出版了篇幅浩大的《应用气象手册》，内容涉及水利、农业、林业、大气污染、人类健康、建筑、运输、通信等等诸多专业，为应用气象提供了综合性的参考手册。但是，所有这些手册还都只限于气象为有关行业服务的具体技术，侧重于阐述气象的具体应用，而不是重点研究气象服务业的共性问题。

解放以来，我国政府和各个时期的气象部门领导都高度重视气象服务，广大气象科技人员在服务实践中积累了丰富的经验，也有一定的总结研究成果。例如，多次召开过规模不等的各种气象服务经验交流会，也出版过一些交流会文件选编。20 世纪 90 年代以来，又出版了一些综合性的成果。1991 年气象出版社出版了朱瑞兆主编的《应用气候手册》。该手册收集了气候为建筑、能源、交通运输、大气污染、电力、水文、医疗、旅游、商业和林业等行业服务的技术成果，为深化气候应用服务提供了有用的工具；1997 年气象出版社又出版了章澄昌编著的《产业工程气象学》，该书总结了气象学与产业工程有关专业的相互关系，着重阐述了气象条件对产业工程生产活动的影响以及为产业工程服务的有关气象指标。该书的内容涉及工业污染、建筑工程、交通运输、冶金、矿业、水利、电力、纺织、轻工、化工、建筑、仓储、运输等产业工程的气象服务问题。该书的出版为进一步推动气象为产业工程的服务提供了多方面的启示和依据；1994 年胡毅等编著出版了《应用气象学》，对农业气象、林业气象、污染气象、医疗气象、建筑及交通气象等作了介绍。

上述各种成果分别反映了相关的专业气象科学研究的各种技术成果，为从总体上研究气象服务的共性问题打下了一定基础，但是这一时期的研究还未能对气象服务的普遍规律和通用技术方法进行系统的概括。黄宗捷和蔡久忠于 1994 年发表了题为《气象经济学》的专著，该书着重从经济学的角度对气象服务涉及的经济学理论问题，包括气象服务产品、气象服务商品、气象服务业的运行机制、产品分配与消费以及气象服务效益等一系列气象服务经济学问题作了探索性的研究。著名经济学家刘诗白先生在该书的序言中指出，这是国内迄今为止第一部比较系统地从经济学角度研究气象服务的专著。虽说是一种探索性的成果，却为我国开展这方面的深化研究提供了诸多方面的启示。

上述这些成果在一定程度上综合反映了现代气象服务业丰富的实践经验和相关的科学研究成果；另外，近几年来，服务一线的气象科技工作者也发表了大量的技术总结材料，分别从不同侧面对气象服务的实践经验进行了初步的总结。所有这些成果都为进一步发展适应现代气象服务业发展的气象服务学打下了良好的基础。

尽管气象服务业已积累了丰富的实践经验，也已有一些有价值的综合论著，但是从总体上来讲，尚未对气象服务业发展的普遍规律、有关气象服务的共性理论和方法体系问题进行系统的研究。然而，知识经济的发展正在呼唤气象服务业的大发展，21世纪气象服务业的大发展呼唤适应气象服务业发展的气象服务学尽早问世。气象服务业的发展要求尽快建立和完善现代气象服务的基本理论和方法体系，这个体系应当既涵盖具体的气象为各行各业服务的技术方法体系，还应当概括总结气象为各行各业服务的普遍规律和总体方法；这个体系应当既包括具体的气象相关技术方法体系，还应该包括涉及气象服务业发展的相关软科学技术方法。

第一节 气象服务学的定位

气象服务学是研究气象服务理论和技术方法的技术学科，是为发展气象服务业服务的应用学科。因此，研究气象服务学的定位必须首先阐明气象服务业的定位。

一、气象服务业的定位

1. 气象服务在气象事业中的定位

在90年代初，中国气象局根据国际大气科学的新进展和我国国民经济发展对气象事业的新需求，及时制定了“气象事业发展纲要(1991～2020)”和“气象事业发展十年规划(1991～2000)”，1996年又制定了“气象事业发展第九个五年计划”和“全国气象事业发展规划(1996～2010)”。这些规划和计划对气象业务技术体制都做了明确的规定，其中也包括对气象服务的业务技术体制的原则规定。例如，在“气象事业发展第五个五年计划”的目标中明确规定“基本建立起以基本气象业务系统为依托，现代化程度较高的气象服务系统，逐步形成与经济快速发展、社会全面进步和社会主义市场经济体制建立相适应的气象综合服务体系。大力发展全方位、多层次服务，积极培育、建立稳定的多元气象信息技术市场，加速气象科技辐射和成果转化。”在分系统的规划中还对一些新技术的应用提出了原则的要求，对服务终端的普及、气象科技服务网的建设、电视天气预报节目制作系统建设等等，提出了具体要求。

(1)气象服务在气象业务技术体制体系中的定位

气象服务是气象事业的重要组成部分。气象服务业务技术是在基本气象业务技术基础上发展起来的一门专门的业务技术。它既是气象总体业务技术体系的组成部分，又具有自身特色。

①气象服务技术既是气象基本科技的延伸，又是气象基本科技的发展　气象服务技术是依托气象基本业务技术发展起来的一门专门技术，气象基本科技是气象服务技术的基础和依托；另一方面，除了吸收和应用气象基本业务的适用技术外，气象服务还必需针对特定需求发展专用技术。气象服务技术体系是适应服务需求的有自身特色的一种技术体系；气象服务技术还必须依托现代信息工程技术，引进并采用多种实用的现

代通信和图形图像显示等技术,促进气象服务手段的现代化;气象服务技术还包括气象服务的营销技术。因此,气象服务技术又不简单地等同于基本气象技术,它还广泛地吸收相关科学和技术的成果,发展成有自身特色的气象服务技术体系。气象服务技术既是气象基本科技的延伸又是气象基本科技的发展。

②气象服务业务分系统是整个气象业务系统的窗口和出口　从功能角度讲,气象服务功能块是气象基本业务的延伸和发展。气象基本业务是气象服务的基础和依托。这里所说的基本业务是指服务以外的其他基本业务。从功能块的角度讲,前三功能块的功能都是“气象基本业务”功能(显然,这种概念的“基本业务”也不包括公益气象服务)。气象基本业务活动的根本目标是为了向用户提供更高质量的气象服务。随着业务技术的不断发展,必然要求分工逐步精细化。基本气象业务系统只有集中全部精力于基本业务,才最有利于提高基本气象产品的质量。由服务分系统根据用户的不断变化的需求及时加工并提供服务也比较有利于提高服务的针对性、专业化和及时性。这种分工体现了气象服务功能块是气象基本业务的延伸和发展。气象服务业务分系统是整个气象业务系统的最终出口。社会公众和各类气象服务用户主要是通过接受气象服务具体了解气象系统的,气象系统在社会大系统中的作用和地位根本上是靠气象服务来确立的。气象服务业务分系统也是整个气象业务系统的窗口。

③气象服务业在气象业务技术体系中的定位　根据90年代气象业务技术体制,气象业务技术体系由有四大功能块组成,气象服务就是其中的第四功能块(图1.1)。虽然功能块的划分主要是强调功能,功能块不完全等同于物理实体,但强调指出服务功能的相对独立性对服务功能的定位十分重要,也是物理实体定位的重要前提。近10年来,中国气象局有关方面对业务技术体系做了不少研究,尤其是对基本预报业务技术体系做了大量的研究的工作。相比之下,服务体系的研究仍然比较薄弱,面向市场的气象服务问题的研究更有待进一步深化。

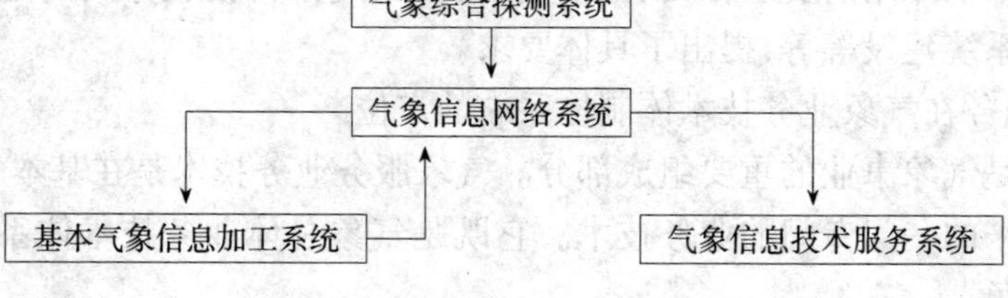

图1.1　90年代气象业务技术体系

(2)气象服务在气象事业中的定位

早在80年代初,中国气象局在所制定的“气象现代化发展纲要”中就明确规定:气象服务是气象工作的出发点和归宿。1998年全国气象局长会议文件更明确规定:气象服务是气象工作立业之本。所以,从气象事业的决策领导层考虑,这个定位是很明确的。实际工作中,各级气象部门对气象服务工作也是非常重视的。但是,这不等于说气象服务发展中不存在有待解决的问题了。从总体上讲,当前我国的气象服务业的发展还不适应国家和社会发展的需求,气象服象现代化水平和基本业务现代化水平还很不相称,服务思想观念也还不很适应新形势的要求。这些问题说明上述关于气象服务业的定位还有待在实践中进一步贯彻落实。

2.气象服务在国民经济中的定位

由于气象服务是气象工作的出发点和归宿,是气象事业的立业之本,从国家和社会大系统的角度考虑,气象行业就是一个科技服务行业。也就是说,气象事业在国民经济中的地位实际上是通过气象服务来体现的。或者说,气象服务在国民经济中的地位也就是气象事业在国民经济中的地位。

历史上,曾经在社会上流传有一些讽刺和讥笑预报不准的顺口溜,比如"天气预报报不报在你,信不信由我,准不准在天";"东张西望的观测员,胡说八道的预报员"。确实,由于当时气象科学技术水平还不高,气象信息在国民经济建设中往往还只能是一种参考信息。随着气象科学技术的迅速进步,天气预报越来越准,气象信息的使用价值也越来越高,气象服务效益也越来越明显。研究表明:80年代初我国的气象投入/效益比为1:15~20,到90年代初上升为1:38~40。随着气象服务效益的不断提高,气象事业在社会大系统中的作用和地位也进一步得到认同。在未来的知识经济的体系中,信息产业将成为越来越重要的支柱产业。作为信息服务业的一部分,气象信息服务业也将在知识经济体系中发挥重要的作用;随着气象科技和经济的发展,气象服务业还在不断拓宽新的领域,特别是气象工程服务领域的不断开拓将使气象服务业对经济的贡献率进一步提高。

随着社会经济的进一步发展,对气象服务提出了越来越高的需求,中共中央十五届三中全会明确提出要求进一步健全气象服务体系。正如上面所分析的,应当理解,三中全会所提出的这个要求是从国家高度提出的高层次的要求,它所涵盖的是广义的气象服务体系的完善问题,或则说是高层次的气象服务体系问题,相当于气象行业内部术语所指的整个**气象系统**的完善问题。但是,由于第四功能块毕竟是气象工作的出发点和归宿,是社会最终检验气象工作价值的功能所在,所以它应当成为广义服务体系完善的重点。

随着社会经济的发展和气象科技的进步,气象对经济的影响也越来越明显,气象服务在国民经济建设中的地位越来越高,作用越来越重要,气象行业已经成为国家重要的科技服务行业。1999年12月3日温家宝副总理视察中国气象局时强调指出:"气象工作要坚持把服务放在首位。气象事业是服务于经济建设、国防建设、社会发展和人民生活的基础性公益事业。"1999年正式公布的《中华人民共和国气象法》明确规定:"气象事业是经济建设、国防建设、社会发展和人民生活的基础性公益事业"。

二、气象服务学的定位

1. 气象服务学的研究对象

作为科技服务行业,气象服务业的服务对象是一切和气象有关的行业。由于这些行业的许多活动和气象有关,为了提高效益,这些行业就对气象服务有需求。各行各业的经济活动在从粗放型向集约型发展的过程中对于依靠科技提出了越来越高的需求,其中也包括对气象科技的需求;另一方面,随着气象科技的进步,气象服务的能力也在不断提高。因此,气象服务业的服务对象行业也在不断扩展。例如,气象为农业服务一直是气象服务的重点,今后仍然是气象服务重点之一,但是除此之外,城市现代化对气象为城市服务也提出了越来越高的要求。气象为军事服务、为民航服务、为水利建设服务等等都已发展成为较为成熟的专业气象学科,还有更多的行业正在呼唤气象进一步为之提供更专业化的服务。

本编第二章和第三章将分别从气象服务基本原理和气象服分类角度进一步讨论气象服务业的服务对象问题。这里需要首先强调指出的是气象服务业的服务对象的总的特点是:服务行业面极宽,对服务的需求差异甚大。不仅各行各业所需求的气象信息在地区上各有侧重点,而且各行各业所要求的信息内容也各不相同。这给气象服务业发展提出了一个具有普遍意义的问题,就是如何在基本气象信息产品基础上提供满足各类用户需求的高质量服务,如何通过不断提高服务质量巩固和发展用户,这是气象服务研究的永恒主题。

如上所述,从气象业务技术体系来看,气象服务是整个气象业务功能中最后一个功能块,是整个气象工作的出发点和归宿。这个第四功能块必需以前三功能块为基础和依托,充分发挥基本气象业务的科技能力,在这个基础上延伸这些成果,发展这些成果,为各行各业经济发展作出贡献。如何依托基本气象业务进行有效的延伸和发展,不断提高气象服务的效益,这是气象服务业发展的根本问题。

和其他各行各业的活动类似,气象服务业的活动也有它特定的自身规律。气象服务业的发展,和其他现代科技事业的发展一样,也必须在一定的科学理论指导下形成具有自身特色的技术方法体系,指导气象服务业的发展。气象服务学就是研究基本气象科学技术如何有效地延伸、发展和转化为各行各业效益的应用技术学科,也就是研究气象服务规律和方法的学科。简言之,气象服务学的总的研究对象就是气象服务业。

2. 气象服务学的定位

(1)气象服务学是应用技术学科

任何学科的发展都是为了适应事业的发展。气象服务学是在气象服务的实践中不断发展起来的学科,推动气象服务学发展的根本动力是气象服务实践的需要,气象服务实践经验为发展气象服务学奠定了基础,反过来,气象服务学理论和方法成果又将指导服务实践,为气象服务业的进一步发展做贡献。气象服务学是指导气象服务业发展的应用技术学科。

(2)气象服务学是边缘学科

气象服务业务技术是基本气象科技的延伸和发展,所谓延伸就是在基本气象科学技术基础上向各行各业的应用气象问题延伸。为解决这种延伸应用过程所涉及的各种技术问题,就需要紧密和各行各业专门技术相结合进一步发展相关技术。所以,气象服务学是在气象科学技术和各行各业专门技术融合的过程中发展的边缘学科;它又是在气象科学技术和软科学技术融合的过程中发展的边缘学科。它一方面从各行各业生产实践中总结需要解决的气象应用问题,另一方面要研究如何将基本气象科学技术成果用于解决各行各业所提出的气象服务问题,同时还要运用软科学的相关理论和技术来解决气象服务业发展中所涉及的各种软科学技术问题。

三、气象服务学的相关学科

由上述关于气象服务学的研究对象和定位可知,气象服务学的相关学科既包括相关的自然科学技术学科,又包括经济学、管理学等相关的社会科学和软科学。在工程技术领域,除了依托和吸收气象科学技术的相关成果以外,气象服务学还需要广泛吸收和应用现代控制科学技术、信息科学技术以及系统工程等现代科学技术的成果。

第二节 气象服务学的方法论问题

也许有些气象工作者认为,只要数值预报水平上去了,气象服务质量自然也就上去了。事实并非如此。近年来,我国的数值天气预报技术有了长足的进步。然而,专业有偿服务却在不少地方出现了滑坡的势头。我国的气象服务的科技水平,无论是专业化程度和产品的专业科技含量,和国际先进水平都还有较大的差距。虽然早在1986年就提出了要在“专”字上下功夫的口号,为什么十几年未能取得重大突破?这个问题值得从方法论角度进行研究。方法论是关于认识事物和改造事物的方法的理论。每个走向成熟的学科都有具备自己特色的学科方法论,包括研究本专业学科规律的方法和应用这些规律去解决实际问题的具体的科学技术方法体系。不仅各种专业学科专著都要论及它的方法论,还有一些专著专门研究关于方法论问题。“加强气象服务理论和方法研究,为知识经济发展做贡献”一文中提出了加强气象服务理论和方法研究的设想,建议组织力量加快发展和作为气象事业立业之本的气象服务业相适应的“气象服务学”,为知识经济发展做贡献。气象服务学应当形成适应气象服务业发展需求、有自己特色的理论和方法体系。这就需要首先研究一个带共性和基础性的问题——研究气象服务学的方法论问题。由于气象服务学还处在发展初期,气象服务学的方法论问题也只能在研究实践中不断发展完善。“新一代气象服务体系研究”课题组对气象服务学方法论问题作了初步的研究①。本节将在这个研究的基础上,针对气象服务的特殊性,讨论气象服务学的方法论有关问题。

1. 气象服务学方法论的基本框架

气象服务学的方法论问题包括以下两个层次的问题(图 1.2):一是气象服务学研究的总体方法问题,包括气象服务学研究的对象和特定的科学技术问题、研究目标和研究气象服务规律的总体思路、方法等等;二是在这个总体方法框架下的具体方法体系,包括气象服务软科学研究方法分系、气象服务的气象科技方法分系和气象产品服务方法分系。气象服务科技方法分系统又包括气象服务的专业化方法子系和产品制作方法子系。

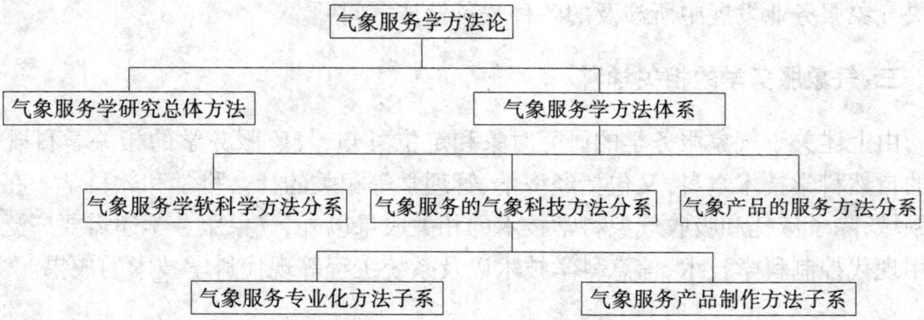

图 1.2　气象服务学方法论的基本框架

2. 气象服务学研究总体方法的若干问题

(1)气象服务学的研究对象和主要研究内容

正如本章第一节所阐述的,气象服务学的研究对象是气象服务业,而气象服务学的研究内容则涉及有关气象服务业发展的各种软、硬科学技术问题。应用技术学科的研究重点是技术应用方法问题,气象服务学应当着重研究有关气象服务的技术方法,形成气象服务的系统方法体系,指导和推动服务业的不断发展。在下一节我们还将进一步具体讨论关于气象服务学的研究内容。

(2)气象服务学的研究目标

随着国家经济发展和基本气象科学技术的进步,几十年来,气象服务实践有了很大的发展,积累了丰富的经验。但是,由于理论的概括总结和研究没有能够及时跟上,至今尚未形成系统的气象服务学。作为基本气象科学和经济的结合部,作为气象事业的第四功能块,气象服务业急需形成有自身特色的系统理论和方法体系,以进一步指导服

① 马鹤年、吴宝俊、王淑静,关于气象服务学的方法论问题的思考,新一代气象服务体系研究文集(一),1999。

务实践。因此,作为为发展气象服务业服务的应用技术学科,气象服务学研究的目标是形成能指导现代气象服务业发展的理论和服务技术方法体系。

(3)气象服务学研究的总体思路和方法

气象服务涉及面很宽,涉及的学科很多,可能用到的思路和方法非常广泛,因此气象服务学研究的总体思路和方法要回答的问题是:面对涉及面很宽的气象服务实践问题,应该用什么样的总体思路和方法去研究气象服务。“关于气象服务学的方法论问题的思考”一文(马鹤年等,1999)提出,这个总体思路和方法是:

①以促进气象服务业的发展为研究的根本宗旨,以解决气象服务实践中的实际问题为主要研究目标。作为应用学科,研究的目的是为了应用,选题要针对服务实践提出的问题,突出重点。应当特别重视对服务实践的调查研究,从调查研究中发现需要从理论和方法上进一步解决的问题;气象服务研究成果要以能指导气象服务提高科技水平和服务效益为最终检验指标;

②软硬并举,相互促进。为满足用户的需求,一方面必须尽可能运用各种适用的现代科学技术方法,制作出有专业针对性的服务产品;另一方面,在服务的过程中,会碰到大量的软科学问题,例如,如何认识服务需求发展规律,规划服务业的发展,如何根据服务业的行业特点和运行规律,建立科学的组织结构和运行机制,如何探索解决气象服务涉及的经济学问题等等。这些问题研究得透,就会对气象服务硬技术的发展和服务的现代化起到促进作用。为提高气象学术研究成果向现实气象服务能力的转化率,需要加强相关的软科学研究,促进气象服务管理现代化,全面提高气象服务科技水平;

③在移植的基础上集成创新。对于尚处发展之中的新的学科,尤其是边缘性的应用学科,虚心学习一切可能适用于本学科的方法,将之移植过来为我所用,是最实际的有效办法。气象服务学的研究不仅要学习和移植各种适用的软科学方法,还要广泛吸收各类自然科学技术方法。在移植基础上集成创新,形成有特色的适用于气象服务的方法体系,本身就是一种集成创新。然而毕竟气象服务学是具有鲜明专业特色的应用学科,气象服务实践中会提出各种各样的具体技术问题,仅靠移植方法可能难以解决所有问题。移植难以解决的问题就要靠自己探索创新。既不盲目移植,也不为“创新”而创新,一切为了解决气象服务实践提出的问题。适用的就移植,不满足要求就得自己创新。只有这样,气象服务学才能发展得更有特色,才能不断上新水平;

④在总结气象服务实践经验和已有初步成果的基础上提炼创新。发展气象服务学的根本基础是气象服务实践。我国的气象服务实践已经积累了丰富的经验,在此基础上也已经初步发展出各有自身特色的一些专业气象(如航空气象、农业气象),初步形成有专业特色的方法。当务之急是要运用科学的综合方法,从一些特定专业的服务规律中抽象出普遍规律;从初步的实践经验中提炼,将感性的认识上升为系统的科学理论和方法。

3. 气象服务的软科学方法问题

和气象领域其他的专门学科相比，气象服务学有一个突出的特点，这就是它相当广泛地涉及到软科学技术方法问题。气象服务学是相关自然科学技术，尤其是气象科学技术和相关软科学技术相结合的边缘学科，因此在研究气象服务学的过程中应当高度重视相关的软科学技术的研究。考虑到气象服务学发展的现状和特点，在研究相关的软科学技术中需要注意采用以下方法和思路：

(1)以学习和移植一切适用的软科学方法为起点

气象服务软科学研究尚处在发展初期，首先需要认真学习、研究各种通用软科学方法，根据所研究的气象服务软科学问题的特点，选用适用的软科学方法，为我所用。例如，以下一些软科学常用方法可能是研究气象服务时不可缺少的方法：系统分析诊断方法、系统规划方法；各类推理方法(如演绎推理、归纳推理、类比推理、综合推理等等)；各种综合和深化研究的方法(如头脑风暴法、德尔菲法等等)；各种预测、决策方法(如决策树、最优决策方法、风险决策方法等等)。

(2)定性和定量相结合

现代科学技术越来越注重采用定量的数学方法，软科学也应力求应用各种适用的数学方法。气象服务涉及的软科学问题更应利用气象科技已在定量化上达到较高水平的优势，努力探索和运用各种适用的数学方法，使气象服务软科学研究更深入；对于尚难以用定量方法来研究的问题，有时可以采用变换的办法，使得在信息的再分析和处理时可以采用一些定量方法。例如，软科学研究中常采用所谓"德尔菲法"，向一批咨询专家发出一些有同样内容的咨询问题，要求专家们以"是"或"非"形式表示认同与否，再将专家群体对某一问题表示认同的比率作为一个量化信息，参与进一步的定量分析。

(3)不唯书，大胆探索

即使是成熟的理论，运用到具体对象时还必须和具体的实际情况相结合，对于特殊问题只能用特殊的方法去做特殊的处理，况且软科学也是正在发展中的学科，在研究气象服务的软科学问题时要不唯书，要特别强调从实际出发学习和运用有关的理论。对于尚无成熟理论可以规范的特定问题，要敢于大胆探索。对于尚不成熟的软科学理论和方法，甚至还有不同看法的理论和方法，切勿迷信和生搬硬套。例如，当前在涉及社会主义市场经济的有些理论问题，以及以此为依据的软科学问题难以从有关著作找到具体结论。况且，我国的气象服务已颇具中国特色，对一些尚未经实践证明适用于我国气象服务的理论和方法，只有按实践是检验真理的惟一标准为准则，大胆探索；另外，软科学本身是社会科学和自然科学的融合，具体到气象服务的软科学问题，要注意紧密和气象科学技术的结合，从方法论上应强调自觉运用气象科学中已发展比较成熟、相当先进的一些方法来补充、丰富气象服务软科学方法。例如气象科学中已广泛应用现代数值分析技术、定量预测技术，在气象服务业的有关分析和预测研究中，就应充分发挥这些技术方法的优势,形成更高水平的实用气象软科学方法。

(4)强化气象服务软科学研究的基础和手段

软科学研究之所以往往难以做到定量化,除了方法本身尚需不断改进外,重要原因是研究基础和手段也太“软”。气象服务的软科学研究需要加强相关软科学研究的基础和手段现代化建设,使之“硬”起来。当务之急的一个基础性建设是建立气象服务软科学研究数据库,系统收集包括服务对象行业的发展、各行业服务的效益、用户的反馈信息、服务实体的组织结构、队伍、人才以及运行机制、服务技术方法、服务营销情况等等基础信息。手段现代化建设也是当前提高气象服务软科学研究科技水平的当务之急,气象服务软科学研究也应尽可能利用现代信息技术,以便进行快速准确的信息收集和尽量客观定量的数学分析。

涉及气象服务的软科学问题将主要集中在本编有关章节讨论,一些具体的软科学技术方法还将结合相关的具体服务方法分别在第二、三编有关章节阐述。本书在涉及软科学问题的研究中,将力求按上述的基本思路和方法进行概括总结和研究。

4. 发展气象服务技术方法体系的方法论问题

随着生产的发展,专业化程度越来越高,随之而来的问题是对气象服务要求越来越高。首先要求针对各行各业的特定需求,找出特定的气象服务指标,然后根据气象服务指标的要求具体制作专业化的服务产品。不仅经济部门各行业的专业气象用户有各不相同的特定气象服务需求,公众对公众气象服务的需求也越来越专业化。例如,要求提供和人们日常生活有密切关系的各种气象指数;即使是常规气象要素也要求更加定量化、定点化。不仅要求服务产品有专业针对性,还对产品的使用有效性提出了更高要求。气象服务业的发展要适应这种需求,除了在体制上改革和完善以外,从技术上要有新的突破。高质量的产品要靠高水平的方法来制作,这就要求形成和现代科技相适应的气象服务技术方法体系。具体的技术方法将在第二编和第三编具体论述,这里我们着重讨论发展气象服务技术方法体系的总体思路和方法。

(1)气象服务技术方法研究选题方法——“逆向思维方法”

要实现气象服务专业化,首先要走出专业服务思想方法上的一个误区,即:“我有什么产品就为用户提供什么产品”,“我只有大路货产品——常规天气要素预报的初级产品,反正独家经营,用户爱要不要”,代之以“逆向思维方法”,即:用户需要什么样气象服务,就千方百计去开发、生产什么样的产品,提供满足需求的服务。

(2)气象服务技术方法研究的目标问题

我国的气象服务业要缩小和国际先进水平的差距,需要大力提高服务产品的内在科技含量。提高服务产品的内在科技含量的根本途径是加强气象服务技术方法研究。气象服务学是一门应用技术学科,在研究气象服务技术方法的过程中仍有可能涉及有待探索的理论和学术问题,为了解决实际应用技术问题有时也不得不去研究这些问题,但是研究气象服务技术方法的根本目的是为了提高气象服务的科技水平和服务能力。

(3)气象服务技术研究方法问题

根据上述气象服务技术方法研究的目标,气象服务技术的具体方法研究要突出实用性。一切新的技术都来源于创新。气象服务技术要适应不断高涨的服务需求,必须在技术方法上不断创新。在现有方法不能满足用户需求的情况下独立开发是难能可贵的一种创新;具体方法的选用应注重在移植的基础上进行改进,以适应特定气象用户的需求。改进也是一种创新;在综合各家所长的基础上总装集成更是一种很有效的创新;此外,需要特别强调的是探索基本气象科技成果转化为气象服务能力的有效方法是气象服务技术领域极重要的方法创新。基本气象系统已经有十分丰富的科技成果,问题在于这些成果向服务能力的转化率还比较低。气象服务技术方法研究应当充分考虑如何应用这些已有的成果,而不是抛开这些成果从零开始研究。着眼于在基本气象系统已有成果基础上做转化工作将使得气象服务研究事半功倍,原有的基本气象科研成果好比是已经加热到99℃的水,只是要再加少量的热,使之升温一度,就可成开水,成为气象服务领域可以应用的有使用价值的成果,我们称这种转化方法为“99 + 1”法。

第三节 气象服务学的主要内容

气象服务学的内容既涉及相关的软科学问题,又涉及极为广泛的自然科学技术问题;另一方面,气象服务业务目前正处于迅速发展之中,如何科学地概括极为丰富的实践经验,如何吸取相关学科的新成果,都还是值得探索的问题。作为初次尝试,本书试图按下列框架分三编概括气象服务学的主要内容:

第一编 气象服务学总论

分别通过以下八个方面阐述涉及气象服务总体发展的有关问题:

第一章从讨论气象服务业的地位作用开始,论述气象服务学的研究对象、相关学科、研究方法以及主要内容。

第二章概括阐述了气象服务发展的历史和现状,说明气象服务业是如何在生活和生产活动需求的推动下,随着相关科技的进步不断发展的。

第三章重点论述气象服务的基本原理,指出有效益的气象服务的过程就是对用户系统实施有效的气象调控的过程。本章阐明的气象服务基本原理是以下有关章节进一步研究气象服务具体方法的基本理论依据。

第四章从气象服务的内容、服务性质、对象和手段等不同层面对气象服务进行了分类,为以下有关章节分类研究不同类型气象服务提供了基本框架。

第五章和第六章专门研究气象服务组织结构体系和相应的运行机制问题。

第七章和第八章分别讨论气象服务的经济学问题和心理学问题。

第九章专门阐述气象服务效益评估和效益决策理论。

第十章阐述气象服务有关管理问题。

第十一章和第十二章研究气象服务发展趋势和发展战略。

第二编 气象信息服务技术

分别从以下七个方面阐述气象信息服务有关技术方法问题：

第十三章首先论述气象信息服务的总体方法问题，包括气象信息服务的原理和方法体系以及开发气象信息服务系统有关问题。

第十四章根据气象信息服务原理进一步论述气象信息服务的专业化问题，包括揭示气象对用户系统的制约关系和提炼气象控制因子的方法等问题。

第十五章专门研究具体的气象信息服务产品制作方法及其业务化问题。

第十六章到第十九章通过实例分析分别对决策气象服务、公众气象服务和专用气象服务以及城市气象服务等各类气象信息服务方法做进一步的阐述。

第二十章讨论气象情报服务方法问题。

第二十一章专门讨论气象信息服务营销技术问题。

第二十二章讨论气象信息服务手段现代化问题。

第三编 气象工程服务技术

本编从两个方面分别阐述气象工程服务总体技术方法和主要的一些气象工程服务技术：

第二十三章论述气象工程服务的总体技术方法，指出气象工程服务的技术本质就是对气象对用户系统的影响实施有效的控制。

第二十四章到第二十六章分别论述目前以气象服务实体为主实施而且已经形成产业或者正在形成产业的气象工程服务技术，其中第二十四章专门阐述人工影响天气服务技术，第二十五章阐述农业气象工程服务技术，第二十六章阐述雷电灾害防御技术。

第四节 气象服务学的应用和发展

一、气象服务学的应用价值

发展气象科学的根本目的是为各行各业提供更优质的气象服务，从而创造更大的效益。随着大气科学的发展，气象应用研究和技术开发也取得了许多可喜的成果，基本气象业务近几十年有了很大提高。总的来说，基本气象预报的质量在稳步提高。但是，基本气象业务预报水平的每一个百分点的提高都是来之不易的。显而易见，如果每年平均能提高一个百分点，即使起点为零，那么一百年下来岂不就能达到满分了!？所以，在制定气象事业发展规划时，如果期望 10 年内基本预报准确率能在现有基础上提高

3%～5%,已经是非常大胆的了。

基本预报质量的提高非常不容易,这给我们的启示是什么呢？除了要更加努力去争取基本预报能继续稳步提高外,还有必要探索在基本预报质量一定的情况下如何更充分有效地运用这些来自不易的基本气象源信息,使气象服务的质量有较大的提高。根据"新一代气象服务体系研究"课题组的研究,由于尚有大量基本气象业务和科研的成果没有转化为专业化的气象服务能力,这方面尚有很大的潜力可挖。如果气象服务体制改革能够进一步深化,基本气象科技成果的转化有了更大的推动力,有了高科技含量的气象服务科学技术方法的支持,气象服务效益就可望有比较大的提高。如果说十年之内基本气象预报准确率提高 3%～5%已经非常不容易了,那么相对来说,对 10 年之内气象服务效益提高 20%～30%则可以持更乐观的态度。

气象服务学是研究基本气象科学技术如何更有效地转化为气象服务效益的应用技术学科,它的理论和技术方法的主要价值在于指导服务实践活动提高服务水平和效益。具体讲包括以下几方面的价值：

①有关气象服务原理的理论是认识气象服务业演变规律的理论依据,它不仅对认识气象服务业内部各分系统间的相互作用有基础性意义,也是认识气象服务业和基本气象科技以及各相关学科的关系,特别是和用户系统关系的基本依据,也是发展气象服务技术方法的基础。

②有关气象服务发展规律、发展战略、体制、运行机制等等气象软科学方面的研究理论和技术方法成果可用于指导气象服务实践如何适应社会经济发展的需求、适应改革大趋势,如何持续和健康发展,为制定有关气象服务发展战略和策略、规划和计划以及改革和发展具体方案提供思路和理论依据。

③概括总结气象服务总体方法可为研究和发展气象服务的技术方法提供方法论方面的指导,为气象服务业相关系统的现代化建设提供总体技术思路和方法。

④虽然气象服务学不是一本手册性的工具书,但是有关气象服务技术方法体系的框架和方法思路的研究成果可以为进一步开发各种具体的气象服务技术方法提供思路和方法框架。

二、气象服务学的完善和发展

正如本章第二节所阐述的,气象服务学是在气象服务业的发展过程中顺应事业发展的需要,总结服务实践经验的基础上发展起来的。作为气象服务业的普遍规律和通用方法的总结,对气象服务学的研究目前尚处于初级阶段。随着气象服务业的不断发展和进步,气象服务学必将进一步发展和完善。和一般应用技术学科的发展和完善的情况类似,气象服务学的完善和发展主要途径是：

1. 继续认真总结气象服务实践的成功经验和服务实践需要理论进一步解决的问题

这是进一步发展和完善气象服务学的根本途径。气象服务实践过去积累了大量的经验,这些经验是发展气象服务学的宝贵的财富和根本的源泉,本书作者虽然主观上力图沿着这个途径努力概括总结,但毕竟水平有限、力量微薄,所概括总结出来的只能是十分初步的,很不完善的,肯定还有许多好经验有待进一步概括总结。另外,未来的气象服务实践将会创造和积累更多的新鲜经验,也会在适应用户新需求的过程中碰到许多新的问题,这些都是需要进一步总结和研究的问题,通过这些概括总结和研究,气象服务学将会得到进一步的完善和发展。

2. 在不断学习和吸收相关学科新成果的基础上完善和发展气象服务学

作为一门应用技术学科,气象服务学需要在学习和应用各相关学科成果的基础上丰富和发展自己,迄今为止我们在这方面做的工作也只是非常初步的,而且各相关学科也都会不断有新的发展,为了完善和发展气象服务学,需要继续虚心学习和吸收各相关学科的新成果。

3. 在应用实践中不断完善和发展

万事总有一个开头,但是开头毕竟仅仅是开头,初步概括的成果还必须回到实践中去,在应用的过程中接受实践的检验,需要通过实践,不断地补充修改,不断完善和发展。

4. 在学术研讨的过程中不断完善和发展

气象服务学是一门正在发展中的技术学科,无论是概括总结实践经验也好,学习和移植其它学科的成果也好,都还非常需要在学术探讨中不断修正、不断提高、不断完善。本书作者衷心欢迎各方面专家对初步概括的气象服务学成果提出批评和意见,如有建设性建议更万分感谢!

参考文献

[1] 朱瑞兆,应用气候手册,气象出版社,1991。
[2] 章澄昌,产业工程气象学,气象出版社,1997。
[3] Plate, E. J. (Ed), Engineering Meteorology, Fundamentals of Meteorology and their Application to Problem in Enviromental and Civil Engineering, Elsevier Sci. Pub.Co., 1982.
[4] Houghton, D. D. (Ed), Handbook of Applied Meteorology, John Wiley & Sons, 1985.
[5] 胡毅等,应用气象学,气象出版社,1994。
[6] 黄宗捷、蔡久忠,气象经济学,气象出版社,1994。
[7] 气象服务效益评估研究课题组,气象服务效益分析方法与评估,气象出版社,1998。
[8] 林德金等编著,政策研究方法论,延边大学出版社,1991。
[9] 李志才主编,方法论全书,南京大学出版社,1998。
[10] 马鹤年、沈国权,加强气象服务理论和方法研究,为知识经济发展做贡献,中国气象报,1998.8.10。
[11] 李忠尚主编,现代软科学,人民出版社,1991。
[12] 中国气象局科教司,省地气象台短期预报岗位培训教材,气象出版社,1998。

第二章　气象服务发展历史与现状

气象服务是基于人类社会的进步和发展的需要,特别是伴随战争和军队的出现和演变,沿着与大气科学技术及相关科学技术发展阶段相对应的"轨迹"产生和发展起来的。社会、经济和军事的需要是气象服务产生、发展的起因和动力,而先进的技术手段和大气科学技术,连同其他相关科学技术,则是气象服务产生、发展的条件和支柱。研究气象服务的发展历史轨迹可以为展望气象服务的未来提供重要的启示。

第一节　气象服务的起源

人类很早就对气象有所感知和认识,并应用于实践中。起初,并没有气象观测、气象预报、气象服务之分,笼统地称作为气象,后来随着社会、经济、军事等方面对气象服务的需求和科学技术的发展,逐步将气象细化为气象观测、气象预报、应用气象和气象服务等。气象最早应用于建筑,如原始社会为了抗御风雨寒暑,创造了供休息的窟窝等。我国战国时《墨子》一书中讲述:"为宫室之法曰:高,足以避润湿;边,足以圉(抵御)风寒;止,足以待雪、霜、雨、露。"明确了人工建筑可创造适于居住的小气候。北宋初年,木工喻皓,在开封建造一座平面八角十一层高的开宝寺塔,针对当地盛行的西北风,有意识地使塔身向北方向倾斜,用塔身的倾斜预迎风压,实为建筑学上的大胆创举。

约在公元前500年,古希腊就寻找到了有关航海与风、降水、雷暴的关系,并以文字形式刻于海岸人类居住的石板上。我国西汉时《淮南子》一书中提及"舶棹风云起",意指东南季风开始,利于南洋船舶到来,古称之谓"舶棹风"。这是古代在航海中利用气象知识的典型事例。内河航运也有避风灾的记载:北宋沈括在《梦溪笔谈》中写道:"冬月风作有渐,船行可以为备,唯盛夏风起于顾盼间,往往罹难。……有一术,可免此患。……五更初起,视新月明法,四季至地,皆无云气,便可行,至于巳时止,如此无复与暴风遇矣。"这表明,当时对冬夏风的日变化已有初步认识,并结合天象试作经验性的适航天气预报作为导航对策。

我国古代利用风生产盐多有记载。《天工开物》讲到风与制盐关系时说:"盐见水即化,见风即卤",并说"山西解盐,……引水种盐,春间即为之,待秋夏之交,南风大作,则一宵结成。"具体说明了解盐的生产季节和如何利用南风。

军事与气象极为密切。战争始于原始社会末期,人类在为谋求生存而与大自然的斗争中,对气象现象由感知发展到认识,而且开始被用于军事战争。

从夏、商、西周到春秋，是中国奴隶社会从建立、兴盛到衰亡的历史时期。此间，兵家纷争，战事迭起。频繁的战争，使人们得以积累了较丰富的战争经验，使人们得以具备了认识气象影响战争和在战争中运用气象条件的能力。这也正是军事气象和军事气象保障服务思想孕育、诞生所需的土壤和条件。

《孙子兵法》成书于春秋末年，为孙武所著。全书共十三编，多处阐述了气象保障在战争中的地位、作用，以及运用气象条件克敌制胜的作战指导原则和方法。孙子在《计篇》中写道："经之以五，校之以计而索其情：一曰道，二曰天，三曰地，四曰将，五曰法。……天者，阴阳、寒暑、时制也。……凡此五者，将莫不闻，知之者胜，不知者不胜。……故校之以计，而索其情。……天地孰得？……吾以此知胜负矣。"孙子把对气象条件了解与否，以及在作战中能否恰当运用，看作是决定战争胜负的因素之一。至于在行军作战、安营扎寨和观察敌情时对气象条件的利用和防范，孙子认为居高向阳利益多，河川上游有雨应禁徒涉；在险阻之地作战，应抢先占据居高向阳之地，争取主动，以待敌军；若敌已占据此地，则宜速引去，不可与之作战。孙子论述了火攻与气象条件的关系，指出实施火攻必须具备一定的条件，其中包括适宜的气象条件。孙子要求将帅必须通晓天文、气象、地理，知己知彼，知天知地。是谓："知彼知己，胜乃不殆，知天知地，胜乃可全。"《孙子兵法》对军事气象和军事气象保障思想所作的论述，是军事气象学和军事气象保障发展史上的第一座里程碑。

从原始社会末期到16世纪末，无论是东方还是西方，尽管人类在政治、军事、农业、航海、建筑、制盐、商贸等方面积累了比较丰富的应用气象知识的经验，而且已在实践中得以证明是有效的。然而限于当时的生产力和科学技术水平，气象知识多属直觉性的经验，这些经验还没有上升为理论，缺乏比较科学的方法，应用气象知识的范围基本上属于个人行为，气象服务尚处在萌芽或起源时期。

第二节　气象服务的形成

一、迅猛发展的军事战争加速了军事气象服务的形成

从国际上来讲，气象服务形成于17世纪至20世纪40年代。17～19世纪，欧洲、北美洲处于资本主义上升时期，社会生产力发展迅速。进入20世纪后，世界爆发了一系列战争，其中包括1914～1918年的第一次世界大战和1939～1945年的第二次世界大战。各国军备竞赛加剧，军队规模扩大，新式武器大量装备部队，出现了新的军种——空军。火炮（含火箭炮）、坦克、飞机、化学武器、生物武器、雷达和导弹等现代化武器用于战场。第二次世界大战末期还首次使用了原子弹。武器装备的发展和军事斗争新格局的出现，对气象保障提出了新的挑战，加速了气象服务特别是军事气象保障服务的形成。

二、新技术革命为气象服务的形成奠定了基础

在15世纪开始的“文艺复兴”和后来17、18世纪的“工业革命”过程中，近代的物理学、化学和有关的数学发展起来了。于19世纪初发生了由英国产业革命启动的、以蒸汽机发明和机器生产的出现为标志的人类历史上的第三次技术革命。紧接着约在100年后，即19世纪末又出现了以重工业技术进步为特征的第四次技术革命。这两次技术革命极大地推动了社会生产力的发展，形成了科学技术与社会生产力相互驱动、相互耦合发展的崭新态势，科学技术因之获得了突飞猛进的发展，气象科学技术在这个科学技术大发展的潮流中也取得了一系列的突破性进展，其中不乏具有里程碑意义的重大成就。

1. 气象观测

继地面和高空气象测量仪器的陆续发明与投入业务使用，使气象观测从定性进入定量。其标志是：气象观测手段由古代的物候观测或经验感觉转化为感应测量仪器。具体表现在，从19世纪初开始使用仪器进行气象观测。1857年美国率先在军队建立了真正的地面气象观测站。欧洲国家军队的气象站大多是在第一次世界大战爆发前后建立。军队的高空气象观测站是在无线电探空仪问世前开始设立的。美国在1917年时就已建有25个用乘人气球、风筝和测风气球进行探测的高空气象站。中国于1927年首次使用测风气球观测高空风。1930年以后，欧洲和美国军队开始使用无线电探空仪进行高空气象探测。中国于1931年从国外引进高空探测技术，开始了高空气象观测业务。从20世纪30年代起，一些国家开展了飞机气象观测。这一时期，在气象观测技术发展史上出现了两个重大事件：气象雷达和气象火箭的问世与投入业务使用。1941年2月20日，英国一部10cm波长的军用雷达，首次观测到雷阵雨回波。事隔两年，美国陆军气象中尉M.G.H.Ligda（李格达）在巴拿马使用世界上最早的CPS-9型气象雷达，进行风暴观测和雷达气象分析研究。1945年，美国发射了世界上第一枚气象火箭——“女兵下士”气象火箭，开创了火箭探测大气的历史。气象探测技术的发明和使用，特别是气象观测网的建立，使天气预报和灾害性天气预报服务成为可能。

2. 气象通信

1854年和1877年，有线电报和有线电话分别开始用于气象通信。这些技术随即用于传输气象观测数据和其他气象信息。从19世纪末起，伴随军事无线电通信技术的出现和发展，军事气象通信增添了无线电通信手段。从此，军事气象通信开始采用有线电和无线电通信双重体制，一些国家的军队开始建立气象通信电台和通信网络。第一次世界大战后，由于军事活动对气象情报需求的增多和气象保障业务自身的需要，传输的气象情报种类逐渐增多，数量逐渐增大，速率逐渐加快，并出现了专用气象通信设备。气象通信技术的广泛应用为气象预报服务的形成变为现实。

3. 天气预报

气象观测网和通信网的建立，为天气预报业务的形成提供了条件。1820年，德国的H.W.布兰德斯利用过去的气象资料绘制了世界上的第一张天气图。1851年，英国的J.格莱舍利用电报传送的气象观测资料，绘制出了当日天气图，但这时天气预报业务尚未形成。启动天气预报业务形成的是1853年爆发的克里木战争。1854年11月4日黑海出现了一场风暴，法舰“亨利四号”与之遭遇后沉没。事后，法国皇帝拿破仑三世命令巴黎天文台台长U.J.J.勒威耶研究这场风暴。勒威耶通过对这个风暴移动路径的分析发现，如能事先预报出风暴的移动情况，这次损失是可以避免的，进而提出为海军建立风暴预报和警报系统的建议。法国于1855年2月17日成为第一个拥有天气预报服务的国家。两年后，法国的天气预报服务扩展到了整个欧洲。此后，其他国家随之陆续开展了天气分析预报工作。需要指出的是，不少国家开始组建的天气预报业务机构多是隶属于军事部门的。例如，1870年成立的美国天气服务机构就是美国陆军通信部队的一个下属单位。

挪威是1904年才由瑞典王国独立出来的小国。因为航海和渔业的需要，成立了地面台站网，并从德国请回了挪威气象学家V. Bjerknes(皮耶克尼斯)。他和他的学生们利用了欧洲的地面台站网和少数探空资料，先后提出了环流理论、锋面、气旋和气团学说，以及降水的冰晶学说等重要成果，使6~12小时的天气预报有了坚实的科学依据。1939年Rossby(罗斯贝)创立了高空急流和长波及其变化的理论，为天气分析、预报提供了坚实的理论基础，天气分析、预报进入了一个新的历史发展阶段，为气象服务的形成奠定坚实的基础。

三、气象服务的形成

1. 军事气象服务

为了充分利用有利气象条件进行军事作战，早在1802年美国陆军就开始进行地面气象观测。1870年2月，美国国会授权陆军部部长贝尔克内普负责组建天气服务。并于同年11月8日发布了第一份天气警报——格雷特湖区风暴警报。1915年12月，俄国成立了军事气象总局。并在各军的司令部设立了气象机构。同年，法国成立了军事气象局。英国于1916年成立了陆军气象机构——英国皇家陆军工程兵气象科，1920年在国防部设立了陆军保障处，负责陆军气象保障工作。1917年8月，美国通信兵气象局成立。俄国十月革命后，于1918年在莫斯科成立了天气局，1924年，在地球物理观象总台内增设了军事气象处。苏德战争爆发不久，前苏联将直属前苏联人民委员会的水文气象总局转建为苏军水文气象管理总局。日本的军事气象机构成立较晚。1935年日本气象工作实行军事化，次年日军成立了陆军气象部，并在陆军部队设立气象台。

为了航海和海上作战的需要，早在1805年，英国海军上将F.Beaufort(蒲福)根据他十多年的航海经验，按照海面在不同风力下产生的波浪状况，把风力分成了 12 级，并编成了著名的蒲福风力等级表。1848 年，美国海军军官 M.F.Maury(莫里)绘制了全球风场分布图并用于航海。1849 ~ 1866 年，Maury 又绘制了盛行风和海流相对照的海图——《风和海流图》。在 1854 年第一个海上风暴预报和警报系统在法国建成后，英国的 H.F.柏兰福德于 1867 年在印度孟加拉省创办了又一个海上风暴警报业务。1838 年，英国皇家工程部兼管海军气象保障工作。1920 年，英国国防部成立海军保障处，负责海军气象保障工作，1937 年英国海军气象管理局(即后来的皇家海军气象局)宣告成立。在中国，国民党海军于 1929 年建立了水文气象勤务组织。第二次世界大战中，各参战国的海军气象保障工作普遍得到加强。1942 年，日本海军气象机构从海军航保部门中独立出来，成立海军气象部。美、英、苏等国也采取了一系列加强海军气象保障的措施。

人们关于大气状况严重影响飞机飞行的知识，是在付出了惨重代价后获得的。美国陆军和海军的首批 48 名飞行员，有 12 名殉难于飞行事故，其中多与天气有关。于是各国在组建航空兵或空军的同时，都把航空气象保障列入议事日程。1910 年俄国在塞瓦斯托波尔成立了第一所军事航空学校，开始使用天气实况资料和天气预报对飞行实施保障。起初由俄国地球物理观象台为航校制作天气预报。不久，塞瓦斯托波尔航校建立了自己的航空气象台。其后，又在塞瓦斯托波尔和利耶帕亚组建了中心气象台，以保障俄国飞机在黑海和波罗的海空域的飞行。第一次世界大战爆发后，航空气象保障获得了发展。英国皇家飞行联队于 1914 年在 South Fornhoroph 机场建立了第一个军事气象室。1919 年，英国国家气象局(1855 年成立)改属空军部建制，次年英国国防部成立航空保障处。第一次世界大战期间，俄国航空兵责成它的领航部门统一负责飞行气象保障工作，并于 1923 年正式组建空中领航台，1926 年更名为空军气象台。第二次世界大战期间，苏军在航空兵团司令部组建气象分队。其他国家在第一次世界大战期间根据军事气象保障的需要也先后成立空军气象保障机构。

2. 公众气象服务

美国气象学会(AMS)于 1919 年开始关注天气预报的应用，下设商业和和贸易委员会。在 1930 年以前，报纸是最早的新闻媒体，一枝独秀、无与伦比。在报纸上登载天气预报各国都很重视，版面和内容各有差异。1931 年无线电技术日趋完善，1934 年已普遍应用无线电接收机中，1955 年，第一批晶体管收音机问世，以后随着半导体技术的不断发展，收音机越来越向小型化、微型化及多功能方向发展，出现了各种各样的收音机，为广播事业发展创造了条件，同时为广播天气预报服务提供传播媒体。1939 年 4 月 30 日，美国全国广播公司安装在帝国大厦顶上的发射机开始了正规的电视节目服务。从此，电视为人们的生活增添了无穷的乐趣，并能十分方便地了解各种信息，同时为气象信息的传播展现了广阔的前景。1940 年以后，随着无线电广播事业的发展和电视传播媒介的创立，为建立有效的公众气象服务铺平了道路。除美国之外，许多国家也开始开展了以报纸、广播和电视为主要传播媒体的公众气象服务。

3. 人工影响天气服务

人工影响局部天气服务起源于久远的年代，但把人工影响天气技术正式用于战场是从第一次世界大战开始的。最先使用的是施放烟幕。虽然烟幕不是气象部门施放的，但它最终产生的是降低能见度和增加大气粒子含量的效果，因此实际上是一种人工影响天气手段。在第一次世界大战中，制成发烟弹药和器材首次用于战场。到了第二次世界大战，烟幕的运用有了较大发展，美、英、苏、德等国军队的烟幕使用已达战役规模。与烟幕的影响相类似的是人工造雾。1913 年海军最早使用造雾剂在海洋上空造雾。毒气战在第一次世界大战中出现后，陆军开始使用造雾剂造雾。战后，空军也开始用人工造雾掩护作战行动。人工消雾技术是在第二次世界大战期间出现的。20 世纪 40 年代，英国首次采用燃烧汽油加热空气的方法，消除了机场大雾，接着美、法等国空军用喷气发动机的燃料废气加热空气消除了机场暖雾。1946 年，Vincent Shacfer（谢弗）和 B.冯内古特分别发现干冰和碘化银可作为人工冰核，同年 Irving Langmuir（朗格缪尔）使用干冰和碘化银的播云试验取得成功，为军用人工影响天气开辟了新的途径。但作为一个历史时期，这时的军用人工影响天气，无论在项目上，还是在技术手段上都还有很大局限性，与军事气象保障的实际需要尚有很大差距。

综上所述，在这一时期，气象服务的主要内容是为军事活动提供军事作战所需要的气象保障服务。同时，也开始开展一般的公众气象服务、人工影响天气服务以及航海、农业、建筑等方面的气象服务。从总体来讲，由于军队的武器装备和作战要求还不是很高，社会劳动生产工具比较落后，同时由于气象观测、气象通讯技术和预报技术也还不成熟，因此气象服务的内容还比较单一，服务的对象主要是军事和社会公众等，服务的水平还比较低。气象服务还属于起步阶段。

第三节　国外当代气象服务的发展

一、政治、经济和军事的迅猛发展和不断变化，促进了气象服务的发展

第二次世界大战后，世界政治、经济和军事等方面发生了根本性的转变，世界格局开始走向多极化，和平发展逐步成为时代的主题。世界范围内的科技革命突飞猛进，各国经济进入了全面恢复、建设和发展时期，对气象科学技术和气象服务提出了新的需求。从军事来讲，一方面原有的军种、兵种拥有了现代化的武器装备，另一方面新的军种、兵种不断出现。第二次世界大战结束后，局部战争和军事冲突接连不断发生，国际关系和世界战略格局的变化，使得这种以有限目的和有限规模为基本特征的局部战争，

上升为世界的主要战争形态。20 世纪 70 年代，一般意义上的局部战争开始演变成高技术条件下的局部战争，及至 1991 年爆发了标志高技术条件下局部战争发育成熟的海湾战争。在这种形势下，军事气象保障如何适应军队现代化建设和高技术条件下局部战争的需要，便成为新的历史时期赋予军事气象保障发展的新的指向和要求。

二、新技术的崛起，加速了气象服务的快速发展

从 20 世纪 50 年代起，人类进入工业社会后的第三次技术革命时期。这次技术革命是以信息技术革命为核心和先导的，微电子技术、电子计算机技术、自动化技术、遥感技术、航天技术等先进技术的兴起和发展是它的主要标志之一。新技术革命给气象科学技术输送了新的营养，带来了新的发展活力。50 年代以来，气象科学技术因之取得了具有变革意义的长足进展，并显现出了新的发展趋势。主要表现在：

①新技术成果改善和更新了气象观测技术手段，扩展了观测内容和时空范围，丰富了气象信息；

②电子计算机技术在气象业务中的应用和衍生，克服了处理、模拟和求解大气科学问题的技术障碍，提高了气象信息处理能力，引起气象资料处理、天气预报和大气科学研究的深刻变革，导致气象业务向气象信息工程方向发展；

③大气科学试验（观测试验、数值试验和实验室试验）上升为大气科学研究的主要手段，促进了理论与实际的结合，为人们深入认识大气环境提供了新的条件和途径；

④当代科学技术发展呈现出的整体化趋势，促使大气科学技术走上综合化，加速了大气科学技术领域的“科学技术化”和“技术科学化”的进程；

⑤大气科学正面临由单纯提供大气状态信息的科学向同时也是制定经济、社会发展战略和生产过程的直接参与者的方向转变，大气科学同人类活动紧密结合所产生的效益日趋显著。

以上所述，无疑为气象服务的发展进一步提供了必要条件和有力支柱。

20 世纪 50 年代以来，天气预报技术发展迅速，究其缘由，一是气象观测网、特别是全球气象观测网的完善和以气象卫星为代表的新的气象信息获取手段的使用；其次是计算机技术的应用和数值天气预报技术，其中包括数值模式、初始条件和计算机技术的改进，第三是统计学预报方法的发展和应用。1946 年电子计算机问世不久，J. G. Charney（查尼）、R. 费约托夫特和 J. Von Neumann（诺伊曼），于 1950 年在电子计算机上首次作出北美地区 500hPa 高度场的 24 小时预报。及至 80 年代，全世界至少已有 33 个国家和地区建立了数值天气预报业务。在数值预报兴起的同时，传统的天气图预报方法也有改进，数理统计预报方法和天气监测技术得到发展。天气预报进入了以数值预报方法为主，综合运用统计学方法、天气学方法和天气监测外推技术的阶段。

三、气象服务进入全面发展阶段

随着世界政治、经济、军事和科学技术的迅猛发展，世界各国的社会发展、经济建设、国防建设和公众生活对气象服务都提出了新的、更高的需求，有力地推进了气象服务的发展，使气象服务进入了一个全面发展的阶段，特别是在公众气象服务和商业性气象服务方面取得了重大发展。

1. 公众气象服务

公众气象服务是气象服务的重要内容之一。进入20世纪50年代以来，随着广播电视事业的发展，电视天气预报节目，经历了一个从无到有，从简单到精细的发展过程。开始时大都采用手工图板和绘画方式制作表达天气预报内容。现在，英、法、美、日等发达国家普遍综合采用高科技手段传播气象服务信息。例如，英国是一个岛国，天气多变，电视天气预报从国家到地方均有。BBC（英国广播公司）国家级电视天气预报是BBC电视台由伦敦天气中心的预报广播员制作并现场播出（视频设备、计算机由BBC提供、大小演播室均在BBC）。每天BBC-1台、BBC-2台电视天气预报达17次。电视天气预报主要内容包括：1~5天形势预报（在大演播室进行，有等压线分析图、动画卫星云图和雷达回波图等）、24小时（6~12小时为一时段）天气预报和天气实况等内容。预报范围分为国内（北、中、东南、西南部）、区域和欧洲地区。目前，欧美国家电视天气预报节目具有以下特点：

①实时性高。普遍采用先进的接收、加工处理和传输设备，把最新（最近）的天气信息尽早地在电视上播放。气象图形图像信息1~2小时之内即可在电视上播放。这样高的实时性，是由高度自动化的资料处理和传输系统来实施的；

②信息量大。除常规的天气信息外，雷达拼图、云系动画、气象卫星反演的高空流场、水汽分布、大范围气温分布等都可以在天气报告的电视节目中播出；

③科学性强。所提供的信息，均经高技术手段采集，运用计算机系统加工制作，发布预报；

④图形图像生动。图形图像制作比较讲究美观、简明、通俗、生动，表达的内容力求直观，一看便懂。例如BBC制作的阴雨符号，给观众以真实的阴雨连绵的感觉；

⑤演播员具有信任感。气象节目播音员一般均具有一定的气象教育背景，有的还受过很高的气象教育。其中有的重要天气节目或综合气象节目由气象专家主持播讲；

⑥开辟天气专用频道，24小时提供天气预报服务。

经过十多年的发展，目前北美、欧洲等发达国家都建立了有线天气频道，每天制作播出数以千计的图表、重大灾害性天气的分析预报以及天气新闻、天气展望、气象科普、气象专题节目和天气课堂节目等。在美国，天气频道节目已和新闻频道节目同样受到广大观众的厚爱。

2. 商业性气象服务

国际上,商业性气象服务起步于20世纪初期。随后,随着社会经济和科学技术的发展,社会对气象服务需求的不断增加,促进了商业性气象服务的发展。特别是进入20世纪80年代后,商业性气象服务得到了迅速发展。

美国的商业性气象服务起步于20世纪40年代。起初,国家对私人商业性气象服务还是有许多限制的。如1941年12月7日开始的战争管制禁止提供气象资料给私人,致使私营气象服务的发展受到影响。第二次世界大战结束后,为使退伍的气象军官有事可干,美国气象局无偿为他们提供气象资料,让他们从事商业性气象服务。当时美国天气局本身也开展收费的专门服务。1953年,由商业部长任命的"关于天气服务的8人咨询委员会"提交了一份题为"天气是全体国民的事"的报告,建议天气局积极鼓励发展私营气象服务,取消对接收资料的限制,并从收费的专门服务领域撤离。据此,1954年商业部长任命了一个咨询委员会协助天气局制定鼓励发展私营气象服务的计划。1977年,国家海洋大气局颁发了关于产业气象学的指令,要求所属各单位应给予私营气象部门适当的支持。指令中明确表示:"避免直接提供那些适合由私营气象学家和气候学家提供的服务,向非政府气象学家和气候学家提供的产品和服务只收取适当的复制费"。指令同时明确指出:"天气警报的用户只能照样传播,不得修改。私营气象公司的评论和解释应与天气局的官方信息明确区分开来。海洋大气局提供的政府资料,用户没有独占权"。同年,天气局设立了"产业气象特别助理"负责处理天气局和私营气象部门的联系。自此,美国私营气象公司开始迅速发展。目前美国大约有300家私营天气预报公司,小到个体开业,大到拥有上百名气象学家。其中,WSI(Weather Service International)是一家从事国际化综合性气象服务的跨国公司。成立于1978年,总部设在美国马萨诸塞州的Billerica,现有雇员250名,其中100多名是气象专家。WSI的欧洲总部设在英国的伯明翰,另外WSI在中国以及巴西、墨西哥、智利、德国和东欧诸国均设有分支机构。WSI所服务的领域十分广泛,除公众气象服务之外,还涉及航空航天、远洋运输、能源交通、国防、电子信息等领域的气象服务。同时,也为政府一些部门正确决策提供天气信息服务。又如美国阿姆斯风险管理决策公司也是一家从事国际商业性气象服务的公司,该公司于1988年创建于美国加里福尼亚州的斯坦福大学,该公司并加盟摩根集团,1996年被评为全美第40个发展最快的公司。现有职员已达300多名。

日本的商业气象服务开始于1954年,以后逐步发展。1993年日本对气象业务法进行了重大修改,按照国家法律规定气象厅成立民间气象业务支援中心,1955年5月,对有关气象预报的营业管理办法进行了修改,从气象厅领到许可证的预报员可以独立从事营业性天气预报业务,他们主要根据用户需要在气象厅原产品上进行深加工,从而使日本商业性气象服务出现新的发展势头。特别是随着日本社会经济的发展,国家气象部门发布的气象预报,已经不能满足各个方面的需求,民间气象服务公司由此应运而生。截止至 1998 年 1 月，获得日本气象厅颁发的“预报业务许可证”的私营气象服务公司已达 39 家。其中 WNI(天气新闻信息 Weather New Information)公司是日本著名的民间气象公司，建于 1986 年，截止至 1998 年 1 月，该公司拥有资本金 8 亿日元。WNI 公司总部设在日本千叶县，并在东京、大阪等地设有 8 个分公司，同时还在国外建立了有关工作机构。全公司共有职员 700 多人，在日本国内有 400 多人，总部有 275 人。WNI 公司面向日本国内外开展商业性气象服务，内容包括航海、航空、商业、建筑、交通、农业等 24 个行业和领域，还向 50 家电视台提供天气预报节目。气象服务内容非常有特色，如他们为电力公司和煤气公司开展项目决策的气象服务，为 6300 多个杂货连锁店的商品库存和进货决策提供气象服务，为商业连锁店生产盒饭数量决策提供次日天气预报服务。该公司认为国家气象台是“大家的气象台”而他们的气象公司则是用户“您的气象台”。公司年营业额达 60 亿日元，其中电视天气预报收入占 50%。该公司在国外有很多分支机构，我国上海也有 WNI 公司的分支机构。

澳大利亚商业性气象服务起步于 1955 年，气象局开始向民航、国防部门提供的基本系统和基本服务之外的“额外服务”实行收费。1967 年气象局又增加了收取“额外服务费用”的部门。1976 年，气象局开始策划成立专业服务实体，并开始开展商业性气象服务，后因担心影响私营气象公司而未付诸实施。1990 年政府机构改革时，政府要求增加创收，气象局正式成立了专业服务机构，与私营气象公司在合作中展开竞争。刚开办时，气象服务实体只有 5 人，总部设在澳大利亚气象局本部(墨尔本)，分别在悉尼、佩斯和布里斯班等城市设立 3 个办事机构。到 1997 年气象服务实体的人员发展到 25 人。其中总部 12 人，三个办事处共 13 人。为规范气象服务市场，澳大利亚气象局提出了关于私营气象部门的政策，规定了私营气象公司应遵循的三个原则：即 WMO 气象资料和产品免费和无限制交换的原则；1958 年制定的气象法；不得在澳大利亚气象局专有的基本气象服务、天气警报、民航和防务以及国际义务等方面开展活动的原则。澳大利亚鼓励私营气象公司提供公众、专业气象服务及咨询服务。澳大利亚气象局对私营气象公司的管理与其它国家有所不同，不对申请开办的气象公司进行资格审查，只要求在气象局进行登记。澳大利亚的商业性气象服务进入 90 年代发展较快，目前有各类私营气象服务公司 49 个，其中外国公司 3 个、政府和科研院所所属机构 15 个、气象/环境公司 10 个、工程咨询公司 8 个、1～2 人的咨询顾问公司 13 个。

英国除私营气象服务公司从事商业气象服务外，英国气象局也开展商业气象服务。英国气象局商业气象服务所涉及的主要行业为：农业和森林，建筑和民用工程，零售流通和制造，政府和公共部门，教育单位，煤气、电力、燃料和能源、娱乐和旅游、媒体(电视和电台)、沿海工业、出版和流通系统、运输(陆地、海洋、航空和内河)等。

英国气象局设有专门的商业和产业部，负责气象服务产品的销售、市场开发、产品研制、产品生产和服务供给。商业服务部目前有 155 人，细分为若干单元，如业务网络、媒体商务、信息服务(传真等方式)、咨询与计划,以及销售。其中,业务网络服务收入占商业化服务收入的 34%,METSTAR(气象软件)占 10%,信息服务占 14%,独立媒体占 14%,BBC 广播公司占 10%,咨询和计划占 10%。1997～1998 财政年度英国气象局的商业化服务收入为 2448.6 万英镑,扣除人员工资及资料等费用 1820.7 万英镑,盈余 627.9 万英镑。英国气象局的商业气象服务占英国整个气象服务市场的 70%,其他 30%为私营气象公司占有。英国从 1996 年 4 月 1 日起,政府不再向气象局拨款,全部经费自收自支。主要的经费渠道,一是商业气象服务收入,占总收入的 15%;二是贸易基金(Trading Fund),即由政府相关部门支付的气象服务经费。1997～1998 财政年度,国防部付服务费 5411.9 万英镑,民航付服务费 2777.1 万英镑,公众服务收费 3611 万英镑,环境部支持研究经费 665.8 万英镑。政府规定这些部门只能使用英国气象局的气象服务,不能自行要求私人气象公司服务。核算这些部门应付的气象服务经费中,除了服务的直接成本外,还包含一定的气象基础设施的建设费和维持费用在内。

德国气象部门虽然实行的是国家公务员制度,但德国也是世界上开展商业性气象服务最早的国家之一,1952 年德意志联邦共和国气象法规定“任何组织或个人通过广播、新闻或以其它方式向公众传播德国气象局提供的气象信息,或使用德国气象局其他劳动成果,必须支付费用”。可以说德国对气象服务是全面收费,其价格标准由交通部统一颁布,在财务管理上,严格实行收支两条线,气象局的支出全部由财政部拨付,创收全部上交财政部。气象部门创收的原动力,在于创收与气象局长政绩和部门作为有关、与争取政府增加财政拨款有关,与气象部门公务员裁减有关。德国商业性气象服务的主要领域是航空、海运、陆运、新闻媒介、农业、建筑、医疗、水文等行业或部门。另外,德国有近 10 家私人气象公司。欧洲国家之间商业性气象服务竞争比较突出,为了解决相互之间竞争的矛盾,欧共体气象局成立一个联合机构,以协调解决商业化问题所引起的各国之间的利益矛盾。他们的主要作法是要求各国对本国气象资料的价格作出明确的规定,如德国私人气象公司要向德国气象局购买英国的气象资料,德国气象局就应当按英国气象局的价格收费,并将其中的 60%返回英国气象局,25%归德国气象局,15%为欧共体的专设机构,以这种方式维护各国观测资料耗费成本的权益。从这一点也可以感到欧洲国家商业性气象服务的发展情况。

新西兰从本世纪 80 年代开始,开展商业性气象服务。1992 年 7 月新西兰气象局被改组为两个国有机构。一是“国家水和大气研究所”,负责进行政府资助的有关气象及水文、海洋、生态的基本研究,并担负前述领域的咨询和研究。收集和存储气候资料也是它的职责。二是新西兰气象服务公司,负责气象业务,为政府、民航和军航、媒体和公众等三类主要客户提供气象服务。目前,新西兰气象公司设有三个服务实体:一个负责国家天气气象业务,包括观测系统保障、技术培训以及向政府提供咨询服务,如给国家交通部提供天气预报警报等;一个负责航空服务,主要是为国际和国内的航空公司以及新西兰皇家空军提供专门的预报服务；一个负责信息服务，主要是向媒体、工业和大众传送气象产品。经过几年的压缩，气象公司的工作人员到1997年底时为140人。公司1993年获得的净利润为167万美元，1994年为189万美元，1995年为230万美元，1996年为301万美元，1997年为356万美元。

第四节 新中国气象服务的发展

一、新中国气象服务发展的轨迹

新中国的诞生，为气象事业的发展开辟了广阔的前景。新中国气象工作的宗旨是保护人民生命财产安全以及为国民经济建设和国防建设服务。各级气象部门从组建之时起，一直把气象服务作为气象工作的出发点和归宿，在各个时期紧紧围绕经济建设和军事活动的中心任务和重点工作，努力做好气象服务工作，使气象服务工作从无到有，从小到大，从简单到复杂，取得了飞速发展。

1949年12月8日，中央人民政府革命军事委员会气象局成立，标志着新中国气象事业的诞生。1950～1952年，在我国国民经济建设三年恢复时期，气象部门在做好为军事气象服务的同时，尽可能地为交通、渔业、农业、林业、和水利建设服务。各地气象台站也逐步开展了为当地经济建设和防灾减灾的气象服务。1954年全国气象工作会议，确定了“要为国防现代化、国家工业化、交通运输业及农业生产、渔业生产等服务，防止或减轻人民生命财产和国家资产的损失，积极支援国家各种建设”的五年气象工作方针。随后，各级气象台站陆续开展了军航、民航的飞行气象保障服务，开展了国家和重点工程建设设计所需要的气象服务，还承担了长江、黄河、淮河、海河、辽河、珠江、松花江等主要江河流域的气象服务。气象服务的领域不断扩大，气象服务在国民经济建设和社会发展中发挥了重要的作用。

1957～1965年，是气象服务工作发展进程中的一个非常重要的阶段，为今后的气象服务工作的持续发展奠定了基础。一是在国务院领导的关怀和支持下，比较顺利地完成了主要为国防建设服务向主要为经济建设服务的工作重点转移，确立了气象服务以农业为重点的的指导思想；二是从国情出发，按照国家行政体制建立了全国气象服务网，为各级人民政府组织生产和指挥防灾减灾配备“气象参谋”；三是开展了以灾害性天气预报、警报服务为中心，气象情报、气象预报、气候分析、专业气象服务等多种气象服务形式同时上，比较好地满足了经济建设和国防建设对气象服务的需要。但是，这一时期的气象服务工作也受“左”的错误和形而上学的影响，先进科学技术发展迟缓，在强调为农业服务为重点时，对为国民经济其他部门的气象服务工作重视不够。

1966～1977年，是气象服务停滞不前的特殊时期，即“文化大革命”时期。主要体现在两个方面，一方面是，由于受“文化大革命”的冲击，大批领导干部和气象科技人员遭受打击迫害，技术人员流散；管理机构瘫痪，制度废弛；仪器设备失修，报表积压，气象基本资料整编停顿，气象基本业务质量下降，这一切严重地影响了气象服务的发展。另一方面是，受当时特殊需要，过分强调为国防和战备服务，大大削弱了为社会发展和国民经济建设服务，直接影响了气象服务效益的充分发挥。

党的十一届三中全会以来，我国的气象服务工作进入了一个全面发展的新阶段，并取得丰硕成果。一是初步建立了新的气象服务体系和运行机制。广泛开展了决策气象服务、公众气象服务、专项气象服务、专业有偿气象服务和科技扶贫服务等多种类型的气象服务。服务领域明显拓宽，服务对象涵盖了各级党政领导机关、国民经济各部门、企事业单位和广大人民群众以及国防科学试验研究部门等。服务的内容由单纯的气象信息服务发展到气象信息、适用技术和气象工程服务等多种气象服务。服务产品包括，天气预报、气象情报、气象资料、气候分析应用、气象卫星信息分析应用、气象适用技术、气象雷电灾害防御、人工影响天气等。气象服务效益明显提高；二是随着改革开放和社会主义市场经济体制的建立，促进了气象服务观念、服务思想的更新和发展。这不仅使这一历史时期气象服务的全面发展得以顺利进行，而且对未来气象服务的发展也具有深远的影响；三是气象服务现代化建设取得了一定的进展；四是气象服务法制建设取得新的进展。先后制定颁发了《中华人民共和国气象条例》和《中华人民共和国气象法》，以及《气象服务规定》、《汛期气象服务规定》等，保证了气象服务的健康发展。同时，也存在一些不足，主要体现在：气象服务的总体水平、能力以及服务内容还不能满足各级党政部门和广大人民群众的有效需求，特别是短期气候预测、重大灾害性、关键性、转折性天气预报和定时、定点、定量预报的准确率仍然制约着气象服务水平和能力的提高；气象服务系统的现代化水平明显滞后于气象业务现代化的水平，不能适应气象服务发展的需要；气象服务产品专业化加工还不够，气象科技服务产品进入市场的能力和产业化程度还不高；气象服务管理体制和运行机制不能适应气象服务发展的需要，依法规范气象服务的工作还十分薄弱等。为了及时有效地解决这些问题，在 2000 年第四次全国气象服务工作会议上，明确提出要建立和发展面向 21 世纪的现代化气象服务体系，以适应国民经济建设和社会发展对气象服务的需求。

二、决策气象服务

决策气象服务是具有中国特色的特殊气象服务。自建国以来，各级政府对国民经济建设和人民生命财产有重大影响的重大灾害性天气预报服务极为重视。1954 年，周恩来总理签发了《关于加强灾害性天气预报警报和预防工作的指示》，表达了我国政府对灾害性天气预报服务的高度重视。新中国成立以来，各级气象部门一直将气象服务作为气象事业发展的出发点和归宿，明确保护人民和为社会主义现代化建设服务是气象服务的根本宗旨。1987年新疆自治区气象局在全国首先提出了决策气象服务的概念,随后对决策气象服务的理论和实践开始了新的探索和深化。在1990年度全国气象局长会议上,正式确定了决策气象服务的概念。在1995年宜昌召开的全国第三次气象服务工作会议上,对决策气象服务作了进一步的全面论述,明确提出"坚持在公益服务与有偿服务中,以公益服务为首位,在决策服务与公益性公众服务中,以决策服务为首位",确定了决策气象服务的地位。从此之后,决策气象服务在各级政府防灾减灾、趋利避害,促进国民经济建设和保护人民生命财产方面成绩突出,效益显著。为各级党、政领导部门组织防灾减灾、指挥生产,提供了准确、及时、主动、科学、高效的气象服务。如1995年长江干流及洞庭湖、鄱阳湖水系出现的百年不遇的特大洪涝灾害,陕西、甘肃等地出现的40~60年一遇的特大干旱,1996年全国近30个省(区、市)大范围的不同程度的洪涝灾害(其中湖北省出现了接近1954年的特大洪涝灾害),以及1997年11号台风与天文大潮共同作用下严重影响沿海12省(市)的台风灾害,特别是1998年长江发生了1954年以来的又一次全流域性大洪水,松花江和嫩江发生了超历史记录的特大洪水,闽江和西江发生了百年一遇的大洪水,防汛抗洪抢险工作出现了十分紧张和严峻的局面。在严重气象灾害来临的关键时刻,各级气象部门都以准确的预报、优质、高效的气象服务为减轻人民生命财产损失,为夺取防灾减灾的胜利作出了重大贡献,得到了党中央、国务院和各级党政领导的高度评价和嘉奖。这些优质的气象服务大大提高了气象部门在国民经济建设和社会发展中的地位和作用。

随着改革开放的不断深入,对决策气象服务的重要性认识进一步提高。各级气象部门认真落实防汛抗旱工作行政首长负责制,一把手亲自抓组织、抓落实、抓检查、抓服务,亲临预报服务第一线,坐镇指挥,主动为当地党、政领导部门提供了准确、及时、主动的防汛抗旱决策气象服务信息。在首都纪念抗日战争胜利50周年庆祝活动、香港回归、党的十五大等国家重大政治社会活动和三峡工程大江截流、京九铁路建设等国家重点工程建设中,气象部门提供的气象保障服务都取得了良好的社会、经济效益,受到了党中央、国务院和各级地方政府的好评。

决策气象服务能力明显增强,特别是气象为农业服务的能力明显提高。随着气象业务现代化建设的进一步发展,形成了短期气候预测,中、短期和短时天气预报服务以及情报服务互为补充、滚动订正的业务系统;预报预测更加准确,气象情报收集处理更加及时快捷;逐步形成了为党中央、国务院和各级地方政府提供气象情报、预报和决策气象服务的体系,决策气象服务内容更加充实,气象灾害监测(包括气候灾害监测)服务更加主动。

各级气象部门为地方党政领导部门组织防灾减灾、合理安排生产、科学制订发展规划等提供了优质的气象服务。决策气象服务受到了中央农村工作会议和各省(区、市)农口有关工作会议的高度重视。短期气候预测,特别是汛期降水趋势预测受到各方关注,是每年国家防汛抗旱总指挥部第一次全体会议的重要汇报内容。气象部门为各级政府提供的农业产量预报,方法客观、预测结果准确;气象服务在森林和草原防火、人工影响天气、气候资源合理开发利用和环境保护等方面也有了新的进展,取得了明显的成效。

决策气象服务现代化、专业化和综合化建设开始起步。1992 年开通了中国气象局至中南海的光缆传输系统,并开始制作中南海"气象信息"服务节目;1995 ~ 1998 年在中南海建成了国务院防汛气象信息服务系统,经过不断的改进和完善,已经成为国务院决策信息系统的重要组成部分,成为中央领导同志了解气象信息的重要窗口;1996 年建立了北戴河国务院暑期气象服务系统;统一规划、统一设计的省级决策气象服务系统建设开始启动,截止至 1997 年年底统计,全国气象部门为地方政府和其它部门安装的决策气象服务终端有 861 个。其中,为省级政府安装了 119 个,为地级政府安装了 271 个,为县级政府安装了 176 个,为其他部门安装了 295 个。各地气象部门针对当地政府的需求,积极探索决策气象服务的手段和方式,建立了各具特色的政府气象服务终端,开展了多种形式的决策气象服务系统。决策气象服务在服务方式、手段和服务内容上呈现了多样化,服务能力和质量不断提高。

在组织管理方面进行了积极的探索。随着中国气象局和各省局《决策气象服务周年方案》和《中国气象局汛期气象服务工作实施方案》等一系列规定、办法的制定,决策气象服务管理逐步走向法规化、规范化。中国气象局重大天气气候联合服务组及决策气象服务办公室,各省(区、市)气象局也先后成立了决策气象服务领导小组或决策气象服务办公室,使决策气象服务做到了实体化、专业化和规范化,从而有力地促进了决策气象服务的发展。

三、公众气象服务

公众气象服务是各国气象服务的重要内容之一。我国最早是在 1916 年初,中央观象台以天气图的方法试作天气预报,并正式发布北京天气预报,每日两次,在观象台内悬挂信号旗,并报送报馆公布。新中国成立后,经国务院批准,从 1956 年 6 月 1 日开始,气象部门的短期天气预报,通过新闻媒介公开发布。先后通过《人民日报》、《北京日报》、《工人日报》、《光明日报》和中央人民广播电台和北京人民广播电台以及其他省(区、市)的报刊、广播电台等宣传媒介公开发布了北京地区和全国范围的短期天气预报。1981 年 7 月 1 日,中央电视台新闻联播节目开始播发中央气象台的天气预报。当时主要是口播天气形势预报和 8 个城市的天气要素预报。1984 年 1 月,由于电视技术的发展,城市天气预报利用数字特技"拉洋片"播出; 1986 年 10 月 1 日,国家气象中心电视天气预报制作系统建成,每天由中央气象台编制定时送中央电视台播出;1987 年和 1988 年先后增播和开播了"英语天气预报"、"海洋天气预报"和"气象与农情"专题节目。1993 年 3 月 1 日,经国务院批准,电视天气预报节目进行了改革,增加了"早间"、"午间"、"午夜"气象预报节目,经新增城市天气预报及景观实施有偿播出。从当日起,播音员以天气预报节目主持人的身份走上屏幕，深受观众的好评；1996年1月，中国气象局和广播电影电视部联合下发了《关于进一步加强电视天气预报工作的通知》，进一步明确了电视天气预报节目由气象部门制作。1997年5月，在中央电视台增加了凌晨天气预报节目，并在早间气象服务节目中推出了由主持人播讲的新颖形式。在中央电台新开辟的《商务电视》栏目中开播了“气象信息”节目，电视气象服务首次进入经济栏目。除国家气象中心外，到目前为止，全国各省（区、市）及计划单列市以及232个地（州、盟、市）和507个县（市）气象局建立了电视天气预报预报系统，实现了微机制作、动态显示和电子编辑合成。其中有24个省（区、市）和5地（市）和1个县在电视天气预报节目中上了主持人。至此，以电视天气节目为主体的公众气象服务得到了蓬勃的发展，受到了各级领导和人民群众的欢迎和好评，取得了良好的社会效益。

电话、报刊的天气预报服务虽然开展较早，但进展比较缓慢，变化不大，1960年1月起北京地区的公众气象服务改由北京市气象台负责。从方便公众出发，1965年北京市气象台与北京市电话局合作，建立了“123”（后改为“121”）天气预报电话询答服务。直到1995年，电话气象信息服务才在全国范围开始发展，特别是1997年以来，电话气象信息服务发展十分迅猛。主要体现在：一是推广普及快。据不完全统计，截止至1999年底的统计，全国已有1220个市（含省会城市、地县级市）、县开展了电话气象信息服务，分布在全国30个省（区、市）（西藏自治区除外）；二是社会效益十分突出。许多地方从无到有，社会公众普遍反映良好，认为这种服务方式方便、快捷，贴近公众生活，是提高人民生活水平的需求，是公众的好助手、好参谋；三是自身经济效益显著。1996～1999年的4年间，创收收入每年均以30%的左右的增长率递增；四是服务内容不断丰富。从单一的天气预报服务扩大到空气污染、体感温度、双休日、上下班、风土人情、体育锻炼、疾病、旅游、紫外线等方面，极大地满足了社会公众生活需要。另外，北京、上海在开展“121”服务的基础上，分别于1997年、1998年先后开展了“221”电话气象信息服务，目前也已取得明显的成效。

报纸天气预报服务是公众气象服务的重要形式之一，自1956年6月1日开始，在《人民日报》、《工人日报》、《光明日报》等重要报纸上刊登天气预报以来，全国各地主要报纸都刊登天气预报。随着广大公众对报纸天气预报服务需求的日益增加，报纸天气预报服务有了较大发展。特别是部分大城市的报纸天气预报服务无论是服务的内容和方式都有了明显改进。如北京、上海、广州等大城市先后在《新民晚报》、《羊城晚报》和《北京晚报》及《北京青年报》等报纸上先后开辟了天气预报服务专版或专栏，服务的内容由原来单一的每日天气预报扩展到节假日、双休日天气预报、各类气象指数预报、主要景点天气预报、国内主要城市和世界主要城市天气预报、未来一周天气展望、市民关注的重要天气评述及有关气象科普等。使我国的报纸天气预报服务也经历一个从无到有，从点到面、从单一到逐步丰富的发展过程。

四、气象有偿服务

气象有偿服务是在党的十一届三中全会精神指引下，为适应国民经济建设和社会主义市场经济发展的需要发展起来的。有偿气象服务是气象科技面向市场、面向经济建设和气象科技成果转化为生产力的主要途径和方式，是气象部门深化改革和加快发展的重要举措。

新中国成立以来，国家一直给予气象事业单位全额拨款，各级气象台站只开展单一的公益性气象服务。党的十一届三中全会后，随着党的工作重点的转移和改革开放的深入，国民经济各行各业以及一些用户对气象服务提出了许多新的特殊需求，要求气象部门提供各种针对性更强、更加专门化的专业服务，如商场夏季空调销售的气候预测、远洋船舶的气象导航等，这些专门加工的针对性服务可以给用户带来巨大的经济效益和商业利益。为了适应社会主义市场经济发展对气象服务的特殊需求，各级气象部门在做好公益性气象服务（政府决策气象服务和公众气象服务）的同时，开始有偿气象服务的探索和实践。

气象有偿服务最早是从省级气象台开始，如北京市气象台 1979 年成立专业气象服务组，1981 年改为专业气象服务科。1980 年开始，北京市气象台与北京市小红门乡牌坊大队签订了气象服务合同，按照农业生产季节，抓住最佳播种期、关键农时和生长期，提供全方位的气象服务。服务收费本着有益于农业生产的经济效益，在不增加农业经济负担的前提下，与大队干部共同协商确定。山东省气象局气候资料室于 1979 年承担了山东石横电厂建设项目大气环境评价，之后又先后承担了莱芜电厂、邹县电厂、十里泉电厂等建设项目的大气环境评价。1980 年 6 月吉林省气象台和铁道部吉林铁路局签订了《提供使用专业天气预报的协作合同》，在合同中对双方的权利、义务以及服务内容、要求，联络方法，服务费用都作了明确规定。1980 年 7 月，上海中心气象台对部分气象服务项目先在几个单位试行收费。收费标准由双方协商解决。1980 年 9 月，上海中心气象台首次与市粮食储运公司签订有偿服务协议，按储运业务需要，定时或不定时提供气象预报警报服务。储运公司按协议付给专业预报服务费。1981 年有偿服务扩大到 23 个单位，用于服务的直拨电话增加到 13 台和 5 条专线。1982 年有偿服务继续扩大。1982 年 9 月底，上海中心气象台向上海港口装卸作业提供 10 次雷暴雨短时预报，确保了 1219 艘中外货轮及码头货物的安全。

经过三年多的探索、试验，气象有偿服务面进一步扩大，从陆地到海洋，从一般项目到国家重点建设项目，增加了许多新的服务合同，服务内容、手段都有增加，服务的经济效益更加明显，越来越多的用户开始尝到气象服务的甜头，主动要求签订服务合同。1984 年 10 月，党的十二届三中全会通过了《关于经济体制改革的决定》，以城市为重点的国民经济体制改革从此全面展开，气象部门为使气象服务进一步适应国民经济体制改革的形势，总结了气象有偿服务试点中探索积累的经验，在1985年全国气象局长会议上明确作出了在大力加强社会公益气象服务的同时积极推进有偿服务的决定。1985年国家气象局向国务院呈报了《关于气象部门应当大力开展专业有偿服务的和综合经营的报告》。1985年3月29日，国务院办公厅以国办发[1985]25号文件形式向各省、自治区、直辖市人民政府正式批转了这个报告。在报告中明确指出："气象事业是一项公益事业，多年来气象服务一直是无偿的，随着四化建设的发展，国民经济各部门对气象服务的需求越来越迫切，要求越来越具体、细致。……为了使气象工作能更好地适应各行业企事业单位和个人发展商品经济的需要，气象部门在继续做好无偿的公益服务的同时，要逐步推行有偿服务。"

1986年1月14日，当时的李鹏副总理在全国气象局长会议上充分肯定了气象部门开展气象有偿服务所取得的成绩和做法。李鹏副总理明确指出："气象部门是国家的事业单位，开展专业有偿气象服务，目的不仅是为了增加一些收入，而是要在搞好公益气象服务的基础上，开拓服务领域。因为开拓了服务领域以后，能够更好地为国民经济各部门、为工农业生产、为各行各业服务。去年以来，你们在交通运输、海上石油勘探、保险业务、森林防火、港口建设等方面都开拓了不少新的服务领域，效果是好的。好处可以归纳为5条：①开拓了服务领域；②进一步加强了工作责任心；③加强了服务针对性，促进了业务技术水平的提高；④提高了气象预报的质量；⑤增加了一部分收入。"

1986年8月，财政部和国家气象局联合下发了《关于气象部门开展专业气象服务收费及其财务管理的几项规定》，此规定对气象部门开展专业有偿服务的收费及其财务管理作了相应的规定。至此，气象部门的气象有偿服务在党的十一届三中全会精神的指引下，在国务院[1985]25号文件的推动下，有偿气象服务开始步入了全面发展阶段。

从自1992年开始，在邓小平同志南巡重要讲话和党的十四大精神指引下，我国经济建设和改革开放出现了快速发展的大好形势，促进了气象服务进一步向纵深发展。特别是，1992年8月哈尔滨全国气象局长工作研讨会确立了建立新型气象事业结构的战略决策，把以专业有偿服务为重点的气象科技服务作为气象事业三大块中的第二块。从此之后，气象部门开始深化气象服务体制改革，北京市气象局于1995年2月率先成立专业气象台。专业气象台成立之后，加强了专业有偿气象服务的现代化建设，建立了专业气象服务系统，初步实现了信息采集、服务产品加工和分发的自动化，开始逐步缩小专业有偿服务现代化建设和基本气象现代化建设的差距。

气象有偿服务经过10多年的努力，气象有偿服务得到了长足的发展。

第一，拓宽了服务领域，满足了用户的特殊需要。经过10余年的艰苦努力，目前服务领域扩展，服务合同数明显增加。1986年到1995年，服务合同以年均17.2%的速度增长，服务项目年均增长16.2%，服务覆盖面有了很大的增加。气象有偿服务的领域之所以能够迅速扩大，服务合同和服务收入逐年增加，关键是这些专门加工提供的、有针对性的服务可以给用户带来巨大的经济效益和商业利益。用户愿意在获取明显效益的情况下，支付少量的费用来得到此类服务。

第二，开展气象有偿服务，有力的支持了气象事业的发展。通过开展气象有偿服务，不仅进一步促进了气象科技向现实生产力的转化，提高了用户的经济效益，同时在一定程度上弥补气象事业经费的不足。实际上，较长一段时间以来，由于国家财力有限，中央财政对气象部门拨款总量不大，如 1997 年中央财政给气象部门人均经费不到 0.9 万元（中央财政拨款 7.4 亿元，气象部门包括离退休人员总人数以 8.2 万人计），人均经费中包括了工资、业务运行及公务费用，其中人员经费占很大比例，这些经费勉强维持半年。在这种情况下，不足部分除争取当地政府的财力支持外，相当一部分来自于有偿服务。有偿服务对气象事业的支持能力，逐年增强。但各地情况不一，东部发展快，西部地区因市场经济不发达，此类服务开展较慢，规模不大。

第三，气象有偿服务的发展，促进了气象事业的结构性调整。我国的有偿服务坚持依托基本气象系统，加快建立现代化专业气象服务系统，切实发挥气象服务的整体效益。气象有偿服务在一些地方已经开始走向实体化、产业化的道路。通过加强专业气象服务的现代化建设，努力提高专业气象服务产品的科技含量，是气象有偿服务逐步向集团化、产业化、规模化发展的重要内容。一些省已成立了专业气象台，开始建设“省会城市专业气象服务系统”，以切实提高有偿服务的现代化水平，促进气象科技更有效的转化为现实生产力，更好地满足用户对气象服务的特殊需要。同时在运行机制上开始向自收自支，实施企业化管理的方向推进，气象有偿服务的发展为气象事业结构调整、人员分流和减员增效提供了支持条件。

1999 年 10 月 31 日由中华人民共和国第九次全国人民代表大会常务委员会第十二次会议审议通过的《中华人民共和国气象法》（简称《气象法》）第三条第四款明确规定：“气象台站在确保公益气象服务的前提下，可以依法开展气象有偿服务”。这一规定从法律的高度明确了气象有偿服务的法律地位和合法权利。为气象有偿服务的健康、持续和快速发展提供了法律保证。

我国气象有偿服务是改革开放和社会主义市场经济发展的产物，经过近 20 年的开拓努力，目前在服务领域、服务创收、项目开发、服务手段现代化建设、运行机制的探索、管理方式的优化、人才和队伍的培养和建设等方面取得了长足的发展，气象有偿服务在创造了显著的社会经济效益的同时，也取得了良好的自身效益，支持了气象事业的发展，在一定程度上弥补了财政拨款的不足，增强了气象台站的活力和自我发展能力。同时，气象有偿服务的不断深化和发展，实际上也是使我国商业性气象服务的产生和发育创造了良好的条件。

五、商业性气象服务

商业性气象服务是面向市场的、以营利为目的的气象服务行为。从国际上来讲，商业性气象服务已经历了一个发展演变的过程。从20世纪40年代以后，国外一些国家先后开展了商业性气象服务，私人气象公司相继出现。进入80年以来，随着科技、社会经济的发展和气象信息准确性的提高，社会要求气象服务的内容越来越广泛，进一步促进了商业性气象服务的发展。

我国商业性气象服务是在气象有偿服务发展到一定程度和近年来国际商业性气象服务的快速发展的前提下提出来的，目前还处于探索、起步阶段。近年来国际商业性气象服务发展很快，国外气象服务公司已瞄准我国社会主义市场经济迅速发展带来的潜力很大气象服务市场，已采取多种途径和方式进入和占领我国气象服务市场。实际上国际气象商业性服务已进入中国市场，如海洋导航、石油平台服务等。为了探索和培育我国商业性气象服务发展的途径，增强我国商业性气象服务的能力，适应国际商业性气象服务发展的需要，中国气象局组织有关专家对商业性气象服务的发展对策进行了研究，并提出许多加快我国商业性气象服务发展的思路和途径。1998年1月在上海召开的全国气象局长会议上，明确提出"面向市场的商业性气象服务，实质上是商业性气象服务、经营性的服务，应当既讲成本又讲利润，价格随行就市，这实际上也是国家鼓励培育、发展信息咨询产业的组成部分，应当理直气壮，大力宣传，大胆实践"。与此同时，我国的商业性气象服务开始起步，有些地方开始探索商业性气象服务发展的途径，如通过机制转化，将有偿服务的服务组织转化为商业性服务组织，按市场机制进行运行，国内也先后出现了私人气象服务公司等，尽管如此，我国的商业性气象服务还处于起步阶段，还远未形成规模。

在《气象法》第七条第一款中也明确规定："……发展气象信息产业，提高气象服务水平"。商业性气象服务是气象信息产业的主要组成部分。这就从法律的角度确立了在我国发展气象信息产业和商业性气象服务的法律地位。为在我国发展气象信息产业和商业性气象服务提供了法律保证。

2000年在上海召开的第四次全国气象服务工作会议上，正式将我国气象服务分为公众气象服务、决策气象服务、有偿气象服务和商业性气象服务四大类，为我国商业性气象服务的发展提供了良好的政策环境。尽管如此，我国商业性气象服务目前尚处于探索、起步阶段。

这一切都为我国商业性气象服务发展创造良好的政策环境和外部环境。可以预见，随着我国对外开放的不断扩大，外国气象服务公司将不断进入和占领我国气象服务市场，这必将促进我国商业性气象服务的快速发展。

综上所述，我国的气象服务也经历一个从无到有，从弱到强，从单一的气象服务发展到以公众气象服务、决策气象服务、气象有偿服务和商业性气象服务为一体的多层次、全方位的综合性气象服务的发展历史。目前,我国的气象服务已进入了全面发展时期,并且已经从气象基本业务中分工分业,已开始向相对独立的气象服务业的方向发展。

尽管如此,从一个行业和产业应该具备的特征分析,目前我国的气象服务业还不够完善,还没有实现真正意义上的产业化、规模化、效益化。主要表现在:气象服务总体水平、能力以及服务内容还不能满足快速发展的社会、经济、国防建设和广大人民群众对气象服务的需求;气象服务现代化水平与国民经济建设和社会发展还不相适应,特别是气象服务系统的现代化水平还不高,气象服务产品深加工和综合集成还不够,气象科技服务市场还尚未很好发育和完善,气象科技服务产品进入市场的能力和产业化程度还不高;气象服务管理体制和运行机制还不能适应气象服务发展的需要,依法规范气象服务的工作还十分薄弱等。为了加快气象服务的发展,提高气象服务的能力和水平,更好地适应改革开放和社会主义市场经济发展的需要,中国气象局在 2000 年 5 月召开的第四次全国气象服务工作会议上明确了我国建设面向二十一世纪的现代化气象服务体系的指导思想和奋斗的目标。

可以预见,随着我国改革开放的不断深入、社会主义市场经济体制的不断完善和现代高新技术的快速发展以及我国加入世贸组织的日益临近,我国的气象服务,特别我国的商业性气象服务将面临严重的挑战和难得的发展机遇。在继续大力加强公益性气象服务的同时,要抓住机遇,不失时机地大力发展商业性气象服务,加快形成真正意义上的气象服务业,实现气象信息服务的市场化、产业化,集团化和规模化已经是指日可待。发展我国的气象服务业方兴未艾。

参 考 文 献

[1] 温克刚,中国发展丛书(气象卷)(1949 ~ 1999),红旗出版社,1999。
[2] 宋时轮、肖克,中国军事百科全书(有关分册),军事科学出版社,1991 ~ 1993。
[3] 中华人民共和国气象法,气象出版社,1999。
[4] 章澄昌,产业工程气象学,气象出版社,1997。
[5] 徐祝龄,气象学,气象出版社,1994。
[6] 孙膑兵法,文物出版社,1975。
[7] 谢世俊著,中国古代气象史稿,重庆出版社,1991。
[8] 刘昭民著,西洋气象学史,中国文化大学出版社,1982。
[9] 唐万年主编,高技术局部战争气象保障概论,气象出版社,1998。
[10] 谢义炳著,谢义炳文集,北京大学出版社,1997。

第三章　气象服务基本原理

气象服务已经有相当广泛的用户,“气象服务”一词似乎人人都懂得。但是,即使是气象服务业里的专业人员,也未必人人都从现代科学技术角度深入地考虑过气象服务的本质是什么。

所谓知识经济,就是以知识为基础的经济。如果气象知识已经转变为某经济部门的效益,这部分的经济效益就是以气象知识为基础的经济效益。气象科学技术要成为知识经济的重要组成部分,就必须使尽可能多的行业的经济实现以气象知识为基础。气象知识怎么样才能成为这种基础呢?气象是一种资源,这个观点已经不仅仅是气象工作者的观点,而且也正在被越来越多的用户所接受。从知识经济的角度看,气象知识的价值在于让人们更合理地利用气象资源,更有效地去避免气象灾害可能给他们带来的危害和损失,也就是说,更有效地趋气象环境之利、避气象灾害,从而提高运行效益。实现这一目标的途径就是气象服务。问题在于:什么样的气象服务才能最有效地将气象科技转变为现实的服务效益,这就是气象服务基本原理要回答的问题。

从现实考虑,随着市场机制的完善,“面子合同”越来越不起作用;靠政府行政指令推行气象服务也不符合市场规律,这种情况正在改变。随着市场的培育,不断提高气象服务效益是气象服务实体在激烈的市场竞争中立于不败之地的根本依靠。气象服务基本原理要进一步回答的问题是:气象服务为何可以提高用户的经济效益?气象服务是根据什么原理提高用户经济效益的?

气象服务学是研究基本气象科学技术如何转化为各行各业效益的应用技术学科。作为一门现代应用技术学科,气象服务学应当形成有它自身特色的理论和方法体系。气象服务学涉及非常广泛的各种科学技术问题,不仅涉及自然科学的多种学科,而且涉及软科学技术问题。在讨论具体的技术问题之前,首先要重点讨论气象服务所涉及的有关基本概念和原理问题。各类气象服务活动所涉及的相关的科学技术原理也非常广泛,难以在有限篇幅内全面论述。本章旨在总结气象服务实践经验的基础上,重点从科学技术角度综合概括气象服务的基本原理,并在此基础上进一步讨论气象服务基本原理的推广和应用。

第一节　气象服务的科学技术基础

从科学技术角度看,气象服务要产生效益必须具备以下一些科学技术基础:服务对象系统具有气象可控性;气象对该服务对象系统的制约关系具有可测性;相关的气象因子本身也具有可测性。

一、系统的气象可控性

任何开放系统都是在一定的外部条件下按一定的规律变化的。由于某些内部条件和外部条件有着紧密的相互作用,适当改变某些条件有可能对系统的状态产生影响,从而起到控制系统状态的作用。系统的这种可以通过适当改变某些条件来实现状态控制的性质称为"系统的可控性"。

从理论上讲,开放性的系统应当都具有可控性。但是,一个系统要具有现实的可控性,必须具备两个条件:一是制约的规律已经掌握;二是现有的工程技术已有足够的能力利用这一规律去实施控制。所以,现实的系统可控性是一种相对的概念。它是指在一定科学水平和工程控制能力条件下的可控性。随着科学技术水平的不断提高,控制水平和能力将会越来越高,现实的可控性也就越来越强。

对各种系统的控制涉及极为广泛的工程控制技术。对象系统的气象控制工程技术也是一个相当复杂的问题。在深入研究气象控制工程技术之前,需要研究的一个基础性问题,是该系统是否具有气象可控制问题。

一个系统的气象可控性问题包括以下两方面的内涵:一是制约系统状态的气象环境的可控性问题;二是气象环境对系统的影响的可控性问题。

如果某系统的状态受制于气象环境,而且这种气象环境是可调控的,或气象环境对它的影响是可调控的,我们称该系统具有气象可控性。相应的控制工程技术称之谓气象控制工程技术。系统的气象环境具有可控性时,相应的控制工程技术称为气象环境调控技术,其直接调控的对象是用户所处的气象环境,如图 3.1(a)所示,它是通过直接调控用户所处的气象环境使之处于有利提高运行效益的状态;气象环境对系统的影响具有可控性时,相应的控制工程技术称为气象影响调控技术,它通过调控用户系统的部分结构使之具有趋气象环境之利、避气象环境之害的功能,如图 3.1(b)所示。

这里所谓的可控性,是广义的可控性,不仅包括严格意义上的可控性,也包括对气象环境的一定程度上的可影响性、对气象条件的可选择性以及气象环境对系统影响的可调控性。概括总结古今中外各行各业的气象控制实践活动,可以将气象控制活动概括为以下五种类型:

①气象环境调控型;

②气象环境影响型;

③气象环境择优型;

④气象影响调控型;

⑤综合型。

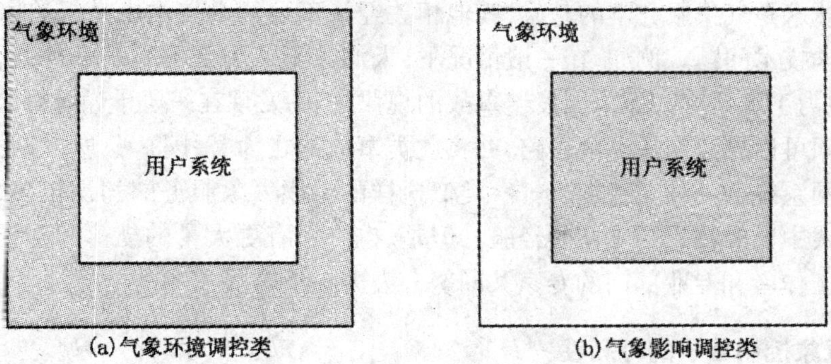

图 3.1　气象控制类型示意图
图中阴影区为气象调控直接对象

本章第三节将进一步对各种气象控制工程技术问题做进一步的讨论。本书的第三编还将专门讨论有关气象控制工程的具体技术方法问题。

系统的气象可控性是实施有效气象服务的科学基础。在没有弄清楚某系统是否具有气象可控性之前,是不可能有科学的气象服务方案的。但是,要想认定一个系统是否具有气象可控性,需要做一系列的基础性科学研究工作。首先需要研究的问题是气象对该系统是否存在制约关系,这种关系是否在现有的科学技术水平下是可以具体测定的。

二、气象制约关系的可测性

气象对系统的制约关系的可测性是指在一定的科学技术条件下可以获知(实测或推测得到)气象对某对象系统的制约关系。要想实现气象对具体的服务对象系统状态的有效气象控制,首先必须掌握气象因子对该系统状态的制约关系。这里有一个客观前提问题,就是是否气象因子对该系统的制约关系是客观存在的,是可以得知的。只有对具有气象制约关系可测性的系统,人们才可能通过适当的数学、物理方法在一定精度上测定这种制约关系。有关揭示气象制约关系的具体方法将在第十四章详细讨论。

气象制约关系的可测性也是相对的。实际的气象制约关系可测性是指在能够满足用户需求精度条件的制约关系的可测性。这种可测性将随着科学技术的发展而不断拓展,例如,大气中存在一种水平尺度比较小但强度很强的下沉气流。这种下沉气流对于飞机的安全危害极大。在几十年以前,由于没有精确的垂直气流的探测手段,人们对这种下沉气流造成飞机失事的原因认识不深,不知道杀手是谁。随着大气探测技术的进步,现在这种下沉气流(称之谓"下击暴流")造成飞机失事的物理本质已经被揭示清楚,气流对飞机失事的具体关系也就有了现实的可测性。

从学科分类看,揭示气象环境对各类用户系统的制约关系本质上是气象科学技术问题。但是另一方面,它又涉及诸多的经济部门的专门工程技术问题。所以,不仅气象基本科学技术是气象服务学的基础,其他相关经济工程科学技术也是气象服务学必须涉及的科学技术问题。例如,在一般情况下,人们并不认为毛毛雨是一种灾害性天气。然而,在电力系统研究高压电网发生事故的规律之后,发现在一段干燥晴好天气之后出现的毛毛雨可以导致高压电网短路,并将此类事故称之为“污闪”①。所以,毛毛雨实际上就是电网系统的一种灾害性天气。类似这样的专用气象服务的知识很多,各行各业用户在实践中已经积累了丰富的经验。但是,也许还有更大量的规律和知识有待通过气象科技工作者和专业部门的专家共同努力去进一步揭示。

三、气象控制因子的可测性

为了实现对系统的控制,在掌握了气象条件对用户该系统的制约关系之后,还必须进一步找出为利用这种制约规律于控制所必须适时提供的气象因子。这种专门为实行有效气象控制而提供的气象因子我们称之为气象控制因子。有的时候,特定用户系统所需要的气象控制因子可能是特定时间和地点的常规气象要素;有的时候,所需要的也可能是若干常规气象要素的函数,还可能是非常规气象要素,或则是常规气象要素和非常规气象要素的函数。明确了气象控制因子的具体内涵和精度要求之后,进一步的问题是:是否这种气象控制因子是可以测得的,即:在现实条件下这种气象控制因子是否具有可测性。气象控制因子的可测性是指在目前的科学技术水平下可以通过一定的科学技术手段测得(实测或预测)这个气象控制因子;气象控制因子的可测性也是相对的,是指在一定精度上的可测性。随着科学技术水平和探测手段的提高,可测性的范围和程度将不断有所提高。气象控制因子可测性是气象服务的重要基础之一。

作为一门应用物理学科,气象科学就是在各行各业对气象的需求的推动下不断发展起来的。因此,提高气象控制因子的可测性需要充分应用现有的大气科学技术成果。也就是说,大气科学技术是气象控制因子具有可测性的基础。例如,几十年之前,远洋航行在启航之前很难根据气象预测来主动对航线作出选择。但是,在今天,航线的气象条件预测已经成为可能,远航船舶可以在启航前根据各航线的气象预测,趋沿途气象之利,避气象灾害,选择经济效益最好的航线,航线气象环境也就具有了现实的可测性。

第二节 气象服务的基本原理

气象服务的实践活动涉及相当广泛的科学和技术领域,随着气象服务的发展,这种领域还在不断地扩大之中,不可能在有限的篇幅里全面论述气象服务所涉及的各种科学技术的具体原理。本节旨在运用现代控制理论、信息论和系统科学的有关理论和方

① 孟遂珍、吴宝俊,我国电网污闪跳闸事故发生的气象条件,新一代气象服务体系研究文集(二)。

法，观察研究各种气象服务产生效益的过程，总结提炼气象服务实践经验中所包含的共性本质。研究结果表明，现代气象服务基本原理可以概括为“气象控制论”。

一、气象控制系统和气象控制论系统

1. 控制系统

所谓控制，就是指控制主体对受控制的客体的一种能动作用。一般说来，一个系统是由一些相互制约、相互作用的元素所构成并具有整体的功能和综合行为的统一体。所谓控制系统是指在特定的某种环境条件下由下述三种元素所构成的具有控制功能与行为的系统。这三种元素是：作用者（控制主体）、被作用者以及将作用由作用者传递到受作用者的传递者。

根据系统有无反馈回路，控制系统又可区分为开环控制系统与闭环控制系统。

2. 开环控制系统

所谓**开环控制系统**是指具有以下功能的系统：控制者直接将控制信号送到被控制系统，被控系统根据所接收到的控制信号接受控制。开环控制过程如图 3.2(a)所示，它没有反馈回路，控制过程是单向的一次性过程。

3. 闭环控制系统

具有反馈回路的控制系统，称为**闭环控制系统**，也称控制论系统。闭环控制过程如图 3.2(b)所示。

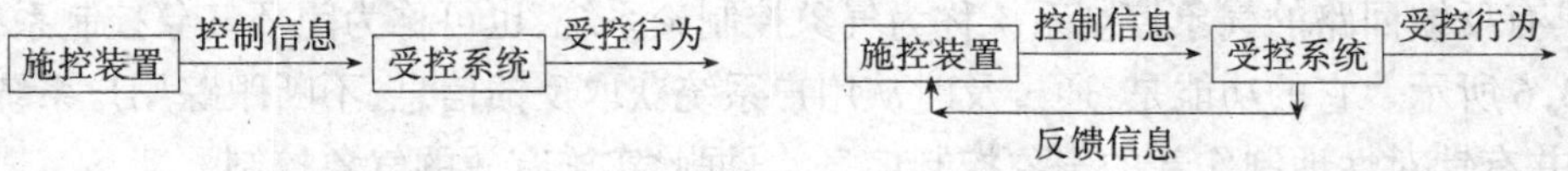

(a) 开环控制系统　　(b) 环闭控制系统

图 3.2　控制系统

如图 3.3 所示，开环控制系统和闭环控制系统的主要差别在于：前者无反馈功能，是一次性的控制；而后者则能根据反馈信息不断跟踪控制，整个控制过程像一个螺旋线，最后命中理想目标，从而达到过程控制的最佳效果。

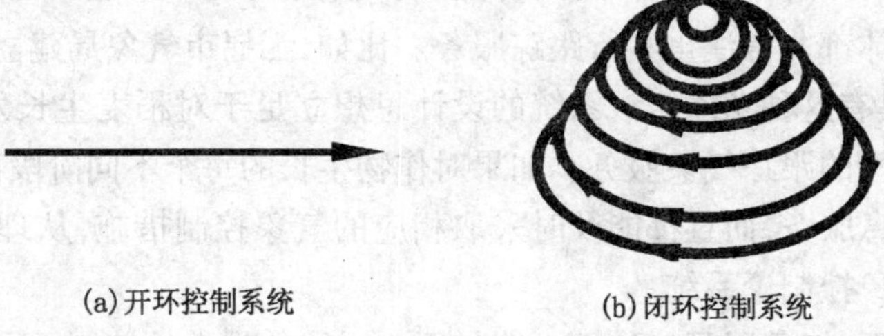

(a) 开环控制系统　　(b) 闭环控制系统

图 3.3　开环控制系统和闭环控制系统的控制过程比较

4. 气象控制系统

能通过适当的气象控制措施实现状态控制的系统，亦即：控制主体为气象控制器的控制系统，称之为气象控制系统。它由气象控制对象、气象控制器以及气象控制作用的传递者所组成。气象控制对象就是通常所说的气象服务用户系统。气象控制器由气象控制信息子系统和气象控制工程子系统组成，如图 3.4 所示。

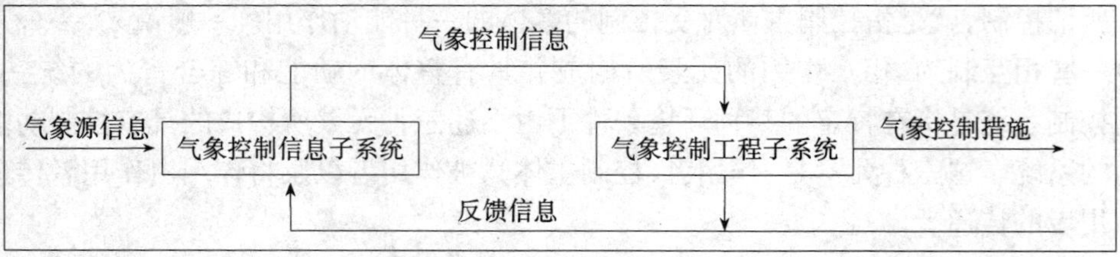

图 3.4　气象控制器

气象控制系统也可分为开环气象控制系统和闭环气象控制系统。没有反馈回路，控制过程是单向的一次性过程的气象控制系统称为开环气象控制系统(图 3.5)。

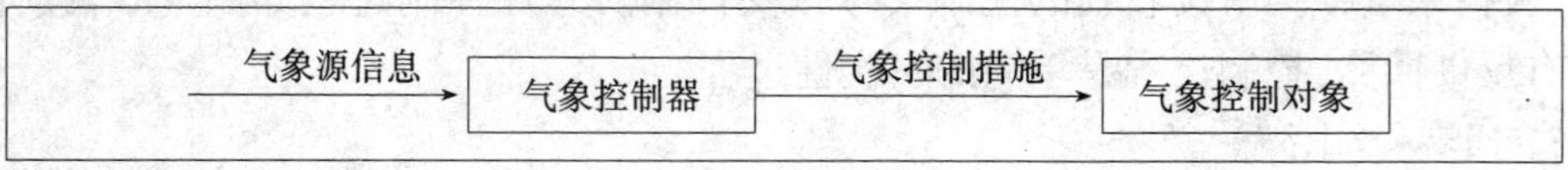

图 3.5　开环气象控制器

5. 气象控制论系统

具有反馈回路的气象控制系统称为气象控制论系统，也可称为闭环气象控制系统，如图 3.6 所示。它的功能是：通过及时从用户系统获取反馈信息，不断跟踪用户系统的变化，并有针对性地制作新的气象控制信息，再据此实施有效的气象控制。

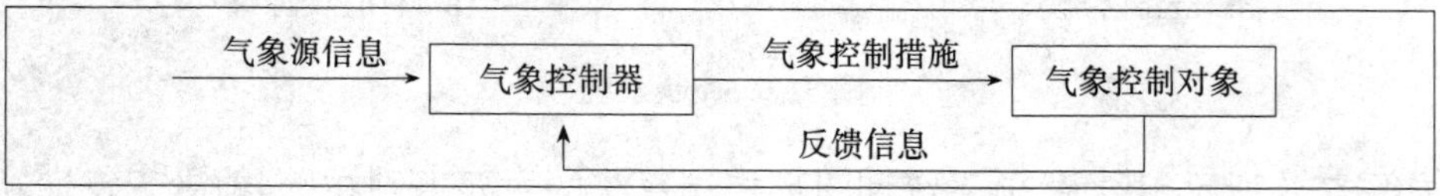

图 3.6　气象控制论系统

对气象服务的用户实行跟踪服务实际上是气象服务的一条重要经验。一些比较出色的气象服务实体都非常注重实行跟踪服务。比如，无锡市气象局建立的“稻麦周年气象服务系统”就具有这种功能。该系统的设计思想立足于对稻麦生长发育到收割的全过程进行有针对性的跟踪气象服务。如果对作物生长的每个不同阶段都能提供有针对性的气象控制信息服务，而且都能及时采取相应的气象控制措施，从理论概念上讲，这样的系统就是气象控制论系统。

在一般情况下，气象因子往往不可能是用户系统的唯一的控制因子。所以，从严格意义上讲，气象控制论系统是指在其它控制条件一定的情况下，气象因子对该系统的控制有决定性作用的控制论系统。

理想的气象控制论系统应当具备以下几个条件:

①该系统是控制论系统;

②某些气象因子是其控制因子,而且已知其控制关系;

③这些气象控制因子具有可测性,气象控制器可以根据用户反馈信息,不断输出有针对性的气象控制信息;

④在目前技术条件下相应的气象控制工程具有技术上的可行性。

二、气象控制有效信息

1. 气象控制信息

气象部门的基本工作是获取大气变化的有关信息、对这些信息进行加工和处理,最后向用户提供信息服务。既然都是气象信息,为什么在这里要专门提出所谓“气象控制信息”?

在整个气象信息的加工处理和服务的不同阶段,气象信息有不同的特点,因而也有不同的功能。为了体现这种不同的特点和功能,通常将基本气象系统所掌握的信息称之为基本气象信息,向用户提供的气象信息则称之为气象服务信息。从控制论的观点看,气象服务信息的功能是为控制工程提供信息依据,只有符合气象控制工程要求的气象信息才是有用的气象信息。因此,我们在研究气象服务基本原理的时候,为了有别于基本气象信息,有别于其他一般的气象信息,为了突出气象服务信息的功能是为控制提供依据,专门称之为气象控制信息,或者说,气象服务信息的本质是气象控制信息。

2. 气象控制有效信息

从信息论的观点看,某一事件发生的可能性越处于无序状态时,不确定性就越大。通常用“信息熵” 作为对于这种不确定性的数学描述方式。C. E. Shannon(申农)引入如下形式的信息量定义:

$$H = -\sum P_i \log P_i$$

P_i 为出现第 i 类事件的概率,$i = 1,\cdots,n$;n 为事件类别总数。;信息量 H 是信息的不确定性的一种定量描述。它实质上就是负熵。系统所处的状态越不确定(或称“无序”),H 越大。

对于只有两种事件可能性的问题,信息量的表达式简化为:

$$H = -P\log P - (1 - P)\log(1 - P)$$

在实际工作中,所谓信息量的有效性往往是相对而言的。在信息论中,用有效信息(相对信息)量 I_m 来描述信息的相对有效价值:

$$I_m = H(X) - H(X \mid Y)$$

其中，$H(X)$ 为原有信息 X 的信息量，$H(X \mid Y)$ 为存在条件 Y 时信息 X 的信息量，也称条件信息熵。有效信息量是实际所收到信息的有效性的一种定量描述，它是一种相对的概念。

根据信息论中关于信息量的概念，我们可以引入关于气象服务过程所获得的有效信息量概念。定义气象服务有效信息量为：

$$I_p = H_0 - H_s$$

其中：H_0 为提供服务前用户已获知的气象信息的信息量；H_s 为提供新服务信息后用户获得的新气象信息的信息量。I 越大，表示新的有效信息量越大。

系统的控制是通过信息来实现的。气象控制信息是采取适当的气象控制工程的依据。控制的目的是使得系统朝着有利于提高整体效益的方向发展。因此，为了实施有效的气象控制，首先要获取有效的气象控制信息。为了准确地描述气象控制信息的有效性，有必要将信息论中关于信息的有效性的概念引入到气象控制信息的有效性研究中来，建立气象控制信息有效性的概念。

为了建立标准化的、便于比较的气象控制信息有效性的判别标准，不仅有必要建立气象控制信息有效性的概念，而且还有必要进一步引入定量的气象控制信息有效性的判据。气象控制信息有效性的判别问题也是一个比较复杂的问题，具体判定问题将在第二编有关章节中详细阐述。

三、气象控制决策的经济目标函数

研究系统控制的经济效益时常用的指标是控制的经济目标函数：

$$G = \frac{S}{B}$$

其中，S 为实现控制而支付的经济代价，B 为由于采用控制而获得的经济收益。G 越小越有价值，$G > 1$ 就不值得采用该项控制。最经济控制问题就是使 G 极小化的问题。

气象控制决策，尤其是气象控制论系统的控制决策，是建立在预测信息基础上的决策。由于作为控制决策依据的气象信息存在不确定性，决策时对此类控制措施可能获得的经济效益的取值是一种带一定风险的预估值。如果以 C 表示气象控制措施的平均成本，L 表示控制的平均效益（或损失的减少），P 为所提供的气象控制信息的出现概率，那末，气象控制决策的经济目标函数 G_m 应由下式确定：

$$G_m = \frac{1}{P} * \frac{C}{L}$$

只有当 $P > \frac{C}{L}$ 时，才有 $G_m < 1$，只有这时才值得采取措施。由此可见，提高气象服务效益比的基本途径是：

1. 提高气象控制信息的有效性

当 C/L 一定时，G_m 的极小化要求 P 的极大化。如果用户系统所处的气象环境有可选择性，应为之预选有利气象事件的发生概率最高者；如果没有可选择性，也一定要有针对性地根据用户所处的条件尽可能做出高质量的概率预报，以便区分不同的概率做出科学的决策。

2. 提高气象控制水平

当 P 一定时，G_m 的极小化要求 C/L 的极小化。降低控制成本 C 和提高控制效益 L 是气象控制工程的根本技术指标。由于具体经济部门的技术人员的气象科技知识有局限，气象服务业应把提高气象控制工程技术水平作为业内重点工作。

上面着重讨论了气象服务的经济效益的有关问题。气象服务除了有经济效益，还有重要的社会效益和生态效益。社会效益和生态效益的评价和计算方法和经济效益的评价方法有所不同，难以简单地用经济收支来描述。但是，有一点是共同的，即：气象服务的社会效益和生态效益也都基于对象系统的气象可控性。例如，公众气象服务之所以有明显的效益，一定是所提供的公众气象服务对人们提高生活质量有实际的使用价值，人们在日常生活中可以采取适当的措施去趋气象之利，避气象灾害；关于气候变化的诊断和预测之所以受到政府和公众的高度关注，也是因为这些成果和信息对于制定可持续发展战略，确保子孙后代有一个更好的生存环境有非常重要的价值。对表现为生态效益或社会效益的气象控制活动同样也需要考虑投入和可能获取的效益之比，同样需要考虑所提供的气象控制信息的有效性，所以上述气象控制经济目标函数原则上同样也适用于表现为社会效益或生态效益的气象控制活动，只是需要采用某种适用的客观定量方法将所获得的社会效益或生态效益的评估转换为“等效经济效益”的评估。

四、气象服务基本原理

气象服务的具体形式非常多样，涉及的具体科学技术也很多，然而用控制论和系统科学的观点去观察各类气象服务的过程及其产生效益的机理，可以发现各种有效益的气象服务都遵循一个共同的基本原理，即：根据气象因子对控制系统的制约关系，制作有针对性的气象控制信息；进而依据气象控制经济目标函数极小化原则实施相应的气象控制工程，从而达到提高系统功效的目的。

气象服务基本原理说明，有效气象服务的过程就是在一定条件下对用户系统实行有效的气象调控的过程。有效气象调控过程是一种系统工程，其主要环节包括：准确掌握气象对用户系统的制约关系；制作有针对性的气象控制信息以及根据气象控制经济目标函数极小化原则选择适当的气象调控工程技术对用户系统实施动态气象调控。这里所讲的一定条件，主要是指第一节所阐述的用户系统的气象可控性、气象制约关系的可测性以及气象控制因子的可测性。

上述关于气象服务的基本原理也可以简称为“气象控制论”。它说明在具备实施气象控制的条件时，如果科学地按气象调控系统工程的要求组织气象服务，就会实现对用户系统的有效气象调控，从而产生气象服务效益。

第三节　气象服务基本原理的推广和讨论

从气象服务基本原理可见，气象服务系统是一种开放度很高的复杂系统。从系统内部来看，它由一系列子系统组成，同时它又是整个气象系统的组成部分，是气象系统的出口分系统；从用户系统的角度看，它又是用户控制系统的组成部分。

根据气象服务基本原理，气象服务系统的整体性、层次性和关联性主要体现在气象信息加工子系统、气象工程控制子系统以及信息接收传递子系统之间的功能和结构上的有机联系；这些系统还必须和基本气象业务系统以及服务对象系统有良好的衔接关系。气象服务的总目标和各分系统目标要相互协调。例如，气象信息服务的最根本的目标是适时向气象控制工程子系统提供符合其精度要求的专业化的气象控制信息。

下面就气象服务业发展中的若干问题进行进一步的讨论。

一、从气象服务基本原理看气象服务的对象问题

1. 各行各业和气象的相关性

气象和各行各业的经济活动以及广大人民群众的生活都有关系，随着经济的发展和人民生活质量的不断提高，这种关系变得越来越密切。这是一个总的发展趋势。然而，如果我们深入观察各行各业和气象的关系的话，就不难发现实际上不同的行业、不同特点的系统和气象的相关性存在很大的差异性，大体可以将各行各业和气象的相关性概括如图 3.7。图中所谓气象相关系统是各种各样气象有关的系统的总称。根据各种系统和气象相关程度，可以进一步对它们进行区分：有的系统对气象环境比较敏感，我们可以称之谓**气象敏感系统**；有些系统，虽然和气象有一定相关，但是敏感程度不高，我们可以称之谓**气象弱感系统**；在气象敏感系统中，情况也不一样。在目前技术水平条件下已经有可能对它实施有效气象控制的系统，才称之谓**气象控制系统**。此外的气象敏感系统目前只能称之谓**潜在气象控制系统**。服务效益最理想的是具有反馈回路的气象控制系统，也就是所谓**气象控制论系统**。此外的气象控制系统目前只能称之谓**潜在气象控制论系统**。

2. 从气象服务基本原理看气象服务的对象问题

根据气象服务原理，原则上讲，一切和气象有关的系统都可能成为气象服务对象。但是，由于气象和各类用户实际的相关程度不同，气象对它们可能产生的效益也各不相同。根据气象服务基本原理，可以将气象服务对象概括如下：凡是和气象有关的系统都

可能成为气象服务对象；气象敏感系统都可能成为气象服务的重要对象；而真正有现实服务效益的气象服务对象是气象控制系统，亦即：只有气象控制系统才是气象服务的有效对象；最理想的气象服务对象是气象控制论系统。和气象有关的行业极为广泛，它们中有大量的潜在的气象控制系统。随着经济发展和科技水平的提高，将会有越来越多的潜在气象控制系统变为现实的气象控制系统。所以，气象服务业的一个重要任务就是努力发现气象对这些行业的经济活动的制约关系并开发出相应的气象控制技术，使越来越多的潜在气象控制系统转变为现实的气象控制系统；使更多的气象控制系统上升为气象控制论系统。

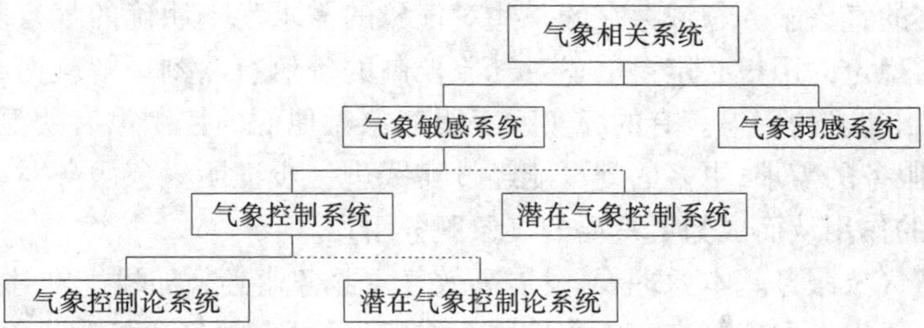

图 3.7　气象服务对象的相关程度分类

这样概括气象服务对象是否太苛刻了，会不会因此限制了气象服务面的拓宽？其实不然。在实际的气象服务活动中，确实有一些并不直接为了气象控制。有些用户关心气象信息可能只是为了一般性的掌握气象情况，增加气象知识储备，这类用户可称之为**知识储备型**消费用户；有的用户可能因为过去经常接受气象服务并曾受益，虽然近期并无特定需求，仍习惯性地要求气象服务，这类用户的气象消费看似习惯性消费；有的用户可能并不是因为自己需要气象控制信息，而是为了企业形象，或者说是为了其用户的需要。例如，气象信息之所以成为报纸、广播和电视不可缺少的内容，是因为它们的用户需要。然而，所有这些类型的气象消费都基于气象信息在某些系统控制中有使用价值。今天的储备是为了明天的更有效有使用；之所以习惯性地还要求这种服务，也是考虑到这种信息随时都可能有使用价值；形象型消费的用户之所以对气象信息有需求是为了提高自己的服务档次，为自己的形象增辉以吸引更多的用户。媒体之所以对气象信息有需求是因为公众有需求，而公众之所以关心天气预报是因为人的机体也是一种特定条件下的气象控制系统，高质量的气象信息是采取适当控制措施以趋气象之利、避气象灾害从而提高生活质量的依据。在这几种类型的背后存在一个共性的本质，即：都是因为气象信息在相关的气象控制中有使用价值。

当然，现实的气象服务用户远比理论上的气象服务对象要复杂得多。理论上应是气象服务重点用户的，也可能因为种种原因，一时间还没有能够成为现实的气象服务用户；也可能有一些目前还难以确定是不是理论上的气象服务用户，却实际上已经进入了气象服务用户圈。从消费心理学的角度来看,这种复杂的情况是很自然的。根据消费心理学的研究,消费文化是一个多种因素的复合体,它是经济圈、文化圈、社会圈和生态圈的交集,落在这个交集里的消费需求才是最稳定的需求。另外,各圈之间也存在复杂的相互作用关系,经济效益并不是在任何情况下都是最主要的消费决策因素。但是,按照马斯洛的“动机层结论”,消费者的消费行为虽然受多种因素影响,其中由理性的认识和理解产生的自我实现动机毕竟是最强的消费动机。一个科学管理者的消费决策应当出自这种动机,以求系统朝着尽可能有利于提高效益的状态发展,为此就要尽可能去实施对系统状态的有效控制。各类气象服务用户对气象信息的需求也不例外。随着实践的发展,现实的气象服务领域存在的一些对气象的需求尚不明确的气象服务用户必然要发生变化,稳定的用户必定是上述对气象控制的价值有深刻理解从而有对系统实施有效气象控制动机的用户。有的经实践表明气象对他们的控制没有明显的作用,于是放弃对气象服务的需求;更多的则可能经过实践进一步证明气象服务对其系统的有效控制有明显的作用从而成为更重要的气象服务用户。

因此,从气象服务基本原理看,发展高效气象服务业必须加强气象对各行各业的制约关系研究,努力去发现更多的气象控制系统,建设更多的气象控制论系统,以进一步拓展气象服务的有效领域。

以上概括的是气象服务对象的共性,具体的气象服务对象问题将在第三章讨论。

二、从气象服务基本原理看气象服务的内容和问题

从气象控制论观点看,气象服务活动的内容可以概括为两大方面:

1. 气象信息服务

通俗地说,所谓气象信息服务就是为用户提供以气象信息为内容的服务。这样的理解自然无可非议。但是,这种简单的理解还难以充分表达气象信息服务的科技内涵。从气象控制论观点看,气象信息服务的科技内涵就是根据气象控制因子对服务对象系统的制约关系,适时提供实测或预测的有专门针对性的气象信息,以便采取相应的气象控制工程技术措施,实现对气象控制对象的有效控制。

气象信息服务是目前气象服务活动中最主要的服务内容。从气象控制论观点看,它是一切气象控制工程措施的依据,因此永远是气象服务系统工程中不可缺少的重要内容。但是并非任何气象信息都能作为特定气象控制工程的依据的,特定气象控制工程要求有特定专业针对性的有效气象服务信息。针对性和有效性是气象信息服务之所以有需求、有效益的根本,也可以说,针对性和有效性是气象信息服务的生命力所在。

关于如何提高气象信息服务的针对性和有效性问题,将在第二编有关章节专门讨论。

2. 气象工程服务

从气象服务基本原理看,气象工程服务的科技内涵是:根据气象控制信息子系统提

供的实时气象控制信息,采取适当的工程技术措施实施对用户系统的有效控制,使之趋气象环境之利,避气象环境之害,从而提高经济效益。本章第一节已经指出,气象对用户系统的调控工程技术原则上可以概括为两大类:一类是根据用户系统对其气象环境的需求,为其调控气象环境;另一类是采用适当的技术调控气象环境对该系统的影响。具体讲,有效的气象控制工程技术可以概括为以下五种类型:

①气象环境调控型。利用一定的工程技术手段去直接控制被控系统所处的气象环境,使之处于尽可能有利于提高经济效益的状态。这种气象控制工程技术称之谓气象环境调控型控制工程技术,也可称之为严格意义上的气象控制工程技术。

严格意义上的气象控制对相应的控制工程技术有较高的要求,目前情况下仍然只有少数行业少数系统有条件实施这种气象控制。但是,随着科学技术和工程水平的不断提高,能够实施严格意义上的气象控制的系统将会越来越多,控制的效益也将会越来越明显。下面我们举一些实际例子来说明这种气象环境调控技术:

大气环境质量控制技术　由于大气污染对人类所造成的严重影响已经引起政府和公众的高度关注,近10年来大气环境质量控制技术有了很大的发展。有效控制技术包括以下几方面:城市规划论证审批从源头上对可能造成严重污染的工程实现有效控制;控制和改造能源结构,减少有害物质排放;在加强大气环境质量检测的基础上,采取严格措施限制强污染源停止或者减少排放,等等。

人工气候室技术　现代的科学技术已有能力为小范围内的气象环境进行有效的控制,使之适合生物的生长发育。现代人工气候室技术不仅能够控制室内的温度、湿度、光照和风速等常规气象条件,而且还可以调控室内空气的成份。人工增施二氧化碳技术就是一例,如图3.8所示。该图说明作物对二氧化碳的需求有明显的日变化,而温室内的二氧化碳也有它自身的变化规律,两者之间有明显的供需矛盾。通过适当的工程技术,调控室内的二氧化碳含量,解决需求和供给矛盾,从而促进植物的生长,这就是二氧化碳施肥的原理。根据这一原理发展起来的二氧化碳施肥技术已经取得了明显的经济效益。

防雷避雷技术　避雷针是大家熟悉的比较古老的技术。从技术原理来看,通过避雷针及时的放电,控制所在地的地面和大气之间的电场强度,使之不会强烈到造成破坏性雷击的程度。这是一种简便而有效的气象环境控制技术。随着经济的发展,尤其是电子技术设施的增多,雷电对现代工程设施造成的破坏和影响已引起了广泛的关注。于是,相应的控制技术也从简单的避雷针进一步发展出防雷、消雷技术。这些技术的总的思路和原理是:通过适当的工程技术措施改变所关心地点的局地大气电场强度,或者采取局部屏蔽的办法使用户系统所处的小环境不受外部大气电场的破坏性影响。

本书第十六章将专门阐述这方面的工程技术。

②气象环境影响型。这一类技术的原理和上述第一类本质上没有差别,只是限于

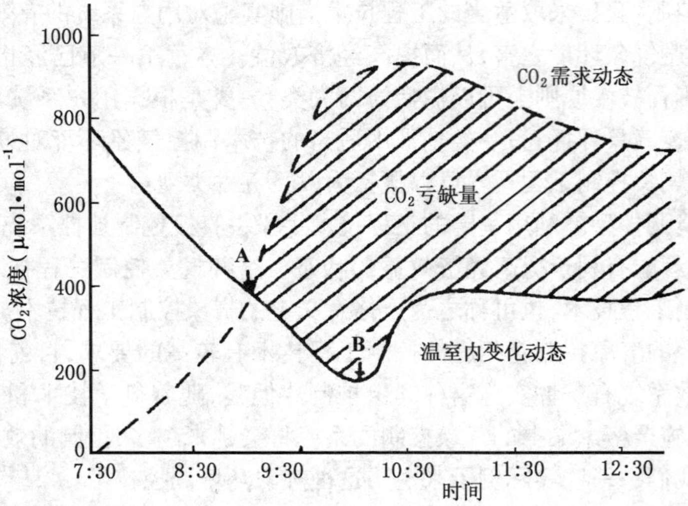

图 3.8 日光温室内中午前 CO_2 浓度变化

科学技术水平和能力,在一些场合还难以做到严格意义上的气象控制,但可以做到一定程度的影响。由于生产实践的需要,能做到一定程度上的影响也是很有效益的。这一类技术,我们称之为气象环境影响技术。随着科学技术水平和工程能力的提高,这些工程技术将来很有可能从“施加影响”进一步发展到能进行严格的“控制”,到那时候,这些工程技术也就上升为上述气象环境调控型工程技术了。典型的气象环境影响技术是人工影响局部天气技术,经过几十年不懈努力,气象科技已有一定的影响局部天气的能力。利用这种技术可以部分地改变局部地区的气象状态,使之有利于提高用户系统的经济效益。例如,采取人工影响局部天气工程技术措施,使机场消雾或是使局部地区增加降水量等等。

本书第十四章将专门阐述这方面的工程技术。

③气象环境择优型。虽然目前人们还不能控制大范围的气象环境,但是,对于活动的时间或地点有选择余地的系统,可以提供另外方式的简便而又有效的气象控制技术,为用户系统提高经济效益做贡献。这简便而又有效的气象控制技术就是气象环境择优技术。其技术原理是:根据用户系统的特定的要求,为之预选尽可能有利提高经济效益的气象环境,从而使系统实际上达到了优化其气象环境条件的目的。相对于严格意义上的控制技术而言,这种技术的最大优势就是比较易行。相对来说,采取这种措施所付出的成本代价往往也比较低廉,却有很大的效益.从讲究经济效益的角度讲,无疑这是一种很有价值的技术。

此类技术应用甚广。例如,为用户工程实施预选有利于提高工程质量和效率的天气条件实际上就是一种气象环境优选;又例如,针对交通运输过程对各种天气条件的要求，为运输体选择最优运输线路，可以为用户节省运输的时间，从而降低燃料、设备器材消耗和人工工资成本，而且可以尽可能地减少沿途气象灾害可能带来的危险。图3.9给出远洋航运的一个实际例子：该航线从美国洛杉矶出发到日本，取道中线，由于沿途基本上是逆风航行，实际航行费时405.9小时。但是，如果取道北线，根据当时的气象环境，只需航行328小时。也就是说，可能节省77.9小时，相当节省总成本的19%。由于中期数值预报技术的进步，气象服务实体已有能力为用户提供类似这样的气象环境择优服务。又例如，广东省气候应用研究所研究发现：广东省的风力资源十分丰富，有效风能密度达200～300W/m^2，沿海可装机容量达6×10^6W，相当于全省水电装机容量。每年可发电100～120亿kWh，折合标准煤6亿t，可产生70～80亿元的经济效益，还可以减少废气对大气的污染。但具体的风力发电站选址却又大有学问，需要通过统计分析，必要的模拟试验才能优选出理想的风能发电站址，这种技术也是一种比较典型的气象环境优选技术。

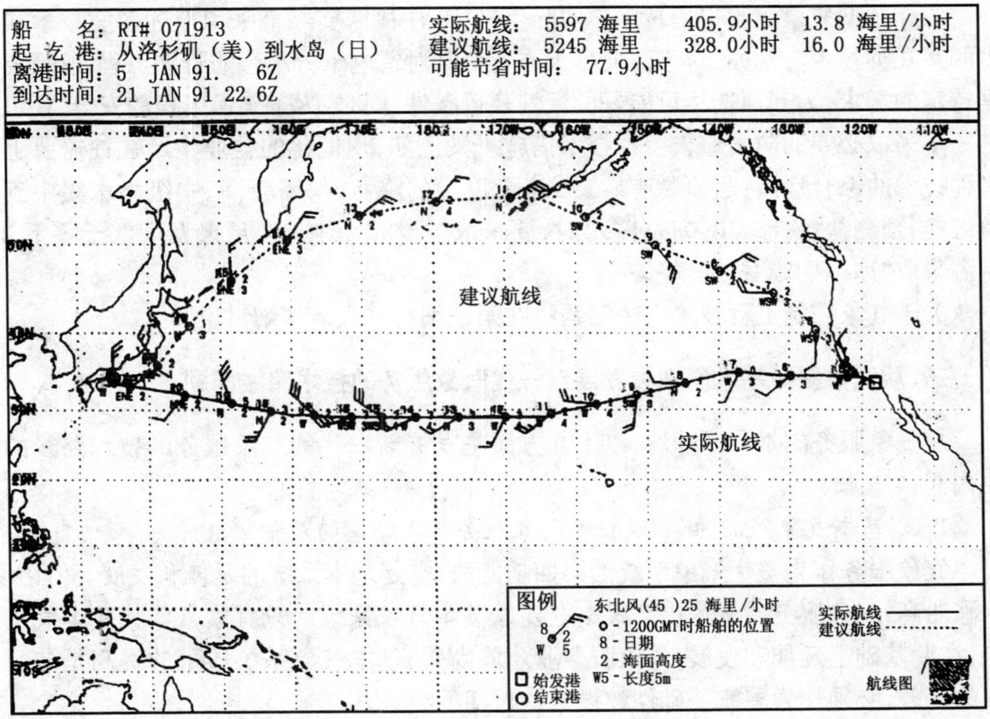

图3.9　航线气象服务的经济效益

④气象影响调控型。如果用户系统的时间和地点也都没有选择余地，仍可考虑采用气象影响调控工程技术。这种技术着眼于改变系统的某些特点，以适应所处的气象环境，其目的是使气象环境的不利影响尽量减少，或则使气象环境的有利条件能尽可能

地为系统所利用，从而提高用户的经济效益。

此类技术的应用面更加广泛。在上述三类气象环境调控工程技术难以实施的情况下，为了提高用户的经济效益，就必须采取气象影响调控技术。例如，预报某流域未来有特大暴雨时，水库可以采取超常规提前大量放水的办法来减少洪水灾害；相反，当预测未来将进入干旱少雨期时，水库则应尽可能多蓄水，以适应干旱气象环境；当预报未来有高温天气时，商家可以适时提前多采购防暑降温设备，迎接销售高峰以提高经营的效益。又例如，陕西关中地区的气候条件对棉花生产来讲有利有弊：6～8月光热资源非常丰富；但是，9月份以后常多低温阴雨，秋后棉铃质量明显受影响。陕西省农业气象专家经过多年实验研究探索出棉花“热量补偿，多头整枝”技术。其技术的要点是：采取特殊的剪枝技术，协调棉花主茎和营养枝的关系，增加群体光合叶面，使棉花的主茎和营养枝在光热高峰期(6～8月)能充分利用光热资源，促进棉株的个体发育，增加伏桃棉铃数和棉铃重量，最终实现提高棉花的品质和产量的目的①。

⑤综合型气象控制工程技术。实际生产中，往往需要综合采用上述各类技术或其中的某几类技术。例如，对于需要露天作业而又对雷电十分敏感的野外工程，既需要根据特定的需求，为其预选尽可能好的天气环境条件，同时，为了确保工程的安全，还可以进一步采取必要的防雷避雷工程技术措施。又例如，现代化的盐业生产往往需要上述多种技术的综合运用：当预测有≥2.0毫米以上的降水时，需将高、中级卤水集中到覆盖区；当预测盐场有≥10.0mm降水时，要采取“排淡”措施；当预报温度低于零下3℃时需采取“冰下抽咸”技术，等等②。

关于气象控制工程技术方法问题将在第三编有关章节详细讨论。

三、从气象服务基本原理看发展新一代气象服务的技术路线问题

从气象服务的基本原理看，以下几方面是发展新一代的气象服务的技术路线的主要内涵：

1. 以基本气象产品为依托，提高气象服务的源信息的质量

气象服务作为整个气象系统的第四功能块，它是基本系统的延伸和发展。俗话说，水涨船高，气象服务质量的提高根本上要靠基本气象系统。只有紧紧依托基本气象系统，在此基础上延伸和发展，气象服务业才能高效；基本气象系统质量的提高是非常艰巨的任务，必须作为国家基础性建设坚持长期不断努力。

2. 从只提供一般预报信息转变到提供专业性的气象信息服务产品

从气象服务基本原理看，气象信息服务的直接服务对象是气象控制工程子系统。由于不同的气象控制问题对气象控制信息有不同的要求，气象控制信息必须专门加工

① 张治民、刘耀武、杨振林，棉花“热量补偿，多头整枝”技术试验示范介绍，陕西省棉花气象文集，1998。
② 郭根华、陈谨学，盐业生产的气象条件分析，江苏省有偿专业服务经验交流会文集，1989。

制作。基本气象系统所提供的信息只是这种加工的一种原材料。如果仅仅对基本预报信息进行外包装就作为气象服务信息向气象服务用户提供服务，这就违背了气象服务基本原理，这样的信息很难产生有效的气象服务效益。为了制作出有强专业针对性和高科技含量的专业化气象服务信息，必须下功夫建设现代化的气象服务信息系统。

3．改变只提供一次性气象信息的服务方式，开展全过程动态控制服务

越是现代化的系统，越具有动态控制的功能。随着经济的发展，能够实行动态气象控制的系统将会越来越多。发展更多的气象控制论系统是提高气象服务总体效益的有效途径。对于气象控制论系统的气象信息服务必须是全过程的气象信息服务，所以，需要改变只提供一次性气象信息的服务方式，有条件时尽可能开展全过程动态控制服务。

4．和相关经济部门合作，大力发展气象工程控制技术，大力开拓气象工程服务领域

气象控制工程是气象服务最终产生效益的关键。但是，在目前情况下，提供气象信息服务之后是否需要采取相关的气象控制工程措施以及采取何种工程控制措施，一般均由用户自己来决策和组织实施。一方面，由于气象服务人员不太熟悉用户系统工程技术问题，气象服务实体所提供的气象信息往往缺乏专业针对性；另一方面，由于用户系统的工程技术专家往往又不太熟悉气象科技问题，致使用户自己决策采取的工程控制措施往往也难有理想的效果。这就是气象科技和经济需要进一步加强融合的关键结合部。加强这种融合也正是知识经济对气象科技的要求。气象服务实体不必要把自己限制在仅仅提供气象信息的小圈子中。主动走出去、深入到各行各业各个经济部门中去，和相关的工程技术专家协作发展气象控制工程技术有助于进一步提高气象服务总体效益。特别是对那些气象专业科技含量比较高的气象控制工程技术，更值得主动争取为主承担服务，从单纯只从事气象信息服务转变到参与气象控制工程服务。气象控制工程服务应当成为发展高效气象服务业的一个重点领域。

四、从气象服务基本原理看发展新一代气象服务体系问题

尽管气象服务基本原理主要是从科学技术角度阐述气象服务的基本原理，但是从这一基本原理也可以推出有关气象服务体系建设的一些重要推论。例如：从气象服务基本原理看，一方面，基本气象系统的有关产品是气象服务极为重要的源信息，是气象服务的基础；另一方面，气象服务必须针对各行各业特定用户的要求专门加工制作有现代科技水平的气象控制信息。因此，气象服务体系既要以基本气象系统为依托又要有其鲜明的自身特点，它是一个相对独立的现代化业务子体系。从气象事业的协调发展的高度看，在加强基本气象事业的现代化的同时，需要大力推进气象服务体系的现代化建设。

气象服务的具体对象系统涉及非常广泛的各领域。首先是面向宏观大系统，包括为政府决策、广大社会公众的气象服务；另一方面，随着社会主义市场经济的发展，面向具体的各行各业经济实体的气象服务，即所谓微观系统的气象服务，将有越来越高的需

求。从气象控制论观点看,没有气象控制信息和控制工程的针对性也就不可能有明显的气象控制效益。由于面向宏观大系统的服务和面向具体经济实体的微观气象服务的性质和特点明显不同,需要建立适应于这两大类型不同服务对象的气象服务子体系。

对宏观大系统的气象服务有以下明显的特点:在常规情况下用户系统所要求的服务内容相对稳定,因此也比较容易规范化,但是经济发展和人民生活水平的提高,宏观大系统气象服务的需求也在不断的变化。例如,一般防汛气象服务要求预报是否有暴雨,但是在特定的防汛形势下可能要求更精确的定量预报,例如要求某流域的面雨量;又例如,一般公众气象服务只需要常规气象要素预报,但是随着人民生活水平的提高,公众提出了越来越多的新需求,例如要求提供舒适度、紫外线强度预报等等。此类气象服务的另一个特点是相应的气象控制实践活动一般是由用户自己来实施的。由于服务对象是宏观大系统,它的影响的层次很高,影响的面很宽,对于社会的稳定和国家发展具有基础性影响,它是服务体系建设的首要任务。

另一方面,对微观系统的气象服务的最大特点是用户需求的个性化。从经济的特征来讲,面向各行各业的微观气象服务具有差异经济的特征。根据气象服务基本原理,科技转化为具体行业具体经济实体的经济效益就必须采取个性化的服务,即:提供相应的个性化的气象信息服务和采取相应的个性化的气象控制工程服务。气象知识,作为一种重要的资源,如何在社会主义市场经济体制的格局中有效地优化配置到各行各业,从而产生更大的经济效益?实行市场经济的国家在这方面已经提供了成功的经验,即:市场是优化资源配置的重要渠道。气象资源的优化配置也必须充分利用它。如果气象科技市场发育不好,形不成平等竞争的市场格局,商业性气象服务就难以达到高水平,气象科技转化为经济效益也就少了一个重要途径。计划经济时代之所以气象科技成果转化率比较低,重要原因是没有相应的机制来激励和吸引科技人员研制有针对性的气象控制信息和参与有效气象控制工程活动。市场机制可以将用户和气象科技人员凝聚到一起,共同研究气象对用户系统的制约关系,共同开发气象控制工程技术;在市场机制激励下,一定会有大批优秀的气象科技人员投身于气象科技成果向气象服务技术转化,潜心开发有专业针对性的高质量气象信息服务产品;通过市场竞争,优秀的产品将会层出不穷。

我国的气象服务体系,尤其是公益气象服务体系建设已经取得了比较明显的进展。但是,商业性气象服务和国际先进水平尚有很大的差距,面向市场服务的科技水平和国际先进水平存在明显的差距,气象科技市场还有待进一步培育和发展。随着 WTO 谈判的进展,如何抓住机遇和迎接挑战的问题显得日益紧迫。从气象服务基本原理看,抓住机遇和迎接挑战的关键问题是要增强面向市场开展个性化气象服务的科技实力,尽快缩小和国际先进水平的差距。

因此,一方面要继续大力完善公益气象服务体系,通过在专业化上狠下功夫不断提高公益服务的质量;另一方面,需要大力发展商业性气象服务。

有关气象服务体系建设具体问题将在第四章进一步详细讨论。

参考文献

[1] 吴季松,知识经济,科学技术出版社,1998。

[2] 黄宗捷等,气象服务经济学,四川人民出版社,1994。

[3] 马鹤年,气象产业——未来知识经济的重要成员,气象软科学,**30**,1998 。

[4] 王雨田主编,控制论、信息论、系统科学与哲学,中国人民大学出版社,1986。

[5] 钱培东等,稻麦周年气象服务系统,气象服务学术研讨会文集,气象出版社。2000。

[6] 涂序彦著,大系统控制论,国防工业出版社,1994。

[7] 马鹤年,气象控制——气象服务的基本原理,气象服务学术研讨会文集 ,气象出版社,2000。

[8] 司金銮,消费心理学,中国商业出版社,1994。

[9] (苏)M.E.Берлянд 著,申亿铭译,大气污染预报与控制,气象出版社,1991。

[10] 蒋维楣等,空气污染气象学教程,气象出版社,1993。

[11] 汪永钦等,日光温室蔬菜栽培中人工增施 CO_2,应用气象学报,**8**(4),1997。

[12] 王修兰主编,二氧化碳、气候变化与农业,气象出版社,1996。

[13] 章澄昌,人工影响天气概论,气象出版社,1992。

[14] (俄)Л.Г.Качрин 著,胡志晋等译,人工影响天气过程的物理基础,气象出版社,1994。

[15] 尹尽勇等,北大西洋船舶航线选择,气象,**25**(9),1999。

[16] H. Ishibashi,远洋和近海航行中气象服务的经济效益,气象软科学,**20**,1996。

[17] 刘瑞华.发展风电,商机无限,中国气象报,1999.11.22。

[18] 汤兵勇.信息经济时代的气象服务与电子商务,气象服务学术研讨会文集,气象出版社,2000。

[19] 沈国权 关于加入 WTO 对我国气象服务业影响的对策思考,气象服务学术研讨会文集,气象出版社,2000。

第四章　气象服务的分类

合理的分类对于建立科学的体系框架以及深入展开系统的研究都是非常必要的。气象服务的对象非常广泛,服务的性质也比较多样,服务所涉及的内容十分丰富,服务手段也越来越多。面对这种情况,在气象服务管理和软科学研究中不同的作者从不同的侧面对气象服务有不同的分类表述,甚至有的时候不同的作者所表述的内涵有比较大的差别。例如,有的作者在分析时按照服务的对象和内容的特点划分为以下四类:①公众气象服务;②决策气象服务;③专业或专用气象服务;④科技服务。在管理部门有关综合论述服务的文件中往往把专业专项服务和科技服务作为一类服务来阐述[①];还有些作者的论文则按气象为农业服务、气象为城市服务分类阐述;近几年,又有不少关于商业性气象服务的研究。多数场合在提及气象服务类别时都不仅考虑了服务的对象,也还考虑了服务的性质和内容。毕竟服务对象和服务内容仍然有很多不同的地方,不同的分类思路就有不同的气象服务分类。研究气象服务分类的目的在于建立起科学的服务分类体系,为进一步深入研究气象服务提供合理的框架。本章将分别从服务性质、服务内容、服务对象以及服务手段四个层面对气象服务进行分类讨论。本书以下各章节将根据本章建立的服务分类体系框架展开有关气象服务的研究。

第一节　气象服务的性质分类

气象服务的基本性质是公益性,这是政府和社会公众都认同的共识。但是,在肯定气象服务的基本性质的前提下,在市场经济的体制中,面向市场的那一部分气象服务的性质问题是在计划经济条件下不曾存在的新问题,在具体对待此类气象服务的政策和建立服务体制时不同国家的做法也有所不同。有些国家,例如美国和日本,鼓励私人气象公司从事此类服务,而国家气象部门不直接从事此类服务;有些国家,如英国,既允许私人气象公司从事此类服务,在国家气象部门里也有专门的机构从事此类服务;还有一些国家,如新西兰,干脆把原国家气象局改为“气象有限公司”。不同性质的气象服务,有不同的发展规律。为促进气象服务业的发展,必须区分不同性质,分别制定发展战略、策略。不同性质的服务业应当有不同的运作规则,国家对不同性质的服务业也有不同的政策。在发展社会主义市场经济的过程中,正确把握气象服务的性质,对气象服务

① 沈国权,在气象事业结构调整中把气象服务和气候、农气工作推向前进,全国气象局长会议文件汇编,1995。

的性质进行科学的分类，无疑对抓住机遇、迎接挑战，推动深化改革和在市场经济条件下加速发展气象服务业都十分重要。

因此，在深入研究气象服务业有关软科学问题时，需要首先讨论气象服务的性质分类问题。

一、气象服务的性质问题

1. 气象服务的基本性质

气象事业是基础性的公益事业，公益性是作为气象事业的出发点和归宿的气象服务的基本性质。几十年来，气象部门一直坚持把这种认识作为基本指导思想。在这个指导思想指引下，气象部门职工服务思想观念明确，服务态度上乘，服务效益不断提高，为社会作出了公认的贡献。随着市场经济的发展和改革的深化，气象服务的对象和政策大环境都正在发生深刻的变化，气象服务也出现了一些新的情况，需要研究如何适应市场经济的问题，但是气象服务的基本性质，即使在发展社会主义市场经济的情况下，仍然没有变化。

2. 计划经济体制中的气象服务性质

计划经济时代，经费完全由政府拨款，服务不讲任何条件，主动积极无偿服务，服务的成绩是各单位业绩的最重要内容。几十年下来，尽管气象服务领域、深度都在不断发展，但总体来讲，计划经济体制下建立的气象服务体系和国家经济的快速发展早已显得很不适应，尤其是专业服务的深度和科技含量没有明显的突破，和气象科技现代化的发展也很不相称，更不适应市场经济的发展。

3. 市场经济体制中的气象服务性质问题

改革开放以后，气象部门开始探索如何适应“有计划的商品经济”问题，开始研究“气象经济学”问题。这一时期的重要成果就是1985年国务院办公厅转发国家气象局“关于气象部门开展有偿服务和综合经营的报告”的通知”(国办发[1985]25号，以下简称25号文件，详见附录2)。在25号文件的推动下，专业有偿服务蓬勃发展，取得了显著效益。到20世纪90年代，气象有偿服务创收已成为气象部门自我发展能力的支柱。有偿服务的开展也大大促进了人们观念的转变。这历史的功绩，应当充分肯定，它将永载史册。

在这一时期，根据气象服务实践的发展，中国气象局曾将气象服务概括为四种服务方式：公益服务、专项服务、专业有偿服务及科技服务。那时对这四种气象服务已有比较明确的提法[①]，即：公益服务包括：①决策服务：为各级领导指导社会发展和国民经济建设的决策提供的气象服务；②公众服务：向广大社会公众提供的气象服务；专业有偿服务是指为各类厂矿、企业提供的专业性的有偿气象服务；专项服务是指各级气象机构

---

① 全国气象局长工作研讨会议文件选编，气象工作情况，1990年9月。

为"各级政府或专业部门为专项拨款的任务中,通过招标、申请立项等途径,获取一定专项经费而提供的服务方式";科技服务是指气象部门运用所拥有的科技知识、手段和成果为社会进行各种技术服务的总称,包括除公益服务、专业有偿服务和专项服务外,气象部门运用所拥有的科技知识、手段和成果向社会辐射技术,收取一定的科技咨询服务费用的各种技术服务。这四种形式的气象服务就构成了这一时期气象服务体系的基本框架。十几年来,气象部门的科技人员为开拓这些服务付出了艰巨的努力,取得了显著的成绩,也为拓宽气象服务领域,探索如何适应商品经济发展发挥了积极的作用。

随着国家从实行"有计划的商品经济"到发展"社会主义市场经济",在实践过程中,上述关于气象服务的分类的观念也碰到了一些值得再研究的新问题,例如:

①上述四类服务中如何具体体现和理解气象服务的公益性?公益性气象服务可否收费?如可以收费,那末,收的是什么费?不少台站反映,国家给的"皇粮"实在太有限。在这个条件下要求我们不断扩大无偿服务的面,增加服务项目,实在难以做到。怎么办?

近几年,许多基层台站在发展电视天气预报和121电话等气象信息服务时,和广播电视部门、电信部门合作,采取了广告费分成和收取信息服务费的做法。这种做法事实上已经得到许多用户的认可。这从实践中提出了一些从观念和政策上应回答的问题。

②有些服务的类别亟需按社会主义市场经济的新格局,重新审议明确。如,社会上各类工程和项目都有相应的经费支持渠道,气象为这些项目服务的费用该由谁来支持;又如,随着国家改革的深化,有些气象服务对象已明确转为企业性质,原先建立的气象服务机制在新的情况要不要重新调整,等等。

③近几年来,尽管社会经济在持续发展,但传统的专业有偿服务并未相应发展。相反,如果精确地将其他服务收入分开统计,该项服务事实上在不少地区是在滑坡;为什么提倡在"专"字上下功夫已十几年尚未有重大突破?这又是一个值得深入研究的问题。

④25号文只规定收取因为增加了额外的开支而增加的成本费和适当的管理费,而不是利润。气象服务可不可以堂堂正正的提出利润问题?可否按公司制组织运行、按市场机制提供服务,价格随行就市?

⑤如何处理好公益服务和开拓市场的关系,有不少同志似有"左右为难"的顾虑:当强调公益性时,怕影响市场开拓;当开拓市场时,又怕影响公益性,怕影响政府对气象事业的继续投入。

随着国家经济体制改革的不断深化,气象服务体制的改革问题也提上探讨的日程。随着市场的逐步发展,气象部门在软科学探讨中也提出了两类不同性质的气象服务以及建立相应的运行机制的观点。比如,在1989年发表的"气象服务体制探讨"一文曾明确提出:从长远观点看,组建具有不同运行机制的两支专业队伍,建立两个服务体系应当是深化改革的方向。到了90年代,随着气象部门以结构调整为重点的改革不断深化,关于不同性质的业务和服务以及运行机制的讨论进一步深化。1992年中国气象局明确提出了事业结构调整和建立相应运行机制的基本思路。随着改革的深化,关于气象服务性质的讨论也不断深入。比如,1992年"气象软科学"发表了穆家修同志的题为"解放思想,深化改革,开办综合性气象应用服务公司"一文就明确提出建设商业化气象服务系统的观点。1994年全国气象软科学研讨会也对气象科技商品问题进行了讨论,有关论文还专门提出了推进气象科技商品化的建议。但是,这一时期对气象服务的研究,特别是理论研究还缺乏系统性,关于气象服务性质的问题还有一些值得进一步探讨的地方。

4. 气象服务性质界定中的难点

哪些气象产品应界定为公共产品?这显然是一个政策性很强的问题。某一种产品一旦界定为"公共产品",原则上讲,它应当由政府出资组织生产。这种界定的基本依据应该是此类产品是否是社会共同需要产品。如何来界定"社会共同需要"?"社会共同需要"应该体现它的社会性,然而社会需要又具有多样性,有些社会共同需要具有很强的刚性,而另一些社会需要则具有较大的弹性。所以,如何客观反映这种需求强度的差异是界定某一产品是否属于"公共产品"的前提和基础。这也是当前事业单位改革所需要研究的基础理论问题。

特别是随着信息技术的进步,电话、电视、互联网等气象服务手段均可既为所有的社会公众服务,也可只为部分公众服务,甚至也可按市场机制进行点对点的服务。所以,实际上面向公众的各项气象服务存在一个影响深度和需求广度的"量"的差异。再象在计划经济时期那样把所有气象服务都当作公益无偿服务,已不能适应市场经济体制的需要,这样做既不合理,也超出社会主义初级阶段国家经费的支持能力;把本应属于公益性的服务当成商业性服务,则会削弱气象事业应有的公益性。名义上宣称是"公益服务",实际实行垄断性高收费,更会导致公益性的"变性"。这些做法都有悖于气象事业的根本宗旨。所以,恰当界定气象服务产品和商品应当是理论和政策研究的重要问题,对贯彻落实气象法和深化气象事业改革都有明显的意义。如何把握好这种影响深度和需求广度的量变,恰当界定气象服务产品和商品应当是理论和政策研究的重点之一。

二、气象服务性质分类的基本思路

"中华人民共和国气象法"已经九届全国人大常委会第十二次会议审议通过,由江泽民主席签发第23号主席令颁布,于2000年1月1日起正式实施。从此,我国第一次建立了规范全社会气象活动的法律。它的颁布标志我国对气象事业发展步入了规范化、法制化的轨道。它是气象事业持续、快速、健康发展的法律依据和保障。"气象法"对气象服务做了全面的、高度的法律规范。"气象法"第三条规定:"气象事业是经济建设、国防建设、社会发展和人民生活的基础性公益事业,气象工作应当把公益性气象服务放在首位。""气象台站在确保公益性气象无偿服务的前提下,可以依法开展气象有偿服务。"第 42 条还规定:"气象台站和其他开展气象有偿服务的单位,从事气象有偿服务的范围、项目、收费等具体管理办法,由国务院根据本法规定。"(详见附录 1)。

"气象法"中关于气象服务的有关法律条款是发展气象服务的根本依据。为了更好地贯彻落实"气象法"有关气象服务的规定,需要首先认真学习和进一步深刻理解这些规定的精神。例如,如何确保气象服务的根本性质为公益性,为什么在确保公益性气象无偿服务的前提下可以依法开展气象有偿服务,公益服务和无偿服务是什么关系,有偿服务和公益服务怎么界定,等等。在认真学习、深刻理解"气象法"有关条款基础上,真正研究如何贯彻有关条款,对气象服务的发展至关重要。

公益性是气象服务的基本性质。但是,随着市场经济的发展,出现了通过市场进行服务的气象产品,而且随着经济的发展,面向市场的气象服务面越来越宽。随着经济体制改革的逐步深化,气象服务涉及各种不同对象的性质也正在发生变化。其中,有些气象服务的性质是比较容易界定,例如,专为政府决策提供的气象服务显然属于公益性,企业法人为市场用户专门制作并提供的服务应当是商业性的。但是,实际情形比较复杂,尤其是涉及为公众服务的项目如何科学界定服务性质,尚有一定难度。

所谓公众服务产品,就是为社会公众提供服务的产品。在气象经济学中有一个专用词,称之为气象公共产品,或称为气象公共商品。气象公共产品必需由政府组织生产,产品交公众共享。那么政府根据什么去界定哪些产品应该作为公共产品?原则上讲,应当把全社会公众都共同需要的产品,尤其是其中对社会影响较大的产品,由政府统一组织生产和提供。所以,气象公共产品的界定标准主要有两条:一是该产品是否是社会公众广泛所必需;二是该产品是否对于社会公众有重要影响。随着信息技术的进步,电话、电视、互联网等服务手段均可既为所有公众服务,也可只为部份公众服务。实际上面向公众的各项气象服务在影响深度和需求的广度上存在着很多差异。气象服务公益性界定问题的难点就在于如何科学地把握客观存在的公益性从量变到质变的问题。

三、公众气象服务产品的公益性属性界定标准——公益性指数

为了科学地界定一种气象服务产品是否应属于公共产品,引入**公益性指数** I_p:

$$I_p = S \times D$$

其中:S 为对该气象服务产品有需求的用户占该地区社会公众的比率,若该产品属该地区所有公众所需,则 $S = 100\%$;D 为该产品对公众影响的严重程度,也以百分数表示。

根据上述思路和方法,"新一代气象服务体系"课题组组织了对公众气象服务的问卷调查。调查时间为 1999 年 3~5 月,调查对象主要是省、地、市级气象部门,共发出调查问卷 804 份。调查结果见表 4.1①。调查结果表明:基本天气预报和警报的 I_p 最高;

① 王海啸、郑锦等,公众气象服务问卷调查分析,新一代气象服务体系研究文集(二)。

附加天气预报(专业广播电台、专业电视台、有线电视台、专业报纸天气预报等)的 I_p 次之;新增的并有一定专业针对性的天气预报的 I_p 最小。

表 4.1　公众气象服务问卷调查结果

产品类别 \ 调查结果	S	D	I_p
基本天气预报和警报	0.82	0.76	0.62
附加天气预报(专业广播电台、专业电视台、有线电视台、专业报纸天气预报等)	0.60	0.59	0.35
新增天气预报(221、气象专用电视频道天气预报等)	0.39	0.54	0.21

四、各类气象服务的性质分类

由于实际上各类气象服务产品,尤其是面向公众的产品,其公益性程度不等,简单地划分为公益性或商业性两类难以反映出较复杂的实际情况。如果把有一定公益性的服务界定成商业性,就会削弱应有的公益性;如果把公益性不很强的服务和公益性很强的不作区分,势必使国家增加更多的投入开支,而且对没有享受该类服务的公众也不公平。因此,将气象服务产品分为以下三大类较为合理(表 4.2):

表 4.2　各类气象服务的性质分类

属性 \ 类别	政府决策服务	社会公众服务	专用服务
基本公益气象服务(公益无偿气象服务)	常规决策服务,上级专项服务	基本公众服务	
附加公益气象服务(成本补偿性有偿气象服务)	横向(有关职能部门)专项服务	附加公众服务	
商业性气象服务			企业专用服务

1. 基本公益服务(公益无偿服务)产品

包括决策服务产品、上级政府专项服务产品和 $I_p > 0.5$ 的公众服务产品(即:基本公众服务产品)应界定为基本公益服务产品。气象服务实体加工制作和提供这类服务产品不以盈利为目的,纯粹为政府、社会和公众利益服务。

2. 附加公益服务(成本补偿性有偿服务)产品

包括 $Ip < 0.5$ 的公众服务产品和为其他公益部门提供的横向专项服务产品。

3. 商业性服务产品,亦即气象商品

一般商品和公共产品的主要区别在于:公共产品具有非排他性,即:已无交换价值。公众不需要通过市场交换去获取此类产品。而一般商品则以具有交换价值为主要特征。任何一项气象产品要成为气象商品,必须具有气象公共产品所不具备的新价值和特有的交换价值。也就是说,必须在公共产品的基础上,或独立于它们,投入新的技术和劳动,做进一步的加工,生产出有别于气象公共产品且有特定的新使用价值的产品,才可称得上气象商品。

上述关于气象服务性质的分类比较符合社会主义初级阶段发展市场经济条件下的气象服务实际,和国际上普遍的看法也比较接近。例如,澳大利亚也将气象服务分为类

似的三类。和国内类似部门的改革思路也比较一次，例如，水利部门也对他们的产业进行了类似的分类，分为社会公益型、有偿服务型和生产经营型三种类型。

上面我们以气象服务的公益性为分类标准对气象服务的属性作了分类。另外，也可以从用户是否需要付费的角度对气象服务进行分类。从这一角度对气象服务进行分类，可以首先将气象服务分为“无偿气象服务”和“有偿气象服务” 两大类。而**有偿服务**又可以进一步分为“成本补偿性有偿服务”和“商业性气象服务”。在里所提到的“有偿服务”显然是一种广义的概念，即把商业性气象服务也包括在广义的“有偿服务”之中。而“成本补偿性有偿服务”则对应于通常所说的狭义的“有偿服务”。

从不同角度对气象服务属性进行分类有利于更清楚阐明气象服务的属性。事实上，上述两种从不同角度对气象服务的属性进行分类所得到的最终结论是一致的。有些气象服务之所以实行无偿服务，显然是因为它是基本的公益性服务，所以从用户是否需付费角度分类时分出的“无偿服务”和前述的“公益无偿气象服务” 的内涵是完全一致的，两种分类分析都认为将气象服务属性最终分为三类，即：公益无偿气象服务、成本补偿性有偿服务（简称有偿服务）和商业性气象服务，是比较符合社会主义初级阶段的实际情况的。

本书以下各章节，在涉及气象服务有关性质的阐述中，均采用本节所阐述的这种分类概念。

第二节　气象服务的内容分类

气象是一个科技服务行业，它是通过为社会各分系统提供气象科技服务而成为社会大系统不可缺少的组成部分的。气象服务的内容随着生产需求和气象科技水平的发展而不断拓展。从气象服务的内容看，现代的气象服务业主要包括以下三方面内容：一是气象信息服务；二是气象工程技术服务；三是气象科技综合服务。

一、气象信息服务

根据第二章阐述的气象服务基本原理，气象服务的最终目的是实现对用户系统的有效气象控制（包括气象环境控制和气象环境的影响控制）。有效的气象控制必须以可靠的气象信息为依据。气象信息服务是整个气象服务系统工程的重要组成部分，也是目前气象服务实践中最主要的、工作量最大的服务内容；从气象服务基本原理看，气象信息服务和气象工程服务不是并列的相互独立的服务内容，而是整个气象服务系统工程中互为依存的分系统。

根据气象信息服务所提供的信息的时间特性，可以将气象信息服务内容分为两大类，一类是气象情报信息服务；另一类是气象预报信息服务。

1. 气象情报信息服务

气象情报信息服务是指向用户提供实测性的气象信息服务。所谓实测性的气象信息,不仅包括直接用大气探测仪器测得的大气状态信息,还包括在实测信息基础上经诊断分析推断得到的加工信息,但不包括预测性信息。由于用户的需求有时会超出常规观测站观测的实测气象要素,这时就需要在实测气象资料基础上再加工;还有些时候,用户需要过去时刻非常规观测气象要素信息。为满足用户这种需求,需要在实测资料的基础上,运用气象要素空间分布的规律,建立相应的诊断方程去推断用户所需要的情报信息。例如,某工程建设需要提供某山顶的气候环境信息,这种信息只能根据附近几个气象观测站的实测资料来推断求得。推断得出的情报信息需要通过必要的检验,以证明其可靠性。关于情报信息服务具体技术方法问题将在第二十章专门讨论。

2. 气象预报信息服务

气象预报信息服务是指向用户提供有关未来时刻的预测性气象信息服务。正如本编第二章所指出的,最理想的气象服务系统是气象控制论系统,这种系统的有效运行要求提供动态的气象控制信息,尤其是要求提供系统未来所处的气象环境的信息。气象预报信息是气象环境有效动态控制的依据。由于气象预报信息服务是预测性的信息,一般说来,加工制作此类信息技术难度较大。有幸的是近代以数值预报为基础的基本气象预报技术已经取得了很大的发展,它为制作各种专业化的气象预报信息服务产品奠定了坚实的科技基础。但是,各行各业对气象的需求都有其特殊性,气象服务实体必须在基本气象预报信息的基础上利用现代科学技术方法制作出有专门针对性的气象预报信息服务产品,才能满足有效气象控制的需要,因此大力加强气象预报信息服务产品的开发研究是提高气象服务效益的重要方面。关于气象信息服务的具体技术方法问题将在第二编有关章节专门讨论。

二、气象工程技术服务

在本编第二章曾经从气象服务基本原理的角度对气象工程服务做了阐述,并对气象工程服务的几种类型作了概括,指出气象工程技术服务的目的是实施对用户系统的有效气象控制,它是气象服务最终产生经济效益的关键。

在改革开放之前,气象部门的服务活动主要局限在提供信息,并长期在比较封闭的环境里形成一种习惯性的传统观念,即:气象部门的服务业务范围就是提供信息服务,而采取工程措施是用户自己的事情。这种习惯概念把气象服务实体束缚在只提供信息的小圈子中,限制了气象科技人员和各行各业工程技术人员的更加紧密的融合,限制了气象科学技术通过参与气象控制工程的研究和实施进一步发挥效益,限制了气象信息服务不断提高专业化水平。随着社会主义市场经济体制的建立和发展,随着知识经济的发展,随着气象科研体制改革的深入,气象和各行各业经济结合将进入更加紧密的阶段;另一方面,随着用户系统现代化水平不断提高,气象控制工程的技术水平也在不断的提高,因此从发展方向来看,未来气象工程服务将会有更大的发展,将会产生更大的效益。气象服务实体应当更注重和各行各业的结合,主动参与各种气象控制工程技术的开发研究和组织实施。如果有可能,特别是对那些有条件以气象服务实体为主来组织实施的气象控制工程,应作为气象服务发展的重点领域,下功夫组织开发。例如,雷电是一种气象灾害,提供有关雷电发生的气象信息是气象信息服务的重要内容。如何根据所发布的雷电灾害气象信息采取适当的防御和减轻雷电的工程技术措施就是这个领域的气象控制工程问题。在过去,气象服务实体只提供有关雷电灾害的信息服务,并不参与有关雷电防御的工程技术服务。近几年来,由气象服务实体组织实施的防雷检测和防雷工程有了很大的发展,产生了很好的经济效益,这样的实践已经得到各方面的认可。1999 年颁发的"中华人民共和国气象法"也对此从法律的高度作了充分的肯定。但是,由于上面讲到的历史原因,气象工程技术服务,特别是气象服务实体为主组织实施的气象工程技术服务,目前还处在发展的初级阶段,已形成规模效益的项目还不是很多。

当然,大量的气象控制工程可能仍然需要由用户系统工程技术人员自己来组织实施,在这种情况下,气象服务实体的一个重要任务就是尽量和用户系统的工程技术人员结合,协助他们做好气象控制工程,包括宣传普及气象应用技术知识,和用户工程技术专家共同研究提高气象控制工程技术等等。

从气象服务基本原理看,将气象工程服务列为气象服务的重要内容之一具有重要意义。从气象控制论观点看,气象控制工程是最终产生气象服务效益的关键。当然,气象工程服务是否可以成为现实的气象服务的重要内容之一,不是纯理论问题,它还取决于生产力和气象科技的发展水平。在气象工程服务还没有发展到一定规模和水平的时候,不可能脱离实际地把气象工程服务列为现实的气象服务的重要内容。在 90 年代初中国气象局拟定气象业务技术体制的时候,专家们还普遍认为气象服务功能块就是气象信息服务功能块。近十年来,气象服务实践在这方面做了大量有成效的工作,有了一些重要的突破,气象工程服务取得了比较大的进展。例如,在人工影响天气、雷电的防御方面都为开拓气象工程服务做出突出的贡献,也为进一步发展气象工程服务提供了成功的经验和思路。展望未来,气象工程服务具有更宽广的前景。因此,现在明确提出将气象工程服务作为气象服务的基本内容之一,特别强调它是气象服务系统工程中最后产生气象服务效益的关键,强调大力加强气象工程服务,对气象服务业的发展具有重要意义。

气象工程服务的具体技术方法将在本书第三编专门讨论。

三、气象科技综合咨询服务

气象科技综合咨询服务是指向用户提供有关气象科技方面的综合性的咨询服务,例如,为一些重大的工程设计提供关于气象趋利避害的综合咨询服务。和上述两类服务相比,气象科技综合咨询服务的特点在于:一是此类服务属咨询性服务。虽然它的科技基础仍是气象科学技术,但具有明显的软科学技术的性质。此类服务原则上也应体现第二章所阐述的气象服务基本原理,但是它的表现形式和可能产生效益的过程和其他软科学技术的应用过程类似,而和前两类服务则有较大差别。二是此类服务内容更具综合性。咨询服务所涉及的面具有很大的伸缩性,不同性质问题涉及的面也有很大的差别,往往所需要的知识具有高度综合性,需要将气象科技和其他有关学科知识有机的结合。但是,它毕竟还是气象科技领域的科技服务,它的服务技术的基础仍然是气象信息服务和气象工程服务的有关技术,它往往是多种气象信息服务技术和气象工程服务技术的有机结合。此类服务目前尚处发展初期,大量的气象咨询服务工作还有待开拓。随着生产力的发展和科学技术的进步,这种咨询服务将会显示出越来越好的效益,气象科技综合咨服服务应有十分广阔的前景。

第三节　气象服务的对象分类

本编第一章曾对气象服务业的对象作过一般性的讨论,第二章根据气象服务基本原理从宏观的角度概括了服务对象在气象可控性问题上的共性。但是,实际的气象服务对象行业很多,不同的对象类型,在需求上以及服务机制上都有不同的特点。根据不同类型对象的特点分类进行有针对性的服务是提高服务质量和效率的重要方面。所以,还有必要进一步根据行业的性质和需求的类型对各行各业的气象服务对象进行进一步的具体分类。另一方面,随着市场经济的发展和改革的深化,气象服务的对象类别也有了一些变化,特别是专项服务的对象出现了更多的新情况。发展市场经济以后,随着改革的深化,有些专项服务对象已经变成企业性质。因此,“新一代气象服务”课题组经研究提出气象服务按对象可以概括为以下三类。

一、决策气象服务

决策气象服务是指为党政领导机关提供的气象服务,也就是说,决策气象服务的对象是党政领导机关。在涉及国家安全、社会稳定和宏观经济发展等等重要问题上,气象信息已成为不可缺少的现代科学管理决策依据之一,所以决策气象服务是各项气象服务中的重中之重。

在以往的气象服务对象分类中,还有另外一种服务,称之为专项服务,它的服务对象比较多样,包括有关职能部门机关和事业单位,也包括对各项工程的专项气象服务。随着改革深化和市场的发展,事业单位的性质发生了不少变化,不少事业单位已转变为企业,或则按企业机制运作,工程的实施已不是政府行为。所以,专项服务的对象需要进行进一步的分解和重新归类。但是,其中对有关职能部门机关、公益事业单位的服务和对党政机关的的服务有比较多的共性,即:这一部分服务对象的性质并没有在国家经济体制改革中发生变化,对它们的气象服务仍是公益性服务,仍应把这一部分服务和对党政机关的的服务归为同一类。由于气象事业在防御和减轻自然灾害、合理利用天气气候资源等方面对全社会的发展、人民生命和财产的保护、国防和经济建设具有基础性和公益性,国家要大力支持气象事业的基础建设,以保证气象事业不断发展。决策服务,尤其是为各级政府的防御和减轻自然灾害、保护气候资源、趋利避害的决策做好气象服务,是气象部门最基本的任务之一。不管市场经济发达到什么程度,无条件做好决策服务的思想,必须坚定不移,并据此继续大力争取各级政府对气象事业的支持。也只有决策服务不断提高水平和效益,气象事业才能不断得到各级政府的支持。

二、公众气象服务

通过各种媒体为社会公众提供气象服务,包括通过广播、电视、报纸、电话等手段提供天气预报服务,称之谓公众气象服务,也就是说,公众气象服务的服务对象是社会公众。公众气象服务是国家兴办气象事业,提高防灾减灾能力,保护人民,为人民谋福利的重要措施,是气象公益服务的重要内容。在发展市场经济时,仍然不能把这一部分转为以盈利为目的,而且还应在国家财力允许下不断提高服务质量。

三、专用气象服务

专用气象服务是指为特定用户专门提供的有专门用途的气象服务。专用气象服务的服务对象是对气象服务有特定专门需求的用户,也就是说,除了上述两大类服务对象以外的所有气象服务对象都称之为专用气象服务对象。

随着各行各业生产能力的不断提高,专用气象服务的对象将会越来越广泛。不同的对象将会提出各有特色的需求,要求气象服务实体为之提供有专业针对性的服务内容。利用市场机制可以促进气象资源有效地配置,高效地提供个性化的专用气象服务。随着经济体制改革的深化,企业必然越来越讲求经济效益,越来越迫切要求依靠科技进步,以求有针对性地趋利避害,提高其经济效益。另一方面,随着气象现代化的发展和通信条件的现代化,气象部门也有条件为各类用户及时提供有针对性的气象信息产品。国内外的实践表明,此类服务是将气象科技转化为现实生产力是极为重要的途径。

随着经济体系改革的深化,计划经济时期归在“专项服务”中的主要服务对象——各种专项工程的实施主体,在性质和运行机制上和其他面向市场的企业已没有本质区别;事业单位中大部分也都已转换为市场机制,按企业化运行,为之服务的内容也随市场变化更具专用性。所以,将这两类归到专用服务比较恰当。关于专项气象服务不再单独作为一个大类的看法,在“新一代气象服务体系” 课题组之前已经有人提出类似的看法。例如,1994 年张宝元、韩承松在《气象服务经济学研究》一书中对气象服务分类时就已经不把专项服务作为专门的一类。

第四节 气象服务的手段分类

信息需要传播。信息如果不能传播,信息的存在就失去了意义。从信息的发出到信息的接收过程,就是信息的传播,传播就离不开载体这种手段。随着近代科学技术的不断进步和发展,可作为气象服务手段的信息传播载体日益增多,不同的气象服务手段适用于具有不同特点和需求的服务对象。通过研究气象服务手段可以深入了解各种气象服务手段的特点和主要适用对象。

若按载体的手段来进行分类的话,大致有如下几类:印刷品;声讯电话;广播、电视;气象警报器(网);计算机网络与因特网等载体。

一、印刷品气象信息服务

印刷载体包括书面、报纸、期刊等手段,是气象部门最早最基本的服务手段之一。

1. 书面气象信息服务

新中国成立后,我国气象事业创建初期,气象部门就确定了“建设、统一、服务”的方针,明确指出气象工作的目的在于服务,气象事业的中心任务就是服务。后来,不论是以国防建设和军事服务为主,还是既为国防建设服务又为经济建设服务,书面气象信息服务都是最基本的服务手段。书面气象信息服务采用天气公报、农业气象旬报、气候公报、历史天气图和整编的气象资料等等形式。主要服务对象有各级政府机关及社会团体、科研、院校等有关部门和单位。

目前,通过书面出版发行的公报、气象资料和产品来满足用户气象信息的需求的传统方式,正在发生变化。传统的书面出版发行将逐步在被 CD-ROM 光盘出版发行和网上发布等所取代。

2. 报纸和期刊气象信息服务

报纸和期刊是现代社会中最重要的信息传媒之一。读报已成为人们生活中必不可少的内容。在报纸上登载天气预报各国都很重视,版面和内容各有差异。近年来,中央气象台相继在《人民日报》、《中国日报》等报纸上开辟了 48 小时天气预报专栏,在报纸上刊登一周的天气展望,对公众有较大的使用价值。全国不少台站还在报纸上开辟了气象信息专栏,特别是 1998 年上海市气象局与《解放日报》、上海市中心气象台与《新民晚报》合作推出《气象万千》和《一周气象》每周刊出一期的气象专版,很受上海广大市民的欢迎。专版内容丰富,形式活泼,图文并茂,包括“上周天气和温度实况”、“下周天气展望”、“华东部分旅游区天气预报”以及带有科普性的“气象与生活”、“气象万花筒”等小栏目。

归纳起来，印刷媒介特别是报纸，它是最早的公众气象信息传播媒介，其手段具有以下特点：第一，能准确、全面地传播气象信息；第二，读者选择余地大，可以依据个人的兴趣、专长，自由选择阅读的内容、方式及时间、地点；第三，若版面条件允许时（增加版面机动），可附气象图表，撰写气象知识和宣传的文章，可配合和突出宣传效果。例如上海的气象专版等等。但是报纸也存在着信息传播时效不如广播、电视快、感染力差及读者受文化程度等条件限制的缺点。

二、电话气象信息服务

近些年来，"121"、"221"和"268"等电话气象信息服务发展迅速，效果明显。据不完全统计，截止 1999 年全国已有 27 个省会城市、228 个地级城市、1216 个县级城市开展了电话气象信息服务，取得了显著的社会效益和经济效益，并成为气象科技服务又一新的增长点，大大地推动了气象科技服务的改革进程。

电话气象信息服务手段简便、迅捷，贴近群众生活，是公众服务的好帮手、好参谋。特别是 1998 年抗洪抢险过程中，电话气象信息服务发挥了特有的作用。电话服务的内容也不断发展和丰富，不仅有当地的、外地的、甚至国外的预报，24 小时预报、48 小时预报、甚至周预报都不缺。从单一的天气预报服务扩展到空气污染、体感温度、双休日、上下班、风土人情节日、体育锻炼、疾病、旅游、紫外线等项目方面的预报服务，满足了社会公众不同层次、不同的需求，成为气象科技服务奔驰的"黑马"。

另外气象部门与有关部门密切合作利用无线寻呼台传递气象信息也已成为既方便又实用的手段之一。在全国各地已形成了相当规模的气象寻呼台网。

三、广播、电视气象信息服务

1. 广播气象信息服务

1954 年 3 月，政务院发布《关于加强灾害性天气预报、警报和预防工作的指示》。为了进一步扩大气象服务的范围，从 1956 年 6 月 1 日起，在报纸、电台上公开向社会公众发布天气预报。

目前，各级广播电台除发布重要天气警报外，一般还每天数次发布有关的天气形势、城市天气预报。例如，中央人民广播电台第一套节目每天早、中、晚五次发布中央气象台的天气预报，该节目深得听众好评，1997 年被听众评为最受欢迎的节目，其收听率也几乎和新闻联播后的电视天气预报节目并驾齐驱。

广播媒介具有最普及、最有影响力、最方便等特点：第一，听众不受文化程度和空间的限制，听众数量较大；第二，以语言和音响作为传播信息的载体，感染力比印刷媒介强；第三，广播属于听觉媒介，主动性强，可以主动向听众传播，且不受做工条件的限制，可以边做事边收听；第四，小型收音机携带方便，并且不受停电的影响（可用电池）。当然,广播手段存在着保存性差,信息稍纵即逝,读者选择余地小,收听节目受时间限制,感染力不及电视等弱点。

2. 电视气象信息服务

电视手段最大的特色是兼顾了可视性和可听性的优点,能将国内外大事浓缩集中成影像,以最短的时间,吸引最多观众,充分发挥"从小屏幕,看大世界"的功能。可将所发生的事件活生生地呈现在您的眼前,"百闻不如一见",传送到观众的家里,这种传声、传影、"传神"的媒介,给人以深刻难忘的印象。

我国电视天气预报在改革开放的大潮中诞生,并随着科学技术的进步而发展。1981 年 7 月 1 日,中央电视台新闻联播节目后开始播发中央气象台的天气预报。1993 年 3 月 1 日,经国务院批准,电视天气预报节目进行了改革,增加了"早、午、夜间"气象服务节目,新增城市天气预报并对景观实施有偿播出,播音员以天气预报节目主持人身份走上屏幕。

目前,中央气象台在中央电视台第一、二、四、七套节目及教育电视台等每天开办十余个气象节目专栏,该节目成为上至中央领导下至社会公众必看的内容,深得观众喜爱。这些内容还在不断丰富和改进,如今主要有气象卫星云图显示及其动画、天气形势分析、24 小时和 48 小时降水量预报、24 小时城市天气预报。还有一周天气回顾、年(月、旬)天气气候回顾和展望、每候天气述评、卫星云图和数值预报产品释用以及气象科普知识宣传等等。各省、市、自治区乃至地、县基层台站也都相继通过各级电视台发布天气预报,而且大部分节目都是气象部门自己建立系统制作的,创造了很好的社会效益和经济效益。

四、警报器气象信息服务

为适应农业和农村经济发展对气象服务的需求,"七五"期间国家气象局组织有关力量,积极吸收和消化国外技术,研制成功了天气警报接收机。1991 年 10 月,国务院关于加强农业社会化服务体系建设的通知下达后,气象部门加强了农村气象服务网的建设,到 1995 年,已建立农村天气预报服务网 1314 个,超短波发射台 1283 个,接收用户达 97227 个。例如黑龙江省建设的农村气象服务网,基本格局是以市、县气象局为中心,以乡镇为基点,由"两网一助理"组成。

1998 年 4 月,各地已普遍采用气象警报接受、信函、电话、传真等各种类型的服务手段,其中气象警报接收机用户数达到 10 万多个,各地精心组织、大力发展天气警报服务系统,不断改善重点用户服务产品的传递手段,进一步拓宽了服务面。

从 1993 年起,农村气象服务网向通信对讲化,服务综合化,向村屯延伸的"两化一延伸"的方向发展。在防灾,夺取农业丰收和农村经济发展中发挥了积极作用。

北京市气象局把气象警报器扩建成气象警报服务系统,成为面向国民经济生产各部门的行业服务的重要手段。该系统可定时和不定时向用户发布专业天气预报与灾害性天气预报，且可进行跟踪服务。对有特殊要求的用户，通过气象警报服务系统或天气雷达终端，随时加发天气过程起止时间、强度、影响范围等情况的通报。由于开发了行业气象指标检索系统，针对不同行业要求，通过警报服务系统还可开展点名服务。

五、计算机网络及因特网气象信息服务

1. 计算机网络气象信息服务

计算机网络是计算机技术与通信技术高度发展和密切结合的产物，计算机网络是一种通过通信线路，按照某种通信协议，把分散的多个独立工作的计算机系统连接起来，实现网中硬件、软件和数据资源共享的计算机通信系统。

通过计算机网络可以实现许多单机系统所不能完成的任务，大致可归纳如下：①实现实时集中管理；②共享数据库资源；③共享硬件和软件资源；④提高整个系统的可靠性；⑤均衡整个系统的负荷；⑥易于扩展已建立的系统。

在气象部门的气象业务系统中常用的计算机网络大致可分为两大类：一类是计算机广域网，它在地理区域上可跨越几千千米，甚至是全球范围的通信网络；另一类是计算机局域网，是指在有限范围内（比如几千米范围内，甚至在一个业务大楼或大院内），将若干台独立的计算机与其相应的其它设备连接起来，构成一个通信整体，实现信息处理、信息交换的资源共享。

90 年代以来，国家气象中心与区域气象中心乃至省气象局的计算机广域网的相继建立，使每天传输信息量比原来增加 20 倍以上，地面报传输时效提高 1～1.5 小时，高空报可提前 1 个时次。

1998 年，完成了“以 VSAT 站为基本组成部分的高新技术工程”全称为“中国气象局气象卫星综合应用业务系统”（简称为“9210”工程）并投入使用。该工程实质上是中国气象局 VSAT 卫星通信网络系统，它是通过通信卫星把遍布全国的地、市级以上气象部门的计算机系统连接成一个大型网络互联系统，进行数据高速交换，并可进行话音通信。该网络系统除 24 小时不间断地承担国内外气象信息的收集、分发和交换外，同时还有相当容量可向社会各界提供各类信息传输和话音通信服务。

1992 年，中国气象局采用专用光缆为党中央、国务院提供专门制作的气象信息节目。1993 年 4 月，北京市气象局的专业气象服务开始利用电子计算机建立服务工作站，该站包括决策服务、天气预报产品、应用预报、天气实况、气候咨询、多媒体产品加工、信息分发服务和系统数据库管理等内容，实现了产品加工与分发自动化。少数主要用户，已设置计算机终端，用户可用程控电话随时索取天气信息，从更高层次上满足了专业用户需求。

1994 年 8 月，中国气象局为国家计委等有关部门建立了气象信息远程终端。

据 1997 年不完全统计，气象部门为地方政府和其它部门安装了微机服务终端有 861 个。其中为省委、省政府安装了 119 个；为地（市）级政府安装了 271 个；为县级政府安装了 176 个；为其他部门安装了 295 个。

2. 因特网气象信息服务

因特网（国际互联网络）是目前唯一的国际信息交换网。该网通过使用统一的通信协议 TCP/IP，将各种计算机使用的不同格式的信息转换成彼此可以相互理解、交换的信息。在不同的计算机系统之间交换文件，跨国界传递信息，实现了世界范围内的资源共享。

因特网气象信息服务集报纸、电话、广播、电视的优势于一体，并具有很多特殊的功能。例如进行电子邮件传递，除了文字的“电子邮件”外，还可以传递经过计算机处理的电视图像、照片、音乐、话音号等多种信息；可以进行数据库检索；共享公用软件；在事先取得主机方面同意后用户可以通过“远程登录”使用网络上的计算机，以远距离使用大型计算机和专用外围设备；进行文件传输服务；进行电子公告和电子论坛服务，还可以利用这个网络来开会；进行信息查询和商业应用等等。

在国外利用因特网进行气象服务已成为气象服务的主要手段与方式。例如美国天气频道（TWC）所属的 Weather.Com 网站成立于 1995 年，目前已成为美国重要的天气信息源，也是国际互联网发展最快的网站之一。据统计，它是美国目前用户点击率最高的四个网站之一，每月平均有 1 亿多人次的访问者。该网站每天为全球 7.7 万多个商业用户提供各种复杂的天气预报和与天气有关的各种信息，并提供全球 1700 多个大城市及 4 万多个地区的天气概况和未来一周的天气形势预报，被评为最佳专业新闻网站。

据估计目前仅美国通过因特网从事天气预报发布和进行专业气象服务的公司和机构就不下 500 家，而且每年都在增加。例如前宾夕法尼亚州大学的教授兼气象学家乔尔·迈尔斯，创办了一个网络气象服务站 Accu Weather（AW），依靠经营气象信息而名声雀起，大赚其钱。目前，该网站除发布气象消息外，还向 1.5 万多家新闻机构提供气象数据。同时还在其主页上连接了近千个站点，如《华尔街日报》、《华盛顿邮报》等等，经营得有声有色、蒸蒸日上。Accu Weather 的成功之道在于针对客户的不同的需求，它可以提供各种完善而周到的服务。此外，还根据某些个人或团体的特殊需求，提供非常个性化的服务。

据有关科学家预计，到 21 世纪中期，Internet 网在规模上将超过全球电话系统。Internet 网将把世界各类信息媒体和信息渠道“一网打尽”，并且正向成为世界主信息渠道的目标迅速迈进。因此，可以预见未来，网上气象信息服务将成为气象信息市场的主战场。

目前，我国气象部门的网络气象服务，正在积极地推进，在因特网上的气象服务信息分为两大类：一类为无偿信息，包括基本气象信息、公众气象服务信息；另一类为有偿气象服务信息，此类信息在网上只提供目录，如用户需要可有偿提供。

参 考 文 献

[1] 张宝元、韩承松,气象服务经济学研究,气象出版社,1994。

[2] 马鹤年,不失时机,大力发展商业性气象服务,成都气象学院学报,**13**(3),1998。

[3] 崔讲学,我国气象服务商业化初探,气象软科学,**34**,1999。

[4] 马鹤年、赵礼静,气象服务体制探讨,陕西气象,6,1989。

[5] 穆家修,解放思想,深化改革,开办综合性气象应用服务公司,气象软科学,**6**。

[6] 马鹤年,关于气象科技商品化问题的调研报告,气象软科学,**11**。

[7] 钮茂生,以水养水,点水成金,中国软科学,**55**(7),1995。

[8] 马鹤年,气象服务性质及投入反馈机制探讨,气象软科学,4,1999。

[9] 黄恒学著,中国事业管理体制改革研究,清华大学出版社,1999。

[10] Anaman. K. A., D, J. Thampapillia, A. Henderson Sellers, P. F. Noar and P.J.Sullivan, Methods for assessing the benefits of meteorological service in Australia, *Meteorolog. Appl.*, 2,17–19.

[11] 马鹤年,气象服务性质及投入反馈机制探讨,气象软科学,4,1999。

[12] 黄河主编,信息与经营全书,人民出版社,1996.6。

[13] 马鹤年、陈新强主编,气象软科学应用实例研究,气象出版社,1998。

[14] 秦祥士,信息网络时代气象服务变革思考,2000 年全国气象服务学术研讨论文集, 2000。

[15] 北京市地方志编纂委员会,地质矿产·水利·气象卷《气象志》,(卷 3),北京出版社,1999。

第五章　气象服务组织结构体系

第一节　气象服务组织结构体系概述

近年来,尽管气象服务有了长足的发展,服务的水平、效益显著提高,但气象服务的组织形式却一直处于探索之中,至今尚未形成适应社会经济发展和社会主义市场经济体制需要、符合我国实际的气象服务组织结构体系。

一、气象服务组织结构体系内涵及与其它体系的关系

1. 气象服务组织结构体系内涵

所谓组织结构体系是指由各级、各类气象服务机构(实体)按照一定的规则或关系组成的一个有机联系的机构体系。在这个体系里面,既包括服务的组织机构设置、布局、结构和各部分的职责与功能,也包括服务的组织形式,以及它们之间的联系。

2. 气象服务组织结构体系与其它体系的关系(业务、服务)

(1)气象服务组织结构体系与气象业务体系的关系

就气象业务体制的四大功能块而言,服务体系是业务体系的一部分,而服务的组织结构体系又是气象服务体系中的一部分。因此,气象服务组织结构体系与气象业务体系有联系,又有区别。组织结构体系中的公益服务实体既是服务体系的一部分,也是业务体系中的一部分。由此可见,各种服务组织的运行在一定程度上依赖业务体系。但是,服务组织体系与业务体系中的组织结构体系相比,服务的组织结构体系更复杂一些。现有的业务体系中的组织结构体系由于气象现代化的不断推进和社会需求的驱动,也需要改革,但相对而言比较成熟,运行比较规范,形式比较单一;而服务机构设置起步较晚,与业务单位联系密切,有的还不独立,加上气象服务对社会发展和市场需求变化的响应要求更快,因此,服务组织结构体系改革的任务更为艰巨。

(2)气象服务组织结构体系与气象服务体系的关系

气象服务体系与气象服务组织结构体系比,其内涵更广泛一些,它包括服务的业务体系、管理体系、技术体系等,组织结构体系只是其中的一部分。但组织结构体系在服务体系中有着很重要的地位,组织结构的不同,对服务的业务运行、服务管理的方式以及服务的组织形式等都有很大的影响。

二、国外气象服务组织结构的基本模式

国外气象服务组织结构形式是多种多样的。各国都根据各自的国情,采用不同的服务组织结构体系模式,当前主要有以下几种比较有代表性的模式:

①气象服务的组织结构体系由国家气象服务机构和私人气象服务机构组成。国家气象服务机构只负责基本的公益性气象服务,商业性服务由私人气象服务机构开展,国家气象服务机构负责无偿给私人气象服务机构提供气象基本资料和为社会公众服务的产品。如美国、日本等。

②气象服务的组织结构体系也由国家气象服务机构和私人气象服务机构组成,但国家气象服务机构在负责基本公益性气象服务的同时,还充分利用自身的优势,开展成本补偿性服务,甚至是商业性服务,与私人气象服务机构展开竞争。如英国、法国等欧洲国家。但是,其服务收入实行收支两条线。

③气象服务的组织结构体系完全由气象服务公司组成。国家气象服务机构也实行公司制,所有的气象服务都是以合同或协议的方式进行,包括国家下达的服务任务。如新西兰等国家。

三、国内气象服务组织结构的回顾

我国的气象服务组织结构体系从初创到发展,经过了几十年的发展历程。这期间,气象服务的组织结构从无到有,从小到大,从单一到多样,经历了不同的发展阶段,逐步形成了现在的这种组织结构体系构架,并正朝着建立21世纪的现代化气象服务体系框架顺利发展。

1. 建国前我国的气象服务组织结构

1949年10月以前,我国气象台站很少,层次也少,没有相对独立的服务组织机构。气象服务无论在内容上,还是在形式上都是气象业务的翻版,而且其服务的领域和对象很有限,主要是为军事服务。所以,当时的气象业务服务组织,设置简单,功能都很弱,还谈不上形成气象服务的组织结构体系。

2. 建国后我国的气象服务组织结构

(1)起步阶段。建国初期,党和政府对气象工作高度重视,在较短的时间内,接收、新建了一大批气象台站,并随着经济恢复和发展带来的需求的增长,着手建立管理机构,进行业务建设,在业务组织结构的基础上,开始适应服务需求,积极开展服务,初步形成气象服务工作的雏形。但由于国家经济正在重建和发展,气象工作也在逐步恢复和走上正规,气象业务组织机构尚不够完整,所以,服务机构的设置和体系建设还没有明确提出,自然也就形不成服务的组织结构体系。

(2)初步形成阶段。50年代中后期到70年代末,由于国家经济的发展对气象工作

的要求提高,气象服务的任务明显增多,日益加重。相应的气象业务服务也有了一定的发展。经过这一阶段的建设,我国的气象业务体系开始建立,单一的公益服务体系也随之逐步形成。但这时期的服务工作由业务单位完成,没有独立的服务实体,应该说,其组织结构体系主要是以公益服务为主体的,依赖于业务体系的气象服务的内部结构关系和服务形式。它只是在业务机构中设有专门从事服务的人员,服务是预报的自然延伸,管理和运行形式比较简单。

这期间,还受到"文革"的影响,服务组织结构体系连同业务体系一起,曾一度处于瘫痪半瘫痪状态,大大影响了服务组织结构的建设和发展进程。

(3)进一步发展阶段。80年代初期到90年代初期,随着国家以经济建设为中心的战略思想的确定,社会经济的快速发展和市场经济的提出,对气象服务的需求日益增长,防灾减灾决策服务摆到各级政府工作的战略高度上,为经济建设服务成为各行各业的中心工作。围绕这一中心工作,气象部门开展了大规模的业务现代化建设,明确提出"气象服务是气象工作的出发点和归宿"的指导思想,气象业务技术体制相应发生了很大变化,气象服务作为气象基本业务的四大功能块之一被明显地突出出来,从而使服务的组织结构体系得到较快发展,以国家、省(区、市)、地(市)、县(市)四级服务组织体系的纵向结构趋于完善,横向结构有比较大的突破和进展。在服务的内容上,每一级(层次)除原有的公益性服务组织外,还相继出现了有偿服务实体等,服务内容、领域不断拓宽,任务日益加重,功能明显增强。虽然这时期服务的组织结构体系仍然依托业务体系,但其服务的内容、性质、对象以及组织形式发生了根本性的变化,由单一的公益服务发展到多种形式的服务并存。

(4)结构调整阶段。随着社会主义市场经济体制的不断完善和发展,以及国家对事业单位改革的要求,80年代至90年代初期形成的服务组织结构体系在结构和功能上都出现了新的不适应。尤其是由于国家经济的快速发展,社会需求的日益增长和需求的多元化以及不断深化的部门改革,决策服务、公众服务越来越受到政府和人民的重视和关心,尤其是决策服务的内容更加广泛深入,任务十分繁重;有偿服务的发展以及市场竞争的加剧,其组织机构必须逐步与公益服务的组织分开,按照不同的机制运行和管理。为了适应这一要求,各级气象部门开始对原有的组织结构体系进行积极的调整,探索新的、合理的组织结构形式。

四、我国气象服务组织结构体系的现状和问题

1. 我国现行气象服务组织结构体系的现状

如上所述,我国目前的气象服务组织结构正处于调整时期,还不甚规范,也不够健全。就其结构组成来看,主要有国家气象部门服务机构、行业气象服务机构和少量已进入国内的外国气象服务公司组成。其中,国家气象部门的服务机构又分**公益性服务**机

构和有偿性服务机构。

我国现行气象服务组织结构体系的主要特征是：

(1)组织上既高度分散又高度集中。从服务组织结构来看，服务实体分散在全国，上下分国家、省(区、市)、地(市)、县(市)四级，各级的横向结构与功能又有公益性服务和有偿性服务组织机构。基本上各成体系，但宏观上又是一个整体，实行统一管理。

(2)服务上多种功能兼备。目前，我国的气象服务机构开展以下两类服务：公益性服务和有偿性服务。公益性服务包括决策服务和公众服务；有偿性服务主要是根据国办发[1985]25号文件开展的成本补偿性收费气象服务。决策、公众和成本补偿性收费气象服务在国家气象部门内实施；极少数国外气象服务机构已与国内有关单位合作，开展了商业性服务。这些服务分别满足不同服务对象的需求，在服务社会和用户的同时，自身也得到了发展。

(3)运行上多种机制并用。不同类型的服务，各按各的机制运行。如公益服务主要由国家和地方财政拨款支持，按照目标管理运行，而有偿服务中成本补偿性服务则应由国家和地方财政给予补贴或按事业单位收支两条线方式运行，商业性服务则采用现代企业管理制度进行管理。

(4)属性上确保公益服务的首要地位。现行气象服务组织结构体系是由单一的公益服务组织结构体系演变而来的，公益服务的任务十分繁重。公益气象服务体现了社会主义制度下党和政府对人民群众的爱护和关怀，特别是决策气象服务，为党和政府决策提供了重要决策依据，是更高层次上，更广泛、更有效的社会公众服务。因此，气象服务的公益性和先导性决定了在开展各类气象服务中，始终把公益服务放在首位；在开展决策服务和公众服务中，始终把决策服务放在首位；在为国民经济各行业服务中，以农业服务为重点。

(5)建设上统一规划、统一设计和实施。在建立和完善气象服务组织结构体系的过程中，把服务系统作为业务的一个子系统，以提高预测预报准确率为中心，以提高服务能力和效益为基础，针对服务分散而服务信息网络又高度统一的特点，把气象服务纳入业务建设中长期计划，进行统一规划、统一设计和建设。

(6)业务上逐级指导，互相协作。目前的服务组织结构体系互有分工，但上下组织机构之间，尤其是公益服务机构之间，在服务的业务上可以逐级指导，同级之间可以互相协作和联防，发挥服务组织结构体系的整体优势。

2. 我国现行气象服务组织结构体系存在的问题

(1)对社会主义市场经济的需求还不适应。现行的气象服务组织结构体系基本上是在计划经济体制下形成的，既与公益服务的深入发展，尤其是与决策服务的发展不适应，又与市场、与用户结合的不紧密。因此，虽其组织结构体系进行了一定的改革，但总的来看还不能适应新的形势和新的需求。

(2)气象服务系统的现代化、专业化水平不高。我国气象服务组织结构体系中的气象服务现代化的总体水平与能力还不高,气象服务产品深加工和综合集成还不够,致使气象服务实体在制作公益服务产品和面向用户的专业服务产品都出现了不深、不专、不精和不细,甚至以公益服务产品代替专业服务产品,产品单一,档次不高,针对性不强等问题,自身的服务功能不强。

(3)各类气象服务的运行机制与相互间的关系还不顺。各级气象服务的组织机构的管理体制和运行机制不能适应气象服务发展的需要,依法规范气象服务的工作比较薄弱。加上由于各种服务的组织机构没有分开,使得两种性质不同、机制不同的服务交织在一起,在管理和运行上产生了一些矛盾和问题。

第二节　新一代气象服务组织结构体系的设计原则

一、适应社会经济发展需求和社会主义市场经济体制建立的要求

1. 适应社会经济发展的要求

随着我国入关步伐的加快,我国社会经济的发展必然会有一个新变化,知识、技术、资金的涌入必将促使各方面需求的增加;同时,国家实施西部大开发战略,将使西部在今后若干年内成为发展的热点。科教兴国战略的实施,使得作为高科技的气象工作与社会经济发展的关系越来越密切,为资源的合理开发和利用,保护生态环境,以及为国民经济做贡献的作用也越来越显著。

鉴于气象服务从性质上讲有**公益性**和**商业性**两大类,而公益性服务尤其是决策服务,会越来越受到各级领导的重视,对决策服务的要求也就越来越高,其公益性更加突出;专用服务将更加具体和有针对性,使其商业特性同样突出。因此,新一代气象服务组织结构体系的设计应充分考虑到社会经济发展对气象服务需求的特点,从结构和功能上进行优化,以满足不断增长的需求。

2. 适应社会主义市场经济体制的建立和发展

随着社会主义市场经济体制的建立和完善,作为第三产业的服务业必将获得很大、很快的发展,市场的开放和竞争将越来越激烈。气象服务业也同样面临着市场竞争。由于用户的特殊需求增加,使有偿服务乃至商业性气象服务发展加快,服务的领域和市场不断拓展和壮大,尤其是当前国际上商业性气象服务发展很快,在我国加入 WTO 以后,商业性气象服务的竞争进一步加剧,这就要求气象服务的组织结构体系能主动适应气象服务市场的变化,提高我们自身的服务水平和能力,有利于多元化气象服务的发展。

二、适应气象现代化建设快速发展的要求

1. 适应新的业务服务流程

气象现代化建设提高了业务系统的水平，完善和丰富了原来的业务流程，同时，也对服务工作流程以及整个业务服务的技术体制产生了积极的影响。新的组织结构体系应能很好地适应这种由气象现代化建设带来的业务服务系统建设、业务服务技术体制和业务服务流程的各种新变化。

2. 适应传输手段的现代化

气象现代化建设和通信、计算机技术的不断发展，使服务产品的分发和传输手段的现代化有了可靠的保证。新的组织结构体系从提高气象服务的社会经济效益出发，必须采取先进成熟的技术，真正实现服务产品传输的方便、快捷。

3. 适应加工分析和产品制作能力的提高

由于气象业务系统的快速发展，气象业务能力不断提高。因此，新的组织结构体系应建设成一个依托气象业务系统其它三个分系统，分工明确，界面清晰，具有独立工作平台、技术先进的能满足用户需要的服务体系。要能够在资料分析、产品制作、加工包装等方面，综合运用各种先进技术和现代化设备，推动服务信息收集、加工处理的现代化和服务产品的多媒体化、可视化。

三、适应气象服务自身发展趋势的要求

1. 服务产品的改进和提高

由于市场和用户需求的驱动，对气象服务产品的技术含量要求越来越高，专业化、针对性越来越强。此外，产品的包装效果在激烈竞争的市场中所起的作用和影响也日显重要。新的组织结构体系要主动适应日益增长的需求变化，增强市场意识，不断提高服务产品的质量和包装水平。

2. 服务领域的拓宽

随着社会经济的快速发展和市场经济体制的建立完善，气象服务的领域必然日益扩大，除原有的领域外，沙尘暴、荒漠化等影响人类生存环境的其它气象灾害、城市环境污染、西部水资源开发、气候资源的利用和保护等新的服务领域必然会进一步突出起来，使气象服务的手段、内容、产品与流程发生变化。新的组织结构体系必须要适应气象服务的这一变化趋势，不断拓宽服务领域。

第三节 新一代气象服务组织结构框架方案

在分析气象服务组织结构体系现状的基础上，依照上述设计原则，从不同的时间尺

度出发,提出三个逐步发展的气象服务组织结构框架方案(以国家级为例)。

一、三个气象服务组织结构框架方案

1. 近期(框架方案一)

从近期看(3~5年),气象服务的组织结构由国家气象部门服务机构(以下简称气象部门服务机构)、行业气象服务机构和通过适度开放后被批准进入的外国气象服务实体以及可能会出现的国内民营气象服务实体组成,如图5.1所示。其中,国家气象服务机构又分为公益性服务机构和有偿性服务实体,公益性服务机构负责公益性气象服务,包括决策服务和向社会提供的公众服务,相应的公益性服务机构还可进一步分为决策服务机构和公众服务机构;有偿服务实体则负责开展成本补偿性的有偿服务以及在以后条件成熟时,逐渐转成企业运行方式的商业性服务,即有偿服务实体也可进一步分为补偿性服务实体和商业性服务实体(图中商业性服务实体用虚线框表示,代表目前还没有,以后可能逐渐发展起来);行业气象服务机构大体上也可分为公益性服务机构和商业性服务实体两类,但不像气象部门分的那么细和那么规范,他们在从事本部门所需的公益性气象服务的同时,也可分出一部分从事商业性服务(但近期可能没有或很少,故在图中用虚线框表示);外国气象服务实体是指在我国境内从事气象服务的国外或中外合资的气象服务机构,它只从事商业性气象服务;国内民营气象服务机构是指国内近期可能会组建和发展起来的具有一定资格条件的集体或私人气象服务机构(图中用虚线框表示,代表目前还没有,以后可能逐渐发展起来),此类服务实体也是仅进行商业性气象服务。

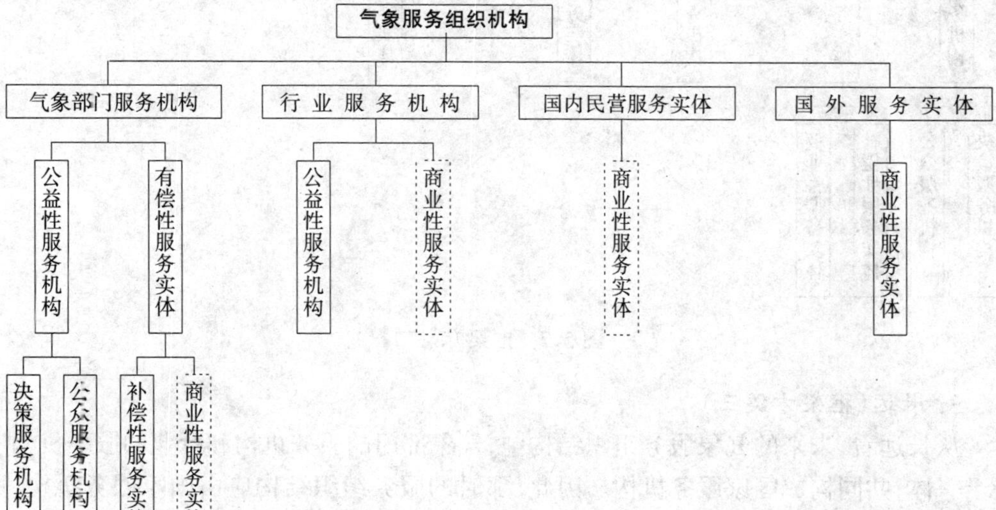

图5.1 框架方案一

2．中期(框架方案二)

从中期来看(到2010年前后)，随着社会主义市场经济体制的建立和完善，我国的气象服务将适时、适度、逐步有序开放，竞争日益激烈，商业性气象服务会有一定的发展，国外气象服务公司将依法进入服务市场，相应的民营服务机构也会相继出现，并逐步发展壮大，在气象服务领域占有一席之地。所以，这时期的气象服务组织结构应由气象部门服务机构、行业气象服务机构、民营气象服务实体和外国气象服务实体组成。其中，国家气象服务机构仍可分为公益性服务机构和有偿性服务实体。这里的所说的有偿服务是指从事成本补偿性服务，但已按企业机制运作的商业性服务。其服务实体可分为补偿性服务实体和商业性服务实体；行业气象服务机构也仍然分为公益性服务机构和商业性服务实体；国内民营气象服务实体是指国内逐步发展起来的具有一定资格条件的集体或私人气象服务实体，进行商业性气象服务，作为国家气象服务机构的补充，承担着更深、更广、更有针对性的气象服务，尽可能的满足广大用户的服务需求；外国气象服务机构进行商业性气象服务。这种组织结构如图5.2所示。

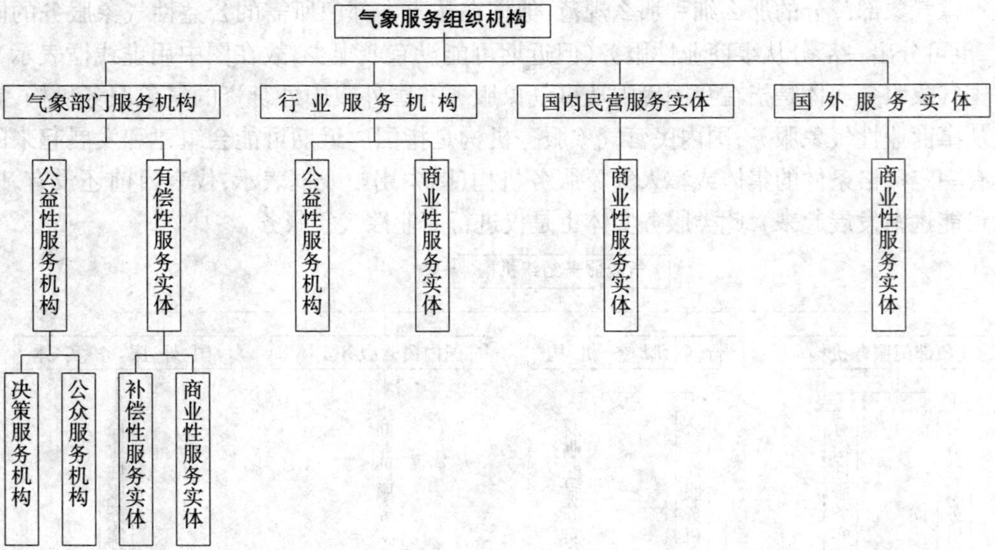

图5.2 框架方案二

3．长远(框架方案三)

从长远看，未来的气象服务组织结构中，气象部门的服务机构和行业的服务机构应趋于一体，共同构成国家服务机构。因此，那时的服务组织结构应由国家服务机构、民营服务实体和外国服务实体组成。其中，国家气象服务机构主要负责公益性服务，公益性服务中的决策服务机构和公众服务机构的功能更强，有偿性服务只是作为一种成本补偿性收费服务，仍可能存在，并隶属于国家服务机构(图中有偿性服务实体用虚线连接，表示其有一定的不确定性)。但是，国家服务机构不再从事商业性服务，商业性服务实体将逐步独立出去，进入服务市场，由民间经营。因此，民营气象服务实体将得到进一步发展。这种组织结构如图 5.3 所示。

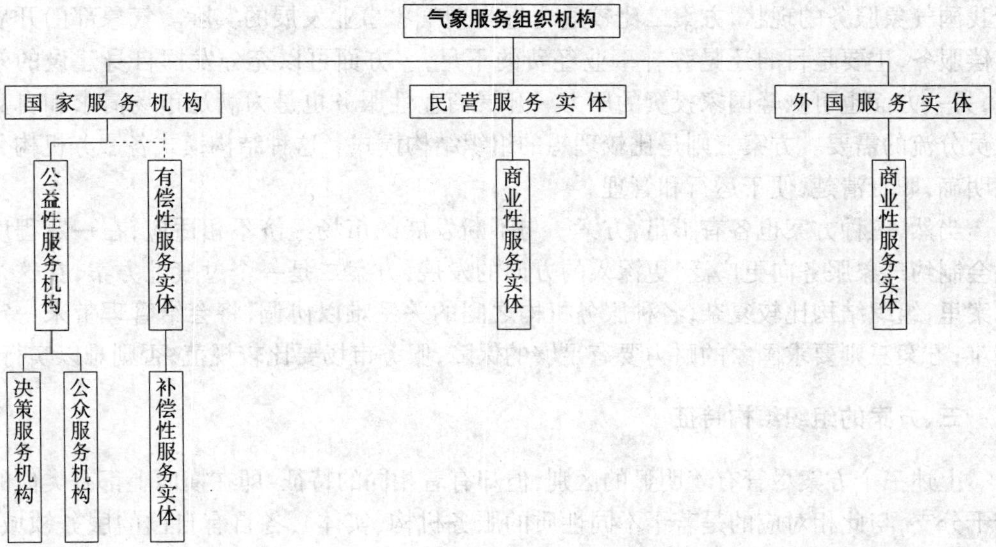

图 5.3　框架方案三

二、几个方案的比较分析

上述三个方案只是代表国家这一级(层次)的服务组织结构情况，上下四级，即国家、省(区、市)、地(市)、县(市)统一起来则形成气象服务的组织结构体系。需要指出的是，在四级服务组织结构中，国家气象部门的服务机构每级都有，而国外和民营服务实体就不按行政区域来分级设置。

从三个方案的结构来看，体现一个递进的发展趋势。方案一基本上是现阶段或近期我国气象服务的组织结构模式，在这个结构体系里，服务的组织形式是以公益服务和补偿性服务为主的，基本上没有或很少有商业性服务，气象服务基本上还局限在国家气象部门和行业气象机构里进行，这与我国现阶段的气象服务情况是比较吻合的，但随着气象服务市场的逐步开放，预计还可能会出现民营气象服务实体；方案二是方案一的发展，服务的组织结构趋于复杂和完善，商业性的服务实体有所增加，除了民营的和国外的服务实体外，国家气象部门也设有商业性服务实体，将形成多种服务机构(实体)并存，服务市场互相竞争的格局；方案三较前两者有很大的变化，国家服务机构中不再有商业性服务实体，有偿性服务实体可能还会存在，国家服务机构的主要任务是做好公益服务，尤其是决策服务，同时，要为其它服务机构提供条件和支持；而原有的商业性服务实体将与主体脱钩，进入社会和市场，成为相对独立的社会服务组织或实体；民营服务实体也会进一步发展。

这三种组织结构模式可能就是我国气象服务将要逐步实践的模式，方案一比较接近我国气象服务的现状，方案二比较适合近中期气象事业发展的实际。气象部门开展有偿服务，主要是目的还是弥补事业经费的不足，一方面可以充分发挥自身建设的效益，另一方面也可减轻国家投资的压力。开展商业性服务也是为满足市场需求和自身人员分流的需要。方案三则是比较理想的组织结构模式。这种结构模式各服务机构分工明确，职责清楚，便于运行和管理。

当然，三种方案也各有不足，方案一与不断发展的市场经济不相适应，在一定程度上会制约气象服务向更广泛、更深入的方向的发展；方案二是一个过渡性方案，在这个方案里，组织结构比较复杂，各种服务机构之间的关系难以协调，将会给管理带来一定困难；方案三则要求国家的财力要有足够的保障，服务市场要比较规范，否则难以实行。

三、方案的组织结构特征

上述三个方案尽管有着明显的区别，但却有着相同的特征，即在横向上都有类似的若干分支，与此相对应的是若干不同性质的服务机构（实体），各自有自己的服务领域，从事着不同类型的服务，采用不同的运行机制和管理方式；纵向上看，国家气象部门有上下四个层次，每个层次都有相对完整的服务系统，即每个层次都能从事该层次上不同性质和不同需要的气象服务。此外，就三个方案连起来看，还有一个从简单－复杂－简单的过程，这符合由起步－发展－规范的发展规律。

四、省及省以下的服务组织结构

省及省以下的服务组织结构，是整个服务组织结构体系的重要组成部分。就各层次的服务组织结构形式而言，与国家一级是相似的，尤其是省级。公益服务各个层次都有自己的服务区域，负责提供责任区所需的各种气象服务。所不同的只是从上到下，各级服务组织结构的形式逐级要相对简单一些，尤其是地、县级，服务机构不会那么多，但是越向下其服务的对象和内容则越具体。

五、服务组织结构之间的关系

1. 横向之间的关系

从上述服务组织结构方案中可以看出，在新一代气象服务组织的横向结构中，主要有四个机构或实体，即决策气象服务机构、公众气象服务机构、补偿性气象服务实体和商业性气象服务实体。它们之间既有分工又有联系，共同构成了一个层面的气象服务体系。

(1)横向服务机构或实体的分工

决策气象服务机构。其主要任务是密切关注各级党委、政府防灾减灾、趋利避害等对气象服务的需求,主动及时提供决策气象服务。

公众气象服务机构。其主要任务是为电视、报纸、电台、电话、寻呼系统和因特网等公众传播媒体提供气象信息服务。、补偿性气象服务实体。其主要任务是向用户提供附加的公众气象服务。

商业性气象服务实体。其主要任务是向市场用户提供商业性气象服务。

(2)横向服务机构或实体之间的联系

横向服务机构或实体之间虽然分工明确,但它们之间又有密切的联系。共同依赖基本气象系统的支持,有着相同或相似的服务手段和信息产品的传播方式,即业务上有着很紧密的关系。

2. 纵向之间的关系

各气象服务机构或实体纵向关系的密切程度是不同的,决策气象服务机构和公众气象服务机构的上下关系比较密切,尤其遇有重大决策气象服务时,往往需要决策气象服务系统上下联动和协作,既要搞好会商,更要搞好上级对下级的指导,这样才能做好全局性的或局部性的决策气象服务和公众气象服务。而补偿性气象服务和商业性气象服务实体上下之间的关系则相对松散一些,各自的独立性要强一些,但随着这两方面气象服务实体的不断发展和市场经济规律的作用,补偿性有偿服务和商业性气象服务实体上下左右之间也会逐步向规模化、集团化的方向发展,以求占领市场和获取更多的利益。

参 考 文 献

[1] 马鹤年,关于社会主义初级阶段的气象服务体系的思考,中国气象报,1998.2.1。

[2] 阮水根.程磊,未来我国气象服务发展战略浅析,新一代气象服务体系研究文集(一),1999。

[3] 沈国权.关于决策气象服务对象与范畴的分析研究报告,新一代气象服务体系研究文集(一),1999。

[4] 梅连学.社会主义市场经济体制与气象服务,新一代气象服务体系研究文集(一),1999。

[5] 沈国权.气象服务的政策、策略与分类管理探讨,新一代气象服务体系研究文集(二),1999。

[6] 温克刚.抓住机遇,加快发展,建设面向21世纪的现代化气象服务体系,第四次全国气象服务会议文件,2000.7。

[7] 冯靖松,国外气象部门机构设置及经费情况简介,气象软科学,3,58,1999。

第六章 气象服务运行机制

第一节 系统的运行机制概述

气象服务的运行机制问题既是气象服务改革的重点之一，也是改革的难点，从理论到实践还有不少问题值得研究和探讨。从气象服务的实践来看，适应社会经济发展和符合气象服务自身规律的运行机制，可以保持气象服务的生机与活力，实现气象服务资源的优化配置，在最大程度发挥气象服务的社会、经济效益的同时，实现自身的效益；反之，则会造成气象服务效率低下，相互制肘，不利于气象服务的发展。

一、系统概述

1. 系统的基本概念

系统是指由若干相互联系的部分构成的具有一定功能的整体。一些系统本身包含着另一些系统，称之为子系统，而该系统常常又是一个大系统的子系统。例如，生物系统是由器官组成的，器官是由细胞组成的，细胞由分子组成，分子由原子组成，原子由原子核和电子组成，原子核由质子和中子组成，质子和中子又由夸克组成等等，而生物系统本身又是生态系统、生物圈、地球、太阳系等等的子系统。

系统中的各要素按一定的关系组成相对独立的整体，遵循一定的运动规律，并执行一定的功能。如水位控制系统是由浮球、杠杆、进水阀门、水槽、出水管、出水阀门等各部分组成，并且这个整体具有保持水位不变的功能。构成系统的组成部分虽然各自独立，分别具有独立的功能，但它们由于具有逻辑上的统一性，才能构成一个有机的整体。系统决不是各个部分的简单拼凑，它具有总体的特定功能。系统的特点就是要做到使总体的功能大于其各组成部分的功能之和。与自然和机械系统相比，社会系统是更为复杂的系统，它的发展变化不仅受系统内部各局部的相互影响和相互作用，同时还受外部环境的制约和影响。

2. 气象服务系统分类

气象服务系统是指特定的组织，按一定要求或规律运行，为用户提供气象服务产品的整体。根据服务系统的功能，可将气象服务系统分为三个不同的层次。

第一个层次是广义的气象服务系统。气象服务是全部气象工作的归宿和出发点，根据气象工作的这一定位和定性，气象工作的最终目的是提供气象服务，因此，从各级政府或社会角度来看,气象部门就是一个提供服务的组织,其所有工作都是围绕气象服务展开。从这个意义上讲,气象服务系统是指包括气象探测、资料传输、分析加工和服务分发等功能在内的全部气象业务工作的总和。

第二个层次是通常意义的气象服务系统。根据气象业务的特点,90年代业务技术体制将气象业务分为气象综合探测系统、气象信息网络系统、基本气象信息加工系统和气象信息技术服务系统等四大功能块,其中第四功能块是指根据用户的需要,对第三功能块提供的基本预报产品进行专门加工、包装和分发的部分。按照四大功能块中的划分,通常将面向用户的第四功能块特指为气象服务系统。这部分内容详见第一章。

第三个层次是分类气象服务系统。分类气象服务系统也可以认为是气象服务系统的子系统。计划经济时代,气象服务作为传统的事业单位一项工作,其任务和用户都较为单一,气象服务就是纯粹的公益无偿服务,在这种情况下,气象服务就不再分类。随着社会经济的发展和社会各类用户对气象服务需求的不断扩大,气象服务呈多样化发展。根据不同的划分标准,气象服务有不同的分类。《中华人民共和国气象法》颁布实施后,根据《中华人民共和国气象法》的规定,气象服务可分为公益无偿气象服务、气象有偿服务和商业性气象服务等三类服务。各类气象服务分别形成了功能相对单一的系统,根据事业单位改革的发展方向和气象服务的性质,各类气象服务系统要采取相应的运行机制。

为便于分析和讨论问题,本章涉及的气象服务系统主要指第二和第三层次的系统。

二、运行机制的定义和内容

1. 何为运行机制

"机制"一词来源于希腊文,原意是指机器、机械、机构的构造和工作原理。后来逐渐地应用于生物学和医学,用来表示生命有机体的各个组织和器官如何有机地联系在一起,并通过它们各自相互作用产生特定功能,从而维护生命有机体的正常活动。"机制"一词用于经济学中,大约是20世纪50年代初,也是受生物学和医学的启发。从应用的实践来看,机制一词更突出地强调系统运行的源动力和各种制约关系,因此,运行机制就是系统的源动力和各种制约关系的有机结合。

2. 运行机制的内涵

①系统运行的源动力。对于社会或经济系统而言,都有精神、物质两方面的源动力,系统的源动力都是在一定的制约场中发挥作用,或体现为引导激发,或体现为不同程度的抑制。合理的制约关系,才能充分激发源动力,提高系统效率;否则,就会抑制动力,降低系统效率。

②系统运行的制约关系。一个社会经济系统的制约关系可概括为以下四个方面:一是法律、法规制约,所有的社会经济系统都要在法律和法规允许的范围开展活动,这

是所有社会和经济活动的前提;二是行政制约,即通过行政手段对系统的行为及系统内部关系进行约束或调整;三是经济制约,即通过经济引导力使系统趋向经济效益最大化;四是教育引导,即通过教育和政策引导等方式对系统行为进行调整。显然,对于经济系统来说,经济引导力是十分重要的,但不一定在任何情况下都是第一位的,更不是唯一的动力。这四种动力往往相互关联,有效合理利用,则相辅相成,反之,可能相互制约,力量抵消。

3. 气象服务的运行机制及运作规则

气象服务的运行机制是指各类气象服务依从何种制约关系,采取何种源动力。不同类型的气象服务,其运行机制有着明显的区别。公益性气象无偿服务是国家财政全额支持的基础性公益事业,应通过行政制约手段,按照政府要求,提供尽可能准确、及时的优质服务,完成政府指令性任务,显然,这一系统的运行必须是以行政指令性机制为主。系统内部的经济制约主要体现在相对稳定的工资等级晋升制度方面。此外,法律、政策的制约以及教育的引导机制显然也是该系统有效运行必不可少的机制。成本补偿性质的气象服务,是以基本气象业务系统为依托和基础,根据用户需求加工专门化服务产品。该系统有别于公益气象无偿服务,又与完全市场化的服务不同。因此,气象有偿服务系统既要有行政制约,又要引入经济手段。面向市场的商业性气象服务必须采取以经济制约为主的机制,尽量减少行政指令,让企业以效益为中心,自主经营、自负盈亏。

运作规则是为体现运行机制而制定的具体规定。气象服务运行规则主要体现在以下四个方面:

(1)组织模式

组织模式是各种组织要素相互联系的组合方式,包括组织部门、组织层次结构及其相互沟通、控制、协调的组织制度规范等。在相同的气象服务资源条件下,不同的组织模式往往会产生不同的组织活动效率。因此,气象服务的组织模式往往是决定气象服务效率的一个关键因素,也是决定气象服务其他运行规则的重要因素。因此,要努力在组织模式创新上下功夫,改变以往单一化的、不适应事业单位改革形势的气象服务组织模式,建立新型的、符合各类服务特点的组织形式。只有这样,才能提高气象服务组织的工作效率和服务效益,实现组织管理的现代化和科学化。

(2)经费投入制度

必要的经费来源是气象服务组织得以生存和发展的必备条件,也是其开展活动的经济基础。随着社会主义市场经济的建立,气象服务的经费投入呈多元化趋势,具体有以下五种形式:

①财政投资与补偿。气象服务作为基础性社会公益事业,政府有责任直接或间接投资兴办,并对气象有偿服务进行必要和适当的补偿;

②事业性收费。由于气象服务具有准公用产品性质,政府不可能包揽全部经费,需

由用户支付一定的成本,这实际上是通过事业性收费进行成本补偿;

③社会投资与补偿。包括社会各界团体和个人自愿投资、集资、捐资兴办或资助气象服务事业,这是对于财政投资与经营补偿的一个重要补充,也是社会办气象的一个重要方面;

④事业政策补偿。即国家通过各种政策性支持或优惠条件,对气象服务进行间接性的投资和补偿,例如《中华人民共和国气象法》规定"通过传播气象信息获得的收益应当提取一部分支持气象事业的发展",就是对气象服务的间接投资;

⑤经营性收入。即商业性气象服务引入市场机制、体现市场效率,通过市场行为直接取得利润。

(3)用人制度

根据各类气象服务的运行机制,气象服务的用人制度包括以下四方面的内容:

①用人自主权。人员是否能进能出,是否能上能下,能否通过市场机制招聘人才,建立正常的人员流动机制等;

②与各类人员的考核、晋升、奖励、惩罚和辞退相关的激励和约束机制;

③人员工资分配制度。通过工资分配制度改革,调动各类人员的积极性和创造性;

④与人员再就业以及医疗、退休养老等有关的社会保障制度。

(4)财务管理制度

根据各类气象服务的特点,应采取不同的财务管理制度。公益性无偿气象服务要根据事业单位财务管理制度,建立健全相应的财务收入与支出管理办法;气象有偿服务要根据国有资产管理制度,采取有效措施管好、用好国有资产,并合理明确气象有偿服务实体服务收益的上交额度,做到国有资产的保值增值;商业性气象服务要根据企业财务制度,加强成本核算。目前虽然大部分气象服务实体不是企业性质,但也要通过有效的管理,降低成本,提高服务效益。

第二节　国外气象服务业运行机制评述

一、国外气象服务业运行机制简述

在国际商业性气象服务出现以前,国外传统的气象服务主要或全部由国家公共资金支持,气象部门无偿向政府和社会提供气象服务,民航气象服务则通过特殊的税收方式进行成本补偿,大部分国家对气象服务人员实行公务员管理①。20 世纪 40 年代以后,商业性气象服务初具雏形,一些国家的气象部门开始了以营利为目的的商业性服

① WMO, The National Meteorological Service and the Alternative Service Delivery (Draft Paper), 1998.

务,私营气象公司开始出现。到了 80 年代初,随着科技、社会经济的发展和气象预报准确性的提高,社会对气象服务的要求也越来越广泛,进一步促进了商业性气象服务的发展,特别是在经济全球化的影响下,出现了一些新的发展趋势。一是受本国经济的限制,一些国家气象部门由于经费不足或者政府部门减少了给气象部门的经费,使得开展商业性气象服务的国家气象部门不断增加,有的国家气象部门甚至转为商业性气象服务公司;二是随着气象服务需求的加大,越来越多的国家允许私营气象公司提供商业性气象服务,与国家气象部门开展竞争;三是商业性的气象服务公司普遍采取集约化、规模化方式运作,以获取高额利润;四是商业性气象服务正在不断向其他国家进行渗透,由为本国服务延伸到国外服务市场,跨国经营气象服务产品及技术。

由于商业性气象服务的出现,许多国家气象部门的气象服务运行机制也发生了变化。主要有以下三种情况:

第一种情况是国家气象部门只搞公益无偿服务,气象预报通过媒体向社会公开发布,所需的全部运行经费包括人员工资完全由政府提供,以获取商业利润为目的的商业性气象服务则主要由私营公司承担,按商业化方式运作,所需的气象资料和产品由国家气象部门免费提供,如美国、日本等国;

第二种情况是国家气象部门既搞公益性服务又搞商业性服务,同时也允许私营公司从事商业性服务,这些国家气象部门经费的主渠道是政府部门,一些重要的政府部门用户使用气象服务时,要按成本补偿方式付费,为社会企业或经济部门提供服务则按商业利率收费,这些国家气象部门通常要成立专门的部门或实体开展商业性服务,如法国和澳大利亚等国;

第三种情况是国家气象部门转为气象服务公司,按商业公司方式运作,政府如需要气象服务也要按合同付费,如新西兰等国。

二、国外气象服务业运行机制举例

1. 新西兰国家气象服务公司(Met Service)运行机制

新西兰是个岛国,位于太平洋南部,土地面积 268000km^2,其国家气象部门已有 130 年的历史。1992 年 7 月起新西兰国家气象局开始实行商业化,成为世界上第一个全部商业化气象服务的国家气象部门。其做法是将主要从事天气预报业务的国家气象局改为国有企业,成立新西兰国家气象服务公司,财政部和交通部是其股东,并成立董事会。公司下设三个服务实体,分别开展航空服务(为国际和国内航空公司以及新西兰皇家空军提供特殊预报服务);信息服务(向媒体、工业部门和公众传送气象产品);国家天气气象业务、系统供应、培训及咨询服务,并给交通部提供天气预报和警报。

新西兰气象部门作为国有企业,主要按商业公司方式运行,国家不再给维持费。由于公司是国家持股,气象公司一方面要完成好与政府签订的合同,另一方面赚钱后又必须向交通部(代表政府)上交红利。1993年净利润167万美元,1994年189万美元,1995年230万美元,1996年301万美元,1997年356万美元。公司成立后开始大幅度精简人员,注重提高人员素质。经过几年的压缩,工作人员已由几百人减到1997年底的140人。

2. 日本气象服务运行机制

日本气象服务的特点是,国家气象部门只从事公益无偿服务,商业性气象活动交由私营公司开展,由国家气象部门无偿给社会和私营公司提供气象资料和产品。日本的商业气象服务起步于1954年,1993年5月,日本对"气象业务法"进行了重大修改,规定日本气象厅所收集、保存的各种气象资料和信息必须向私营气象公司提供。为有效收集和分发气象资料,1994年6月成立了"民间气象业务支援中心"。该中心为独立的公益性财团法人,设立有理事会、监事会,实行总经理负责制。该中心主要承担向私营气象公司实时分发气象厅提供的气象资料和信息。私营气象公司主要根据用户需要对气象厅发布的气象预报进行深加工,从而使日本商业性气象服务出现了新的发展势头。日本民间气象公司的服务主要有三方面内容:一是为都、道、县提供防灾气象信息,即以气象厅发布的注意报、警报为依据,制作更有针对性的预报,开展增值服务;二是为社会用户提供富有特色的针对性气象服务;三是通过广播、电视、报纸、电话终端等媒体向公众提供天气实况分析和预报。

到1998年底,日本已有民间气象公司38家,年经营额达3亿美元,全部按公司机制运行。其中日本天气新闻公司(Weather News Inc., WNI)已发展成为世界最大的民间气象信息服务公司之一。WNI于1986年成立,总部设在日本千叶县,并在东京、大阪等地设有8个分公司,同时还在国外建立了有关工作机构。目前WNI的职员数达到800人,其中日本国内有380人,年收入达到1亿美元。WNI业务遍布社会生活的各个领域,在占领国内市场的同时,把业务向国外延伸,服务内容包括航海、航空、商业、建筑、交通、农业等24个行业和领域,还向50家电视台提供天气预报节目。日本天气新闻公司气象服务运行机制的突出特点就是集约化运作。该公司的对外宣传、服务内容、服务方式都以统一规范的形式进行,研究成果能很快转化为服务产品并在各地推广使用,如该公司根据气象与日常生活的关系,总结出与生活有关的气象指数多达50多种,并投入市场;再如该公司开发对各类专业用户服务的软件,供下属公司选择使用;再如该公司向日本各电视台提供的天气节目都是统一由一个部门制作,分送各电视台,而不是由各地的分公司制作。

3. 英国气象局气象服务运行机制

从1996年4月1日开始,英国气象局不再直接接受政府拨款,而是实现全部气象服务收费,做到经费自收自支。1997~1998年财政年度全部服务收费为1.548亿英镑。

英国气象局的服务对象主要分为两大类:一类是指对政府有关部门的气象服务,采用服务结付方式,称为“专项交换资金”(trading fund),主要用户有:①国防部(1997～1998年财政年度付费5411.9万英镑,下同);②民航(付费2777.1万英镑);③公众气象服务(收费3611万英镑);④环境部支持的气候研究(付费665.8万英镑)。政府规定,上述政府部门和单位,必须使用英国气象局提供的气象服务,而不能用私营公司的产品。此外,这些部门除了气象服务要付费外,还分担一些气象基础设施的经费,如一些潮位站由渔业部出资建设,并负担维持经费;另一类气象服务就是商业性气象服务。1997～1998年财政年度全部服务收费为2448.6万英镑(占全部收入的15%)。英国气象局目前总人数为2139人,其中有155人在商业产业部工作,专门负责与气象有关的销售、市场、产品发展、生产和服务供给。商业产业部还细分为若干单元,如海洋商务、业务网络、气候服务、信息服务、咨询与计划、气象软件等,另有一部分人员专门负责销售。在商业性气象服务收入中,业务网络占34%,媒体服务占14%,信息服务占14%,咨询与计划占10%,气象软件占10%,BBC广播公司占10%。目前英国气象局商业性气象服务占了气象服务市场的70%,其余30%为私营公司的份额。为了体现公平竞争,商业产业部使用气象资料也要向气象局付费,并列入商业性服务的成本。

英国气象局开展商业性服务的主要行业为:农业和森林、建筑和民用工程、零售流通和制造、政府和公共部门、教育单位、煤气、电力、燃料和能源、娱乐和旅游、媒体(电视和电台)、沿海工业、出版和流通系统、运输(陆地、海洋、航空和内河)以及社会公众等。同时还积极开拓海外市场,如为BBC世界服务(欧洲、亚洲)和挪威TV2频道提供气象节目,为瑞士电视台提供气象数据/产品及培训、在西班牙和奥地利等国开展商业性气象服务咨询、为西班牙和瑞典等国的气象服务进行商业培训以及在世界各地开展气象导航,此外打算进一步强化为BBC世界服务(日本、美国),以及为CNN和其他欧洲国家(如西班牙、瑞典)电视台提供服务,向西班牙、瑞典、匈牙利、希腊、津巴布韦等国提供商业咨询/培训等。

4. 澳大利亚气象服务运行机制

澳大利亚气象局是属于多种气象服务方式并存的国家气象部门,服务收费方式有三种:一是免费的,主要是基本气象资料以及通过公众传媒发布的天气预报、天气警报;二是补偿性收费,只收取成本费,如对一些政府部门开展的服务;三是为各行各业提供的特殊气象服务,按商业利率标准收费。其中前两种服务是通过国家气象局业务部门实现的,而第三种服务则是由澳大利亚国家气象局的特殊服务体来进行。为了占领气象服务市场,经政府批准,澳大利亚气象局于1990年成立了特殊服务体(Special Services Unit, SSU),并将其推向市场,与私营公司和国外气象服务公司开展平等竞争。

特殊服务体总部设在局本部(墨尔本),并在悉尼、佩斯和布里斯班等三个城市设有办事处。刚开办时有5人,1997年为25人,其中总部12人,其余13人分别在三个办事处。为了避免特殊服务体与私营气象公司之间的不平等竞争，澳大利亚气象局规定特殊服务体要以商业服务收费方式为用户提供服务，而不允许压低价格。特殊服务体运作的最初三年是亏损的，由气象局的贷款维持，1994 年以后收支略有盈余，1995～1996 年财政年度收入达 300 万澳元。特殊服务体除在国内开展商业化服务，还参与国际项目竞标，如为马来西亚建雷达系统、自动气象站、吉隆坡国际机场建设等。1995～1996 年度，特殊服务体提供的服务种类中，实时信息占 44%，非实时占 56%。

分析澳大利亚气象服务运行机制，可以看出有以下一些特点：

①公益性气象服务与商业性气象服务界面比较清楚，气象公益服务机构与提供商业性服务的特殊服务体在组织形式上严格分开。

②特殊服务体实行收支两条线，收入上缴财政，并严格进行成本核算。特殊服务体的成本包括工资、业务费用、房租、基本业务设施分摊成本、气象信息和资料费用等。

③特殊服务体与私营气象公司之间是平等竞争的关系，专业服务体除与私营公司一样可无偿从基本业务系统获得基本气象资料外，其它任何开支均要计入成本费。

④特殊服务体采取集约化运作，只在局本部设立服务实体，在几个用户集中的州设立办事处，这样服务体就能以网络化形式对外开展服务，人员得以精干，效益得以提高。

第三节　我国气象服务业运行机制诊断分析

一、我国气象服务业运行机制现状

在计划经济时代，气象服务的所有经费完全由政府拨款，气象部门主要为各级政府提供决策气象服务以及通过报纸、电台和电视台等政府主办的新闻媒体向公众发布天气预报，气象服务从形式到内容都比较单一，气象台站的天气预报和气象服务工作几乎都由同一业务单位完成，并且绝大多数气象台站预报人员身兼预报和服务两职，以预报代替服务的现象比较普遍。在某种程度上，天气预报就等于气象服务，气象服务不存在分类服务的问题。在这种历史条件下，气象台站的事业单位性质就决定了气象服务的运行机制和管理方式只能采取事业单位的做法，即气象部门通过行政手段对气象服务进行管理，气象服务所需经费全部由国家财政支持，人事管理、财务管理都按照事业单位的要求进行管理。

随着社会经济的发展和人民生活水平的提高，国民经济各行各业对气象服务的需求越来越多，气象部门原有的服务内容已远不能满足实际需求。为此，经国务院批准，各级气象主管机构所属气象台站从 1985 年开始正式对社会开展气象有偿服务。气象有偿服务的开展，进一步密切气象工作与国民经济建设的关系，拓宽了服务领域，提高了气象服务的有效性和针对性，在取得显著社会经济效益的同时，弥补了气象事业经费的不足，支持了气象事业的发展。为积极适应社会主义市场经济的要求，根据国家对事业单位改革的总体要求和气象部门事业结构调整的具体部署，各级气象台站在气象服务的实践中，积极探索气象服务新型的运行机制，并取得了显著的成效。

在气象服务的运行机制改革方面，主要是对公益气象服务和气象有偿服务分类运行作了探索。一是公益性无偿气象服务主要按照事业单位机制运行，以行政指令方式进行管理。政府决策气象服务和公众天气预报及天气警报服务，无偿向政府和社会提供，所需费用由事业业务经费支持。通常该项工作由气象台站承担，在大多数单位天气预报和气象服务工作没有截然区分，对气象服务工作的管理和气象服务人员的管理基本上采取事业单位的做法。二是将气象有偿服务与公益无偿服务界面分开，专门成立以从事气象科技服务或专业气象服务为主的实体，并对运行机制进行了积极探索。到目前为止，大部分省（区、市）气象局和部分地（市）级气象局成立了气象科技服务中心或专业气象台等相对独立的服务实体，大部分单位对实体的管理实行目标考核，实体收入部分除用于支付人员工资、奖金和福利外，还要根据目标考核要求上交一定的收益。实体内部则参照事业单位企业化管理的方式进行运行，如赋予实体一定的用人权和财务权，采取以效益为核心、兼顾公平的运行机制。

组织形式的实体化，使得从事气象科技服务的专职人数呈逐年上升趋势，科技服务队伍不断壮大。如气象科技服务人员从 1991～1998 年的 7 年内由 3656 人增加到 9658 人，增长 1.6 倍多，逐年平均增长率为 37.7%。而兼职人员则呈逐年下降，由 1991 年的 15725 人下降到 1998 年的 6776 人。同时，通过市场锻炼和人员结构调整，人员素质有所提高，人员知识结构有所改善，形成了一批懂业务、善经营、会管理的复合型人才。

通过上述的改革取得了一定成绩，但同时还存在一些问题，主要反映在以下几方面：

①提供专业气象服务的主体仍以部门为主，许多本应以市场方式组织的项目没有完全走向市场，商业性气象服务没有开展起来，公平竞争的气象科技服务市场尚未形成。

②气象服务产品加工制作能力较低，产品结构单一，服务内容与用户的需求还有差距；以预报代替服务和以公益服务产品代替专业服务产品的现象普遍存在，气象服务内容单一，缺乏特色，影响服务效益。

③运行机制和管理办法不够完善。总体上说气象有偿服务实体从组织形式到运行机制和管理办法都处于探索的阶段，实体化只是迈出了第一步，需要有相应的运行机制及管理办法，才能使实体充满生机与活力。目前在气象有偿服务实体建设中，运行机制和管理办法的探索显然滞后，有的地方对实体的管理以及实体的运行机制仍停留在传统事业单位作法上，统的太死、放权不够等现象依然存在，影响了实体的相对独立性。

④气象服务的综合集成能力落后于基本气象业务的现代化，服务分发手段落后于

社会通讯手段的发展，气象服务效果有待加强、自身效益有待提高。

⑤现行的服务实体或单位之间的横向和纵向联系不密切，组织形式自成一体，服务业务互不关联，上级业务部门对下级业务部门缺乏行之有效的业务指导，气象部门的网络优势、逐级业务指导的业务体系在专业气象服务工作中没有很好体现，与气象部门特有的业务紧密联系形成反差。

二、我国气象服务业运行机制诊断分析

目前各级气象部门在气象服务的改革过程中，根据本单位的实际，采取了不同的运行机制，归纳起来，主要有以下三种情况，下面逐一进行分析。

第一种情况是各类服务均在一个业务单位（气象台），采取事业单位的管理办法，经费方面则通过气象有偿服务收入弥补事业经费不足。这种类型的做法，在县级气象台站比较普遍，一部分地（市）级气象台站和个别省级气象台站也采取这种做法。其最大特点是：服务不分类，并采取同样的运行机制。这种作法的弊端已在实际工作中显现出来。一是没有按各类气象服务的特点组织专门的服务队伍，人员培养和队伍建设就容易落空，特别是公益气象服务与气象有偿服务的界面不清，容易导致以公益气象服务代替专业气象服务，各类服务的特色难以体现出来；二是不同性质的服务同在一个实体，各类经费混合使用，必然导致机制混用，容易出现一管就死，一放就乱的现象，难以真正调动各类人员的积极性；三是面向市场开发的业务和人员与基本业务同在一个单位，基本业务不能精干高效、气象有偿服务不能有效地面向市场，也不能区分两类不同性质的任务，不能适应国家改革的大形势，既不利于确保公益性气象服务不变性，也不利于按市场机制云组织和管理面向市场的气象科技服务。

第二种情况是决策服务和公众气象服务放在气象台站，专业气象服务与其他科技服务项目在一个单位，实行自收自支，并按企业化运行。这种类型的做法，在省级气象台站比较普遍，一部分地（市）级气象台站和个别县级气象台站也采取这种做法。这样做有利于区分两种不同类型的气象服务，并建立相应的运行机制。但是，也存在两个方面的问题。一是把专业气象服务与其它科技服务项目（如电视天气预报广告服务、避雷监测、施放氢气球等）放在一起，如在管理上不加区别对待，就容易出现急功近利和短期行为，忽视专业气象服务作为气象科技服务重点的地位，特别是专业气象服务遇到暂时困难的时候，存在放松专业气象服务或以气象科技服务其它项目代替专业气象服务的现象。而且容易受到一些短期经济效益大而后劲小、气象科技含量低的项目冲击，削弱了专业气象服务在气象科技服务中的重要地位，影响了专业气象服务的深入发展。二是目前开展的公众气象服务中有一部分是需要专门开发的有附加值的服务，因此，在运行机制方面与决策气象服务就有所不同。而且，公益性的事业单位同时开展有偿服务和无偿服务，不利于保证决策服务放在首位，也不利于有附加值的气象服务产品的开

发。

第三种情况是气象台站承担公益性无偿气象服务,按事业单位进行管理,有附加效益的公众服务和专业气象服务放在气象科技服务中心或专业气象台,实行自收自支,并有相对独立的人事和财务支配权。这种类型的做法,在省级气象台站比较普遍,一部分地(市)级气象台站和个别县级气象台站也采取这种做法。成立气象科技服务实体,解决了长期以来专业气象服务由于缺少自身可依托的实体,缺少一支专门的队伍,人员流动大,兼职人员居多等问题,从而在组织形式上保证了专业气象服务的发展。同时,把公益性无偿气象服务纳入基本业务系统管理范畴,也有利于争取国家和地方政府全额经费支持。但是,由于有附加效益的公众气象气象服务和专业气象服务面向的对象不同,所提供的产品类型也有所区别,公众气象气象服务提供的是准公共产品,专业气象服务提供的是个性化产品或私营产品,因而收费机制也不尽相同,前者主要采取政府定价或政府指导价,后者主要采取市场机制,由供需双方商定价格。作为过渡,可采取这种模式,但要通过进一步改革,使公众气象服务和专业气象服务界面要逐渐分开,并各自成立相应的实体。

第四节　新一代气象服务体系运行机制设计

一、设计运行机制的原则

建立面向21世纪的现代化气象服务体系,其基本方向就是在确保公益性气象服务的基础上,建立与社会主义市场经济体制相适应的气象服务体制,并完善相应的运行机制,推进气象服务系统现代化建设,充分发挥基本气象业务系统的现代化水平,不断提高气象服务的人员素质和科技水平,以极大满足社会经济发展和人民生活水平日益提高对气象服务提出的新的更高需求。

设计面向21世纪的气象服务体系的运行机制,既要符合国家改革的总体方向,又要增加气象服务的生机与活力,根本目的在于优化气象服务资源配置,提高服务效率。其设计原则为:一是要符合国家对事业单位改革的总体要求。中央机构编制委员会在《关于事业单位机构改革若干问题的意见》中明确提出,事业单位机构改革要遵循政事分开、推进事业单位社会化的方向,建立起适应社会主义市场经济体制需要和符合事业单位发展规律、充满生机与活力的管理体制、运行机制和自我约束机制。目前气象服务运行机制存在的突出问题是,各类不同性质的气象服务没有严格按照分类管理、分类运行,存在机制混用现象。既不利于气象服务自身的发展,也不能适应国家改革的大形势。因此,在设计气象服务运行机制时,要根据《中华人民共和国气象法》对气象服务的分类和定性,明确各类气象服务的改革和发展方向。属于公益性无偿气象服务范畴的,要积极争取国家对基础性、公益性事业单位的有关支持政策,并争取纳入地方财政预算,保证气象服务业务的正常开展;属于气象有偿服务的,要在经费上实行自收自支或以服务养服务,并尽可能实行企业化管理,切实提高气象服务的整体效益。有条件的气象科技服务实体应当加快转制为企业,探索商业性气象服务,参与市场竞争,发展气象信息产业。气象科技服务实体一旦转制为商业性气象服务公司,就要完全按市场机制运作,并依法纳税。

二是系统总体效能的原则。分系统的效率和效益不高,总系统效能肯定不高,但分系统的效率和局部的效益高,并不一定都带来总系统的高效能。机制的设计必须服从总系统的需要,符合上述原则的机制才能引入。因此,在气象服务运行机制设计中,要做到统筹安排、整体布局,合理配置气象服务资源,提高总体效率和效益,不能为了小单位、小集体的利益而损害部门或整个服务市场的利益。

三是要有利于形成平等竞争的环境和真正的市场机制。有竞争才有活力,要通过适度和逐步引入竞争,充分调动服务人员的积极性、提高运行效率,提高气象服务能力,同时还要积极培育气象科技服务市场,使市场在优化气象科技服务资源配置方面发挥基础性作用。

四是要有利于技术创新、开辟新的服务领域。要通过深化气象服务改革和引入创新机制,以改革和创新促发展,解决目前存在的气象服务与经济脱节、气象服务向现实生产力转化能力薄弱、气象科技服务的科技含量低、以预报代替服务等问题,认真研究市场和用户需求,提供个性化的产品,不断开辟新的服务领域,从根本上形成有利于气象服务科技成果转化和技术创新的充满生机与活力的体制和机制。

二、新一代气象服务体系运行机制设计

根据气象服务体系运行机制设计原则,按照政事、政企分开,事业单位社会化的改革思路,我们对新一代气象服务体系运行机制进行了设计与探讨。其目的就是要通过分类推进气象服务改革,使各类气象服务结构合理、界面清晰、协调发展,逐步建立起适应社会主义市场经济体制,符合气象服务自身发展规律的运行机制,不断提高气象服务的能力。应注意的是,科学设计目标机制,是明确改革方向的需要,要在力求把握事业单位改革趋势的前提下,具有一定的超前性。但改革又受诸多条件的制约,不可能一步到位,必须从现实出发,考虑实际可能产生的效益。因此,在具体设计本地方、本单位气象服务运行机制时,必须在明确目标机制的前提下,注意与实际相结合,设计可行的过渡机制。

1. 各类气象服务的定位、定性

根据《中华人民共和国气象法》的有关规定,并结合气象服务发展实际和国家对事业单位的改革方向,按气象服务的主体条件、收费性质及经费支持渠道,可以将气象服

务分为公益性气象无偿服务、气象有偿服务和商业性气象服务三类。要严格区分各类气象服务的性质、服务内容、服务对象及经费支持渠道，通过资源、结构重组，做到公益性气象无偿服务、气象有偿服务和商业性气象服务的业务分离、人员分离，并建立相应资金渠道与运行机制，严格区分不同性质的气象服务。

公益性气象无偿服务（包括决策气象服务、公众气象预报和灾害性天气警报）作为国家公益性事业，服务任务和对象主要由政府通过行政指令方式确定，所需经费也由政府提供，公益性气象无偿服务体现了公共服务职责，应以完成指令性任务为己任，其人员工资和业务科研经费等项开支由国家财政渠道支持。如果掺杂经济色彩，则服务容易变位变性，服务界面难以清晰，也会影响收费项目的开展。因此其运行过程主要受行政指令约束，这一点即使在市场经济已十分发达的西方国家也是如此，如许多国家对气象服务人员按公务员来对待。

气象有偿服务的对象是对气象服务有特殊需求的组织或经济实体，实行的是"谁受益，谁补偿"及"收益大，补偿多"的原则，是政府经费支持下，向用户收取补偿性经费的服务，因此气象有偿服务是面向专门用户的服务，但又具有政府专营性质，其业务不能完全按市场方式去组织，有些重要的有偿服务活动必须通过一定的行政手段来协调落实，因此气象有偿服务运行机制在行政指令约束方面与公益性气象无偿服务有相同之处，但是又必须采用适应市场经济的更灵活的经济制约机制，以充分发挥这部分服务实体和人员的积极性。

商业性气象服务则是气象公司等企业法人，以营利为目的所提供的专门气象服务，属于商事行为，此类服务自主经营，依法纳税。商业性气象服务是完全市场化的服务，应按市场规则进行组织，参与市场竞争，并追求经济效益最大化，因此商业性气象服务必须建立适应市场经济的、科学的、以经济制约为主的机制，用行政指令的方式去组织必然没有生机和活力，但这不等于说这一部分只需靠经济制约，必要的行政制约，特别是法律、政策、教育的制约仍然不可缺少。

2. 建立不同类别的服务实体

要使各类气象服务有相应的管理方式和运行机制，首先要建立相应的服务实体。实践表明，以往那种预报和服务不分离以及各类服务不加区分的做法，实际上不利于各类服务的发展。只有切实加强服务队伍建设，特别是通过服务实践锻炼专门的服务队伍，才能深入研究市场，研究服务需求，提高服务质量。这一切仅靠预报员或其他业务人员的兼职是不可能实现的。因此，根据气象服务分类改革的要求，建立不同类别的气象服务实体，不仅为气象科技服务走向市场、发挥效益创造了良好的条件，也是解决气象服务目前普遍存在问题的有效途径。建立服务实体后，可以稳定气象服务队伍，调动服务实体的主动性和工作人员的积极性，并将给气象服务的现代化建设、"专"字上下功夫、市场开发、队伍建设等方面带来多方面的有益影响，有利于保证气象服务的发展。

从发展方向来看，各类气象服务都应建立相应的服务实体，并采取与之相适应的运行机制。如分别建立政府决策气象服务实体、公众气象服务和气象有偿服务实体，并积极探索成立商业性质的气象服务公司。其中政府决策气象服务实体为全额拨款的事业单位，主要承担向政府提供决策气象服务；公众气象服务和气象有偿服务实体可为部分自收自支的事业单位，主要为社会公众提供气象信息服务，并实现部分成本补偿；商业性气象服务公司应根据公司法要求，自主经营、独立核算、自负盈亏。

上述目标模式在国家、省级和部分条件较好的地（市）级气象部门经过努力较易实施，但在人员较少的地（市）、县级气象部门就难以实现。因此，可考虑在近期先采用过渡模式，即在大部分地（市）级气象部门和部分条件较好的县级气象部门，可考虑成立两个实体，将公益性无偿的气象服务归入公益服务实体，该实体为全额拨款的事业单位。将各种收费性的服务项目归为有偿服务实体，该实体为全部自收自支或部分自收自支的事业单位。一般的县级气象部门，由于人员较少，通常可考虑只成立一个事业单位性质的气象服务实体，分别安排专职人员负责政府决策气象服务、公众气象服务和专业有偿气象服务。应当指出的是，气象服务实体建设是近几年来气象服务发展中的新生事物，因此，要在实体建设中提倡积极探索和大胆实践，只要实体能做到真正以用户需求为导向、在市场经济中不断发展壮大，就是成功的尝试。实体成立后也还有在实践中不断完善的过程，需要通过自身的实践和吸收其它实体建设的经验，不断调整和完善。

3．对各类服务实行分类管理

要根据各类气象服务的特点，依法实行分类管理。决策气象服务等公益性无偿服务要按照目标管理方式进行科学管理。首先，要明确界定公益服务范畴，对于不能进入市场的服务产品，不能按市场的方式来组织和提供，以确保公益服务不变性；其次，要严格遵守公众气象预报和灾害性天气警报统一发布制度，按照气象服务中的属地化原则履行义务。气象有偿服务要采取行政手段、并辅以经济手段的方式进行管理。一方面，要通过政策引导、宏观管理等办法，使之持续健康发展；另一方面，要根据《中华人民共和国气象法》的有关规定，制定相应法规加以规范。对气象有偿服务单位开展服务，除了要经过一定的审批程序外，对其服务范围也将有所规定，同样要遵循属地化原则，在涉及异地服务时，要强调与当地气象有偿服务单位开展合作。商业性气象服务公司在开展服务之前，要符合一定的审批条件，报气象主管机构审批同意并取得服务资格后，才能开展活动，并在服务过程中接受有关部门的监督管理。

4．明确各类服务的投资渠道与反馈机制

传统的气象服务作为事业单位的一项工作，经费投入渠道主要靠国家和地方各级政府的投入，气象部门作为非营利的机构开展气象服务，气象服务的自我补偿和自我投入的能力很低，影响了气象服务的自我发展。随着社会经济的发展和人民生活水平的提高，社会各界对气象服务的需求也越来越大，满足这类服务的经费缺口也越来越大。

要适应这种形势的变化，气象服务就要转变以往那种只靠政府投资渠道的状况，积极形成包括政府投入、成本补偿和经营收入在内的多样化经费投入机制。目前，由于气象服务已向多元化方向发展，经费收入渠道也趋多样，但从今后发展来看，各类服务应有各自的经费渠道，不能混用，也不能挪用。

根据《中华人民共和国气象法》的定位和定性，气象部门作为基础性公益性事业单位，国家应从经费投入上确保基本业务的开展，因此，公益性气象无偿服务应实行经费全额支持，这部分经费全部由国家和各级地方政府提供。根据《中华人民共和国气象法》规定，广播、电视、报纸、电信等媒体，通过传播气象信息所获得的收益，还应当提取一部分支持气象事业的发展。这部分经费也应当作为对公益性气象无偿服务事业的投资支持。气象有偿服务是气象事业单位在公益性无偿气象服务之外开展的服务，这部分服务的收费要根据“以成本为依据，以补偿成本为准则”实行补偿性收费，根据公共收费的基本原则，重要的气象有偿服务项目要通过政府定价或指导价，一般性的服务项目则由有偿服务单位与用户协商定价。商业性的气象服务由于是公司行为，经营实体要自负盈亏，要在严格的成本核算的基础上，通过经营活动，从市场取得利润。

5. 建立适应各类服务特点的人事管理制度

传统的事业单位管理体制下，采用单一化的干部人事制度，管的太死，造成了职务能上不能下，人员能进不能出，待遇能高不能低，人员膨胀，人浮于事，能人难留等问题，影响了气象服务的发展。因此，要根据各类气象服务管理要求和运行机制的特点，制定符合部门实际和市场规律、能充分调动各类人员积极性和吸引优秀人才的人事制度。

公益性无偿气象服务实体作为事业性质的单位，根据国家改革政策，应全面推行聘用制度。2000 年 5 月在上海召开的全国气象部门人事工作会议上，提出了对气象事业单位人员实行聘用制合同制。基本做法是，根据“按需设岗、公开招聘、平等竞争、择优聘用、严格考核、合约管理”的原则，按照岗位设置和岗位规范的要求，本着“以事定岗、因事设职”的原则设置各类岗位。按照岗位职责明确、权限清晰、聘用条件合理的要求，明确各个岗位的任务、职责、权限和聘用条件。在此基础上，按照“公平、平等、竞争、择优”的原则，按岗聘用，竞争上岗。如哈尔滨日报社实行的全员聘任合同制，没有国营、集体、干部、工人的称谓，只有报社职工的称谓，原有身份一律存档，每年年初聘任一次，并实行以下措施：

①新岗聘任。报社所有岗位，一律须两个人以上的人员竞聘上岗。

②旧岗轮换。所有岗位实行轮换制，一般情况下，编辑记者和部门负责人在一个岗位上工作不可超过 3 年。

③末位淘汰。年终百分制考核在本序列排末位者，一律下岗。各实体的末位，解聘。

④职薪挂钩。每年聘任后，立即兑现岗位工资、奖金、福利。原岗位的工资、奖金、

福利,立即停止。

气象有偿服务实体同样属于事业单位,但在经费来源与传统的事业单位有所不同,国家对实体支持属于政策支持或只有少量的经费支持,因此在人事制度方面可采取更加灵活和相对独立的人事管理办法。要给予气象有偿服务实体充分的用人自主权,包括内部人事安排、人员上岗和下岗、奖惩等。要打破传统的用人机制,建立人才流动机制,使气象服务人员能进能出、能上能下,并通过竞争上岗,优胜劣汰,为优秀人才脱颖而出创造条件;要允许实体根据自身发展的需要,在不占事业编制的前提下,可通过招聘等方式,引进有专业、会经营、善开发人才,切实提高服务人员的素质;同时要充分利用经济手段和精神鼓励等办法,实体人员收入分配方式可打破事业单位人员工资收入的框框,把职工的报酬和晋升与其贡献挂起钩来,打破平均主义和铁饭碗,并通过设立科技创新股份,对实体发展作出重大贡献的管理和技术骨干实行重奖,最大限度地调动工作积极性和激发创造力。

在推进气象服务人事制度改革的过程中,要加快实行社会保障制度。随着事业单位改革的深入,国家加快实施社会保障制度的步伐。作为气象事业战略性调整的配套措施,要加快制定气象服务人员在住房、医疗、养老和失业等方面的改革政策,因为这些改革直接关系到个人切身利益,关系到气象科技服务与产业队伍建设和人心稳定。应通过采取老人老办法、新人新办法的原则,确定相应的改革政策,使之有利于解决气象事业单位职工分流转岗进入实体的福利待遇,解决分流人员的后顾之忧。

6. 分类建立相应的财务管理制度

要规范气象服务事业各类实体的财务管理,明确与公益性气象无偿服务、气象有偿服务和商业性气象服务三类气象服务发展相适应的各类资金、财务关系。

与公益无偿气象服务有关的财务,要严格按照事业单位的财务管理制度进行管理,加强经济核算;改革工资制度,贯彻按劳分配与按生产要素分配,效率优先、兼顾公平的分配原则,扩大实体内部分配自主权,逐步建立重实绩、重贡献,向优秀人才和关键岗位倾斜的分配激励机制。

气象有偿服务要实行成本核算,并尽可能参照企业化管理,实现自收自支。要明确规定基本气象业务单位向气象有偿服务实体提供初级产品与基本气象资料的政策,实体则通过服务取得的成本补偿收益反馈支持基本气象业务,保证气象基本业务系统和气象信息产业的持续发展。气象有偿服务实体对基本业务的反馈可通过三种方式:一种是实体从服务收益中每年给本级气象部门上缴一定的经费,作为国家投资(资产投入和信息投入)的收益;另一种是实体对国家的资产投入要有反馈外,并对所使用的气象资料按资料收费标准交纳一定的费用;第三种是通过向政府交纳资料附加税,通过国家财政大流通,作为对国家基本气象业务的反馈。目前,在各类实体组建初期,尤其是气象资料收费办法出台之前,宜采用第一种方式。

商业性气象服务财务管理要根据公司财务要求，以效益为核心，确定分配、积累和扩大再生产的关系，在严格成本核算、绩效挂钩的同时，允许实体和企业在发展初期，适当多提留成，用于建立发展基金和风险投入基金。人员工资实行企业的分配制度，并依法纳税。

参考文献

[1] 黄恒学著，中国事业管理体制改革研究，清华大学出版社，155～170，1998。
[2] 马鹤年，关于气象事业三部分运行机制的思考，成都气象学院学报(增刊，社科版)，1993。
[3] 刘嘉林、孙钱章主编，知识经济读本(第一版)，中国书籍出版社，196～210，1999。
[4] 汤兵勇编著，市场经济控制论，中国环境出版社，1～13，1997。
[5] 杨洁著，企业创新论(第一版)，经济管理出版社，25～29，1999。
[6] 何盛明、赵全厚，政府公共收费的理论与政策，经济研究参考，(24)，2000。
[7] 王建男，哈尔滨日报社运行机制与运行原则，中华新闻报，2000 年 2 月 14 日。

第七章　气象服务的若干经济学问题

气象信息服务以提高用户系统运行的经济效益为根本的服务目标。气象服务的实践涉及大量的经济学问题，正确认识这些问题是提高服务经济效益的基础。根据气象服务基本原理，气象服务产生效益的全过程还包括气象工程服务，有关气象工程服务的经济学问题具有明确的工程经济学的特点，需要另外专题研究。本章只重点讨论气象信息服务的经济学问题。

气象信息服务的经济学问题涉及气象信息服务中气象信息的生产、加工、服务的全过程，其中有许多问题还有待在发展社会主义市场经济过程中不断探索和总结。本章以本编第四章关于气象信息服务的性质分类为基本依据，力图从我国国情的实际出发，以经济学理论为指导，以提高气象信息服务总体效益为目标，探讨气象信息服务业在改革和发展中遇到的若干比较突出的实际问题，例如：公益性气象服务的补偿性收费问题、商业性气象服务的成本、价格、市场竞争问题以及气象服务产品的个性化问题等等。

为便于讨论，首先对讨论中将涉及的有关名词用语作如下说明：

①产品：通过一定劳动生产出来的成品或半成品(包括物质和精神的)。

②商品：以交换为目的的产品。

③公共产品：为社会广大公众共同享用的商品，其有别于一般商品的主要特点是它的价值不是通过市场交换来实现的，即：公共产品具有非排他性，其生产费用主要由政府或公益事业单位负担，产权归政府或公益事业单位。为区别于一般商品，也可称之为**公共商品**。但是，它和一般商品已有许多重要的区别，为便于区别，以下统称**公共产品**。

④产业：具有某些共性的行业的总称。

⑤商业：专营商品交换的行业。

⑥公益性行业：生产公共产品，以为社会公众利益服务为目的的行业。

⑦商业性行业：以获取利润为目的，以市场为导向，生产销售一般商品的行业。

⑧第三产业：主体是服务性产业，包括提供物质服务和文化、信息服务的各种产业。第三产业涉及的面较广，其中既有公益性的，也有商业性的产业。

第一节　气象信息服务的经济学属性

气象服务业改革和发展中的许多问题都涉及经济学问题。本节重点讨论气象信息服务的一些主要的经济学属性问题，以便在此基础上进一步讨论气象服务业改革和发展中涉及的经济学问题。

一、气象信息服务活动的经济本质——信息经济活动

气象信息服务活动的过程就是通过获取必要的源信息，经过有针对性的加工制作后向用户提供有针对性的气象服务信息，它属于信息服务业的一个分支。随着经济的发展，各类用户对气象信息服务的需求日益高涨，气象信息服务活动已成为重要的一种信息服务活动。从信息经济学角度看，它具有信息服务活动的一些主要特征。

1. 知识密集性

信息经济是高新技术发展的产物。信息经济的发展和计算机、现代通信等高新技术紧密联系，正是这些知识密集型行业的发展，带动了整个信息经济的发展。气象信息服务以气象科学技术为基础，广泛采用各种高新技术，特别是高性能计算机、遥感技术以及现代通信技术，气象信息服务活动已成为信息服务活动中具有突出的知识密集性属性的活动。

2. 高渗透性

信息应用的广泛性决定了信息经济活动的高渗透性。人类任何活动都离不开信息，现代信息经济活动已经深入到国民经济的各个领域，产生着重大经济和社会效益。气象信息服务活动为适应广泛的社会经济发展需求，也在发展中逐步融入国民经济的各行各业，在为各行各业的服务中发挥其效益和作用，这种服务也具有高度的渗透性。

3. 高效益性

由于信息经济活动对现代社会和经济有十分重要的作用，及时掌握和应用信息可以产生巨大的经济效益。信息经济是正在兴起的知识经济的支柱之一。气象服务信息为各行各业趋利避害创造了巨大的效益。从80年代初到90年代初，我国气象信息服务的投入与效益比由1∶15～20上升到1∶40。高效益性也是气象信息服务活动的突出特点。

4. 有偿性

信息一旦变为经济活动就显露出巨大的市场效益，信息产业自身也需要通过市场服务获得对职业性劳动的反馈支持，因此具有有偿性。根据需求对象、服务性质和提供主体的不同，气象信息服务活动除了公益无偿气象服务以外，也还有补偿性有偿气象服务以及商业性气象服务。作为对基本公益性服务的补充，有偿性的气象信息服务已经显露出它的重要作用。

由此可见，气象信息服务具有信息经济活动的一些重要属性，气象信息服务活动是信息经济活动的一个重要组成部分。

二、气象信息服务产业

按国民经济三大产业的分类，气象信息服务产业属于第三产业的范畴。因此，从广义

上来理解，气象信息服务产业应包括公益性无偿气象信息服务、补偿性有偿气象信息服务和商业性气象信息服务在内的各种气象信息服务业。狭义的气象信息服务产业则专指除了公益性气象信息服务以外的后两种服务业，或者只是指商业性气象信息服务业。

公益气象事业是社会基础性的公益事业。无论是社会主义国家，还是资本主义国家，无论是计划经济，还是市场经济，公益气象事业都是由国家投资、国家筹办并以国家名义提供服务的。作为公益性服务产业的组成部分，我国的公益性气象信息产业已取得了显著的进步，气象服务能力已经有了长足的进步，特别是重大灾害性天气预报和警报服务质量明显提高，产生了巨大的社会经济效益。

发展补偿性的有偿气象服务是气象部门改革的突出成绩。经过近 20 年来的积极探索，我国的有偿气象信息服务也取得了明显的发展，通过发展有偿服务进一步促进了气象科技转化为现实的生产力，不仅大大提高了气象服务总体效益，提高了气象事业在社会公众中的知名度，也明显缓解了气象事业经费的紧张状况。

虽然在发展有偿气象服务的过程中，不少气象台站根据当地市场经济发展需要，在双方自愿前提下，也逐步开展了一些超出补偿性收费范畴的服务，尝试了一些有一定市场性质的气象信息服务活动。但是，此类活动的规模都还比较小，尚未产生很大的影响。从总体上看，尚未形成商业性气象服务市场，更谈不上形成规范化市场规则，商业性气象服务在我国尚处探索的阶段。

信息产业是以信息的生产、传播和利用为基础，以信息技术的不断发展和广泛应用，并通过信息资源的开发和利用来推进经济发展和社会进步的产业。因此，从根本上讲，气象信息服务的发展必须依托信息产业的发展。首先是各种信息技术的进步为气象服务能力的提高从技术上创造了条件（例如，巨型计算机的发展、社会通信条件的改进等等）；同时，信息市场的发展也为气象信息产业的发展创造了良好的市场环境。

从国际上看，随着信息工程产业的发展，出现了近 1000 家从事气象信息遥感、遥测仪器生产的厂商。也正是由于国际上基本气象信息资源的免费交换和有关国家实行鼓励发展商业性气象信息服务的信息服务产业政策，商业性气象服务公司才得以迅速发展起来。截止 1998 年，在美国商业气象企业协会登记的气象信息服务企业近 400 家，每年营业额达 100 亿美元；日本每年气象信息服务企业的营业额也在 10 亿美元以上。气象信息服务产业所涉及的领域非常广泛，其产品的专业化程度正在迅速提高。

我国的气象信息服务业发展的历史也是如此。在十一届三中全会以前，整个国家的信息产业发展缓慢，它也成为制约气象服务能力的“瓶颈”。所以，在 80 年代初规划气象现代化发展时，气象部门还不得不考虑发展气象专用通信系统。改革开放以来，我国的信息产业迅速发展，它对气象信息服务的基础和根本依托作用日益显著，特别是社会通信能力的迅速增长已为各级气象台站提高气象信息服务能力创造了良好的条件，这一时期我国的气象信息服务能力也有了显著的提高。展望未来，随着我国信息产业改革开放力度的不断加大,我国信息产业和国际先进水平的差距可望进一步缩小,这必将也为气象信息服务业的加速发展创造更好的大环境。

三、各类气象信息服务产品的基本经济属性

本编第四章曾对气象服务的性质进行了分类研究,下面我们在此基础上进一步对各类气象信息服务产品的基本经济属性分别进行讨论。

1. 公益气象信息服务产品的基本经济属性

公益性气象信息服务产品属于公共产品。对于公共产品而言,每个享受者都可以得到相同的产品,也不存在生产者的效益和享受者人数的直接关系。因此,公益性气象信息服务产品的消费具有非排他性。公众对气象信息服务的**要求**不等同于**需求**。公益气象服务的需求不能用测定商品市场需求的方法来确定。公共产品的“愿意付费”(或则说“愿意投入财力支持组织生产”)主要是以政府行为来反映的,即政府决策者根据掌握的公众意向决策公共气象产品的生产和服务项目。但是,随着生产力的发展和公众生活质量的不断提高以及气象服务能力的不断增强,近几年来公益气象服务的项目和内容正在不断扩大。公益气象服务范围扩大以后也出现了一个值得研究的经济学问题,这就是如何恰当界定气象公益服务的范围问题。在本编第四章我们提出了用公益性指数 I_P 来界定气象信息服务产品的公益性,并由此将公益气象信息服务产品分为两大类。下面我们分别进一步讨论这两类气象信息服务产品的有关经济学属性问题。

(1)基本公益服务产品

基本公益服务产品是指公益性指数 $I_P > 0.5$ 的气象信息服务产品,这一类产品是最典型的公共产品,也是基本的气象公共产品。此类产品的共同特点是它们的社会需求面极为广泛,而且对社会公众的影响程度也最深。不管市场发达到什么程度,政府都有责任组织此类产品的生产并无偿向公众提供服务。

(2)附加公益服务产品

除了上述基本气象公共产品以外,客观上还存在公益性指数 $I_P \leqslant 0.5$ 的气象信息服务产品。此类产品的特点是虽然它们的 I_P 小于上一类,但仍然有相当多的公众对它们有需求,而且它们也还对社会公众有一定的影响程度。显然,将这一类产品界定为公共产品还是商品是一个政策性很强的问题。如果界定为商品,此类产品的生产就不需要继续由政府负责组织,可以允许商业性气象服务实体通过竞争来生产和经营服务;如果界定为公共产品,则需要继续由政府给予必要的投入以支持此类产品的生产和服务,产品的生产和服务不应以营利为目的。

根据我们国家的国情,《中华人民共和国气象法》第三条已经明确规定:“气象台站在确保公益性气象无偿服务的前提下,可以依法开展气象有偿服务”;第22条还明确规定“国家对公众气象预报和灾害性天气警报实行统一发布制度。各级气象主管机构所

属的气象台站应当按照职责向社会发布公众气象预报和灾害性天气警报，并根据天气变化情况及时补充或者订正。其他任何组织或者个人不得向社会发布公众气象预报和灾害性天气警报。”向媒体发布的各种公益性指数 $I_P \leqslant 0.5$ 的气象信息服务显然属于上述规定的公众服务的范围之内。这些规定清楚地表明，我们国家将此类气象信息服务产品仍界定为公共产品。这种界定体现了国家尽力为社会公众服务的根本宗旨。但是，另一方面也要看到我国仍然处于社会主义初级阶段，国家财力还难以组织太多的此类服务。这就是需要进一步研究的关于此类产品的投入反馈机制的具体问题。

为了有别于上述基本公益服务产品，我们可以称此类产品为附加公益服务产品。

2. 商业性气象信息服务产品的基本经济属性

商业性气象信息服务产品具有一般商品的基本属性。从理论上讲，商业性气象服务的需求、价格以及运行机制等等都应按照**市场经济规律**来组织运行。但是，由于商业性气象服务产品的某些特殊性，它的实际价格定位是一个比较复杂的问题，有关问题将在本章第三节进一步讨论。

第二节　公益气象信息服务的投入反馈机制

从上节所讨论的气象信息服务的有关经济学属性可以看出，公益气象信息服务的投入和反馈机制有一定的特殊性。本节在上节讨论的基础上专题讨论公益气象信息服务的投入反馈机制问题。

一、公益气象服务投入反馈机制的基本内容

合理的投入和效益反馈机制应当体现“谁受益，谁投入”。公益性气象服务的受益者是社会公众，应当直接由公众的代表——政府来投入。但是，由于实际上各类服务的公益性程度不同，因此，应当根据各类服务的公益性程度分类建立相应的投入反馈机制。

根据谁受益谁投入的原则，理论上讲，国家对公益性气象事业的投入 M_c 应当按下式核定：

$$M_c = I_p \times M \tag{7.1}$$

其中，M 为该公益性气象服务的总成本；I_p 为公益性指数。显然，某项公益性气象服务的成本尚有不足部分 M_s。根据谁受益谁投入的原则，这一部分应当由享受此类附加服务的用户来补偿，即：

$$M_s = (1 - I_p) \times M \tag{7.2}$$

二、基本公益服务的投入和效益反馈机制——公益无偿

此类服务的社会公众需求面最宽，它对社会公众的影响程度也最深，其服务效益涉

及广大公众利益、社会稳定、国家安全和宏观经济效益。显然,此类服务不可能靠企业行为来支持。因此,政府应全额拨款,尽力支持公益气象事业的发展。

三、附加公益气象服务的投入和效益反馈机制——补偿性有偿服务

正如上一节所指出的,这一类气象服务的基本性质仍然属于公益性,此类产品仍然是公共产品,而不是商品。因此,此类产品不应当通过市场交换,更不存在通过市场竞争形成动态平衡价格的问题。但是,鉴于以下两方面的原因,此类特殊的公共气象服务产品不宜全部由政府财力支持:

①随着社会对气象信息服务需求面不断拓宽,专业化要求越来越高,气象服务公共产品的内容正在不断扩大。但是,客观上这些新增产品的公益性程度要低于原有的基本气象服务公共产品。如果让所有这些只有部分社会公众享受的服务产品都由政府来负担生产费用,这对那些不享受此类服务的纳税人群来说也欠公平。

②如果所有此类服务产品的生产都要由政府负担费用,在社会主义初级阶段国家还不富裕的情况下,客观上也会加重政府财力的负担。

因此,合乎情理的解决办法是对此类气象服务适当收取补偿性的费用。按照**谁受益,谁投入**的原则,由自愿享受这种附加的公益服务的用户承担一定的补偿性质的费用。但是,这种收费和商业性气象服务的收费有质的不同,所收的只是对成本的补偿性费用,用于补偿公益事业经费的不足。此类服务不能以盈利为目的。补偿性收费的力度主要由政府的政策决定(由政府对公益气象事业的经费支持力度决定,补充其不足部分)。

附加公益气象服务的受益者有两类:一类是自愿要求享受此类服务的公众;另一类对象是其他公益部门。如果他们在履行政府下达给他们的公益任务时需要气象部门提供专门的气象服务,气象部门应当积极做好服务。对气象部门来说,这种服务属于附加的公益性服务。一般来说,专项任务有专项经费支持。气象服务实体为制作这种专项服务的成本费用应由提出需求的单位承担。

第三节 商业性气象信息服务的需求、供给和价格

需求和价格问题是经济学的根本问题之一,只有掌握了需求的脉搏,才谈得上适应需求,发展相应的产业。商业性气象信息服务也不例外。商业性气象服务产品和其他商品的投入反馈机制原则上应当相同。这类服务不应当由国家的公益气象事业经费来支持。因此,商业性气象服务应当在社会主义市场经济体制的大框架下,按照国家有关市场经济体制的法律、法规,培育气象科技市场,鼓励发展实体,按市场规则组织运行,实行独立经营自负盈亏。但是,另一方面,还需要考虑商业性气象服务产品的特殊性,

尤其是在我国目前的实际情况下，真正要做到按这种模式运行还需要做一系列的基础性工作。本节旨在考虑商业性气象信息服务产品特殊性的基础上探讨商业性气象信息服务产品的价格以及其相关问题。

一、需求、供给和价格的普遍规律

1．"需求"和"需要"

在经济学中，**需求**和**需要**有不同的内涵。**需求**是购买者在市场上按照某一价格愿意并且能够购买的该商品的数量的反映。它有别于通常人们所说的**需要**。**需要**是一种主观愿望的反映，可以是无限多样化的，其中只有**愿购买而且有能力购买**那一部分表现为**需求**。

市场需求（总需求）是指把某一产品所有消费者需求加总，也就是把每一价格对应的每个消费者的需求量加在一起，构成表达该市场上与每一价格对应的市场需求量的市场需求，也即总需求。

2．需求和价格的关系

需求和价格的关系可以用图 7.1 表示。图中的曲线 DED' 称为总需求曲线。DED' 曲线从 $D \rightarrow E \rightarrow D'$ 表现出随商品销售数量增加而向下倾斜，即在其他条件不变时，消费者愿意并且能够购买的商品数量和价格有反相关，当某种商品的价格上升时，它的需求量就下降。

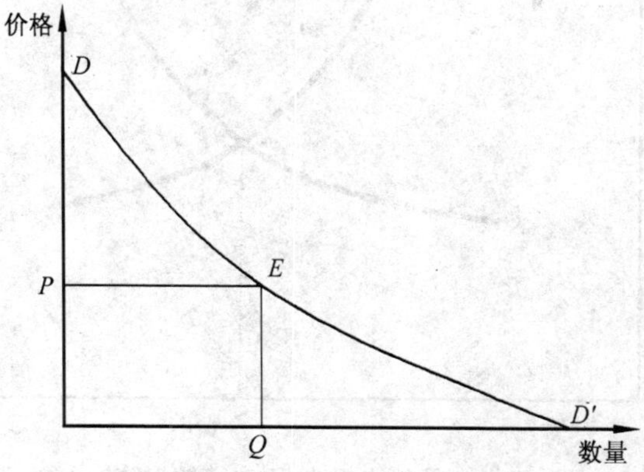

图 7.1　需求和价格的关系（引自萨缪尔森，1992）

3．供给和价格的关系

供给和价格的关系如图 7.2 所示。图中 SES' 曲线表示供给和价格有正相关。在其他条件不变时，商品价格上升时就会刺激生产者生产更多的商品。

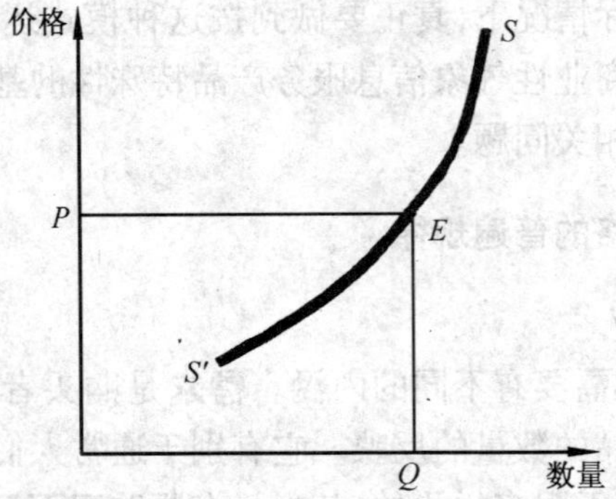

图 7.2　供给和价格的关系(引自萨缪尔森,1992)

4. 需求和供给的动态平衡——价格规律

在市场发展正常,完全竞争的情况下,需求和供给两曲线的交点即为达到动态平衡的市场价格,这就是平衡价格形成的规律。这种平衡规律如图 7.3 表示。图中需求曲线和供给曲线的交点 E 为平衡点,对应 E 点有平衡价格和相应的销售量。

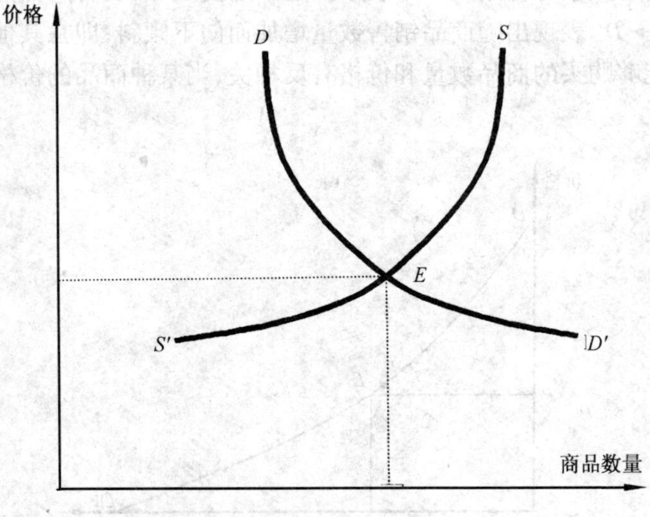

图 7.3　商品价格规律(引自萨缪尔森,1992)

需要特别注意的是,上述的商品价格规律是在其他条件不变时的规律。实际可能影响具体某一商品的价格规律变形的条件很多,例如,实际市场的规模、市场竞争的类型和环境、用户群的文化和社会心理因素及其偏好、有无新代用产品、以及产品本身平均成本、内在质量和包装等等。条件的变化就会导致曲线的位移和倾斜度的变化。需求曲线和供给曲线中任一曲线的变化都会导致图 7.3 中 E 点的变动。

二、商业性气象信息服务产品的价格问题

我国已有一些学者在这方面做了相关的研究。商业性气象服务产品，理论上讲应遵循图 7.3 所示的一般商品的价格规律。但是，商业性气象信息服务产品的价格定位也还涉及一些具有特殊性的问题。

1. 商业性气象服务产品的成本

(1)一般气象服务产品的成本

在不同经济环境中，气象信息服务产品的成本具有不同的形式和特征。气象信息服务成本主要包括：

①生产气象源信息的成本，包括基本气象系统的气象探测、气象通信、资料处理以及基本气象产品的加工过程所发生的成本；

②气象服务实体在接收有关源信息时发生的成本，包括接收气象源信息和接收用户系统反馈信息的传递成本；

③气象信息服务产品加工制作的成本，包括产品的前期技术开发成本以及加工产品的业务运行成本；

④组织气象信息服务所发生的成本。

以上还不包括产生最终气象服务效益前必不可少的气象控制工程的成本。

(2)商业性气象信息服务产品的成本计算中的不确定性问题

①商业性气象服务产品制作的源信息的成本核定问题。作为商业性气象服务产品制作的源信息，基本气象信息产品的成本计算是政策性很强的问题。这种源信息是制作商业性气象信息服务产品的基本原材料。从理论上讲，原材料都应当有偿使用，所发生的费用应当计入成本核算之中。但是，由于基本气象信息生产成本的分摊是一个非常复杂的问题，相同的信息重复多次使用、为多用户服务并不直接导致该信息的生产成本增加(服务成本在外)，即成本和产品的使用规模无关。此外，为了使气象源信息能更充分发挥效益，有的国家还制定了鼓励使用基本气象信息产品的气象资料政策，规定不收取使用气象源信息的信息费。对此不同国家有不同的政策。但是，从国家高度考虑，有一点是必需考虑的，就是这种收费政策要体现国家鼓励充分利用基础信息；

②气象信息服务产品中的个性化加工过程的成本分摊问题。和上述类似的问题还进一步出现在专业化气象信息服务产品加工的过程中。因为所谓个性化产品实际上总是在一定的基本框架基础上局部改造和开发而成的，在这种局部个性化过程中的成本分摊问题也是一个复杂的问题，其中存在有待研究的不确定性因素；

③气象信息服务产品技术方法开发的知识成本的核算问题。知识和技术都是付出一定代价才能获得的。气象信息服务要上新水平，要创造更高的效益，关键要获取新的有关知识和技术。理论上讲，知识和技术的成本也是可以通过“物化”使之成为可以量

化计算的成本。但是,知识成本的**物化核算**也存在许多不确定性,这方面我们尚缺少实践经验和理论研究,尚未研究形成合理的规范化方法。

2. 商业性气象信息服务产品的价格问题

(1)商业性气象信息服务产品价格的基本规律

理论上讲,商业性气象服务产品的市场价格同其它商品一样,也是在市场竞争中形成的。供给量随价格的增长而增大,需求量随价格的增长而减小,供给和需求的相互作用形成了平衡价格(图 7.3 中 E 点对应的价格),即市场价格。

(2)影响商业性气象信息服务产品价格的一些特定因素

在涉及价格问题上,商业性气象信息服务还有以下一些信息经济的特征:

①自然垄断。在一般情况下,当一个有相当竞争实力的气象信息服务产品投入市场以后,该产品的原始投入所产生的平均成本是不断下降的,这时就会出现在经济学的理论中所谓的**自然垄断**,即一旦高额的初始投资后,每产出一个单位产品或服务的边际成本却非常低,因此产品的生产单位或委托营销单位可依靠低成本来垄断市场。

②规模经济。规模经济特征表现为生产或提供服务的边际成本下降而收益递增。在气象信息服务产品成本分摊的情况下,其长期平均成本是下降的,但随着产出规模的增加,收益是递增的。在这种情况下,规模越大,就越会出现规模经济效益。

③范围经济。同时提供数类服务的成本小于分别提供这些服务的成本,这种经济称为**范围经济**。气象信息服务在一定条件下具有用一种产品同时提供多个不同用户服务的功能,或只需做局部的改造加工即可为不同需求的用户提供服务,这时就在一定范围或一定程度上具有了范围经济的效益。

④差异经济。气象信息服务在为社会各行各业提供服务中,会在更多领域不断获得其他信息和知识,并不断补充和完善服务产品,这种有关信息的相互补充,为发展个性化服务创造了条件,并可使得个性化的气象信息服务不断降低实际的成本。

这些特点分别在一定条件下对商业性气象信息服务产品的价格定位产生影响。

(3)商业性气象信息服务产品的价格定位问题

由上述分析可见,商业性气象信息服务产品的价格定位问题是比较复杂的问题,概括上述分析,可以有以下几点初步结论:

①商业性气象服务产品具有一般商业的基本属性,它的价格 P 的内涵为:

$$P = C + B \tag{7.3}$$

其中, C 为成本, B 为利润。在这一点上和补偿性的有偿服务收费有质的区别。

②由于商业性气象信息服务产品不仅在成本的核定中有许多不确定因素,还有一系列信息经济的特性,这些因素对商业性气象信息服务的效益和价格有重要影响,因此商业性气象服务产品的价格定位是很值得研究的问题。其中的一个重要基础性问题是商业性气象服务产品的交换价值问题。

商业性气象信息服务产品之所以有交换价值是因为它满足以下两个条件:

首先,这种气象服务信息必须对用户提高经济效益有明确的使用价值;

其次,它包含有一般公共产品的基本气象服务信息所没有的新的信息。因为基本气象服务信息具有非排他性,用户可以无偿获取,如果商业性气象信息服务产品没有包含新的使用价值,就不会有市场需求。

从生产的角度来说,这些信息必需是根据用户的特定需求,经过专门的技术加工产生出来的。这种专门加工的技术含量越大,产品包含的新价值就越大。随着经济的发展和科学技术的进步,这种新价值具有越来越强的个性化特点,因为随着科技发展,用户系统在特定环境条件下的气象控制的个性化要求越来越强。

所以,**不同的商业性气象信息服务产品的价格存在一个以其有效气象信息量为标志的基础性的差价**。如果以 P_b 表示商业性气象信息服务产品的基础价格,它主要取决于该气象信息服务产品的有效性,即

$$P_b = K \cdot I_m \tag{7.4}$$

其中,I_m 为有效气象信息量(关于 I_m 的意义详见第十三章),K 为系数。比较两种商业性气象信息服务产品,假设影响它们价格的其他条件都相同,但它们之间存在有效气象信息量差 ΔI_m,那么它们的实际价格差即为

$$\Delta P = K \cdot \Delta I_m \tag{7.5}$$

可见,某一商业性气象信息服务产品的 P_b 越大,表明该商业性气象信息服务产品的基础价格越高。虽然实际的商业性气象信息服务产品的价格受多种因素制约,但在一般情况下,基础价格 P_b 是价格定位的基础。

用于气象信息服务产品的基础价格核算时,I_m 的参照点取值如下:如果用户所需的气象因子是基本气象预报中已有的因子,则取基本公益预报的有效信息量为参照点,即取基本公益预报的概率为参照点概率;如果用户所需的气象因子是基本气象预报中没有的因子,则取该气象因子的气候概率为参照点概率。如此取值的意义为:在前一种情况下,当该商业性气象信息服务产品所对应的该天气事件的实际出现概率等于基本公益预报的概率时,$P_b = 0$;在后一种情况下,当该商业性气象信息服务产品所对应的该天气事件的实际出现概率等于气候概率时,也有 $P_b = 0$。

③相对一般商品市场,气象科技市场规模相对较小,比较难具备完全竞争市场所应具有的条件,所以实际的价格和理论上的完全竞争情况下的平衡态往往容易有波动性的偏离。尤其是在气象科技市场发育的初期,平等竞争还未完全形成,价格的定位更具不确定性。因此,从业务角度看,商业性气象信息服务产品的价格定位是具有很大能动空间的问题。

第四节 商业性气象服务的市场竞争

20世纪中叶以来,随着信息技术的迅速发展和服务市场的不断完善,气象知识通过为各类市场用户创造高效益的条件日益成熟。于是,商业性气象服务业应运而生,在一些发达国家相继发展起越来越多的私营气象公司。这种世界性的发展趋势提醒我们,气象信息服务产品并不一定都是纯粹的公共产品,有些气象信息服务也具有私人物品(private goods)的性质。

气象信息服务的商业价值是通过对基本气象信息的再加工来实现的。形成气象信息市场的主要原因是各类市场用户所需的气象信息具有明显的个性。由于用户对气象信息产品的需求不同,在公益服务无法满足的情况下,必然要寻求更有针对性的个性化气象服务。这种来自市场的个性化需求就是商业性气象服务发展的根本基础。在市场发育完全时,气象信息服务的需求和供给会呈现动态平衡,而在市场发育不好,特别在垄断经营时,供给和价格关系就会偏离正常市场竞争状态时的关系。因此,在气象信息服务市场发育的过程中,还需要努力营造良好的政策环境,需要建立合理的市场规则。

一、培育商业性气象信息服务市场的必要性

1. 培育商业性气象信息服务市场是发展民族信息服务产业的需要

实践证明,市场竞争是促进商品不断提高质量、降低成本的有效机制。它不仅可以刺激企业提高活力,也是保护消费者利益所必需。只有建立起平等竞争的市场环境,打破垄断,才能更好地促进科技进步和产业的发展。江泽民同志在十五大报告中论述经济体制改革和经济发展战略时,强调“要推进国民经济信息化”,“鼓励和引导第三产业加快发展”,并要求“打破地区封锁、部门垄断,尽快建成统一开放、竞争有序的市场体系”。

2. 培育商业性气象信息服务市场是进一步发挥气象现代化建设效益的需要

近20年来气象现代化建设取得了长足的进步,但其效益还远未充分发挥,气象科技成果也还有相当大一部分未能充分转化为经济效益。气象科技市场发育较早的一些发达国家的实践经验表明,通过市场转化科技成果是进一步发挥国家对基础气象科技投入总体效益的重要途径,通过它可以更充分发挥气象现代化建设的效益。

3. 培育商业性气象信息服务市场是适应国家对事业单位改革的战略选择

事业单位在改革的过程中需要重新认定各项业务的性质和相应的运行机制,国家只能支持为确保做好公益性服务所必需的各项业务,其他部分应当通过开拓市场,寻求新的支持。随着气象现代化的进展,基本业务各有关岗位应当相应调整,以适应新的现代化技术业务流程。现代化导致减员增效,这是必然的规律。基本业务系统的富余人员向何处分流?气象科技人员一般都有较好的气象科技基础,把他们推向社会、寻求再

就业，不但会增加社会上分流下岗人员的压力，也是人才的浪费。大力发展商业性气象服务市场可以为之打开一个广阔的分流渠道。

4. 培育商业性气象信息服务市场是适应我国进入WTO的需要

开放国内市场，是我国更多地进入国际市场的基本要求。问题是我国有多少气象服务产品可以作为服务贸易来出口，参加国际服务贸易的竞争，或者是在国内能与外来的外国气象公司竞争，这是面临的十分严峻的问题。短期内我们可以采用对"幼稚产业"的保护手段，从市场准入、法规制度、标准、审查或许可证制度、知识产权等方面对国内气象服务业进行积极保护。这虽然是十分重要，但显然又很不够。如果没有很强的技术创新能力，如果机制不充分改革，管理水平不高，就很可能在激烈的竞争中落后淘汰。根本的问题是能否加强我国气象服务业的竞争能力，这是面对入贸冲击的关键。因此，在当前的气象事业结构战略性调整中，需要加快气象科技服务与产业的实体化、产业化，加速发展气象科技服务型企业，培育市场。在入贸之后还将有一段承诺期的过渡时间，如何抓紧这段时间加快国内气象信息市场培育，使更多的国内商业性气象服务实体茁壮成长，使它们能不断做大服务业的规模，提高竞争能力，培育出一批具有参与国际竞争的实力，这是面对入贸要做的非常重要而紧迫的工作。

二、培育商业性气象信息服务市场的措施

1. 组织专题政策研究，拟订大力发展商业性气象服务的支持政策

为顺利发展商业性气象服务创造条件，需要及时地制定有关支持政策，如：

①建立和完善气象科技市场政策体系，建立起有利于市场正常发育的政策环境，鼓励平等竞争，理顺公益气象事业单位和商业性服务实体的关系，既确保服务实体能有一个稳定的基本气象信息源，又使公益气象事业单位能按规定收回合理的信息成本补偿费用。

②促进多元成份的商业性气象服务实体的建立。制定有关政策既要有利于气象部门事业单位调整结构，分流人员去兴办面向市场的商业性气象服务实体，也要有利于按平等竞争原则鼓励其他有条件的单位或个人兴办此类实体，鼓励在竞争中优胜劣汰，促进科技进步，提高服务质量。

③建立适当的外国气象公司准入政策，既有利于促进国内气象科技市场的正常发育，也有利于通过竞争和协作，促进国内商业性气象服务实力的增长，争取尽快进入国际气象市场。

2. 大力发展面向市场的商业性气象服务实体

这既是缩小我国气象产业和发达国家差距的主要任务，又是气象基本系统精干过程中分流人员的现实出路，也是气象产业为各行业做增值服务的最有潜力的增长点。如果组织得好，可望在10年内，形成一支数量可观的商业性气象服务队伍，培育出一批在国内外有影响的气象科技公司。

3. 加强商业性气象服务的科技方法研究

商业性气象服务科技方法的研究应当采取市场机制来组织、引导面向市场的气象研究机构或服务实体来承担。为扶植此类研究，可以采取贷款或有偿支持的办法帮助启动。主持研究的实体可以采用开放式的办法，广泛吸引有能力从事此类研究的科技人员为开发商业性气象服务科技方法作出贡献。具体方法可采用合同管理，根据提交的成果的质量和数量，按合同付费。

4. 大力组织相应的转岗培训

为在事业结构调整中顺利实现转岗，吸收适当比例的气象科技人员进入气象科技市场，需要大力加强转岗培训。从基本业务岗位转向商业性气象服务是跨度不小的岗位变化。服务是专门的学问，商业性服务和公益性的基本气象业务岗位有较大差别，即使是有较好气象科技基础的同志，转到从事商业性气象服务的业务、科技开发岗位前，也需要通过培训掌握商业性气象服务领域有关知识和技术，如有关商业性气象服务的软科学知识、有关用户的需求和气象科技市场规律等等。商业性气象服务科学技术方法也需要通过培训，充实、提高和系统化。

5. 逐步地有序开放气象信息服务市场

相对于其他服务行业，气象服务业的规模还比较小。80 年代起步的专业气象有偿服务也尚属成本补偿性服务。专业气象有偿服务虽然也向用户收费，但与商业性气象服务的性质有区别。在我国，商业性气象服务还只处于探索阶段。面临国际商业化气象服务的冲击，如何加快发展民族的商业性气象服务产业是摆在我们面前的一个紧迫的任务。多年来，国外一些气象公司以其拥有的技术手段和专业人才，具有相当的竞争优势，一直密切注视着我国的气象科技市场。近年来已有数家有直接和间接国外企业背景的信息中介商插手我国的气象信息服务。在加入 WTO 之后，我国将在更加开放的条件下参与国际竞争。面对这一形势，气象服务业在采取适度保护措施的同时，要适时逐步地有序地开放气象服务市场。为了主动迎接挑战，需要首先加快国内开放，加快培育公平竞争的国内气象科技市场。

参考文献

[1] 黄宗捷等，关于气象商品市场价格若干问题的研究，成都气象学院学报，**9**(2)，1994。
[2] 马鹤年，气象服务性质及投入反馈机制探讨，气象软科学，总第 34 期，2000。
[3] 保罗.A.萨缪尔森，经济学(第 12 版)，中国发展出版社，1991。
[4] 马鹤年，气象产业——未来知识经济的重要成员，气象软科学，总第 30 期，1998。
[5] 马鹤年，不失时机，大力发展商业性气象服务，成都气象学院学报，**13**(3)，1998。
[6] 沈国权，关于加入 WTO 对我国气象服务业影响对策思考，全国气象服务学术研讨会文集，气象出版社，2000。
[7] 汤兵勇，气象服务的信息经济学观点初探，全国气象服务学术研讨会文集，气象出版社，2000。

第八章　气象服务的心理学问题

气象服务的实践涉及许多心理学问题,重视研究这些问题和正确应用其成果,必将对气象服务行为具有重要的指导意义。所谓气象服务的心理学问题,实际上就是气象服务学与心理学之间的互相渗透、交叉和融合的关系问题。

第一节　概　　述

随着社会实践和心理学本身的发展,心理学在人类社会实践的众多领域得到广泛的应用,尤其是现代,心理学的发展建立了许多分支。例如研究不同活动领域中的心理现象为主的心理学分支有教育心理学、医学心理学、军事心理学、文艺心理学、体育心理学、消费心理学、商业心理学,以及今后可能发展的气象服务心理学等等。显然,心理学与其他学科互相渗透、融合,还会产生一些边缘心理学科。心理学在社会实践生活中应用越来越广泛,它的作用越来越重要。

一、气象服务心理学问题涉及的对象

气象服务心理学问题是心理学问题的一个分支,它主要涉及在气象服务过程中人们的心理现象产生和发展的一般规律,特别是气象服务活动中所出现的各种心理现象及其相互的关系问题。

例如在气象服务活动过程中,气象服务人员的服务心理与气象用户的消费心理,显然是不同的。气象服务人员是为气象用户的消费服务的,必须千方百计的为满足用户的消费需求做好服务,首先要学习气象服务学和心理学及消费心理学等的有关知识,具备优质服务的心理素质。与此同时,在满足消费者需求的基础上,还要充分考虑消费者的心理因素,了解和研究消费心理、消费习惯以及消费者的爱好、观念、情感等心理活动过程和规律,其目的是要达到促进和指导气象服务的消费行为,并贯穿于气象服务的全过程。

由此可见,气象服务心理学问题所涉及的研究对象是指在气象服务活动的过程中人的心理现象的产生和发展的一般规律,以及气象服务消费行为和心理现象的相互关系。

二、气象服务心理学问题涉及的内容

气象服务心理学问题所涉及特定的研究对象,决定了它主要的研究内容。

1. 消费者心理

消费者心理是气象服务心理学问题中最基本、最主要的内容之一。因为气象服务活动的最终目的,是要将气象产品(或商品)提供或销售给消费者,满足消费者的需求,消费者自然成了市场经济活动的主体。消费者在气象服务消费行为的全过程中,其心理现象可分为三个阶段:消费者在消费前了解气象产品的心理;决定消费气象产品时的决策心理;消费气象产品后实际体验或检验产品心理。要研究消费者心理,就必须要研究消费者个体因素和社会行为对消费行为的影响,即研究消费者的个体心理和消费者的社会心理等等。例如现代交通运输追求快速、高效、安全、正点,无论是火车、汽车的运行或是轮船、飞机的航行,均在相当大的程度上受气象因素制约。交通运输属于对气象具有高敏感度的行业,这些行业用户的文化、科学知识及消费观影响着用户的气象消费心理,特别是飞行员在执行飞行任务前必须对航线及目标区的气象条件进行全面了解,并随时掌握可能的变化,对气象条件越了解,飞行越安全,完成任务越有保证。否则,离开了气象保障条件将寸步难行。当前由于飞机可靠性能提高,飞行技术的进步和航空气象监测、预报方法技术的发展,飞行活动和气象条件之间的关系正从气象条件决定能否飞行,变为复杂气象条件下如何保障飞行安全,仍然是气象消费心理中普遍关注的重点。

据国际民航组织(ICAO)统计(1970~1985年),因气象原因造成的飞行事故和事故征候,占总飞行事故的1/3。其中低云、雾和风是3种最重要的危险天气因素,约占气象因素造成飞行事故的50%以上。据1979~1989年统计,我国运输机飞行与气象有关的事故占总事故的26.2%。由此可见,对气象保障的科技投入,加强航空气象监测手段和措施,是风险意识增强的表现,满足用户气象消费安全的心理需求。

2. 服务者的心理素质

在气象服务活动中消费者与服务者都各自具有不同的心理特点,并随时发生着供求关系,这些关系的发生、发展取决于各自的心理活动。只有优质的气象服务才能满足消费者心理的需求,消费者的心理趋向决定着服务的发展方向;服务人员是气象服务的主力军,他们的心理状态、心理素质直接影响到服务质量,服务质量又取决于管理或经营管理。但是,由于在计划经济条件下造成的一些心理影响,有时也表现出来。例如在气象服务中习惯于维护“独家经营”的思想,容易产生“老大心理”,竞争心态不正常;习惯于“蜘蛛作业”方式,缺乏开创心理准备;开展有偿气象服务,喜欢“行政指令推销”;盛行“面子合同”等等。这对培养服务者良好的心理素质是十分不利的。因此,利用其心理活动规律和心理学等行为科学原理对服务人员进行管理、培训,不断提高服务的心理素质,是优质服务的重要环节。

下面探讨一下,气象服务人员的心理素质如何适应以用户为中心的服务要求,建立新的气象服务模型的问题,如图8.1所示的服务三角形示意图。

(1)三角形的顶端——服务定位

服务定位就是服务的整体设计,包括服务的目标、服务的规范和服务的标准等,涉及到服务的深度和广度问题,从心理学的角度满足用户对气象服务的总体需求,达到“及时、主动、准确、科学、高效”的要求。

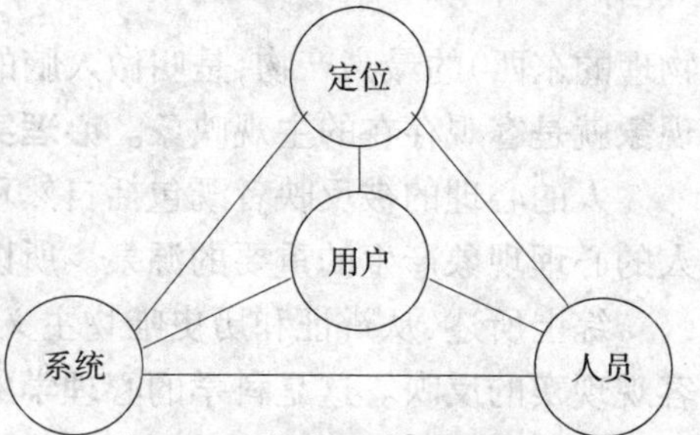

图 8.1 服务三角形示意图

(2)三角形的左端——服务系统

服务系统,是向用户提供产品的基础。例如电视天气预报服务系统、海洋气象导航服务系统和中南海气象信息服务系统等。

(3)三角形的右端——服务人员

服务人员是指为用户提供气象服务的所有人员。特别是位于关键性服务岗位的人员,他们在服务三角形中与用户关系最密切,体现“用户至上”的服务意识,在心理和产品需求沟通方面起着主导的关键作用,成为用户与服务单位之间的纽带和桥梁,因而成为服务单位信誉和优质服务形象的代表。

(4)三角形的中心——用户

用户位于服务三角形的中心,形成整个服务三角形的其他元素都围绕于中心并服务于中心。用户就成为服务三角形中最为核心的元素。同时服务三角形中其他元素也相互沟通,满足服务对象的心理需求,共同和谐发展并服务于用户这个中心,驱动着服务三角形有效地运行。

因此,从心理学角度分析,气象服务的准确定位为服务对象树立起信誉和良好的形象、满足用户安全、准确、信得过的心理要求;服务系统有针对性地为用户集成、加工、包装、分发产品,体现气象产品的科学技术水平;气象服务人员遵循“用户为中心”的服务心理原则,在服务实践中不断发现和了解用户的心理需求,保证应有的服务质量(包括产品质量和优质服务)成为三角形各元素连接的纽带。可见,气象服务的定位、气象服务系统的产品、气象服务人员的各种服务都以用户为中心而运行,构成为理想的气象服务模型。

第二节　气象服务心理学问题有关的基本概念和理论

为便于讨论,首先需要明确气象服务心理学问题有关的基本概念和理论。

一、心理现象和心理实质

人的心理现象主要是指人的感觉、知觉、记忆、思维、情感、意志、兴趣、能力、性格、气质等等现象。

马克思主义认为人的心理活动只是大脑的机能,“心理的东西、意识等等是物质(即物理的东西)的最高产物,是叫做人脑的这样一块特别复杂的物质的机能。”因此,**心理现象**就是客观存在的主观映象。**心理实质**就是人脑的机能和客观存在的反映。

人的心理的被反映者既包括自然环境,又包括社会实践活动,其中社会实践活动是人的心理现象产生的重要的源泉。所以,没有人的实践活动就没有人的心理。

综上所述,从辨证和历史唯物主义的立场上看,人的心理实质,就是人脑的机能,是客观现实的反映。这是科学的心理学的重要理论基础,也是气象服务心理学问题必须遵循的基本理论原则。

二、感觉和知觉

感觉是客观事物的个别属性在人脑中的直接反映。由于感觉是人的认识的最初来源,没有感觉就不可能有人的心理活动过程,因此,研究气象服务心理学问题就必须从感觉开始。

知觉是人脑对直接作用于感觉器官的客观事物的各个部分、各种属性及其相互关系的整体反映。知觉是在感觉的基础上形成的,它是多种感觉相互联系和综合活动的结果。

感觉是知觉的基础,尽管仍然同属感性认识,但知觉高于感觉,不是感觉的简单总和。

三、记忆与思维

记忆是人脑对过去经历过的事物的反映。记忆在人的实践活动中作用显著,人们如果没有对事物个别属性的记忆,就不可能产生感觉的印象;没有对事物整体的记忆,就不能产生对事物的知觉;没有对事物之间相互联系及其规律的记忆,就不可能进行思维;没有对以往知识经验的记忆,人的情感过程和意志过程也不可能实现。

思维是人脑对客观事物的间接的、概括的反映及其过程。思维这个概念,一般是在两种意义上使用,一种是思维的过程,叫做**思考**;一种是思维的结果,叫做**理性认识**或**思想**。

虽然思维来源于感性认识,但人们认识进入思维阶段就进入了理性认识。人们常说:“感觉到了的东西,我们不能立刻理解它,只有理解了的东西才更深刻地感觉它。”只有思维才能更好认识客观事物的本质,人的认识才能不断深化发展。

四、注意与想象

注意是心理活动对一定对象的指向和集中。注意的指向,是指在每一瞬间,人的心理活动有选择地指向所要认识的一定对象,而同时离开其他对象。注意的集中,就是把心理活动倾注于一定对象,使心理活动不断深入。所以,注意使人的心理活动处于一种积极状态,保证人们感知的形象清晰而完整,获得良好的记忆效果,更好地进行思维活动。

想象是指人脑对记忆中的表象进行加工改造而建立新形象的心理过程。人的想象是在人的实践活动中产生、发展起来的,同时也是人类实践活动的必要条件。想象的重要意义就在于它能促使人们去改变客观现实,创造新的东西。可以说没有想象就没有未来。

五、情绪与情感

情绪和**情感**都是人对客观事物的一种特殊反映形式,是人对客观事物是否符合人的需要而产生的态度的内心体验。

从广义上说,情绪与情感在内涵上都是相同的,情感是较高级的情绪,情绪是较低级的情感。情绪和情感都具有两极性:积极的情绪与情感可以促使人积极的行动,提高人的活动能力,有利于人对客观事物的认识理解,创造性地去改造客观事物;消极的情绪与情感容易削弱人的活力,丧失创造能力与斗志等等。

第三节　影响气象消费的因素

从心理学的角度看,消费是人们为满足自身需要而从事的一种行为活动。简单地说,就是消费者的消费行为受个人内在条件和外部环境的影响,是内外因素作用于人的结果或产物。有的心理学家把人的需要归纳为自然需要和社会需要、物质需要和精神需要以及生理的需要、安全的需要、归属感的需要、尊重的需要和自我实现的需要等几个层次。

总之,消费者需要是消费活动的动力,而消费者的消费需要又在消费行为中体现出来,并在消费中得到满足。

一、影响消费行为的因素

影响消费行为的因素可见如下所列关系与分析:

- 影响消费行为因素
  - 个人内在因素
    - 生理因素
      - 生理需要
      - 生理特征
      - 健康状况
      - 生理机能健全否
    - 心理因素
      - 一般心理过程
        - 认识过程:感觉、知觉、记忆、思维
        - 情感过程:喜、厌、烦、怒
        - 意志过程:动机、目标、信念、决心、毅力
      - 个性心理特征
        - 个性倾向性:兴趣、爱好、理想、价值观等
        - 个性心理特征:能力、气质、性格
  - 外部环境因素
    - 自然环境因素
      - 地理区域
      - 气象条件
      - 资源状况
      - 地理环境
    - 社会环境因素
      - 人口环境
      - 社会群体
      - 政治环境
      - 经济环境
      - 文化环境

二、气象消费的特性

气象服务产品既可作为生产要素在生产过程中消费,又可作为人们的生活消费。它具有完全意义上的社会普遍的有用性。同时,大多数气象信息产品,是一种以销定产、且销售在前生产在后的产品,了解用户的需求和用户了解气象产品的特性,便成了生产和消费的前提。

1. 消费的社会性

气象产品消费,具有广泛的社会性。具体表现在消费对象、消费功能和消费行为等方面。

消费对象涉及社会不同的群体,由于大气的性质,某地区性和全球的天气、气候及气象要素的变化总是覆盖某地区和全球的。使气象产品的作用范围和对象都十分广泛。

消费功能的社会性,气象产品的消费能带来社会效益、生态效益和经济效益。尽管,气象产品中两类不同性质的产品消费的主要功能有所差异。但是,产品的消费归根到底是利用气象条件和改造局部气象环境趋利避害,并不断提高人类认识大气环境的能力。

消费行为的社会性,表现在气象环境的利用和改造以及减灾防灾活动都要动员社会的力量和广大社会群众参加的活动;天气、气候变化总会引起社会消费行为的变化,因而气象产品功能的充分发挥依赖于社会的消费行为。

2. 消费量的骤变性

俗话说,“天有不测风云”,尽管我们不喜欢听到这句话,但我们不得不承认,天气预报不是“神”,不仅不能呼风唤雨,就是进行客观的预测也有时不能尽如人意,这种气象条件和环境变化突变性的特点,是形成消费量骤变性的原因。如当天气突变或气候反常时,收视、收听天气预报的人会随之增多,对气象产品的消费需求也会随之增大。自然,消费强度和消费量(品种和结构)也会随大气环境的突发性而增强和扩大。实践证明,消费量的骤变性是气象产品消费的重要特征,把握住这一特征,适时组织产品生产是气象工作者的义务和责任。

3. 消费的风险性

引起大气环境变化的因素异常复杂,由于现阶段大气科学水平,人们的认识手段和方法的有限性,尚不能完全揭示其内在联系而掌握其变化规律。因此,有时气象产品的准确性、真实性、及时性还不能完全体现出来。据统计,以地面气象测报质量为例,1996年全国错情率平均为0.6‰,1997年为0.5‰,1998年为0.4‰,其错情率虽然逐年呈下降趋势,但不可能为零。这样,气象产品总存在一定程度的不确定性,从而会带来一定程度的无效消费,或者说消费效用的不确定性,或者说存在着消费的风险性。

本世纪50年代后期,人类对大气环境的控制虽然有所进展,但其控制能力、控制规模、控制程度都还有相当大的局限性,控制效果更带有不确定性。有关控制气象环境的产品，如人工降雨，改造局部气象环境的方案等等，这些产品的消费均带有更大的风险性。

4. 消费的乘数效应

物质产品的消费是产品的物质形式的消耗，消费行为的完成标志着某些物质客体的不复存在，而气象产品的消费是信息产品性质的消费，不是消耗自身的物质形态，相反，却被保存下来，并产生消费的乘数效应（信息的累积量同认识和运用信息的能力成正比例的变化）。这就是说，气象产品的消费行为对于某些行业是要连续地、累积地作为生产消费进行下去。

因为任何信息的使用都需要用户投入一定人力、财力和物力，根据信息的要求，改变自身的行为，从而信息的功能才能被发挥，信息才能被消费。获得了信息，并不等于使用了信息，使用信息还需要再进行投入，从而创造出更大价值和效益。

三、气象消费观的转变和趋势

马克思认为："消费直接也是生产。"这是因为，一方面只有在消费中产品才成为现实的产品；一方面消费创造出新的生产需要，因而创造出生产的观念上的内在动机。这对于正确的认识生产与消费的关系，建立正确的消费观都具有重要的意义。人们的消费观受着政治、经济、文化、传统、习俗、流行、个性等多种因素的影响和制约。

1. 政府决策者的气象消费观

政府决策者消费的气象产品是作为决策信息的形式被消费。具体地讲是指为县和县以上各级政府发展经济、组织防灾减灾、气候资源合理开发利用和环境保护等方面科学决策所提供的重要气象服务，也包括为国防建设的特殊任务和重大社会政治活动所提供的重要气象保障服务。

决策气象服务是气象部门最早和最重要的服务形式，同时也是一种涉及社会稳定，经济发展和人民生命财产安全的全局性、高层次的特殊气象服务。是各级气象部门的一项长期的战略任务，是气象工作的"重中之重"。由于政府决策者负有上述重要的职能，因此对气象消费比较重视并趋于成熟和稳定。随着国民经济的发展和改革开放的不断深化，尤其以计算机技术为代表的信息类产品的发展，从各方面改变着人们的消费方式和消费观念。由于决策气象服务产品的重要价值，国家对气象消费也加大了财政投入的力度，及时的引进了必要的先进技术和设备，使气象产品的消费和气象产品的效益都有不断上升和提高的趋势。

总之，各级政府对决策气象服务的重视程度越来越高，对决策气象服务产品需求量越来越多、越细，对针对性和准确性的要求也越来越高（例如预报降水要求定点、定时、定量），时效更快，手段更加现代化等等，因此，必须加强决策服务的针对性和"专业化"的工作，才能不断满足国家和人民安全的需求。

2. 公众用户的消费观

社会公众消费气象产品不仅作为一种生产要素，而更主要是为提高生活质量被消费。特别是在改革开放以后，我国开始由温饱型向小康型过度，消费模式由追求数量上的充裕逐渐地转变为追求质量上的提高。因而公众气象产品被消费更多的是为了提高社会公众自身的生活质量；其消费功能在于为公众的生活（包括生命财产安全）和健康服务。另外，还具有消费主体数量庞大、需求层次和品味多样以及获取信息手段灵活的特点。

社会公众作为消费主体对公众气象产品消费观念的演变仍以改革开放为界。改革开放以前，公众气象信息产品较少而单调，一般仅有台风、寒潮等重大灾害性天气的预报警报以及少量的短期天气形势预报、城市天气、气温和风的预报等项目。

改革开放以后，随着科学技术的进步，气象部门装备的充实和更新，以及科技攻关和现代化建设各项重点工程的完成，公众气象产品无论在数量上还是在质量上都在逐渐的增加和提高（例如增加了各种生活气象指数的预报，即每天上、下班天气预报，紫外线指数预报，穿衣气象指数预报，花粉浓度实况与预报，大气清洁度气象条件预报，不同下垫面气温预报等以及饮料气象指数预报，感冒气象指数预报等等项目），受到公众的欢迎和喜爱。但随着消费主体观念的转变，对公众气象产品的要求越来越高，需求越来越大，逐惭的推动着补偿性有偿服务产品的消费行为，例如开展声讯电话和电视天气预报的景观画面等服务，同时又大大地促进了公众气象产品的发展。

3. 专业用户的消费观

专业用户是专用气象服务产品的消费主体，他们主要包括各个行业和关系国计民生的各企、事业单位以及从事经营活动的各社会团体、单位和个体等。他们消费气象产品除了作为决策信息被消费外，更重要的是作为生产要素被消费，其动机和目的不仅要提高社会效益、生产效益，而且首先是为了提高自身的经济效益。气象产品具有提高经济效益的功能，这是产生消费行为的关键。这种气象产品具有极强的针对性、科技含量高和实时性强的特点。

党的十一届三中全会后，随着党的工作重点的转移和改革开放的深入，国民经济各行各业以及一些用户对气象服务提出了许多新的特殊需求，要求气象部门提供各种针对性更强、更加专门化的专业服务，例如商场有关商品销售的气象预测、远洋船舶的气象导航等，这些专门加工针对性服务可给用户带来巨大的经济效益和商业利益。

第四节　气象服务心理学问题的应用

我们研究气象服务心理学问题的目的，是要应用于气象服务工作的全过程。气象消费行为是气象消费者心理活动全过程的必然结果。

一、消费者的心理活动过程

消费者的消费心理活动过程是十分复杂的过程，从其形成及发展的一般规律特征看，大体可划分为认识过程、情绪过程和意志过程，这三个过程既相对独立又密切联系。

1. 消费者的认识过程

认识过程是人们认识客观事物的表面性和内在联系心理活动过程。这个过程是由表及里不断发展。它是消费者消费行为过程的重要基础。

消费者消费产品时的心理活动，首先是从对产品的认识过程开始的。消费者认识产品的一般过程，往往是先有笼统的印象，再进行精确的分析，然后再运用自己已有的知识和经验，有联系地、综合地去加以理解的。可以说，消费者对产品的认识过程，就是消费者对产品个别属性的各种不同感觉加以联系和综合的反映过程，这个过程主要是通过消费者的感觉、知觉、记忆、思维等心理活动来完成的。

大多数消费者在消费前是不可能看到气象信息产品的，他只有通过收集有关材料，通过气象部门的宣传或参观，以及亲朋好友的介绍才对气象产品有个大体的认识。这个认识过程虽然只是消费者心理活动的初始阶段，但对消费者的消费动机和消费行为的发生发展起着重要的作用。要想吸引消费者，就必须了解消费者的认识过程，懂得消费者的真实需求，何时、何地、何种方式向消费者提供何种气象信息。

为了使消费者加深认识，首先各级气象部门应充分利用电视媒体的优势，面向社会普及气象科学知识，诱发对气象的浓厚兴趣。其次，要积极组织电视气象科普片的创作，生动形象的介绍各行各业运用气象信息趋利避害的效益。再次，要编印和编写气象知识的画册和书籍，不断提高和加深消费者，对气象科学的认识。

2. 消费者的情绪过程

产品和服务与消费者需要之间的关系，决定着消费者对产品和服务的态度。消费者的情绪与情感过程不同于认识过程，认识过程是对产品和服务本身的反映，而情绪过程则是产品和服务与消费者需要之间的关系的反映。凡是与消费者的需要有关的产品和服务，对于消费者来说都是有意义的，都会使消费者产生一定的态度及情绪和情感；否则，就会相反。可见，情绪和情感与需要的关系十分密切。正由于此，有些心理学家把情绪、情感定义为"人对客观事物与自身需要之间的关系的反映"。情绪的色彩符合或满足其消费需要，会产生愉快、喜爱等积极态度；违反或不满足其消费需要，会产生愤怒、烦闷等消极态度，消费者这种对待客观现象是否符合自己的需要而产生的态度体验，就是消费者心理活动的情绪过程，并对气象服务活动有重要的影响。为此，气象服务人员一定要注意保持、激发消费者的积极情感(情绪)。

3. 消费者的意志过程

意志是指人们为了实现预定目的，自觉调节自己的行动，克服困难的心理过程。人们在改造客观世界的过程中也在不断改造自己的主观世界。人的这种认识和变革现实的活动,是自觉的行动,有着事先确定的目的,并根据目的积极地调节自己的行动,用以克服达到目的道路上的种种困难和障碍,这样的行动就是意志行动。

消费者在经历了认识、情感(情绪)两个心理活动过程后,还要经过意志过程才能最终作出对气象产品的消费决策并实施其消费行为。意志过程是消费者为达到预定目的与克服困难相联系的心理活动过程。消费者经过认识、情感(情绪)两过程,对消费气象产品的目标是明确的,对气象产品的特性,有了基本的认识和了解,尤其是对气象产品的风险性要有足够的认识和了解,意志过程会使消费者坚定其消费目标不动摇,并积极地采取行动,排除来自内部、外部的干扰,克服困难,作出消费决策。

消费者的三种心理活动的区别是明显的,但又是相互联系、相互作用的:认识过程是消费者整个心理活动的开端和基础,它影响着情感(情绪)和意志过程的进行,情感(情绪)过程和意志过程又促进或强化认识过程的发展和变化;情感(情绪)过程制约着意志的发生;意志过程又调节和支配着情感(情绪)过程的变化。三个过程共同制约着消费者消费决策的制定和实施。

二、公关心理与公关技巧

公关是公共关系的简称,它是指一定的社会组织自觉地、有计划地运用各种传播手段使自己与其相关公众相互了解和相互适应的工作或管理活动。因此,社会组织、公众和信息传播构成了公共关系的基本要素。社会组织是公共关系的主体,公众是公共关系的客体,信息传播是公共关系的核心内容并起到连接主客体的桥梁作用。其目的是要塑造组织机构的形象,使公众对其整体有较完整的心理形象,它也是公众对组织机构的评价和信念。它的标准主要有两条:一是知名度,名声越大,公众了解就越多;二是信誉,信誉是体现了公众对企业或组织机构的总体质量评价,质量评价越好,信誉就越高。因此,对任何一个组织机构来说,知名度与信誉在服务中实际上是一种无形资产,它不仅可以得到公众的支持或认可,甚至也会得到金融界及社会各界的支持,对气象服务必定具有积极的促进作用。

气象服务的公关技巧是气象部门有组织有计划地运用各种传播媒介,促进气象服务发展而采用的各种应用技术和手段而开展的公关活动。具体做法和方式如:善于运用大众传播媒介和时机;做好公关宣传,树立部门良好形象;了解公众意愿,积极采用各种调查方法和技术;举办各种展览,扩大影响和知名度;组织对外开放参观,增进公众的共识和了解;有选择地进行社会赞助,获得公众的支持和好感。

三、促销手段与心理效应

专用气象服务会涉及到一些商业性的问题。为此,学会采用商业的促销技术和手段，重视和研究其心理效应，才能深入开展专用气象服务。

1. 广告媒体及心理效应

广告的目的在于说服消费者接受和购买企业的商品或劳务。广告制作必须以消费者的需求为导向目标，重视消费者对广告的心理需要。广告媒体的种类很多，不同的媒体有不同的特点和不同的心理效应。目前乐于采用的主要广告媒体有报纸、杂志、广播、电视等。特别是电视广告，它用音像的动态组合来反映和传播商业信息，是一种现代广告手段。具有覆盖面宽、表现力强，影响效果明显的特点。同时具有权威性强和感染力强的心理效应，并能充分调动消费者的听、视觉及其联想，形成较全面的心理感受，对消费者的认识、情绪、意志过程产生深刻的影响。据专家推测，形象信息的保持量是语言信息保持量的1000倍左右。

各级气象部门应把握制作电视气象节目得天独厚的条件，认真做好每一次（每天）气象节目，就是最好的宣传和公益广告。特别是抓住重大的、关键的、成功的天气预报服务事例，对产生的巨大影响，社会效益和经济效益，进行广泛的宣传，树立权威和信誉，充分调动广大消费者的听、视觉及联想的心理效应，对专用气象服务来说也是增强广告心理效应的有效方法。

2. 品牌与消费心理

品牌的含义很广，不仅指商品名称，还可包括商标、术语、符号、设计及这些多种因素的组合。品牌对消费心理有巨大的影响，对其销售的促进作用越来越突出。

一般而言，消费者是利用商标品牌去识别产品，已经成为其一种非常重要的需求。消费者的选择，首先是在自己知道的品牌中进行的，对于不知道的品牌，消费者一般不予考虑。商标品牌代表着产品的形象（意向），给消费者以一定的心理满足和独特的心理感受。就天气预报的产品，短期天气预报的准确率优于中期和长期天气预报。因此，气象服务应发挥其短期天气预报的优势，认真做好滚动补充订正预报，以提高用户对品牌的信任感。特别是对专业气象用户，要针对其专业需求，再加工、集成、制作、包装成为专业型的服务产品。

3. 包装与消费心理

商品包装对于商品的作用，类似于服装对于人的作用。人可以用动作、语言、表情等来表征自己的本色，但是人们还是免不了以貌取人，故有“三分人才，七分打扮”之说。一个好的商品包装，同样可以使消费者“一见钟情”。

通过商品包装装潢的作用，商品可以给人以强烈的刺激，各种观感、触感，如喜庆、欢乐、高贵、朴素、美丽、活泼等，启发消费者的联想，激起消费者的兴趣，诱发消费者的欲望。

总之，在保证产品质量的前提下，对气象产品的包装一般会有利于用户对服务产品内容的正确和全面的理解；有利于提高服务产品的整体质量，包装的好坏不仅代表产品的外部形象，表现了制作水平和制作工艺的现代化，多用图形、图像表示比文字说明更为直观明了；有利于提高用户对产品的兴趣和注意力。

综上所述，研究和遵循气象服务心理学问题的规律，对推动气象服务的发展有着重要的作用。如：

①有助于指导用户科学消费。一般而言，大多数消费者对气象产品都有一个认识过程。消费者有可能不完全了解气象产品的功能是否适应自己的消费水平和需要，这就应该遵循气象服务心理学有关问题的规律，通过消费者的感觉、知觉、记忆、思维等心理活动，来促进消费者的认识过程，从而指导用户正确理解和使用气象产品。

②有助于提高服务质量。要提高服务质量，首先要了解用户的心理，掌握消费者的心理活动及其规律。其次要以"用户为中心"了解用户的真实需求，不断提高用户的满意程度。再次，是在产品质量稳定的前提下，要认真做好售后服务及其用户效益的分析研究，并采取改进措施。

③有助于培养服务队伍。服务队伍是气象服务的主力军，他们的心理状态、心理素质直接影响到服务质量。为此，提高服务队伍的素质，最根本的就是要提高心理素质，包括对他人和对自己的心理活动的认识、理解和把握。这就需要系统地学习有关气象服务学和心理学的理论知识，并在实践中灵活的运用。

④有助于气象服务的经营管理。由于气象服务长期在计划经济条件下运作，习惯于无偿服务的管理。不习惯、不适应有偿服务等在市场经济条件下的经营管理。因此，需要运用气象服务学和心理学等行为科学原理去分析了解消费者的心理需求和趋势，指导气象服务行为，增强竞争意识。在把握消费者心理趋势的基础上进行科学的预测和决策，不断调整经营方针和策略，促进气象服务的全面发展。

参考文献

[1] 斯蒂文·阿布里奇著[美]，戴俊等译，服务·服务·服务——企业成长的秘密武器，吉林人民出版社，1998。

[2] 李澄怡、杨国辉著，当代政府服务，南海出版公司，1997。

[3] 张享祥主编，商业心理学，中国商业出版社，1996。

[4] 陈智勇编著，消费心理学，北京工业大学出版社，1998。

[5] 自然科学学科发展战略调研报告编委会，大气科学，科学出版社，1994。

[6] 黄宗捷、蔡文忠著，气象经济学，四川人民出版社，1994。

[7] 黄宗捷、蔡文忠，关于气象服务产品消费问题的讨论，成都气象学院学报，(2)，1998。

[8] 中华人民共和国气象法，气象出版社，1999。

[9] 布恩、埃克斯特兰德编著[美]，韩进之等译，心理学原理和应用，知识出版社，1985。

[10] 屠如骥、赵普光等著，现代旅游心理学，青岛出版社，1997。

第九章　气象服务效益评估与效益决策理论应用

第一节　气象服务效益的基本问题

一、气象服务效益的概念

人们从事一项活动，无论是生产性的，还是非生产性的，都需要预先投入一定量的资源，并由此产生一定的效果。为了评价资源优化配置的程度，人们就需要考核该项活动中资源耗费的程度及由此产生的效果之间的关系，即所谓效益问题。

气象服务效益是指气象服务活动中的资源耗费与其产生的有效效果之间的比较。公式化表示为：

$$B = f(C,E) \tag{9.1}$$

其中，B 为气象服务的效益，C 为气象服务活动中的资源耗费，E 为与气象服务活动中资源耗费相对应的有效效果，f 为 C 与 E 进行比较的法则，即 B 与 C、E 之间的函数关系。

从理论上讲，气象服务要产生效益，一般而言应具备以下基本条件：

①气象服务对象系统具有气象可控性；

②气象对该服务对象系统的制约关系；

③相关的气象因子本身也具有可测性。

效益气象服务活动的内容是广泛的，气象服务的效益也是多方面的，主要包括社会效益、经济效益和生态效益三个方面。社会效益是指气象服务在促进社会稳定和社会发展方面所产生的积极作用；经济效益是指气象服务为国民经济各行业、企业或个人所带来收益或避免损失的货币化的价值；生态效益是指气象服务为合理开发环境资源，改善和维护生态平衡，避免气候恶化、水土流失和沙漠化等方面所产生的积极作用或成果。这三方面的效益相互联系、相互转换，构成了气象服务的总体效益(或综合效益)。

二、气象服务效益的分类

气象服务效益分类的目的在于，一是为了澄清气象服务效益的内在实质和其具体表现形式，便于比较科学、客观地分析和评估气象服务效益；二是要说明气象服务效益的分类是相对的，而不是绝对的。同时，气象服务效益的分类是有规律可循的，而且对气象服务效益分类应遵循其基本规律和原则。气象服务效益分类的基本原则是，作为一个整体而言,其效益之间既不能重叠计算,也不能随意弃舍,要尽可能全面覆盖。

按气象服务效益所涉及的空间范围来划分,可分为气象服务的宏观效益与微观效益。宏观效益也称全局性效益,它是把一项事业作为一个整体,从整体和长远的角度来考察其效益,宏观效益与微观效益是相对的,相互之间也不是完全孤立的,而是相互依存,有着错综复杂的密切联系。如某个部门的投入,可能是另一个部门的产出,某一部门的资源消耗,又可能是另一部门的有效成果,这种投入产出的微观效益的综合,就构成了相应的宏观效益。由于气象服务主要是为全社会服务的,其效益主要体现在宏观方面的效益,如通常所说的气象服务的社会效益与生态效益,在很大程度上应归属于宏观效益。微观效益主要是从某一个具体的用户利益来考察其效益,一般指企业或基层单位或某一个局部应用气象服务所产的效益。微观效益和宏观效益二者之间主要是以经济活动的空间范围不同、资源节约方式的不同和研究内容及方法的不同而区分的。

按气象服务效益的内在功能来划分,可分为气象服务的减损效益与增益效益。气象服务主要是通过趋利和避害两方面的功能对社会、经济、生态环境和人民生活起作用。气象服务为防灾减灾,减轻气象灾害所造成的损失方面所取得的效益,一般表现为减损效益;同时,气象作为资源,在合理开发、保护生态平衡和利用有利气象条件为农业生产及国民经济各行各业服务而产生的增产增收方面的效益,一般体现为增益效益。这两方面的效益是由气象灾害的破坏力和气象资源的生产力的二重性所决定的。

按气象服务效益产生的密切程度来划分,可分为气象服务的直接效益与间接效益。效益的体现主要有两个方面:一是对于某种投入,直接发生产出,如生产产品的部门,可以直接计算效益;二是对于某些投入,不是直接发生产出,它的产出可能是通过另外一些部门的受益而间接反映出来,形成了间接的效益。气象服务效益多属于间接效益。也有直接效益,如人工影响天气、气象防雷减灾等服务都会产生直接效益。另外,间接效益还具有波及扩散作用。即某种效益一旦发生,会带来一系列连锁的反映。使效益的比重逐渐扩大,如气象服务的社会效益、生态效益就具有类似特点。

按气象服务效益的时间范围划分,可分为气象服务的近期效益与长远效益。如人工影响天气、防雷减灾等立即见效的气象服务效益应属于气象服务的近期效益;如气候资源合理开发利用的效益就属于气象服务的长远效益。

按气象服务效益的属性来划分,可分为气象服务的社会效益、经济效益与生态效益。如公众气象服务效益、决策气象服务效益在很大程度上是属于社会效益;气象有偿服务效益和商业性气象服务效益主要体现的是经济效益。

按气象服务效益的受益对象来划分,可划分为公众气象服务效益、决策气象服务效益、专用气象服务效益。公众气象服务效益主要是指公众利用气象服务合理安排个人和家庭活动所产生的效益;决策气象服务效益主要体现各级政府(包括政府各部门、军事部门等)利用气象服务进行有效决策所产生的气象服务效益;专用气象服务效益是指各类专业部门或企、事业单位、公司等用户利用气象部门提供的有针对性的气象服务所产生的气象服务效益。

三、气象服务效益评估的目的、任务和难点

1. 气象服务效益评估的目的

近年来,气象服务效益评估在国内外的气象部门得到了普遍的重视,其原因大致有以下几个方面:

(1)为政府向气象部门投入提供参考依据

各国政府机构在作财政预算时,需要确定对气象部门投入的优先级,这就需要有强有力的效益材料来说明气象服务对国民经济和社会发展的贡献程度。显然,气象服务效益就是一个重要的指标或依据。

(2)为用户使用气象服务产品提供参考依据

气象服务的用户在消费气象服务产品的过程中需要资源的再投入,资源投入的多少和由此获得效益的多寡是用户合理消费气象服务产品和劳务的重要依据。显然,气象服务效益是增强用户有效使用气象服务信心的一个重要指标和依据。

(3)为气象部门提高管理效能、合理配置内部资源提供重要的依据

气象服务的实践表明,改进气象服务工作能产生巨大的经济效益。因此,气象服务效益的高低是衡量气象服务优劣的量标,同时也为改进气象服务工作提供了依据。另一方面,随着社会的发展,社会对气象服务的需求越来越多、越来越高,越来越“个性化”,这必然导致气象部门的费用开支加大。为此,近年来各国气象服务商业化的步伐越来越快,此类气象服务需要从用户那里获得收入。因此,服务和效益的情况将成为气象部门进行资源优化配置的参考依据,尤其是当总预算需要作出调整时,它的作用更突出。

2. 气象服务效益评估的主要任务

气象服务效益评估的任务有两个:一是确定气象服务效益评估值,以便考察气象部门与其它部门或国外同行业在资源利用上的效率,供政府部门在配置资源时参考,也为用户在考虑是否接受气象服务时提供依据;二是要确定气象服务效益影响因素对效益值的影响度,以便气象部门提高气象服务的质量,用户提高消费气象服务的水平,从而达到共同提高气象服务效益的目的。

3. 气象服务效益评估的主要难点

多年来,我国及国外的许多专家学者围绕上述两个任务,曾从不同角度分析和评估过气象服务的效益,但结果都不是很理想,大家普遍认为这是一个难度较大的研究课题。气象服务效益从评估的角度看具有如下特点:

(1)难以度量性

气象服务效益,或者表现为行业合理利用气象资源,提高了行业生产力;或者表现

为行业投入的节约、减免的损失。概括地说，气象服务的效益是气象服务释放到各行业的经济价值。尽管改进预报服务手段、提高行业气象服务时效和水平，增强气象服务能力是提高气象服务效益的关键，但这些效益却很难直接度量，从而形成了气象服务效益评估的难以度量性。

(2)不确定性

气象服务效益的大小，在很大程度上取决于当地政府上报的灾情和减免的损失值及气象部门的预报服务情况，灾情的确定缺乏严密的监测设备，数据大多数都是人为估测，从而导致了气象服务效益评估值的不确定性。

(3)多因素性

气象服务效益是一种综合性的效益。其效益的获得，不仅取决于气象部门的预报服务准确、及时、主动，还取决于用户能否合理的使用气象产品，诸如预报服务产品以及这类灾害性天气所发生的时间、地点和灾害强度等。而且，同类灾害性天气，同样准确、及时、主动的预报服务，对于采取不同防御措施的用户，所产生的效益是不同的。同类灾害性天气出现在经济发达程度不同的地区，以及发生在不同的时期，气象服务在该行业中所产生的效益也同样是不同的。气象服务效益程度决定于多种变量。这种多因素性，必然给气象服务效益的评估增加了难度。

(4)难以归属性

气象服务效益来自于各行各业用户和社会公众对气象服务产品的使用。因此，气象服务效益是气象部门的劳动者和用户共同创造的成果。如何从中比较科学、客观地分离出气象部门对社会各界的气象服务效益的贡献度，无疑是很困难的。而且，就气象部门而言，哪些是来自于探测业务的效益，哪些来自于信息传输业务的效益，哪些来自于产品加工生成业务的效益，哪些来自于对外服务业务的效益，哪些来自于管理业务的效益等等，这本身就是一个很复杂的问题。由于这些问题和困难，就导致了气象服务效益难以采用通常的成本/效益分析法进行评估。

第二节　气象服务效益评估的基本方法

目前，国内外有关气象服务效益评估的方法很多，而且繁简不一，这主要与评估的目的和具体时空范围内气象服务类型的特点有关。但气象服务效益评估的基本理论依据、基本思路、评估过程及评估的基本方法却大致相同，具有一定的规律性。

一、气象服务效益评估的基本思路

由气象服务效益的特点决定了气象服务效益评估方法的多样性或不确定性，但各种方法的出发点仍是气象服务效益的基本涵义，即在公式(9.1)中，气象服务的效益 B

是指气象服务活动中的资源耗费C与其产生的有效效果E之间的比较f,气象服务效益评估要解决的问题就是确定 C、E 和f,从而算出 B,并进行一系列的函数特征研究。因此,气象服务效益评估的基本思想可表述为:通过一定的方法,量化气象服务活动中的资源耗费 C 和与之相对应的有效效果E,或者是与 C、E 有关的参量,在既定比较法则f的情况下,求出气象服务的效益 B,并在此基础上,通过敏感性分析对影响气象服务效益的各因子进行影响度分析,最后评估出气象服务的效益值。

二、气象服务效益评估的基本过程

1. 确定具体效益评估的目的和任务

确切地了解具体效益评估委托者的要求,并用明确的文字表述出来,与委托者达成共识,是做好具体效益评估工作的基础。气象服务效益评估的目的取决于效益评估委托者的要求。目前,气象服务效益评估的委托者主要是各级气象部门和气象服务的用户。对气象部门来讲,进行气象服务效益评估的主要目的是为其获得有利的财政支持、赢得用户的支持,以及强化自身管理的需求提供有效的科学依据;对用户来讲,进行气象服务效益评估的主要目的是为了掌握和了解气象服务是否有效以及效益的大小。总之,气象服务效益评估的主要任务:一是确定气象服务效益评估值的大小;二是确定影响气象服务效益各因素的影响度。

明确评估目标和任务需要完成几项工作:提出目标、明确多元目标之间的相互关系、限定目标,匹配任务、量化任务、形成评估工作进度表,对应考核指标、量化考核指标等。

2. 进行基本分析

主要内容包括:具体时空范围内气象服务特点的分析、资源耗费范围和特点的分析、有效效果范围和特点的分析、资源耗费与有效效果的匹配分析、评估中所需资料的采集方法分析等。在此基础上,根据评估的目的和任务,拟订评估技术路线和技术方法,并拟订多个可替代方案。拟订评估的技术路线和技术方法的重点在于选择有效的评估数学模型类型和所需评估资料的获取方法。

3. 进行方案的比较和选择

技术方案的评价和比较的原则是:目的性,即技术方案的重点是否突出,是否能够完成评估的任务并达到评估的目的;科学性,即技术方案是否科学、合理、概念清晰;可行性,即技术方案在实践中是否可行;满意性,即方案是否能为有关人员接受、信服。评价和比较的主要内容包括:技术方案在理论上的优缺点是否能与评估的具体问题兼容,多大程度地影响评估结果的科学性、合理性;技术方案实施所需的条件是否具备,筹集和利用这些条件需要付出何种成本;方案实施中可能遇到的困难、失败的可能性。

4. 执行技术方案、进行效益评估的具体工作

进行效益评估的具体工作是整个效益评估工作中至关重要的一步。一般而言,执

行过程应做好以下工作：制定相应的措施，保证技术方案的正确执行；确保有关技术方案的各项内容为所有人充分接受和彻底了解；运用目标管理方法把各项评估工作层层分解，落实到每一执行单位和个人；建立重要工作报告制度，以便随时了解评估工作的进展情况，及时处理有关问题或调整行动。

5. 撰写评估报告、通过验收

评估报告是整个评估工作的结晶，力求做到表述准确、简洁、通俗易懂。认真组织验收工作，虚心接受各方面的意见和建议，总结评估工作的得失，为今后评估工作提供借鉴。

三、气象服务效益评估的基本方法

从气象服务效益评估工作的实践来看，确定评估的具体技术方法是评估中最重要的工作，直接关系到评估工作的成败。从评估的过程来看，评估的方法可以分为两类：一是关于资料获取的方法；二是关于确定比较法则 f 的方法，即如何确定对气象服务活动中的资源耗费 C 与其产生的有效效果 E 之间进行比较的方法。

1. 气象服务效益评估资料获取的基本方法

气象服务效益评估工作中通常遇到的最主要问题之一是缺乏评估方法中所需的资料，因为这些资料通常在气象服务活动中是不全被记录的。为了获取这些资料或者替代资料，常用采取以下收集资料的方法：

(1)统计分析法

统计分析法是在有实际记录或相关资料的情况下，运用有关财务的、统计的分析方法提取所需数据的方法。这种方法广泛运用于各种形式的气象服务效益评估。资料的来源主要包括：气象有关统计资料、政府有关统计资料、气象服务单位的有关财务报表，以及各种实测资料。这种方法要求评估者具备会计学和统计学方面的知识和运用能力。

统计分析方法的主要优点是方法体系成熟、科学性强、合理性强，主要缺点是获取资料的能力十分有限、工作量大、费时、费力。

(2)问卷调查法

问卷是效益评估中收集资料的重要工具，可用于了解各种事实、行为、观念、态度方面的表现。问卷调查法是指调查者运用统一设计的问卷，向被调查者了解有关情况的收集资料的方法，是一种间接的、标准的、书面化的调查方法。

问卷调查法的应用步骤是：设计调查问卷；选择和确定调查对象；发放调查问卷；回收和审查调查问卷；整理、分析调查问卷；撰写调查报告。

问卷调查法的主要优点是：能够突破空间限制，在相当广泛的区域内进行，并在众多的被调查者中同时展开调查；省时、省力、省费用；具有匿名性，能够较好地避免调查者的干扰，以减少人为误差。主要缺点是：问卷回收率低、有效率低；对被调查者的文化程度要求高；对问卷提供的资料分析难度大。

(3)专家小组法(德尔斐法)

专家小组法是在专家个人判断和专家会议方法的基础上发展起来的一种新型直观预测和评估的方法。其基本原理和要点是:在有关领域内物色、确定专家名单,向专家提出明确的问题,并请他们书面答复;采用保密方式,各专家在回答有关问题(即个人判断)时,不要与其他专家交换意见;将各专家第一次的判断意见集中起来列表,不写姓名,再分发给各位专家,请他们参考别人的意见,修正或者肯定自己的判断,并书面告知调查人员;将反馈回来的各专家的肯定意见或修正意见置于另一修正表内,再分发给各位专家,以便专家们参照、比较,作第二次修改;专家们的意见几经反馈后,通常对要求预测和评估问题的意见渐趋一致。这个意见即可作为预测和评估的基础。

专家小组法的应用步骤是:建立预测和评估小组;选择专家;反复反馈征询专家意见;撰写预测和评估报告。

专家小组法的优点是:能够充分发挥专家的特长,使得预测和评估结果更准确;匿名性,能够较好地避免调查者和专家,以及专家之间的相互人为干扰;易于取得被调查者的合作;节省费用。主要缺点是:费时;专家的选择困难,易出现调查偏差;对被调查者的素质要求高。

2. 确定比较法则 f 的基本方法

气象服务效益评估工作中遇到的另一个主要问题就是如何联系具体时空范围内气象服务形式的特点确定气象服务活动中资源耗费 C 和与之相对有效效果 E 之间的比较方法 f。f 受到评估任务和评估数据的获取的约束,显然,将 f 简单地看成相除或相减,即将气象服务效益的数学表达式表示为 $B = E/C$ 或 $B = E - C$ 是不够确切的。在很多时候,比如在评估气象服务效益影响因素的影响度时,评估工作据此两式是无法进行的。当然,鉴于这两个式子的概念比较清楚,实际评估中常将其看成 B 与 E、C 之间的基本关系式。在实际工作中,f 有以下主要形式:

(1)比值法

设在某一具体时空范围内的气象服务活动中的资源耗费为 $C_i(i = 1,2,\cdots,k,\cdots,n)$,取得的有效效果为 $E_j(j = 1,2,\cdots,k,\cdots,m)$,则比值法定义的气象服务效益为:

$$B_m = \frac{E_1 + \cdots + E_n}{C_1 + \cdots + C_m} \tag{9.2}$$

在 $n = m$ 时,气象服务效益也可以表示为:

$$B_n = \frac{(E_1 - C_1) + \cdots + (E_n - C_n)}{(C_1 + \cdots + C_n)} \tag{9.3}$$

比值法评估出的效益值没有量纲。该方法的主要优点是,概念清楚、评估数学模型简单、便于理解和实际操作。主要缺点是,由于在气象服务活动中缺乏效益评估所需数据的完善的核算指标体系,常常造成重复计算或漏算,从而使得评估结果误差较大。另外，由于忽略了具体气象服务的特点，从而难以进行敏感性分析。在实际工作中，一般要对上述数学模型进行某种改变，以克服其缺点。

(2)扣除法

与比值法相对应，扣除法定义的气象服务效益为：

$$B = (E_1 - C_1) + \cdots + (E_k - C_k) + \cdots + (E_{k+1} + \cdots + E_n) - (C_{k+1} + \cdots + C_m) \tag{9.4}$$

扣除法评估出的效益值一般有量纲。该方法的主要优缺点与比值法类似。

(3)参量法

参量法是指根据具体时空范围内气象服务的特点以及取得评估所需资料的可行性，将资源耗费 C 和有效效果 E，或者是两者之差($E - C$)，用另外一些参量表示成显函数的形式，在评估过程中，统计分析出这些参量的实际值，从而求出效益评估值的方法。参量法评估出的效益值一般有量纲，若结合比值法，可以消除量纲的影响。

显然，用参数法表示的气象服务效益数学评估模型随具体时空范围内气象服务特点不同而不同。目前，大量的气象服务效益评估均采用此种方法，从而造成了形形色色的气象服务效益评估方法。参量法的最大优点是，建立了气象服务效益及其影响因素之间的联系，便于敏感性分析；思路清楚、科学味浓、合理性强，易于为受益者接受。主要缺点是，该方法一般需要大量的评估所需的历史资料，并且所建立的评估数学模型稳定性差、移植性差。

上述关于气象服务效益评估资料获取和比较法则 f 确定的各种方法，从方法论的角度看，可以说没有哪一种是完美无缺的，都各有自身的优点和缺点。但是，它们在气象服务效益评估中却有重要的基础性作用。只有充分考虑具体时空范围内气象服务的特点，并结合评估的目的，综合运用上述多种方法才能取得气象服务效益评估的科学性和合理性，并使评估结果发挥真正有效的作用。

以上是关于气象服务效益评估的基本思路、程序和方法。既使用于气象服务的经济效益的评估，也使用于气象服务社会效益和生态效益的评估。在具体评估时根据不同效益评估特点和需要，对具体的评估参数、评估模型作适当的调整和修订。评估气象服务的社会效益和生态效益的关键是如何将定性的效益转化为可量化的效益。在本章的随后几节中着重对公众气象服务效益、决策气象服务效益和专用气象服务效益的评估分别加以分析。

第三节　公众气象服务效益的分析与评估

一、公众气象服务效益评估的基本思路

公众气象服务的服务对象是广大公众，服务的产品具有公共产品的特点，使用市场

价格来评估公众气象服务效益是不适应的。公众气象服务在很大程度上是属于社会福利性的服务,其产生的效益既体现着经济效益,更重要的还是体现了社会效益。社会效益是很难直接量化的。为此,采用通常评价经济效益的方法来评估公众气象服务效益是难以奏效的。为了比较客观地评估出公众气象服务效益,只能从福利经济学的角度来估算个人在使用公众气象服务产品中得到的最大的经济价值。其基本途径就是利用一些间接的量化的方法来推算出公众气象服务的效益。其基本思路是确定调查参数或指标,进行社会抽样调查,通过有目的、有计划的、全面的了解广大公众对气象服务的需求和支付意愿,以此推算出公众气象服务效益。

二、公众气象服务效益资料的获取

根据公众气象服务效益的特点,获取公众气象服务效益资料的基本方法,主要采取社会抽样调查法。

1. 公众气象服务效益调查表的设计

统计调查是整个评估至关重要的一环,是公众气象服务效益评估的基础。统计调查的成败在很大程度上又取决于统计调查表的精心设计和准备。

(1)问卷设计应考虑的主要内容

①问卷的结构和形式。一般包括被调查者的姓名、性别、年龄、民族、文化程度、工作单位、职业、住址、家庭人口等。列入这些调查项目,主要是便于对收集到的资料进行分类和具体分析。

②调查内容。它是问卷最基本、最主要的组成部分,是所需要调查内容的具体项目。

③问卷填写说明。这部分是填写问卷的要求和方法。包括项目的要求、项目含义、调查时间、被调查者填写应注意的事项、调查人员应遵守的事项。

(2)问卷设计的形式

主要有两种形式:一种是开放式问卷;一种是封闭式问卷。开放式问卷是指调查的问题不列出所有的答案,而是由被调查者自由回答的问卷。封闭式问卷,是指在问卷中提出的问题,已拟订了各种可能的答案,被调查者只需从中选定答案。具体选用哪种方式,根据具体需要而定。

(3)问卷设计的程序

设计一份比较完善的问卷,是一项深入细致的工作,应该按照一定的程序进行。问卷设计一般分四个主要程序:

①明确设计主题。调查人员要根据调查的目的要求和问题的设计面,首先弄清楚设计主题。为此,在设计之前要广泛征求有关人员的意见,并进行讨论和研究,使问题重点突出,能明确反映调查的目的。

②设计问卷初稿。根据调查对象的特点,按照主题要求,确定问卷的形式,列出调

查项目，编写提问命题和填写说明，设计出问卷初稿。

③进行试验性回答。把初步设计好的问卷，由少数单位或个人试填，或在小范围内进行试验性调查，看有没有问题，是否便于回答，能不能达到主体要求。

④设计正式调查问卷。把试验性回答中发现的问题，进行整理和分析，对问卷初稿进行必要的修改和补充，设计出正式的问卷。

由上所述，问卷设计的基本程序为：

明确设计主题→设计问卷初稿→进行试验性回答→设计正式问卷

(4)问卷设计应注意的事项

①必要性。所提问题应直接为调查目的服务，凡与调查无关的问题都不应列入。

②可行性。应尽量避免列入难以令人回答的问题。应注意问题回答的内容不宜太多、太复杂，提法尽量具体，用词尽量准确、通俗、易懂，避免使用过于专业化的术语。

③准确性。提问要简单明确，切忌难以理解或模棱两可。

④艺术性。提问要讲究艺术，有趣味，使被调查者乐意回答。

这里给出一份公众气象服务效益问卷调查表(图 9.1)，以便在设计问卷时参考。

2. 公众气象服务效益调查的方法

根据气象服务效益调查的特点，一般可采用全面调查、典型调查和抽样调查三种。最为常用的是抽样调查。抽样调查是从应调查对象中抽取一部分有代表性的对象进行调查，然后根据抽样的结果以推断出整体的结果。抽样调查具有很高的科学性和准确性。在调查中，根据调查的需要，可采用随机抽样、等距离抽样、非随机抽样和固定样本连续性抽查等作法。

(1)分类抽样的方式

即先按经济发达程度分发达、中等发达、不发达三类地区，而后在每类地区中随机抽取被调查者。这种抽样方式的优点在于可以利用对所调查对象的已有知识，先对调查总体进行分类，使每类中各个单位之间的差异程度缩小，从而使所选样本的代表性有很大提高，使误差减小。

(2)多阶段抽样方式

其中有的是以地市气象局为组织单位，在每个地市以县为抽样单位，随机抽取几个县，然后再在抽到的县内随机抽取乡、镇进行随机抽样；有的先以地市为抽样单位，随机抽取一部分地市，然后再以县为抽样单位，随机抽取一部分县，最后随机抽取被调查者。

(3)各级气象台站为组织单位，在全省各地、县进行随机抽样调查

具体抽取被调查人员时，有的选取一所学校的一些班级，请每位学生把问卷调查表带回家去请家人填写，由于学生来自的家庭各不相同，保证了样本有一定的代表性；有的采用“随机抽样”的办法，在街头、乡村对行人进行调查；也有的通过一些报纸征答问卷等。

公众气象服务效益问卷调查表

1994年　月　日

调查地区:________省(区)________市________县

被调查者职业:(1)工人(　) (2)农牧民(　) (3)渔民船员(　) (4)科技人员(　) (5)教师(　)
(6)学生(　) (7)干部(　) (8)军、警(　) (9)医务人员(　)
(10)商业人员(　) (11)个体人员(　) (12)离退休人员(　) (13)其它人员(　)

被调查者属性:市镇居民(　) 乡村居民(　)

为了解公众对天气预报的需求和建议,请您帮助回答下列问题:

1. 您每天收听收看天气预报的次数?(请填数字)
(1)收看电视:中央台(　) 省台(　) 地方台(　)
(2)收听广播:中央台(　) 省台(　) 地方台(　)
(3)121电话(　)
(4)其它(　)

2. 您认为每天收听收看天气预报的理想时间是:(请打钩)
(1)每天早晨(　) (2)上午上班前(　) (3)中午(　) (4)晚上7点半(　)
(5)晚上10~12点(　) (6)其它时间(　)

3. 您对天气预报准确性的评价如何?(请选一项打钩)
(1)准确(　) (2)基本准确(　) (3)不稳定(　) (4)经常不准(　)

4. 您对目前天气预报服务的满意程度?(请选一项打钩)
(1)满意(　) (2)基本满意(　) (3)一般(　) (4)不满意(　)

5. 您对电视天气预报节目的内容最感兴趣的是什么?(请打钩)
(1)本地天气预报(　) (2)台风和寒潮警报(　) (3)天气形势预报(　)
(4)世界主要城市天气预报(　) (5)全国主要城市天气预报(　) (6)大范围降水预报(　)
(7)卫星云图图片(　)

6. 您对电视或电台广播中天气预报内容的评价如何?(请打钩)
(1)内容合适(　) (2)应增加内容(　) (3)内容太多应减少(　) (4)内容太深应浅些(　)

7. 在日常生活中,您认为利用天气预报每年可为您个人或家庭节省的费用(请选一项打钩)
(1)1~10元(　) (2)11~30元(　) (3)31~60元(　) (4)61~100元(　)
(5)100元以上(　) (6)0元(　)

8. 公众天气预报是不收费的。为了解其服务效益,假设需要交费的话,您认为每年交多少合适?(请选一项打钩)
(1)1~10元(　) (2)11~30元(　) (3)31~60元(　) (4)61~100元(　)
(5)100元以上(　) (6)0元(　)

9. 您收听收看天气预报的主要用途是什么?

10. 您对天气预报服务的意见和要求:

图9.1　公众气象服务效益问卷调查表示意图

三、公众气象服务效益评估的基本方法

评估公众气象服务效益的方法主要有三种方法:自愿付费法;节省费用法;影子价格法。其中,自愿付费法是国内外比较认可的公益性服务或公益性设施效益的评估的方法之一。在国际上,许多国家曾经采用自愿付费对公众气象服务的效益进行了分析评估。这里简要地介绍自愿付费法的评价模型。

1. 确定评价指标

W_1:自愿付费法计算出的公众气象服务效益;

P:订正系数;

M_i:本地区 16 岁以上的第 i 类公众人数;

N_i:实际回收抽样调查表中第 i 类公众的人数;

C_j:第 j 个付费等级的中数;

B_{ij}:被调查者中第 i 类公众中愿意付第 j 个付费等级的人数。

2. 建立评价模型

$$W_1 = P \cdot \sum_{i=1}^{t} \frac{M_i}{N_i} \sum_{j=1}^{n} C_j \cdot B_{ij} \tag{9.5}$$

3. 应用举例

以 1994 年中国气象局组织的公众气象服务调查结果为例,加以分析说明其评估方法应用。

第一,按照公众气象服务效益资料的获取方法和公众气象服务效益的调查方法获取公众气象服务的效益资料。

第二,对调查资料进行分类统计分析。如通过对调查样本代表性和公众对气象服务不同需求特点的分析,将被调查者分为市镇居民和乡村居民两类,即 $t = 2$。统计得出公众每年愿意为天气预报付费多少这一问题的调查结果(见表 9.1),付费等级分为 6 个,即 $n = 6$。

表 9.1 "自愿付费法"调查结果统计表

天气预报收费价格(元)	0	1 ~ 10	11 ~ 30	31 ~ 60	61 ~ 100	> 100
市镇居民(人数)	6095	6459	1721	816	409	616
乡村居民(人数)	1425	1873	594	276	152	175

第三,确定参数:

C_j的取法:C_j 定义为第j 个付费等级的中数。在实际计算中,为了能获得人均效益的保守估算,在被调查者取 100 元以上的值时,计算中 C_j 的值便是 100,即 $C_6 = 100$。如果被调查者未能给出回答,则以 0 元处理,$C_1 = 0$;至于其它类别,计算中取中数,即 $C_2 = 5$、$C_3 = 20$、$C_4 = 45$ 和 $C_5 = 80$。

P 值的取法：P 为订正系数，当抽样指标值的平均数等于被估计的总体指标值本身时，$P=1$。在对抽样样本分析时发现，被调查者中通过电视收看天气预报的人数占 95.8%，而从国家统计局出版的统计年鉴中查出，1994 年全国电视人口覆盖率为 83.4%，同时从广播电影电视部了解到，在我国电视覆盖不到的人口，广播也覆盖不到，即电视和广播均覆盖不到的人口为 16.6%，故取 P＝0.834 加以订正。

第四，统计评估。将参数分别代入评价模型(9.5)式得，$W_1=96.63$ 亿元。

第四节　决策气象服务效益的分析与评估方法

一、决策气象服务效益评估的基本思路

决策气象服务效益是一种综合性的宏观效益，其效益评估的难度比较大，主要体现在：一是没有积累足够的效益数据可供分析和应用；二是在国际上没有成熟和公认的评估方法可供借鉴。决策气象服务效益的评估也不同于公众气象服务效益的评估。公众气象服务效益与决策气象服务效益的最大区别是收益的对象和方式不同。公众气象服务效益的特点是谁获取气象服务信息，谁采取措施，谁受益。而决策气象服务效益的特点是，政府采用气象服务信息进行决策，所产生的效益是一个综合性的宏观效益，其受益者是各行各业甚至全社会。在这种情况下，简单地采用自愿付费的思路进行决策气象服务效益评估是行不通的。根据决策气象服务效益的特点也不能采用通常评价经济效益的思路和方法进行评估。为此，采用德尔斐法（专家评估法）思路和方法对决策气象服务进行评估是一种比较有效的途径和方法。

二、评估的基本方法

1. 效益资料的收集获取

根据德尔斐法的基本原理，结合决策气象服务效益评估的需要，现提出如下基本步骤：

(1)设计专家咨询表

确定调查或咨询的内容和所涉及到的指标等。

(2)组织试点

为了使专家咨询表中设计的问题既准确又便于专家回答，就必须在正式咨询前对事先设计的专家咨询草表进行小范围的试评（或叫试点），通过试评，发现问题。

(3)修改完善专家咨询调查表

在试点的基础上，对事先设计的专家咨询表进行必要的修改、完善，使专家咨询表中所设计的调查指标和内容尽可能地合理、可行、可操作。

(4)选择专家

选择专家是评估和预测的重要一环,不能简单从事。不能事先未经征得专家同意就将调查表发给拟邀请的专家。因为有的专家并不愿意参加这样的预测和评估。在组织预测和评估时,对专家的要求是,既要对本行业的基本情况比较熟悉,同时对气象服务在本行业中所产生的效益有所了解。在选择专家的过程中,不仅要选择精通技术、有一定名望、有学科代表性的专家,同时还需要选择边缘学科、社会科学、经济学等方面的专家。选择承担技术领导职务的专家固然重要,但要考虑他们是否有足够时间认真填写调查表。一个身居要职的专家匆忙填写的调查表,有可能其参考价值还不如一个专门从事某项技术工作的一般人员认真填写的调查表。再有,乐于承担任务并坚持始终,这也是选择专家时需要特别注意的一个问题。

评估预测小组人数需要根据预测和评估问题的规模而定。人数太少,限制学科代表性,并缺乏权威性;人数太多,难于组织,对结果处理也比较复杂。因而评估小组人数一般以15人左右为宜。在确定专家人数时,值得注意的是,即使专家同意参加预测和评估,因种种原因也不见得每轮必答,有时甚至中途退出,因而预选人数应多于规定人数。

(5)专家咨询

其方式既可采用会议形式,也可以采用书面形式。无论采取哪种形式,除了给专家发放专家咨询表(表9.2)之外,还要向专家作必要的说明或提供必要的背景材料。

表9.2 决策气象服务效益咨询调查表

专家所在单位: 职称: 职务: 专业:

效益项目	好	较好	一般	自定比例	本行业产值	备注
综合效益						
气象预报、情报服务效益						
气候资源开发、利用和保护效益						
人工影响天气服务效益						
气象卫星遥测遥感技术应用服务效益						
其它气象服务效益						

(1)综合效益是指政府利用气象服务决策在各行业中所产生的总体效益,包括气象预测、预报、情报服务、气候资源开发利用保护服务、人工影响天气服务服务、气象卫星遥测遥感技术应用服务等方面所产生的效益之和。

(2)气象预报、情报服务效益是指短期气候预测、中期天气预报、短期天气预报、短时天气预报、农业气象产量预报、各类农时气象预报服务和各类气象实况资料服务所产生的效益。

(3)气候资源开发、利用和保护效益是指气候区划服务(根据本地气候特点,合理布局农、林、牧、副、渔发展规划,调整各类种植结构等气象服务)、重大建设项目的可行性论证和各类农业气象实用技术等应用气象服务所产生的效益。

(4)人工影响天气服务效益是指人工增雨服务和人工防雹服务所产生的效益。

(5)卫星气象遥测遥感技术应用服务效益是指利用气象卫星技术服务在森林防火及各类火情监测、旱涝监测、各类农作物长势监测、农作物产量估测和远洋捕捞等项服务中所产生的效益。

(6)其它服务效益是指除上述之外的气象服务所产生的效益。

(7)自定比例是指评估专家可根据本行业的具体情况,自行确定效益产值比例(可不受参考表(9.2)的产值比例限制)。

(8)各行业"好"、"较好"、"一般"的定量比例请参考表9.3。

表 9.3　各行业气象服务效益权重评估参考比例表

项目 / 部门	气象服务效益占各行业的总产值			全国各行业的产值
	好	较好	一般	
农业	1.0%~2.0%	0.6%~0.9%	0.1%~0.5%	
林业	1.0%~1.5%	0.6%~0.9%	0.1%~0.5%	
水利防汛	15%~20%	10%~14%	0.%~2.0%	
畜牧业	1.0%~1.5%	0.6%~0.9%	0.1%~0.5%	
副业	0.6%~1.0%	0.3%~0.5%	0.1%~0.5%	
渔业	0.6%~1.0%	0.3%~0.5%	0.1%~0.5%	
工业合计	0.3%~0.5%	0.1%~0.2%	0.05%~0.09%	
电力业	1.25%~1.5%	1.0%~1.24%	0.4%~0.5%	
建筑业	1.5%~2.0%	1.0%~1.4%	0.5%~0.9%	
公路	0.6%~1.0%	0.1%~0.5%	0.05%~0.09%	
水运	1.5%~2.0%	1.0%~1.4%	0.5%~0.9%	
民航	15%~20%	10%~14%	1%~9%	
邮电通信	1.5%~2.0%	1.25%~1.4%	1.0%~1.24%	
商业	0.5%~1.0%	0.1%~0.4%	0.05%~0.09%	
其他行业	0.5%~1.0%	0.1%~0.4%	0.05%~0.09%	
合计				

注:①上述各比例是 1994 年中国气象局组织行业效益评估时,在反复试点、修改的基础上确定的。在不同的时期,其比例可能是不完全一样的,故此处仅作参考。
②行业总产值可从《中国统计年鉴》或当地统计年鉴中查取。

2. 建立数学模型

数学模型:

$$BVT = \sum_{j=1}^{m}\left(\frac{1}{M_j}\sum_{i=1}^{3} N_{ij}\cdot W_{ij}\right)C_j \tag{9.6}$$

参数含义:BVT 为行业气象服务总效益;j 为所选行业数($j = 1,2,3,\cdots,m$);M_j 为第 j 行业的专家总人数;i 为等级,即好、较好、一般三个定性评估等级($i = 1,2,3$);N_{ij} 第 j 行业评估 i 等级的专家人数;W_{ij} 为第 j 行业气象服务效益权重,W_{ij} 的确定是根据表(9.4) 中的第 j 行、第 i 等级的加权平均值;C_j 为第 j 行业的国民生产总值。

主要参量:该模型中主要有两个参量,其一是某行业的国民生产总值 C_j;其二是气象服务效益在某行业国民生产总值中所占的权重 W_{ij}。

3. 参量确定

C_j 的确定:某行业国民生产总值 C_j 从《中国统计年鉴》中可查到。

W_{ij} 的确定:决策气象服务效益评估的关键是如何比较科学、合理的评估出气象服务效益在某行业国民生产总值中所占的权重 W_{ij} 值。

确定 W_{ij} 值的具体作法如下:

①确定评估的主要内容。为了便于专家评估,应向专家提供评估的主要内容,即气象服务在各行业中产生效益的主要内容,参见表 9.2 所列的内容。

②设计评估咨询调查表。调查表是专家评估法的重要工具，是信息的主要来源。调查表的质量对评估和预测结果的准确程度有直接的影响。为了使咨询表格设计的尽可能合理，便于专家应答填写，应依据决策气象服务的主要内容和专家调查咨询表的设计原则，对专家调查咨询表进行了总体设计。在问题(或项目)的安排顺序上，本着先综合后局部，如表 9.2 中的第一项就是综合效益，是其它几项的综合。在同类问题之中，按先简单后复杂，由浅入深的排列。在问题的数量上，本着宜粗不宜细，宜少不宜多，尽量做到简明扼要，一目了然，把握宏观。既要全面覆盖，又要避免重复。

③确定评估对象(政府各部门或各行业)。确定评估对象的原则：尽量选与气象服务关系比较密切和气象服务效益比较明显的部门和行业作为重点评估对象；评估对象的涉及面要尽可能的广泛一些，要具有一定的代表性，如各省的主导产业和重点行业应进行重点评估。依据这两条原则，经与有关具体从事气象服务工作的人员进行协商提出初选行业，再经调研后加以确定。

计算参量 W_{ij}：通过确定评估内容，设计专家咨询调查表，确定评估行业，选择评估专家，提供各行业的国民生产总值，组织有关专家采用座谈会和信函的形式进行咨询调查即可评估出气象服务效益在各行业国民生产总值中所占的比重 W_{ij}。具体作法就是根据表 9.3 中的第 j 行第 i 等级的加权平均即可。

三、效益评估举例

以某省的基本数据为例，来说明方法的具体应用。

①确定专家咨询调查表。参照表 9.3，并结合当地实际可作适当修改。

②确定评估的行业。选择与气象关系较密切的行业作为评估对象，确定农业、林业、水运、工业、建筑、铁路、公路、民航、商业、畜牧、渔业、邮电等 12 行业为评估对象。

③确定专家。按照上述确定咨询评估专家的原则进行，共在 12 行业选了 104 名专家。其中种植业 28 名，占 26.4%；林业 13 名，占 12.3%；渔业 11 名，占 10.45%；工业 15 名，占 14.2%；建筑业 6 名，占 4.7%；商业 4 名，占 3.8%；铁路 8 名，占 7.5%；公路 3 名，占 2.8%；邮电部门 3 名，占 2.8%；畜牧 3 名，占 2.8%。

④组织咨询调查。分地(市)进行。向选定的专家发送表 9.2 和表 9.3 及有关咨询材料，由专家各自独立根据经验和所掌握的信息进行定性或定量评估。收回专家咨询调查表。

⑤统计评估。对专家咨询表进行分类归纳、整理、分析、计算，并按照(9.6)式进行评估分析，分类列表，即可得到表 9.4 所示的评估结果。

由表 9.4 可知，该省的决策气象服务总效益为 23.1596 亿元，约占全省 12 个行业总产值 4949.98 亿元的 0.468%。

表 9.4　某省决策气象服务效益评估结果表

行业名称	专家总数	定性评估结论			本行业所占定量比例(%)				行业总值(亿元)	气象服务总效益(亿元)
		好	较好	一般	好	较好	一般	平均		
渔业	11	3	7	1	0.80	0.40	0.15	0.49	100.53	0.4926
工业	15	10	3	2	0.40	0.15	0.07	0.31	3352.80	10.3937
建筑	6	3	1	2	1.75	1.20	0.70	1.31	216.56	2.8369
商业	4	1	1	2	0.75	0.25	0.07	0.29	606.06	1.7576
铁路	8	2	6	0	1.75	1.20	0.70	1.34	33.40	0.4476
公路	3	0	2	1	0.89	0.60	0.07	0.22	9.48	0.0209
水运	9	5	1	3	1.75	1.27	0.07	1.34	52.90	0.7089
民航	3	1	2	0	7.50	1.20	0.70	3.30	32.40	1.0692
邮电	3	1	0	2	1.75	1.33	1.12	1.19	40.98	0.4877
畜牧	3	3	1	1	1.25	0.75	0.30	0.77	140.36	1.0808
林业	13	3	6	4	1.25	0.75	0.30	0.73	30.32	0.2210
农业	28	14	12	2	1.50	0.75	0.30	1.09	334.09	3.6416
合计	106	44	42	20					4949.98	23.1596

第五节　专用气象服务效益的分析与评估方法

一、专用气象服务评估的特点

专用气象服务效益是气象服务效益的主要组成部分，它主要是指各级气象台站在做好公益气象无偿服务的前提下，根据用户的特殊需要提供的各类气象服务所产生的气象服务效益。这种效益的评价，可从不同的角度，根据不同的评价对象和不同的评价内容，可采用本章第三节提到的不同的评估方法进行评估。下面着重分析和讨论一种比较适合于气象有偿服务效益评价的损失矩阵法。

二、评估方法

1. 损失矩阵法的基本思路

我们知道任何一种天气过程，一般都可分为强度不同的等级 $W_n(n=1,2,3,\cdots,n)$，则这种天气就可分为 $W_1,W_2,W_3,\cdots,W_n n$ 种等级。如 $W_1=0$，表示这种天气强度为零，即无天气过程出现。于是得出这种天气的预报量与实际量的联合概率分布，如表 9.5 所示。

式中 $\prod_j$ 表示预报为 W_j 天气，P_{ij} 表示实况为 W_i 而预报为 W_j 的联合概率，右边的 $P_i=\sum P_{ij}$，当用来统计的资料记录足够长时，P_i 可以近似地看作 W_i 的气候概率。

如果实况天气 W_n，用户未提前采取防范措施，就会造成损失。设其损失为 $M_n(n=1,2,3,\cdots,n)$，$M_1,M_2,M_3,\cdots,M_n$ 分别对应于 $W_1,W_2,W_3,\cdots,W_n$ 下产生的损失。如果

出现天气 W_n，用户已采取了防范措施，避免了大部分损失，但总还有少部分无法避免的损失存在。设其无法避免的损失为 H，则无法避免的损失率为 $F_n = H/M_n$。同时将采取防范措施需花费的成本为 C，由此可得损失矩阵，如表 9.6 所示。

表 9.5 联合概率分布表

实况＼预报	$\prod_1,\prod_2,\cdots,\prod_j,\cdots\prod_n$	$\sum$
W_1	$P_{11},P_{12},\cdots,P_{1j},\cdots,P_{1n}$	P_1
W_2	$P_{21},P_{22},\cdots,P_{2j},\cdots,P_{2n}$	P_2
·	· · · ·	·
·	· · · ·	·
·	· · · ·	·
W_i	$P_{i1},P_{i2},\cdots,P_{1j},\cdots,P_{in}$	P_i
·	· · · ·	·
·	· · · ·	·
·	· · · ·	·
W_m	$P_{m1},P_{m2},\cdots,P_{mj},\cdots,P_{mn}P_m$	
$\sum$	$P_1,P_2,\cdots,P_j,\cdots,P_n$	1

表 9.6 损失矩阵

天　气	不防范	防　范	概　率
W_1	0	C	P_{20}
W_2	M_2	$C + F_2M_2$	P_{20}
W_3	M_3	$C + F_3M_2$	P_{30}
W_4	M_4	$C + F_4M_4$	P_{40}

当我们预报 $W_1 = 0$ 时，用户可不防范；预报 $W_n \neq 0$，且 $W_n = 0$ 达到防范指标界限时，需进行防范。这样，从表 9.5 和表 9.6 可得到平均损失为：

$$R_1 = CP_{0n} + F_nM_nP_{nn} + M_nP_{n1} \qquad (n = 2,3,4,\cdots,n)$$

若用户未对预报服务采取防范对策，一旦出现天气，其损失为 $R_2 = M_n(n = 2,3,4,\cdots n)$。为此，我们将用户依据预报服务采取对策后遭受损失少的那部分，看作预报服务的综合效益，即 $Q = R_2 - R_1$。

2. 防范指标的意义和确定

由于用户的行业性质不同，即使同一种强度的天气对其影响也各不相同。因此，天气预报服务应根据不同用户建立不同的专业服务指标。我们将天气强度分为影响强度指标和受灾强度指标。影响强度指标是指天气强度达到某指标时对用户产生了影响，但这种影响造成的损失 M_n 小于防范成本 $C(M_n > C)$。如果不采取防范措施就会造成较大损失，应及时通知用户防范，以减轻损失，故称为防范指标。这两种服务指标是通过对用户生产的调查研究和分析试验确定的，对于不同地区其指标的具体值应有所不同，但可根据具体情况，加以适当修正。

3. 计算表达式和物理意义

已知气象预报服务的综合效益为：

$$Q = R_2 - R_1 = M_n - CP_{0n} - F_nM_nP_{nn} - M_nP_{n1} \qquad (9.7)$$

因为 $F_n = H/M_n$，所以 $Q = M_n - CP_{0n} - HP_{nn} - M_nP_{n1} = M_n(1 - P_{n1}) - CP_{0n} - HP_{nn}$。对一次天气预报过程而言，$P_{on}$ 为预报服务次数，P_{nn} 为报对天气过程次数，P_{nl} 为漏报天气过程的次数。通常有以下三种情况：

①预报正确(以防范指标为界限，定性评价为正确)。即这次天气过程报对，$P_{nn} = 1$；进行一次服务，$P_{nl} = 1$；这次天气过程未漏，$P_{nl} = 0$。因此，$Q = M_n - (C + H)$。

② 出现漏报(定性评定错)。即这次天气过程没有报对，未进行预报服务，$P_{on} = 0$；这次过程为漏报，$P_{n1} = 1$。因此，$Q = M_0(1 - 1) = 0$。这说明用户并没有因为天气预报服务而减少损失，故没有产生气象综合效益。

③ 出现空报(定性评定错)。即这次天气没有报对，$P_{nn} = 0$；进行了预报服务，$P_{0n} = 1$；因天气未出现，不存在漏报，$P_{n1} = 0$；不存在天气造成损失，$M_0 = 0$。因此，$Q = 0 - C$。这说明我们空报，使用户采取了防范措施，花费了防范成本 C，故气象综合效益为负值。

4. 关于损失值的确定

M_n 为天气强度 Wn 对应下的损失值，它是指由天气因素造成的纯损失。其意义是：某些物资在天气因素造成损失后并没有完全报废，如饲料、粮食等，仍可以通过再生产处理。对于这类物资 M_n 应该是天气造成的损失量乘单位量的的再生产成本。而另 - 些物资，例如，半成品砖坯、水利等，在遭受损失后，不仅完全报废，还要增加清理费用。这类物资的 M_n 应该是天气造成的损失量加善后处理成本。

通过上述分析，在确定 M_n 时，应首先定出由于天气因素造成的毛损失部分。一般天气强度越强，损失就越大。设每次用户的防范总额为 M，则我们将天气 W_n 下不防范造成的毛损失 M_n 与总量 M 的比值称为损失比($Y = M_n/M$)。

如设损失比为 Y，降水量为 X，则从 Y 与 X 的散布图中(图略)看到，散布点大致都落在某直线 $Y = BX + X_0$ 附近，即 Y 与 X 在某一区域内基本可看做是一种线性关系。于是天气强度 X 由防范指标到某界限之间存在这种线性关系。在防范指标以下 $Y = 0$，当 X 达到某界限值时，物资总量 M 全部遭受损失，此时，$Y \geqslant 1$。鉴于上述情况，故散布图为不连续图形，可表达为：

$$Y = \begin{cases} 0 & X < 0 \\ BX + X_0 & D \leqslant X \leqslant Z \\ 1 & X > 0 \end{cases} \qquad (9.8)$$

其中 D 为防范指标，Z 为天气强度界限值。

三、应用举例

上面比较详细的阐述了损失矩阵法的具体思路、基本原理和方法。下面采用某市气象台的有关资料，进一步说明这种评价方法的具体操作过程。

例如，1990 年 8 月 26 日某市气象台向本市有关用户进行了一次预报服务，预计未来 24 小时将有中雨，实况 27 日降水量 9.2mm（达到了中雨的标准）。该市的砖瓦厂 300 万块半成品砖坯，因提前防范减少了损失。这次天气预报服务的气象综合效益的计算步骤如下：

①计算实况天气下的损失比。假设该市的影响指标与防范指标分别如表 9.7 所示。

依据表 9.6 的标准，将相应值代入(9.8)式可求得某市砖瓦行业半成砖坯的损失比 Y 与降水强度 X 的一元线性回归模式：

$$Y = \begin{cases} 0 & X < 1 \\ 0.004 + 0.089X & 1 \leqslant X \leqslant 11.2 \\ 1 & X > 11.2 \end{cases}$$

在本例中，$X = 9.2mm$，即可得 $Y = 0.004 + 0.089 \times 9.2 = 0.82$。

②如果未防范，则砖坯的损失 M_n = 毛损失 + 善后处理成本 × 毛损失 $M_n = 0.82 \times 800$(万块)，价值约 4.92 万元；善后处理成本费用为 30 元/万块，计 0.74 万元。纯损失 M_n = 4.92 万元 + 0.74 万元 = 5.66 万元。

表 9.7　某市气象服务指标

行　业	影　响　指　标	防　范　指　标
砖瓦业	降水 $R \geqslant 0.5$mm，冻害 $T_m \leqslant -2.5$℃	$R \geqslant 1$mm，$T_m \leqslant -3$℃
电力	降水 $R \geqslant 10$mm，大风 $F \geqslant 5$ 级，降温 $T_{24下降} \geqslant 2.5$℃	$R \geqslant 15$mm，大风 $F \geqslant 7$ 级，$T_{24下降} \geqslant 10$℃
塑料大棚	大风 $F \geqslant 6$ 级，降温 $T_{24下降} \geqslant 6$℃	大风 $F \geqslant 7$ 级，$T_{24下降} \geqslant 8$℃
粮食饲料	降水 $R \geqslant 0.3$mm，大风 $F \geqslant 6$ 级	$R \geqslant 1$mm，$F \geqslant 8$ 级
水泥	降水 $R \geqslant 0.5$mm，大风 $F \geqslant 5$ 级	$R \geqslant 1$mm，$F \geqslant 6$ 级

③防范成本为 7 元/万块，计 0.21 万元。

④防范后仍有 5 万块砖坯受损，价值为 0.1 万元。

⑤这次天气预报服务的气象综合效益：

$$Q = M_n(H + C) = 5.66 - (0.1 + 0.21) = 5.35 \text{万元}$$

经对全市 33 家用户综合计算，这次天气预报服务的气象综合效益为 22 万元。

⑥这次天气预报服务的纯气象服务效益为：

$$E = Q \times K = 22 \text{万元} \times 0.245 = 5.39 \text{万元}$$

因为 22 万元是气象部门与用户共同努力的结果，应乘以纯气象服务的权重系数 K = 24.5%，其中 K 的计算方法由原黑龙江省气象科学研究所的郑长贵同志作过专门研究。

损失矩阵法是一种比较科学、有效的评价方法，但计算工作量比较大，必须建立气象服务指标数据库。采用这种评价方法评价时，有时可能有些数据难以得到，如用户投入的防灾成本等。采用这种评价方法评价气象服务效益，应从基层台站做起，将气象服务效益评价工作作为一项基本业务工作，进行全面、准确地收集有关天气预报服务的效益资料，这样，采用损失矩阵评价法，进行全面、准确、客观、公正地分析和评价是可行的，也是比较有效的评价方法。

第六节　气象-经济决策理论及其应用

一、气象-经济决策理论的提出

社会经济发展到一定阶段，经济生产方式必然需要客观化、定量化，气象信息也因之成为必不可少的重要决策依据，并且气象信息在经济决策中的使用方法也存在着定量化和最优化的问题，于是产生了气象-经济决策的新领域。气象-经济决策的目的在于通过效益比较，为优化合理使用气象信息提供一套科学的方法，以充分发挥现有气象信息服务产品的潜在经济价值和效益。

气象-经济决策理论是跨大气科学与运筹学两个领域的一门交叉学科。近 20 年来，前苏联、日、英、法等国对这一领域的研究蔚为大观，以美国的 A.H.Murph 和前苏联的 E.E.Жуковский(儒可夫斯基)等为主的一大批学者都在这方面投入了大量的工作，研究内容涉及气象信息质量分析、分类预报、连续量预报和概率预报决策模式，多个预报的最优综合决策模式直至最近的多阶段动态决策迭代模式等，其中多数研究成果已由理论转向应用。

美国一些学者从理论上计算出，美国各经济部门根据气象-经济决策原理改进预报使用方法所获得的潜在经济效益与提高预报准确率所获的经济效益大致相当。考虑到提高预报准确率比改进预报使用方法所花的代价要大得多，从而得出的结论是：改进预报使用方法比提高预报准确率要合算得多。

气象-经济决策与气象经济效益评估有着密切的关系，他们是一个问题的两个方面。一方面，气象服务效益评估要依赖于决策分析；另一方面，决策分析又必须以效益评估作为中间环节。决策分析的最终目的则是通过对不同的决策效益评估值的比较寻找出最优策略。所以气象经济决策比效益评估具有更积极的意义，因为前者的目的是提高效益，而后者的目的仅仅是如何知道效益。

气象服务主要是信息服务，即向用户提供各种气象信息，其中包括天气预报、气候预测、气候资料、天气展望以及各种咨询服务等。但是，气象部门向用户提供气象信息仅仅是实现气象信息价值的第一步。这是因为，信息是一种特殊的商品，其价值的实现要经过以下三个步骤：

提供信息→依据气象信息进行决策→实施决策

为了最大限度地发挥气象服务在经济决策中的作用和效益，气象部门不仅要根据用户的需要提供优质的气象服务产品,而且还要主动地指导用户正确地使用气象服务产品进行有效的决策。这正是气象-经济决策理论和方法所要解决的问题,也是大力推广应用气象-经济决策理论的目的所在。

二、气象-经济决策的基本理论与方法

气象-经济决策离不开两类参数:气象参数和经济参数。气象参数一般是指表征气象信息质量好坏的参数,例如天气预报准确率的各种判据均属气象参数;经济参数是指具体用户的经济特征,例如某一生产单位的产值、对不同天气的敏感性(气象损失)、预防措施的花费等等。不同用户有不同的经济参数值。因此,在做气象服务效益评估和气象-经济决策时,只能针对具体用户进行。下面简要给出几种主要的模式,推导过程从略。

1. 一个最简单的决策判据

设某坏天气的出现频率为 P,其对某一生产部门所造成的可避免经济损失为 L,避免这种损失所需采取措施的费用为 C,则有以下决策判据:

$P > C/L$ 时　　防

$P = C/L$ 时　　可防可不防

$P < C/L$ 时　　不防

其中 C 和 L 均属于经济参数,P 属于气象参数。

2. 气候决策

设有 i 种天气状况 F_i,有 j 种决策 d_j,$P(F_i)$ 为 F_i 的气候概率,$U(F_i,d_j)$ 为出现天气状况 F_i 而采取 d_j 决策(即按照天气状况 F_j 采取决策)时的收益,则采取 d_j 决策的平均收益为:

$$U_{dj} = \sum_i U(F_i,d_j)P(F_i) \tag{9.9}$$

通过比较各种决策 d_j 下的 U_{dj} 的相对大小,即可得出气候上最优的决策及其经济效益。以上 U 为经济参数,P 为气象参数,均可通过历史资料得到。当天气状况用连续量 x 表示时,效益 U 用函数 $U = U(x,a)$ 表示。其中 x 为实测值,a 为决策值(当完全听从预报时则决策值等于预报值),P 换成 x 的概率密度 $f(x)$,上面的求和变成积分形式

$$U = \int_{<x>} u(x,a)f(x)\mathrm{d}x \tag{9.10}$$

确定 $U(x,a)$ 的具体函数形式,并假设 $f(x)$ 为正态分布,则 $U(x,a)$ 和 $f(x)$ 均可用实际资料拟合得到。为寻找使 U 达到最大的 a 值,把上式对 a 微分,在令微分结果为零,从而可求出最优气候决策值 a_0。

3. 天气决策

使用天气预报进行决策称为天气决策或预报决策。这时经济参数写成矩阵形式,

称为损失矩阵 $\|r_{ij}\|$ 或效益矩阵 $\|u_{ij}\|$，气象参数也写成矩阵形式，称为共扼矩阵 $\|p_{ij}\|$。r_{ij}(或 u_{ij}) 表示当天气实况为 Fi 时按预报 F_j 采取的损失(或收益)，P_{ij} 表示实况 F_i 与预报的联合概率。将两个矩阵的对应元素相乘再相加即得平均损失

$$R = \sum_i \sum_j r_{ij} p_{ij} \tag{9.11}$$

或平均效益

$$U = \sum_i \sum_j u_{ij} p_{ij} \tag{9.12}$$

其中 p_{ij} 可根据天气实况和预报的历史资料统计得出，r_{ij} 和 u_{ij} 可从用户的生产记录统计得出，由上式比较不同决策的平均损失或平均效益的大小，即可得出最优决策。

当天气状况用连续量 x 表示时，则仿照(9.9) 式的求和公式改为积分公式，然后再计算。

4. 多个预报的最优综合决策

当对同一预报对象同时存在多个用不同方法作出的预报时，需要将这多个预报进行综合，然后采取决策。当这种综合的目的单纯着眼于提高预报准确率时，就是我们天气预报术语中所说的预报集成。当这种综合的目的着眼于最优经济效果时，就是这里所说的最优综合决策。它是通过一定的规则即综合决策将两个以上的预报进行综合，得出一个预报结果。最后选择的最优策略取决于经济参数和气象参数值的相对位置。

不同时效预报的动态综合，使我们对于长期预报的经济价值有了新的、积极的认识。以往很多人认为，长期预报由于准确率不高，没有什么经济效益，因此不能据此进行决策。由综合决策理论可知，这种观点是不正确的。长期预报只要和某些短期预报结合使用，是会产生正的经济效果的。因此，不同时效预报的综合决策应该是从可靠性较差的长期预报获取经济效益的重要途径之一。

5. 多阶段动态决策

使用天气预报连续量进行多次决策，且前后决策之间又具有相互制约关系，这种决策称为多阶段动态决策问题。例如，果树在一段时间内每晚都面临着是否要采取防霜冻措施的问题，由于温度预报并非完全准确，所以每晚的决策都承担着一定的风险，越往后风险越大，也就是说同样的判据值在第 $k-1$ 次无需采取措施，而在第 k 次就有可能要采取措施了。因为每次决策都要逐次递推到第一次决策，所以解决多阶段动态决策问题一般采用所谓的决策树方法，最后导出循环迭代模式。

当然，在实际经济生产活动中所遇到的气象经济问题是千差万别的，并不是马上就能套用这些模式，但只要我们掌握这些模式的基本思路和原理，我们就能根据实际情况灵活变通地应用这些模式。例如关于资料样本的问题，也可以采用合理的半主观估计方法来修补缺失的资料。对模式中的参数(例如 r 和 u) 进行主观评估然后进行客观计算得出的效益评估值要比直接对效益值进行主观评估合理的多。

三、气象-经济决策理论在气象服务效益评估中的应用

1. 气候资料分析的经济效益评估

通常应用气候资料服务可以分为以下三种情况：一是只能根据气候资料进行一次性决策，以后无法再根据各年的天气情况对原先的决策进行修改，如建筑部门；二是缺乏必要的天气信息，只能使用气候资料，如长期的农事安排；三是既非由于不能使用天气信息，又非缺乏天气信息，而是为了简化决策方法。如有时候使用天气信息只能比使用气候信息提高很少的收益，而在决策措施上却要麻烦得多，两相权衡，还是使用气候信息为好。

设 m 种天气状态 F_i 的气候概率为 $P(F_i)$，则 n 种气候决策 d_j 的平均收益为：

$$U_{dj} = \sum u(F_i, d_j)P(F_i) \tag{9.13}$$

式中 $U(F_i, d_j)$ 代表在不同天气状态下采取 d_j 的平均效益。

例 1：根据某地区 6 月份降水量(mm)、大麦播种量(万粒/亩)与平均亩产量(担/亩)① 的实际历史资料得出他们之间有如下的统计关系：

播种量 \ 降水量	<30	31~70	71~120	>120
d_1:20 ~ 29	3.51	3.92	4.20	5.60
d_2:30 ~ 39	3.40	4.17	4.33	5.35
d_3: > 39	3.31	3.26	5.12	5.24

其中三种播种量是代表 d_1, d_2, d_3 三种气候决策。问每年采取不同决策的平均收益是多少？

先根据气候资料统计出 6 月份不同降水量的气候概率分别为：

$P(<30) = 0.12, P(31 \sim 70) = 0.4, P(71 \sim 120) = 0.38, P(>120) = 0.10$

于是根据(9.13)式计算得出采取每种气候决策的最大可能平均亩产：

$U_{d1} = 0.12 \times 3.51 + 0.40 \times 3.92 + 0.38 \times 4.20 + 0.10 \times 5.60 = 4.15$(担/亩)

$U_{d2} = 0.12 \times 3.40 + 0.40 \times 1.17 + 0.38 \times 4.33 + 0.10 \times 5.35 = 4.26$(担/亩)

$U_{d3} = 0.12 \times 3.31 + 0.40 \times 3.26 + 0.38 \times 5.15 + 0.10 \times 5.24 = 4.18$(担/亩)

因为 $U_{d2} > U_{d3} > U_{d1}$，可见 d_2 是气候的最优决策，它相对于 d_3 的经济效益为 $U_{d2} - U_{d3} = 0.08$ 担/亩，它相对于 d_1 的经济效益为 $U_{d2} - U_{d1} = 0.11$ 担/亩。

但如何恰如其分地评估气候信息服务的经济效益呢？可以这样来考虑：农户在没有气候资料作为决策依据时，如果也没有从其他方面获得有关气候的信息，则他只能在这三种决策中盲目取一种，取其中每一种决策的可能性均为 1/3，所以在这种情况下，

---

① 1 亩 = 666.6m²，下同。
1 担 = 50kg，下同。

气候信息服务的经济效益就应该是：

$$U_{d2} - \frac{(U_{d1} + U_{d2} + U_{d3})}{3} = \frac{(0.08 + 0.11)}{8} = 0.13(\text{担}/\text{亩})$$

我们可以进一步想到，农户即使在完全得到气候信息服务时，也决不会作出盲目决策的，因此，此列中气象部门所提出的气候信息服务的真正效益要比 0.06 担/亩略小一些。

2. 天气预报的经济效益的评估

对气象要素的预报常常是分级的(称为分类预报)。例如，有降水的有无预报(两分类)，正常、偏多、偏少预报(三分类)，降水五级预报(五分类)等。

在评估分类预报的经济效益时经常要用到两个列联表。一个是表示生产单位在不同天气条件下采取不同决策时的平均收益(或损失)的列联表，又称效益(或损失)矩阵，其通式为：

天气＼决策	d_1	…	d_j	…	d_n
F_1	$u_{11}(r_{11})$	…	$u_{1j}(r_{1j})$	…	$u_{1n}(r_{1n})$
F_2	$u_{21}(r_{21})$	…	$u_{2j}(r_{2j})$	…	$u_{2n}(r_{2n})$
⋮	⋮	⋮	⋮	⋮	⋮
F_i	$u_{i1}(r_{i1})$	…	$u_{1j}(r_{1j})$	…	$u_{in}(r_{1n})$
⋮	⋮	⋮	⋮	⋮	⋮
F_m	$u_{m1}(r_{m1})$	…	$u_{mj}(r_{mj})$	…	$u_{mn}(r_{mn})$

式中 F_i 表示不同的天气，d_j 表示不同的天气决策，$U_{ij} = U(F_i, d_j)$ 和 $r_{ij} = r(F_i, d_j)$ 分别表示生产单位在 F_i 天气条件下采取 d_j 决策所得到的平均收益和平均损失，它们可以根据生产单位的生产记录资料统计得出。

损失矩阵和效益矩阵是从两个相反的方向去说明决策的效益。因为损失越大就意味着效益越小。所以损失矩阵可由效益矩阵得到，即

$$r_{ij} = \max u(F_i, d_j) - u(F_i, d_j) \tag{9.14}$$

上式的含义是，当出现天气 F_i 时，可以采取的所有决策中必有一个是最佳决策，可以取得最大收益 $\max u(F_i, d_j)$，其他决策与最佳决策相比，收益的减少部分即为损失。如有一个生产单位，根据它的生产记录和天气实况记录可以算出效益(损失) 矩阵如下：

天气＼决策	d_1	d_2	d_3
F_1	52(0)	45(7)	39(13)
F_2	60(12)	72(0)	56(16)
F_3	72(14)	79(7)	86(0)

另一个是表示预报与实况的联合概率的列联表类同于表 9.5,又称共轭矩阵,其通式为:

实况＼预报	$\prod_1$	$\prod_2$	…	$\prod_j$	…	$\prod_n$	$\sum$
F_1	P_{11}	P_{12}	…	P_{1j}	…	P_{1n}	P_1
F_2	P_{21}	P_{22}	…	P_{2j}	…	P_{2n}	P_2
⋮	⋮	⋮		⋮		⋮	⋮
F_i	P_{i1}	P_{i2}	…	P_{1j}	…	P_{in}	P_i
⋮	⋮	⋮		⋮		⋮	⋮
F_m	P_{m1}	P_{m2}	…	P_{mj}	…	P_{mn}	P_m
$\sum$	P_1^*	P_2^*	…	P_j^*	…	P_n^*	1

式中 $\prod_j$ 表示预报为F_j天气,P_{ij}表示实况为F_i而预报为F_j的联合概率,右边的 $P_i = \sum P_{ij}$,当用来统计的资料记录足够长时,P_i 可以近似地看作 F_i 的气候概率。

只要经济生产部门完全根据天气预报进行气象决策,而且有比较长的生产记录(每次采取何种决策,收益多少),就可以计算出效益(或损失)矩阵,然后再根据气象部门的预报记录和实况对比算出共轭矩阵,从而可以求出该生产单位按照天气预报进行气象决策的平均收益:

$$U = \sum_i^m \sum_j^n u_{ij} P_{ij} \tag{9.15}$$

而平均气象损失:

$$U = \sum_i^m \sum_j^n r_{ij} P_{ij} \tag{9.16}$$

例 2: 某砖瓦厂在露天下进行制砖坯作业,有雨时应采取覆盖措施,否则砖坯遭雨淋会造成很大损失。根据该厂 500 天的生产记录算出它在有雨、无雨两种天气状态下采取或不采取措施时的平均效益(单位:万元)为:

实况＼预报	d_1	d_2
F_1	−0.4	−8.7
F_2	−0.1	4.6

其中,F_1 代表有雨,F_2 代表无雨,d_1 代表覆盖,d_2 代表不覆盖。再根据气象部门 500 天的天气预报记录和天气实况记录计算出共轭矩阵:

实况 \ 预报	$\prod_1$	$\prod_2$	$\sum$
F_1 F_2	140/500 = 0.28 50/500 = 0.1	20/500 = 0.04 290/500 = 0.58	0.32 0.68
$\sum$	0.38	0.62	1

其中,0 10 实际上是漏报率,0.04 实际上是空报率。因为该厂每天完全根据天气预报作出采取或不采取覆盖的措施的决策,所以可以根据(9.15)式算出该砖瓦厂在这500天中平均1天的收益为:

$$U_{预报} = C.28 \times (-0.4) + 0.04 \times (-8.7) + 0.1 \times (-0.1) + 0.58 \times 4.6 = 2.198(万元)$$

这是该砖瓦厂采取气象决策时的每天平均收益(即平均产值),并不代表天气预报的效益。必须将它与工厂采取其它决策方法的平均收益相比才能显示出天气预报的效益。

假如工厂不采用天气预报,而是采用持续预报方法来进行决策。于是根据天气实况记录算出持续预报的共轭矩阵为:

实况 \ 预报	$\prod_1$	$\prod_2$	$\sum$
F_1 F_2	120/500 = 0.24 90/500 = 0.18	40/500 = 0.08 250/500 = 0.5	0.32 0.68
$\sum$	0.42	0.58	1

从而可以计算出工厂每天根据持续预报作决策的平均收益为:

$$U 持续 = 0.24 \times (-0.4) + 0.08 \times (-8.7) + 0.18 \times (-0.1) + 0.50 \times 4.6 = 1.49(万元)$$

将计算出的 $U_{预报}$ 与 $U_{持续}$ 相互比较,即得出天气预报相对于持续预报的效益,也就是该砖瓦厂使用气象部门发布的天气预报较之使用持续预报,日平均多收入:

$$U_{预报} - U_{持续} = 2.198 - 1.490 = 0.708(万元)$$

假如工厂使用的是完全准确的预报,即理想预报,则其日平均收益为:

$$U_{理想} = 0.32 \times (-0.4) + 0.68 \times 4.6 = 3.00(万元)$$

由此可以看出,依靠天气预报准确率的提高,最多还可以使工厂的日平均收益增加

$$U_{理想} - U_{预报} = 3.00 - 0.708 = 2.292(万元)$$

四、气象-经济决策理论在我国的应用前景和目前存在的问题

从当前和未来发展的趋势看,在我国应大力开展气象-经济决策理论的推广应用研究具有特殊重要的意义,主要表现在以下几个方面:

①随着知识经济时代的到来,科学技术和知识对经济发展的作用,在我国将越来越受到重视。面对新世纪的挑战,我国正在实施科教兴国战略,加速实现两个根本性转变,其核心就是经济生产方式从粗放型向集约型(即客观化、定量化和精细化)转变,气象信息(多种气象产品)也因之成为越来越重要的决策依据,并且气象科技信息在经济

决策过程中的有效使用也存在着定量化和最优化的问题。然而，气象-经济决策的目的就在于通过效益比较，为更加有效地使用气象信息提供一套科学的方法，以充分发挥现有的气象信息服务产品的潜在经济价值，这就为气象科技进一步进入经济建设的主战场提供良好的发展机遇和实现的可能。

②我国加入 WTO 之后，所有的经济生产部门和用户面临的首要问题就是，如何降低产品成本，提高产品的竞争力，占领产品市场，其出路必然会讲究决策的客观化和精细化，这也必然为气象-经济决策理论和方法的广泛应用提供了广阔的前景和发展市场。

③我国部分省(市)从 1995 年来，相继开展了概率天气预报。概率天气预报的经济价值远远高于传统的分类天气预报，这已为国内外的理论研究和实际应用结果所证明。但是概率天气预报在使用方法上比传统的天气预报要复杂得多，只有气象-经济决策理论才能为优化、合理地使用概率天气预报提供一套科学的方法。例如，当一个经济生产部门面对降雨概率为 30%或 50%的降雨概率预报时，用户是采取预报措施还是不采取措施，对于不同经济特征的用户答案是不一样的。这时应该按照气象-经济决策理论考虑各种要素(如可选择的措施、天气出现概率、措施所需费用、后果和效益)，把这些要素全部纳入模式中去，进行决策分析，通过计算寻找出最佳决策。如果只凭拍脑袋或主观臆断来做出决策，那么概率天气预报就失去了它应有的作用和意义。

④气象-经济决策理论是气象服务微观经济效益评估的基础。当前，我国气象有偿服务的比重正在增长，气象部门和用户双方都越来越需要掌握气象服务效益的具体数字，以之为制定收费标准提供科学依据。气象部门向用户宣传自己，更需要拿出有说服力的效益评估方法，评估出比较科学客观的气象服务效益评估结果。

就目前国内的情况看，气象-经济决策理论在我国未能得到足够的重视。原因是多方面的。从用户方面来说，目前我国许多经济生产部门的业务管理水平尚未达到决策客观化和精细化的程度，气象-经济决策还没有提到日程上来。其主要原因是用户对气象-经济决策的方法缺乏了解，对气象-经济决策所产生的效益缺乏足够的重视。从气象部门内部来讲，也存在明显的不足：一是对气象-经济决策理论和方法的应用尚未给予足够重视；二是具体从事气象预报服务人员及管理人员对气象-经济决策理论和方法的基本原理和概念理缺乏深入了解和研究等。由于上述原因，直接影响了气象-经济决策理论的有效应用，影响了气象服务效益的充分发挥。

五、推进气象-经济决策理论应用的几点建议

为了迎接知识经济时代的到来和我国加入 WTO 后给气象服务带来的发展机遇和挑战，更好地适应我国社会主义市场经济发展的需要，气象部门应大力提倡和开展气象-经济决策理论和方法的应用研究，促进气象服务在“专”字上下工夫，在应用上做文章，不断提高气象服务的能力和效益。现提出如下建议：

①广泛宣传气象-经济决策理论和方法在气象服务和经济决策中的作用和价值。采取不同形式对用户和气象预报、服务人员及管理人员分别进行宣传和培训，普及气象-经济决策知识，推广气象-经济决策的理论和方法，提高用户和气象服务、预报业务及管理对气象-经济决策重要性的认识，增强有效应用气象-经济决策理论和方法的自觉性。

②气象-经济决策理论是随着概率预报的兴起而兴起的。概率预报的正确使用需要以气象-经济决策理论为基础。目前预报人员和用户对概率天气预报的使用方法仍然缺乏了解。因此，有必要向基层台站人员和用户广泛宣传和推广概率天气预报的科学使用方法，从而推进气象-经济决策理论和方法在我国的广泛应用。

③组织力量对我国已开展的概率天气预报的应用情况及效果进行认真地调查研究。在调查研究的基础上，总结经验，找出差距，提出有针对性的改进措施，以便在全国范围内更有效地推进概率预报业务，进一步提高气象预报服务的有效性和可信度。

④研究建立科学、客观的评估方法，对概率预报质量进行定期评估，促进概率预报质量的不断提高。

⑤与有关用户建立经常性的协作关系，从生产实际中选择若干有价值的气象-经济决策问题，进行气象-经济决策理论的应用开发研究。如水库调度决策、一个地区的农作物合理布局的最佳气候决策(可用线性规划的方法)、农作物适宜栽种期和收割期的气候决策和天气决策、果树防霜冻的最佳决策、公路、铁路和最佳航线决策等，并建立相应的试验点，逐步试验、改进、完善，取得经验后，逐步推广应用。

⑥应用气象-经济决策理论，进一步研究开发更有针对性的气象服务效益评估的方法，对气象服务所产生的经济效益进行定期评估，通过评估，引导用户更好地应用气象-经济决策方法进行科学有效的决策，最大限度为用户增加经济效益和利益，从而提高气象服务的能力和效益。

参考文献

[1] 颜宏等，气象服务效益分析方法与评估，气象出版社，1998。
[2] 黄宗捷、蔡久忠，气象服务效益概论，气象出版社，1996。
[3] 沈长泗、史国宁等，气象信息与最优经济决策导论，气象出版社，1997。
[4] 赵振纪等译，美国国家气象局现代化和机构调整效益分析，气象软科学(RQT－9302)，1993。
[5] 蔡久忠、徐芬，专项气象服务经济效益的评价理论和技术，成都气象学院学报，**12**(4)，1997。
[6] 张钛仁，气象现代化效益评价方法探讨及评估，成都气象学院学报，**12**(1)，1997。
[7] 马鹤年，气象控制——气象服务的基本原理，2000 气象服务学术研讨会论文集，气象出版社，2000。

第十章 气象服务法规化管理

第一节 概 述

气象服务和其他业务技术一样，也有其自身发展的规律性。气象服务的实践者只有能动地认识和科学地把握其规律性，才能科学、合理地利用气象服务，为人类社会的发展进步作出贡献。而对气象服务实施有效的管理，正是科学、合理组织气象服务，发挥气象服务功能的重要途径。

一、规范化、法制化管理的意义

多年来，党中央、国务院以及各级地方政府对气象服务工作一直十分重视，先后制定了一系列加强、发展气象服务工作的方针政策，为气象服务的管理工作奠定了很好的基础。尤其是随着社会主义市场经济体制的逐步建立，各项改革的不断深入，气象服务的外部环境和内部关系都发生了很大变化，出现了一些新情况和新问题，气象服务的职能管理部门除了要按照气象服务本身的规律来管理气象服务外，还要研究气象服务的社会法则和市场法则，根据社会和市场的要求来管理气象服务。近年来，国家又进一步加大了依法行政、强化管理的力度。因此，对气象服务进行规范化、法制化管理就显得尤为重要。

1. 规范化、法制化管理是履行政府管理职能的要求

从2000年1月1日开始施行的《中华人民共和国气象法》第一章第五条规定："国务院气象主管机构负责全国的气象工作。地方各级气象主管机构在上级气象主管机构和本级人民政府的领导下，负责本行政区域内的气象工作"。气象部门是国务院授权的气象行业主管部门，依法管理好各自行政区域内的气象服务工作，是各级气象主管机构的职责。这就要求各级气象部门不仅要搞好部门内的气象服务管理，还要加强对社会气象服务的管理。

2. 规范化、法制化管理是依法管理气象服务的要求

《中华人民共和国气象法》不仅赋予了各级气象主管机构管理气象服务的权力，同时也规定了气象部门的义务和责任。各级各类气象服务机构和管理机构在从事气象服务和管理时，都要在法律规定的范围内进行，既要依法维护气象服务的地位，严格执法，又要自觉地把气象服务的行为纳入法律允许、保障之下，依法规范气象服务的管理工作。

3. 规范化、法制化管理是气象服务自身的要求

从气象服务的性质、对象、组织形式、运行机制看，它既是一个统一体，又是一个复合体。不同性质的服务、不同的组织形式交织在一起,从服务产品的加工到分发服务,如果没有规范化的管理,是很难想象的。为了使气象服务能够正常的开展,必然要求对其内部关系、外部环境进行规范和协调,制定一定的运行法则,以供遵循。另一方面,由于气象服务是面向社会的,要涉及到许多服务关系和法规性问题,因此,只有把气象服务纳入法制化管理之下,才能顺利的进行。

二、气象服务管理的内涵与原则

1. 气象服务管理的内涵

气象服务管理内容应包括服务的规划、计划,服务机构或组织的资格审查,以及服务工作的检查和效益评估等。气象服务管理部门要根据国民经济和社会发展以及人民生产生活对气象服务的需求,结合气象服务的能力和水平,制定中长期发展规划和计划,指导气象服务健康发展;在规划计划的基础上,做好气象服务的组织协调工作,按照各级各类气象服务的职责和分工,组织各类气象服务工作的实施;同时,还要负责气象服务机构或组织的资格审查,以及对服务工作进行检查和评估。

2. 气象服务管理的基本原则

(1)依法管理原则

要依据《中华人民共和国气象法》及相关法规、规章的要求,依法管理气象服务,正确行使气象服务管理的权利和义务。要根据《中华人民共和国气象法》的规定,制定和完善诸如气象有偿服务条例、决策服务和公众预警服务信息统一发布制度管理办法、气象资料管理办法和气象成果转让政策等气象法规和规章,加强依法行政的力度。执法要公正,守法要自觉。

(2)分级、分类管理原则

首先,要依据职责分工,对气象服务进行分级管理。按照我国气象机构的设置,可分为国家、省、地、县逐级进行管理;其次是在分级管理的基础上,依据气象服务的性质、对象以及组织形式和运行机制等的不同,进行合理的分类管理。根据我国气象服务的特点,可以把气象服务分为公益性气象无偿服务、收费性的有偿服务和气象商业性服务进行管理。决策气象服务等公益性无偿服务要按照目标管理方式进行科学管理;面向专业用户和市场的有偿气象服务和商业性气象服务,要依法规范,依法管理,促进其持续、快速、健康发展。

(3)责任区、属地化原则

我国公益气象服务(决策气象服务和公众气象服务)的分工十分明确,国家、省、市(地)、县各自有自己的服务职责。各级气象服务机构,一般情况下都只能在自己服务的责任区内遵循《中华人民共和国气象法》的规定,"按照职责"开展气象服务。未经上级气象主管部门批准或征得有关地区气象部门同意,不得跨责任区从事气象服务。通常情况下，专业有偿气象服务也要遵循属地化原则。

(4)气象服务效益原则

对气象服务的管理，除了要遵循上述几项原则外，还要服从效益原则。也就是说，通过对气象服务的管理，优化气象服务资源配置，提高气象服务的水平和效益，最大限度地为防灾减灾和趋利避害服务。

三、气象服务管理的现代化建设和法制化建设

1. 气象服务管理的现代化建设

气象服务管理的现代化建设是整个气象服务现代化建设的一个重要组成部分。随着气象业务和服务现代化建设水平的不断提高，气象服务管理现代化建设也要紧紧跟上，否则不仅很难适应气象服务发展的需要，也难以充分发挥气象服务现代化建设的效益。近年来，中国气象局对气象管理工作非常重视，加大了管理现代化建设的力度。如在“九五”期间实施了办公自动化建设、决策服务系统建设、气象情报和灾情收集系统建设、城市专业气象服务系统建设、农业气象情报预报系统建设等。通过这些现代化建设，气象服务管理的现代化水平也有了很大提高，使管理者与服务者及用户之间的信息非常畅通，便于交流和管理。尤其是决策服务管理的现代化建设更是先走一步，有的地方气象部门与同级政府之间连通了服务终端，在政府领导的决策管理中发挥了重要作用。

但是，随着气象服务的领域和深度的不断拓展以及服务手段现代化水平的提高，气象服务管理仍然是个薄弱环节。因此，要进一步加强气象服务管理的现代化建设，以保持与服务的发展相适应、相协调，为提高气象服务的效益发挥应有的作用。

2. 气象服务管理的法制化建设

随着社会主义市场经济体制的逐步建立和各项改革的不断深入，特别是我们面临加入 WTO 形势，气象服务受到多方面的影响和冲击，对有序开展气象服务造成了一定的影响。《中华人民共和国气象法》的颁布实施，标志着气象服务工作迈上了法制化管理轨道。气象服务管理的法制化建设，要以《中华人民共和国气象法》为主体，辅以相应的配套服务管理法规和服务的技术规范等，形成服务管理的法规体系，依法规范气象服务活动，强化气象信息服务的传播管理。各级气象部门都要按照依法行政的要求，切实加强气象服务管理的法制化建设，严格依法办事。

第二节　气象服务管理的基本问题

一、服务的原则

气象事业作为经济建设、国防建设、社会发展和人民生活的基础性公益事业，对保

障经济建设、维护社会稳定和保护人民生命财产安全有着重要的作用。气象服务是气象工作的出发点和归宿，其根本宗旨就是保护人民和为社会主义建设服务。因此，在气象服务工作中必须按照《中华人民共和国气象法》规定，把公益性气象服务放在首位，这是对具有中国特色的气象服务工作的明确定位和定性，任何时候都不能动摇。《中华人民共和国气象法》同时又规定，"气象台站在确保公益性气象无偿服务的前提下，可以依法开展气象有偿服务"。这就要求在气象服务工作中要坚持"两个首位"，即坚持在公益性气象服务和气象有偿服务中，以公益服务为首位，在公益性的决策气象服务与公众气象服务中，以决策气象服务为首位。从本质上来说，决策气象服务是为社会经济发展服务和保障全社会公众根本利益服务，因此，决策气象服务和公众气象服务是统一的。

气象服务工作应当面向国民经济各行各业，并突出以农业为重点。中国的农业是气候型农业，发展农业离不开气象服务。减少农业的气象灾害风险，充分利用农业气候资源，为我国农业和农村经济的发展，为高产优质高效农业做好气象信息和科学技术服务，是气象部门责无旁贷的职责。同时，气象服务还应当面向各行各业，深化服务内容，拓展服务形式，使气象服务发挥更大的社会和经济效益。

坚持以"准确"为核心、"快速"为关键，全面贯彻"主动、及时、准确、科学、高效"的服务要求，把提高服务的综合效益作为中心任务。提高气象预测水平是做好气象服务的基础。要努力提高天气、气候的预测预报水平，特别是以提高重大灾害性、关键性、转折性天气预报准确率为重点，紧密依靠大气探测和预报预测系统现代化建设成果，建立和完善现代化气象业务流程，加强气象服务手段的现代化建设，充分发挥气象现代化建设的综合效益。

地方气象服务工作由气象部门和地方人民政府双重领导，服务重点按照当地社会发展与经济建设的特点确定。《中华人民共和国气象法》规定"国务院气象主管机构负责全国的气象工作。地方各级气象主管机构在上级气象主管机构和本级人民政府的领导下，负责本行政区域内的气象工作"。由于气象服务工作是分级进行的，各级气象台站都在各自的行政区内履行服务职责，因此地方各级气象台站一项重要的工作就是为地方社会经济发展和人民生活提供准确及时的气象服务。为了发展直接为当地经济建设和防灾减灾服务所需要的地方气象事业，促进国家气象事业和地方气象事业的协调发展，强化县级以上人民政府对气象工作的领导和协调，国务院分别于1992年和1997年下发了《关于进一步加强气象工作的通知》(国发[1992]25号)和《关于加快发展地方气象事业意见的通知》(国办发[1997]43号)，尤其在《中华人民共和国气象法》第三条中明确"县级以上人民政府应当加强对气象工作的领导和协调，将气象事业纳入中央和地方同级国民经济和社会发展计划及财政预算，以保障其充分发挥为社会公众、政府决策和经济发展服务的功能"，并规定"县级以上地方人民政府根据当地社会经济发展的需要所建设的地方气象事业项目，其投资主要由本级财政承担"。

二、气象服务分级管理

气象服务实行国务院气象主管机构、省(自治区、直辖市)、地(市)、县气象主管机构分级管理。各级气象主管机构应当建立和健全气象服务管理机构或管理职能，加强对气象服务工作的管理。

国务院气象主管机构负责制订全国气象服务工作方针、政策、法规和规划等，组织全国或区域性的气象服务任务，协调跨区域、跨省(自治区、直辖市)的气象服务任务，组织全国和专业的气象服务经验交流，检查和指导全国的气象服务工作。

省(自治区、直辖市)气象主管机构负责结合本省(自治区、直辖市)的实际，制定贯彻气象服务方针、法规、规划的气象服务任务，组织全省(自治区、直辖市)的气象服务系统的业务建设和经验交流，检查和指导全省(自治区、直辖市)气象台站的气象服务工作。

地(市)气象主管机构负责结合本地(市)的实际，组织执行上级气象部门制定的各项规定，组织实施各项气象服务任务，协调跨县的气象服务任务，组织全地(市)气象服务系统的业务建设和指导本地(市)各气象台站的气象服务工作。

随着气象有偿服务和商业性气象服务的开展，县级气象主管机构也要依法承担相应的服务管理任务。

三、服务的分工和协作

气象服务体系分国家、省(自治区、直辖市)、地(市)和县四个层次，各自按照其职责开展气象服务工作。区域气象中心负责区域内气象服务的协作、经验交流、技术培训等方面的工作。

气象服务责任区一般按照行政区划分，其中：通过广播、电视、报刊、电信等公益性传媒公开发布的天气预报、警报的范围一般以责任区为主；为当地政府部门或当地专业部门特殊需要而提供的内部气象服务，可以不受责任区的限制；海洋天气预报、警报的服务责任区按照中国气象局《台风业务和服务规定》执行。

各级气象台站应当加强天气预报服务联防，上级台站有责任指导指导下级台站，天气系统上游地区的气象台站应当为下游地区的气象台站提供重要天气信息，协助下游地区的气象台站做好灾害性、关键性、转折性天气的预报服务。分工协作的具体要求是：区域气象中心负责组织协调区域内灾害性天气联防业务；跨省(自治区、直辖市)、地区的天气联防，由有关省(自治区、直辖市)气象局、地(市)气象局直接洽商；上级气象部门应当对跨省(自治区、直辖市)天气联防给予支持和帮助。

四、气象服务分类管理

根据《中华人民共和国气象法》的有关规定，并结合气象服务发展实际和国家对事业单位的改革方向,按气象服务的主体条件、收费性质及经费支持渠道,可以将气象服务分为公益性气象无偿服务、气象有偿服务和商业性气象服务三类。由于这三类气象服务的经费渠道、运行机制及服务性质都有很大不同,因此,气象服务要实行分类管理。

根据《气象服务工作规定》(1995 年)规定,公益气象服务包括防灾抗灾决策服务和公益性公众服务两部分。公益气象服务范围是:为县和县以上人民政府指挥生产、组织防灾抗灾提供的气象服务;为县和县以上人民政府的计划、统计部门编制计划、年报等提供的内部服务;为国防、军事活动和其他特殊任务提供的天气预报;通过公益性新闻媒体为社会公众提供的天气预报;其他公开发布的天气、气候公报等。其中灾害性、关键性、转折性天气的预报、警报服务是气象服务的重点。在预计可能出现重大灾害性、关键性、转折性天气时,应当积极、主动、及时向当地人民政府汇报,以利于有关部门尽早作出防灾抗灾和趋利避害的决策。同时,各级气象主管机构所属的气象台站也要按照职责适时公开发布气象预报和灾害性天气警报。

专业气象有偿服务是根据各行各业用户的需要,所提供的专门加工的专业气象预报、气象资料、气候分析、环境评价、大气测试和气象保障,并根据用户要求所提供的气象实用技术、科研成果和气象数据鉴定以及科技咨询等。开展专业气象有偿服务应当签订合同,并信守服务合同。各级气象部门应当努力提高专业气象有偿服务水平,有针对性地建立专业气象服务的服务指标和方法,在“深、广、细、活”和“专”字上下功夫,不断开辟新的服务领域。商业性气象服务是市场行为,对今后出现的商业性气象服务,要依照《中华人民共和国气象法》和将要出台的商业性气象服务的法规性文件依法进行管理。

五、气象服务的收费和分配

由于社会经济和人民生活水平的快速发展,对气象服务提出了许多新的更高的要求,为满足这些需求,气象服务单位势必要额外付出人力和物力消耗来专门制作并提供服务。为了弥补气象服务工作中的经费不足,气象部门在开展气象服务过程中,根据用户需要提供的专门服务所额外增加费用应向用户收取。根据现有的规定,为防灾抗灾以及国防、军事等提供的专项气象服务而增加的经费支出,应当从有关部门或者当地人民政府相应的经费中得到支持与补偿;按照《中华人民共和国气象法》规定,对利用气象信息向社会传播而获得的附加收益,应当提取一部分支持气象事业的发展;为国防、民航部门提供的航危报,为水利(防汛)部门提供的雨量报,以及与气象部门连接的专线气象电路,其服务所涉及费用按照中国气象局有关规定执行;专业气象有偿服务可根据用户对象及所提供服务的工作量大小、技术难易程度,人力、物力消耗以及可能产生的经济效益,综合确定收费标准,并服从当地物价部门的管理和监督。

气象有偿服务收入的分配,要严格按照国家有关部门和中国气象局规定执行,并要保证有一定比例用于发展和改善气象服务的设备等条件。

六、服务效益及评估

使有限的资源发挥最大的效益，是社会主义市场经济的根本要求；坚持追求效益、提高效益和发挥效益，是气象服务工作的中心环节。因此，气象服务的社会、经济、生态效益是衡量气象服务工作的主要标志。要通过建立气象服务效益评价的指标体系，研究气象服务效益评价的方法，客观公正地收集和整理气象服务效益事例和有关资料，全面系统地分析、评价气象服务效益。

服务效益评估的目的是为了增强效益意识，提高服务效益。一是要适应社会经济发展对气象服务的新需求，注重开拓新的服务领域，提高服务质量和水平，不断提高服务效益；二是以提高气象服务的总体效益为目标，在不断追求更大社会效益、经济效益和生态效益的同时，讲求投资效益，全面、全过程进行成本效益核算，以达到降低成本，提高效益的目标；三是按照气象服务的系统性、整体性、实时性、可靠性的要求，强化科学管理，建立现代科学管理体系，使气象服务各个环节有机结合起来，向管理要效益。

七、服务工作制度

各级气象部门要根据各类气象服务的特点，依法实行分类管理。决策气象服务等公益性气象无偿服务要按照目标管理方式进行科学管理；面向专业用户和市场的气象有偿服务和商业性气象服务，要依法规范，依法管理，促进其持续、快速、健康发展。要根据《中华人民共和国气象法》的规定，加强气象服务法规建设，建立和健全气象服务的各项规章制度，加强依法行政的力度，促进气象服务工作规范化、制度化、法规化。

各级气象部门应当建立和实行气象服务的岗位责任制、考核制和奖励制。凡因工作成绩突出、服务效益显著者，应当给予奖励；凡因违章或玩忽职守造成服务失误者，应当根据《中华人民共和国气象法》以及其他有关规定处理。

各级气象部门应当制定决策气象服务周年服务方案，建立年度服务档案制度，对责任区内经济建设及用户情况，灾害性、关键性天气服务及其效益情况，服务合同和向用户提供的服务信息原件，用户的信息反馈等应当分类归档。

各级气象部门应当建立服务工作报告制度，按照上级气象部门的规定按时报送服务工作总结，发生重大灾害性天气后要及时向上级气象主管部门报告服务与受灾情况。

第三节　公众气象预报和灾害性天气警报实行统一发布制度

一、实行统一发布制度的重要意义

气象服务对保障经济建设、国防建设、维护社会稳定和保护人民生命财产安全有着重要的作用。发布气象预报，特别是重大灾害性天气警报，对社会经济各方面会产生广泛的影响。国家对公众气象预报和灾害性天气警报实行统一发布制度，也就是国家将及时、准确发布公众气象预报和灾害性天气警报职责和权利赋予各级气象主管机构所属的气象台站。

气象预报制作的技术性强、影响面广，为保证气象预报的质量，避免多渠道发布气象预报，必须加强对发布气象预报的管理，严肃气象预报发布制度。近年来，社会上一些个人或者组织擅自把个人预报意见或学术研讨会上的预报观点，通过传媒向社会公开发布。这些意见或观点如在社会上广泛传播，不仅会干扰党政领导指挥防灾抗灾决策，而且在社会上造成不良影响，甚至在人民群众中引起动荡。更有甚者，个别商业公司为了促销商品，编造天气预报或气候预测结论，通过各种广告形式向社会传播，以不正当竞争手段达到其商业目的。

这些虚假的天气预报在社会上传播，对生活和商业秩序带来了不良影响。因此，为了保证气象预报的质量，更好地满足社会公众和国家经济建设、国防建设的需要、维护正常的生产、生活秩序，明确规定国家对公众气象预报和灾害性天气警报实行统一发布制度，具有十分重要的意义。

二、统一发布制度的有关规定和原则要求

1. 国外和国际组织的有关规定

气象预报和灾害性天气警报涉及到社会稳定和经济发展，许多国家和国际组织对此都十分重视，并从法律和政策角度作了明确规定。如《美国有关天气气象服务政策》(1991 年)规定："NWS(国家天气局)的基本职能是提供灾害性天气、洪水、飓风、海啸等的预报和警报，收集、交换和发布气象、水文、气候、海洋的资料和信息，以及编制水文气象指南和重要预报信息。当发布各种威胁人民生活状况的警报时，NWS 是惟一代表官方的意见。"又如，《澳大利亚气象局关于私有气象部门的政策》中，规定澳大利亚气象局特有的责任是："①提供以下基本天气服务：警报、预报、当前天气状况、气象资料；②向主要政府用户，特别向国防部门和民航部门，提供常规气象服务；……"同时规定私人部门可以"通过提供附加的或更加详细的信息补充基本天气服务，但要保证各种信息是经过证实的，并且与气象局提供的信息保持一致。"再如，《日本气象业务法》(1952 年)对警报制作进行了限制，"气象厅以外的人不可以制作气象、海啸、大潮、波浪及洪水的警报"，"气象厅以外的人想进行气象、海啸、大潮、波浪或洪水的预报业务时，必须得到气象厅长官的批准"。

针对国际商业性气象服务中出现的问题，1995 年 WMO 第 12 次大会通过的第 40 号决议附录 3《国家气象水文部门与商业部门之间的关系准则》规定："未经有关会员的授权，提供气象服务的商业部门不应当在作业国或其海域内发布涉及人民生命及财产

安全的警报和预报,商业部门公开发布的涉及人民生命及财产安全的警报和预报,应当与当地国家气象部门或其他官方部门在行使其公共服务职责过程中所发布的警报和预报内容相一致。”

2. 有关规定和原则要求

2000 年 1 月 1 日开始实施的《中华人民共和国气象法》第四章专列了“气象预报与灾害性天气警报”一章,第 22 条规定“国家对公众气象预报和灾害性天气警报实行统一发布制度”,“各级气象主管机构所属的气象台站应当按照职责向社会发布公众气象预报和灾害性天气警报,并根据天气变化情况及时补充或者订正。其他任何组织或者个人不得向社会发布公众气象预报和灾害性天气警报”,并明确“国务院其他有关部门和省、自治区、直辖市人民政府其他有关部门所属的气象台站,可以发布供本系统使用的专项气象预报”。第 23 条还规定“各级气象主管机构所属的气象台站应当根据需要,发布农业气象预报、城市环境气象预报、火险气象等级预报等专业气象预报,并配合军事气象部门进行国防建设所需的气象服务工作”。

气象部门于 1995 年和 1998 年分别发布的《气象服务工作规定》和《天气预报业务规定(试行)》,对公众气象预报和灾害性天气警报的发布也作过相应规定。

下面根据《中华人民共和国气象法》和中国气象局的有关规定,概要介绍一下公众气象预报和灾害性天气警报统一发布制度的原则要求。

(1)归口发布的原则

公众气象预报和灾害性天气警报只能由各级气象主管机构所属的气象台站按照职责向社会发布,其他任何组织或者个人不得向社会发布公众气象预报和灾害性天气警报。除各级气象主管机构所属的气象台站外,国务院其他有关部门和省、自治区、直辖市人民政府其他有关部门根据本部门的实际需要,建立了 900 个气象台站,如民航气象台、农垦气象台、盐场气象台等。这些气象台站主要是为部门提供气象保障,可以发布供本部门使用的专项气象预报,但不能向社会公开发布气象预报和灾害性天气警报。有关科研单位、学术团体和个人从科研和学术角度研究和探讨气象预报技术、方法,得出的预报结论和依据可提供给有关气象台站供制作气象预报时参考,或在各级气象台站主持召开的气象预报会商会和其他专业会上发表,但不得向社会公开发布。

(2)按责任区发布的原则

气象服务体系分为国家、省(自治区、直辖市)、地区(市)和县 4 个层次,各自按照其责任区制作预报、提供服务。气象服务的责任区一般按照气象台站的行政区域划分。如根据规定,中央气象台及以下各级气象台站除分别负责发布我国领域及本台站责任区内的气象预报和灾害性天气警报外,中央气象台及沿海各级气象台还需分别负责发布所承担的责任海区范围内的气象预报和灾害性天气警报。这样就出现了大责任区内涵盖小责任区,层层涵盖到县级。这种以行政区域划分责任区的方式,有利于各级气象台站作好为各级政府的决策服务，也有利于上级气象台对下级气象台站的逐级指导。

(3)属地化原则

属地化原则是气象主管机构所属的气象台站按照职责向社会发布公众气象预报和灾害性天气警报有关要求的概括。气象服务中的属地化原则是为履行好国家赋予气象部门的根本职责而建立的基本秩序。属地化原则应包含两层意思：一是按照《气象服务工作规定》中明确规定的，各级气象台站按照各自责任区发布预报；二是上级气象台针对大责任区制作的天气预报，只能在所在地发布，不能在责任区内异地不经过当地气象台站直接向社会发布或通过其他方式在该地发布。属地化原则保证了公众得到的当地天气预报是由当地气象台站发布的适时天气预报。

第四节　气象有偿服务

一、现有政策规定

80年代以前，尤其是十一届三中全会以前，气象部门主要以开展公益气象服务为主。十一届三中全会后，党把工作重点转移到以经济建设为中心上来，为适应我国经济建设和社会发展的需要，处在气象服务第一线的气象台站，投入了专门人力、物力、财力和技术，开始了专业气象有偿服务的探索和实践。经过多年的努力，专业气象有偿服务由点到面，由小到大，在服务的实践中得到了发展，并以其显著的经济效益和社会效益，受到用户的欢迎和社会的理解及支持。各级气象部门也开始把开展专业气象有偿服务作为气象事业改革和开拓气象服务新局面的一项重要任务来抓。

1984年10月，党的十二届三中全会通过《关于经济体制改革的决定》，提出我国的社会主义经济是公有制基础上的有计划商品经济，突破了把计划经济同商品经济对立起来的传统观念。从此，国民经济得到了飞速的发展，并很快提高到了一个新的水平。气象部门抓住这一有利时机，明确提出了“在大力加强社会公众服务的同时，积极推行有偿服务”的重要举措。1985年3月29日国务院办公厅转发国家气象局《关于气象部门开展有偿服务和综合经营的报告》(国办发[1985]25号)后，国家气象局、财政部分别于1985年8月16日和1990年12月4日联合下发了《关于气象部门开展专业服务收费及其财务管理的几项规定》(国气计字[1985]135号)和《关于气象部门专业服务收费及其财务管理的补充规定》(国气计字[1990]179号)，1992年3月23日国家物价局、财政部下发了《关于发布气象部门专业服务收费的通知》([1992]价费字128号)。同年8月，财政部和国家气象局联合下发关于气象部门开展专业气象服务收费及其财务管理的几项规定。上述文件对专业有偿服务的范围、项目和收费管理办法都作了相应的规定。

二、气象有偿服务法规性文件应规范的内容

2000 年 1 月 1 日开始实施的《中华人民共和国气象法》对气象有偿服务作出了原则规定。《中华人民共和国气象法》第 3 条规定“气象台站在确保公益性气象无偿服务的前提下,可以依法开展气象有偿服务”;第 42 条同时规定“气象台站和其他开展气象有偿服务的单位,从事气象有偿服务的范围、项目、收费等具体管理办法,由国务院依据本法规定”。商业性气象服务作为气象信息产业的有机组成部分,《中华人民共和国气象法》第 7 条明确规定要“发展气象信息产业”。为了深入贯彻《中华人民共和国气象法》,进一步规范气象有偿服务和商业性气象服务活动,加强管理,促进我国气象服务健康、有序发展,目前正在根据《中华人民共和国气象法》的有关规定,抓紧草拟气象有偿服务的法规性文件。下面就涉及气象有偿服务应规范的内容作一简要分析和阐述。

1. 气象有偿服务内容

《中华人民共和国气象法》规定了开展气象有偿服务的前提是确保公益性气象无偿服务。从当前的实践和今后的发展来看,公益性无偿气象服务和气象有偿服务的内容和对象都会随着社会经济的发展而发生变化,但总的原则要界定。从内容来看,气象有偿服务是指在公益无偿气象服务之外根据用户需求,提供的气象咨询、技术服务,主要包括:专业气象服务、应用气候分析和气候资料加工、大气环境气象服务、气象技术工程服务以及其他应当纳入气象有偿服务的内容。公益性无偿气象服务是指为各级人民政府发展社会经济、组织防灾抗灾和为军事、国防科学试验及其他特殊任务提供的气象服务以及通过非盈利性媒体向社会发布的公众预报和灾害性天气警报。

2. 气象有偿服务的主体资格

主体是一个法律概念。从事商事活动有商事主体,从事民事活动有民事主体。由谁来从事气象有偿服务,这是首先需要明确的。《中华人民共和国气象法》规定的主体是“气象台站和其他开展气象有偿服务的单位”。这里的其他单位应当是与气象业务、科研和教育有关的事业单位,包括目前各地气象部门成立的以专业有偿服务为主业的专业气象服务台、气象科技服务中心等,这些主体需要通过制定条例予以明确。《中华人民共和国气象法》对开展有偿服务的气象台站没有明确限定是各级气象主管机构所属的气象台站,还是国务院其他有关部门和省、自治区、直辖市人民政府其他有关部门所属的气象台站,因此应当包括全气象行业的气象台站。根据上述分析,从事气象有偿服务的主体应包括:气象台站、气象业务、科研和教学等事业单位。

3. 对气象有偿服务的监督管理

(1)气象有偿服务的管理方式

目前国内有关部门对特种行业进行市场管理时,通常采用对经营实体颁发许可证,对从业个人进行资格审查或持证上岗的方式管理。

根据国内外市场管理经验，对气象有偿服务的管理可考虑实行单位资质审查(发放《气象有偿服务资质证书》)和个人资格(发放《气象有偿服务资格证书》)认证制度。申请资质证书的单位应当具备的基本条件是：事业法人；有相应开展气象有偿服务的仪器、设备和设施；有相应数量的合格的专职从事气象有偿服务的技术人员；有气象资料的合法来源；有固定的工作场所；有健全的气象有偿服务管理制度。根据有偿服务单位的技术水平和服务能力，《气象有偿服务资质证书》可分甲、乙、丙三个等级，分别由国务院气象主管机构和各省(区、市)气象主管机构负责审批和发放工作。可考虑甲级证书承担涉外气象服务、国家级重点建设项目以及涉及范围大、难度高的大中型建设项目的气象有偿服务；乙级证书可开展省(区、市)级重点工程建设项目，参与涉外气象有偿服务、甲级证书单位承担的服务项目；丙级证书限于在当地开展一般的气象有偿服务项目。对从事气象有偿服务的专业技术人员实行持证上岗制度，从业人员必须经过省(区、市)气象主管机构组织的考核，取得证书后，才能从事相应的气象有偿服务活动。

《气象有偿服务资质证书》应当实行有效期制度，可考虑有效期为三年，有效期内实行年检制度。有效期满后由发证机关进行复审和认证。年检不合格的，限期停业整改；整改后仍不合格的，可以视情节予以降低资质证书等级或者吊销资质证书。《气象有偿服务资格证书》有效期可考虑为五年。有效期满后由发证机关重新注册。过期不注册核准的资格证书自行失效。《气象有偿服务资质证书》和《气象有偿服务资格证书》的申请、发放以及复检涉及申请条件、程序及相关规定等具体细节，还要通过制定配套的实施办法来进一步细化。

(2)属地化服务原则

为保证气象有偿服务有序开展，气象有偿服务还应实行属地化。因为气象有偿服务不是纯粹的商业行为，不能采取市场竞争的方式开拓市场，只能按照气象主管机构核定的业务范围和区域开展服务。并应规定遇有如下情况应遵循的原则：

①气象有偿服务单位收到其行政区域内用户的特殊的服务要求但又不能提供专门服务时，可以与其他有能力提供这种服务的气象有偿服务单位合作开展服务；

②气象有偿服务单位收到其行政区域外用户的特殊的服务要求时，应当及时将有关情况反馈到用户所在地的气象有偿服务单位，若当地气象有偿服务单位由于技术或其他原因不能提供服务，气象有偿服务单位应与当地气象有偿服务单位合作开展服务。

(3)气象资料管理

气象有偿服务单位除需要基本气象资料外，还可能需要额外气象资料或产品，某些单位还可能进行现场气象观测获取资料，气象有偿服务中所使用气象资料是否符合有关要求，直接影响服务的准确性和服务质量，应加强对气象有偿服务工作中气象资料的管理。因此，在法规性文件中除了规定气象有偿服务单位应当有气象资料的正当来源外，还应当规定接受所指定的气象主管机构按照有关业务规范对气象有偿服务使用的气象资料来源、质量和使用情况进行监督管理。

(4)气象有偿服务免责条件

由于天气变化尚未被人们完全认识,因此,在对天气预报进行专门加工的有偿服务中有可能也会出现服务失准的情况。如果服务失准是由于科学技术条件所限,则服务单位不应承担使用单位因天气预报不准造成的损失;如果是由于责任心不强或者玩忽职守导致的,则应对服务单位和有关责任人按有关规定进行处理。《中华人民共和国合同法》第359条对技术咨询合同和技术服务合同中出现的类似情况也有规定:“技术咨询合同的委托人按照受托人符合约定要求的咨询报告和意见作出决策所造成的损失,由委托人承担,但当事人另有约定的除外。”

4. 气象有偿服务的收费原则

根据最近国家计委对事业单位服务收费政策改革的意见(征求意见稿),中介服务收费及公用事业、公益服务的价格将实行分类改革,形成建立在国家调控、引导下主要由市场形成中介服务价格的机制、建立以地方政府管理为主的公用事业价格管理体制、以及建立与政府、社会共同举办公益事业格局相适应的公益服务价格管理制度。气象有偿服务收费应属于在政府举办公益事业的前提下,开展的补偿性收费。根据国家计委的意见,作为政府举办的公益事业要建立政府与市场双重补偿的机制,明确政府与收益者合理分担成本的范围。财政部科研所何盛明等(2000年)也提出,政府公共收费是政府收入的重要来源,仅限于由政府提供的准公共产品或服务,应遵循“谁受益,谁付费”和“受益多,负担大”的原则,公共收费只能以政府提供该类服务的成本为依据,以补偿成本为准则。因此,气象有偿服务中属于为特定用户服务的部分需要引入市场机制、体现市场效率。对有偿服务收费可考虑作如下规定:气象有偿服务应采取政府定价为主、市场调节价为辅的原则,重要的有偿服务要实行政府定价或政府指导价;非重要的有偿服务价格实行市场调节价,由有偿服务单位与服务对象协商定价。

2000年2月国务院发布的《违反行政事业性收费和罚没收入收支两条线管理规定行政处分暂行规定》,还明确规定事业单位因提供服务收取的经营服务性收费不属于行政事业性收费。气象有偿服务收费是按目前行政事业性收费还是按经营服务收费进行管理,要根据国家对事业单位服务性收费进一步明确的有关规定执行。

第五节　气象信息供应政策

一、气象信息供应政策现状

本节所指气象信息是指实时气象资料、历史气象资料、非常规气象资料、气象科学考察和科学试验资料、通过不同途径获取的国外气象资料、以及上述各类气象资料的加工产品。

近十几年来,由于国际上商业性气象服务的兴起和气象服务市场竞争的日趋激烈,一些国家的私营气象服务公司不但在本国开展气象服务,而且还到其他国家开拓气象服务市场。这些私营公司不承担基本气象信息采集和传输等方面的义务和费用,但却利用其所获取的气象资料开展以营利为目的的服务,影响了所涉及国家的国家气象部门以及其他提供气象资料的国家的利益,破坏了权利与义务对等的原则,对多年来各国气象部门严格遵循的气象资料免费和无限制交换原则造成了冲击。为此,受影响的国家和组织往往通过调整资料收费政策来保护本国或本部门利益,增加竞争能力。如欧洲气象卫星开发组织曾致函各国气象部门,凡使用该组织提供的卫星云图及加工产品,均需签订协议,免费提供,但不得用于商业化服务,也不准向任何国内外的第三方中继或分发,否则将承担法律责任。世界气象组织早在第11次大会(1991年)前就成立专门工作组,讨论各国开展商业性气象服务后出现的国际资料交换问题。1995年世界气象组织第12次大会通过了题为《关于气象及其有关资料和产品交换的政策和实施方案以及商业化气象活动中有关各方的关系准则》的第40号决议,其中涉及气象资料交换方面的内容主要有:

①基本气象资料遵循免费和无限制交换原则;

②提倡提供额外的气象资料和产品,但可附加某些附加条件;

③在额外资料和产品的附加条件未得到遵守的情况下,可终止接收者获取额外的资料和产品。

应注意的是,40号决议中所指"免费"的概念是指基本气象资料和信息本身不收费,并不意味用于信息记录的介质,以及通信线路的开销不收费,也不意味资料加工不收费。

1980年以前,我国气象部门对外提供气象信息基本上不收费。1981年7月起,根据财政部《关于事业单位"预算包干"办法》的有关规定,国家气象局制定了《气象资料服务收费试行办法》,规定了资料服务的收费范围和标准。1985年3月国务院办公厅转发国家气象局《关于气象部门开展有偿专用服务和综合经营的报告》(国办发[1985]25号)和1988年2月国家物价局发布《关于印发第二批国务院有关部门行政事业性收费管理目录的通知》以后,各省(区、市)气象局先后制定了气象信息收费办法,并与当地物价、财政部门联合下发了有关文件。1992年3月,国家物价局、财政部联合下发《关于发布气象部门专业服务收费的通知》,进一步明确了专业气象服务的收费范围和收费办法。为促进气象信息服务的发展,规范气象信息供应工作,实现气象信息资源的合理配置和共享,中国气象局分别于1996年和1997年制定了《气象信息产品供应管理暂行规定》和《气象部门内部信息产品供应管理暂行规定》。这两个文件对不同性质的服务对象规定了收费原则,主要为:属于公益服务范围的,无偿使用;属于专业气象服务范围的，有偿使用。

气象信息是各级气象部门提供优质、准确气象服务的重要基础，对于防灾减灾、国民经济建设、国防建设、人民生活和科研教育等有着重要作用。随着改革开放的深入和经济建设的发展，国民经济各行各业对气象信息服务的需求日益增加，由于服务对象的多样化，使得使用气象信息的目的也有很大不同，有用于公益目的，也有用于营利目的。同时，由于现代通讯手段的发展，特别是计算机存取和因特网等网络通信等新技术的应用对信息管理也带来了新的问题。此外，国际气象服务的商业化趋势也促使我们必须面对现实，认真研究，正确处理气象信息供应中出现的问题。特别是要根据国家对事业单位改革和事业单位收费政策的总体要求，结合气象部门的实际情况，研究分析市场经济条件下，尤其是在气象服务市场逐步开放的情况下，气象信息供应的政策性意见，以推动气象信息产业发展、提高气象服务效益。

二、供应原则

《中华人民共和国气象法》对气象资料发布和交换等作出了原则规定。《中华人民共和国气象法》第 15 条规定："国务院气象主管机构及有关地方气象主管机构应当按照国家规定适时发布基本气象探测资料"。第 16 条规定："国务院其他有关部门和省、自治区、直辖市人民政府其他有关部门所属的气象台站及其他从事气象探测的组织和个人，应当按照国家有关规定向国务院气象主管机构或者省、自治区、直辖市气象主管机构汇交所获得的气象探测资料"，"各级气象主管机构应当按照气象资料共享、共用的原则，根据国家有关规定，与其他从事气象工作的机构交换有关气象信息资料"，并在第 17 条中明确了"在中华人民共和国内水、领海和中华人民共和国管辖的其他海域的海上钻井平台和具有中华人民共和国国籍的在国际航线上飞行的航空器、远洋航行的船舶，应当按照国家有关规定进行气象探测并报告气象探测信息"。

中国气象局《气象信息产品供应管理暂行规定》(1996 年)将供应收费规定为以下七条原则：

①为领导决策和公众生活提供的公益气象服务，以及在世界气象组织中承担的国际义务等，其所需费用由国家财政提供支持。

②为各级政府组织抗灾、防汛、国防科学试验等提供的专项气象服务而增加的经费支出，应当从有关部门或者当地政府相应的经费中得到补偿。

③利用气象部门提供的气象信息产品通过广播、电视、报刊电信等媒体向社会公众传播而获取附加收入或者以营利为目的向社会传播气象信息的，气象部门应当收取一部分费用以支持气象事业。

④对其他部门所属的气象台站提供气象信息产品的收费原则是：

通过通信线路提供实时天气探测报告及产品，需签订合同，明确职责和义务，并收取线路费、交付所需的开支与管理等费用；

提供实时、非实时资料及产品，按照合同规定使用和收费；

增加气象探测次数、探测内容的，应当收取信息费和电报费等。

⑤对非营利性科学研究、文化教育提供气象信息产品，无偿使用；对用于营利性活动，则应当收取信息产品成本费。

⑥为各行各业的企事业单位和个人从事经营性活动提供气象信息产品，按照市场机制收费。

⑦对国外气象部门提供气象信息产品的原则：

按照世界气象组织统一规定，国际间在 GTS（全球通信系统）线路上全球交换的基本气象资料及产品，不带任何限制条件，无偿使用；

对提供某些有可能影响我国利益的气象资料及及产品，有条件地限制使用；

两国间在双边协议的基础上互相交换或者向一方提供气象资料及产品，按照协议规定使用和收费。

三、气象信息成本核算

众所周知，商品的成本是由生产该商品的物质消耗和劳力消耗所决定。前者即物化成本，包括材料消耗、能源消耗、设备和房产折旧等；劳力消耗包括直接劳务消耗和间接劳务（如管理）消耗。按《气象信息产品供应管理暂行规定》中所述，气象信息各类费用计算方法为：

①一次性消耗材料，包括纸张、磁盘、气球、探空仪等，按照实际价格列入成本；

②常规气象仪器，包括温度表、温度计等，按照其使用寿命一年摊入成本；

③计算机及配套设备，按照购置价格和 20% 的年折旧率摊入成本；

④设备、房产折旧，雷达、卫星接收处理等技术设备按照 10% ~ 20% 的年折旧率摊入成本，桌椅、文件柜等办公用品按照 10% 的年折旧率摊入成本，工作用房按照商品价格和国家规定的建筑物耐用年限及年折旧率摊入成本；

⑤能源消耗，包括水、电、油、气等费用，按照实际价格列入成本；

⑥劳务消耗，按照投入人员的技术等级和工作时间计算；

⑦服务费，按照资料成本总额的 10% ~ 20% 收取。

气象信息的采集、加工成本，应当根据各地的具体情况进行核算，并随着国家的物价水平、工资标准等变化情况作相应的浮动。此外，对于某些特殊用户，还可根据用户对象、信息科技含量和服务产生的效益，按收费总额的 10% ~ 50% 列入成本。

四、气象信息供应管理规定

气象部门在有关法规文件中，主要有以下规定：

①气象部门对外提供气象信息,实行分工负责制。按照现行的业务职责分工,由相应的气象业务单位提供;提供的气象信息必须详细登记(包括资料名称、数量、站点、记录年代、收费数额,以及批准、提供者姓名等),以备查考。向用户提供的气象信息,必须准确可靠,保证质量;

②气象信息产品用户为最终用户,未经提供者同意,用户不得擅自转让、扩散气象信息产品;

③气象部门对外提供气象信息必须注意保守国家秘密。基本气象探测资料以外的气象探测资料,需要保密的,应严格遵守《中华人民共和国保守国家秘密法》和国务院气象主管机构制定的有关保密规定;

④归口供应。各级气象部门(含国家、省、地、县)只能提供所辖台站的气象资料和规定区域的天气预报。超过所辖范围和责任区域时,应当征得有关所辖范围和责任区域的气象部门的同意;

⑤建立健全气象信息供应管理制度。气象部门对外提供气象信息必须统一窗口,专人负责;提供重要的或者数量较大的气象信息,必须经过有关领导审批;要加强气象资料数据库及用户终端的管理,设置有效的安全性、保密性控制措施;

⑥气象信息是国家资源,个人不得占有,更不能私自提供;凡私自提供、擅自扩散的,要追究责任,严肃处理。

第六节　商业性气象服务管理

一、国外商业性服务管理

国际商业化气象活动有一个发展演变过程。20 世纪 40 年代以后,气象商业化服务初具雏形,一些国家的气象部门开始了商业化服务,私营气象公司开始出现。到了 80 年代初,随着科技、社会经济的发展和气象信息准确性的提高,社会对气象服务的要求也越来越广泛,进一步促进了气象商业化活动的发展。随着气象商业性活动的发展,各国也加强了商业性活动的管理,但管理方式有所不同。如美国主要采取气象咨询工作者认证方式进行管理;日本气象厅对商业性气象服务的管理主要通过两个方面:颁发预报业务许可证及实行气象预报士(即可以从事商业性气象服务的人员资格)考试制度;澳大利亚气象局不对申请开办的气象公司进行资格审查,只要求气象公司在气象局进行登记即可。

美国商业性气象服务业于 40 年代中建立,主要是最近 15 年内发展起来,现已发展到提供多种气象服务的大行业。目前美国大约有 300 家私营天气预报公司在为企业提供气象服务,公司规模不等,小到个体开业者,大到拥有上百名气象学专家。如美国阿姆斯风险管理决策公司(Risk Management Solution Inc.,RMS),现有职员300多名。该公司主要为保险业和金融行业提供气象信息和技术咨询服务,以帮助用户评估和减少由于自然灾害带来的风险。再如美国天气频道公司(The Weather Channel,TWC),现有雇员800余名(其中气象专家113名,35名气象专家担任节目主持人),该频道为全国性电视有线网,服务范围超过6000多家有线电视系统,为全美7400万有线用户提供服务。据美国尼尔森调查公司1999年的调查统计结果,天气频道公司在美国45个有线频道中综合排名第二(满意率为76%),仅次于"发现"频道(80%),入户率(7400万)名列第一,广告收入名列第十(ESPN体育台名列榜首)。

美国对气象服务公司的管理主要是由政府制定相应政策或由气象学会定期发布评估报告。如美国气象学会1999年度发表的《私营/公共部门在天气和气候服务供应中的合作关系》,对私营气象部门和公共气象部门在气象服务中地位和作用,以及如何加强合作提出了意见和建议。对从业者则由美国气象学会进行气象咨询工作者认证,这种认证不是强制性的,但取得认证的职员越多,表明公司越有实力。

日本的商业性气象服务起步于1954年,80年代以来发展较快。1992年3月日本气象审议会发布第18号通告"关于适合高度信息化社会的气象服务方式",强调为了面向信息化社会,民间气象事业要发挥重要的作用,建议使民间气象服务公司成为局地天气预报服务中心,由这些公司主要通过因特网、有线电视、电脑网络、电话及传真等开展与民众生活密切相关的预报、和新闻媒体所需的气象信息。面对众多气象公司的资料和信息需求,1993年5月,日本对气象业务法作了修改,规定日本气象厅所收集、保存的各种气象资料须向民间气象公司提供,因此指定"民间气象业务支援中心"为财团法人,由其将气象厅预报结果和资料提供给民间公司。同时,中心还承担为私营气象服务提供业务咨询及组织进修,以及实施气象预报士考试、认证。

为对商业性气象服务公司进行管理,日本气象厅总务部下设了产业气象科,并确定气象业务支援中心中心是气象预报士的考试单位,负责对气象预报士的考试和发证。截止1999年11月,日本气象厅已发预报业务许可的私营气象公司已达41家。如日本天气新闻公司(Weather News Inc.,WNI),1986年成立,主要是向客户提供气象环境的信息咨询服务。目前WNI的职员数达到800人,其中日本国内有380人,年收入达到1亿美元。WNI在占领国内市场的同时,把业务向国外延伸,1988年在美国设立公司,1993年买下美国OCEAN ROUTES公司,1994年5月向全美各地电视台提供实时3维气象动画制作服务,同年7月买下德国气象公司Meteconsult,确立了在欧洲的营业基地。

澳大利亚的商业性气象服务近几年发展较快,目前有各类私营气象服务公司49个,其中外国公司3个、政府和科研院所所属机构15个、气象/环境公司10个、工程咨询公司8个、1~2人的咨询顾问公司13个。为了开展市场竞争,澳大利亚气象局于1990年成立了特殊服务体(Special Services Unit,SSU),以商业服务收费方式为用户提供服务。为规范气象服务市场,澳大利亚气象局提出了关于私营气象部门的政策,规定了私营气象公司应遵循的三个原则:即 WMO 气象资料和产品免费和无限制交换的原则;1958 年制定的气象法的有关规定;不得在澳大利亚气象局专有的基本气象服务、天气警报、民航和防务以及国际义务等方面开展活动的原则。

二、气象有偿服务与商业性气象服务的区别

根据《中华人民共和国气象法》的规定,气象有偿服务是气象公益性事业单位在完成公益性无偿服务的前提下开展的服务,并且是根据用户要求专门加工的气象咨询服务与气象技术服务。有偿服务的主体是国家财政支持的公益性事业单位。因此,这种类型单位开展的气象有偿服务应属于成本补偿或低偿性质的收费服务,如果以获取商业利润为目的,则违背了国家举办公益性事业的宗旨。商业性气象服务,则是气象公司等企业法人,以营利为目的所提供的专门气象服务。虽然以上两类服务的内容有交叉,且都表现为收费性服务,但由于气象有偿服务与商业性气象服务提供服务的主体和开展服务的目的不同,其收费性质不同,从而服务性质也就不同。因此,气象有偿服务与商业性气象服务是两个不同的概念,不宜混淆,也不能简单地说气象有偿服务包括商业性服务。但是,气象有偿服务实体也可以通过转制为企业,向商业性气象服务公司转化,前提是有偿服务人员从气象事业单位分离出来,成立以营利为目的的专门从事气象服务的公司,经过工商注册登记后,依法准入、自主经营、依法纳税。这时由于服务主体的性质发生了质的变化,气象服务公司面向市场开展的业务就不再属于气象有偿服务的性质,而是商事行为。因此,界定气象有偿服务还是商业性气象服务的关键是看其主体是事业法人单位还是企业法人单位,以及其所从事服务活动的性质而定,凡主体是企业,从事的气象服务活动是以营利为目的行为,就属于商业性气象服务。

三、商业性气象服务管理内容探索

我国气象有偿服务已有 10 多年的历史,但主要是以各级气象主管机构所属的气象台站向社会提供的专门加工的服务为主。从严格意义上讲,我国尚没有商业性气象服务。随着社会主义市场经济体系的建立和服务市场的逐步开放,除了国内将会出现商业性的气象服务公司,国外的气象服务公司也将会进入我国市场,开展以营利为目的的气象服务。除了天气警报服务和公众气象服务等国家实行统一发布制度或涉及国计民生的重要服务项目外,商业性气象服务可包含气象信息咨询服务和气象信息技术服务。对商业性气象服务的管理应包括以下方面的内容:

①通过制定有关的法律、法规和发展规划、计划,为商业性气象服务的发展提供法律规范,并引导企业发展,加快培育和发展气象信息服务市场;

②通过资格审查(公司资质认证、从业人员资格认证、审定业务范围)等监督管理手

段，规范商业性气象服务的市场行为；

③采取适度开放、申报登记、某些领域先开放（如沿海、海洋服务等）、某些项目以合作方式开展等政策，在保护国内气象服务市场的同时，引进国外商业性气象服务方面的先进经验和技术。

作为探索，下面就商业性气象服务监督管理涉及的有关内容简述如下；

1．商业性气象服务的主体

商业性气象服务属于商事行为，应具备《商事法》中对商事主体所规定的资格和条件。《商事法》中的商事主体，是指依照商事法规定参加商事活动，享有权利并承担义务的人，这里的人包括自然人、法人及他们的变态形式。商业性气象服务主体除了应具备商事主体资格外，还必须符合与气象有偿服务组织应具备的人员和技术条件等同的专业技术资格条件。

2．商业性气象服务的内容和范围

根据上面所述，气象有偿服务与商业性气象服务除主体性质不同外，商业性气象服务的内容和范围与气象有偿服务有一定交叉，其具体业务范围要由气象主管机构批准。根据《中华人民共和国气象法》的规定，应当规定公众气象预报、灾害性天气警报及其相关服务不属于商业性气象服务的范畴。我国的现行法律中，对有关行业也有类似的规定，如烟草专卖法、中国人民银行法，对有关内容实行国家专营。国外有关气象法规对商业性气象服务也作了必要的规定，如澳大利亚规定私人气象专家提供“补充天气预报”，要保证“与气象局提供的信息保持一致”；美国规定，“在灾害性天气、飓风、洪涝及海啸的警报等关键领域，国家天气局是惟一代表官方的意见”。由此可见，我国也应对商业性气象服务的内容和服务的范围作出必要的规定。

3．对商业性气象服务的监督管理

为了规范市场，保护商业性气象服务组织与用户的合法权益，商业性气象服务组织除了遵守国家的法律、法规，严格遵守市场经济的运行规则，按照公平竞争的原则开展活动外，还应接受各级气象主管机构的监督管理。总体来说，从事商业性气象服务的组织和个人也应具有与从事气象有偿服务单位和个人同等的资格条件。商业性气象服务收费应采用市场机制，遵守《价格法》的有关规定。收取的费用要依法纳税。

4．对外国组织在我国开展商业性气象服务的管理

随着我国加入 WTO，外国商业性气象服务组织将会按照我国对服务市场的开放准入，逐步进入我国气象服务市场，并与我国国内服务组织开展竞争。外国商业性气象服务组织在我国开展商业性气象服务属于国际服务贸易的范畴。根据《中华人民共和国对外贸易法规》第 23 条规定，“中华人民共和国在国际服务贸易方面根据所缔结或者参加的国际条约、协定中所作的承诺，给予其他缔约方、参加方市场准入和国民待遇。”因此，国务院气象主管机构要根据我国所缔结或者参加的国际条约、协定中所作的承诺，

按照服务市场开放进程,确定分阶段准入项目和地区以及准入方式(合资或独资),外国商业性气象服务组织应根据市场开放情况,提出申请并经审查批准后才能进入我国开展商业性气象服务。气象主管机构应当加强对其活动的监督管理。

参考文献

[1] 中华人民共和国气象法,气象出版社,1999。

[2] 世界气象组织第12次大会第40号决议,关于气象及其有关资料和产品交换的政策和实施方案以及商业化气象活动中有关各方的关系准则,1995。

[3] 何盛明、赵全厚,政府公共收费的理论与政策,经济研究参考,(24),2000。

第十一章 气象服务业发展趋势

第一节 气象服务的发展规律

气象服务是气象工作的出发点和归宿，是气象事业立业之本。气象科学技术是气象服务的主要科学技术基础。然而一切气象服务技术方法的价值都在于它可以用来提高服务效益，为了要做好气象服务，必须研究气象服务规律。不掌握服务发展规律的气象服务实践，难免带有很大的盲目性，一些本来很有服务效益的技术也可能难以发挥出来。气象服务学就是研究气象服务规律和服务技术方法的学科，只有认识了气象服务的客观规律，自觉地遵循这些规律，才能事半功倍，不断提高气象服务效益。

由于气象服务学的研究尚处于初级阶段，对于气象服务规律的总结也只能是初步的。因此，从方法论角度来讲，目前对于气象服务规律的归纳只能采用所谓“不完全归纳推理方法”。不能因为资料不多，或则尚不很完全，不去归纳气象服务的规律，因为如果不去归纳总结，将永远无法提高认识；也不能把仅仅根据有限的资料归纳出来的结论当做普遍规律。因此，虽然只能根据有限资料进行归纳，也有必要将初步的成果概括出来，以便通过进一步的研究和实践检验，逐步深化认识，逐步逼近客观真理。

一、制约气象服务发展的若干基本因素

1. 社会经济发展水平

社会经济发展水平是制约气象服务发展的重要因素。社会经济发展水平越高，气象灾害可能带来的损失绝对值越大，服务所产生的的趋利和避害的效益也会越大。图 11.1给出气象灾害造成的损失和国内生产总值的统计关系。由图可见，平均而言，气象灾害造成的损失有随经济发展水平的提高而明显上升的趋势。现实服务实践中说明这一规律的例子很多。例如，1991 年江淮地区发生洪涝，其中安徽省的受灾面积、受灾时间、受灾程度都远远高于江苏省，但江苏省的经济损失却超过安徽省，其主要原因是因为江苏的经济发展水平高，水灾造成的经济损失的绝对值就大。当年两省的气象服务都比较好，但对当地社会所产生的趋利避害经济效益江苏远大于安徽。

图 11.2 为 1903 ~ 1997 年美国的洪水灾害所造成的损失的变化趋势图。由图可见，美国洪水灾害所造成的损失随时间近线性增长。由于这一百年美国经济也是随时间明显增长，所以图 11.1 和图 11.2 反映出类似的趋势。

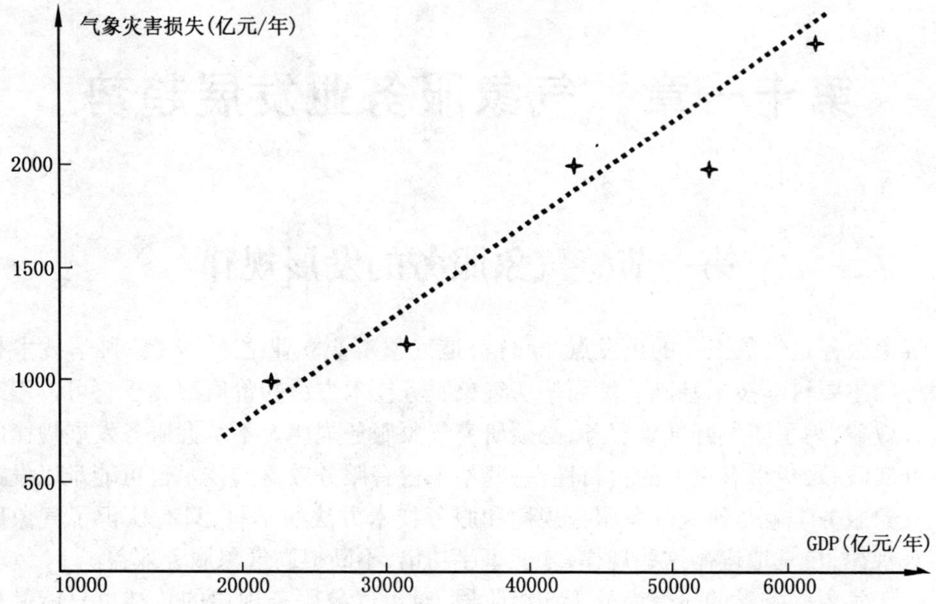

图 11.1　气象灾害损失和国内生产总值的关系

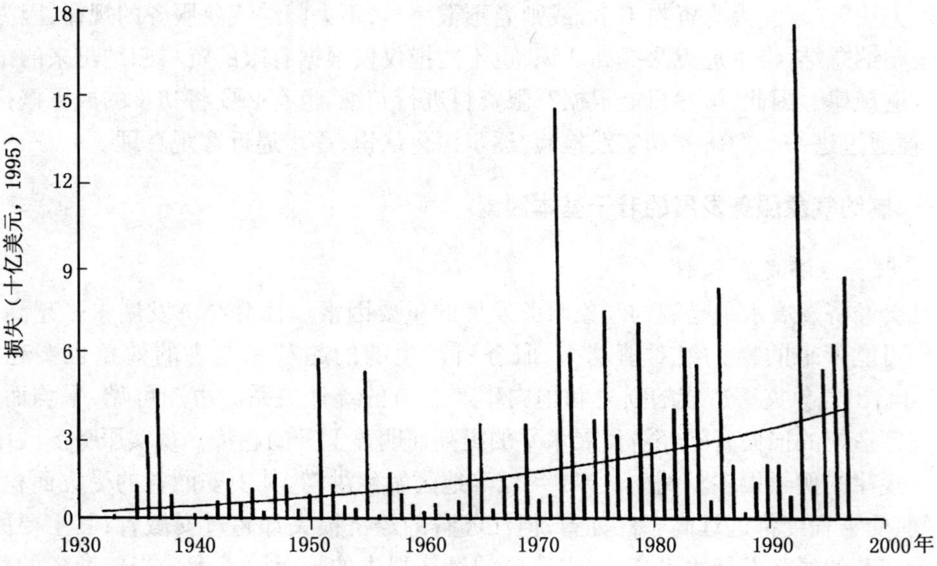

图 11.2　美国(1903～1997 年)洪水灾害损失变化趋势图

另一方面,经济越发达,气象服务的趋利效益也越明显。表 11.1 为分省的气象服务效益评估结果。由表可见,东部地区的气象服务效益明显高于西部地区。

表 11.1　部分省气象服务成本/效益评估结果①

东部沿海省市		中西部省	
北京市	1:221	四川省	1:76
江苏省	1:125	广西省	1:57
山东省	1:102	湖南省	1:57
广东省	1:99	山西省	1:44
天津市	1:77	甘肃省	1:31
浙江省	1:72	陕西省	1:23
河北省	1:46	青海省	1:5

2. 国家(地区)天气气候特征

总的来说,在其他条件相同的情况下,一个国家(地区)的天气气候变化越频繁,气象灾害越多,气象环境对各行各业经济的制约就越明显,政府、社会公众和各行各业对气象服务的的需求也就越旺,气象事业的发展也就可能得到更多的支持。例如,根据20世纪90年代的统计,在各省财政对防雹和人工增雨投入强度最大的省均在西部地区和北部地区,尤其是新疆、内蒙古等西部艰苦地区,虽然地方经济仍有相当大的困难,却对人工影响天气事业给予很大的投入,其根本原因是这些地区的经济严重地受制于水资源短缺和冰雹等自然灾害频发。

3. 气象基本业务的现代化水平

基本气象业务是气象服务业的基础和依托,它和气象服务是"水涨船高"的关系。近几年来,气象基本业务(探测、通信、资料处理和基本信息加工)的现代化建设取得了长足的进步,特别是气象卫星监测技术、天气雷达监测技术、现代通信技术的进步以及高速计算机的应用大大促进了数值预报技术、中小尺度灾害性天气监测水平的提高,这些现代化科学技术为做好气象服务提供了坚实的基础。这也是近20年来服务没有出现明显失误的根本技术保证。基本气象系统的现代化是提高气象服务产品质量的根本技术基础。

4. 国家的科技体制

除了上述这些基本因素以外,国家的科技体制对服务业的发展也是重要的因素。首先是科技在各行各业中的定位从根本上决定了作为科技服务部门的气象服务业的地位。在知识没有地位的时代,科技也没有地位,气象现代化提不到议事日程,气象部门只提倡访问老农,要求按老农经验做天气预报,那个时代不可能形成科学的气象服务体系。国家建立科教兴国发展战略后,科技体系加速发展和不断完善。国家大力支持气象现代化建设,要求在提高科技水平的基础上全面提高气象服务总体水平。科技体制对气象服务发展有重要影响。在科研和业务脱节的体制中,学术成果向现实生产力转化能力很低,气象科研成果转化为气象服务的能力的情况也不尽如人意。国家的科技体制鼓励不鼓励通过

① 表中资料摘自《全国气象服务效益评估成果汇编》中气象服务效益评估课题成果资料。

市场转化科研成果,对服务效益也有很大的影响。

5. 人才因素

任何科技事业的发展,人才都是关键因素。气象服务业的发展需要有一大批既精通气象科学又熟悉有关行业的工程技术和经济问题的科技人员。总的来讲,由于我们国家比较重视气象人才的培养,几十年来培养了一大批有比较扎实数理基础的气象科技人员,为气象服务业的发展奠定了比较好的人才基础。但是,由于科研体制上的问题,目前专职从事服务业的科研开发和业务的队伍整体素质尚需进一步提高,特别是需要充实高层次的有较强开发研究能力的人才。

二、公益气象服务的需求－效益－反馈支持规律

公益气象服务是气象工作为国家安全和经济建设做贡献的首要途径。公益气象服务既有明显的经济效益,也有重要的社会效益和生态效益。总体效益集中体现在为社会大系统服务产生的宏观效益。公益气象事业作为国家的基础性事业主要靠国家支持来发展。公益气象服务的状况在很大程度上影响政府对气象工作的支持力度。政府决策者认定的对公益气象服务的需求是影响政府对公益气象服务事业支持的关键因素。

经济越发展,对气象的需求越强,政府决策者越容易感受到对气象服务的需求,对气象事业的支持也就越强。同样的发达水平,气象灾害越严重的地区,需求越强,一般来说对公益气象服务业的支持也越强。从一个时期的具体的国家气象部门的情况考察,决策气象服务质量越高,效益越高,政府决策者越容易感受到对公益气象服务的需求,于是对气象的支持也越大,即所谓“有所作为,才能有所地位”。

但是实际上,并非在任何时候,同样的需求和服务效益都一定有同样的反馈支持。造成这种差异的主要因素是政府决策者对于社会经济对气象的需求和对气象服务效益的理解程度,包括对现实的需求、现实效益的认识和潜在需求和潜在服务效益的认识深度。

试想,如果我们处在政府决策部门,我们应怎样客观评价公益气象服务的效益及其对反馈支持的影响?如果公益服务效益很好,各方面反映都比较满意,这说明当前给予气象部门的支持是正确的,应当继续支持。必要时还可再给予奖励性支持。但是这似乎尚不能直接构成应给予更大的支持的理由。因为政府的新增预算往往把解决存在的突出问题放在优先等级。

如果一个地区的决策气象服务效果不太好,满足不了需求,这时的政府决策者会怎样对待气象事业呢?科学的政府决策者可能要对气象部门作具体分析,是因为气象部门管理不善,工作有失误所致,还是因为客观技术能力所限?是前者,应当批评、教育,严重的还要处理;是后者就必须面对问题,分析原因,找出差距之所在,在科技水平可实现的限度内,考虑是否可能通过加大支持力度提高监测能力。例如,1972 年因影响山东半岛和渤海湾地区的台风预报失败,造成严重损失,引起政府高度重视。周恩来总理

曾亲自过问，了解原因，最后决策大力加强天气雷达网建设。可见当政府决策者认定以下两点时对公益气象事业的支持力度会出现大的增量：

①现实的公益气象服务所产生的效益和需求尚有大的差距；

②在可预见的科技进步条件下，这种差距是可望通过加强财力支持，加强气象现代化建设来实现的。

因此，实事求是地汇报现实的气象服务能力和需求的差距，及时宣传国际相关科技进步可能给缩小这种差距带来的希望，才有可能获得政府对公益气象服务的较大的反馈支持增量。

三、商业性气象服务发展的制约因素

前面所述气象服务业发展的一般制约因素同样也是商业性气象服务的制约因素。例如，国家经济总体发展水平、地区的天气气候特点、基本气象科技的水平等等也都是制约商业性气象服务的基本因素，这里不再重复。除了这些因素以外，商业性气象服务业的发展还受到以下一些特定因素的制约：

1. 国家经济体制

商业性气象服务通过市场为各行各业提供的气象服务，如果国家实行的是计划经济，市场没有发育，商业性气象服务就没有对象。只有确立了市场经济体制，才有可能随着市场的培育和发展，出现对商业性气象服务的需求。随着市场经济发展水平的提高，这种需求会越来越旺。

2. 国家的产业政策

即使是实行市场经济的国家，国家的产业政策是否允许或者鼓励气象科技进入市场，不同国家做法也不同。事实上，在许多西方国家，发展商业性气象服务也只是最近二三十年的事，有些市场经济很发达的国家和地区尚未有明确的支持商业性气象服务的产业政策。显然，只有国家在这方面有比较宽松的政策甚至有鼓励政策的时候，商业性气象服务才能得到比较好的发展。

3. 气象行业的产业政策和发展战略

总的来讲，行业的产业政策取决于国家的产业政策。但是，在改革过渡时期，国家给各行业有较宽松的行业政策范围。所以，行业的产业政策是否有利于商业性气象服务业的发展是很现实的问题。和产业政策相适应的还有发展战略问题，在气象事业发展战略中把发展商业性气象服务放在什么位置对气象商业性服务的发展具有重要影响。

四、公益性气象服务和商业性气象服务的相互作用

1998 年 5 月，“新一代气象服务体系研究”课题组曾组织了气象服务体系问卷调查。抽样调查对象是参加全国决策气象服务工作研讨会的代表，共回收 36 份调查表。

有关调查结果见表 11.2①。由表可见:81%的调查对象认为公益性气象服务质量的提高将对商业性气象服务有正面促进作用;88%调查对象认为商业性气象服务的发展也对公益性气象服务有正面的促进作用。公益性气象服务和商业性气象服务的相互作用关系如图 11.3 所示。公益气象服务对商业性气象活动的主要影响有两个方面:一方面是通过提高公益性气象服务产生的效益使政府对气象基本业务现代化建设的反馈支持进一步加强,从而使商业性气象服务能力的维持和提高有了基础;另一方面是由于公益气象服务效益的提高使得气象行业的知名度、信誉有了进一步提高,从而间接影响商业性气象服务的信誉和市场。有些同志担心公益服务越发展,商业服务市场会越来越小。在以公益服务产品代替专业服务产品的时期,确有这种情况。然而,在市场经济日益发展以后,用户越来越讲实际效益,这样的专业服务质量决定了它必然要走下坡路。真正有生命力的商业性气象服务,必须是高质量的有专业针对性的产品。

表 11.2　有关商业性气象服务的问卷调查结果

和公益性气象服务的相互关系	对存在问题和改革的看法
·拓宽公益性气象服务面不会对商业性气象服务产生负面影响(62%) ·提高公益气象服务质量对商业性气象服务有促进作用(81%) ·商业性气象服务的发展对公益性气象服务有促进作用(88%)	·产品缺乏针对性(90%) ·产品制作以经验定性分析为主,缺乏客观定量分析方法(90%) ·应当实行公司制(87%) ·应当采取联合体形式(100%) ·产品开发应当采用市场机制(60%) ·未来 10 年创收不低于事业费(80%)

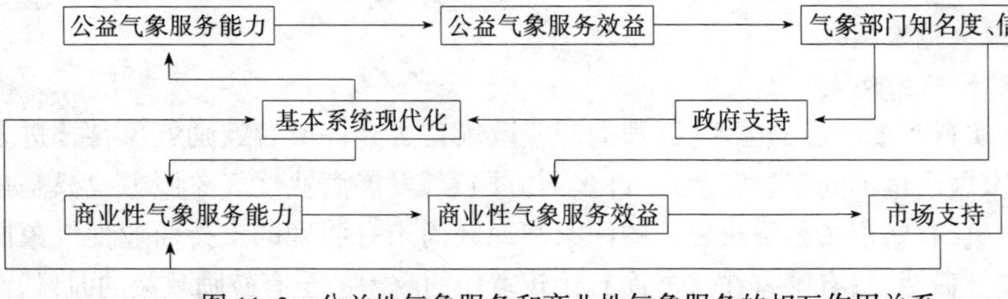

图 11.3　公益性气象服务和商业性气象服务的相互作用关系

另一方面,商业性气象服务的发展也对公益性气象事业有促进作用,具体表现在:

①有利于气象科技成果通过市场进一步转化为现实生产力,并从所得到的经济效益中以一定比例反馈支持基本气象事业的现代化;

②在当前气象队伍偏大的情况下,发展商业性气象服务将为分流人员开辟主渠道,促进基本业务系统顺利实现减员增效;

③在开拓为各行各业的服务过程中,广泛深入的服务实践将更深刻地反馈回来生产实践对气象科技的进一步需求,尤其是一些目前尚不能满足的需求,促进气象科学技

① 张钛仁、王波,“气象服务体系建设问卷调查”结果的基本分析,《新一代气象服务体系研究文集》(一),“新一代气象服务体系研究”课题组,(1999)。

术的进一步发展。

商业性气象服务发展,也有可能对公益性气象事业产生一些负面影响。如:

①如果组织不好,可能分散业务人员的精力,影响公益服务质量;

②政府决策部门会不会考虑因为气象部门商业性气象服务发展了,创收上升了,因此削减对公益气象事业的支持。

第一个问题主要取决于服务实体的改革如何进行,考虑到目前气象队伍的总的情况,人员素质较高,人员数量过多,如果分流恰当,应该不会影响公益性事业;第二个问题则取决于政府决策部门,根据目前我们对国家改革政策的理解,应当相信发生这种问题的可能性不大,国家对公益事业的改革应是按公益任务大小确定经费支持力度。

第二节　气象服务的需求

气象服务是立业之本。提高服务能力,作好气象服务工作,是气象事业发展中的关键问题。从系统的角度分析,影响气象服务业发展的因素主要有两个:外部的环境与需求和服务系统内部的结构。外部需求对提高气象服务能力的拉动作用主要是通过信息、能量等要素把外部世界的发展变化传递给服务系统内部,通过系统内部相应作出积极的反映来实现的。因此,对服务的重视,需要我们首先要把服务的需求研究放到首位,把对需求的预测作为决策的关键内容,以需求作为提高服务效果的推动力。

从传统经济学角度分析,需求是指一定时期内和一定市场上按照某一价格愿意并且能够购买的该商品的数量。从经济学的角度理解我国气象服务需求的内涵,应是指现实的需求。我国气象服务的需求既包括公益性需求,也包含来自市场的商业性需求。

我国气象事业的宗旨是保护人民,为国民经济和社会发展服务。对服务需求的分析和预测应紧紧围绕这一宗旨展开。

按照我国现代化建设分三步走的战略部署,我国已经处于全面实现第二步战略目标,并逐步向第三步战略目标迈进的重要时期。科教兴国、可持续发展、西部大开发、城市化、社会全面发展等战略的实施,将推动我国经济持续、快速、健康地发展。经济越发展,气象与经济的关系就越加明显,气象服务在实现国家发展战略和宏伟目标的进程中的重要作用也就越突出。

气象服务在促进社会经济的可持续发展中,最基本的服务领域是由气象资源合理开发利用、大气环境保护和气象灾害防御三个部分组成的,三者有各自的内涵和特征,但又是紧密相连的,良好的大气环境就是气象资源,灾害的发生可以直接破坏环境,损害资源。同样,人类对包括气象资源在内的自然资源的不适当消耗或破坏,既会造成环境恶化,也会引起气象灾害。因此,需要我们认真分析这三大问题带来的需求,在未来的社会经济活动中协调处理好三者的关系,使气象服务与社会经济活动更加紧密地结合起来,更好地发挥气象服务在国民经济建设和社会发展中趋利避害的重要作用。

为了更好地适应国民经济和社会发展,气象资源的合理开发和利用对气象服务工作提出了新的需求。我国既是人口大国,又是农业大国,资源一直是制约我国经济发展的首要问题。合理保护与利用现有的资源是我国经济发展的一个重要方面。同时,我们要加大新资源的开发利用。这些资源包括国土资源、海洋资源、水资源、气候资源以及矿藏资源等。亚洲是世界的主要夏季风地区,大气中水汽的时空变化显著,旱涝等气候灾害频繁发生。这一地区大气水循环的变化,直接影响着我国乃至世界各国经济的发展。在我国北方地区干旱化趋势日益严重的形势下,我们能否在大气中获得更多的水,从空中开辟增加水资源的途径,保护环境,减少传统能源消耗,如何加大开发光热风等可再生能源的力度,提高大气能量资源的利用率等,这些都是以新的能源观,发挥气象资源应有作用的重要任务。这对如何开发利用气象资源领域的气象服务提出了更高的要求。

社会和经济的发展,一方面会带来环境问题,另一方面人们对环境质量的要求又在不断提高,人类的活动已经影响到了地球各个圈层的每一个角落。大气环境是人类生存和进化的基础,随着我国人口的快速增长,经济的快速发展以及自然资源的不合理利用,造成了生态环境的恶化和自然生态的失衡。因此,我国在保护大气环境乃至整个生态环境方面面临着严峻的挑战。

我国成为世界上气象灾害出现最频繁的国家之一,灾害种类多,并且具有发生频繁、强度大、连续性强等特点。随着经济的发展和人口的增长,社会对气象灾害日益敏感,气象灾害所造成的影响,尤其经济损失的绝对值呈明显增大的趋势。每年因各种气象灾害使农田受灾面积达5亿多亩,损失粮食约200多亿公斤。受干旱、暴雨、洪涝和热带气旋等重大气象灾害影响的人口近6亿人次,自90年代以来,我国气象灾害导致了年平均直接经济损失在1000亿元以上,占国民生产总值的3%~5%,死亡人数每年平均在7000人以上。为此,政府部门,国民经济建设部门,防灾减灾部门对气象服务,特别是决策服务及公众服务提出了更高的需求,对气象预报的时效和精度的要求越来越高,客观上要求气象灾害的监测,预报和防御能力要有明显提高。

气象资源合理的开发和利用、大气环境保护和气象灾害防御对气象服务趋利避害的需求,还具体体现在以下领域:

1. 城市环境气象的需求

随着我国国民经济工业化进程的加快,我国城市化水平将大幅度提高,未来20年我国城市化将进入加速发展时期。目前我国城市化水平为30%(1997年)左右,今后将进入从30%发展到70%的国际公认的加速发展时期。在这种趋势带动下,城市环境保护问题、城市基础设施建设问题,成为影响城市化进程的主要因素。特别是人口密度的增加,城市生态环境的改变,正在严重地改变城市环境的质量。提供城市环境气象服务,除需要加强对环境要素的监测外,极为重要的是需要发展出能对城市环境变化作出积极响应的生物－大气－水循环动力学模型，并逐步形成业务能力，指导城市的发展和为城市的各项生产与活动提供服务。城市化的迅速发展，迫切需要提供更佳的具有针对性的专项服务，以解决城市化带来的一系列问题，如淡水、粮食和能源供应、卫生、运输、防灾减灾、疾病和污染等。

2. 全球环境气象的需求

人类活动导致全球大气层的变化主要包括三方面：一是大气中温室气体含量增加导致全球气候变暖；二是大气臭氧层的破坏；三是人类硫化物排放引起的酸雨问题。中国是二氧化硫和温室气体排放量较多的国家之一，损耗臭氧层物质的总量也较多。中国积极响应全球可持续发展的战略，签署了一系列的国际公约，履行国际环境公约的任务十分繁重。同时，环境保护问题正成为国际贸易、投资和环境领域国际谈判的重要条件，这将对我国对外贸易和国际竞争带来很大的压力。我们要加强对我国及全球气候环境资料的分析、评估工作，加快发展我国的全球环境模式系统，发展一个综合的大气－海洋－生态－人类活动的综合模式，为我国及全球环境气象以及相关分支研究提供支撑。

3. 国防安全气象保障的需求

国家的强大不仅仅体现在经济建设上，一个重要的标志就是国防与军事力量。在现今国际环境下，国防安全是经济发展安全的前提。未来战争将是全天候立体高新技术条件下的较量，对气象条件的依赖性更大。战争无论是积极防御还是主动进攻，不仅需要常规的气象要素背景场，还需要了解和掌握更为微观精细的特殊气象资料，这迫切需要发展特殊气象条件的探测技术。战区作战保障，既需要超长10天的气象预报为战役的动员作准备，还需要战区中小尺度的特殊气象预报服务，以指挥战斗。战区气象环境的模拟和预报亦将是今后军事模拟演练的一种重要工具。

我国有宽广的海域和漫长的海岸，沿海大气与海洋内部的状况更关系到国家的安全。国防安全不仅要加强对本国领土上有利气象环境的研究和利用，更需要掌握和利用对方的大气特征。因此，从国土安全战略高度出发，加强与军事气象部门的合作，发展新一带气象国防安全保障体系，加强气象探测技术、信息加工分析与预报技术、防御保障技术的研究和开发，是国防气象安全保障的重要任务。

4. 农业生产气象保障的需求

农业为立国之本。在今后的30～50年间，我国农业将面临着如何养活，养好未来16亿人口及其可持续发展的问题。然而，目前全国约有1/3的耕地受到水土流失的危害，每年耕地土壤流失33亿吨；393万公顷的农田、493万公顷的草场受到沙漠化的威胁。因此，如何在土地资源和生态环境恶化的情况下，养活16亿人，是今后30～50年我国必须加以解决的首要问题。其次，是如何科学合理地利用自然资源条件，充分发挥科技第一生产力作用 如在适宜的气候条件下，不断改进作物品种，调整食物结构，提高作物质量，养好16亿人。农业的可持续发展要求一个相对稳定和安全可靠的生产和生态环境，而在影响农业生产、生态环境的因素中,最不稳定的应是气象、气候和农业气象环境条件。

随着经济体制和经济增长方式的根本转变,气象为农业服务应适应经济建设需求,既要不断为高产、优质、高效农业发展提供技术支持,也要为农业的可持续发展及其资源环境协调关系提供重大决策依据。这就需要从农业生产气象保障-调控服务系统工程的角度出发,发挥气象的高科技和总体优势,集中气象为农业服务的各种成果,对农业生产环境产前、产中和产后进行全程动态跟踪服务的气象保障和农业气象防灾减灾服务。

综上所述,国民经济和社会发展对气象领域提出的需求是多样的,但归根到底是要气象为国民经济建设和社会发展"保驾护航"。一是提供更为细致的大气监测信息,在对一些气象机理进一步研究基础上,提高对大气运动规律的认识;二要提供更为精确的预报产品,提高气象服务能力,为防灾减灾和国土安全提供保障;三要针对公众生活和各行业的不同要求,提供有针对性的高质量服务产品,使气象服务直接进入国民经济主战场。

第三节　我国气象服务业面临的机遇和挑战

经过多年的发展,我国的气象服务在系统建设、服务产品、人才队伍、组织结构和运行机制等方面积累了不少的经验,经过多年的发展初步形成了有我国特色的气象服务体系框架,具备了良性循环的发展条件。要建立面向21世纪的新一代气象服务体系,需要分析气象服务在新世纪所面临的新形势,认清发展机遇和挑战。

对我国气象服务来说,面临的主要机遇有:

①国民经济建设和人民生活水平的不断提高,要求气象服务水平越来越高、服务产品越来越丰富。党和国家越来越重视气象工作,对气象工作,特别是气象预报提出了很高的要求。党和国家领导人在视察中国气象局时多次指出"气象预报是否准确不仅是经济问题,也是政治问题","经济和社会越发展,对气象工作的要求就越高,气象工作的责任就越大"。一些地方政府和部门从防灾减灾需要出发,要求我们提供的定时、定点、定量的预报。社会公众对分类要素预报的需求也不断增长。因此,随着我国市场经济的发展,国民经济建设和人民生活的提高对气象资料和产品提出了更高、更多、更新的需求,这必将推动气象服务的持续发展;

②国家可持续发展战略的逐步实施,环境保护的呼声愈来愈高,对气候变化的监视、预测及其评估影响的需求日益紧迫,更加需要气象服务为净化人类赖以生存的大气环境作出积极贡献;同时,经济的快速发展和人口的不断增加、城市化步伐的加快,使全社会对包括淡水在内的资源需求继续增长,这就需要气象科技在该领域发挥巨大作用,以促进资源的永续利用;

③国内气象科技市场将为气象服务的发展提供广阔的空间。我国既是一个气象资源十分丰富又是气象灾害十分频繁的国家。每年气象灾害造成的经济损失远比一般发达国

家高。因此,我国许多行业的经济效益受制于气象条件的程度很高,属于气象敏感行业,我国气象服务的投入和效益之比,远比一般发展中国家高。重要原因之一可能是我国许多行业对气象非常敏感,然而,这 1:35～1:40的效益反映的是 90 年代初我国气象科技市场尚不发达时的效益,通过市场进行专业气象服务创收效益尚未充分表现出来。因此,在我国的经济增长中,气象智力资源的潜在用武之地很宽广。或者说,国内气象科技市场潜力很大。当然,从长远发展趋势来分析,我国气象科技服务市场将逐步开放,这个市场也面临和国外、国内气象公司的竞争。但毕竟我们是近水楼台,有许多别人没有的优势。如果措施得当,占领国内广阔的气象科技市场的机遇应当首先属于气象部门;

④知识经济的发展,特别是信息产业的加速发展,为气象服务的发展提供了良好的环境。在即将到来的 21 世纪,世界经济将进入知识经济阶段,信息产业将成为主导产业。为了适应社会经济发展的需要,国家提出了"发展新兴产业和高技术产业,推进国民经济信息化"的要求。联系气象工作,可以确定气象信息服务属于知识密集型服务。知识密集型服务既是国家经济发展的重点,也是知识经济的一个关键领域。因此,根据这一要求以及气象信息服务发展的需要,中国气象局提出了"大力发展高新技术产业,在发展高新技术产业中,坚持把发展气象信息产业放在首位"的气象科技服务与产业的发展战略。这一战略顺应了社会经济发展的大趋势,已经并将继续为以气象信息传播为主的气象服务发展提供良好的生长空间;

⑤《中华人民共和国气象法》的出台,既为气象服务的健康发展提供了法律保障,也使气象服务面临新的发展机遇。《中华人民共和国气象法》颁布以后,《气象有偿服务条例》和《气象资料对外提供管理办法》也将陆续出台,国内气象服务市场必将有序、逐步、适度开放,其他部门的气象机构或组织、个人经过一定的程序也会进入国内气象服务市场。气象服务格局将出现新的变化,由气象部门一家专营气象专业有偿服务的局面将会逐步走向多元化。特别是我国加入 WTO 后,开放的步伐必将加快,气象服务领域也会面临激烈的竞争。虽然市场的开放对气象部门来说是一种压力,是一种挑战,但从长远来看,在竞争中求发展,应是气象服务提高服务能力,气象事业获得长足进步的机遇;

⑥气象科学技术和气象现代化水平提高,增强了气象服务能力。50 年来,气象科学技术有了很大的进步。各行各业对气象服务需求的增加,大大推动了人们对大气环境和产业、工程、生产作业过程相互作用和影响的研究,即推动了气象学的应用。目前气象应用的领域已经涉及工业、农业、林业、水利、能源、航空、航海、交通、通信、建筑、商业、金融、旅游、度假等 100 多个行业。丰富的应用气象学成果,既是气象服务专业化的反映,也从"软件"方面大大提高了开展气象服务的能力。与此同时,随着我国气象现代化水平的提高,特别是雷达、卫星等遥感探测技术和高速通信技术在气象上的应用,为提供准确、及时、适用的气象资料、服务产品和提高数据传输能力奠定了基础;大容量、超高速计算机和数值模拟技术的应用,提高了数据处理、客观分析的自动化程度,促进

了预测预报水平的提高。这些现代化建设的成果,从硬件方面为提高气象服务能力打下了必要的技术基础。目前我国气象基础设施现代化水平已处于发展中国家的前列,虽然和发达国家尚有一定差距,如果能加大投入有望进一步缩小差距。

⑦气象智力资源也有相对优势。经几十年不懈地注重气象教育事业的发展,目前我国气象界已有一大批高级专家,他们当中有相当一部分已有很高的气象科学技术造诣,达到或接近国际水平。其中还有一些已是国际知名学者。近20年培养出的一大批优秀年轻气象学家,他们不但有扎实的科学基础,也有熟练的计算机应用技术。我国气象人才的数量和质量在发展中国家中都具有较明显的优势。另外,相比发达国家,我国的智力资源还有一个明显的优势就是成本低廉。这在激烈的竞争时代,也是很重要的优势。利用得好,可为我们提供重要机遇。

机遇与挑战并存,新世纪充满了新的生机和活力,但也处处存在着压力与挑战。我们应当冷静地看到面临的严峻挑战:

①气象服务的总体能力不能适应国民经济和社会发展的需求,气象服务产品不能适应社会公众日益增长的需求。改革、开放以来,我国气象现代化水平不断提高,气象服务能力也在不断加强,但气象服务的总体水平、服务能力和服务领域与国家经济建设快速发展还不适应,特别是在为农业和农村经济服务,为防汛抗旱等工作服务方面。基本问题是预报准确率不高,制约了气象服务能力的提高。微观上,目前的气象服务体系面对公众需求的多元化、精细化和专门化还有许多不适应的地方,特别是气象服务的现代化建设急需加强;

②气象服务工作的管理不能适应气象服务发展的需要。随着市场经济体制的建立和国家各项改革的深入,气象服务的对象、环境都在发生深刻的变化,气象服务现有的管理方式、管理规定已不能适应气象服务发展的需要,必须进一步改革。如各类服务范围的界定还不够明确,组织机构建设还有待加强,与各类服务相适应的组织形式、运行机制和管理办法需要在总结实践经验的基础上完善;气象有偿服务和商业性服务的内容和领域需要进一步界定,相应的收费政策需要根据社会的新需求和气象服务的新发展进一步明确;

③我国的知识经济产业发展的"知识基础设施"条件远不如发达国家,突出的薄弱环节包括:整体劳动力科技素质不高、信息基础设施差、网络化程度低等等。显然,这些社会环境条件将明显制约气象科技产业充分发挥效益。另外,我国的气象科技市场发育水平和发达国家差距很大。我国的专业气象服务,基本上仍停留在"公众气象服务产品加粗包装"的水平上,专业针对性不强,产品的科技含量不高,运行机制也不适应市场经济。如果不尽快改变这种状况,一旦开放气象科技市场,大量的市场份额的丢失在所难免;

④气象服务体系与全球气象服务商业化的发展不相适应。经济全球化在未来将呈现出加速发展的趋势,气象服务的国际化也将加快步伐。由于各国经济发展的不平衡,

有些国家减少了对气象水文机构的投入，对气象基础设施供资的意愿减弱，这将导致一些国家的水文气象工作逐渐萎缩。而一些发达国家以宽松的政策为推动，在市场利益驱动下，不断扩张气象服务商业化，加剧了气象服务的竞争。因此，未来的气象服务将呈现出全球性的渗透和扩张，特别是发达国家对经济落后国家的"服务侵入"，在非洲国家出现的气象服务"外包"的形势，已表现出这种发展趋势。随着我国加入WTO以及网络经济带来的跨国服务，我国的气象服务将面临严峻的挑战。

这些在发展中出现的问题，有的已经开始制约气象服务的发展，有的将在较长时间内影响整个气象事业的健康发展。因此，对我国气象服务业而言，采取恰当的战略措施，扬长避短，有效抓住机遇，战胜挑战，就可望"搭上知识经济全球协作之船"，能创造出更大的宏观经济增值效益，不仅可望占领国内气象科技市场的主要份额，还可望在国际气象科技市场上占有一定的份额，从而创造出更巨大的增值效益；不仅在一些已经较成熟的气象高科技的应用上创造更大的效益，还可望在若干重大气象高科技领域取得世界先进水平的新成果，并迅速转化为增值服务业务，从而创造更为巨大的效益。

第四节　气象服务业的发展趋势

一、气象服务业的总体发展趋势

随着市场经济的不断完善和国家经济的快速发展，人们的气象意识不断提高，一方面各行各业对气象服务的需求将更具综合性和专业性，对资源开发、环境保护和生活质量的服务需求更加重视；另一方面，国家正在逐步实施各项改革，特别是已经开始政府机构和事业单位的改革将对气象服务如何加快改革以及气象服务在未来的发展产生影响。

近年来，各级气象部门高度重视气象服务工作，使气象服务工作在原有的基础上，取得了明显的进步，创造了可喜的成绩：决策气象服务、公众气象服务以及重大社会活动气象服务等取得了良好的社会效益，气象为国民经济各行业服务取得可喜成绩。但在取得成绩的同时，我们也要看到气象服务工作距离党和政府的要求、广大人民群众的期望，还有很大差距，气象服务的总体水平还不能满足各级党政领导、各部门和广大人民群众日益增长的需求，气象服务现代化水平与国家经济、社会的快速发展还不适应；现有的气象服务体系，从组织结构、管理体制和运行机制不能适应新形势的发展。这些问题如果得不到有效地解决，将会制约今后气象服务工作的进一步发展。为此，健全气象服务体系，建立和发展面向21世纪的新一代气象服务体系，以此作为推动我国气象服务业发展的重要保证，应是当前和今后一段时期内气象服务工作十分紧迫而重要的任务。

以新一代气象服务体系的基本框架为指导，未来我国气象服务业在服务业务现代化、公益服务再强化、专用服务机构商业化、产品制作专门化、服务队伍专职化、服务管理现代化等发展战略的指引下，将呈现出以下发展趋势：

一方面，在政、事、企三部分结构合理、界面清晰、协调发展的气象事业基本框架下，公益性气象服务将更好地履行保护人民，为社会主义现代化服务的职责，其公益性将得到进一步强化，公益性气象服务的发展将再上新台阶，进入新的阶段。

另一方面，由市场需求的牵引，在适度开放的环境中，商业性气象服务将依靠人才和科技发展，推进服务产品市场化、企业化与产业化的进程将进一步加快。

二、公益性气象服务的发展趋势

在多年气象服务中，我们总结了很多基本经验，其中最重要的一条就是公益性气象服务的首位原则。《中华人民共和国气象法》对公益性服务的重要性也作了进一步的明确，规定“气象事业是经济建设、国防建设、社会发展和人民生活的基础性公益事业，气象工作应当把公益性气象服务放在首位”。因此，我们认为，在我国现阶段市场经济条件下开展气象服务，首先应保证我国气象事业公益性的性质，在政府支持下，将公益性无偿服务毫不含糊地放在首位，以保证防灾减灾、保护人民、保护社会主义现代化建设成果的需要，突出宏观效益。以此为指导，未来我国公益性气象服务作为基本业务系统的重要组成部分，在国家和地方财政的支持下，只能进一步增强不能削弱，公益性气象服务从组织结构、管理体制和运行机制方面将获得进一步的发展和完善。

未来在发展气象服务中，为了更好地体现公益性气象服务的重要性，需要在发展中采取必要的对策，逐步解决一系列问题。为此，我们要处理好以下问题。首先要进一步明确界定公益服务的范畴，对于不能进入市场的服务产品，不能按市场的方式来组织和提供，以确保公益性服务不变性；其次，通过技术创新和知识创新，加大科研和产品开发力度，以进一步提高服务效益；第三，要加强公益性服务人员队伍建设，建立健全公益性气象服务实体，特别是决策服务实体；第四，要把公益性气象服务纳入基本业务系统管理范畴，争取国家和地方政府给予全额经费支持。

三、商业性气象服务发展趋势

从国外商业性气象服务的发展来看，大体可分三个阶段：

1. 初始阶段

在这一阶段，整个气象服务包括公益性气象服务和面向市场的服务是气象基本业务的自然延伸。气象部门依靠政府拨款支持，以公益服务为主，面向市场的服务处于次要地位，并且收费属于补偿性收费，没有严格的成本核算。私营气象机构开始出现。

2. 发展阶段

在这一阶段，商业性气象服务已经成为重要的气象活动之一，商业性服务收费包括成本和相应的利润，服务成本有严格的核算。私营气象机构得到进一步的发展。

3. 发达阶段

在这一阶段,国家气象部门只开展公益气象服务,商业性服务由私营机构承担。商业性服务向国际发展。和国外商业性气象服务的发展过程相比,我国的商业性气象服务还处于萌芽状态,基本上处于第一阶段。未来,我国商业性气象服务总体上也会以这种趋势来发展。当前,发展商业性气象服务应顺应市场经济发展的需要,大力培育气象信息服务市场,积极推动公益服务和商业性服务的协同发展。为此,现阶段我国商业性气象服务的发展主要分以下两个阶段:

第一阶段:以气象知识智力为基础的专业化的气象信息服务市场化步伐加快。未来的社会是知识经济社会,市场化是一个基础条件。商业性气象服务以知识智力为用户提供服务,其价值应由市场来做正确估价,并赋予价值和价格,加快商业性气象服务的市场化应是必然趋势,市场对推动部门知识智力资源的创新与有效配置将发挥更大的作用。

第二阶段:商业性气象服务向规模化、产业化发展,适应市场经济发展需要的气象信息产业将逐步形成。知识和技术的日益融合与发展,将推动气象科技水平的飞跃。气象服务在市场化的推动下,气象知识向社会更广的范围辐散,效益日趋显著。气象科技有能力也应该向全社会提供系统性及知识含量更高的气象服务,这将促使以气象信息咨询和气象技术服务为主的气象科技服务进一步推向市场,气象科技服务走向规模化、产业化成为可能。作为气象信息产业的重要组成部分,气象科技服务逐步走向产业化,将进一步推进气象信息产业的形成。

加快商业性气象服务的发展,推进科技服务的产业化,发展信息产业,需要十分重视加快气象科技服务与产业的转制工作,推进气象科技服务实体化,产业化进程。

四、气象服务的发展特点

以上公益性气象服务和商业性气象服务的发展趋势将促使我国气象服务在未来的发展中呈现出以下特点:

1. 气象服务公益性的再强化

社会主义气象事业以保护人民和为社会主义现代化建设服务为根本宗旨,这是我们党的群众路线和党的以经济建设为工作中心在气象工作中的具体体现,因此我国的气象工作必须以提高气象服务的社会效益、经济效益和生态效益为中心。这一基础性、公益性事业的本质属性,决定了我们在未来的气象服务工作中,仍必须把为政府、为公众的基本气象服务放在首位。随着经济总量的不断加大,气象灾害造成损失的绝对值越来越大,围绕以防灾减灾为重点的气象公益、决策服务将受到政府和人民的更大关注、重视。正因为气象服务公益性更加鲜明与更加集中,气象事业作为重要的、特殊的社会基础性公益事业这一认识,在全社会进一步得到加强,成为共识。

2. 商业性服务实体化进程的加快

在继续做好公益性气象服务的同时，应当不失时机采取得力措施，大力发展商业性气象服务产业，以求适时抓住机遇，开拓服务市场，利用市场发展自己，适应事业单位改革的大环境。发展商业性气象服务特别要把服务实体作为事业结构战略性调整的重点。商业性气象服务的实体化是市场经济发展的需要，为适应市场经济体制，必需使商业性服务真正能以市场为驱动，以独立的实体进入市场，在市场中参与竞争，求生存发展，求规模效益，这也是专业服务有一个良好的运行机制的需要，保证其独立的法人地位，实现责权利的一致以及分配权、经营权、生产权和自负盈亏的落实。未来几年，我国商业性服务机构的实体化进程必将加快。

3. 服务需求更广泛

市场经济的完善，使气象服务在市场需求牵引下向更深更广的领域发展。这种需求一方面表现出用户的精细和特殊要求，为用户趋利避害、提高效益提供科学依据和保障；另一方面表现出为全社会提高大众的生活质量，如健康、舒适、娱乐、旅游、度假等提供专门性服务。

4. 服务产品日益丰富

未来的气象服务针对性越来越强，气象信息的加工处理更加综合和专业化，初级加工产品和单一气象服务已经不能满足用户与市场需求，服务产品必然向工业、资源、环保、旅游及家庭活动、个人生活等方面深入和延伸，形成气象服务产品个性化、系列化、多元化。

第五节　知识经济与气象服务

20 世纪下半叶以来，逐步兴起的知识经济，是继农业经济、工业经济之后出现的第三种经济形式。21 世纪将是知识经济的世纪。知识经济带给人类的影响将是全面的和深远的，它必将对各个学科、各个领域及社会各组成部分之间的关系和发展带来深刻的变革和影响。这其中同样包含着气象领域。

气象服务作为国民经济的组成部分，在知识经济迎面而来之时，应当适应社会经济形势变化的要求，抓住历史机遇进入国民经济主战场。完成这一任务应是当代气象人的历史使命。

一、知识经济的现状及发展趋势

对于知识经济的内涵，许多专家学者在本质上提出了相同的看法，即“以智力资源的占有、配置，以科学技术为主的知识的生产、分配和消费（使用）为最重要因素的经济”。从定义中可以看出知识经济的两个最根本的特点是：强调在资源上以知识、智力资源为第一生产要素，对自然资源通过知识和智力进行科学、合理、综合和集约的配置；

在增加知识含量基础上,知识本身成为商品的主体。以信息技术和信息产业的迅猛发展为代表,知识经济时代拉开了序幕。但科学、客观地分析,人类社会全面进入知识经济时代至少要到21世纪下半叶。国际上的衡量指标有三个:知识性产业在国民生产总值中占50%以上;知识劳动者在劳动结构中占50%以上;科技贡献率大于50%。综合考虑我国的现状和改革的进展,无论从这些标准来看,还是从技术的创新、资本的积累、结构的转变上分析,我们国家离知识经济还有很大的距离。

知识经济的崛起,源自于以信息技术等高技术及其产业迅猛发展为标志的科技革命。不管知识经济究竟何时将最终形成,可以肯定的是,其发展趋势已呈现出加速的迅猛发展之势,知识经济对全球的影响范围和影响深度将超过以往任何一种经济形式。以知识和创新为基础的全球竞争将在各个领域内展开,这种加速的作用将导致知识经济形成的时间大大短于工业经济的形成时间。但知识经济在未来发展中也将日益表现出发展的不平衡性。以信息产业起步较早的发达国家为龙头,将在全球范围内带动起新一轮的竞赛,受科学技术飞速发展及经济技术全球化趋势的影响,知识经济在全球范围内形成的不同发展阶段和发展层次不平衡的态势将进一步加深。对于发达国家,知识经济是其生产力发展的自然结果;对于处于工业化过程中的发展中国家,则是机遇与挑战并存。发展中国家通过学习别国技术和经验赶上发达国家的难度将加大。因此,知识经济的发展对发展中国家来说是一把双刃剑,如何抓住机遇寻求发展,缩小差距是摆在我们面前的紧迫任务。

二、气象服务与知识经济的关系

1. 气象服务与知识经济的联系

未来的社会将是知识经济社会,气象服务作为国民经济不可缺少的组成部分,其作用必然将在经济、信息、科技一体化进程中日趋明显。气象服务将进一步适应知识经济的要求,气象创新体系的建设将进一步体现知识经济发展的趋势,充分实现知识、信息第一生产要素的作用。

(1)气象服务的属性和发展符合知识经济的特征

气象科技对人类社会的保障作用主要是通过气象服务来实现的。以气象科技为基础,以信息技术为优势的气象服务业是信息产业的重要组成部分;气象科技的复杂性、知识和技术的密集性又决定了信息技术在气象服务中的根本保障作用。因此,就气象服务的科研、开发及提供信息产品的全过程来看,体现了对信息与知识的生产、扩散和应用,是多种知识智力资源的集成,这正是人类社会向知识经济发展的本质要求。高科技作为知识经济的发展核心,21世纪将继续成为知识经济时代的代表,而信息产业作为高科技的支柱,其"后发优势"将充分体现出来,气象服务可大显身手。

(2)气象信息是一种智力性资源

知识经济时代,传统资源在使用中将与新的科学和技术相结合,以更多的智力投入来换取更少的实物资源的消费,这时的知识性生产要素已成为一种非天然性的生产和生活资源,可称其为智力资源。气象信息正是具有这一特征。随着社会的发展和气象意识的增强,特别是在抗洪、航空、航海、水电和大水面开发利用等领域,气象信息将作为必备的资源和决策的要素进入决策模式中。特别是气候资源作为一种再生性资源,当与气象知识智力相结合并赋予合理开发利用和保护时,将有可能成为可持续的并不随着使用而消失、转化的资源,可成为一种永久的生产性要素,这时的气象信息将不仅仅是一种参考和建议,更突出地表现为一种资源,一种智力性资源。

(3)气象科技的进步将推动气象服务的发展

气象科技作为气象服务的基础,是一门十分典型的边缘学科。随着科技的发展和快速的应用转化,在全球化趋势带动下,气象科技将日趋表现出高度的学科交叉和知识密集性,这种融合性将带动气象服务向更深更广的领域拓展,其基础性作用在知识经济社会更为明显,例如,这一作用可表现在21世纪环保工程将成为重要的五大战略性工程之一,气象与环境学科的密切关系,将决定气象科技必须以一种综合的能力融入知识经济主战场。

(4)气象创新体系建设体现了知识经济发展的内在要求

气象事业作为国家的公益性事业,气象创新既具有一般性的含义,同时更应具有气象行业的特点。因此,气象创新具有比较丰富的内涵,不能仅理解为气象科学技术的新成果、新发现和发明,而是从气象科学、技术的新发现到气象业务、服务的转换和应用的整个过程。气象创新是气象新思想和气象科技新发现,应用到气象业务、服务信息产品设计、试制、生产、销售和市场化的一系列过程,其实质是气象科技创新成果的业务、服务化应用。其中气象科技创新和人才的创新是重要组成部分。气象创新体系建设,特别是科技和人才的创新直接体现了知识经济的本质和内涵,也正是气象服务可持续发展,具有旺盛生命力的保证。

2. 气象服务在知识经济中的地位和作用

无论社会发展到什么阶段,气象服务的保障作用都是不会变的。只是不同的发展阶段,气象服务的效益和所处的角色不同。

保证人民生命财产安全为国民经济建设服务的作用仍决定了它应当是未来知识经济大家庭中不可缺少的一员。知识经济时代,气象科学知识作为自然科学的组成部分,在人们知识结构的更新和补充中将日益得到重视,利用气象信息将成为人们生产生活中的自觉行为。气象服务以人力资源的不断创新作为推动力,以知识智力为基础和第一生产要素,同时由于气象科技贡献率的提高,其社会经济效益将有实质性的提高。具体表现在:宏观上,强调知识资源的时代,也突出表现在决策的科学化和知识化上,趋利避害的气象信息将成为国家各级决策层作出科学决策必不可少的要素,气象服务将成为决策系统的有机组成部分,其宏观经济效益将得到空前的重视。市场经济的发展,竞争将导致资源的合理配置,粗放式的生产经营模式必将逐步走向集约化,气象条件及专业性的气象服务将成为一些行业和企业生产必须加以考虑并加以应用的生产要素。气象与人民生活的密切关系，赋予气象科技更广的内涵，拓展了气象服务的应用领域，气象服务的微观效益在以上领域将更为明显。

3. 气象服务业在知识经济中的定位

综上所述，既然整个社会将以不可抗拒的趋势迈向知识经济时代，气象服务业应当跻身于国民经济发展的主战场。气象服务的经济性质和信息产业性质决定了气象服务业不断发展，必然形成为知识经济的重要组成部分。而且随着社会经济的发展和气象科技不断取得新的重大突破，气象避害和趋利的效益会越来越高。首先是气象服务的宏观经济效益越来越高。同时，通过商业性气象服务，气象服务的微观经济效益也将越来越高。

三、气象知识经济

1. 气象知识经济的内涵

从系统论和控制论的角度说，气象科技可以通过对用户系统实施有效的气象控制，从而提高拥护系统的经济效益。这一部分经济效益不是靠消耗人类已经开发的物质资源，而是靠气象知识去趋气象之利、避气象之害。因此，气象科技转化为经济是一种典型的知识经济概念。当然，能否被称之为“知识经济的成员”，甚至称之为“气象知识经济”，还有一个数量问题，即：这种性质的经济成分在整个知识经济中占的分量问题。如果这一部分经济的效益相当明显，在知识经济中能占有一定的比例，就可成为知识经济中不可忽视的组成部分，甚至是知识经济的重要成员。我们称这种在知识经济中占有一定比例的以气象科学技术为基础的经济成份为气象知识经济。

2. 气象知识经济的若干基本特征

(1)融合性

气象科学技术是通过对各行业经济系统实施气象控制从而产生经济效益的。因此，气象知识经济是融合在各行各业的具体的经济系统之中，而不是相对独立的经济体系。

(2)基础性

随着科技和经济的发展，气象作为一种自然资源，可以被一切和气象有关的行业所利用。气象灾害对各行各业的影响也随着经济发展越来越明显，对全社会经济具有宏观的影响。因此，气象科技对于各行各业具有基础性作用，是社会和国家经济的基础性行业。

(3)商业性

在社会主义市场经济体制的大格局中，各种经济成分必须通过市场来优化配置和创造财富。气象知识经济作为一种经济成分必须采用市场机制有效地融合到各种经济实体之中。相应地，对各种具体经济实体的气象服务是商业性气象服务。

(4)高效性

根据国内外关于气象服务效益的研究，气象服务的投入/效益比一般在1:5～

1:100之间。随着气象科技水平的不断提高,气象服务的效益还将进一步提高。国外商业性气象服务的蓬勃发展,已说明了商业性气象服务的经济效益越来越看好。因此,未来气象知识经济是一种具有很高效益的经济成分。

3. 发展气象知识经济要解决的问题

我国气象服务业的现状和知识经济的要求差距还很大。要使气象科技更充分而有效地转化为经济效益,还必须付出巨大的努力。以下几个问题是发展气象知识经济过程中必须着力解决的关键问题:

(1)发展具有高科技含量的气象信息服务技术

具有不同特点的服务对象对气象服务有不同的要求,特定的气象服务要求提供有针对性的气象信息;气象服务信息的质量是服务有效的前提。为了切实提高气象服务信息的质量,必须引入市场机制,促进基本气象科技成果更充分地转化为服务业务能力,发展具有专业性和高科技含量的气象信息制作系统,发展现代化的气象信息服务系统。

(2)发展现代气象控制技术,大力开拓气象工程服务领域

气象控制工程是气象科技最终转化为经济效益的关键。气象工程服务是新一代气象服务开拓的重要领域。

(3)大力发展商业性气象服务,通过市场优化气象资源配置

气象知识作为一种重要的资源,应当有效地优化配置到各行各业,从而产生更大的经济效益。市场是优化资源配置的重要渠道。气象资源的优化配置也必须充分利用它。通过大力发展商业性气象服务,市场机制可以将用户和气象科技人员凝聚到一起,共同研究气象对用户的制约关系,共同开发气象服务技术。在市场机制激励下,大批的气象科技人员会投身于气象科技成果向气象服务技术的转化中,有专业针对性的高质量气象信息服务产品就会源源不断地开发出来。通过市场竞争,优秀的产品将会层出不穷。因此,在发展社会主义市场经济的过程中,一方面要继续大力完善公益性气象服务体系;另一方面,应大力发展商业性气象服务体系。

参考文献

[1] 刘磊等,知识经济第三次经济革命,中国大地出版社,1998。

[2] 路甬祥,创新与未来,科学出版社,1998。

[3] 马鹤年,气象产业——未来知识经济的重要成员,气象软科学,总 30 期,1998。

[4] 马鹤年、何少辉,公益气象服务若干规律剖析,全国决策气象服务工作研讨会文集,气象出版社,1998。

[5] 马鹤年,气象控制——气象服务的基本原理,气象服务学术研讨会文集,气象出版社,2000。

[6] 秦言,关注知识经济,天津人民出版社,1998。

[7] Kenneth E. Kunkel, Temporal Fluctuation in Weather and Climate Extream That Cause Ecnomic and Human Health Impacts: A Review, *Bulletin of the American Meteorological Society*, 80, p.1083, 1999.

第十二章 气象服务发展战略

目前,气象服务现代化水平与基本业务现代化水平不相适应,气象服务的能力尚不能满足国民经济和社会发展的需求。选择正确的服务发展战略,为气象服务的持续、快速、健康发展指明方向,是气象服务学研究的一个重要问题。

新世纪的气象服务业应采取如下发展思路:发展有高科技含量的气象信息服务技术,大力开拓气象工程服务,全面开发气象资源,不断提高公益服务质量,大力发展商业性气象服务和成本补偿性收费服务,发展气象知识经济。未来气象服务的发展战略,必须围绕建设面向21世纪的现代化气象服务体系的目标,指出明确的发展策略,需要我国的气象服务从组织形式、运行机制和管理模式等方面给予保障和支持。

第一节 气象服务业务现代化

当前,随着信息革命的迅猛发展,信息科技突飞猛进,导致整个社会的生产方式、生活方式和思维方式都发生了深刻的变化,人类社会正在快步进入信息化时代。信息化的基本特征是以知识为内涵,又以知识创新、传播以及多样化应用为基础。

气象信息知识,包括气象科学、气象技术、与气象有关的科学以及气象与经济的关系等方面的知识。气象服务是由气象及其相关信息的收集、传输、初加工、深加工(包括技术包装和深开发)和向用户提供等主要环节构成,具有明显的信息化特征。但作为"四大功能块"之一的气象服务"功能块",其功能明显弱于前三块基本业务的总体功能,其信息化应具有的优势和效益尚未完全发挥,气象服务的总体能力和水平与国家社会经济的快速发展不相适应,如果从适应知识经济发展的高度看,差距就更大。解决这些问题的关键是实现气象服务业务的现代化。

气象服务业务现代化从内涵上分析,主要包括服务技术方法现代化和服务设施手段现代化两部分内容。

一、服务技术方法现代化

技术方法现代化首先是专业化。随着社会科技和生产的发展,专业化程度越来越高,分工越来越细。各行各业甚至同一行业中的不同的生产实体,由于具体条件的千差万别,都可能有特定的气象问题。只有气象服务有明确的针对性,才能适应用户的需求,产生理想的服务效益。因此,气象服务技术方法的现代化首先应是专业化。气象服务的专业化,要求提供服务的产品是专业化的。所谓专业化的气象服务产品,就是根据用户特定的需求专门为之制作的产品,因此可以说,它是一种有专业针对性的产品(有关问题将在第十四章专门讨论)。

其次,根据不同用户的需求,研制出加工制作专业化服务产品的技术方法,推进技术方法的现代化。为了适应现代分工越来越细的各行各业各类用户对气象服务的需求,必须走出“我有什么产品就为用户提供什么产品”,“我只有大路货产品——常规天气要素预报的初级产品”等思想方法的误区,代之以“逆向思维方法”,即:用户需要什么样的气象服务,就千方百计地根据不同用户的需求,采用有针对性、先进的技术方法,研制满足用户各种不同需求的产品,提供优质、高效的服务。因此,适应并体现专业化的需求,加强服务产品制作技术的现代化建设将是一个核心问题(有关问题将在第十五章专门讨论)。

二、服务设施手段现代化

1. 气象服务设施手段的现状及其重要性

当前,随着改革的深入和气象部门现代化程度的提高,气象服务的设施手段和服务系统建设都得到了发展。气象服务的载体日趋多样化,分发手段也日趋现代化。各级气象台站制作的气象信息节目在广播和电视等媒体上的播出频率逐步增加,深得群众的好评。

改革开放以来,气象服务设施手段的现代化有了很大的发展,但是应该看到与实际需求仍存在着很大的差距,尚不能完全适应社会主义市场经济的客观要求。因此,推进气象服务设施手段的现代化建设,加快服务系统的现代化,对于气象服务的进一步发展具有重要意义。

首先,实现气象服务设施手段的现代化是提高专业化程度、实现集约化的必然要求。服务设施手段和服务系统的现代化水平低,产品的再加工和分发能力差,就难以提高专业化和自动化程度,也难以提高气象服务的科技含量;其次,实现气象服务设施手段和服务系统的现代化可进一步发挥气象现代化总体效益;第三,实现气象服务设施、方式和服务系统的现代化可提高科技水平,减少重复劳动,降低服务成本,提高工作效率,可以最小的投入获取最大的效益;第四,实现气象服务设施手段的现代化可以提高服务的准确性、及时性和针对性。一方面,通过服务设施手段和服务系统的现代化,气象服务可以随时进行服务,并且及时更正或补充有关服务内容,由此提高了服务的准确性和及时性;另一方面,只有通过推进服务现代化,才能使服务产品丰富多彩,满足用户的需求,让用户易于接受和使用服务产品,提高服务效益。

2. 气象服务设施手段现代化建设的目标和主要内涵

气象服务设施手段现代化建设的目标是充分发挥气象部门网络通讯、计算机等方面的优势,采用各种先进的技术手段,实现气象服务产品加工制作的现代化、产品传输的现代化和产品显示输出方式的现代化。

气象服务设施手段现代化建设的主要内涵是:

①气象服务产品加工制作手段的现代化。气象服务产品是一种综合加工、集成的产物,主要来源于各种气象情报、资料分析和预测预报产品等。因此,要建设先进的计算机网络、气象信息数据库、电视天气预报制作等系统,采用先进的技术手段,通过计算机网络从基本气象业务系统和信息数据库中调用历史、实时气象资料和初级预报产品等基本气象信息,再根据用户的特点和需求,在专用气象服务平台上进行加工,制作出内容准确、针对性强、通俗易懂、形象直观的多种形式的气象服务产品。

②气象服务产品传输手段的现代化。气象服务产品是一种时效性很强的信息,同时也是一种集图形、图像、文字于一体的特殊信息。这种特殊信息的传输较一般信息的传输要复杂得多,尤其是动画云图、雷达图以及分析图等图形图像文件,信息量较大,传输费时较多。因此,必须采用先进的技术手段,如在传输前对图形图像文件进行压缩处理,在接收终端再进行解码还原;采用光纤通讯,提高传输速率;采用电话专线、数据分组交换和国际互联网等方式,方便用户接收等等,使气象服务产品能够方便、快速、有效地传达到用户手中。

③气象服务产品显示输出手段的现代化。显示输出方式不仅仅是个技巧、美观问题,而且也是准确、生动、直观地表达服务产品内容的一种重要形式。同样一个内容,采用不同的表达、显示、输出方式,会产生不同的效果。因此,要采用计算机屏幕显示(包括台式机、便携机和液晶投影等)、电视图像、投影胶片(包括实物投影、大屏幕输出)、幻灯片等通俗易懂的表达、显示方式,实现全程滚进、多媒体化和视听化,满足用户的需求。

3．气象服务设施手段现代化建设的基本原则

(1)要以基本气象业务系统为依托

气象服务设施手段建设要以基本气象业务系统为依托,把如何充分使用基本气象业务提供的信息和资料,进行更加现代化的加工、集成、包装、分发作为建设的出发点,最大限度地发挥气象现代化建设的总体效益。

(2)高起点、高水平、高效益

气象服务设施手段建设要适应现代科学技术迅猛发展的特点,积极应用高新技术,根据相关科技发展趋势,适度超前设计,易于扩展和改进,并在相当时期内保持先进水平。

(3)立足服务,形成特色

气象服务设施手段建设要结合服务的需求,针对当地用户的特点,做到既能实现服务功能上的全面性又具有服务内容上的特色。

(4)边建设、边使用

气象服务设施手段建设要分步进行,在形成总体框架的基础上,建成一部分,投入使用一部分,早出效益,快出效益,并通过效益反馈机制进一步支持服务系统建设,形成“投入－收益－再投入”的持续建设模式,从而实现以服务效益推动服务发展的良性循环。

第二节　气象服务产品制作专业化

随着生产力的发展、科技的进步和人们生活水平的提高，公众对气象服务的需求也越来越专业化，对气象服务产品的制作尤为关键的气象服务指标也将越来越丰富。例如，在区域上已不满足气象台过去常用的预报用语“明天局部地区有暴雨”之类的服务产品，而是要求预报能做到定时、定点、定量化。此外，服务内容也越来越多。如，要求提供湿度和空气清洁度预报等等。即使是决策服务，在社会经济日益发达的今天，政府要求决策气象服务的内容也越来越具体，时空精度越来越高。例如在防汛决策的重要关头，当大堤已到警戒水位时，需要的气象服务指标再也不是以有无日降水量≥50.0mm为定义概念的暴雨，而是要求回答“有无小雨”或流域是否有平均12小时雨量≥5mm之类更准确、更具体的要求。

因此，建立不同服务的指标体系，根据指标体系的要求，应用专业化的产品制作方法，提供更有针对性的服务，对于提供专业化的气象服务具有重要的意义。

服务产品制作专业化的目标是建立符合各类不同服务用户需求、明确服务内容、规范服务形式的服务指标体系；通过加强有针对性的气象服务产品开发，切实在服务产品制作和加工工作上下工夫，在综合集成上做文章，努力提高服务产品质量和综合效益。

一、服务指标专业化

服务指标体系建设的主要内涵是：各级气象服务实体在广泛调查了解各行各业不同用户对气象服务的需求内容和形式后，根据气象科学技术的发展和各自的具体情况，采取科学先进的方法，从不同方面和不同角度提出各种气象服务指标，并继而建立本级气象服务指标体系。在此基础上，有关部门组织对各种气象服务指标进行筛选，去掉重复，合并相近指标，按服务用户的类型进行归纳和分类，形成服务指标体系。

二、服务产品制作方法专业化

服务产品制作专业化的内涵主要体现在以下几个方面：

1. 制作高质量的气象服务产品

基本气象信息作为气象服务的原材料，要经过加工处理才能制作成服务产品，实现服务增值。因此，服务产品的质量是服务效益的基础。服务产品的质量表现在内容和形式两方面。产品形式实际上是外包装，丰富多彩的外包装容易被用户接受，有助于用户理解产品内容，增强对产品内在质量的信心，提高产品的附加值。为提高产品内在质量，应切实研究用户需求，充分利用基本业务系统的信息和产品，采用现代化的、专业化的产品技术加工手段和方法，为用户提供有高科技含量的专业化的服务产品。

2. 加强气象服务产品品种的开发

要突破只提供常规气象要素预报的传统作法，大力加强气象服务产品品种的开发，努力形成多样化、系列化的服务产品，才能提高服务产品的针对性，充分发挥气象服务的效益。为此，一方面，要积极向非常规气象要素预报发展，如为交通服务除了提供传统的气象要素预报外，还应增加路面温度、能见度等要素预报；另一方面，是向非气象要素预报发展，如人体舒适度、花粉浓度、大气污染潜势、紫外线以及其它各种气象指数等。

3. 收集市场反馈意见，推动新一轮开发

要广泛收集广大用户应用气象服务产品的反馈意见和需求意见，通过这些意见，分析了解用户实际需求，采取切实有效的措施，推动新一轮气象服务产品的开发，增加产品的种类，改进气象服务的手段和形式，提高产品的质量和科技含量。

第三节　气象服务队伍专职化

气象服务是气象工作的出发点和归宿。在各个时期，气象服务工作在我国经济建设和社会发展中都发挥了十分重要的作用。国民经济和社会的发展使各行各业对气象服务的需求向多元化方向发展，但长期以来，气象服务产品不仅种类单一，而且制作包装水平较低．原有的服务流程、服务方式、服务产品已经不能满足各行业生产发展的需要。多年来的实践证明，服务要发展，必须保证人员落实、组织落实，建立一支高素质的气象服务专门队伍，是保证气象服务从根本上适应国民经济和社会发展的关键。

气象服务专职化队伍由三部分组成：合理的产品制作专职人员；研究开发新的服务产品制作方法和加工制作的科研人员；适应市场需要的营销人员。

一、气象服务队伍专职化的重要性

随着经济的进一步发展，尤其是改革开放以来，社会的发展使新兴行业不断涌现，出现了一些对天气气候条件较为敏感的行业，如花卉业、旅游业等；而传统的交通、建筑、轻纺业、医疗卫生、航运等行业的发展使其对气象服务的要求不再满足于简单的天气预报，各行各业对气象部门提出的服务需求内容、方式各不相同，甚至花样繁多，对气象产品的需求向可视化、多样化、精细化的方向发展。应该看到我们品种较单一的服务产品与社会的要求存在巨大差距。适应市场的需要，气象服务产品将不应再局限于简单的天气要素的预报产品，气象服务将不再仅仅只是从前对预报产品简单的粗加工。制作符合不同服务对象要求的信息产品，气象服务向产品的可视化、多样化发展已成为一种必然。

以上需求的增长使气象服务产品加工任务不可能再靠预报或其他业务人员的兼职来实现，建立合理的气象服务产品制作专门队伍是气象服务发展的必然选择。

气象服务是气象部门面向社会经济舞台的窗口，气象服务产品的好坏，产品的科技含量在某种程度上说是气象服务质量的关键，而要制作高水平的气象服务产品，就要有过硬科研开发能力的人才队伍作为后盾。提高气象产品的专业化水平和科技含量，充分获取和利用各种商业和科技信息，以避免和减少损失，提高服务经济效益是气象服务产品在未来的市场中求生存求发展的重要保证，是气象服务发展面临的重要而紧迫的任务。建立一支有较高知识水平与素质的专职服务科研队伍是加强气象服务能力建设的重要基础。

随着气象部门事业结构调整的不断深化，专用气象服务将不可避免向市场化方向发展，专用气象服务产品将面对市场的竞争。这就需要建立一支适应市场需要的营销人员队伍，积极投身到市场中，宣传气象服务产品在各行各业的生产与建设中所能起到的趋利避害作用，推销服务产品，同时还要能了解用户对服务产品的使用情况，及时反馈气象服务的意见和需求，在用户和服务产品制作单位之间发挥桥梁的作用。

二、建设气象服务专职队伍的基本要求

专职气象服务队伍应具有扎实的气象理论基础知识和广泛、丰富的科技知识，掌握各种专业服务产品的加工技术，熟悉气象服务产品的性能，了解不同服务对象的需求特点。同时还要有较强对外宣传、促销和公关能力，会管理和懂经营。

1. 气象服务产品制作专职队伍的要求

气象服务产品的制作不同于预报产品的制作，不仅要求产品制作人员应具有足够的气象知识，同时应具备制作可视化产品的技能，掌握各种专业预报产品的深加工技术，熟悉各类图形图像加工软件，有足够的精力和时间分析市场形势，了解不同的服务对象对气象服务产品的需求特性，站在用户的角度上去看待这种信息产品，针对不同的用户进行产品的制作与加工，使产品更贴近用户的实际。此外，气象服务产品的制作人员还应充分了解各行各业对气象条件的敏感程度，能够在提供气象信息产品的同时，对气象灾害可能造成的影响作出相应的预见性评价和分析。

2. 对专职服务科研队伍的要求

气象专职服务科研队伍是从事开发、研究气象服务产品的专业人员，不仅应具备气象知识，还应具备如水文，生态、海洋等相关学科知识，更重要的是应当有能力在调查了解气象服务用户的需求和反馈意见的基础上，研究开发出新的有针对性的气象服务产品加工制作方法，并能针对不同的用户需求，开发新的传输分发、集成、显示以及包装技术，从而为进一步开拓市场和为市场提供高质量、适销对路的气象服务产品打下坚实的技术基础。

3. 对气象服务营销队伍的要求

随着气象服务向产业化、规模化方向发展，气象服务人员还应懂得市场营销技术，适时把握市场经济给气象服务带来的机遇和挑战。营销队伍是气象服务的喉舌，服务

产品在市场中所占的份额和在各行各业中的广泛应用，都要靠气象服务队伍中有较强对外宣传、促销和交际能力，熟悉气象服务产品的性能和种类，有实际工作经验，懂业务、会经营的专门人才。

三、气象服务队伍专职化的建设

气象服务队伍专职化建设的关键是采用多种人才培养机制和途径，营造有利于人才集聚的良好环境，创造有利于各类优秀人才脱颖而出的良好氛围。

各类气象服务实体有不同的需求层次，但切实提高制作人员的产品加工能力和综合集成能力是关键。服务产品制作专职队伍的建设，要紧密围绕从服务产品的集成、加工、包装、信息反馈到再加工的业务流程的需要，以服务的科研开发为基础，应用专用的、先进的加工分析方法和技术，切实加强针对不同服务对象提供专业化服务产品的能力。

针对专职科研人员发展方向和素质要求，开展有针对性、有目的的培训。培养跨学科人才，使他们在具备相当程度气象知识基础的同时，掌握相关学科的专业技能，能根据服务对象的要求，开发出新的更具贴近用户需求，更能发挥气象信息应有作用的服务产品。在加强气象服务专职科研队伍建设的同时，应充分考虑到作为气象服务领域科研的特殊性，合理运用职务岗位结构比例，探索符合市场经济，符合气象服务科研队伍实际的专业技术人才和专业技术水平的社会化评价办法、标准，促进气象服务科研人员积极性的发挥。

气象服务要面临市场的竞争，营销队伍人员的建设十分重要。在事业结构调整过程中，必定有相当部分气象科技人员面临分流转岗，从中选拔具有营销头脑的人员充实到气象服务的营销队伍中，并进行气象服务产品营销技能的培训。在从气象部门内部吸收的同时，还应通过招聘的方式可以从社会引进气象服务和产业发展急需的具有市场开拓能力，熟悉现代企业管理机制、懂经营、善管理的服务营销管理人才。

第四节　公益气象服务再强化

我国气象事业作为基础性、公益性事业，决定了我们必须把公益服务作为未来的气象服务工作的基本内容。随着社会经济的发展，气象服务的内容和形式呈现多样化发展的趋势，公益性气象服务在新形势下的发展要突出强调以下几个要点：

一、加强公益性气象服务，强调公益性服务的主体地位

《中华人民共和国气象法》明确规定：气象事业是经济建设、国防建设、社会发展和人民生活的基础性公益事业，气象工作应当把公益性气象服务放在首位。气象工作的宗旨是保护人民生活和为社会主义现代化建设服务，气象服务直接面向整个国家社会

经济发展和公众生活的需要。而决策服务在各级政府组织防灾减灾、资源利用、保护环境等趋利避害、促进国民经济建设、社会发展、和保护人民生命财产方面具有重大的意义。公众服务与人们的生产、生活直接有关,提供这样的气象信息,是国家赋予气象部门的一项重要任务,也是气象部门直接为人民服务的具体行为。但随着经济的不断发展,国民经济各部门、各经济实体对专业化、有针对性的气象服务的需求越来越迫切,这些经济体要求并且也能接受气象部门在原有服务的基础上提供针对性强、使用价值高的有偿甚至商业性服务,但对提供的这类服务,我们必须强调公益性气象服务的基础性,在公益性服务与商业性服务中,必须保持公益性气象服务的主体地位。虽然补偿性服务是对公益性无偿气象服务的重要补充,但是在公益性无偿气象服务与补偿性服务中,公益性无偿服务是首位的,必需强化这种首位意识。

二、建设精干高效的公益性气象服务实体

公益服务质量的好坏关系到各级政府对气象的重视程度和支持力度。经济发展使社会各界对气象灾害的敏感程度加大,社会可持续发展的要求也对关系到国计民生的决策气象服务提出了更高的要求。要作好做好气象服务,必须要有专人,专门的设备,专门的组织形式,从事专门的服务。过去大一统的服务,以不变应万变适应不了时代发展的需求。公益性气象服务发展的重要前提是建立精干高效的公益服务业务实体,配备既有较丰富的预报实践经验,又有熟悉气象服务的专职队伍,制定公益气象服务的规章制度,形成从对预报预测服务产品的分析集成、包装、传输到信息反馈的公益服务流程。

公益性服务实体,要及时了解各级政府的需要,进行有针对性的研究、开发、产品制作,积极主动开展服务,使公益服务能够更加具有针对性,更加的"及时、主动、准确、科学、高效",提高实体运作的时效性、针对性、指导性。

三、加强公益性气象服务科研开发

科研与技术开发在气象事业发展中占有重要地位,几十年的实践表明,没有科技的进步就没有气象事业的发展,要重视气象事业现代化,必须高度重视和加强科研开发。过去,公益服务产品的内容和形式单一,直接将预报结果作为公益服务,以预报结论进行服务的情况较为普遍。公益服务面对的服务对象是各级政府部门和公众,只有提高公益服务的质量和科技含量,才能发挥公益服务应有的效益,使政府和社会对气象公益服务有持久的支持。

加强公益气象服务产品的开发、技术创新,重点在气象服务技术、产品、人才、制度的创新上。广大气象服务科研开发工作者要面向气象事业现代化建设,面向国民经济建设,以需求为导向,发展气象服务科学技术。要深化气象服务业务技术体制改革,丰富服务内容,正确选择技术,形成合理的技术结构。同时,要积极制定气象科研人才选

拔、培养、引进、招聘等措施。在"专"字上下功夫，使公益服务更为直观、形象，通俗易懂。此外，还应针对不同地区的特点，对以往气象灾害造成的影响进行研究分析，储存相应的技术分析资料，在向各级政府部门提供信息的同时，也提供对策和建议，使气象服务发挥更大的作用。

四、确保经费支持

天气信息和气候条件信息是各级政府防灾减灾以及广大人民群众安排生产和生活必不可少的基本信息。长期以来，气象服务在防灾减灾、指导生产、资源环境的开发保护中发挥了极大的作用。气象事业是一项十分重要的社会基础性、公益性事业，中央和各级地方政府应当是气象公益性事业资金投入和保障的主体。

公益性气象服务产品制作的最终完成，首先需要得到从遍布全国的各级气象台站每天数次的，从地面、低空到高空的各种气象要素观测资料，并在此基础上对资料进行仔细的加工分析和预报，在预报产品的基础上再根据各级政府和公众的需求进行公益气象服务产品的加工制作和分发。这一系列的过程需要依靠高科技的手段，利用昂贵的通讯网络和计算机系统，实时传输和处理十分庞大的各种实时信息，耗费极大的人力和物力，而气象服务产品尤其是公益性气象服务的产品是公共物品，不能进入市场，其价值很难用货币的形式来衡量和实现，主要体现在社会价值上。因而，气象公益服务必须有政府资金的大力保障。作为气象部门本身也需要在提高公益服务质量的同时，积极进行宣传工作，使气象公益服务能产生的社会、经济效益进一步为社会所承认，才能保证社会对气象事业的支持。

发展包括公益服务在内的国家气象事业所需的基本建设投资和事业经费，应由中央财政统筹安排；发展地方气象事业，尤其是为地方建设开展的公益性气象服务所需的基本建设投资和事业经费，要纳入地方各级人民政府的国民经济和社会发展计划，在安排财政预算时通盘考虑，并随着地方经济的发展和财力的增长，逐步加大对气象事业和气象服务工作的投入。因此，要积极争取各级地方政府建立与国家财政体制相适应的气象投入体制，为地方气象事业发展提供稳定的资金来源。在争取政府投入的同时，还应积极开拓其他渠道的资金投入，健全公众气象服务非盈利补偿机制，确保公益性气象事业的持续发展。

第五节　专用气象服务机制商业化

一、专用气象服务机制商业化的发展要求和趋势

我国在建立和完善社会主义市场经济体制的过程中，各项改革不断推进和深化。随

着国有企业改革和政府机构改革的深入，事业单位的改革越来越成为迫切的任务。气象服务的公益和有偿的双重一体运行，使得人们对气象服务本质特性认识模糊化，不仅专用气象服务难以逐步向商业性服务转变，影响了气象信息资源的合理优化配置，制约气象服务整体效益发挥，而且国家对气象事业的财政补贴不足，使生产公共物品的基本气象业务长期陷于窘迫的境地，影响公益性气象事业的维持和发展。所以，推进气象事业单位改革步伐，尽快明晰公益性气象服务和商业性服务的界限，推进专用气象服务向商业性服务发展，是外部环境的紧迫需求，也是气象事业深化改革、寻求可持续发展的内部要求。

国家关于事业单位改革的基本思路是按照政事企分开的原则，推进事业单位的社会化，要求科技咨询和信息服务机构要面向市场，逐步实行企业化管理。中国气象局遵照这一改革思路，确立了"三部分"的气象事业新的基本框架，提出了科技服务和产业面向市场，并形成规模效益。这就要求我们对属于不同"部分"的气象服务进行分类管理，按照政事企分开的原则，明确属于公益范畴的气象服务由政府组织提供，对面向市场的气象科技服务要通过转换机制，逐步实现实体化、企业化和产业化，采用市场机制来发展。

《中华人民共和国气象法》颁布以后，《气象有偿服务条例》、《商业性气象服务管理办法》和《气象资料对外提供管理办法》也将陆续出台，国内气象服务市场将有序、逐步、适度开放，气象服务格局将出现新的变化，其他部门的气象机构或组织、个人经过一定的程序也会进入国内气象服务市场。由气象部门一家专营的气象服务的局面将会逐步改变。

以上影响，既为专用服务的发展带来了机遇，同时也对专用服务未来如何发展提出了挑战。适应内外环境的变化，专用气象服务从组织机构、运行机制和管理逐步引入市场机制，走向商业化的发展道路是未来的发展趋势，也是未来发展的目标。

二、推进专用气象服务机制商业化的战略措施

推进专用气象服务机制商业化，其内涵主要包括：首要条件是具备比较成熟的气象科技市场，因此，要大力培育气象科技市场，把对市场的需求研究放在首位，把对需求的预测作为拓展科技服务市场的重要手段，以需求作为拓宽服务领域的推动力；其次，是建立专用气象服务的组织机构，推进专用气象服务实体化建设，加快实体企业化和规模化；第三，逐步引入市场机制，推进专用气象服务实体的企业化管理和运营；第四，要制定有关的法律法规作为行为准则，如《气象有偿服务条例》、《商业性气象服务管理办法》和《气象资料对外提供管理办法》等，为专用气象服务走向商业性服务提供法律保障，促进商业性服务的规范化和法规化发展。

要加强气象服务业的行业开放力度，并通过气象事业结构调整，为专用气象服务向商业性服务转变提供更多的支持。行业的开放是建立在气象服务良好的社会声誉基础上的，它以与社会需求紧密结合的服务为重点内容。行业开放需要气象服务把向全社会普

及、传播气象知识作为一项基本任务，以全社会气象意识的提高来扩大对气象服务的需求。充分发挥在市场竞争中形成的有规模效益的产业实体在行业开放中的重要作用，通过逐步实现气象服务信息技术产品商品化，拓展气象科技服务市场，以气象服务市场的不断发展和拓宽来推动全行业的开放，在开放中发挥资源优势，积极推进商业性气象服务的发展。行业的开放同样需要气象服务市场向社会开放，与部门之外的商业性服务机构展开竞争，在竞争中发展壮大自己，推动专用气象服务向商业性气象服务发展的步伐。

在气象事业战略性结构调整中，气象部门要制定足够力度的支持政策，促进人员和科技成果向专用气象服务实体分流、转化。促进基本系统的科技成果与商业性服务实体的结合和应用，通过市场转化为现实生产力，并从市场获得应有的反馈支持。在改革中，要逐步推动专用气象服务实体化、实体企业化、企业规模化和集团化的发展。

三、气象服务业的逐步、适度开放和保护民族产业

20世纪80年代以来，国际上商业性气象服务发展迅速。1999年，我国与美国达成了“入世”的双边协议，距WTO仅有一步之遥。这就决定了在不远的将来，我国的气象服务将在更加开放的条件下参与世界竞争。面对这一形势，我国的气象服务业在积极推进专用气象服务机制商业化，大力发展商业性气象服务的同时，还必须采取积极的应对措施：

①应采取积极保护措施，适度、适时、逐步有序地开放气象服务市场。在考虑我国气象服务业的市场准入时，可以在准入地区、范围、允许开展的服务项目、服务方式、外资在华设立机构的数量、资质条件等方面作出明确的规定；

②要加强法制建设，依据《中华人民共和国气象法》，加快制定有关气象服务方面配套的法规、制度，依法行政，依法监督。《中华人民共和国气象法》的出台，为我国气象服务业沿着法制化轨道的健康发展提供了法律保障；

③要加强我国气象服务业的能力建设和机制改革，大力参与国际竞争。在国际经济一体化的大趋势下，保护措施只是权宜之计，是治标不是治本的措施，而市场竞争则是绝对的。因此，我们迎接挑战的关键是增强我国气象服务业的竞争能力。

在气象服务市场尚未完全开放和逐步、适度、有序开放的承诺期内，如何抓紧时间加强技术创新，加强能力建设，增强商业性气象服务的能力，加快商业化机制的形成，促进商业性气象服务发展，形成大服务业的规模，增强参与国际竞争的实力，是当前非常重要而紧迫的任务。

第六节　气象服务管理规范化

我国在气象服务管理工作中的政策、策略是十分明确的，这就是在社会主义市场经济条件下开展气象服务，首先必须在政府支持下，坚持将决策气象服务、公益性公众服

务毫不含糊地放在首位，以保证防灾救灾，保护人民、保护社会主义现代化建设成果的需要。同时又要顺应市场机制发展的需要，按照市场机制来发展气象科技服务，大力培育气象信息服务市场，积极地推动公益服务和商业性气象服务协同地发展。

在这一政策和策略的指导下，我国气象服务的管理工作取得了很大的成绩，气象服务获得了快速的发展。但随着市场经济的逐步完善，知识经济时代的到来，新的形势对服务工作的管理提出了新的要求。因此，新形势下，加强气象服务的规范化、法制化管理具有特殊的重要性，需要从法规和规章制度的角度对各类、各种气象服务作出明确的规定，加强对气象服务的管理和监督，并在服务实践中制定和完善相应的管理办法，不断推进管理的规范化、法制化。

一、分类管理

从国家改革方向和气象部门工作实践看，将气象服务分为三类是比较合适的。有关分类问题已在第四章中详细讨论，这里不再重复。由于公益性服务、有偿服务和面向市场的商业性服务分别有相应的服务队伍和机构，因服务对象和属性不同，采用的是不同的运行机制，因此，要根据不同服务性质和特点进行分类管理，实现不同类气象服务的界面清晰、资源优化、相互促进、协调发展的目标。

新形势下分类管理的主要内涵是①：

1. 公益性无偿气象服务的管理

对公益无偿服务实施管理的内涵主要是按照对基本业务的管理要求，加强对服务内容、服务方式的管理，提高服务的规范化。这部分气象服务属于传统气象服务，无论是决策服务，还是公众服务，其管理工作比较明确，也比较成熟。在中国气象局及省气象局都由业务管理部门将这一部分作为基本气象系统的组成部分，属于基本业务系统。相应的决策气象服务、公众气象服务机构和基本业务系统的其他机构一样，应作为政府兴办的公益性事业单位，属于财政资金供应的范围，由国家和地方财政保障其经费供给，并实施基本业务管理，按事业单位实行目标考核。

公益性气象服务的管理，要根据气象服务公益性再强化的指导思想，加强对公益性气象服务现代化建设、法规建设的管理。在深化事业单位改革的过程中，不断加强公益性服务的实体建设，国家级、省级气象部门应积极创造条件，不失时机地组建决策气象服务和公众气象服务实体。

2. 对补偿性有偿服务的管理

对气象有偿服务要严格依照《气象有偿服务条例》来规范和运作。补偿性气象有偿服务属于“科技服务”范畴，补偿性有偿服务实体应作为政府兴办的部分公益性服务的

---

① 温克刚，抓住机遇，加快发展，建设面向21世纪的现代化气象服务体系，第四次全国气象服务工作会议，2000年5月。

事业单位，属于财政经常性补贴范围，由国家和地方财政给予一定的经费补贴。

3. 对商业性气象服务的管理

对面向市场的商业性服务进行管理的原则是，要采用宏观管理和具体推动相结合的方式，促进其持续、快速、健康发展。商业性气象服务属于产业范畴，其服务实体应作为经气象主管机构批准并通过相应气象服务资质认证的企业组织，在工商部门登记注册，实施企业化管理，自主经营，自负盈亏。

目前我们说的一些气象科技服务项目，实际上究其性质分别应列为有偿服务和商业性服务以及尚不能为气象信息咨询服务所完全覆盖的技术服务。收费的性质也分别有事业单位的成本补偿性收费与企业行为的商业性收费。因此，在新一代气象服务体系的形成过程中，要逐步加以区分，逐步理清界面，提高气象服务的效率和综合效益。

二、完善配套政策和制度

法制化管理是气象服务健康发展的重要保障。《中华人民共和国气象法》的颁布实施，标志着我国气象事业的发展进入了一个新的发展阶段，标志着气象事业的发展进入了依法行政的新时期，气象服务工作也迈上了法制化管理的轨道。因此，气象服务配套政策和制度建设的目标应是以《中华人民共和国气象法》为基本准绳，通过进一步强化气象服务法制建设，加强配套政策、制度的制定和实施，强化气象信息服务的传播管理，实现对全社会气象服务活动的依法规范和管理。具体说，主要包含以下内容：

1. 公众气象预报和灾害性天气警报统一发布制度

《中华人民共和国气象法》规定国家实行公众气象预报和灾害性天气警报统一发布制度，这是国家赋予各级气象主管机构所属气象台站的职责和权利。我们要积极履行这一职责，充分行使国家赋予的权利。

2. 气象有偿服务管理政策

为了深入贯彻《中华人民共和国气象法》，进一步规范气象有偿服务和商业性服务活动，《气象有偿服务管理条例》的制定将是关键性举措。

3. 商业性服务的管理政策

面对国内外气象商业性服务的冲击，需要制定商业性气象服务管理办法以及相应的政策或法规，对商业性服务实施规范化管理，为规范全社会商业性气象服务提供法律上的依据。

4. 资料收费政策

目前气象部门对气象信息资料管理办法主要依据两个文件，一个是《内部信息产品供应管理暂行规定》(1997 年)，另一个是《气象信息产品供应管理暂行规定》(1996 年)。这两个文件对不同性质的服务规定了不同的收费办法。并对各类费用的计算方法、信息成本和利润的计算办法也作了详细的规定。

随着气象有偿服务和商业性服务的逐步发展，对收费服务的规范化管理显得日益重要，无论是政府定价还是按照市场定价，气象部门都需要进一步完善原有的资料管理办法，或重新制定适应新形势的、科学的、合理的对内和对外气象资料管理办法。新的管理办法应充分考虑气象服务的成本核算问题，需要对现代化建设、气象科技贡献和人力资源进行充分评估。

参考文献

[1] 邹竞蒙、温克刚，中国发展全书——气象卷，红旗出版社，1997。

[2] 颜宏，进一步解放思想，深化改革，抓住机遇，促进气象服务上新的台阶（第三次全国气象服务工作会议上的报告），第三次全国气象服务工作会议材料汇编，气象出版社，1995。

[3] 阮水根，面向 21 世纪的气象服务发展战略定位，2000 年全国气象服务学术研讨会文集，气象出版社，2000。

[4] 姚学祥，从美国阿姆斯公司看高科技事业单位管理，气象与现代化管理，气象出版社，1997。

[5] 崔讲学，我国气象服务商业化初探，气象软科学，**34**，1999。

第二编

气象信息服务技术

第十三章　气象信息服务技术方法概论

早在20世纪80年代中期开始开展专业有偿服务的时候，中国气象局（当时称国家气象局）就号召气象服务要在“专”字上下功夫。十几年过去了，在专字上下功夫仍然没有取得重大进展。第十一章给出的有关气象服务的问卷调查结果（表11.2）表明，调查对象普遍（90%）认为：气象服务，尤其是专业气象服务的主要问题是产品针对性不强，产品制作方法缺乏客观定量方法。气象基本业务的现代化水平在近20年有了很大的进步，大大缩小了和发达国家的差距，但是气象服务专业化水平和发达国家仍然有很大差距。“新一代气象服务体系研究”课题组根据我国的气象服务现状提出：不仅面向市场的专用服务应当大力推进“在专字上下功夫”，公益性气象服务同样不能简单地用基本气象预报产品去服务，也应当提高服务的专业化水平。

制约气象信息服务专业化水平的因素比较多，即使服务体制和运行机制问题通过改革解决了，最终问题还要回到技术问题上来。提倡在专字上下功夫十几年未能取得大的突破，至少说明这方面的问题并不那么简单。能进入气象服务业并持久地得到应用的方法，一定是使用方便而且确实有效的方法。和现代化的基本气象业务系统相应的现代化气象服务系统的建设需要专门下功夫，才能取得显著的成效。

本编力图尽可能广泛吸收现有的各种气象信息服务方法，从中概括提炼方法体系。但是，在这个过程中我们发现，相对于如此广泛的气象服务实践活动，这方面的论文实在不太多。究其原因，一方面可能客观上由于气象信息服务的开发研究工作长期处于薄弱状态，总结成文的成果还不多，尤其是水平较高的成果还较少；另一方面，也可能是不少有价值的技术方法往往具有商业价值，开发者无意公开发表。因此，本编只能在有限的论文资料条件下重点概括气象信息服务的思路和方法体系，而对于具体的气象信息服务方法只能采取“举例”方式来阐述，目的是用来进一步阐明气象服务的原理和基本方法。如果本编阐述的一些原理、方法体系和一些基本方法能对气象服务人员有所启示，对进一步开发出更高水平的气象信息服务系统有所帮助，就算达到主要目的了。

第一节　气象信息服务方法论基本问题

一、气象信息服务的对象

开发气象信息服务方法，进而建立气象信息服务系统的目的是为了提高气象信息服务的质量,因此在研究气象信息服务方法之前必须对气象信息服务的对象有准确的了解。

在第一编第一章里,我们曾一般性地讨论了气象服务的对象,指出一切和气象有关的行业、对气象有需求的用户都应当是气象服务业的服务对象。但是,不同行业对气象的相关情况和需求程度有很大的差别。第二章曾进一步从气象服务基本原理的角度论述了真正有效益的气象服务对象是气象控制系统,而最理想的气象服务对象是气象控制论系统,并特别强调指出,气象信息服务的目的是为气象控制工程服务提供有针对性信息,它是气象控制工程决策的依据,而气象工程服务是最终产生服务效益的关键。正如图 2.4 所示,气象服务信息是气象控制信息子系统的输出产品,同时又是气象控制工程子系统的输入信息。因此,用气象服务学的语言来表述,气象信息服务的对象是气象控制工程子系统。

明确这一点对于气象信息服务技术方法研究非常重要。向没有气象控制工程子系统的用户系统提供气象信息服务就成了无的放矢;不了解气象控制工程子系统对气象控制信息的具体要求,气象信息服务就难以做到有针对性。

二、气象信息服务的内容

第三章曾从气象服务分类的角度讨论了气象信息服务的内容,并着重考虑气象信息的时间性,将气象服务信息划分为气象情报信息服务和气象预报信息服务。不管是情报信息服务还是预报信息服务,具体的服务内容都可能涉及非常广泛的内容,本章将从气象信息服务方法论角度进一步讨论气象信息服务的内容问题。

在多数情况下,气象信息服务产品都是在基本气象信息产品基础上加工制作出来的,但是由于气象信息服务的对象是气象控制工程子系统,气象信息服务产品的内容和基本气象产品相比有一些明显的特点:

①气象信息服务产品是根据气象环境对用户系统的制约关系专业化加工制作的控制信息。在一般情况下,这些气象控制信息是基本气象要素的函数,或者是在基本气象要素基础上形成的综合参数、指数,甚至是某些模型。

②即使用户所需的气象控制因子就是基本气象要素,对于气象信息服务来说,仍然普遍存在一个基本气象要素的定点化问题(详见本章第二节)。

三、气象信息服务原理

由于各行各业经济活动的实际需要,在基本气象科技的基础上,已经发展出不少专业性应用气象学科,例如:航空气象学、水文气象学、农业气象学以及空气污染气象学等等。这些应用气象学科的发展为概括总结气象服务的普遍原理和通用方法打下了基础。研究这些已经发展比较成熟的专业应用气象学科的成功经验,概括提炼它们的共性,研究它们的共同规律,推广适用于其他服务领域的有效方法,应当是发展气象服务学的重要途径。从方法论的高度去观察这些应用气象学科,可以发现它们当中存在一些基本的共性,例如:它们的服务对象系统都具有比较明确的气象可控性,并在此基础上已经提炼出有明确专业针对性的气象控制因子;这些专业的气象服务产品都是在基本气象产品的基础上经专门的加工制作出来的专业气象服务信息。例如,空气质量预报不仅有非常明确的服务对象,也有明确的预报问题,那就是为空气污染的控制提供必要的大气质量信息(关于空气中所包含的各种有害气体的含量以及悬浮物质的含量的监测和预测信息)。为了能实时制作出高质量的大气质量信息产品,这一领域的科学家研制出了有专门针对性的边界层气象预报方法(边界层数值预报方法、统计预报方法,等等),在边界层风场、温度层结等基本气象预报产品的基础上进一步定量(或分级)预报有关大气质量信息。

气象信息服务涉及面非常宽,实用的气象信息服务技术方法事实上是一个方法体系。概括总结各种气象信息服务技术方法,可以发现:一切行之有效的气象信息服务技术方法包含一个共性的基本原理,这就是气象信息服务原理。这个原理可以表述如下:**根据已知的气象条件对某气象控制系统的制约关系和实施具体气象控制工程的要求,及时提供气象控制信息,为实施有效的气象控制工程提供依据。**

从气象信息服务原理看,气象信息服务的基本方法是:

①尽可能准确、定量地掌握气象因子对该服务对象系统的制约关系,并进一步提炼出为具体实施气象控制工程所需要的气象控制因子。

②运用适宜的气象科学技术方法,在基本气象科技信息的基础上制作出有专业针对性、满足实施气象控制工程精度要求的气象控制信息。

③运用现代信息技术,及时、准确地把气象控制信息传递给气象控制工程子系统。

根据气象服务基本原理,理想的气象信息服务应该是动态的服务,这就要求气象控制信息子系统具有接收和处理反馈信息的功能,能够及时从气象控制对象和气象控制工程子系统获取必要的反馈信息,根据这些反馈信息和及时获取的气象源信息,制作有针对性的气象控制信息,并及时传递给气象控制工程子系统。正如图 2.3 所示,这个服务过程是整个螺旋型气象动态控制过程的组成部分。

从气象信息服务原理可见,不仅实时获取高质量的气象源信息非常重要,用户系统的实时反馈信息对于制作有针对性的气象信息产品也非常重要。没有这种反馈信息,就无法制作有针对性的气象控制信息。

四、气象信息服务的质量指标

为了确保业务质量,任何业务部门都必须制定科学的质量标准。作为科技服务部门,气象服务也应当建立起自己的科学的服务质量标准。根据气象信息服务原理,气象信息服务的质量标准应当包括以下几方面的内容:

1. 针对性

所谓针对性是指气象信息服务产品是否明确针对气象控制工程系统在实施气象控制时的需要。如果不具备气象控制工程系统所要求的针对性,虽然所提供的气象信息精度很高,包装也非常漂亮,但是对于气象控制工程系统而言仍然毫无价值。因此,气象信息的针对性应该是气象信息服务质量的首要标准。关于气象信息服务的针对性问题将在第十四章进一步讨论。

2. 有效性

在专门建立了气象控制信息的针对性指标之后,作为指标体系中的气象服务信息的有效性是指气象服务信息有多少新的有效信息量。信息的有效性问题是信息论的基础性问题。在第一编第二章中我们曾经对气象信息的有效性做过一般性讨论。关于气象服务信息有效性的判据和具体的指标将在下一节和第十五章第一节进一步讨论。

3. 及时性

气象信息服务的及时性是指所提供的气象服务信息是否能够满足气象工程控制的时间性要求。根据气象服务基本原理,最理想的气象服务对象是气象控制论系统,对于气象控制论系统的服务应该是动态的服务。只有及时掌握了有针对性的有效气象控制信息,才有可能适时实行有效的动态控制。如果不具备及时性,信息的针对性虽然很强,信息的有效性也很好,对于系统控制来讲却已是“马后炮”,无用武之地了。提高气象信息服务的及时性,主要的是要提高信息加工和传递的效率,这是气象服务手段现代化的重要内容。关于气象服务手段现代化问题将在本编第二十章进一步讨论。

上述关于气象信息服务质量标准的“三性”是层级性的指标。针对性是第一层级的指标;有效性是第二层级的;及时性是第三层级的。他们都有“一票否决性”。例如,某化工生产系统对湿度很敏感,但是气象服务实体却只提供一般的天气预报信息,这种预报对于该化工生产企业就缺乏针对性,很难根据这种预报采取相应的控制措施;又例如,某省某农场正进入收获期,需要有无冰雹的预报,以便决策是否提前收获。气象服务实体提供的是“我省北部局部地区有冰雹”,虽然这种预报对象——“有无冰雹”对于该农场来说是有针对性的,但是由于这种预报做得太粗,对这个农场来说有效性可能就比较差。

五、气象信息服务的技术方法体系

优质的气象信息服务要依靠现代化的气象信息服务系统来实现。根据气象信息服务原理,气象信息服务系统的现代化建设必须运用系统工程方法来进行系统设计和组织实施,它涉及方方面面的技术和方法问题。气象信息服务系统现代化建设的根本问题是要提高系统的科技水平,而科技水平的核心是技术方法。从方法论角度研究气象信息服务技术方法的目的是在总结研究气象信息服务的各种技术方法的共性和特殊性的基础上概括形成方法体系,从而为建设和运行高质量的气象信息服务业务系统提供依据。由于气象服务的实践正在迅速发展之中,这里只能初步给出气象信息服务技术方法体系的框架。

根据上述气象信息服务原理,气象信息服务技术方法体系可以概括如图 13.1。

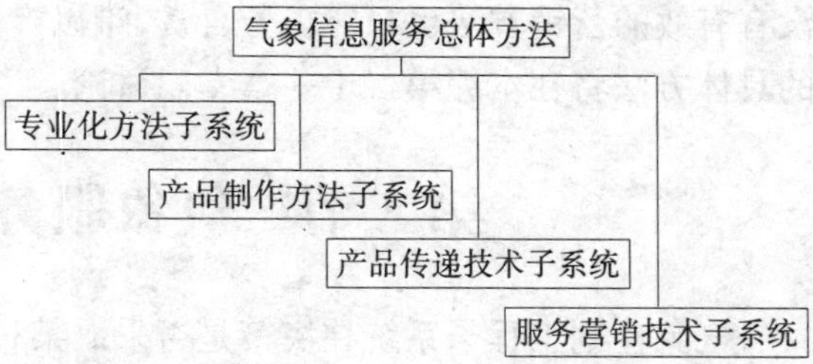

图 13.1　气象信息服务方法体系

气象信息服务的总体方法包括:信息服务的对象、气象信息服务的原理、气象信息服务基本方法以及气象信息服务质量的标准。在气象信息服务总体方法之下,该方法体系包括以下几个子系统:

1. 气象信息服务专业化方法子系统

这里所谓的专业化是指提高气象信息服务的专业针对性。为了在基本气象信息的基础上制作出有专业针对性的气象信息服务产品,首先必须明确特定用户所需要的气象服务信息的专业针对性在哪里。气象信息服务专业化方法子系统重点研究的是揭示气象对各行各业各种系统的制约关系和提炼气象控制因子的方法。揭示制约关系是气象服务学的基础研究问题。只有制约关系研究清楚了,才有可能从中提炼出相关的气象控制因子;只有在此基础上再进一步提炼出气象控制因子,才有可能为气象控制工程提供决策依据。

2. 气象信息服务产品制作方法子系统

气象对某特定服务对象系统的制约关系和相应的气象控制因子明确以后,为了实现有效的气象控制,进一步的任务是研究如何高质量地制作出实施气象控制所需要的气象信息服务产品。气象信息服务产品制作方法子系统的任务是:根据气象控制工程子系统对气象控制信息的要求,运用适用的科学技术方法,开发可投入气象服务业务运行的产品制作方法。关于气象信息服务产品制作的具体方法将在第十五章进一步讨论。

3. 气象信息服务产品传递方法子系统

气象服务信息如何及时准确地传递到气象控制工程子系统是气象信息服务提高效益的不可缺少的环节,它对于提高气象信息服务的效益有重要意义。气象信息服务产品传递方法子系统主要研究气象信息产品传递的现代化方法。有关这方面的问题将在第二十二章进一步讨论。

4. 气象信息服务营销方法子系统

这里所谓的营销方法,是指广义概念的"营销"。从广义概念上讲,气象服务属于第三产业,第三产业的产品也都有一个推销问题。当然,对于性质不同的产品,推销的性质也不同。通过市场推销的产品是通常所说的营销问题,公益性的产品并不需要通过市场来推销,但是仍然有一个采用什么样的有效方法使得用户更有效地了解和应用这些产品的问题。所以在气象信息服务方法体系中，我们仍然把它们归为一类方法，并暂且把这两类不同性质的产品推销问题统称为气象信息服务产品营销问题。产品再好，没有有效的营销方法也只能孤芳自赏，难以产生实际的效益。有关气象信息服务营销的具体方法将在本编第二十一章专门讨论。

第二节　气象服务信息的有效性

气象控制工程子系统在决策是否采取某种气象控制工程措施时，首先要考虑所掌握的气象控制信息的有效性如何。例如，目前的一般长期天气预报之所以难以成为经济部门重大决策的实际依据就是因为这种信息的有效性还不高。常常听到一些气象台站的科技人员抱怨说："有些经济部门对气象服务不太感兴趣"，似乎需求不高。准确地说，用户是对有效性不高的一般天气预报不感兴趣。如果能提供有效性很高的气象信息，用户可以根据这种信息采取控制措施，从而产生明显的经济效益，怎么会不感兴趣呢？这里所谓**有效**是指一般意义上的有效性，它包含了两层意义：首先是所提供的信息是否具有**专业针对性**。考虑到气象服务信息的专业针对性问题是一个专门性问题，我们将用专门的篇幅专门讨论；另外还有更进一步的意思是指专业性的气象控制信息本身是否有效的问题。在上一节关于气象信息服务的质量指标的讨论中，我们已经把前一种意义上的有效问题明确为**专业针对性**问题。下面在讨论有效性问题时，将专指后一种意义的有效性问题，也就是指有了专业针对性的前提下进一步考虑所提供的气象服务信息的有效性问题。

为了切实提高气象信息服务的有效性，必须引入必要的量化概念，建立客观的判据并使之标准化、规范化，建立起客观定量的质量判别标准。由于气象服业目前尚未发展到十分规范的阶段，这方面还有大量的工作需要进一步开拓。

一、气象信息的不确定性问题

气象信息之所以存在有效性问题是因为气象信息存在不确定性。对于处在特定地点，对气象有特定要求的用户系统而言，它所获取的气象信息可能存在以下一些不确定性问题：

1. 由于气象信息的地域代表性带来的不确定性

气象要素存在地域差异。造成这种差异的原因很多，有的可能是地理、地形造成的，有的可能是不同尺度天气系统的影响造成的。迄今为止，地面基本气象信息还只能靠设置在一些固定观测站上的气象仪器探测得到。用这些从固定观测站点获取的气象信息来代表周围地区的气象状况，就有一个有多少代表性的问题。如果气象要素空间差异的规律不清楚，用户系统又不在基本气象观测点所在地，这就会导致要素值的不确定性。

2. 由于气象探测手段的限制，探测结果的精度存在不确定性

例如，天气雷达可以在一定探测半径中探测到云雨的情况和气流的情况，但是不同质量和分辨率的雷达探测结果差别很大。

3. 预测信息的不确定性

严格地讲，即使是定量的气象预测也不可能绝对准确，其预测结果也存在可靠性问题。例如，用户对某预报量 A 给出一个允许误差范围，经统计检验，某气象台的预报方法得出的结果出现在允许误差内的统计概率为 0.7，即平均来讲，可以认为大约有 70% 的把握该预测值可能在用户允许误差范围之内。

由于气象服务信息存在上述一些不确定性问题，使得用户所获取到的气象信息具有以下一些不足之处：

(1)信息的量值平均化

气象信息服务的用户所需要的信息是该系统所在地特定时间的气象信息，而气象服务实体一般所提供的往往是时间、空间尺度都比较大的信息。尺度越大的气象系统，往往要素场的空间分布比较弱，而尺度较小的系统则往往有较强的时空间分布。用这种信息代表特定地点的气象量，就相当于将本来存在的较小尺度的分布平滑掉或者说相当于气象量值的时空平均化。

(2)概率的平均化

用户所关心的某气象事件的出现概率是该系统所处的特定环境条件下的概率。如果气象服务实体没有专门研究这种特定条件下的概率，只用在一般条件下某天气事件的概率向用户提供服务，这就会造成概率的平均化。因为不同条件下，同一天气事件的概率差异很大。条件一般化，就会造成概率的平均化。对特定的某一具体用户系统而言，实际上可能隐含了严重的不确定性。

此外，气象信息在传递、加工过程中因为种种原因，包括传递中的随机干扰、处理中出现系统性或者随机性的影响等等，这些都给气象信息增加了不确定性。因此，气象控制工程子系统在做系统控制决策之前一定要对气象信息的不确定性有一个客观的估计，而不能简单地、绝对地认定定量预测信息的准确性。否则，可能会在应用中产生负面效果。

二、气象信息服务对象对气象控制信息的特定要求

气象服务信息有效性要求在有些方面和气象基本系统的质量要求是类同的。基本气象预报业务系统已经有比较规范的业务质量检验办法，这些办法中有些可以直接应用于气象服务信息的质量检验。但是，由于气象服务信息服务的特殊性，气象服务信息质量的有效性也存在一些有别于常规基本预报业务的特殊要求。

1. 提供该预报事件的出现概率

第一编第二章曾阐述了气象控制决策经济目标函数：

$$G_m = \frac{1}{P} \times \frac{C}{L}$$

由此可知,当 C/L 一定时,G_m 正比于 $1/P$ 值,即:G_m 的极小化要求 P 的极大化。要根据气象控制决策的经济目标函数做出科学的控制决策就必须提供所预报的气象事件的发生概率。

气象控制工程子系统所要求的概率预报实际上是一种特定条件下的条件概率预报。比如,气象台预报"某地区有冰雹"往往是指在这个地区内(某个地点或某些地段)有冰雹,而一般不会是指该地区内所有地方都有冰雹。对于特定用户所在的特定地点,由于该地有特定的地理、地形和气候条件,该点冰雹发生概率显然不同于上述意义的概率。用户系统的气象控制工程活动总是在特定的具体地理、地形条件下,在一定的天气气候背景下进行的。因此,从提高气象控制工程决策依据的可靠性考虑,气象信息服务提供的某气象事件的发生概率应该是在用户系统所处的特定条件下该事件发生的条件概率。

2. 要进一步提供有效信息量

用户系统的气象控制工程决策往往需要不断地获取各种有关气象信息,新提供的气象信息量是否有新的价值,必须和此前已获得的同类信息作比较。在第二章我们已经引入了气象控制有效信息量的概念,在此基础上还需要进一步引入定量的气象控制信息有效性判据。

3. 突出不同类型的气象控制工程对气象服务信息有效性的不同要求重点

不同类型的气象控制工程对气象服务信息有效性判据的要求重点也不一样。第二章我们曾经对气象控制工程进行了概括和分类,指出现实有效的气象控制工程有五类。在这五类控制技术中,对气象控制信息的需求有代表性的是两类:一类为气象环境择优类;另一类是气象影响调控类。下列分别分析这两类气象控制工程对气象控制信息的需求:

(1)气象环境择优类对于气象控制信息的要求

通过专门的诊断分析和预测,在时间和空间上进行气象环境择优,以寻求用户系统所关注的有利气象事件 A 出现的概率 $P(A)$ 极大化和不利气象事件 B 出现的概率 $P(B)$ 的极小化。例如,导航公司为某远洋轮船选择了一条路径相对比较长的航线,理由是在未来的行期中该航线"风顺,而且气象灾害少"。显然,这个"风顺,灾害少"是一种在特定条件下的气象环境预测。该预测的有效性是航线择优决策的根本依据。这种气象环境择优的原则是有利气象事件的出现概率极大化和不利气象事件的出现概率极小化。

(2)气象影响调控类的控制工程对气象信息的要求

尽可能准确地预测用户所关心的特定气象事件 A 在特定的时间和地点、在未来特定的大气环境条件下的出现概率 $P_s(A)$,尽可能减少对特定气象事件在特定大气环境条件下时间和空间的平均化所造成的概率模糊化,尽可能地减少用户系统所关注的气象现象出现的不确定性。

概括地说，气象环境择优类控制工程要求气象事件出现的概率尽可能两极化，而气象影响调控类控制工程则要求将用户所处特定条件下天气事件的概率从平均化状态中分离出来，尽量减少信息的不确定性。

4. 具有可比较性

气象信息服务业务质量检验也需建立适应上述需求的规范化的检验指标。有了客观定量的检验指标，才能定量比较各种产品制作方法。有比较才能有鉴别，才能不断提高质量。可比性包括：一是自身质量的历史可比性；二是体现横向的可比性，也就是和其他气象服务信息质量的可比性。为了使设计的判据具有横向的可比性，必须使判据符合标准化要求，作为概率型的信息，最好规范化到 0～1 的区间。

概括上述对气象服务信息的特定要求，气象服务信息有效性判据应当满足以下要求：

①以概率预报为基础；

②以信息熵为信息量的定量数学表示式；

③有效信息量以气候信息量为参照点；

④体现有效性的相对可比性。

三、气象服务信息的有效性判据——有效气象信息量

高桥浩一郎曾给出如下定义的气象信息量 I：

$$I = \log P - \log p$$

其中，P 为预报命中率，p 为气候概率。这种定义的优点是，其数值既考虑了以气候概率为起点的相对有效性，又比较接近信息不确定性的一般数学描述形式。但是，这种定义也还有不够理想之处，即这样定义的 I 的值域为：

$$-\infty < I < -\log p$$

当 $P \to 1$ 时，$I \to -\log p$。这样的取值不符合标准化要求，缺乏横向比较性。

在有关设计思路的启示下，根据前述关于气象服务信息有效性判据的设计思路的要求，马鹤年(2000)设计了如下形式的气象服务信息有效性判据：

1. 气象信息量

定义气象信息量为：

$$h = -f\log f - (1 - f)\log(1 - f) \tag{13.1}$$

其中

$$f = \frac{P_s - P_c}{2(P_s + P_c - 2P_s \times P_c)} + 0.5 \tag{13.2}$$

式中 P_s 表示所预测的特定条件下某气象事件发生的概率，P_c 为该气象事件的气候概率。

考虑到实际上 P_s，P_c 不可能同时 = 0 或 1，于是有

$$(P_s + P_c - 2P_s \times P_c) = (P_s - P_s \times P_c) + (P_c - P_s \times P_c) > 0 \tag{13.3}$$

所以,当 $P_s \to 1$ 时,$f \to 1$;$P_s = P_c$ 时,$f = 0.5$;$P_s \to 0$ 时,$f \to 0$。f 反映了标准化到 0 ~ 1 区间的条件概率相对于气候概率的分离度($f > 0.5$ 为正向分离,$f < 0.5$ 为负向分离)。

2. 有效气象信息量

取气象事件的气候信息量为气象信息量的参照点,于是:

$$h_0 = [-f\log f - (1-f)\log(1-f)]_{P_s = P_c} = \log 2$$

定义有效气象信息量为:

$$I_m = \frac{h_0 - h}{h_0} \tag{13.4}$$

将 h_0 的值代入,即得:

$$I_m = 1 + \frac{f\log f + (1-f)\log(1-f)}{\log 2}$$

I_m 随 f 的变化如图 13.2 所示。$P_s \to 1$ 或 0 时,$I_m \to 1$;$P_s = P_c$ 时,$I_m = 0$。I_m 的性质符合前述对气象服务信息有效性判据的要求。

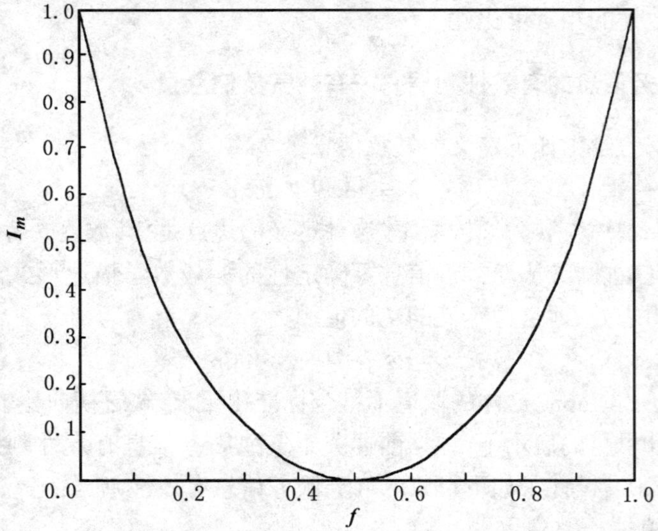

图 13.2 I_m 随 f 的变化

四、从气象服务信息的有效性看气象信息服务如何提高质量问题

从上述关于有效气象信息量的讨论中可以看出,在明确了气象信息服务的针对性之后,提高气象信息服务质量的关键是提高该信息所包含的有效信息量。提高有效信息量的问题也就是减少该信息所包含的不确定性问题。所以,在明确了特定系统所需要的气象信息的专业针对性之后,气象信息产品制作的目标是尽可能地减小各种可能存在的不确定性,从而提高该气象服务信息的有效信息量。这也是气象信息服务提高

科技含量,从根本上提高服务产品质量的关键所在。

根据上述关于气象服务信息有效性的分析,在一定的气象源信息质量的条件下提高气象服务信息有效性的主要途径是:

1. 气象服务信息定点化

气象控制工程总是在特定的地点作用于用户系统的,有效的气象控制决策必须依据反映该地点的准确气象控制信息。如果在用户所在地没有实测和专门预测的气象信息,就必须月专门办法将常规气象观测点上的信息转换为用户所在地的气象信息。我们称这一过程为气象服务信息定点化。

由于大气中存在不同尺度的天气系统,加之地形等复杂影响,要做到精确的气象服务信息的定点化并不容易。例如,在电线的气象灾害防护控制研究中,根据风压的力学原理,可以建立如下形式的电线受风的总压力公式:

$$W = Kv^2\sin 2\alpha \tag{13.5}$$

式中 K 为和电线的结构和特性有关的参数,α 为风向与电线线路方向的交角,v 为风速。显然,对于这样的设备防护控制问题,需要电线所在地非常具体的风力和风向。除了中尺度系统可以造成风向风速的很大的时空差异以外,地形的影响也是非常严重的。因此,必须通过专门的研究,找出在不同的天气形势下该地区的风和大尺度风之间的关系,才有可能运用上述公式来较精确地计算总压力。

气象服务信息定点化的具体方法将在第十五章详细讨论。

2. 在提高用户系统特定条件下的条件概率质量上狠下功夫

概率形式的气象服务信息是气象控制风险决策不可缺少的科学依据。事实上,概率天气预报从20世纪60年代开始就受到关注并逐步推广。首先在美国,以后逐渐在日本、加拿大、澳大利亚和欧洲一些国家也相继开展了不同类型的概率天气预报服务。我国在90年代中期开始也逐步向公众发布概率天气预报,首先是北京和上海气象台建立了概率天气预报业务和服务,其它一些气象台也在逐步开发研究相关的概率预报方法。但从总体上看,以概率形式向用户提供气象信息服务的方法在我国尚需大力开发和推广。

概率形式的预报产品的质量主要包括以下两方面的内容:一是条件概率相对气候概率的分离程度,也就是说,要专门研究在特定条件下天气事件出现的特定规律,尽可能找出事件出现概率两极化的条件,特别是气象环境择优型的控制工程,更需着力找出有利气象事件出现高概率的条件和不利事件出现的低概率的条件,从而为气象控制经济目标函数极小化提供依据;二是要提高以概率形式提供的气象服务信息的可信度。所有这两方面都需要具体针对特定气象控制因子专门进行开发研制。

3. 开展关于气象控制风险决策技术的研究和推广应用

气象控制风险决策效益首先取决于所提供的气象控制信息的概率及其质量,同时也取决于决策工程的投入和效益比。这是一项专门的科学技术方法。由于在我国这方面的有关技术还不普及,所以对概率形式的气象服务信息及其有效性的需求似乎也不强。气象控制风险决策技术是提高气象控制效益的科学方法,应当在学习国外相关技术方法的基础上,结合具体气象控制系统的实际情况,研制出适合本系统气象控制风险决策技术并大力推广。气象控制风险决策技术推广应用必将进一步推动对气象控信息有效性的研究,促进气象信息服务进一步提高内在质量。

第三节　气象信息服务系统工程

为了做好气象信息服务,需要吸收各相关学科的最新科学技术成果,发展具有现代科技水平的气象信息服务系统。气象信息服务系统的现代化建设既要充分依托现代气象科学技术,又要充分吸收现代信息系统建设的成功经验和相关技术。在此基础上,根据气象信息服务的特定要求,按照系统工程的原理和方法建设现代化的气象信息服务系统。

一、气象信息服务系统建设的主要科学基础

从气象信息服务原理和气象服务信息的有效性可以看出,气象信息服务系统建设的主要学科基础是大气科学和信息科学。

1. 大气科学

气象信息服务系统的基本功能是有针对性地加工生产出气象服务信息,为气象控制工程系统提供信息服务。加工制作有针对性的气象信息服务产品的基础是大气科学的基本知识和相关信息:首先是大气科学的一些基本原理,例如大气动力学、大气热力学、大气物理学、大气化学等等都是气象信息服务产品制作的重要科学依据。气象信息服务的水平高低从根本上取决于大气科学发展的水平,气象信息服务业和大气科学是水涨船高的关系,依据气象科技原理生产的基本气象信息是气象信息服务业的基本源信息。因此,气象信息服务是大气科学知识和信息的延伸和发展。当然,气象信息服务也有它自身的特点,制作出能作为气象控制依据的气象控制信息还需要根据特定用户的需求开发专门的方法。但是,从根本上讲,这些方法都是大气科学的基本原理和方法的延伸和发展。

2. 信息科学

信息科学是以信息为基本研究对象,以信息的运动规律和应用方法为主要研究内容的一门新兴的综合性学科。气象信息服务业作为信息服务业的组成部分,具有信息服务业的许多共同的特点和规律,因此气象信息服务系统建设必须吸收和运用信息科学的有关理论和方法。信息科学以信息论为基本理论基础并形成了具有自身特点的信息科学方法论体系。根据信息运动规律,信息科学总结归纳了信息运动模型。这个模型包括了以下一些重要的过程单元:信息感知、信息识别、信息变换、信息传递、信息储

存、信息检索、信息处理、信息再生、信息表示、信息变换、信息传递、信息检测以及信息施效。气象服务信息的运动也遵循上述信息运动的一般模型。所谓信息的施效在许多情况下实际表现为**有效控制**,这也和气象服务基本原理所阐述的气象信息服务的后续工程为气象控制工程是一致的。学习和运用信息科学的有关理论和方法对发展现代气象信息服务业无疑是非常必要的。

二、气象信息服务系统建设的技术基础

气象信息服务的目的是为实施气象控制工程提供科学依据,由于用户的气象控制工程涉及面非常广泛,所以相应的气象信息服务技术也涉及很宽的领域。但从总体上看,气象信息服务既是气象科学技术的延伸和发展,又是信息服务的组成部分,它的主要的技术基础是:气象诊断技术、气象预测技术、计算机应用技术和通信技术。

1. 气象诊断技术

为了做到有针对性地提供气象信息服务,必须首先揭示气象信息对特定用户系统的制约关系。揭示这种制约关系时要运用各种诊断方法,基本气象科学研究中所用的各种诊断方法,包括气象实验方法、大气动力学、热力学和大气物理过程的数值试验方法以及气象统计分析方法等等都是气象信息服务产品开发时的基本方法。

2. 气象预测技术

正如第一编第二章关于气象服务原理所阐述的,随着科技和生产力的发展,将有越来越多的用户系统成为气象控制论系统,它们所要求的气象服务信息大多属于预测性信息。加工制作这种信息需要广泛运用各种有效的预测技术。在当今世界上,预测技术发展得最成熟、业务应用最成功的应当仍数气象预测技术。气象信息服务用户所要求的气象服务信息的预测问题和基本气象系统的预测问题原理上是类同的,所不同的只是针对性更强、要求更具体。因此,基本气象系统已经建立起来的以数值预报为基础的各种预测技术是气象服务信息加工的主要技术基础。

3. 计算机应用技术

现代气象服务信息的整个过程都离不开计算机应用技术。计算机应用技术本身还在突飞猛进的发展过程之中,很难用有限的文字来概括它在气象信息服务业中的应用。下面只着重概括一些正在发展的、而且可能对气象信息服务业的发展产生越来越重要影响的一些新技术:

(1)人工智能技术

人工智能技术的研究目标是使计算机具有类似人脑的某些智能,例如,能理解外界环境,提出概念,建立方法,进行演绎、归纳、推理,作出科学判断和决策,具备自学习、自适应等功能。通常所称的专家系统是迈向这个目标的初级阶段,面向功能模拟的专家系统以传统计算机硬件技术基础,在一些知识比较完备而且已经可以形式化的领域里,

通过软件在一定程度上实现类似人脑智能活动的效果；迈向上述目标的进一步计划是采用全新的硬件技术和软件方法研制具有类似于人脑结构，能像人脑一样思维的面向结构模拟的神经计算机。

相对其他一些计算机应用行业，气象行业在气象业务技术研究和应用中较早地引进人专家系统技术，并已开发出不少有实用价值的气象专家系统。如果能使计算机具有理解大气状态变化，模拟预报员思路进行演绎、归纳、推理，并具备自学习、自适应等功能，能智能地作出科学的综合预测，气象预报和服务的水平必将会再上一个大台阶。显然，人工智能技术在气象信息服务中将有非常好的应用前景，人工智能技术研究的每一个重要新进展都会对气象预报和服务的发展产生深刻的影响。

(2)数据库技术

数据库是按一定的数据模型在计算机系统中组织、存储和使用的相互连接的数据结合。它是由相关数据的集合以及对数据集合进行统一控制管理的数据库管理系统构成。数据库中的数据结合应该是结构化的，面向用户能够实行科学地共享。数据库技术对推动信息产业发展起着非常重要的作用，不但涉及大量数据的科学技术分析推理需要数据库技术的支持，管理中的科学决策也必须依靠数据库的支持。有了数据库技术可以从大量的数据中迅速抽取和转换并按决策主题的需要重新组织，形成一个综合的面向决策的支持环境。

气象信息服务应当建立在基本气象信息的基础上，但是气象信息服务不应该是仅仅传递和包装基本气象信息，而必须在这些信息基础上，根据用户的特定需求，进行专门的信息加工。在这个过程中，还需要掌握大量的关于用户的反馈信息。因此，建设现代化的气象信息服务系统应当应用数据库技术，建立起既以基本气象信息数据库为依托又适应气象信息服务业发展需要的气象信息服务数据库。

(3)多媒体技术

多媒体技术将文字、声音、图形、静态图像、动态图像等信息媒体与计算集成在一起，使计算机应用由单纯文字处理进入文、图、声、影集成处理的技术。由于多媒体技术提供了更多的交互手段，给信息交流提供了更多的方便，所以它有着广泛的应用前景。在发展气象信息服务技术的过程中，不仅信息的加工处理过程需要广泛应用多媒体技术，气象服务信息系统输出的产品更需要充分利用多媒体技术及时、准确、形象、生动地和用户系统进行交流，因此多媒体技术在气象信息服务系统的发展中具有非常重要的用途。

4. 通信技术

信息传递的及时性是预报信息有使用价值的前提。气象服务信息，特别是为气象控制论系统服务的气象服务信息的价值要靠高速的通信技术来实现。气象信息服务系统不仅需要从基本气象系统以及用户对象系统那里及时获取源信息，而且需要将气象信息服务产品及时传输到气象控制工程子系统。因此，现代通讯技术是气象信息服务系统建设的重要技术基础。现代通信技术发展非常之快,除了常用的已经普及的各种通信技术以外,迅速发展起来的计算机通信技术和互联网技术对气象信息服务技术已经产生重大影响。从发展趋势来看,不仅气象服务系统的许多重要源信息可以利用互联网获取,而且互联网将成为越来越重要的气象服务手段,气象信息服务系统建设需要充分考虑互联网技术的发展,及时吸收和应用相关的技术为建设现代化的信气象信息服务所用。

三、气象信息服务系统工程

第一编第二章关于气象服务原理的讨论指出,不仅气象服务的全过程是一个系统工程,就气象信息服务而言,气象信息服务系统本身也是一个相对独立的子系统工程。

气象信息服务系统是具有特定功能的一种信息系统,和其他信息系统的建设类似,气象信息服务系统的建设应当遵循系统论和系统工程的有关基本原理和方法。气象信息服务系统是一个开放度很高的系统,必须用系统论观点研究气象信息服务系统的整体性、层次性和有序性,应用系统方法分析气象信息服务系统中各分系统和元素之间的关系,运用系统工程方法对气象信息服务系统进行系统设计和组织实施。气象信息服务系统建设的系统工程问题主要包括以下几方面:气象信息服务系统的整体性、层次性和关联性以及气象信息服务系统目标的最优化问题。这些问题集中反映在气象信息服务系统的逻辑结构设计、功能指标以及系统的具体现代化建设问题上。

1. 气象信息服务系统的逻辑结构模型

气象信息服务系统实际上是一种为适应特定需求而构建的气象专家系统,其目的是生产制作出实施气象控制所需的气象控制信息。它由以下几部分组成:

(1)气象源信息接收器

气象信息服务系统必须在基本气象信息的基础上加工气象控制信息,所以一个高效的气象源信息接收器是气象控制信息系统所必需的。它的主要功能是从基本气象系统实时接收相关的基本气象信息,经过必要的质量检查以后及时传递给气象控制信息制作系统。

(2)反馈信息接收器

它的功能是从控制对象和气象控制工程系统及时接收反馈的信息,经必要处理后及时传递给气象控制信息制作分系统。由于系统的控制是动态的,它要求制作的气象控制信息产品具有实时的针对性。因此,反馈信息接收器也是气象信息服务系统所不可缺少的重要组成部分。

(3)气象控制信息制作分系统

它是气象信息服务系统的核心部分。一般的气象控制信息制作分系统的构造如图13.3所示。包括以下几部分:

①气象控制因子选择器。它的功能是:根据控制对象和气象控制工程系统反馈回

来的信息,有针对性地选定新的情况下的实时控制所需要的气象控制因子,或者判定原来选定的气象控制因子是否需要做调整。这个选择器可以是一个主要由一些判定指标和推断规则组成的专家系统;

②气象控制信息产品制作模型选择器。它的功能是根据需要制作的新气象控制因子的特点,从气象信息产品制作方法库中选择适合的产品制作模型。这个选择器一般也是一个专家系统。关于产品制作方法库问题将在下面进一步讨论;

③产品制作分系统。在选定了气象控制因子以及产品制作模型以后,产品制作分系统就可以根据选定的模型和接收到的气象源信息以及反馈信息实时制作出气象控制信息,这是气象控制信息制作分系统的主体。只有有了高质量的产品制作方法,才有可能制作出有效的气象信息服务产品。关于气象控制信息产品的制作方法问题将在第十五章专门讨论。

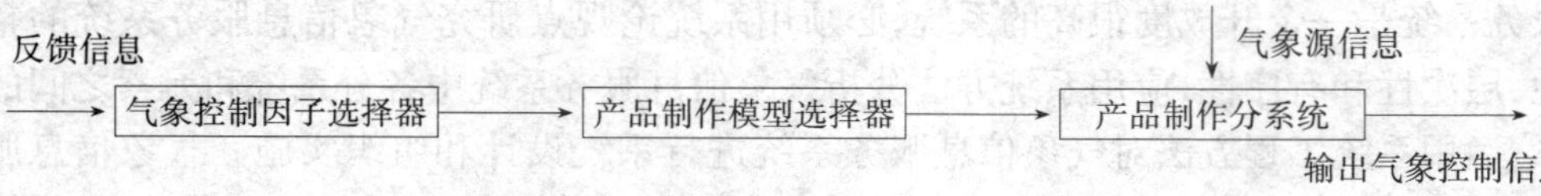

图 13.3 气象控制信息制作分系统

(4)气象控制信息传递子系统

该子系统的功能主要是将气象控制信息及时准确地传递到气象控制工程子系统。

2. 气象信息服务系统的功能指标

气象信息服务的功能目标不应该直接是用户的经济效益,因为最终产生经济效益必须通过气象控制工程,而气象控制的效益除了有赖于气象控制信息以外还取决于气象控制决策的科学性和气象控制工程技术水平。因此,本章第一节所阐述的气象信息服务的质量指标,即:气象服务信息的针对性、有效性和及时性,也应该就是气象信息服务系统的主要功能指标。

3. 气象信息服务系统的现代化问题

气象服务现代化包括以下内容:气象服务思想现代化、气象服务技术现代化、气象服务体系和运行机制现代化、气象服务手段现代化以及气象服务营销技术现代化。气象信息服务是气象服务的主要内容之一,它的现代化也涉及到上述方方面面的问题,其中涉及气象信息服务系统的技术现代化主要有两方面的内涵:

①气象信息服务系统硬件的现代化。主要包括有关源信息的获取和气象控制信息产品的传递手段现代化以及产品制作过程数据处理必要的硬件现代化。在目前气象服务系统整体现代化水平不高的情况下,加快硬件设备现代化建设非常重要。否则,即使有很好的思路和方法,却难以实现,最终还是产生不了效益。有关气象信息服务手段现代化问题将在第二十二章专门讨论。

②气象信息服务系统软件技术的现代化。硬件设备现代化是为功能服务的,对于气象控制信息系统而言,有关的硬件设备是为制作高质量气象控制信息服务的。相对于硬件设备的现代化而言,软件技术的现代化是难度更大、层次更高的现代化。对于气象信息服务系统而言,软件技术的现代化主要是信息产品制作方法的现代化。目前气象服务系统的现代化水平远远落后于基本系统,基本气象系统尚有大量的科研成果未能及时转化为气象服务技术,加强气象服务信息产品制作方法及相应的软件开发是气象服务信息系统现代化建设的核心任务。有关问题将在下一节进一步讨论。

第四节　气象信息服务系统的开发研制问题

气象信息服务系统的开发研制要遵循系统观点,明确气象信息服务系统开发的指导思想和原则,并运用统工程方法建立科学的气象信息服务系统的开发方法。

一、气象信息服务系统开发研制的原则

气象信息服务系统的基本功能是制作高质量的气象控制信息,为气象控制工程决策提供依据。因此,根据系统工程原理,气象信息服务系统的开发研制应当遵循以下几个原则:

1. 系统整体原则

在建设气象信息服务系统的全过程中,都必须从系统整体高度去审视每一个部件和分系统,谋求总体优化效果。根据系统总体原则进行系统调查和功能目标设计,并进一步分解和设计分系统,优选建设方案。

2. 高投入/效益比原则

为了提高系统的效率和功能,应当力求采用高新技术。但是另一方面,作为业务化的气象信息服务系统建设,必须充分论证和预评估投入/效益比,有些高新技术虽然从发展方向看很有前景,但是如果在现实情况下因为需求和环境条件等等制约而难以有较高的投入/效益比,尚难作为现实的优选方案。

3. 标准化原则

由于气象信息服务系统是一个开放度很高的系统,系统优化的一个重要指标是标准化,包括文件和数据的格式和内容都应当采用通用的标准化规定,这样不仅有利于分系统之间的交换,也有利于产品的应用,标准化也是有市场前景的重要条件。

4. 协同原则

系统的气象控制问题涉及用户系统一些深层次的工程技术问题,仅有气象科技人员的气象知识难以处理好有关这方面的工程技术问题;另一方面,正如俗话所说“隔行如隔山”,经济部门的工程技术人员难以对所涉及的气象问题有非常深入的专业认知,

所以气象控制工程技术问题也难以仅仅依靠用户系统的专业工程技术人员。在气象信息服务系统的开发过程中,气象科技人员和用户工程技术人员的协同合作是开发高水平的气象信息服务系统的重要条件。

二、气象信息服务系统的开发方法

近年来,气象服务实体已经在气象信息服务系统建设方面积累了一些经验,但总体来看,由于气象信息服务的专业化尚未取得明显的突破,气象信息服务系统的建设仍是气象服务业发展中的薄弱环节;另一方面,信息行业已经有比较成熟的信息系统的开发方法,气象信息服务系统的建设应当广泛吸收信息系统的通用开发技术和经验。下面综合介绍适用于气象信息服务系统开发的一般方法。具体的气象信息服务产品制作方法将在第十五章专门讨论。

1. 生命周期法

生命周期法的基本思想是用系统的观点和系统工程方法,按照用户至上的原则,自顶向下逐级对信息系统进行分析和设计。生命周期法将整个信息系统的开发过程划分为系统规划、系统分析、系统设计、系统实施和系统运行维护等五个阶段,形成一个系统的生命周期。

①系统规划阶段:进行系统用户的需求调查和可行性研究,提出系统规划方案;

②系统分析阶段:分析业务流程、数据流程,提出系统逻辑方案;

③系统设计阶段:在系统逻辑方案设计的基础上进行物理设计,包括系统应采用的具体技术方法以及相应的格式代码、数据库/文件设计、输入/输出设计、模块结构与功能设计等,同时根据设计要求采购与安装设备;

④系统开发实施阶段:进行系统程序开发(编程与调试)、规程开发,建立相应的技术文档(系统设计说明书、用户手册等),进行人员培训以及数据准备,最后投入试运行;

⑤系统运行维护阶段:在运行中对系统进行调整和维护以及效果评价。如果在运行中出现了不可调和的重大问题,说明系统已经不适应新需求,标志着系统的生命将结束。

生命周期法强调系统开发的整体性和全局性,强调开发过程的完整性和顺序性,这种方法比较适合于大型的气象信息服务系统的开发,例如,专用电视频道气象服务系统、互联网气象服务系统的开发等等。

2. "99+1"快速原型法

从我国气象行业实际情况看,发展我国气象信息服务系统有一个非常重要的优势,这就是几十年来气象部门已经积累了大量有应用价值的科研成果。可惜的是这些成果多数尚未能完全转化为业务能力。这些成果好比是已经烧到99度的热水,如果能再加少量热量就能使之成为可饮用的开水。问题是用什么方法来实现这种"99+1"。要实现"99+1",在建立有效的运行机制的同时,还需有相应的技术方法。信息行业中有一种称之为"快速原型法"的信息系统开发方法可以用来为在气象信息服务系统建设时实现"99 + 1"所用。下面我们将"99 + 1"思路和快速原型法相结合，提出一种适合于具体的气象信息服务系统开发，特别是气象信息服务产品制作方法开发的方法。

①快速分析。一方面快速分析用户的需求，另一方面根据用户的需求快速扫描已有的气象科技成果，从中优选出最有希望化较少投入使之转化成为能满足用户需求的气象信息服务系统的科研成果原型。

②构造系统原型。根据用户需要，在选中的科研成果原型基础上延伸、转化和发展，构造气象信息服务系统原型(包括系统的结构、技术方法、业务流程、系统的物理结构模块和数据/文件设计、输入/输出设计等)。

③试运行系统原型。通过试运行完善系统原型。

④评价系统原型。通过考核评价，确定系统可否正式投入业务运行和推广使用。

3. 直接面向对象法

直接面向对象法最早应用于工程技术领域，后来也被引入软件工程和信息系统开发中。信息系统的直接面向对象法的开发主要有三步：一是直接面向对象的分析，通过调查，收集必需的材料，分析用户的特定需求；二是根据用户需求进行直接面向用户需求的目标设计；三是根据设定的目标进行具体的结构设计和编程。直接面向对象法不像"99 + 1"快速原型法那样主要在已有科研成果的基础上进行延伸、转化和发展，所以直接面向对象法一般适用于难以找到已有科研成果原型的小型气象信息服务系统的设计。

三、气象信息服务系统开发的启动

气象信息服务系统的开发程序和一般气象现代化系统的开发程序类同，它的的建设也离不开必要的硬件设备的支持，但更关键的、工作量更大的是相关的软件系统的开发。有关气象信息服务产品的制作方法的研制程序问题将在下面进一步讨论，这里首先讨论气象信息服务系统开发的启动问题。考虑到气象信息服务的特点，气象信息服务系统开发的启动必须经历以下步骤：

①需求调研。通过需求调研，确认面向特定气象控制工程的气象信息服务系统的开发的必要性；

②论证该系统开发的技术可行性。在调研基础上认定现有技术条件下开发出满足需求的气象信息服务系统的可行性，并在原则认定可行性的基础上，制定初步的系统开发计划；

③投入/效益比预评估。对初步开发的设计方案的投入/效益比进行预评估，为该项目的立项提供决策依据；

④制定详细的系统开发实施计划；

⑤组织该系统开发实施计划的实施。

四、气象信息服务系统的开发研制程序

完成启动程序后,气象信息服务系统的具体开发研制主要包括三方面工作:

①必要的硬件系统建设;

②软件方法的研制。作为一个气象信息服务系统,方法研制的关键内容有以下几方面(图 13.4):研究气象制约关系;提炼气象控制因子;研究气象控制因子的可测性;开发气象信息服务产品的制作模型,包括业务技术流程、数据文件以及具体的编程;检验气象信息产品的的有效性。

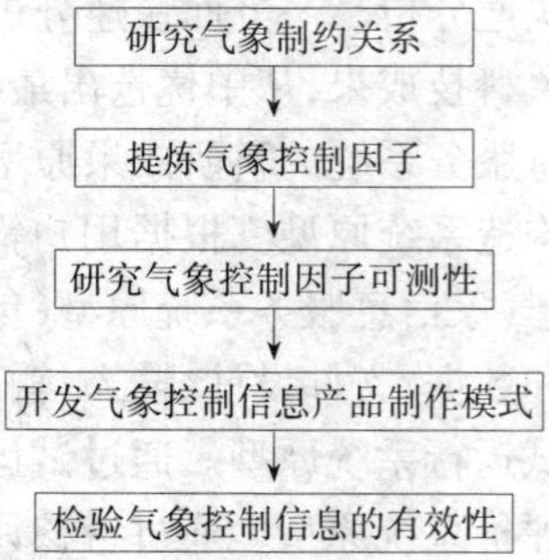

图 13.4 气象控制信息系统研制的一般途径

有关这方面的具体问题将分别在第十四章和第十五章中进一步阐述。

③系统的业务化试验。对于气象信息服务系统的开发研制来说,不仅在开发研制的时候要紧紧瞄准气象控制工程对气象控制信息的要求,初步完成开发研究之后,投入正式业务运行之前,还必须经过试运行和试服务。通过试运行和试服务验证的,才能验收,正式投入业务。气象信息服务系统投入业务运行以后,必须在实践中根据发现的问题和用户的新需求进行必要的修改和完善。如果经实践应用表明该系统已经不能继续适应新需求,就应该适时终止该系统的运行。

参 考 文 献

[1] 马鹤年、沈国权,加强气象服务理论和方法研究,为知识经济发展做贡献,中国气象报,1998。
[2] 马鹤年,气象服务学的方法论问题,中国气象报,1999。
[3] 蒋维楣等,空气污染气象学教程,气象出版社,1993。
[4] M.E.Берлянд(苏),申亿铭译,大气污染预报与控制,气象出版社,1991。
[5] 王雨田主编,控制论、信息论、系统科学与哲学,中国人民大学出版社,1986。
[6] 高桥浩一郎,气象与经济,气象服务经济效益业务文集,气象出版社,1986。
[7] 马鹤年,气象服务信息的有效性判据,气象服务学术研讨会文集,2000。
[8] 朱瑞兆,应用气候手册,气象出版社,1991。
[9] 沈长泗,史国宁,气象信息与最优经济决策导论,气象出版社,1997。
[10] 刘霞,风险决策:过程、心理与文化,经济科学出版社,1998。
[11] 岳剑波,信息管理基础,清华大学出版社,1999。
[12] 杜玫、陈庆华,系统工程方法论,国防科技大学出版社,1994。

第十四章　气象信息服务的专业化

在第一编有关章节中专门讨论了气象服务基本原理以及相关的软科学问题，在本编第十三章中又进一步讨论了气象信息服务的方法论问题。从这些讨论中可以看出，气象服务要产生效益有一个重要的前提，就是所提供的气象信息是有专业针对性的。如何才能使所提供的气象信息具有专业针对性？这就是本章所要专门讨论的所谓气象信息服务专业化问题。

第十三章讨论气象信息服务技术方法体系时已经指出，气象服务信息专业化的任务是揭示气象对用户系统的制约关系，并在此基础上提取出有针对性的气象控制因子。由于气象服务的具体对象非常广泛，揭示这种制约关系可能涉及非常广泛的科学技术问题。

在我国气象服务发展历史上，曾对气象信息服务专业化问题作过许多有益的探索，积累了很多经验。例如，早在60年代，我国的农业气象专家对农业气象服务指标做了很多工作，许多省、市气象局都曾汇集并出版了农业气象服务指标手册。只可惜此类工作并没有随着气象现代化手段的提高做更多的深入研究。从总体上看，目前我国的气象服务业和国外先进水平的差距首先表现在专业化水平不高，对多数行业的气象服务仍存在以公益服务产品替代的情况。近年来，不少省、市气象部门从国外学习和引进了公益服务领域的专业化指标，例如舒适度指数等各种生活气象指数，对推进公众服务专业化起到了促进作用。

限于条件，本章还不可能对各种气象信息服务专业化方法进行系统的阐述，而主要是总结气象服务实践中创造的气象服务信息专业化方法，力图从方法论高度概括这些方法的原理和思路。

为了便于阐述，本章将首先介绍气象服务专业化的涵义，然后进一步研究气象服务专业化方法问题。

第一节　气象信息服务专业化的内涵

一、气象信息服务专业化在气象服务系统工程中的地位和作用

1. 气象信息服务专业化是气象服务系统工程设计的技术依据

根据气象服务基本原理，气象服务最终产生效益必须通过气象工程服务实现。有效的气象工程服务的依据是有效的气象控制信息，而气象控制信息的有效性的前提是该信

息对用户系统的气象控制决策具有针对性。如果气象服务实体所提供的气象服务信息缺乏针对性,仅仅是改头换面的基本气象信息,而不是针对实施有效气象控制所必须的有针对性的气象控制信息,就难以采取有效的气象控制工程措施。只有明确了特定用户系统气象控制对气象信息的专业化需求,才能据此设计满足该用户要求的气象服务系统。

2. 气象信息服务专业化是气象信息服务产品有需求的前提

在市场营销的过程中,产品的适当包装可以引起用户的关注,但最终决定用户是否愿意采用某个产品,关键还是要看产品的质量和使用价值。所谓产销对路,根本的是要求生产出来的产品适应用户的需求。只有漂亮的外包装,而实际内容却是用户很容易从电视、电话公众气象服务中得到的基本气象产品,即使一时可能引来一些用户,但难以持久。真正有竞争能力的是高专业化的气象信息服务产品。当前我国气象信息服务和国际先进水平的差距,从技术上讲,主要是产品的专业科技含量不高,其中首先是产品的专业针对性不强。气象服务实体要在气象信息服务市场的激烈竞争中占领一席之地,必须在气象信息服务专业化方面狠下功夫。

二、气象信息服务专业化的基础条件

实施气象信息服务专业化的基础条件是气象对用户系统的制约关系和相应的气象控制因子都具有可测性。有关气象制约关系和相应的气象控制因子的可测性问题第一编第二章已经作了专门讨论,在此不再重复。但是这里必须强调指出,实现对某行业的气象信息服务专业化的前提是已确认可能找出气象条件对该行业用户系统的制约关系,而且在目前的科学技术条件下,相应的气象控制因子是具有可测性的。否则,自然也就不可能具体地找出这种制约关系,更谈不上提取相应的气象控制因子问题。

三、气象信息服务专业化的具体内涵

在第十三章我们曾经给出气象信息服务的质量指标,并指出气象信息服务的针对性是整个指标体系中的第一层次的基本质量指标。所谓气象信息服务的针对性是指气象信息服务产品应当明确针对气象控制工程决策的需要。提高气象信息服务针对性的途径就是推进气象信息服务的专业化。具体讲,主要包括以下几个环节:首先是需要揭示气象对特定用户系统的具体的制约关系;然后,还需要进一步在此关系的基础上提取出可以实时加工制作并及时提供给气象控制工程系统作为控制决策依据的气象控制信息。以上这两个环节的工作,也就是通常所说的建立气象服务指标的问题,也可理解为狭义的气象服务专业化的内涵。

在实际的开发过程中,有时气象信息服务专业化所包含的两部分相互衔接的工作并不需要、也不可能完全分开。分不开的,自然不能机械地硬分。但是必需分步开发的,也不能简化。一般说来,在做较深入的影响机理分析时需要尽可能展开分析。在做机理分析的过程中难以同步考虑如何提取气象控制因子问题。实际开发时是否可以两步合为一步，要根据具体情况确定，下面具体讨论专业化方法时将通过实例对此做进一步说明。

完成了上述这两个环节的专业化开发问题之后，下一步的问题是用什么方法去具体加工制作出这种专业化气象服务信息的问题，也就是通常所说的气象信息服务产品的制作方法问题。从广义的专业化概念上讲，这项工作也是气象服务专业化工作的一部分。有些时候，这部分工作和前面所述的狭义专业化工作并不能完全分开，也没有必要硬把它分开。但是在一般情况下，提取气象信息服务指标和加工制作产品需要分别研究和开发。从系统工程的逻辑程序和方法论角度看，它们是相互衔接的两部分工作。本章重点讨论狭义的气象信息服务专业化问题。

第二节　揭示气象制约关系的基本方法

一、揭示气象制约关系的基本思路和途径

1. 研究气象制约关系的基本思路

从气象服务系统开发的角度考虑，研究气象条件对特定系统的制约关系的目的就是要找出气象条件制约用户系统运行状态的规律，进而为寻找有效调控办法提供科学依据。最理想的情况当然是能揭示出气象条件制约用户系统运行效益的物理机理，但是并不是在任何情况下都能直接找到这种物理机理的。从认识事物的普遍规律看，认识事物的第一阶段是从总结实践经验开始，随着认识的不断深化，才能上升为理性认识，由表及里，最后揭示出气象条件制约用户系统运行效益的物理机理。但不管认识深化到什么程度，只要所找出的关系确实是客观存在的气象条件对用户系统运行效益的制约关系，就有一定的应用价值。只要所找出的这种关系的精确度符合该系统实施有效气象控制的需要就行。从方法论角度看，揭示气象制约关系实质上是一种规律研究，气象制约关系研究是气象服务研究中的基础性研究。

2. 揭示气象制约关系的途径

和一般认识事物发展规律一样，认识气象条件对具体系统的制约关系的过程也总是从初级逐步向高级发展的过程，也就是从感性到理性的过程。开始的时候，首先必须总结实践经验，形成初步认识，这一阶段的有效方法主要是经验分析方法。经验分析方法开始的时候可能只能得出一些定性的结论。为了进一步深入揭示气象和用户系统运行状态之间的内在联系，需要采用一些定量的分析研究方法，以求最终概括形成反映气象条件和用户系统之间内在制约机制理论。到了这个阶段，从认识论的角度讲就是到了感性认识上升为理性认识的阶段。当然，现实的理论认识也只是在一定程度上反映客观规律，它并不是绝对的，还需要在实践中不断接受检验，不断修正和完善。

二、揭示气象制约关系的基本方法

原则上讲，物理学中关于研究物体之间相互关系的各种方法都可能为揭示气象制约关系所用。总结成功的气象信息服务经验，并学习其他应用物理分支学科的成果，我们可以初步将揭示气象制约关系的基本方法大体概括为以下四类：经验分析法、统计诊断方法、实验方法和物理理论推断方法。下面分别具体阐述这些方法并举例说明。

1. 经验分析方法

所谓经验分析方法就是概括实践所积累的经验以形成对事物的认识的方法。经验分析方法也有广义和狭义之分。广义的经验分析方法是相对理论方法而言的，它是指一切理论方法以外的各种获取感性认识的方法，包括实验方法以及模拟方法。在气象科学技术领域中，实验方法和模拟方法已经成为非常重要的专门方法，所以在概括有关气象制约关系的基本方法时我们将它们单独列为专门的方法，下面所阐述的所谓经验分析方法是属于通常所说的狭义的经验分析方法。

经验分析方法在气象科学技术方法体系中占有重要的地位和作用。例如，在天气学和动力气象学的发展过程中，天气预报实践所积累的经验对学科理论的发展起到了十分重要的基础性作用。天气学经验方法是预报技术发展的基础，即使在数值预报技术已成为主要技术方法的今天，天气预报的发展仍不可能离开天气学经验方法。天气学经验方法是一种典型的经验分析方法。预报员在长期的实践中积累了十分丰富的关于各种天气系统发展变化的感性认识，在预报员的脑子里逐渐形成关于各种天气系统发展变化和影响规律的模式概念。这种概念不仅对提高预报质量很有帮助，也是进一步深化理性认识的基础。当然，现代天气学经验方法已不是纯经验的方法，它是在天气学基本模式概念指导下用经验分析方法对预报实践经验进行总结的一种方法。这种经验总结一般虽然达不到严格定量的程度，但也都不同深度地采用了各种科学思维分析方法。

但是，经验分析方法毕竟还只是初级的方法，这种方法仍存在明显的不足：一般说来，这些经验性的模式概念难以直接反映变化的机理；一般经验分析方法只能得出比较定性的结论，而且准确性有待进一步检验。所以，在可能的情况下，要在经验分析方法基础上进一步发展各种定量的客观分析和理论分析方法。

在气象信息服务领域中，经验分析方法应用得很广，可以说迄今为止经验分析方法仍是认识气象和用户系统关系的基本方法。随着服务人员经验分析水平的提高，经验分析方法将逐步走向客观化、定量化。

由于经验分析方法只能根据经验定性地给出气象条件对用户系统的影响，这种影响关系的表达形式常常可以根据经验进行灵活设计，常用的一种简便的方式是直接把它表达为某种影响指数，使它既能反映气象条件对用户系统的影响关系，又具有现实的可测性，也就是说，不仅用它表达了影响关系，也直接用它作为气象控制因子。例如，人们在总结长期的实践经验的基础上提出了用各种生物舒适度指数、火险临界指数、旱涝指数等反映气象条件对特定用户系统的影响关系。建立这些指数的基本方法是经验分析方法。尽管这些指数是经验性参数,它们比一般的定性经验概念已经大大前进了一步。虽然这种关系还不是建立在严格的理论基础上,有些机理可能也还不十分清楚,但是依据一定的科学原理用比较定量的形式将定性的概念量化表示为气象对用户系统的影响程度,无论是对用户应用和进一步深化理性认识都有帮助。有关各种气象影响指数的建立方法问题将在下一节讨论。

另一种常用的经验分析方法称之为类比方法。类比方法是对两类特殊事物之间进行分析比较的方法。在研究事物发展规律时,有时往往因为个例太少,无法遵从"特殊到一般",再从"一般到特殊"这个常规的认识过程,这时可以先采取从特殊到特殊的逻辑过程。类比方法就是专门研究两类事物之间是否存在类似规律的方法,它是将抽象思维和形象思维融为一体的一种独特的思维方法。在用类比的方法建立模型的过程中,形象思维的特征表现得很清楚。例如,卢瑟福将微小的原子和巨大的太阳系作了类比,提出行星原子模型,恰如其分地描绘了原子结构的基本轮廓。又例如仿生设计思想也是把两类事物进行类比。它是设想这两特殊对象可以看作同一类,或者属于同一种关系的。类比方法实质上是一种经验性的推理方法,这种方法的假设前提是事物之间存在某种程度的相似性,于是可以将另一学科已经成熟的模型通过类比移植到所研究的学科中来。类比方法往往可能在思路方面给研究工作以新的启示,从而引发创造性的思路。但是类比方法得出的结果往往隐含较大的不确定性,必须配合其他的方法进行严格的佐证。

在研究气象对用户系统影响时,如果发现相关学科领域中有某些方面(运动机理或则变化方式,或则某些特征)和气象对该用户的相互关系有相似之处,不妨采用类比方法探索在移植其他学科已经成熟模型的基础上创建新的气象制约模型的可能性,用这种方法建立的模型称为类比模型。

例如,传染病传播模型是一种比较简明的反映传播机理的数学模型:记时刻 t 的健康者人数为 $s(t)$,病人数为 $i(t)$,假设:

①总人数为常数 n,即:$i(t)+s(t)=n$;

②单位时间内一个病人能传染的人数与当时健康者人数成正比,比例系数 k 称为传染系数。

根据假设②,可以推得:

$$\frac{\mathrm{d}i}{\mathrm{d}t}=ki(n-i) \tag{14.1}$$

将稻瘟病流行和上述一般传染病传播问题类比,可得到预测稻瘟病流行方程(杨继武,1994):

$$\frac{\mathrm{d}y}{\mathrm{d}t}=ry\left(1-\frac{y}{Y}\right)=\frac{r}{Y}\times y(Y-y) \tag{14.2}$$

式中，y 为病痕，类比于(14.1)式里的 i；Y 为水稻生长期间最高病痕，类比于(14.1)式中的 n；r/Y 相应于(14.1)式中的 k。

将这种病菌的传播模型类比于信息的传播，可以得到类似性质的微分方程(郭虎等，1999)：

由假设已知信息者与未知者的人数只是时间的函数，分别记为 $R(t)$ 和 $N(t)$。假设在信息传播过程中人群的总数 T 保持不变，即 $R(t)+N(t)=T$。为简单起见，将 $R(t)$，$N(t)$ 理解为已知信息者与未知信息者在人群中所占有的比例、亦即：

$$R(t)+N(t)=1$$

类比可得：

$$\frac{\mathrm{d}R(t)}{\mathrm{d}t}=kR(t)[1-R(t)] \tag{14.3}$$

显然，上述三个问题具有相同的性质，可以通过类比建立类似的方程，反映的是类同的传播机理。对(14.3)式求积分，即可获得关于 $R(t)$ 的解。

进行类比推理得到的结果还需要进一步认证。文献[5]具体给出了这方面的结果，并认为(14.3)式可以作为反映公众天气预信息传播的最简单的数学模型。

2. 统计诊断方法

统计诊断方法根据概率论和统计学原理，收集对所研究的事物有代表性的相关资料，选用适当的统计学模型对研究对象的总体特征进行诊断分析，从中找出总体的统计特征。统计学方法是重要的数学方法，用这种方法可以在一定可信度水平下找出研究对象之间的统计意义上的相关程度。由于和气象条件可能有关系的因素很多，在尚不了解更深层次的物理关系之前，运用统计诊断方法可以用来通过普查有效地筛选出那些客观上相关程度较高的因素，这对进一步揭示具体的气象条件对用户系统的制约关系无疑是很有用的。即使一时还搞不清物理机理，有一定可信度的统计诊断结果可以作为反映气象条件和用户系统之间的统计意义上的制约关系。

在研究气象和特定用户系统之间的关系时，统计诊断方法有广泛的用途，常用的统计诊断方法有：相关分析法、主成分分析法、逐步筛选法、正交筛选法等等。例如，在农业气象服务中为了筛选出气象影响因子，常用的方法有距平相关法、秩相关系数法和方差分析法等等。又例如，在为工矿企业的专业气象信息服务中也常用统计诊断方法筛选气象影响因子。白银矿气象站通过筛选发现：采场地表气温日较差、采矿场坑口与坑底气温差、20时地表风速、地表日平均气压差的绝对值等气象要素对采场粉尘浓度有明显的统计相关。

统计诊断方法适用范围很广，也是气象科技人员比较熟悉的方法，在气象服务领域中值得大力推广应用。但是，统计诊断方法只能说明事物之间的统计关系，尚不能直接说明它们之间相互作用的物理机理。

3. 实验方法

实验方法是物理研究中的非常重要的方法。所谓实验方法,就是针对研究的问题去设计并调控研究环境,观测研究对象在可控制的条件下运动和发展变化,通过实验揭示这些变化之间的客观联系。实验方法的最大优点是实验条件的可调控性和实验过程的可重复性,通过实验还可以定量给出物体之间的相互作用关系。

最基本的实验方法是在被称之为“实验室”的条件下进行物理实验。随着现代科学技术的发展,实验方法的类型和领域已经有了很多发展,除了一般的物理实验以外,还有各种模拟试验,特别是利用计算机做数值试验和模拟。此外,在大气科学领域中,还发展了规模庞大的野外气象试验,虽然人们难以控制大范围的自然条件,但是可以选择试验时间和地点,可以通过加强观测的方法获取很多非常宝贵的试验资料。

气象科学技术领域广泛应用实验方法。在揭示气象制约关系时实验方法有重要的应用价值。实验方法不仅可以用来揭示未被认识领域的气象和用户系统的关系,即使是理论上已有一般性认识的,仍然需要具体化到特定的用户系统,找出具体的制约关系,实验方法在这方面有其他方法不可替代的作用。例如,在研究气象对商品仓储的制约关系时显然不能只满足于“湿度大容易发霉”的一般概念,对于具体的商品需要详细掌握对它敏感的霉菌繁殖的具体温、湿值。图 14.1 就是用实验方法测定的霉菌生长的温、湿范围。有了这类实验测定的关系,才能明确仓储气象控制所需的具体气象控制因子。

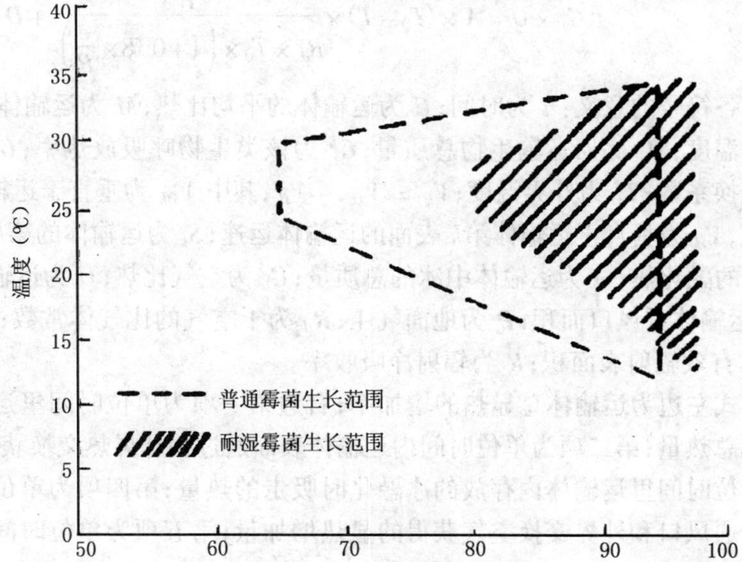

图 14.1 霉菌生长的温、湿范围(引自章澄昌,1997)

但是,实验方法本身尚不能直接得出理论认识,为了更加深刻的揭示气象对用户系统的制约机理，还必须进一步运用理论方法，将认识进一步上升到理论高度。

4. 物理理论推断方法

物理推断方法是揭示事物之间内在联系物理机理的理性方法，它必须在经验分析方法的基础上，进一步做必要的统计诊断分析和物理实验研究，并吸收和应用其他理论已有的成果，运用必要的数学方法对感性认识进行去伪存真、由表及里的分析和综合工作，最后形成系统的关于事物之间的本质联系的理论。

相比于前面阐述的其它几种方法，运用这种物理理论方法建立气象对具体系统的制约关系是一种更高级、更可靠的本质的制约关系。下面用两个例子来进一步说明这种方法。

例 1：气象条件对生物运输质量的制约关系问题。

生物体长途运输质量控制的关键问题是如何使生物体在运输过程中保持适宜的准恒温。简便易行的经验办法是在运输体内存放一定数量的冰块。运用这种控制方法时需要研究的问题是如何科学估算用冰量。为此，需要具体揭示运输体内温度变化的机理。这方面显然已有成熟的热力学理论可以运用。

根据热力学基本定律，特定的运输体服从如下的热平衡方程：

$$C \times M \times \frac{\mathrm{d}T}{\mathrm{d}t} = M' \times C' + G \times (T_0 - T) \times \sum (V_k \times S_k) - C_w \times \frac{\mathrm{d}m}{\mathrm{d}t} + C_a \times U \times A \times (T_0 - T) \times \frac{P}{R_d \times T_0 \times \left(1 + 0.378 \times \frac{e}{P}\right)} + D \times R \quad (14.4)$$

(14.4)式中各符号的意义：t 为时间；C 为运输体的平均比热；M 为运输体的总质量；T 为运输体的温度；M' 为所运输生物总质量；C' 为该类生物呼吸放热率；G 为运输体和外界的热交换系数；T_0 为外界温度；$V_k = V_{0k} - V_{ik}$，其中 V_{0k} 为垂直于运输体第 k 表面的环境风速，V_{ik} 为垂直于运输体第 k 表面的运输体运速；S_k 为运输体的第 k 表面块表面积；C_w 为冰的融化热；m 为运输体中冰的总质量；C_a 为空气比热；U 为运输体进风口进风速；A 为运输体进风口面积；P 为地面气压；R_d 为干空气的比气体常数；e 为水汽压；D 为运输体有效辐射表面积；R 为辐射净吸收率。

(14.4)式左边为运输体总显热的增加率；右边第一项为单位时间里运输体内生物呼吸放出的总热量；第二项为单位时间内运输体表面通过和外界热交换获得的热总量；第三项为单位时间里运输体内存放的冰融化时吸走的热量；第四项为单位时间里运输体通过换气通风口和外界交换空气获得的显热增加量；第五项为单位时间内运输体通过辐射吸收的热量。

上述方程中，有些是已知的通用物理常数，有些是反映具体运输体特性的系数。这些系数可以根据各种运输体的类型分类测定。此外，制约运输体内温度变化的都是沿途的气象量。这个方程描述了气象制约运输体内温度变化的规律①。有了它,就可以进一步研究如何提取生物体运输质量的气象控制因子问题,详见下一节。

例 2: 输油管道中油温的制约关系。

石油管道运输时的效率主要取决于流速;在一定条件下流速又主要受油温制约。制约输油管中油温的基本方程是热传导方程。对热传导方程积分可得管道散热公式为:

$$Q = \kappa \times \pi D \times \mathrm{d}L \times (T - T_0) \tag{14.5}$$

式中 $\mathrm{d}L$ 为油流流动的管段距离;Q 为 $\mathrm{d}L$ 管段在单位时间里向周围介质散失的热量;κ 为油流至管道周围介质(土壤)的总传热系数,D 为输油管直径;T 为油温;T_0 为管道埋置深度的地温。假设管道散热是稳定的传热过程,其热平衡关系为:

$$\kappa \times \pi D \times \mathrm{d}L \times (T - T_0) = -GC\mathrm{d}T \tag{14.6}$$

式中 G 为所输石油的流量;C 为石油的比热;$\mathrm{d}T$ 为油流流动 $\mathrm{d}L$ 小段距离后油温的增量。上述方程就是石油在管道中流动时油温变化的制约方程。由方程可见,油温变化主要受制于油流至管道周围介质(土壤)的总传热系数(和管道埋置深度的地温 T_0。

物理推断方法是揭示事物之间内在联系规律的方法。当然,物理推断方法所得到的结果的正确性也是相对的,它必须回到实践中去经受再检验,并在实践中不断完善。

上述四种方法是在揭示气象制约关系时可能用到的一些基本方法。这些方法之间存在相辅相成的关系。在实际揭示气象制约关系时往往需要综合运用各种方法,以求尽可能得到对制约规律的更深认识。从认识方法论角度看,经验分析方法是最基本的基础性方法。从认识的层次看,它属于初级方法。在此基础上,统计诊断方法和物理实验方法将为进一步揭示制约关系提供有力的手段,物理理论方法是对从各种认识途径获得的认识进一步做由表及里的深入分析,从而使认识升华,最后形成最高层次的理性认识的方法。如果用示意图表示,它们之间的关系如图 14.2 所示。

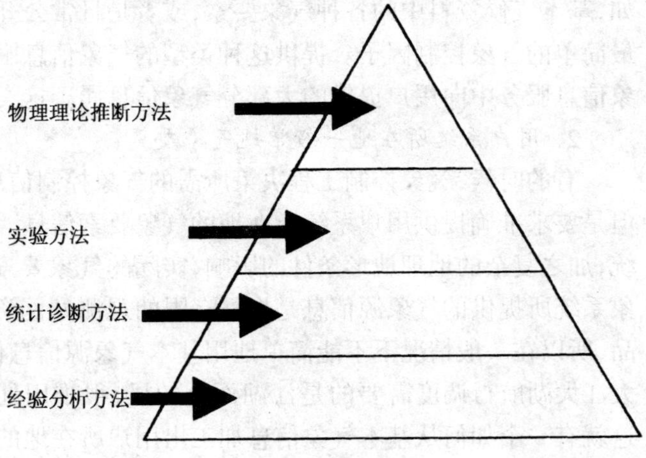

图 14.2　揭示气象制约关系的各种方法之间的关系

---

① 王淑静等,运输体准恒温用冰量预测方法,新一代气象服务体系研究文集(二),1999。

第三节 气象控制因子的提取方法问题

掌握气象制约关系的目的是从中进一步提取出气象控制因子,为最终实现有效的气象控制提供依据。因此,确定了气象制约关系之后,下一步的工作就是如何提取气象控制因子的问题。本节在总结气象为各行各业提供信息服务的有效经验的基础上重点概括关于提取气象控制因子的有关思路和方法问题。

一、气象控制因子的类型

一般说来,气象控制因子都是和气象紧密相关的因子,但是它不一定都是基本气象系统中的现成的气象源信息库中已有的气象因子。气象信息服务实践已经发展出的气象控制因子类型主要有:

1. 气象源信息库中已有的常规气象要素

如果某系统气象控制工程所需的控制因子就是气象源信息库中已有的常规气象要素,这种情况下的气象控制因子直接表现为气象源信息库中已有的常规气象要素(例如,基本气候资料中的各种气象要素,或者是日常公开发布的基本气象预报要素),这是最简单的气象控制因子。提供这种类型的气象信息服务不需要做专门的加工。目前气象信息服务中向用户提供的大部分气象信息属于这类因子。

2. 用户系统所在地一般常规气象要素

有的时候,气象控制工程决策所需的气象控制信息虽然也是一般的常规气象要素,但是要求准确提供用户系统所在地的气象要素信息。由于大气中存在不同尺度天气系统,加之复杂的地理地形条件的影响,实际的气象要素有明显的地域性差异,而基本气象系统所提供的气象源信息是根据有限的观测站网资料,用大尺度预报方法获得的产品,所以在一般情况下不能简单地用基本气象源信息代替用户所在地气象信息。例如,大江大湖航行调度需要的是江湖面上的风,很难用处在陆地上的气象站的风来代表。这就有一个如何从基本气象信息加工出用户所在地的气象信息的问题。

3. 非常规气象要素

更普遍的情况是用户系统气象控制工程所需要的气象控制因子本身并不是常规气象要素。例如,上节所述的石油管道运输直接受制于油温,而油温又主要取决于管道埋置深处的地温 T_0,这里的 T_0 已不是常规气象要素。

4. 气象相关物理量

更复杂的情况是用户系统气象控制工程所需的气象控制因子虽是气象相关物理量,但不是直接的气象要素,例如上一节所述的白银矿的安全生产气象控制问题,在掌握了若干气象要素对矿场粉尘浓度有明显相关之后,发现粉尘浓度不仅是安全的直接

指标,而且是具有可测性的气象相关物理量,白银矿气象站经研究决定直接选取粉尘浓度作为气象控制因子。采矿场粉尘浓度 C 显然不是通常概念的气象要素,但是它的主要影响因子是采矿场地表气温日较差 Δt_1,采矿场坑口与坑底气温差 Δt_2,采矿场坑口地表风速 v_{20} 以及采矿场地表日平均气压差的绝对值 $|\Delta p|$ 等气象要素。因为这种物理量主要受制于气象要素,因此也可称之为隐式气象因子。

二、选定气象控制因子的基本原则

由于气象条件对用户的制约关系的表现形式十分多样,可作为气象控制因子的类型也比较多,所以在实际的气象信息服务工作中需要科学地选定气象控制因子。根据气象服务基本原理,选定气象控制因子的基本原则是:

1. 遵循已经掌握的气象制约关系

气象制约关系所反映的机理从根本上决定了气象控制工程的内涵,因而也从本质上决定了气象控制因子。气象相关因子在气象控制关系中的表现形式和作用是提取气象控制因子的根本依据。当然,在不影响反映影响规律的前提下,为了便于控制信息的制作,气象制约关系的具体表现形式是可以作适当变化的。

2. 考虑气象控制工程决策的需要和可能

考虑气象控制工程决策的需要和可能,即考虑现实的可控性问题。作为气象信息服务实体,如何选取气象控制因子可能有两种思路:一种是考虑到这类非常规气象要素和常规气象要素有一些关系,气象服务实体仍只提供常规气象要素,是否需要再加工,以及如何再加工成所需要的气象控制信息,由实施气象控制工程的决策者自行决定;另一种做法是直接将这种非常规气象要素作为气象控制因子,由气象服务实体专门加工制作。前一种做法也是当前一般服务实体常用的办法,看起来似乎这样比较容易做,但是很大的问题是由于用户决策者毕竟不是气象专家,他们很难根据一般气象信息自己加工制作出高质量的气象控制信息。根据用户至上的原则,气象服务实体应当尽可能争取多承担自己有优势的服务工作,应该将这种非常规气象要素直接选定为气象控制因子,主动提供服务。例如,在上一节所阐述的研究运输体准恒温控制问题时,如果只考虑气象服务实体工作简易,自然就选沿途气象要素为气象控制因子。但是,如果着重考虑气象控制工程的需要和质量,则应当选择用冰量作为气象控制因子。

3. 考虑实际制作气象控制信息的可能性

考虑实际制作气象控制信息的可能性,即考虑气象控制因子的可测性问题。在第一编第二章我们曾经专门讨论了气象控制因子的可测性问题,指出现实的气象控制因子必须是通过一定的科学技术方法加工制作出来的。具体的方法将在第十五章中专门讨论。

三、提取气象控制因子的常用方法

1. 气象影响指数化方法

许多时候，人们虽然定性地认识到气象对某些用户系统存在明显影响，但是严格的定量影响关系以及影响机理却尚不很清楚。在这种情况下，可以在经验的基础上采用一定的量化方法将经验表示为某种指数，这种方法称为提取气象控制因子的指数化方法。因为指数化的基本方法是经验方法，为了实用方便，往往可以将用指数化方法反映气象条件对用户系统的制约关系和提取气象控制因子结合起来一次完成。

(1)建立气象影响指数的主要依据

在不了解气象对用户系统影响的具体机理的时候，建立气象影响指数的主要依据只能是实践积累的气象对用户系统影响的有关经验。但是，气象科学有关理论往往可能在一定程度上提示有关经验可能反映哪些方面的理论规律，因此实际上所谓经验指数一般也都是在一定的理论指导下将经验量化的结果。

(2)建立气象影响指数的原则

①力求尽量客观地反映已经掌握的气象对用户系统影响的经验；

②力求使所建立的指数具有可测性，也就是说在现实条件下是可以通过一定的科学技术方法加工制作出这种指数的。

(3)气象影响指数的类型

在专业化气象服务中，以指数反映气象对各类用户系统影响的例子很多。在天气预报业务和服务中，经常用各种指数来量化地描述某些经验性的影响关系，例如旱涝转折指数等。近年来，面向各类用户的气象指数有了进一步发展。目前已投入服务业务应用的气象影响指数的主要类型有：

①公众服务气象指数——生活气象指数。例如，日本 WNI 公司发布了大量关于生活方面的气象影响指数，诸如紫外线指数、洗衣指数、花粉浓度指数等等。我国北京、上海、江苏等省、市气象台也相继开发了舒适度指数、中暑气象指数、晨练气象指数等面向公众服务的生活气象指数；

②专用气象影响指数。例如，啤酒气象指数、供电气象指数、运输气象指数等等，都是面向特定专业用户的气象指数。

(4)气象影响指数的建立方法

虽然说气象影响指数主要是建立在经验的基础上，但是在实际的建立过程中仍应尽量采取各种客观和定量化方法使经验客观化和量化，包括采用一些可能的实验和统计方法。如果已有涉及该指数对用户系统的影响理论，更应尽可能使指数的表达式符合该理论。由于指数是建立在经验基础上的，所以不同的研究人员会建立起不同形式的指数，在使用的过程中也会根据实践不断去修正和完善，有条件时还应将指数上升为影响模型和参数。

生活气象指数在公众预报中已比较普遍,有关生活气象指数的建立方法将在第十七章阐述。下面举一种专用气象影响指数的例子——茶叶质量气象综合指标,来说明此类指数是怎样建立的。

茶叶的品质和气象环境有密切的关系。根据经验,著名的"云雾茶"都产自相对湿度较高而气温偏低(但在适宜范围内),日照有一定时数,但云雾天、阴雨天数较多的气候区。福建省气象科研所进一步概括这方面的经验并用以下形式的指数将这方面的经验量化:

$$ZH = T \times \frac{S}{R}$$

式中 T 为旬平均气温,单位为摄氏度;S 为日照时数,单位为小时;R 为空气相对湿度,取其百分数值;ZH 称为茶叶质量气象综合指标。为了进一步验证这种指数对茶叶质量的制约关系,根据武夷山的茶叶生产有关资料进行了统计分析,结果表明:茶叶质量的主要指标酚氨比 FAB 与采摘前2旬的 ZH 在 $\alpha = 0.02$ 显著水平上有如下的的回归关系式:

$$FAB = 1.31 + 0.3747 \times ZH$$

FAB 与提前1旬的 ZH 在 $\alpha = 0.01$ 水平显著性时有如下的回归关系:

$$FAB = 5.061 + 0.4866 \times ZH$$

根据文献[9]的研究,这种量化的指数可为茶叶生产过程的气象调控提供较可靠的依据,它的具体应用包括:

①作为引种、扩种的定量气象指标,为茶叶种植优选气象环境提供了依据。根据对武夷山区马头、茶气所、等地1~3年气候与物候观测资料,计算各地采茶前1旬的 ZH 值,结果是马头的 ZH 值和 FAB 值最小。由此得出结论,如果要继续引种、扩种,首选地点应是马头及其周边地区。

②作为茶园小气候调控的依据。在采茶的前几旬,进行茶园的小气候监测和预测,并据此适时采取必要的覆盖遮荫降温、喷灌增湿等小气候调控措施,降低ZH以提高茶质。

③作为茶叶适制性的评估指标。在土壤等条件满足的前提下,根据茶园常年气候观测资料,计算当地菜园多年以及当年的 FAB,结合当地茶叶常年适制绿茶或红茶的情况,将当年的 FAB 与多年 FAB 比较,可以评估和判断当年茶叶的适制性。

2. 气象控制因子模型化方法

所谓模型化方法就是用适当的推理或归纳等方法将已知的气象条件对用户系统制约关系转化为关于气象控制因子的量化的模型。根据不同的影响问题,可以采用不同的方法建立不同类型的模型。

(1)物理模型

如果已知气象对某用户系统的影响的物理机理,就可以从中进一步提取出气象控制因子的物理模型。例如,在上节所述的运输体温度变化制约关系的基础上可以建立运输准恒温控制的用冰量预测模型就是一种物理模型。具体方法是:

第一步:分析运输体准恒温控制的实际需要和可能。该控制模型中,对于一定的运输体类型和运输的生物体,影响温度变化的变量有两种,一是沿途的气象条件,另一个就是用冰量。在运输日期和路线确定后,沿途的环境气象条件在目前科技水平下是不具备可控性的,惟一可作为控制工程手段的是控制用冰量。因此,从控制工程的需求考虑,应当将运输体用冰量作为控制因子。

第二步:如果选取用冰量作为控制因子,它是否具有可测性,有没有可能加工制作出符合控制工程精度要求的控制信息。

用户的理想要求是运输体内保持所运生物最适宜的温度,即:要求

$$\frac{\mathrm{d}T}{\mathrm{d}t} = 0$$

于是,前述的控制方程(14.4)式演化为:

$$C_w \times \frac{\mathrm{d}m}{\mathrm{d}t} = M' \times C' + G \times (T_0 - T) \times \sum (V_k \times S_k) + C_a \times U \times A \times (T_0 - T) \times \frac{P}{R_d \times T_0 \times \left(1 + 0.378 \times \dfrac{e}{P}\right)} + D \times R \quad (14.7)$$

(14.7)式就是运输体准恒温控制的用冰量物理模型。用冰量 m 虽然不是直接的气象要素,但根据(14.7)式可以证明,在有基本数值预报产品的条件下,用冰量 m 是具有现实的可测性的。此类气象控制因子的具体制作问题将在第十五章进一步讨论。

(2)统计模型

它是以统计学原理筛选出来的被认为对于用户系统有明显影响的因子为基础,采用适当的统计学模型来具体提取出气象控制因子。例如,上节所述的白银矿粉尘浓度;又例如,在研究气候条件对某些农作物生产的影响时可以采用产量分离方法,将气候产量从自然产量中分离出来:

$$y_w = y - y_t$$

式中 y 为自然产量,y_w 为气候产量,y_t 为趋势产量。这样做就能分析产量与相应的气候因子的关系。选取相关系数比较大的因子就可以建立气候产量的统计回归预测模式。这里的气候产量就是产量的气象控制因子。

(3)经验分类模型

运用分类分析的方法可以将气象对用户系统影响的有关经验归纳提炼为若干定性模型,这种模型称之为经验分类模型。分析不同类型气象条件对用户系统的影响差异,如果发现不同类型气象条件下用户系统的状态变化明显不同,而同一类型条件下用户系统的状态变化却有明显的共性,就可以分别建立气象对该用户影响的经验模型,此类

模型中的气象控制因子就是模型的综合气象指标。在天气学预报方法中广泛应用的天气分型就是一种经验分类模型，类似的思路和方法也可以移植来用以建立气象对特定用户系统影响的经验模型。

3. 气象影响参数建立方法

在许多情况下，用户系统受多种因素影响，气象相关因子仅仅是用户系统多种影响因子中的一种。在这种情况下，在制约用户状态的综合性的模型中，气象相关因子可以用一种参数的形式表达。这种出现在综合性的制约模型中的气象相关因子称之为气象影响参数。这种将气象影响用气象相关的参数的形式反映到综合制约模型中的方法称之为气象影响参数化方法。这种气象影响参数实际上也就是一种气象控制因子。在比较复杂的综合制约模型中，气象影响参数一般是一种以参变量出现的影响因素。

和一般气象控制因子的情况类似，气象影响参数的类型也有四类，即：直接表现为气象源信息库中已有的常规气象要素、用户系统所在地一般常规气象要素、非常规气象要素和气象相关物理量。

下面举例说明气象影响参数建立方法：

例 1： 根据生物群落生长发育的数学模型可以建立具有如下表达式的牧草生长模式（阎庆文，1990）：

$$B(t) = \frac{K}{1 + \exp\left(D - \int_0^t R(t)\mathrm{d}t\right)} \tag{14.8}$$

式中 D 和 $R(t)$ 都是参变量，K 是最大生长量。D 是与初始生长量 B_0 有关的参数：

$$\exp(D) = \frac{K}{B_0} - 1$$

而 $R(t)$ 则是与环境有关的因子，气象作为影响牧草生长的重要环境因子将以参数 $R(t)$ 的形式出现在的制约关系式中。不同情况下气象在参数中的表现形式和作用可能也不一样。李军等（1998）在鸡毛芽叶龄估算中引用上述模型，根据观测分析，发现有效积温是叶龄的主要影响因子，于是可以用积温 ΣT 代替 $\int_0^t R(t)\mathrm{d}t$，亦即把气象因子对叶龄的影响以积温表示。

例 2： 白灾成灾综合指数（宫德吉，1998）。白灾的成灾是致灾力与承灾力之差。即：

$$B = \sum F_i - \sum S = \frac{\sum (H_i - 6)}{\kappa \rho q} - \frac{\sum f_0}{D} \tag{14.9}$$

式中 $i = 1, \cdots, n$；n 为积雪持续的旬数；H 是评价期平均积雪深度；κ 是入冬后家畜膘情随时间的变化系数：

$$\kappa = \frac{1 + 0.6 + (1 - 0.6)\cos\beta}{2}$$

式中 β 为评价时的时角；ρ 是牧草的相对高度系数；q 是牧场的单位面积产草量；f_0 是实际补饲量；D 是最小不致死的补饲量。

由(14.9)式可知，白灾是由综合致灾力和承灾力共同决定的。综合致灾力与积雪深度成正比，与单位面积牧草产量成反比，与膘情成反比；在草雪比不变时，后冬（$\cos\beta < 0$）比前冬（$\cos\beta > 0$）易成灾，而且达到致灾深度以上的积雪持续的时间越长，灾情越重。由(14.9)式还可知，白灾的严重程度受制于多种因素，气象相关量分别以三种影响参数出现。其中，积雪持续的旬数 n、评价期平均积雪深度 H 是显式气象因子；而 q 是牧场的单位面积产草量则是隐式气象因子。

参考文献

[1] 王淑静、毛卫星，气象信息服务专业化问题，气象服务学术研讨会文集，气象出版社，2000。

[2] 李志才，方法论全书——自然科学方法论，南京大学出版社，1995。

[3] 姜启源，数学模型，高等教育出版社，1987。

[4] 杨继武，农业气象预报和情报，气象出版社，1994。

[5] 郭虎等，公众天气预报传播过程的数学模型，气象，**25**(12)，1999。

[6] 朱伯承，统计天气预报，上海科学技术出版社，1981。

[7] 章澄昌，产业工程气象学，气象出版社，1997。

[8] 新疆石油管理局，石油与气象，气象出版社，1993。

[9] 李文等，武夷山肉桂酚氨比与气象条件关系初探，福建茶叶，(2)，1998。

[10] 邓国伦，气候条件对甜菜生产的影响，气象，**18**(11)，1992。

[11] 阎庆文，几种用于牧草气象研究的农业气象模式介绍，国外农学——农业气象，1990。

[12] 李军等，鸡毛菜叶龄估计模式及其应用，气象，**24**(4)，1998。

[13] 宫德吉等，白灾成灾综合指数的研究，应用气象学报，**9**(1)，1998。

第十五章　气象信息服务产品制作方法

高质量的气象信息服务产品是气象信息服务达到高效益的关键。高质量的气象信息产品出自靠高水平的产品制作方法。所以,发展高水平的气象信息产品制作方法是气象信息产品系统建设的关键问题。本章将根据本编第一章所阐明的气象信息服务原理,专门讨论气象信息产品的制作方法问题。

第一节　气象信息服务产品制作的基础

任何好的科技产品的业务化制作都有其特定的前期科技开发过程。因此,必须首先抓好产品制作的前期科技开发基础建设。气象信息服务产品也不例外。

气象信息服务产品制作的目的是制作出符合气象控制工程决策要求的气象信息产品。气象信息服务产品制作是整个气象服务系统工程的核心。制作不出高质量的产品,就不可能有好的服务效益。

一个气象信息服务产品制作方法能够稳定地投入业务运行并制作出较好质量的产品,必须做好以下各项前期科技开发工作:

1. 确认气象对用户系统的制约关系

这是制作任何气象信息服务产品的前提。用户的需求一定要具体落实到确认具体的制约关系,才谈得上进一步考虑制作有针对性的气象服务产品问题。有关这方面的问题在第十四章已经作了专门的讨论,这里不再重复。

2. 论证气象控制因子的可测性

尽管用户需求已明确,气象对该用户的制约关系也已经确认,但是如果根据这种制约关系所需要提供的气象控制因子是否具有可测性仍然没有经过论证,制作这种产品尚缺乏科学基础和依据。因此,论证气象控制因子的可测性也是一个气象信息服务产品能够正式投产之前必不可少的一项重要工作。

3. 研制开发适用的气象信息服务产品制作方法

在第二章阐述气象服务基本原理和第十三章阐述气象信息服务原理时都曾特别强调指出,从气象控制论观点看,在气象服务产生效益的过程中,气象信息的作用在于为实施有效的气象控制提供依据。因此,从本质上讲它是一种控制信息,我们称之为气象控制信息。当获知气象对某具体系统的制约关系并确认相应的气象控制因子具有可测性之后,需要进一步研究的问题是如何根据用户系统对气象控制因子的要求适时制作出气象信息服务产品。具体的控制对象的气象控制问题有具体的特点,因此需要提供有针对性的气象控制信息。为了适应这种特定的需求,气象信息服务产品必须专门加工制作。研制开发适用的气象信息服务产品制作方法是制作高质量产品的关键。只用基本气象产品改头换面为用户服务,就根本谈不上服务的针对性,更谈不上控制的有效性。关于气象信息服务产品制作方法问题本章将作为重点在第二节专门讨论。

4. 检验该方法制作的产品的有效性

任何产品都有一个质量检验问题,气象信息服务产品自然也不例外。建立严格的气象信息服务产品有效性检验制度是气象服务业走向成熟的标志之一。本节重点讨论关于气象控制因子的可测性和如何检验气象服务信息的有效性问题。

一、气象控制因子的可测性问题

第二章第一节曾对气象控制因子的可测性问题作过一般性的讨论,并指出了气象控制因子可测性的相对性。根据信息获取的技术途径,气象控制系统所需要的气象控制因子可以分为两大类:一类是实测的气象控制因子;另一类是预测的气象控制因子。下面我们分别讨论这两类气象控制因子的可测性问题。

1. 实测性气象控制因子的可测性问题

顾名思义,所谓实测性的气象控制因子是指该类气象控制因子是直接用一定的探测手段获得的有关气象实况要素。实测性的气象控制因子对用户系统来说是一种重要的气象控制因子,特别是对于系统的诊断分析非常有用。实测性的气象控制因子的可测性问题主要包括以下几方面问题:

①用户为了实现有效的气象控制所需的这种气象控制因子,在现有气象探测技术条件下是否可以实测得到,或在实测信息基础上诊断分析得到。用户需要的并不一定就都是已有的常规气象观测要素,这就有一个这种非常规观测的气象要素的可测性问题。有的非常规气象要素可以在常规气象要素的基础上通过诊断分析得到,有的则需要制造专用探测仪器通过专门的探测获得。例如,飞机起降时对于是否有强烈的下沉气流(即所谓**下击暴流**)非常敏感。航空部门就希望能提供有关机场附近的下击暴流的实测信息。只在基本气象系统的源信息的基础上诊断分析难以得到符合飞行安全保障精确度要求的信息,在还没有制造出专门探测这种下击暴流的专用雷达之前,用户所需求的这种气象控制因子就不具有可测性。

②即使用户所需求的气象控制因子属于常规气象观测范围内的气象要素,也还有一个精度是否满足用户控制要求的问题。精度的问题包括:

探测仪器本身的精度问题:例如,某用户系统控制需要提供实测的某一区域的降水强度分布,但是由于地理条件限制,无法布设足够密度的地面测站来实测,现代探测新方法之一是用雷达测雨强,但不同的测雨雷达探测精度不同,是否符合用户的精度要求是一个要论证的问题。

内插的精度问题：例如，某用户系统需要在一个没有气象站点的山头建设露天作业工程，工程论证时需要提供关于该山头的实测有关气候资料。通常的做法是利用周围几个气象观测站点的历史资料内插出该点的有关气候值，内插就有一个精度是否满足用户需求的问题。

实测基础上做诊断推测造成的精确度问题：例如，如果上述用户的工程还需要近地面层一定高度范围内的气象资料，这种近地面层的气象资料并未列入气象台站常规观测内容，因此只能根据有关台站地面和高空气象资料，利用近地面层大气物理有关特性变化的规律建立诊断分析关系来间接推断用户所需要的信息。这种气象信息已不是气象站点直接观测的信息，但是也不是预测信息，它是根据其他同时间的实测资料推断出来的。它的精确度自然也存在是否满足用户需求的问题。

本编第十九章将专门讨论实测气象控制信息服务的有关问题。

2. 预测性的气象控制因子的可测性问题

气象服务的对象是气象控制系统，理想的对象是气象控制论系统。它要求动态地提供和未来系统所面临的气象状况有关的信息。因此，气象控制系统所需要的气象控制信息，大都涉及预测性质的信息。预测性的气象控制因子的可测性问题，实际就是通常所说的可预报性问题。在大气科学有关领域里，曾经对可预报性问题做过许多研究。这些成果许多都可以引用到关于气象控制因子的可预报性问题上来。概括起来讲，可预报性包括两方面问题：一是从理论上论证某种预报量是否具有可预报性。例如，关于用数值求解大气运动偏微分方程组的办法做数值预报的精确度极限问题，研究由于大气中存在的非线性不稳定、不连续现象、奇异性、馈变、随机性等等导致常规方法可能隐含的不确定性问题以及相应的可预报性问题；另一方面的问题是关于实现的可预报性问题，也就是说，有没有可能在现有条件下制作出符合用户系统对可信度和精确度要求的预报量。

气象服务学是实用技术学科，在气象服务的领域里讨论气象控制因子的可预报性问题主要侧重在后面一种意义上的可预报性问题，也就是在目前科学技术条件下有没有可能做出符合要求的预测信息产品的问题。基本气象系统的研究中有关这方面的成果原则上都可以用于气象控制因子的可预测性研究。需要强调指出的是：在气象服务领域中，可预报性研究还是一个相当薄弱的环节，需要切实加强这方面研究。

用户气象控制工程所需的气象控制因子是否具有可测性问题，应当在着手研制产品制作方法之前论证，只有原则认定在目前科技水平下是可能制作的之后，才可以进一步具体研制制作方法。当然，最终检验可测性还得靠实践，那就是在产品制作方法开发出来后对其有效性的检验。

二、气象服务信息的有效性检验

任何产品都有一个质量检验问题。质量检验办法是否科学，质量检验制度严格与否，是判断一个系统水平高低的重要标志。基本预报产品的质量检验已经有比较规范化的办法，但是迄今为止在气象服务业务中尚未建立规范化的质量检验制度和办法。因此在学习类同的信息产品质量鉴定办法基础上，研制气象信息服务质量检验的规范化办法是非常必要的，它是气象服务业走向成熟的必经之路。气象信息服务产品的质量检验，最根本的当然是已经提交用户的服务产品的质量检验。但是从内部现代化建设角度考虑，一个好的产品一定是一个好的方法制作出来的。一个方法研制出来以后能否投入业务运行，需要对它的质量进行鉴定。这种产品制作方法的质量鉴定也需要寻找客观方法和判据。这两种质量的鉴定有共同的地方，但也有各自的特定要求。已经分发出去的服务产品的质量检验只能根据有限的服务个例进行鉴定，研制的产品制作方法的质量主要根据历史个例运用统计检验和试用等办法进行检验。

在第十三章我们讨论了气象信息服务的质量指标，它包括针对性、有效性和及时性三个方面。及时性问题比较明确；针对性问题已经在第十四章专门作了讨论；有效性问题也已在第十三章做了初步研究，并提出以有效气象信息量作为气象控制信息有效性的基本判据。下面我们进一步讨论如何进一步做好气象服务信息有效性检验问题。

1. 气象服务信息有效性检验的要求

气象服务信息的质量是气象控制工程决策的重要依据，而气象服务信息的有效性又是气象信息服务质量的关键指标。所以，建立气象服务信息的有效性判据是建立气象服务业规范化的质量检验体系的基础和关键。

气象服务信息有效性检验的要求，在有些方面和气象基本系统的质量检验要求是类同的。比如，检验指标必须是标准化和规范化的，而且要便于操作等等。基本气象预报业务系统已经有比较规范的业务质量检验办法。这些办法中有些可以直接应用于气象服务信息的质量检验。但是由于气象信息服务的特殊性，气象信息服务质量的有效性检验也存在一些有别于常规基本预报业务质量检验的特殊要求。

(1)气象服务信息产品制作方法的质量检验要求

预报方法的质量评估和业务预报的评分思路类同，但要求不同。业务评分只能对所预报的有限个例进行，而对预报方法的评估则应有足够大的样本数才能在符合统计检验原理情况下得出可信的检验结论。

第十三章曾对各种类型的气象控制工程对气象信息质量的有效性要求做了概括分析，并指出不同类型的控制有不同的要求和侧重点。气象环境择优类气象控制工程要求所提供的关于某气象事件出现的概率尽可能两极化，而气象影响调控类气象控制工程则要求将用户所处特定条件下天气事件的概率从平均化状态中分离出来，也就是要预测用户特定环境下某气象事件的条件概率，尽量减少信息的不确定性。因此，对气象服务信息产品制作方法进行检验时要根据控制工程要求设计具体的检验指标。

在一般情况下，气象环境择优型气象控制工程最关心的问题是预选的结果是否确实比较可靠，即：此类用户在评估气象信息的价值时更侧重准确率而不是概括率。气象环境择优类气象控制工程要求所提供的关于某气象环境出现的概率尽可能两极化，使所优选的气象环境具有以下性质：有利于系统提高效益的气象环境条件出现的概率尽可能高；不利的气象环境条件出现的概率尽可能地小。因此，直接用它所关心的气象事件出现的概率预报的有效性指标即可。

由于气象影响调控类气象控制工程的气象环境在时空上均没有选择的余地，控制工程的任务是针对可能出现的气象环境，有针对性地采取适当的气象控制工程技术，以求尽可能地趋气象环境之利，避气象灾害。产品加工减少信息不确定性的目标是：以基本天气预报信息为基础，通过专门的加工，将用户所处特定条件下天气事件的概率从平均化状态中分离出来，也就是要预测用户特定环境下某气象事件的条件概率。对于此类产品的检验，不仅要看满足制作方法所要求的条件时天气事件出现的概率，还要检验不满足方法条件时该天气事件出现的概率。也就是说，不仅要看准确率，还要看概括率，不仅要检验符合方法所要求的条件时的有效性 $I_m(A)$，还要检验不符合方法所要求的条件时信息的有效性 $I_m(A')$。只有在各种预测条件下的气象控制信息都有比较高的有效性时，才能在风险决策中科学地对比各决策方案的风险效益。

(2)气象信息服务业务质量的检验要求

专业化的气象信息服务业务，要在吸收基本气象业务质量检验的有效方法的基础上分类建设适应服务需求的服务业务质量检验指标以及相应的评分办法。由于气象信息服务对象要求的侧重点不同，难以用一个指标来衡量，但可以以第十三章所给出的有效气象信息量 I_m 为基础来设定。

三、气象服务信息的有效性检验举例

第十四章曾讨论了运输体准恒温控制问题，并给出了运输体用冰量预测公式(14.7)。用这种方法制作出来的气象控制信息是否有效，在正式投入服务运营之前需要做专门的检验。运输体用冰量预测的有效性检验可以按以下程序进行：

1. 通过实测确定运输体用冰量有关指标和参数

根据用户多年使用所积累的资料，可以求得以下有关结果：

①根据所记录的运输体中的温度和实际运输质量的资料，可以用统计办法确定运输该类生物适合的控制温度 T 及其允许误差范围 $\pm\Delta T$。

②根据所纪录的历次运输时的实际用冰量、运输体内的实际温度以及运输沿途实际的气象资料，从用冰量方程统计反算出有关参数。

2. 计算气候用冰量的成功率

①对每一个样本个例 i,由实际的气象资料和给定的控制温度 T,根据用冰量数值计算方程计算出每个个例的合理用冰量 m_i;

②由实际气象资料和给定的控制温度允许误差 ΔT,修改用冰量计算公式 T 为 $T\pm\Delta T$,计算出用冰量的允许误差

$$\Delta m_i = | m_i(T) - m_i(T\pm\Delta T) | \qquad (15.1)$$

③将每个样本实际所在月的气候平均值代入用冰量方程,计算出 m_{ci}。

④计算气候用冰量的误差

$$\Delta m_{ci} = | m_i - m_{ci} | \qquad (15.2)$$

⑤以 $\Delta m_{ci}\leqslant\Delta m_i$ 为成功个例,从个例总数 N 中统计出气候用冰量的成功个例数 n_c,计算气候用冰量的成功率 n_c/N。

3. 计算以数值预报产品为基础的预报用冰量的成功率

方法类似上述对气候用冰量成功率的计算法。只需在上述计算过程中将沿途各地的气候平均值代之为相应地点相应时间的数值预报值。于是,可以类似地求得以数值预报为基础的用冰量预测的成功率 n_s/N(其中 n_s 为以数值预报为基础计算的用冰量的成功个例总数)。

4. 计算以数值预报产品为基础的用冰量(相对于气候用冰量信息)的有效信息量

如果有足够大的子样数,即可求出在一定信度水平条件下的 P_s 和 P_c,并进一步计算 f 和 I_m。

第二节 气象信息服务产品制作方法

在第十四章讨论关于气象信息服务的专业化问题时曾经指出广义的气象信息服务专业化也包括气象信息服务产品制作的专业化,而狭义的气象信息服务专业化则特指揭示气象对用户系统的具体制约关系并在此基础上提取气象控制因子,也就是通常所说的气象服务指标。第十四章重点讨论了气象制约关系和提取气象控制因子的方法问题,下面我们进一步讨论在此基础上如何适时地制作气象服务信息产品。

从系统工程观点看,为了提高气象信息服务效益,应该尽可能以气象源信息为基础来加工制作气象信息服务产品。气象源信息库中的气象要素包括两大类:一类是在探测基础上形成的各种气象要素的实况,通常也称为气象情报因子;一类是以数值预报产品为基础的预测性因子。气象情报信息服务主要是在气象基本情报信息库的情报资料基础上加工成专业化的气象情报服务产品。气象预报信息服务主要是在基本气象预报产品基础上进行专业化加工。气象信息服务产品专业化加工的最基本的方法是,基于气象控制因子和有关源信息因子之间存在的同时性的制约关系,采用适当的诊断分析

和解释方法；当这种诊断和解释难以满足制作该气象控制因子要求的情况下，就需要专门建立专业化预报方法 。下面我们分别讨论这两大类方法。

一、在气象源信息基础上的诊断和解释方法

第十四章关于气象服务专业化问题的研究集中讨论了如何提取出有专业针对性的气象控制因子的问题，并指出气象控制因子共有四种类型，在绝大多数的情况下，用户系统所需要的气象控制因子并不是气象源信息库中现成的气象要素。所以，要用气象源信息因子制作出气象控制因子必须实现从气象控制因子和气象源信息因子之间的转换：从研制产品制作方法的角度看，首先是将隐式气象控制因子转换为显式气象控制因子，进而还需将非常规气象要素转换为常规气象要素；还需将定点化气象因子转换为气象源信息库中的气象场因子。从产品制作的程序看，需要将气象场因子转换为定点化气象因子，将常规气象要素因子转换为非常规气象要素因子，显式气象控制因子转换为隐式气象控制因子。它们之间的关系如图 15.1 所示。图中给出的是从制作思路来讲必须实现的三种转换，实际的制作过程中不一定都要做这三种转换，有时可以一步完成。

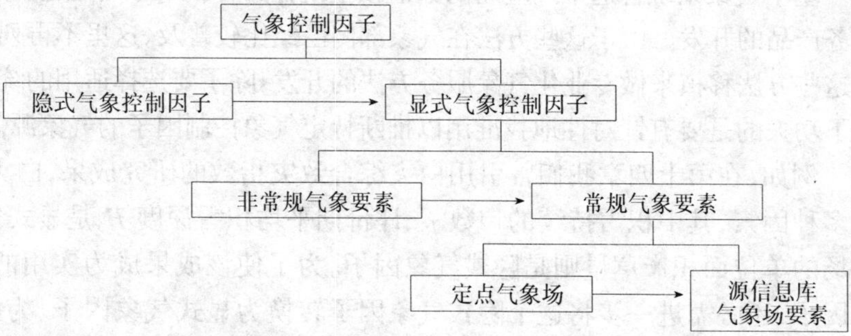

图 15.1　气象信息服务产品制作方法研制的核心问题——气象因子的转换

实现上述转换的方法主要是一些诊断和解释方法，常用的方法有：

1. 统计诊断解释方法

用统计学方法建立气象控制因子和气象源信息因子之间的统计关系，在此基础上即可选用适当的统计模型建立气象控制因子的统计诊断解释方法。统计诊断解释方法在专业化气象信息服务产品制作中应用的领域极为广泛。

用户系统所在地常常没有专门的气象观测站点，为了向用户提供较准确的用户所在地的气象信息，通常需要利用附近气象站点的气象要素推断出用户所在地的气象要素。下面举一简例：江苏省气象台郑和文等通过统计分析发现，牛首山旅游点与江宁气象站的对比观测资料存在明显的相关性：气温相关系数达 0.96～0.97，信度为 0.01，但在均值显著性检验中，在信度为 0.10 时两地有显著差异；湿度方面，对比点之间显著性检验揭示有明显差异，相关系数为 0.82～0.88。因此，旅游景点的天气，如晴雨、降水

的预报基本上可以用最邻近气象站的预报代替,但是温、湿度等要素预报值需要用回归方程法进行适当的订正。由对比观测数据,两者之间建立回归方程,温度(T)、绝对湿度(e)以及相对湿度(RH)的具体订正回归方程如下:

$T_{牛首山} = 0.829 + 0.9750 \times T_{江宁站}$ 均方误差为0.86℃

$e_{牛首山} = 3.3228 + 0.8751 \times e_{江宁站}$ 均方误差为1.65hPa

$RH_{牛首山} = 17.7682 + 0.8173 \times RHe_{江宁站}$ 均方误差为6.80%

$T_{珍珠泉} = -0.7272 + 1.0131 \times T_{江浦站}$ 均方误差为1.05℃

$e_{珍珠泉} = 3.7586 + 0.8455 \times e_{江浦站}$ 均方误差为1.91hPa

虽然此类方法比较简单,但是实践表明,这样转换后的气象服务信息比直接用江宁气象站的气象要素提供服务要准确得多。

数值预报产品在专业化气象服务中的应用更离不开统计诊断解释方法。数值产品统计解释技术已经是比较成熟的技术,在基本气象系统中已广泛应用。数值产品统计解释常用的数学模型有回归方法、判别分析方法等等。

基本气象系统普遍推广应用的数值预报统计解释技术原则上也都适用于专业化气象服务产品的开发。由于这些方法在气象部门已经比较普及,这里不再列举具体应用实例。将这些方法移植来做专业化气象服务方法的开发,除了要选择适用的统计模型外,需要特别下功夫的是要有针对性地找准用以推断特定气象控制因子的气象源信息因子群。

例如,在第十四章我们曾引用白灾综合致灾指数的研究成果,白灾的严重程度受制于多种因素,其中积雪持续的旬数 n、评价期平均积雪深度 H 是显式气象因子;而 q 是牧场的单位面积产草量则是隐式气象因子。为了使该成果成为实用的白灾防御气象控制因子,还必需进一步将这个隐式气象因子转换为显式气象因子。为此,内蒙古牧业气象中心根据内蒙古的资料研究,利用统计诊断方法得到 q 和气象要素的统计关系为:

$$q = a_0 + a_1R_1 + a_2R_2 + a_3T_3 \tag{15.3}$$

式中 a_0, a_1, a_2, a_3 是回归系数,R_1 是前一年9月中旬至本年5月的降水量,R_2 是本年6至7月的降水量,T 是本年6月份的积温。

2. 物理推断解释方法

建立这种方法的关键是找出气象控制因子和相关的气象源信息因子之间存在的物理关系,掌握了这种关系就可以依据它建立物理推断解释方法。由于物理推断解释方法是建立在成熟的理论模型基础上的转换方法,一般说来应当更为可信,而且结果是定量的,所以在可能的情况下应当首选此类方法。下面分别举一个热力学理论推断解释方法和动力学推断解释方法的实例。

(1)热力学理论推断解释方法实例

第十四章曾讨论到,为实施有效的运输体准恒温控制,根据(14.7)式,可以提取用

冰量 m 作为气象控制因子。接下来的问题是，如何以气象源信息库中已有的基本气象因子为基础制作出这个用冰量 m 的预报。在本例中，(14.7) 式是根据热力学理论得出的控制方程，由此求数值积分即可得到关于总用冰量 m 的计算公式：

$$m = \frac{1}{C_w}\Big\{M' \cdot C' \cdot \sum_i \Delta t_i + \sum_i G \cdot (T_{0i} - T) \cdot \Big[\sum_k (V_{ik} - S_k)\Big] \cdot \Delta t_i + \sum_i C_a \cdot U \cdot A \cdot (T_{0i} - T) \cdot \frac{P_i}{R_d \cdot T_{0i} \cdot \left(1 + 0.378\frac{e_i}{P_i}\right)} \cdot \Delta t_i + \sum_i D_i \cdot R_i \cdot \Delta t_i\Big\} \tag{15.4}$$

由上式可见，对于特定的运输体，控制温度 T、运输体速度 V_{ik}、进风口风速 U 以及进风口面积 A 均已知。C' 和 G 可由实验测得。于是，总用冰量的大小取决于沿途的气温 T_{0i}、环境风速 V_{0ki}、地面气压 P_{0i}、水汽压 e_i 以及辐射吸热率 R_i。如果能获得沿途这些气象要素的信息，就可以计算出该运输体的合理用冰量。由于一般运输体准恒温控制对沿途气象量的精度要求并不很高，T_{0i}，V_{0ki}，P_{0i}，e_i 等均可根据该运输体到达沿途各地的时间，直接用源信息库中的相应时刻的数值预报值代入，但是辐射吸收率 R_i 主要取决于天空状况，需要根据天空状况的预报进一步制作专用的计算方案。

上式就是运输体准恒温控制的用冰量物理模型。在这个模型中，运输体准恒温控制所需的气象控制因子——用冰量 m，虽然不是直接的气象要素，但是它可以根据上式所给出的物理模型由气象源信息库已有的基本气象因子计算出来，因此可以称之为隐式气象因子。

(2)动力学推断解释方法的实例(近海风场动力推算模式)

近海海域的大风是航行和渔业生产的重要气象控制因子。由于海域上缺少直接观测的气象资料，天津市气象科学研究所辛宝恒给出一种实用的方法，利用附近陆地气象测站的资料计算出临近海域的风场。根据行星边界层平均水平运动方程，取 x 轴沿实测风方向并假定在风掠过海岸线时：

①加速度项较其它项为小，可以略去；

②在行星边界层顶部，风场已符合地转风原则，即

$$\begin{cases} u_g = -\dfrac{1}{f\rho} \times \dfrac{\partial p}{\partial y} \\ v_g = \dfrac{1}{f\rho} \times \dfrac{\partial p}{\partial x} \end{cases} \tag{15.5}$$

③假定气压梯度力为常量，且气压梯度力、科氏力和摩擦力达到平衡，并考虑动力摩擦随高度减小，风场随高度按爱克曼螺线变化，于是可得

$$\frac{\partial \tau_{zx}}{\partial z} = f\rho v_g \tag{15.6}$$

式中 τ_{zx} 为湍流应力。Mahrt(1976)对此式从 $Z=10\text{m}$ 到边界层顶 H 积分,得

$$\frac{\tau_H - \tau_{地表}}{H-10} = f\rho v_g$$

注意到 $\tau_H = 0, \tau_{地表} = \rho c_D U^2$,其中 c_D 为阻力系数

$$c_D = \left(\frac{U_*}{U_z}\right)^2$$

其中 U_* 是摩擦速度,U_z 是高度 Z 上的风速。

再假定密度 ρ、科氏参数 f 以及地转风分量 v_g 在掠过海岸线时仍近似维持常量,则有

$$U_{海} = U_{陆}\sqrt{\frac{H_{海}c_{D陆}}{H_{陆}c_{D海}}} \tag{15.7}$$

这就是近海风速推算的一种动力模式,式中 $H_{陆}$ 和 $H_{海}$ 分别为陆地和临近海面的边界层顶高度,$c_{D陆}$ 和 $c_{D海}$ 分别为陆地和临近海面的阻力系数。根据实测资料求出这些系数后即可应用此模式根据陆地站风速推算出近海海域的风速。

二、专业化预报问题

有些时候,只是在气象源信息基础上进行诊断解释难以满足用户对气象控制信息专业化的高精度要求。在这种情况下,需要专门开发专业化的气象预报信息制作方法。从预报的原理上讲,专业化预报和基本气象预报技术没有本质不同,基本气象预报技术方法原则上都可以移植过来为制作专业化预报所用。从方法论角度看,在考虑是否需要建立专业预报方法需注意以下几点:

①凡是能在基本气象源信息基础上通过推断解释制作的产品,不必再另搞一套专业化预报方法;

②为了进行这种专业化预报,往往需要专门补充设置相应的特种专业气象观测,以获取专业化的气象探测信息;

③不同的专业化预报需要有针对性地专门研制专业化预报方法。

1. 建立专业化的特种气象观测问题

前面我们已经讲到,在制作专业化的气象信息服务产品的过程中,凡是能够利用基本气象系统有关信息时应当尽量利用这些源信息,以避免不必要的重复。但是,随着用户需求的不断发展,有的时候仅以气象源信息为基础确实难以满足用户的特定需要,必须建立专业化的特种气象观测。下面几种情况下必须建立专门的特种观测:

①用户系统气象控制需要某些特殊的气象环境要素,而这种气象环境要素是基本气象系统常规观测所没有的,也难以根据基本气象源信息加工制作的,例如,紫外线强度、花粉浓度等;

②虽然用户所需的气象控制因子仍属常规气象要素,但是因为用户控制对相关的

气象要素的时空分辨率要求很高,必需专门加密观测的。例如,高速公路气象保障需要沿途公路敏感气象要素的精确监测资料,因为诸如路面结冰、能见度等等受地形地貌的影响很大,具有明显的中、小尺度特征;

③特定地形地貌条件下的对比观测。例如,为了提高对南京市郊牛首山旅游点的气象服务质量,江苏省气象台组织了对比观测,根据对比观测资料进一步找出了上述的订正关系;又例如,江苏省气象科学研究所为了满足南京长江第二大桥建设对气象服务的需求,专门组织了两个时段的对比观测:第一时段为 1996 年 10 月 1 日至 1997 年 9 月 30 日,第二时段为 1997 年 10 月 1 日至 1998 年 9 月 30 日,在长江江边海拔 19.8m 处设置 EL 电接风向风速仪,每天 24 次和南京小教场气象观测站同步对比观测。

2．专业气象预报问题

虽然原则上讲基本气象系统的预报方法都可以用来做专业气象预报,但是和基本气象系统的预报相比,专业气象预报要求更具专业针对性,对特定的要素预报的精确度要求更高,因此需要分别针对用户系统气象控制的特定需要开展个性化的研究工作。下面举两个例子说明:

(1)人工智能方法

人工智能科学是建立在计算机科学基础之上,研究电子计算机模仿人脑从事推理、规划、设计、思考、学习等思维活动的科学。近 10 余年来在医疗、物工程、化学、机械、地质、电子、军事等领域都有很大发展。自 1956 年提出人工智能(AI)到现在已过去了 30 多年,这期间经历了由理论探索到应用研究,并取得了明显的进展,专家系统作为人工智能的一个前沿领域,已取得了相当的成就。智能活动的核心是知识,没有知识也就无所谓智能活动。人工智能知识工程研究的三大基本问题是:

知识表示:它研究的是在计算机中采用怎样的符号数据结构,才能恰当地表示相应的知识,以便于应用;

知识利用:如何利用已有的知识解决面临的问题,以及如何才能使推理迅速、有效。

知识获取:这是人工智能研究中最困难也是最重要的部分。它的基本内容是如何让计算机自动地获取为解决问题所必须的知识,也就是使机器具有必要的学习功能。

专家系统是人工智能科学的一个应用分支。人们正在探索建立一个能够表达和应用“专家”所掌握专门领域的高级知识的程序系统(专家系统)。专家系统编程技术的开发和应用.为求解复杂的非数值过程的问题提供了方法和手段。

①气象预报专家系统。气象问题的种类繁多,涉及的范围也较广泛。按求解内容,气象专家系统可以分为以下几种类型:咨询、检索型、参谋、决策型、预测、探索型、管理、控制型、模式识别图像处理型。其中的预测型是人们最关注的一种专家系统。

一般专家系统通常有五个部分构成:知识库、数据库、推理机、学习模块和解释模块。

知识库:知识库是专家系统的记忆体,主要存贮专家的经验和理论知识。它是专家智慧的结晶,专家解决问题的方法、策略都包含在其中。所以知识库是专家系统的重要部分。一个专家系统的性能首先取决于它的知识库中知识的可用性、可靠性和完善性;

数据库:数据库存放的是系统当前处理对象的一些事实。例如,在气象预报专家系统中,数据库内存放的是当前指标站的高空或地面要素等实况信息、数值预报信息以及推理过程中得到的中间结果等;

推理机:专家系统的推理机是一组程序,它是根据当前输入的外界信息、利用知识库的知识结构,选择一定的推理策略,模拟专家思维方式去求解当前的问题。所以,它是专家系统的核心。在专家系统中,有正向推理、反向推理和正反向混合推理三种方式;

解释模块:解释模块的作用是解释系统本身的功能,回答用户的提问,说明推理过程和推理结论;

学习模块:学习模块的功能是从外界获得信息,由信息反馈和学习机制实现对知识的评价、检验,择优去劣,修改知识库中原有不完善的知识和扩充新的知识,使知识库中知识更加丰富和完善。

②专家系统在数值预报产品解释中的应用举例——江苏省气象局春季3~5月中期降水预报专家系统。在气象预报专家系统中,知识库中储存的内容主要有从长期天气研究和实践中总结出来一些有用的预报模式,动力学分析和数值试验得到的一些有价值的制约关系。此外还有预报员长期实践中总结出来的当地预报的经验指标。把这些知识归纳整理成关于预报的推理规则,形成一个推理的网络。这就是知识的表示方法。

在数值预报产品解释工作中,通过选取因子、组建各类预报方程,把上述的知识融会贯通其中。例如,大尺度扰动的动力分析表明,角动量输送及其辐散(合)的谱、能量频散以及波与波之间非线性相互作用与大气环流的中期变化有密切的关系。因此,可以在已往进行的大量的数值预报产品解释工作的基础上构建春季3~5月中期降水预报专家系统的知识库。

根据上述思想,第一步工作是应用日本发布的96小时、120小时、144小时、168小时、192小时的500hPa的高度和地面气压预报图,输入天气学、动力学的预报指标所要求的规定区域内的网格点预报值,进行系统误差分析和订正后,建立数值预报产品的数据库以及相应的地面、高空实况资料的数据库。

第二步,应用相关普查、典型相关分析、对应分析和主成份分析四种方法,对预报因子进行初选,进而再结合预报员经验进行精选。

第三步,对于精选出来的因子,应用多元回归、逐步回归,分对数模型、Logit回归模型的迭代算法和岭回归分析,分别建立预报方程。

第四步,推理采用MYCIN不精确推理的方法,最后得出预报结论。

显然,这种思路和方法不仅可以用来做一般天气预报,更适用于做各种专业化预报。因为专业化预报的一个突出特点是预报对象的个性化,不仅不同行业用户系统的气象控制要求的预报对象不同,同一用户系统在不同发展阶段的需求也不同。通过发挥自学习功能,一个功能较强的专业化预报专家系统有可能在原有专家系统框架基础上较快建立起新的个性化的预报方法,以适应预报对象的新变化。

③人工神经网络方法应用举例。人工智能方法在气象信息服务产品制作中的应用,除了专家系统外,近年来也对神经网络法的应用作了积极的探索,下面举例说明。

1986 年 Rumelhart 提出了反向传播(Back Propagation,简称 B-P)学习算法,这个算法除考虑输出层外,还考虑网络中其他层权重系数的改变,使得算法适用于多种网络。因此,它是目前广泛应用的神经网络学习算法之一。B-P 算法在解决问题时,把网络输出出现误差归结为各连接权的过错,通过把输出层单元的误差向输入层逆向传播以"分摊"给各单元,从而获得新的权值。如此循环,直到精度达到要求为止。最常用的基本 B-P 网络是三层前馈网络(图 15.2),即输入 L_A 隐含 L_B 和输出 L_C 之间前联结。对于输入信号(为所选因子)先传到隐结点,再把信息传到输出节点,得到输出结果。

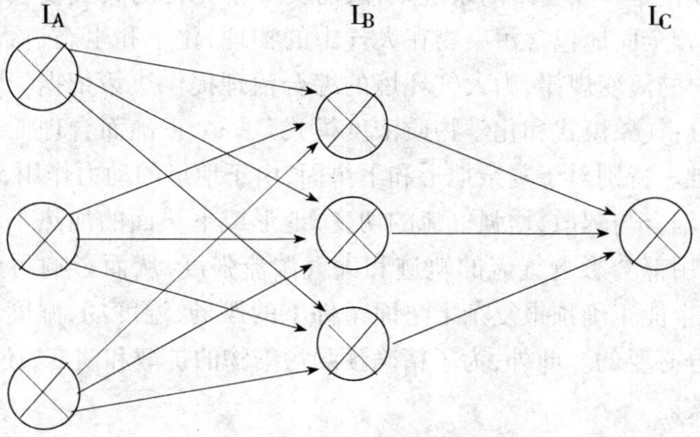

图 15.2　三层前馈网络示意图

B-P 算法由正反两方面传播组成。正向传播是:输入模式从输入层,经隐单元层逐层处理,并传向输出层。如在输入层得不到期望的输出,则转入反向传播,将误差信号沿原来连接通路返回。通过修改各层神经元权值,使误差信号减至最小。

具体实施过程包括:赋初值、样本操作、完成学习和学习建模等步骤。成都气象学院向卫国等根据神经网络的基本原理,用神经网络方法建立了四川省稻飞虱发生量及程度预报模型,并对四川省稻飞虱发生量及程度做了预报检验。从预报检验结果(表 15.1)看,多数站点预报与实况的飞虱级别偏差比较小,表明该方法有实际应用价值。这种算法的好处是它具有自组织、自学习、自适应能力,可以通过 B-P 算法进行学习建立有实用价值的预报模型。

神经网络方法的应用还在不断完善的过程中,初始参数的选择和样本的确定等方法都还需要进一步探索和完善。但是,随着计算机应用技术的发展,人工智能方法在专业气象预报中必将有更宽阔的应用前景。

表 15.1 1990 年飞虱级别预报和实况

		涪陵	秀山	忠县	綦江	叙永
白背飞虱	预报值	5	1	2	3	3
	实况	1	1	3	3	3
褐飞虱	预报值	5	1	2	1	1
	实况	2	1	3	1	1

(2)专业预报模式

在一般情况下,气象服务实体可以优先选用上述一些方法比较适用于建立各种个性化的诊断解释方法和专业预报方法,但是为了解决一些难度更大的复杂系统的气象控制因子的预报问题,尚需建立更专业化的数值预报模式。下面举空气污染预报为例说明。

空气污染预报是一项复杂的系统工程,需要一个完善的大气质量模式作为理论基础,该模式必须较全面地包含污染物在大气中的物理、化学和生态过程,能很好地反映污染物在大气中的演变规律,为大气环境的综合治理提供决策依据。大气质量模式主要包括两大部分:气象模式和化学物质浓度模式。一个正确而合理的气象模式是大气质量模式的基础。特别对于复杂地形和下垫面,由于地形的动力作用,会使流场发生形变,产生气流的辐合与辐散,增强气流的切变,地形或下垫面的加热不均会引起某些局地环流,这些作用都会影响气流的轨迹和大气湍流强度,从而影响污染物的输送和扩散,因此建立一个能正确预报复杂下垫面条件下的风场、温度场、湿度场及其降水量的气象模式是十分必要的。此外,为了精确预测污染物的扩散和演变,还必需有适当的化学物质浓度模式。

城市空气污染预报与一般的天气预报相比,有一些明显的特征,例如:

①大、中、小尺度模式之间相互耦合。虽然城市空气污染预报是三维 β 中尺度浓度时空分布的预报问题,但它必然要涉及到对 α 中尺度天气过程的预报,由于水平影响范围又是天气尺度(可大于 3000km),其垂直尺度必须考虑到整个对流层(可大于 16km)。也就是说要考虑大、中、小尺度三种模式之间相互耦合、相互嵌套,宏观和微观过程之间相互作用和影响的非线性问题。

②时空高分辨率。整个污染预报模式系统所涉及到的污染物、热量、水汽、辐射以及它们的通量大部分都来源于行星边界层(PBL)下层,这些变量在 PBL 内的垂直变化非常明显,而且呈多极值或多中心分布,大气层结稳定度参数垂直变化最激烈区域也在 PBL 下层。因此,在 PBL 内必须有高的垂直分辨率。

③多种化学物。虽然空气污染预报最终是以大气污染指数(API)形式发布的,但准确地预报出各种污染物浓度的时空分布是 API 预报的基础。国内外目前制作污染预报

的项目一般有:SO_2,NO_x,O_3,CO 及总悬浮颗粒物(TSP)或 PMlO。如果要预报 24~36 小时内浓度分布,要涉及到 20 多种主要的化学物质(包括酸性物质、氧化剂、温室气体等一次和二次污染物)和几十类化学反应(包括光化学反应、热力反应、Troe 反应、平衡反应和某些特殊反应,有机化学、无机化学,液相化学、气相化学,线性化学、非线性化学及其均相化学、非均相化学等),它是一个多种类化学问题。

因此,用基本气象系统的一般数值预报模式直接做空气污染预报,不可能有理想的效果。如果要用数值预报方法做空气污染预报,必须建立专用的模式系统。这个模式系统的基础是一个高分辨率中尺度气象预报模式系统,包括适用的流场诊断模式(DMF),α 中尺度和 β 中尺度气象预报模式。此外,还必须建立 PBL 湍流统计量参数化模型、专门的污染源模型、干湿沉积模式以及高分辨的化学模式。

三、各种产品制作方法的集成问题

无论是以气象源信息为基础的诊断解释方法得到的结果,还是用专业化的预报方法制作出来的结果,如果对同一种信息产品,由几个不同方法进行加工制作,往往可能得出不同的结果。当我们用诸如数值预报、统计预报、人工智能等多种方法作出了对某一对象的预报后,就面临着如何博采各种方法的长处,将若干种预报组合起来的问题,这就是所谓预报的集成问题。集成预报也可称为组合预报(combining 或 consolidated forecast)。气象预报信息服务产品的集成问题和基本气象系统的不同预报方法的集成问题基本上是类同的问题。

这里讨论的集成预报问题和数值预报中研究的集合预报方法不完全是一个概念。虽然都是涉及多种预报结果的综合问题,但是数值预报中的集合预报是专指控制预报与从被扰动的初始场出发的一系列预报的全体(ensemble prediction)。在集合预报中,初始时刻大气状态的概率密度函数(PDF)通过对可能大气状态的有限取样来表示。从每一个取样的初始条件出发,对天气预报方程进行时间积分,假定任何预报时刻的大气状态的 PDF 可由相应时刻的集合预报的样本统计来描述。

集成预报的基本思路是采用适宜的方法将对各种预报方法得出的关于同一预报问题的结果进行合理的综合集成,力求博采众长。Brown 和 Murphy 运用英国气象局和 Oceanroutes公司关于路面气温预报的结果试作了组合预报。其结果表明,用多元回归可以吸取各种方法的长处而不致陷在孰优孰劣的无谓争论中。Colman 等运用三种方法的预报结果(多元回归、判别分析和 GCM 模式)试作跨月的 1998 年春季(3~5 月)巴西东北部的降水集成,其与实况的相关系数达 0.626。

黄嘉佑编著的《气象统计分析与预报方法》介绍了几种简便的预报集成方法:

1. 权重线性集成

根据各种方法的预报或评分的优劣不同,对各个预报方法配以不同的权重,组成简单的线性组合作为集成预报的结果的方法称为权重线性集成.例如设有 p 种预报方法，对某一对象作预报有 p 个结果 $y_1, y_2, \cdots, y_p$,则有集成预报

$$y = \sum w_k y_k \tag{15.8}$$

其中 w_k 为第 k 个预报方法的权重。权重应满足 $\sum w_k = 1$,其中,$k = 1, \cdots, p$。

例如,用三种不同的预报方法同时报某地降水量,每个方法都作 50 次试报,预报成功率分别为

$$\frac{45}{50} = 0.90 \qquad \frac{40}{50} = 0.80 \qquad \frac{35}{50} = 0.70$$

各方法的权重应为

$$w_1 = \frac{0.90}{0.90 + 0.80 + 0.70} = 0.38$$

$$w_2 = \frac{0.80}{2.40} = 0.33$$

$$w_3 = \frac{0.70}{2.40} = 0.29$$

由此得集成预报方程为

$$y = 0.38 y_1 + 0.33 y_2 + 0.29 y_3$$

2. 线性回归集成

所谓线性回归集成就是把对 p 种预报方法的结果($y_1, y_2, \cdots, y_p$)看成回归分析中 p 个因子,对原预报量作线性回归分析,得到新回归方程

$$Y = b_0 + b_1 y_1 + \cdots + b_p y_p$$

作为集成预报的估计。

例如广西北海气象站为预报该地 8 月份降水量,共选取 15 个因子,以 5 个为一组,分别建立三个回归方程,然后把 Y_1, Y_2, Y_3 作为新因子,用样本得到 Y_1, Y_2, Y_3 的 n 个估计值,再与实况 Y 建立回归方程,得集成预报方程,结果是集成预报方程的历史概括率为 74%,比原来单个方程提高了 30%以上。

3. 主分量集成

与线性回归集成类似,也可把 $y_1, y_2, \cdots, y_p$ 看成 p 维空间中的向量,用主分量分析方法提取它们的第一主分量作为预报.由于它们的相关性十分强,因此在提取过程中,第一主分量会占绝对优势,其余分量则可看成是不同预报方法的偏差。

上述几种集成预报方法都是利用预报结果作为新因子再作统计预报。只要选用适当的统计方法即可获得集成结果。

预报的集成问题是一个比较复杂的问题,我国的气象学家在这方面也做了不少研究。王继志等在研究台风路径预报的客观综合决策时提出按“厚今薄古”原则确定权重

的最佳求值法和联想式智能决策法；曹鸿兴运用最优化理论于 1999 年提出了一种称为最优调合法的集成预报技术，将此方法应用到汛期（6～8 月）降水预报中，取得了明显效果。

预报集成方法在专业化气象信息服务中有重要作用，特别当专业化的产品加工方法发展以后，面临多种预报结论时必将要求有一种适宜的集成方法。

第三节　气象信息服务产品制作方法的业务化问题

科技成果能否顺利转化为业务能力是科研和业务结合的关键环节，也是科技体制改革的难点所在。气象科技成果转化为效益最终必需通过气象服务，这种转化的关键是要研制出高质量的气象服务产品制作方法。开发研制出一个高质量的气象信息服务产品制作方法已经不容易，要将开发出来的产品制作方法真正送上业务产生效益更是不容易。因此，气象信息服务产品制作方法的业务化问题必须作为一个专门的问题来研究。

一、气象信息服务产品制作方法业务化的必要条件

将科研开发成果转化为实际的业务能力称之为业务化。对于气象信息服务产品制作方法而言，在产品制作方法成果出来之后，要将它正式投入服务产品制作业务运行，需要创造以下的必要条件：

1. 相关气象源信息已有条件实时获取

第一编第二章以及其他有关章节都曾经从不同层次或角度阐述过气象源信息产品对气象信息服务产品制作的重要性。对于气象信息服务产品的业务实时制作来说，气象源信息产品是最基本的原材料。这种原材料提供的及时性和高质量是制作有效的气象信息服务产品的基础。

2. 相关的对象系统反馈信息已有条件实时获取

正如第一编第二章关于气象服务的基本原理所阐述的，最有效的控制对象是气象控制论系统。对于这种系统的气象服务必须是动态的有针对性服务。实施这种服务的必需条件是及时掌握系统的有关反馈信息。

3. 应用软件和操作程序符合客观化和标准化要求

有些气象科研成果之所以难以稳定地投入业务运行，其重要原因是那些成果不符合客观化和标准化的要求。有些科研成果不仅有很不错的思路，也在一定程度上揭示了天气规律。当科研完成人自己应用这些成果于业务时往往可以产生较好的使用效果。但是，由于客观化程度不够，当这些成果移交给业务单位，由没有参加该成果科研过程的业务值班员去操作时，由于操作人员并不能象研究该成果的研究人员那样深刻

理解那些并不客观化的预报规则，使用起来效果就不好；另一方面，由于成果的标准化程度不高，除了原课题完成人以外别人很难改进它。

4. 经过测试和验收证明产品使用的有效性

关于产品的有效性问题前面已经作了讨论。这里需要进一步强调的是一个高质量的气象信息服务产品制作方法不仅能对历史个例很好地拟合，还必须通过实际的试运行来检验。

5. 经过业务试运行证明该方法运行的稳定性和可靠性

一般非实时的试验和实时的业务运行总有一些条件上的差别，所以气象信息服务产品制作方法在正式投入业务运行之前还必须经受实际业务的试运行的考验，以证明其运行的稳定性和可靠性。

二、建立气象信息服务业务规范

有没有科学、系统的产业业务工作规范是一个产业业务是否成熟的一个重要标志。气象信息服务业在走向成熟的过程中，也应当加快业务规范的建设。根据气象信息服务业务的实际情况，为了规范各项气象信息服务业务，以下几方面的规范是必不可少的：

①源信息接收质量规范。包括接收的项目内容、时间要求以及接收质量规定等等；

②气象信息服务项目规范。包括根据需求和制约关系选定气象控制因子的程序和审批权限；

③气象信息服务产品制作流程和质量检查评定制度和规定；

④气象信息服务产品传递的程序、时间和质量规定；

⑤气象信息服务产品售后服务程序和规范。

三、气象信息服务产品制作方法的完善

从无到有建立一个能投入业务运行的产品制作方法不容易，然而更难的可能还是有了方法之后如何不断完善，使之保持先进性。由于缺乏这方面的机制，有不少曾一度投入业务应用的方法往往坚持不了多久便被抛弃。方法的完善一方面要靠科研开发人员的努力，另一方面更重要的是要通过实践不断发现方法需要改进的地方，发现方法对新需求的不适应，不断改进。气象信息服务产品制作方法的完善需要落实以下几个环节：

①建立客观、严格的产品服务质量档案；

②建立用户反馈意见档案；

③建立典型个例重点调查研究制度；

④建立完善产品制作方法的专业队伍和有效激励机制；

⑤建立产品制作方法质量鉴定和完善制度。

四、建设气象信息服务产品制作方法库

1. 建设气象控制信息产品制作方法库的必要性

①气象用户涉及的行业面很宽，而且随着经济的发展和科技的进步会越来越宽。为适应各行各业的特定的需求，需要提供特定的有专业针对性的气象信息服务产品，这些产品需要用专门的方法去制作。尤其是面向各类专业用户的商业性气象服务更需要主动提供个性化服务。只有少数几个产品制作方法不可能开展个性化服务。个性化服务必需靠个性化的产品制作方法来支持。由于多方面的原因，目前气象服务业突出的薄弱环节之一是信息服务产品制作缺少有较高科技含量的产品制作方法。

②即使是同一用户系统，当处于不同的运行阶段时，其状态控制也需要有不同的有针对性的气象信息服务产品。这些产品也需要有相应的方法支持才能制作出来。

③和其他科研成果转化为业务能力的过程类似，气象信息服务产品制作方法从开发到业务化也有一个过程。只在急用时“临时抱佛脚”是难以见效的。只有建设起具有相当丰富内涵的产品制作方法库，才有可能根据服务的实时需要从中选择出最适用的方法。

2. 建设气象信息服务产品制作方法库的可行性

①同类型的行业用户系统所需要的有针对性的气象信息服务产品有一定的共性，这些产品的制作方法可以根据同样原理，可以用同样的方法框架。虽然说未来的气象服务要求越来越专业化，甚至个性化，但是个性化的服务不等于没有共性。个性化是在共性基础上个性化，在气象信息服务产品制作基本方法框架基础上进行必要的个性化改造是开发个性化气象服务产品制作方法的有效途径。

②几十年来，气象基本系统科研和业务积累了大量的成果，虽然这些成果向现实服务能力的转化率还不高，但是它们当中包含有许多有应用前景的成果，这些成果是开发研制具有专业针对性的气象信息服务产品制作方法的雄厚基础。

3. 建设气象控制信息产品制作方法库的设想

①对于具有不同性质应用对象的气象信息服务产品制作方法采用不同的机制建立方法库，凡是能够通过市场机制来促进成果转化的，应当尽量采用市场机制。

②不能进入市场的(主要是为制作纯公益性的产品服务的方法)服务产品制作方法的研制要建立严格的业务化验收程序和业务化规范制度。

③建立必要的法规制度，依法鼓励和支持气象事业单位和气象科技人员参与通过市场转化科研成果，要根据成果通过市场转化为服务能力后产生的经济效益，体现相应的经济报酬。

参 考 文 献

[1] 廖洞贤、柳崇健，数值天气预报中的若干新技术，气象出版社，1995。

[2] 欧阳首承等，运动流体的"断裂"与天气预报的若干问题，成都科技大学出版社，1994。

[3] 乐群等，中国月平均温度的气候噪声和潜在可预报性，气象学报，**57**(5)，1999。

[4] 丁一汇，高等天气学，气象出版社，1991。

[5] 郑和文等，南京地区旅游景点天气预报技术探讨，江苏省"八五"气象科技论文选集，气象出版社，1997。

[6] 黄嘉佑，气象统计分析与预报方法，气象出版社，2000。

[7] 丁士晟等，地方模式输出统计预报方法，气象出版社，1989。

[8] 朱盛明等，数值预报产品统计解释技术的进展，气象出版社，1988。

[9] 辛宝恒，黄、渤海大风概论，气象出版社，1991。

[10] 王耀生，智能预测系统设计及应用，气象出版社，1990。

[11] 游性恬等，数值天气预报基础，气象出版社，1992。

[12] 向卫国等，用神经网络法进行稻飞虱发生量及程度的预报，成都气象学院学报，**10**(2)，1995。

[13] 张忠义等，南京长江第二大桥桥位风速观测及设计风速的计算，全国气象服务学术研讨会文集，气象出版社，2000。

[14] 雷孝恩等，大气污染数值预报基础和模式，气象出版社，1998。

[15] 柳崇健，天气预报技术的若干进展，气象出版社，1998。

[16] 曹鸿兴等，一种集成预报技术——最优调合法，气象，**25**(5)，1999。

[17] 王继志等，现代天气预报工程学，气象出版社，2000。

第十六章　决策气象服务产品制作方法实例

决策气象服务是指为各级党委、政府部门指挥防汛抗洪救灾、抢险救灾、发展经济和维护社会稳定所提供的气象预报和情报等信息服务。决策气象服务对社会稳定、国家安全和经济发展具有宏观性的重大影响。政府有关决策部门对决策气象服务提出了很高的要求。为了适应这种需求，要在决策气象服务产品的专业化制作上狠下功夫。本章在第十三至十五章所阐述的关于气象信息服务原理和基本方法的基础上，根据决策气象服务特点，通过若干实例进一步说明决策气象服务产品专业化制作的思路和基本方法。

第一节　决策气象服务的专业化问题

一、决策气象服务产品的特点

决策气象服务的性质决定了决策气象服务专业化产品有别于其它气象服务产品的一些特点。这些特点可以归纳为：

1．影响面大，影响程度深，对"准确、及时、高效"要求极高

决策气象服务产品的内容关系到政府有关防灾减灾、宏观经济发展决策、国家安全和社会稳定的决策。决策气象服务信息是政府相关问题决策的科学依据，它所涉及的决策往往对社会有重大影响。例如，1991年江淮大水期间安徽王家坝分洪的气象预报事关分洪区数以万计民众的安全转移问题。因此决策者对决策气象服务信息的准确性、及时性和高效性有很高的要求。可以说，决策气象服务产品的准确性、及时性和高效性是决策气象服务产品的生命。

2．要求服务信息明确针对政府相关决策涉及的气象问题

每一项政府决策都有特定的对象，它涉及的必定是特定的气象问题。同样是防汛决策，不同流域有不同的洪水成灾规律，对气象服务信息有不同的要求。即使是同一流域，不同防汛形势下的气象问题也有明显差异。例如，1991年淮河王家坝分洪决策时，面对的汛情是水位已超警戒线，这时的气象信息服务问题已不是要求预报是否还有通常定义的日雨量超过50mm的暴雨问题，而是要回答能否坚持到天明再分洪的问题，也就是说，需要预报天明以前王家坝以上流域是否还有明显的面雨量。因此，提高决策气象服务信息的针对性是提高决策服务效益的前提。

3. 多学科,综合性

由于政府决策问题本身往往是复杂的综合决策问题,所以政府决策部门在做涉及气象的决策时也往往需要综合性的气象信息,内容可能涉及的气象学科多个分支,如天气学、气候学、卫星气象学、雷达气象学、农业气象学等,甚至还可能涉及气象学以外的学科。例如,在叙述青藏高原雪灾时既要讲到气候背景(要用到气候学知识),又要讲到天气过程(要用到天气学的知识),在雪灾监测分析时,又要用到卫星气象学的内容。而灾后气象服务,也许要农业气象专家提出合理的建议。因此,一份好的决策气象服务产品将会涉及到气象学的许多领域,需要不同学科气象专家的参与。例如,中国气象局对党中央、国务院的决策气象服务就是由中国气象局重大天气气候联合服务组制作完成的。除此以外,一些气象服务产品还要涉及气象学以外的知识。而有关厄尔尼诺、拉尼娜和中国汛期降水的关系的决策气象服务材料还涉及到天文和地理方面的某些内容。综合性的决策气象服务产品,涉及中短期天气预报、短期气候预测、降水实况监测、旬或候气温和降水状况,雪灾状况,遥感卫星云图分析,灾情分析等。

4. 要求产品显示方式准确、形象,方便使用

在一编第三章讨论气象服务基本原理时,我们曾经指出气象服务系统工程包括气象信息服务和气象调控工程服务。显然,由于决策气象服务相关的气象调控工程决策涉及面很大,影响深远,不可能由气象部门来完成,主持决策者只能是政府有关决策部门。气象服务信息的表达方式要充分考虑这种情况,使得决策者能及时、准确地理解这些信息,以便方便、有效地使用这些信息。

随着现代科技的发展,信息的传输已经从传统意义上的各种介质向多媒体和可视化方面发展。决策气象服务产品的传输和表达方式正在由纸面、电话、传真等向电视、专用计算机终端、互联网技术等方面发展。多媒体、可视化的服务产品传递方式的突出优势是准确、迅速,生动、形象、直观,表现力丰富,通俗易懂,易于领导同志理解。决策气象服务产品的服务对象是各级地方政府的高层领导,他们可能是某一方面的专家,但大部分不是气象专家,对气象不大了解。因此,我们的服务产品一定要直观、生动、形象,通俗易懂。

如通过计算机远程终端,领导同志就可以直接调看每小时一次的卫星云图和以分钟计的雷达回波图,也可以调用经过处理的定量降水分析图,从而为指挥防汛部署提供决策依据。通过互联网也可以调用领导同志所关心的其他气象信息。

二、决策气象服务专业化的内涵

从上述决策气象服务特点可以看出,在绝大多数情况下,都不能只是把基本预报产品经简单包装即作为决策气象服务产品提供服务。一个好的决策气象服务产品首先应当是内容针对性强、信息准确,同时,还要通俗易懂,形象直观,图文并茂,简明扼要。很

显然,这种特殊的产品需要特殊的精心加工制作。为了达到上述要求,必须在基本气象信息的基础上进行专业化加工制作。

决策气象服务专业化的内涵主要有以下两方面:

1. 决策气象服务的专业化的重点是产品内涵加工制作的专业化

决策气象服务产品是一种综合加工、集成的产物,各种基本气象情报、预测和资料分析产品等是加工制作决策气象信息服务产品的原材料。在当前,气象部门的预报产品制作水平不断提高,初步形成了比较现代化的业务预报体系和一整套比较规范化的业务流程。但预报产品不等于服务产品,不能代替服务产品,决策气象服务产品不应当只是对一般预报产品做简单包装的产物,它必须在基本气象产品的基础上根据特定决策问题对气象信息的特定需求,有针对性地专门加工制作。因此,决策气象服务的专业化的重点是产品加工制作的专业化。

2. 决策气象服务产品显示输出方式的专业化

决策气象信息服务产品的显示输出方式要根据决策者的特点,适应决策者的需要,便于决策者理解和应用,这就要求决策气象服务产品的显示输出方式专业化。决策气象服务信息应当是一种集图形、图像、文字、语音等信息于一体的特殊信息。这种特殊信息的传输较一般文字信息的传输要复杂的多,尤其是动画云图和多媒体信息等。输出、显示方式,特别是多媒体视觉化的显示方式不仅是个技巧、美观的问题,而且也是准确、生动、直观、通俗易懂地表达服务产品内容的一种重要形式。同样一个内容,采用不同的显示、输出方式,会产生不同的效果。

关于气象信息服务产品的显示输出方式的专业化问题,也就是通常所说的产品的包装问题。有关产品的包装问题将在本编第九章专门讨论,下面我们主要讨论决策气象信息服务产品的专业化气象信息内涵的加工制作方法问题。有关产品制作方法问题在第十五章已做了系统的阐述,下面通过若干实例具体说明决策服务产品制作的专业化问题。

第二节 决策气象服务应用方法实例

由于历史的原因,在预报和服务实体混合作业的情况下,预报人员主要精力集中在基本预报产品的研制,不可能有更多的精力参与开发专业化的决策服务产品。决策气象信息服务产品的专业化开发仍然比较薄弱。这方面发表的文章更少。下面根据有限的文献资料,介绍几个实例。

一、林火气象服务专业化产品制作

森林火灾是一种世界性的重要森林灾害。它分布广、发生频度高,破坏森林资源,干扰人们正常生产和生活秩序，造成全球生态严重破坏和环境污染。我国是少林国家，森林面积仅占全国土地面积的 11%左右。主要林区分布在黑龙江省和内蒙古自治区的大兴安岭、小兴安岭地区，云南省、广西壮族自治区和西藏自治区等。在我国，森林火灾是一种破坏严重的自然灾害。建国以来，由于气候干燥、降水少，火种管理措施不力等多方面的原因，平均每年都要发生 8000 余次森林（或草原）火灾，受害森林面积年平均超过 100 万 hm^2。扑火费用每年在 5 千万元左右。据统计，全国森林火灾造成直接经济损失累计以达数百亿元。近年来比较大的有 1987 年大兴安岭特大森林火灾，1995 年内蒙古红花尔基特大草原、森林火灾等。因此，森林防火气象服务是决策气象服务的重要内容之一。

森林火灾的发生既具有随机性、突发性特点，又具有一定的规律性。当具备一定的气象、森林植被和地形、地理条件时，才能发生森林火灾。这种森林火灾发生的危险性称为“森林火险”。在相同的火源条件下，森林火险程度越高，越容易发生森林火灾。只有在特定的天气条件下，在可燃物分布的聚集区，才极易发生破坏性很强的森林大火。从道理上讲，森林火灾发生有三个条件，即火源、可燃物、适宜的气象条件。而第一、二两个条件，在林区通常是具备的，也就是说，当存在适宜的气象条件时，就有出现森林火灾的可能性。几乎所有的森林大火，都是在适宜的气象条件下发生和蔓延的。因此，从气象服务基本原理看，森林火灾控制问题，从根本上讲是气象控制问题。为实现有效控制森林火灾，首先要求提供准确的有关森林火灾的气象相关信息。森林火灾的气象相关信息包括两类：一类是森林火情实况监测信息（主要是气象卫星监测信息）；另一类是森林火灾危险程度的监测和预测信息。森林火灾危险程度的监测和预测信息对林火预防非常重要。有了这种信息，就可能有针对性地采取预防和调控措施（例如，当监测和预测处于特级火险警戒期时，就要严格管理林区一些火源；一旦发现火源，就要迅速采取灭火措施，如人工增雨等）。通常将森林火灾危险程度分为五级。级别越高，出现森林火灾的可能性就越大。

森林火灾卫星遥感监测的基本原理是：由于不同温度的物体辐射的能量光谱不同，向外辐射的电磁波长不同，NOAA 系列极轨卫星第三波段中（红外波段 3.55～3.93μm）对异常地面（火源）热辐射的电磁波尤为敏感。所以，利用背景辐射（未发生燃烧时森林及地物发出的辐射）与森林、草原等燃烧辐射的差异，便可以从卫星遥感信息中及时发现火情，并监测其动态和演变。用气象卫星监测火情，主要是利用 CH3 红外通道图像进行自动判断、处理，当某一像素值达到或超过预定阈限值时，既可判断该点为火点。在图像上则利用 AVHRR 三通道图像合成，即 CH1 赋予蓝色′，CH2 赋予绿色，CH3 赋予红色，使正在燃烧的火区呈红色或鲜红色，从而将火场与其它地物目标区分开来。

森林火险监测的原理是根据有关林火发生发展的制约规律，找出主要的林火制约因子，建立森林火险监测和预测模型，包括：通过实验研究和建立适合本林区的火险指标体系;开发适用的森林火险预报预报方法。

关于森林火险预报模型的建立问题国内外已做了不少工作。虽然不同的研究成果各有特色,但是总的思路基本类同,首先都考虑大尺度天气形势所提供的火险大环境条件,同时也考虑林区实际的可燃性基础条件。所使用的模型各有特色,有的采用经验模型,有的采用统计模型。下面分别介绍几个例子:

1. 澳大利亚中部地区灌木火灾预报方法

该方法在考虑林区前期降水量、南方涛动指数(SOI)、海平面温度(SST)和阻塞指数(CBI)的基础上,根据林区的温度、相对湿度和风速因子建立综合火险指数(FDI)。图16.1给出对应的火险发生概率。由图可见,它对澳大利亚中部林区的火灾有较强的预报能力。

2. 湖北林火多因子综合预报方法

该方法分别建立"林区环流形势指标"和林区"易燃度指数(FFMC),根据环流形势、降水量预报和林区的相对湿度,综合预报林区的火险等级。

3. 永修县森林火险等级预报方法

江西省永修县气象站根据本县森林防火决策气象服务的需要,开发出永修县森林火险等级预报方法。该方法根据本县森林防火气象服务实践经验,建立如下形式的火险等级预报方程:

$$y = K \times x \tag{16.1}$$

其中,K 为干燥指数,$K = \sum[T_i \times (e_i - T_i)], i = 1,\cdots,n$,这里 n 为日降水量 < 6.0mm 或过程降水量 < 7.0mm 的连续日数。高温低湿时 K 为负值,负值越大,表示越干燥。

$$x = x_1 \times x_2 \times x_3 \times x_4 \tag{16.2}$$

式中 $x_1 = T/10$;$x_2 = (T - e)/5$;$x_3 = f/5$,静风时取 $x_3 = 0.1$;$x_4 = L/3.5$。其中 T 为以(℃)为单位的气温值,e 为以 hPa 为单位的水气压值,f 为以(m/s)为单位的风速值,L 为以(mm)为单位的前一日蒸发量值。

对历史上永修县298起森林火灾的气象条件进行综合分析,概括出火险等级及服务一览表(见表16.1)。根据历史案例总结,还规定:

①当 $y > 3000$,且连续3天报了5级火险,即报"特级火险",即全县林区全面进入高危期,灭火队伍进入戒备状态;

②当日降水量 > 6.0mm,或过

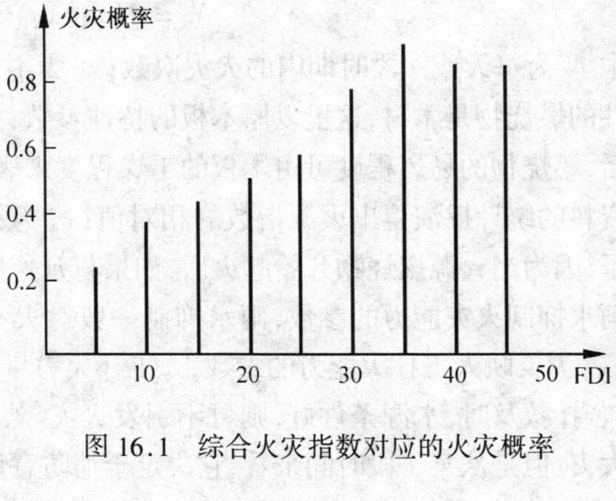

图16.1　综合火灾指数对应的火灾概率

程降水量 > 7.0mm,该次火险天气过程结束,之后的火险等级按标准重新计算。

以 1985~1987 年 49 起森林火灾为对象,对预报方程 $y = K \times x$ 进行回报检验,总拟合率为 93.9%(预报火险 3 级或以上出现火灾为报对)。此方法自 1987 年 12 月投入使用,服务效果显著。

表 16.1 永修县森林火险等级预报服务一览表

项目 y 值	火险等级及说明	采取措施	服务措施
y < 200	1 级,不燃		
200≤y < 400	2 级,难燃	注意监视	
400≤y < 1 000	3 级,可燃	起报	向林业部门通告注意防火
1000≤y < 2000	4 级,易燃	发布“森林火险天气消息”	向林业部门通告注意防火
2000≤y < 3000	5 级,极易燃	发布“森林火险天气警报”	向林业、政府等部门通告
y≥3000	特级,一触即发	发布“森林火险天气警报”	向林业、政府部门通告并广播

二、城乡火灾预报方法实例

90 年代全国年平均城乡火灾所造成的直接经济损失高达 7 亿元以上,且有明显的逐年增加趋势。因此,如果我们能像森林火险预报那样作出城乡火险预报,提供针对性的预防信息,则将产生巨大的社会效益与经济效益。因此,城乡火灾预报服务也是决策气象服务的重要内容之一。但是目前比较合理而又切实可用的预报模式较少,且大多采用与森林火险预报模式相类似的方法,即直接用气象要素与火灾次数或频率来建立预报方程。但是,实际上城乡火灾的发生终究是与森林火灾有区别的,因而有必要在城乡火灾自身特点的基础上建立预报模式。下面介绍一种城乡火灾预报方法。

由于火险是指火灾发生的潜在危险程度,它无法直接测量,一般可用一段时间内火灾发生的次数来表征。根据有关理论和实践经验,可以概括地认为制约火灾的主要因子有 6 个:

$$N = f(x_1, x_2, \cdots, x_6)$$

式中 N 为每天或一段时期内的火灾次数;x_1 为不同物种燃烧特性参数,最普通和具有代表性的燃烧物是木材,这里以厚木板的特性参数;x_2 该燃烧物的易燃程度,燃烧物木板确定后,燃烧物的易燃程度可由木板的干燥程度来表征;x_3 为火源指数,可以采用对历史火灾资料的统计反演得出火源指数的相对值;x_4 为火势蔓延速度,它也是一个十分重要的因子,因为当火源燃烧物开始起火后,如果蔓延速度快,则不容易扑灭,造成大灾;x_5 为反映雨水抑制火灾能力的参数,雨水抑制一般对火灾发生不利,可根据消防经验确定其关系;x_6 为反映人工扑火能力的参数,人工扑火力量也是一个重要因子。但它的随机差异很大。若扑救及时,水源条件好,则可不引发火灾。若发现晚、交通不便、水源困难,小火可酿成大灾。但是从某一段时间来看,它决定于消防意识、消防装备和消防力量配置水平。

在以木材代表燃烧物及现阶段人力灭火水平的假定下，火险程度可以由燃烧物的干燥程度（用一段时间内的空气相对湿度表征）、火源指数、当时的风速（由室外风速表征）和该日的降水量所确定。但是在建立预报模式前，还要考虑雷暴、积水（雪）对火源的增强或削弱作用，以及天气（特别是风速）对火险的二次作用。

在经验分析基础上，考虑上述各种可以量化表示的城乡火灾影响因素，可以建立如下形式的“火险指数” FI 的表达式：

$$FI = 2\left\{W + \left[(1-0.05X)\left(1-\frac{Y}{150}\right)I + 2S\right] + W\frac{1+0.45e^{0.09V}}{1.45}\right\} \tag{6.3}$$

$$W = 0.1(100 - f_m) + 10(e^{-0.03R} - e^{-0.09V})$$

其中，X 为积雪深度（cm），Y 为当日降水量（mm），f_m 为木板的实效湿度，I 为火源指数，S 为雷暴指标（$S=0$ 无雷暴，$S=1$ 雷暴，$S=2$ 强雷暴）。该表达式右端第一项表示天气的作用；第二项为火源的作用；第三项即为二次作用。其中 f_m 和 I 分别由下面两式求得：

$$f_m = \frac{a^0f_0 + a^1f_1 + a^2f_2 + a^3f_3 + a^4f_4 + a^5f_5}{a^0 + a^1 + a^2 + a^3 + a^4 + a^5} \tag{6.4}$$

其中，f_0 为当日的空气相对湿度，$f_1,f_2,\cdots,f_5$ 分别为前1，2，…，5日的空气相对湿度。系数 a 的取值为0.5～0.9，间隔为0.1。根据 a 的取值计算 U（木板含水量）与 f_m 的差值（E），可确定 E 为最小时的 a 值。a 值代表了当时当地由空气相对湿度拟合实效湿度的最佳系数：

$$I = N - (100 - f_m) - 100(1 - e^{-0.09V}) + 100(1 - e^{-0.03R}) \tag{6.5}$$

式中，N 为火灾次数，V 为风速，R 为月降水量。利用1981～1990年 f_m，V，R 和 N 的逐月平均值，即可求得每月全省14个地区的火源指数 I，并建立火源指数库，以备逐月更替模式中的 I 值。

表16.2为7种情况下的计算结果，把 FI 值均匀线性分割成5个等级（≤20为1级，21～40为2级，41～60为3级，61～80为4级，≥81为5级）级别高者为火灾危险程度大，其结果与设定条件下的消防实验经验较为吻合。

表16.2　W 和 FI 的计算结果

	当时条件	f_m（%）	R（mm）	V（m/s）	X（cm）	Y（mm）	I	S	W	FI	火险等级
1	潮湿有雨	70	30	5	0	50	2.1	0	0.69	5.8	1
2	干燥风大	20	0	12	0	0	3.1	0	14.6	82.1	5
3	冬季积雪	35	0	10	15	0	4.2	0	12.4	62.9	4
4	夏季积水	80	0	6	0	100	2.8	1	6.2	33.4	2
5	大风	30	0	16	0	0	5.3	0	14.6	98.2	5
6	大雨	85	100	8	2	0	1.9	2	－2.9	－1.9	1
7	一般情况	50	5	7	0	0	3.9	0	8.3	45.5	3

三、江河流域面雨量的计算

流域的流量、江河的抗洪能力以及水库的蓄泄规模都与流域的平均降水量密切相关,因此客观地、简便地计算流域平均降水量具有重要意义。过去,流域平均降水量的计算方法主要有算术平均法、加权平均法和等雨量线法。其中算术平均法虽然较为简便,但因雨量站往往分布不均,故求得的流域平均降水量准确性较差。加权平均法和等雨量线法虽然比较准确,但不易在计算机上实现。为此,这里介绍一种较为客观的、准确率较高的、易于在计算机上实现的方法——逐步订正格点法①。

1. 算法思路

设某流域的边界及雨量站点分布如图 16.2。现在我们选择一正方形网格将该流域离散化(见图 16.3)。而这些正方形网格的中心点也组成相同格距的另一正方形网格系统(见图 16.3 的虚线部分);显然,只要求出这些中心点的降水量,就可求出该流域的平均降水量、流域平均降水量的计算公式为:

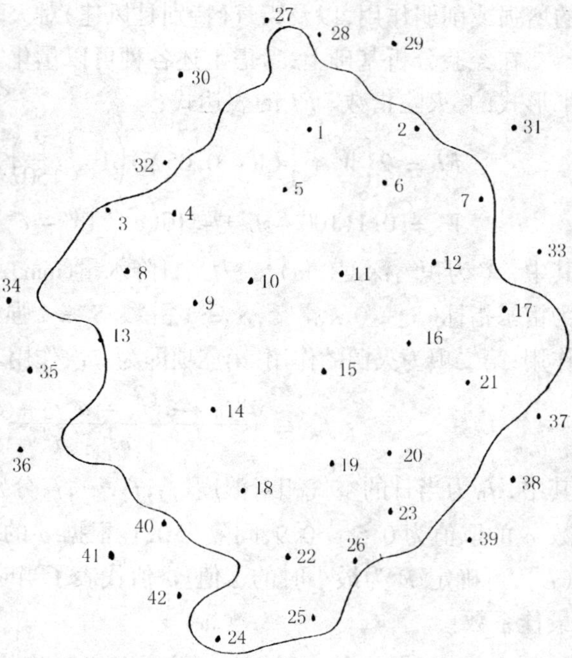

图 16.2　某流域的边界及雨量站点分布图

圆点表示雨量站,其旁边数字代表雨量站序号,实线为流域边界

$$\bar{R} = \frac{\sum_{t=1}^{m} S_i R_i}{\sum_{t=1}^{m} S_i} \qquad (16.6)$$

式中 $\bar{R}$ 为流域平均降水量;m 为中心点的总个数;i 为中心点的序号;$R_i S_i$ 为第 i 个中心点的降水量及其所代表的面积。

2. 流域边界处理法

由于边界是不规则的,因此在边界上的正方形是残缺不全的,在计算流域面积时应略去不属于流域的不规则面积,并加上属于流域的不规则的面积。不规则面积的计算

① 孟遂珍、彭治班、吴宝俊等,流域平均降水量的一种算法,新一代气象服务体系研究文集(二),新一代气象服务体系研究课题组,1999。

可采用如下方法：

首先，月若干折线拟合边界，然后，把不规则面积分成若干个三角形进行计算。对于某流域来说，其边界是固定的，因此，当选定网格后，不规则面积只要一次性算出，建立数据库，在计算流域平均降水量时直接调用就可以了。

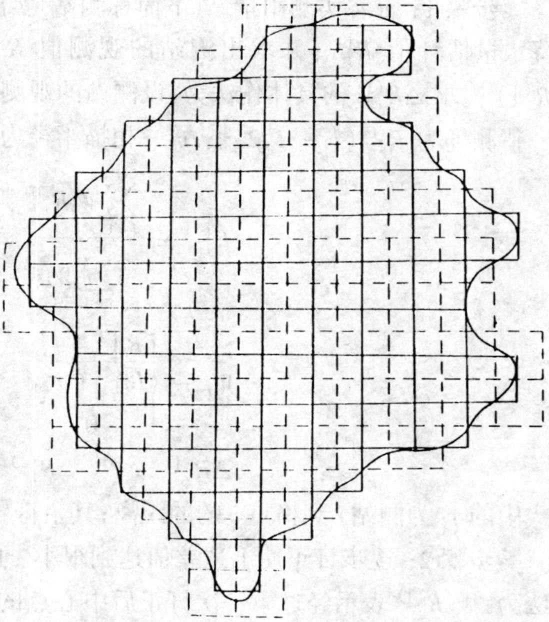

图 16.3　划分流域的网格(实线)及这些网格中心点所组成的相同格距的另一网格(虚线)

3. 第一猜测场的确定：

有限元内插法

在用 Cressman 的逐步订正法求中心点的降水量时，最好是先给出中心点的第一猜测场，第一猜测场的给定有多种方法，采用有限元方法可以减少订正次数。如图 16.4，设 x 为某一中心点，a，b，c 为实际雨量站，S_a，S_b，S_c，S 分别表示 Δxbc，Δxca，Δxba，Δabc 的面积，R_a，R_b，R_c 为实际雨量站 a，b，c 的降水量。则有：

$$R_x = \frac{S_a}{S}R_a + \frac{S_b}{S}R_b + \frac{S_c}{S}R_c \tag{16.7}$$

式中 R_x 为中心点 x 的降水量第一猜测场，其余符号意义同前。

(16.7)式即为有限元插值公式。对于固定的流域，可以预先确定好每一中心点插值用的雨量站，并算出贡献系数

$$\frac{S_a}{S}, \qquad \frac{S_b}{S}, \qquad \frac{S_c}{S}$$

对于雨量站较稀疏的地方，为提高猜测场的准确性(为了减少订正次数)，可以用流域之外的雨量站或气象站的资料进行有限元插值，或者人为地设想一些雨量站，采用扫描距离权重插值法求出假想雨量站的降水量，然后用这些假想雨量站的资料进行有限元插值。

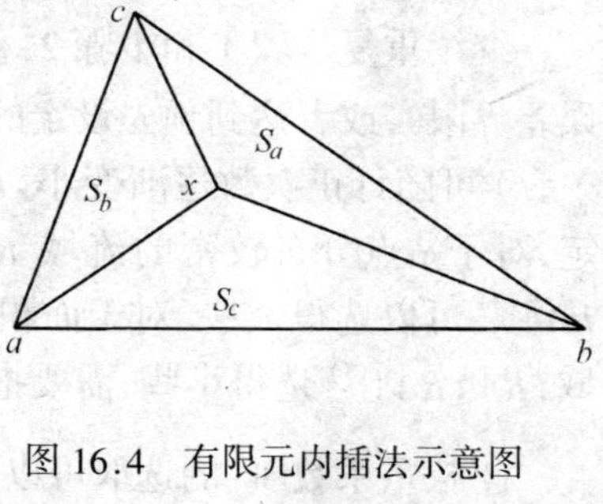

图 16.4　有限元内插法示意图

4. 逐步订正法

在用有限元法插出中心点的第一猜测值后，即

可进行逐步订正,逐步订正法的步骤如下:

步骤 1: 求各实测雨量站(下简称测站)实测值与计算值的差。首先要插出测站的降水量估计值 $R_j^{(1)}$;并求出测站的观测值 R_j 与估计值 $R_j^{(1)}$ 之的差值 $\Delta R = (R_j - R^{(1)}{}_j)$。求 $\Delta R_j^{(1)}$ 的具体作法为:设测站的观测值为 $R_j(j = 1,2,\cdots,n)$;中心格点的第一猜测场为 $R_i^{(0)}(i = 1,2,\cdots,m)$;扫描半径为 RA,则由 $R_i^{(0)}$ 可以插出测站 $R_j^{(1)}$ 为:

$$R_j^{(1)} = \frac{\sum_{i=1}^{m} W_i R_i^{(0)}}{\sum_{i=1}^{m} W_i}$$

$$W_I = \begin{cases} \dfrac{RA^2 - r_i^2}{RA^2 + r_i^2} & r_j \leqslant RA \\ 0 & r > RA \end{cases} \tag{16.8}$$

$$\Delta R_j^{(1)} = R_j - R_j^{(1)} \tag{16.9}$$

式中的 r_i 为测站 j 到格点 i 的的距离;其余符号意义同前。

步骤 2: 逐步订正使上述差值达到很小。由 $\Delta R_j^{(1)}$ 插出 $\Delta R_i^{(1)}$,并求出 $R_i^{(1)}$,具体作法为:设 $R_i^{(1)}$ 表示经过第一次订正后中心点的降水量,称为第一次分析值;$\Delta R_i^{(1)}$ 为第一次订正值,则有:

$$\Delta R_j^{(1)} = \frac{\sum_{j=1}^{n} W_j \Delta R_j^{(1)}}{\sum_{j=1}^{n} W_j} \tag{16.10}$$

$$W_J = \begin{cases} \dfrac{RA1^{(1)2} - r_j^2}{RA1^{(1)2} + r_j^2} & r_j \leqslant RA1^{(1)} \\ 0 & r > RA1^{(1)} \end{cases} \tag{16.11}$$

$$R_i^{(1)} = R_i + \Delta R_i^{(1)} \tag{16.12}$$

式中的 $RA1^{(1)}$ 为第一次订正的扫描半径,其余符号意义同前。

继续重复步骤 1 和步骤 2,直到 $\max|\Delta R_i^{(j)}| < \delta$,(其中 $\delta > 0$,表示预先给定的误差界限),或者达到预先设定的订正次数停止,其中订正的扫描半径 $RA1^{(j)}(j = 1,2,\cdots,t)$ 可随订正次数逐渐变小。RA,$RA1^{(j)}$ 的选取依据站点分布疏密与流域的大小而定,对于站点分布较密的流域 $RA1^{(j)}$ 可以选得小些;而在站点分布较稀的流域,RA,$RA1^{(j)}$ 可以选得大些。对于面积较大的流域,RA,$RA1^{(j)}$ 选得大些;而对面积较小的流域,RA,$RA1^{(j)}$ 选得小些。需要指出的是:

①权重系数 W_j 的选取可以有多种形式。例如,还可取为 $W_j = \dfrac{1}{r_j^2}$ 或 $W_j = \dfrac{1}{c + r_j^2}$,其

中 $C = 1$ 或某一常数;

②为简单起见,甚至可以直接用第一猜测场近似作为中心格点的降水量值 R_I。

5. 某测站降水量缺测时的处理方法

本方法在雨量站的降水量缺测时,首先用扫描距离权重法求出降水量,再用有限元法求猜测场。其中扫描距离权重插值法的原理如下。若给定扫描半径 RA,则某缺测站的降水量为:

$$R_L = \frac{\sum_{j=1}^{n} W_j R_j}{\sum_{j=1}^{n} W_j} \tag{16.13}$$

$$W_J = \begin{cases} \dfrac{RA^2 - r_j^2}{RA^2 + r_j^2} & r_j \leqslant RA \\ 0 & r > RA \end{cases} \tag{16.14}$$

其中:R_L 为某缺测站的降水量;R_j 为第 j 个站的降水量;W_j 为第 j 站的权重;r_j 为第 j 站到缺测站的距离。

6. 计算流程框图

以上所介绍的方法很容易在计算机上实现,计算流程框图如图 16.5 所示。

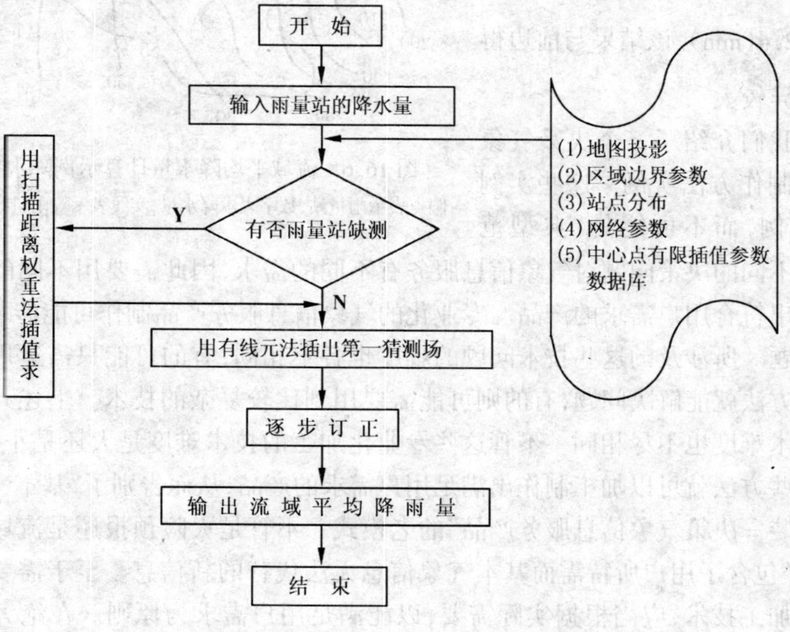

图 16.5　格点法求流域平均降水量的流程框图

7. 实例

为计算简单,我们忽略不规则面积,则有:

$$\bar{R} = \frac{1}{m}\sum_{i=1}^{m} R_i \tag{16.15}$$

式中符号意义同前。

设某流域某次降水过程的降水量分布如图 16.6 所示。逐步订正法求出各中心点的雨量。再求平均,则 $\bar{R} = \frac{3680.5}{74} = 49.7(\mathrm{mm})$,而用图 16.6 的等雨量线插出各中心点的降水量再求平均,则有 $\bar{R} = \frac{3648.7}{74} = 49.3(\mathrm{mm})$,这个结果与逐步订正法结果相当接近,可见,逐步订正法的计算结果较为合理。

如果用简单的算术平均法计算该流域的平均降水量,则有 $R = \frac{1103}{26} = 42.4(\mathrm{mm})$。该结果与前边得的结果差异较大。

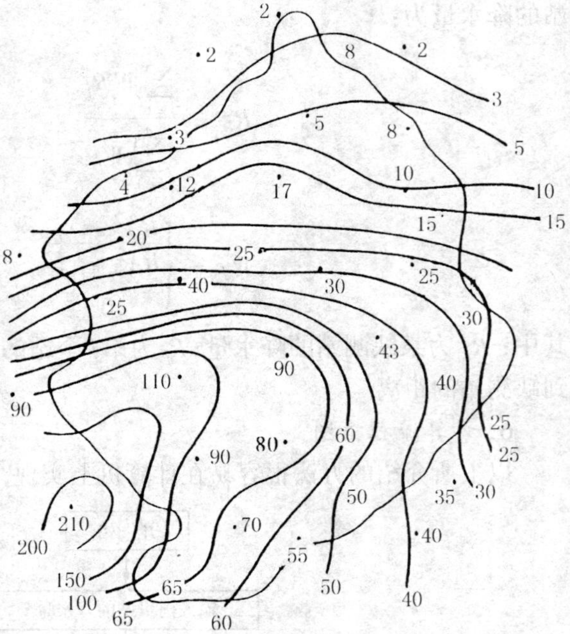

图 16.6　流域平均降水量计算示例降水量资料

圆点表示雨量站,数字表示降水量,实线表示等雨量线,单位:mm

上面我们介绍了三个决策气象服务产品制作方法实例。这些实例仅仅是实例,而不可能是“典型范例”,因为不同的决策问题对气象信息服务有不同的需求,因此需要用不同的专用化方法去制作出符合用户需求的产品。专业化的气象信息服务产品制作可能涉及相当广泛的技术问题。所涉及的这些技术问题的难度也各不相同,有的可能只需运用一般的诊断和解释方法就能解决问题,有的则可能需要用到比较复杂的技术。上述几个实例所涉及的技术难度也不尽相同。不管这些专业化加工的技术难度是大还是小,最重要的是有了这些方法就可以加工制作出满足用户需求的产品,从而告别了“基本气象信息产品 + 外包装 = 决策气象信息服务产品”的老模式。不管是火险预报还是流域面雨量预报,都已经包含了用户所特需而基本气象信息无法代替的新信息。至于需要用什么样的专业化加工技术,应当根据实际需要,以能满足用户需求为原则。在绝大多数情况下,现有气象科学技术已经有能力开发出专业化的决策气象服务产品制作方法。问题仅仅在于如何切实落实专业化开发工作,组织有开发能力的科技人员从事专业化决策气象服务产品制作方法的开发研究，从而根本改变“基本气象信息产品 + 外包装 = 决策气象信息服务产品”的老模式。

参 考 文 献

[1] 董超华等，气象卫星业务产品适用手册，气象出版社，1999。

[2] G. Love，澳大利亚中部地区灌木火险预报，新疆气象，11，1989。

[3] 施望芝，林火多因子综合分析及预报方法，天气预报技术论文集(1998)，气象出版社，1999。

[4] 邓晓明等，永修县森林火险等级预报方法初探，中国农业气象，**11**(4)，1990。

[5] 毛贤敏等，城乡火险预报模式探讨，应用气象学报，**7**(1)，1996。

[6] 留小强、张若军、吴宝俊，用格点法求流域平均降水量，水利水电技术，2，1990。

[7] 游性恬、张兴旺，数值天气预报基础，气象出版社，1992。

[8] 张敏、白玉荣、吴宝俊，流域平均降水量的计算，科技通报，3，1987。

第十七章　公众气象服务技术方法实例

公众气象服务产品的形式、内容和服务方式已经经过多年服务实践，并不断改进，似乎服务内容和服务方式都已基本定势。对于这样的服务产品还有没有专业化问题需要研究？本章从气象服务基本原理出发研究公众气象服务的现状，认为为了适应生产的发展和人民生活质量的提高对气象服务的新需求，公众气象服务也必须在专业化上狠下功夫，并通过两个实例进一步阐述本编第十三、十四和十五章所阐述的气象信息服务有关思路和方法在公众气象信息服务产品制作中的应用。

第一节　公众服务产品的专业化

本节首先从气象服务基本原理出发，分析近年来公众气象服务发生的变化，讨论公众气象服务专业化的必要性，指出即使是这种已经非常普及的大众化产品仍需要在产品的专业化上下狠功夫，并具体讨论了公众气象服务专业化的内涵。

一、从气象服务基本原理看公众气象服务专业化的必要性

在第一编第二章中研究气象服务基本原理时，我们曾经指出气象服务信息是为气象控制工程服务的，用户对气象信息的需求来自实施气象控制工程的需要。这一点对于公众气象服务也不例外，公众关心气象服务信息是因为气象环境影响他的生活和工作活动，是因为掌握了气象服务信息后可以以此为依据采取适当的气象影响调控措施来确保生活质量。获知外出期间有寒潮大风，可以据此适当多带防寒衣物，以免受冻。即使预报的是个人难以调控的气象环境，也还有一种调控办法，就是调整计划，另选择有适宜气象环境时再来执行某些活动(例如外出旅游等等)。这实际上也是一种气象调控，即所谓**气象环境择优**。可见，公众之所以对气象服务信息有需求是因为需要以它为依据采取相应的气象调控措施，以求更有效地趋气象之利、避气象之害，提高生活质量。

1. 公众气象服务的需求具有多样性

从气象控制论观点看，理想的公众气象调控系统也应是一种气象控制论系统，根据所提供的公众气象服务信息不断采取气象调控措施。和一般的气象控制论系统不同的是这种系统中的气象调控主体是分散的个体。气象服务实体可以为公众提出各种可能有效的气象调控建议，但最终是否采取某种气象影响调控措施，除了非常危急的关头以外，一般只能由社会公众个人自己决策。由于杜会公众的文化层次、生活条件等等千差

万别,处于不同层次结构中的公众对气象服务就有不同的需求,这就决定了公众气象服务的需求具有多样性特点。有些是十分普遍的共同需求,例如每天的基本天气预报;有些只是部分公众的需求,例如有关花粉浓度的预测信息主要是对花粉有过敏反映的人们有需求。为了适应公众对气象服务信息的这种多样性需求,必需研究这种多样性需求,在此基础上找出既有比较普遍需求又具有可测性的气象相关因子作为新开发的公众气象信息服务的优先项目。

2. 公众气象服务的需求具有持续的增长趋势

由于公众气象调控主体一般只能是个人,公众气象影响调控的实际能力不仅取决于是否已有成熟的调控技术,还取决于公众的文化水平和经济能力。随着人民生活水平和文化水平的不断提高,公众对采取气象调控的需求欲望和实际能力必将持续增长。在温饱问题还没有得到解决时,自然没有更多的对气象环境的舒适程度需求,甚至气象环境是否有害健康往往也被放到次要位置。近年来,公众对舒适度、空气清洁度、紫外线强度等的关注说明公众对气象影响的调控需求和能力已明显增强。

随着公众气象调控的需求欲望和实际能力的提高,必然对公众气象信息服务不断提出新的需求,不仅对常规气象要素预报提出新的要求,还要求拓展一些新的气象信息服务项目。近年来公众对气象服务的各种新要求概括起来包括两大方面:一是要求进一步提高已有的气象服务信息的精确程度,以便更有效地进行气象影响调控;二是随着公众气象调控能力的不断提高,要求提供新的公众气象信息服务项目。为了满足公众气象影响调控的新需求,提高公众气象服务的效益,必须提供更有效的专业化公众气象信息服务产品。

二、公众气象服务产品专业化的具体任务

公众气象信息服务的专业化主要有两方面的任务:一是进一步提高已有的基本公众信息服务产品的专业针对性、分辨率和可信度;二是根据新的需求,开发新的公众气象信息服务项目。

1. 基本公众信息服务产品的专业化

(1)常规气象要素产品的定点化、定时化、定量化

随着人民生活水平和文化水平的不断提高,公众已经不满足大尺度的平均气象情况的报告,而是要求提供服务对象所在地的更加精确的气象信息。一般气象台站预报的气象要素值都是本站的气象要素,但是用户的气象调控总是在他所在地进行的。例如,由于城市热岛的影响,城市中心的气温一般比地处郊外的气象台站要高好几度,降水的中小尺度分布也很明显,尤其是夏季的对流降水地域差异更加明显,用户早已不满足“局部地区有××”之类的公众预报用语了。这就有一个如何使现有的基本公众气象服务内容更加定点化、定时化和定量化的问题。

(2)天气现象预报概率化

事实上,不同时间发布的天气事件预报的可信程度是不同的。为了在采取气象调控措施时做到心中有数,越来越多的公众希望提供概率形式的天气预报。例如,同样预报有冰雹,预报概率有时可能高达 0.80,而有时可能仅有 0.52。按照气象调控经济目标函数极小化原则,是否值得采取气象影响调控措施首先取决于所预报事件的发生概率,显然这两种情况下的控制决策是很不相同的。从实施气象控制有效性考虑,用户自然希望在提供预报结论的同时也提供预报的可靠性,所以天气现象预报概率化是提高公众气象信息服务专业化水平的重要方面。以概率形式向用户提供天气预报服务的研究已有大量成果,近年来,我国不少省市气象台也相继向公众提供了概率形式的天气预报。

概率天气预报专业化加工的主要任务是针对特定的预报问题研制出高质量的概率预报模型,使得所预报的天气现象的概率尽可能减少不确定性,即尽可能趋向两极(0,1)。

2. 发展新的公众气象信息服务项目

要求发展新的公众气象信息服务项目是公众生活质量和文化水平提高以后公众气象服务需求不断增长的重要表现,也是公众气象可控性水平提高的表现。顺应这种需求,适时发展新的公众气象信息服务项目是气象服务实体明智的选择。就目前情况来看,以下几方面是颇受公众欢迎而正在积极发展的新项目:

(1)生活质量气象信息服务

所谓生活质量气象信息服务是指为提高公众生活质量而有针对性地提供的公众气象信息服务。公众的生活质量在许多方面受制于气象环境,灾害性天气可能给人身和财产安全带来威胁;舒适的气象环境可以增进身体健康,提高生活质量。越来越多的公众有强烈的需求,希望通过采取适当的措施更有效地趋气象对生活之利,避气象灾害,从而提高生活质量,或则免去不必要的麻烦和损失。

①安全保障气象信息服务。安全保障气象信息服务是指为公众避免气象灾害所造成的不利影响而提供的气象信息服务。除了传统的气象警报服务外,近年来国内外已有不少关于火险气象信息服务方法的研究,不少气象台已在公众气象服务中增加了火险气象预报服务。此外,公众对大气质量环境的关注程度也越来越高,有些国家在预报未来的大气质量状况将对人体健康明显有害时也已采取播发大气质量警报的方式向公众提供信息服务。

②舒适气象信息服务。了解未来环境的舒适程度,在可能的条件下采取一些气象影响调控措施去创造更舒适的局部气象环境,这已是公众的普遍需求。舒适气象信息服务正是适应这种需求发展起来的一种气象公众服务项目。舒适气象信息服务的具体形式比较多样,有直接提供舒适度指数预报的,也有用**不舒适指数**的,还有预报空气清洁度和穿衣指数的。关于舒适气象信息服务产品的专业化问题将在下一节进一步讨论。

③方便气象信息服务。所谓方便气象信息服务是指为了使公众充分利用气象环境

可能给生活带来的方便，或者减少因为气象原因造成的不方便而提供的专业性气象信息服务。例如，晒衣指数是专门为人们提供未来是否有充足日光和较小的湿度而有利晒衣的专门气象信息服务；发霉指数预报则专门为用户提供是否需要采取措施以防止食物或衣物发霉而提供的气象信息服务，等等。随着。人们生活方式的变化，今后还会提出新的需求。

(2)健康气象信息服务

随着生活水平的不断提高，人们对健康的关注越来越强烈，健康气象信息服务就是在这种情况下受到越来越多公众的欢迎。健康气象信息服务是根据气象环境对人体健康和疾病的制约关系，有针对性地及时提供有关专业性的气象信息服务。目前已经投入业务服务的有以下几方面的健康气象信息服务项目：

①空气清洁度指数预报。城市低层空气清洁程度显然是影响健康的重要气象环境条件。空气中所含有害气体或固体微粒悬浮物少，人体感觉空气清新，严重污染时则明显有害健康。有关这方面的预报服务已越来越受到公众的关注。这方面也已有较高专业科技水平的科研开发成果。空气清洁度预报的基础问题是低地面层空气的污染潜势预报，具体向公众发布的则是一些指数形式的预报，例如空气污染指数或空气清洁度指数等等。

②紫外线强度预报。关于全球变化的研究发现，由于臭氧层的变薄导致紫外线强度明显增强，强烈的紫外线有害健康，甚至可能使诱发皮肤癌的可能性增大。因此，紫外线强度问题已引起公众的普遍关注。根据这种情况，医学界还专门开发了一些防护皮肤受伤害的外敷药物。在这种情况下，紫外线强度预报成为公众气象信息服务的又一个新生长点。1992年美国环保部门和气象部门提议向公众正式发布紫外线强度预报，不久我国不少气象台也相继发布了紫外线强度预报。

③花粉浓度预报。医学研究发现，有些公众对某些植物的花粉有不同程度的过敏，过敏以后可能产生哮喘或其他不适反应。为了防止花粉引起的过敏，现代医学也开发出相应的防护措施，必要时需服用抗过敏药物，有花粉过敏反应的人应当尽可能减少吸入花粉。于是，花粉浓度预测成了现代公众气象信息服务的又一个新项目。

④各种疾病发生率预报。研究表明，不少疾病的发生和气象环境有关，不同气象环境下某些疾病的发生率有明显变化。近年来，不少气象台站根据当地发病率和气象环境的实际资料，在经验的基础上通过统计分析开发出中暑气象指数、哮喘病气象指数、感冒气象指数等多种医疗气象指数，并已作为公众气象服务信息对外发布。

(3)公众旅游气象服务

随着生活水平的不断提高，旅游越来越成为人们休闲生活的重要内容。外出旅游自然希望过得愉快而不是去自讨苦吃，所以趋旅游气象之利、避旅游气象灾害至关紧要。近年来旅游气象服务因此大受欢迎。具体的旅游气象服务专业化问题将在本章第三节进一步讨论。

所有以上各项公众气象信息服务新项目有一个共同点，就是这些信息都是难以简单地用基本气象预报信息直接去提供服务，都需要通过专门加工制作成有针对性的新服务信息。下面我们将通过两个例子进一步说明公众气象信息服务的专业化的思路和基本方法。

第二节　公众气象服务产品的制作实例之一——舒适度指数问题

生物气象学的研究表明，气象与人体之间存在的物理与心理上的关系对于人类可能承受的身体和心理影响具有特别的意义，也是采取工程性的气象环境服务调控措施的依据，对采暖、通风、降温、建筑、服装等相关行业都有重要的指导意义。随着国民经济的发展，人们物质生活质量在不断提高，除衣食住行外，还要求生活环境的舒适，人体舒适的研究已引起广泛的注意；生物的生长发育也和气象环境有密切关系，为了使生物的生长具有良好的环境也需要研究生物气象指数问题。因此，生物气象指数预报服务是有广泛需求的气象信息服务的问题。本节综合论述有关生物气象指数的研究成果及其应用问题，主要目的是以此为例进一步说明公众气象信息服务专业化问题。

一、生物气象环境的主要影响因子

从生物气象学观点出发考虑气象对生物的影响，普遍认为下述各种因子是重要的影响因子：气温、空气湿度、风速、短波和长波辐射、以及空气质量等等。气象因子对于人类的健康和生活方式的影响是综合性的，各种气象影响因素之间还存在相互作用，不同的人群对各种气象要素的敏感程度也不相同。显然，要全面综合考虑这诸多因素的综合影响，是颇具难度的。迄今为止，虽然已有不少有关这方面的研究成果，提出了各有侧重的综合影响指数，但还没有一个能全面综合反映各种影响因子的公认的定量生物气象影响模式。

根据经验和有关理论，在上述诸多因素中，有关热量的要素被认为是最重要的影响因素，它对生物体的最重要的影响是热感和冷感。生物体和环境不断进行热量交换，在这个过程中力求保持使身体感觉舒适的皮肤温度。散失热量过多会有冷不适感，过少则有热不适感。在所有和热量有关的参数中，气温显然是最基本的，因为它是生物体和环境热交换的基本条件。风速对热交换起重要作用，辐射也是重要的热交换过程，而湿度对发汗和皮肤蒸发散热具有重要影响。

由于热量要素具有第一位的重要性，实用上往往将它作为生物气象综合指标的基础。在不同的气候区气象环境对人们的影响有很大的差别，不同的研究者根据经验提出了各有侧重点的生物气象指数。

为了综合反映各热量因素对人体的影响，最理想的是直接建立量化的影响模型。从理论上讲，气象对人体温度的影响可以用人体的热平衡方程来描述。然而由于人体个体差异太大，环境条件差异也很大，很难直接积分人体热平衡方程得出相应的气象控制因子。正如本编第二章所阐述的，在难以用物理理论方法揭示气象制约关系时，可以先用经验方法或则在一定理论指导下综合运用经验分析、统计分析方法描述气象制约关系。因此，在建立气象对人体舒适度影响关系时，目前主要采用经验方法。在采用经验方法进行气象条件对人体舒适程度关系的研究时，建立制约关系和提取气象控制因子事实上可以一并进行。

由于不同的研究者在用经验分析方法描述气象对生物的制约关系时侧重考虑的因素不同，所提出的生物气象指数就有不同的形式。归纳起来看，从设计思路上分析主要有三类：一类着眼于描述热交换引起的冷却率；另一类着眼于和热平衡过程相应的生物体的“体感温度”或者叫“有效温度”；第三类是在上述思路基础上根据实践经验建立的适应于某些具体条件的实用“舒适度”或“不舒适度”指标。下面分别介绍这三类思路的一些有代表性的成果。

二、冷却率类型生物气象指标

人体与周围环境进行热量交换，达到平衡时维持准恒定的温度，其热交换关系可以用下式表示：

$$M \pm R \pm c - E = Q \tag{17.1}$$

式中 M 为人体代谢产生的热量，R，C，E 分别为辐射、热传导和对流以及皮肤蒸发热交换，Q 为人体热量总收入。已经有一些实验和理论研究成果揭示这些热交换过程，例如：

①关于生物体和外界的热传导和对流热交换过程可以进一步用下列式子来表示：

$$\frac{ha_0 \times d}{K} = \beta^4\left[\frac{d^4 g\rho^2(Ts - T)}{\mu^2\left(273 + \dfrac{T_s + T}{2}\right)}\right]^{\frac{1}{2}} \tag{17.2}$$

式中 ha_0 和 K 分别为皮肤和空气的热传导率，d 为人体表面积，β 为比例系数，ρ 为空气密度，μ 为空气粘性系数，T_s 和 T 分别为皮肤温度和空气温度。

②辐射是高温物体向低温物体热输送的方式之一，其大小和 $(T_s^4 - T^4)$ 成正比。

③蒸发主要发生在呼吸道和皮肤。皮肤表面的最大可能蒸发量

$$P = K(e_s - e)(0.5 + \sqrt{u}) \tag{17.3}$$

其中，e 和 e_s 分别为水汽压和饱和水汽压，u 为风速，K 为比例系数。

据实验测定，常温下总散热量的 20% ~ 30% 由蒸发引起的，60% ~ 65% 由辐射、热

传导以及对流完成的。但在 $T>30$℃时蒸发散热超过辐射、热传导以及对流散热。风速显然有利于促进蒸发和热传导、对流散热,风速每增加 1m/s 会使人体感到温度下降 2~3℃。

生物体和环境热交换的复杂性不仅因为各因素间有相互作用,环境还会激发生物体的生理过程,从而影响热交换过程。例如,气温明显升高会刺激血液循环加强,从而导致皮肤温度升高,T_s-T 差值加大又导致散热加强。热交换过程使得皮肤温度和环境气温动态地保持一定的温差。这个温差适当,就有舒适感,否则,这个温差太大或太小都会有不舒适感。

一些研究者在综合考虑热交换过程引起的散热的基础上提出了如下一些指标:

1. 湿冷却率 H_w

建立湿冷却率的基本思路是考虑标准体温(36.5℃)身体表面的热量收支。Lehman(1936)给出了湿冷却率 H_w 的方程:

$$H_w=(0.37+0.51v^{0.63})(36.5-t_w) \tag{17.4}$$

其中,v 为风速,单位 m/s,t_w 为湿球温度,单位 ℃。H_w 永远不能为负值(即使在潮湿的热带地区也是如此)单位为 W/m²。该指标主要考虑了风速和湿度对生物体散热的影响。

2. 风寒指数

Siple-Passel(1941)在南极试验时建立了风寒指数公式:

$$I_f=(12.12+11.6\sqrt{u}-1.16u)(33-T_a) \tag{17.5}$$

式中 T_a 为气温(℃),u 为风速(m/s),33(℃)为裸露的皮肤温度。该式仅适用于裸露的皮肤,最初应用于冻伤预报,后来成为指导着装的指标,在英国、加拿大等国得到广泛的应用。I_f 的物理意义实际上就是热损耗率(W/m²),其大小与多数人的感觉如表 17.1 所示。

表 17.1 风寒指数及多数人的感受

风寒指数(W/m²)	348~696	697~929	930~1160	1161~1390	1391~1625	>1625
多数人的感觉	凉	很凉	冷	很冷	极冷	

风寒指数 I_f 给出了人体热量损耗率的值,但是对于普通公众来说,比较容易理解的是**风寒当量温度**,它表示由于风的致冷作用使人感觉到的温度相当于无风时的温度值。根据风寒指数 I_f 计算公式可以得到风寒当量温度 T_e 的表达式:

$$T_e=33-\frac{(12.12+11.6\sqrt{u}-1.16u)(33-T_a)}{27.81} \tag{17.6}$$

该式在低风速范围要比高风速范围更敏感。表 17.2 列出了风寒当量温度和风速、气温的关系。如当气温为 0℃,风速为 4m/s 时,风寒当量温度为 -3.5℃。

和上述风寒指数类似的还有所谓**风冷却指数**,其计算公式如下:

$$H = [10\sqrt{v} + (10.45 - v)](33 - T_a) \tag{17.7}$$

其中,风速 v 的单位为m/s,气温 T_a 的单位为℃,33代表无风时皮肤温度(℃)。例如,气温 -15℃,风速6.71m/s,则有:

$$H = [10 \times \sqrt{6.71} + 10.45 - 6.71][33 - (-15)] = 1423\text{kcal}/(\text{m}^2 \cdot \text{h})$$

风冷却指数可以按以下公式化为无风时的冷却温度(℃):

$$T = 33 - \frac{H}{22.066} \tag{17.8}$$

例如:在 -15℃,风速6.71m/s时的散热量为1423kcal/(m^2·h)①,相当于无风时的冷却温度为

$$T = 33 - \frac{1423}{22.066} = -31.5℃$$

表17.2　风寒当量温度(精确到0.5℃)

风速(m/s)	气温								
	8℃	6℃	4℃	2℃	0℃	-5℃	-10℃	-15℃	-20℃
2	7.5	5.0	3.0	1.0	-1.0	-6.0	-11.0	-16.0	-21.5
4	5.0	3.0	1.0	-1.5	-3.5	-9.0	-14.5	-20.0	-25.0
6	3.5	1.0	-1.0	-3.5	-6.0	-11.5	-17.5	-23.0	-28.5
8	2.0	-0.5	-3.0	-5.5	-8.0	-14.0	-20.0	-25.5	-31.5
10	0.5	-2.0	-5.0	-7.0	-9.5	-16.0	-22.0	-28.0	-34.5

三、有效温度类型的生物气象指标

建立有效温度类型的生物气象指标的基本思路是:考虑到由于对流、辐射和蒸发等物理过程的综合影响,人体感觉到的热感(冷感)和实际的环境温度有一定的偏差,于是提出一些量化表述这种人体感觉的**有效温度**表达式。不同的研究者提出了不同形式的有效温度类型的生物气象指标。

1. 有效温度

Missenard (1937) 给出如下形式的有效温度定义公式

$$ET = T_a - 0.4(T_a - 10)(1 - \frac{RH}{100}) \tag{17.9}$$

这里 T_a 为气温,单位℃,RH 为相对湿度,单位%。这样定义的有效温度表征了温度和湿度的综合影响。表达式中没有风速因子,可以理解为它只适用于某种平均风速情况。

ET 值与气温有明显的差异。在非常干旱的条件下,ET比气温可低10℃以上。由于空气湿度对ET值的影响,在气温低于10℃时,干空气中比湿空气中体感显著偏暖,而在气温高于10℃时,干空气中的体感显著偏凉。这种差别可从表17.3得到说明。

---

①　1cal = 4.1868J,下同。

表 17.3　ET 值与气温的差异

T_a(℃)	不同 RH(%)时的 ET 值		
	80	50	20
-20	-17.6	-14.0	-10.4
-10	-8.4	-6.0	-3.6
0	0.8	2.0	3.2
10	10.0	10.0	10.0
20	19.0	18.0	16.8
30	28.4	26.0	23.6
40	37.6	34.0	30.4
50	46.8	42.0	37.2

在 ET 值中也可以加上空气运动的影响。据估计,人体高度处的风速约为 10m 高观测风速的三分之二,将开阔地面以上 10m 高的风速必须订正到 1.5m 处的风速,Missenard 又将 ET 值计算公式修改为:

$$ET = 37 - \frac{37 - T_a}{0.68 - 0.0014RH + \dfrac{1}{1.76 + 1.4v^{0.75}}} - 0.29T_a\left(1 - \frac{RH}{100}\right) \tag{17.10}$$

实验表明,采用 6°ET 的级差进行细分与人体实际感觉比较吻合(表 17.4)。大量生物学的和经验性的研究指出,24°ET 是重要的临界值判据。此外,另一个临界值大约是 30°ET。高出这一数值,身体及脑力的承受能力开始显著下降。18°ET 被认为是"最舒适"。"温和"与"凉爽"之间的界线大约为 12°ET。"冷"和"凉"之间的临界值接近 0°ET。"寒冷"大体对应 -12°ET。明显的冻伤温度始于 -30°ET,严重冻伤温度为 -60°ET。

表 17.4　ET 值的级差与人体实际感觉

	严重	
30°ET		热
	中等	
24°ET		
	暖	
18°ET		舒适
	温和	
12°ET		
	凉	
6°ET		凉
	非常凉	
0°ET		
-6°ET		冷
-12°ET		
-18°ET		非常冷
-24°ET		
	开始	
-30°ET		冻伤危险
	增长	

2. 体感温度

类似于有效温度,还有另外一种形式的生物气象指标,即所谓**体感温度**。例如,

1997年吕乍林提出：考虑到气温、空气湿度、风速和辐射是最重要的影响体感温度的热量参数，可用以下表达式建立如下形式的生物气象指数：

$$T_G = T_A + T_R + T_U + T_V \tag{17.11}$$

其中，T_G 为体感温度，T_A 气温，T_R 为辐射作用对体感温度的修正，T_U 为湿度对体感温度的修正，T_V 为风速对体感温度的修正。T_R 由下列经验关系式确定：

$$T_R = 0.42C_A(1 - 0.9M_c)I_A \tag{17.12}$$

其中，C_A 为外衣服热能力，白色外衣为20%，杂色外衣为60%，黑色外衣为90%。M_c 为云量系数，晴天为0.0，少云为0.3，多云为0.7，阴天为1.0；I_A 为辐射增温系数。

四、实用舒适度指标举例

在上述有关思路和成果的基础上，不同的作者根据不同地区的实践经验提出了一些各有特色的舒适度指标，现举例如下。

1. 不适指数

所谓不适指数，是指由于气象因素使人感到不舒适的程度。Tomc 和 Boscno 根据气温在25℃时人体与环境的热交换状况、结合环境的温湿特征，得出了人体不舒适程度与温度、湿度之间的关系：

$$I_b = T_a - O.55(1 - R_h)(T_a - 58) \tag{17.13}$$

式中 T_a 为气温，R_h 为相对湿度(以小数表示)。I_b 称之为不适指数，也称温－湿指数，一般说来，$I_b < 18.9$ 时，可认为是由失热引起的不舒适，I_b 在18.9～25.5之间时大部分人会感到舒适。$I_b > 25.5$ 时也会感觉不舒适，I_b 愈高，表示不适程度愈重。

美国根据有风、无风两种情况使用如下形式的不适指数公式：

无风时：　$I_b = 0.72(T_a + T_w) + 40.6$

有风时：　$I_b = 0.72(T_a + T_w) - 7.2\sqrt{u} + 0.03J + 40.6$

式中 T_a 和 u 的意义同上，T_w 为湿球温度(℃)，J 为日射量(W/m^2)。从式中可以看出，不适指数值随着气温和湿度的增高而增加。

据美国的调查，当不适指数超过70,75,80时，分别有10%,50%,100%的人感到不舒适，但是在相同气象条件下，不同地区、不同民族、不同年龄、不同体质和不同的生活环境，感到不舒适的程度是不一样的。

2. 舒适度指数

上海市气象局根据当地的气候条件分别建立了适用于本地区夏半年和冬半年的人体舒适度指数公式：

夏半年：$I_s = 1.8T_a - 0.145R_h(1.8T_a - 26) + \alpha_1(T_a - 33)\sqrt{u} + 0.134S + 27$

冬半年：$I_s = 1.8T_a - 0.122R_h(1.8T_a - 26) + \alpha_2(T_a - 33)\sqrt{u} + 0.641S + 27$

式中 T_a, R_h, u 的意义同上，S 为日照时数，α_1、α_2 分别为夏半年和冬半年的风向订正系数。其中：

$$\alpha_1 = \begin{cases} -0.14 & (SSE - E - NE) \\ -0.07 & (WNW - N - NNE) \\ 0.07 & (W - Sw - S) \end{cases}$$

$$\alpha_2 = \begin{cases} 0.083 & (\text{偏北风时}) \\ 0.041 & (\text{偏南风时}) \end{cases}$$

北京市气象局参考国外经验，经过研究得出了北京地区的人体舒适度指数公式：

$$I_s = 1.8T_a - 0.55(1 - R_h) + 32 - 3.2\sqrt{u} \tag{17.14}$$

式中 T_a, R_h, u 的意义同上。两地均根据人体感觉把舒适度指数分为 11 级，大致分级情况见表 17.5。

表 17.5　舒适度指数分级和相应的人体感觉

级别	舒适度指数	人体感觉
1	<0	极冷，裸露皮肤冻伤
2	0~25	很冷，极不舒适
3	26~38	冷，不舒适
4	39~50	很凉，大部分人感觉不舒适
5	51~58	凉，少部分人感觉不舒适
6	59~70	感觉舒适
7	71~75	暖，少部分人感觉不舒适
8	76~80	热。大部分人不舒适
9	81~85	炎热，不舒适
10	86~88	暑热.极不舒适
11	≥89	酷热、有中暑可能

五、舒适度的模糊判别

利用热调节，结合经验对舒适度的确定已有不少方法，但各种方法最后结论可能不尽一致。因为在“环境－健康－生产”这样一个大的系统里充满着物理、化学、生理等过程，建立精确的数学模型进行描述是很困难的。从这个意义上考虑，可以认为舒适度是一种模糊量度，其边界不清楚，难以用清晰概念“属于”或“不属于”来表达。因此，如果用模糊(Fuzzy)模型来处理可能更合理。

建立系统 Fuzzy 模型的基本思路是将采集到的精确量测数据进行 Fuzzy 化处理，转化成通过隶属度及 Fuzzy 子集表达的 Fuzzy 量。这样，便将原通过精确输入、输出数据对描述的系统输入、输出之间的内在联系(精确数学模型)转换成一种相应的由条件语句 if(输入语句变量 Fuzzy 子集)then(输出语言变量 Fuzzy 子集)表述的 Fuzzy 关系，这便是系统的 Fuzzy 模型。

1992 年石风云和张青艳利用美国学者 L. A. Zadeh 提出的模糊集概念，建立了成都市夏季舒适度的用模糊评判方法。为了评判成都市城市发展对居民夏季舒适度的影响程度及规律，选用了地处成都市光华村的气象台 1960 ~ 1984 年历年 7 月份的日平均温度、湿度及风速资料。选定因素的论域为：

$$U = \{气温,空气湿度,风速\}$$

评判的论域为：

$$A = \{很舒适,舒适,较舒适,不舒适\}$$

该方法认定气温 24℃，相对湿度 70%，风速 2m/s，是夏季对人体最舒适的小气候条件。据此，对三要素分别建立隶属函数方程：

$$\mu_t = \begin{cases} 1 & t = 24.0℃ \\ \dfrac{1}{[1 + a(t - 24)]^2} & t \neq 24.0℃ \end{cases}$$

其中，$a = 0.0476$。

$$\mu_f = \begin{cases} 1 & f = 70\% \\ \dfrac{1}{[1 + b(f - 70)]^2} & f \neq 70\% \end{cases}$$

其中，$b = 0.0038$。

$$\mu_v = \begin{cases} 1 & v = 2\text{m/s} \\ \dfrac{1}{[1 + c(v - 2)]^2} & v \neq 2\text{m/s} \end{cases}$$

其中，$c = 0.5634$。

各因素隶属函数值 μ 的意义对应为：

$\mu \geqslant 0.85$	很舒适
$0.85 > \mu \geqslant 0.75$	舒适
$0.75 > \mu \geqslant 0.60$	较舒适
$0.60 > \mu$	不舒适

从单因素评判入手，建立 U 到 A 的模糊关系 R，R 为单因素评判所组成的矩阵。R 中的每个元素为 U 中各因素诸记录隶属函数对应于 A 中各等级的个数在该因素中所占的百分率。例如，1960 年夏季（7 月）光华村日平均气温属于很舒适、舒适、较舒适和不舒适的次数分别为 20，7，4 和 0，它们在该月气温记录次数（31 次）中所占的比例分别为 0.645，0.226，0.129 和 0，这是 R 中的第一行元素。再对相对湿度和风速同样进行计算，于是得到 1960 年 7 月单因素评判矩阵为：

$$R_{i=60年} = \begin{vmatrix} 0.645 & 0.226 & 0.129 & 0 \\ 0.065 & 0.161 & 0.065 & 0.710 \\ 0.290 & 0.335 & 0.032 & 0.322 \end{vmatrix}$$

同理，可得其它年份的夏季单因素评判矩阵 R_i（$i = 1960, 1961, \cdots, 1984$ 年）。

在考虑小气候条件对人体舒适度的评价中,由于人体对小气候的感觉是多种因素的综合反应,且各因素对人体的舒适感觉来说,它们并非处于同等重要地位,故需作出综合性评判。

设气温、相对湿度和风速三因素的的权重分配为:

$$\Phi = \{0.60, 0.20, 0.20\}$$

则得模糊综合评判指标:

$$B = \Phi \cdot R$$

据此,即可分析在城市发展中各级舒适度指标(很舒适,舒适,较舒适,不舒适)的变化程度及其规律。郭成香等还进一步利用舒适度的模糊综合评判指标 B 对不同地区的舒适度进行了比较。

原则上讲,上述关于气候舒适度的评判方法也可用于对天气舒适度的评判。比之于一般经验方法,用模糊综合评判方法评判舒适度有利于舒适度气象信息服务产品更定量化和客观化。但是,从气象信息服务业务技术角度看,尚需在深化研究的基础上建立统一的舒适度评判基本标准。

纵观上述各种舒适度气象指标可以看出,虽然这些指标的形式有所不同,但是在总体上它们有一些明显的共同之处,即所有这些指标都力图综合表示有关气象因子对人体舒适程度的影响,特别是有关热量收支不同引起的舒适程度差异,但是由于这些影响比较复杂,目前还难以用统一的理论表达式反映这种影响。关于舒适度气象指标的开发研究工作还有待进一步深化,更有理论依据、更客观定量的统一指标还有待于在深化研究的基础上进一步建立。

尽管如此,这些指数对提高有关舒适程度气象信息服务的质量有明显的作用,因为对于关心舒适程度的广大公众来说,这类指数形式的综合预报信息比传统的基本气象要素信息具有更强的针对性。气象信息服务专业化的任务就是要不断探索气象对各类具体用户的制约关系并在此基础上开发出能够实时制作和服务的专业化气象服务信息产品的制作方法。全方位提高气象信息服务质量需要对公众提高生活质量有关的其他气象服务信息产品也都像开发舒适度指数那样分别下一番专业化功夫。

第三节　公众气象服务产品的制作实例之二
——旅游气象服务产品制作问题

随着人民生活水平的提高,旅游已成为休闲生活中的重要内容。旅游作为享受生活的一种方式,要求服务者提供优质的服务。气象是影响旅游质量的重要因素,随着人们对生活质量的要求不断提高,对旅游气象服务也提出了越来越高的要求,这就要求气象服务实体进一步提高旅游气象服务专业化水平。

一、旅游气象服务的专业化问题

用气象控制论的观点分析近年来日益增长的公众对旅游气象服务的需求，可以将旅游气象服务专业化的主要任务概括如下：

1. 气象服务信息的定量化、定时化和定点化

旅游都有具体的路线和目的地，为了旅途舒适，需要确切掌握旅游点气象条件。一般公众气象预报所提供的气象要素预报的分辨率显然还达不到具体定点到旅游点的程度。这就要求用专门的方法制作分辨率比一般公众预报更高的旅游气象预报。为此，有条件的的旅游点还需要设置专门的气象观测站点，以便在大尺度预报的基础上做出更准确的旅游天气预报服务。即使没有建立长期观测站点的条件，也应在对比观测基础上建立订正预报方法。

2. 敏感天气事件预报概率化

旅游大部分是在露天条件下的活动，刮风下雨会给旅游带来不便，特别是一些灾害性天气会给旅游造成严重的影响。因此需要更精确的旅游敏感天气事件预报。概率预报可以让用户更具体了解所预报事件的发生的可能性，以便准备必要的调控手段。然而大尺度预报往往使预报事件的概率平均化，所以专业化的旅游气象服务需要专门研制旅游点特定条件下敏感天气事件概率预报方法。另外，对于某些属于旅游特色的气象景观的出现概率预报更需专门研制方法。

例如，由于黄山的特殊地形、地貌，上黄山观日出、日落、雾凇、云海等特色气象景观已成为黄山旅游的重要内容。黄山气象管理处为适应游客的需要，组织“黄山旅游气象景观概率预报”课题组，将数值预报产品和黄山本站气象要素相结合，在 MOS 预报的基础上分别建立了各种特色气象景观概率预报方法，明显提高了黄山旅游气象服务质量。

3. 突出旅游的舒适度

旅游时是否有舒适的气象环境，这已是旅游者普遍关注的问题。从气象控制论观点看，旅游气象环境的优选是旅游气象调控的重要的手段。作为休闲活动，在多数情况下，旅游地点都有一定的可选择性，在决策选择旅游点时舒适度已成为重要因素之一。如果气象服务实体能够同时提供各旅游点的舒适度，将为公众选择旅游点提供重要依据。有关文献提出用模糊评判方法建立气候舒适度统一评判的客观方法，并在此基础上制作出四川省夏季气候舒适度分布图。正如上一节所阐述的，舒适度的研究已取得了丰富的成果，如果能按统一的舒适度基本评判标准制作更大范围的舒适度分布图，不仅提供气侯舒适度而且根据中短期天气预报进一步提供天气舒适度分布图，将进一步提高旅游气象服务专业化水平。

旅游气象服务专业化还可以进一步拓宽思路，将气象信息服务和其他相关信息有机结合，提供系统的旅游优选咨询服务。下面我们运用层次分析方法建立一个将气象

舒适度作为重要因素的旅游点选择方法，作为举例来进一步说明这种思路。

二、旅游点选择咨询服务产品制作方法举例

作为休闲的一种生活方式，公众在外出旅游前，首先考虑的问题是选择到何处去最合适，所以旅游点选择应当是有价值的咨询项目。旅游点选择需要考虑的因素很多。除了景色、费用、旅途条件、餐饮、居住条件等比较稳定的因素外，旅游沿途的气象环境则是有较大不确定性的重要影响因素。上述各种因素在总目标中各占多大的比重，需要根据不同旅游点的具体条件，综合分析后作出判别，最后得出不同旅游点在总目标中所占比重，比重最大的即为首选旅游点。具体办法可以采用层次分析方法。

层次分析方法是 T.L.saaty 等人在 70 年代初提出并得到广泛应用的方法。层次分析是对复杂问题作出决策的一种简易的方法，它特别适用于那些难以完全用定量方法进行分析的复杂问题。

一些技术工作者认为，研究自然和社会现象主要有机理分析和统计分析两种方法。前者用经典的数学工具分析现象的因果关系；后者以随机数学为工具，通过大量观测数据寻求统计规律。近年来发展起来的第三种方法称为系统分析。层次分析就是系统分析的数学工具之一，它是一种定量和定性分析相结合的方法。它把人的思维过程层次化、数量化，并用数学方法为分析、决策、预报和控制提供定量的依据。

假设一个旅游咨询服务方案所提供的可供选择的旅游点为：C_1, C_2, C_3，方案选择主要考虑的因素是：气象环境舒适度（G）；旅游点景色（I）；旅游费用（S）。选择的思路是根据 C_1, C_2, C_3 对 G, I, S 作用的大小，再根据 G, I, S 对选择目标（M）重要性（权）的大小，决定对 C_1, C_2, C_3 的份额（重要性）大小。其步骤如下：

1. 建立层次关系图

预选对象旅游点 C_1, C_2, C_3 和 G, I, S 与目标 M 的关系图称之为层次关系图，如图 17.1 所示。层次图中的最高层次上只一个顶点（M），称为目标层，G, I, S 处于中间层，中间层未必仅一层；C_1, C_2, C_3 所处的层次称为基层，也称为方案层。有向边的指向为自下而上，每条有向边的头对其尾有控制、支配或要求的关系。

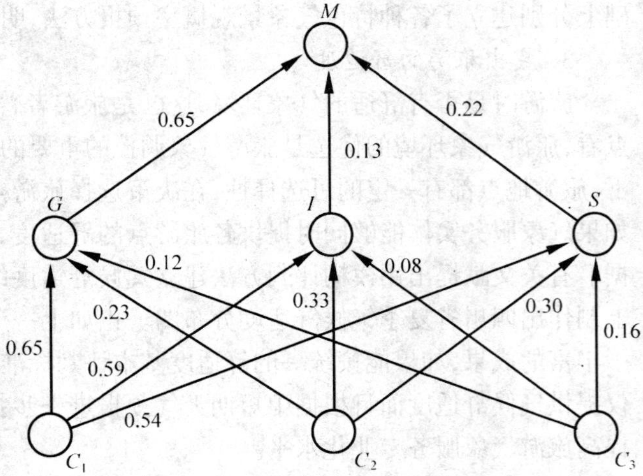

图 17.1　层次关系图

2. 对层次图各边加权

①根据 G,I,S 对于 M 的重要性建立比分矩阵。在本例中，气象舒适度、景观景色和费用的相对权重显然因人而易，所以这种关系需由游客自主选定。作为举例，这里不妨假设该比分矩阵为：

$$A(M)=\begin{array}{c|ccc|}
 & G & I & S \\ \hline
G & 1 & 5 & 3 \\
I & 1/5 & 1 & 3/5 \\
S & 1/3 & 5/3 & 1
\end{array}$$

求得 $A(M)$ 的主特征向量为$(0.65,0.13,0.22)^T$，边 GM,IM 与 SM 的权分别为 0.65，0.13，0.22。

②根据 C_1,C_2,C_3 对 G 的重要性确定比分矩阵。作为举例，这里假设该比分矩阵为：

$$A(G)=\begin{array}{c|ccc|}
 & C_1 & C_2 & C_3 \\ \hline
C_1 & 1 & 3 & 5 \\
C_2 & 1/3 & 1 & 2 \\
C_3 & 1/5 & 1/2 & 1
\end{array}$$

求得 $A(G)$ 的主特征向量为$(0.65,0.23,0.12)^T$，边 C_1G,C_2G,C_3G 的权分别为 0.65，0.23，0.12。

③确定 C_1,C_2,C_3 对 I 的重要性的比分矩阵。假设该比分矩阵为：

$$A(I)=\begin{array}{c|ccc|}
 & C_1 & C_2 & C_3 \\ \hline
C_1 & 1 & 2 & 7 \\
C_2 & 1/2 & 1 & 5 \\
C_3 & 1/7 & 1/5 & 1
\end{array}$$

求得 $A(I)$ 的主特征向量为$(0.59,0.33,0.08)^T$，边 C_1G,C_2G,C_3G 的权分别为 0.59，0.33，0.08。

④确定 C_1,C_2,C_3 对 S 的重要性的比分矩阵。假设该比分矩阵为：

$$A(S)=\begin{array}{c|ccc|}
 & C_1 & C_2 & C_3 \\ \hline
C_1 & 1 & 2 & 3 \\
C_2 & 1/2 & 1 & 2 \\
C_3 & 1/3 & 1/2 & 1
\end{array}$$

求得 $A(S)$ 的主特征向量为$(0.54,0.30,0.16)^T$，边 C_1S,C_2S,C_3S 的权分别为 0.54，0.30，0.16。

3. 计算从每个基层点到目标层顶所有有向边上权之积的和

$$\sum_{C_1} = 0.65 \times 0.65 + 0.59 \times 0.13 + 0.54 \times 0.22 = 0.62$$

$$\sum_{C_2} = 0.23 \times 0.65 + 0.33 \times 0.13 + 0.30 \times 0.22 = 0.26$$

$$\sum_{C_3} = 0.12 \times 0.65 + 0.08 \times 0.13 + 0.16 \times 0.22 = 0.12$$

即该旅游点选择方案的重要性优选结论为：C_1 为 62%，C_2 为 26%，C_3 为 12%。

4. 验证矩阵的倒对称相容性

层次分析方法要求比分矩阵

$$A = (a_{ij})n \times n$$

应满足

$$a_{ij} > 0 \qquad a_{ji} = \frac{1}{a_{ij}} \qquad a_{ii} = 1 \tag{17.15}$$

$$a_{ij} \cdot a_{jk} = a_{ik} \tag{17.16}$$

但是，比分矩阵是由两两相比得出的，由于事物的复杂性和两两相比时人的主观性，可能得出不完全满足(17.15)和(17.16)式的比分矩阵条件。例如出现甲∶乙＝2∶1，乙∶丙＝2∶1，而丙∶甲＝2∶1 的现象，与(17.16)式的传递性相违。问题是当得出的比分矩阵不满足(17.15)与(17.16)式时，由它求得的排序权重是否还能反映各评比对象的重要性之大小。

比分矩阵对角线上元素皆是 1，其它元素以主对角线为对称轴，在对称点上的一对元素互为倒数，各元素皆正，且满足传递性条件(17.16)式，具有这些性质的矩阵叫做**倒对称相容矩阵**。可以证明，矩阵为倒对称相容矩阵的充要条件是最大特征值 $\max = n$，而对于任何(未必满足传递性(17.16)式)倒对称矩阵，$\max \geqslant n$，由此，引入一个量

$$CI = \frac{\lambda_{\max} - n}{n - 1} \geqslant 0 \tag{17.17}$$

式中 CI 叫做相容指数，CI 越大越不好，倒对称矩阵的相容指数为 0 时最相容。在应用中还常用另一个指标来衡量相容性，令

$$CR = \frac{CI}{RI} \tag{17.18}$$

称 CR 为倒对称矩阵的相容比，其中 RI 是随机生成的倒对称矩阵的 CI 值的平均数，CR 越小越相容。

矩阵阶数	1	2	3	4	5	6	7	8
RI 值	0.00	0.00	0.58	0.90	1.12	1.24	1.32	1.41
矩阵阶数	9	10	11	12	13	14	15	
RI 值	1.45	1.49	1.51	1.54	1.56	1.57	1.59	

经验表明，$CR < 0.10$ 时，可认为是近似相容的，$CR \geqslant 0.10$ 时，需对比分矩阵进行修正。

在求 CR 值时，需要计算 CI，而 CI 中需要 $\lambda_{\max}$，对于阶数大的矩阵，求 $\lambda_{\max}$ 比较麻烦，下面给出 $\lambda_{\max}$ 的近似公式：

$$\lambda_{\max} \approx \frac{1}{n}\sum \frac{AW_i}{w_i} \qquad i = 1,\cdots,n \tag{17.19}$$

其中，$AW_i = \sum(a_{ij}w_j, j = 1,\cdots,n$，$W_i$ 是特征向量 W 的第 i 分量。

由上述简例可见，只要已知各比分矩阵，即可启动标准化的层次分析程序计算出各基层点到目标层顶的所有有向边上权之积的和，由此即可得出旅游点选择的结论。

有了层次分析程序，比分矩阵的确定成了建立可业务化运行的旅游点选择方案的关键。建立比分矩阵的方法可以根据实际情况确定，可以用经验方法、统计方法等等，在资料不完全的情况下还可以用第一编讲到的软科学研究中常用的德尔菲方法来确定。在各种旅游点选择影响因素中，不确定性最大的是天气舒适度，因此需要专门研究建立旅游点天气条件对气象舒适度的比分矩阵的影响。本章第二节介绍的一些关于建立舒适度的方法可以参考选用。

参考文献

[1] 王淑静等，气象信息服务专业化问题，全国气象服务学术研讨会文集，气象出版社，2000。

[2] Allan H. Murphy, Forecasters and probability forecasts: the responses to a questionaire, *Bulletin of American Meteorological Society*, **52**(3), 1971.

[3] Allan H. Murphy, Forecasters and probability forecasts: some current problems, *Bulletin of American Meteorological Society*, **52**(4), 1971.

[4] 张军等，概率天气预报及其应用，气象出版社，1998。

[5] 周兵等，北京降水概率预报业务试验，大气科学，**22**(3)，1998。

[6] 谢定升等，广州的降水概率预报，气象，**24**(1)，1998。

[7] 孙兴池等，夏季省级分区降水概率预报自动化系统，南京气象学院学报，**20**(1)，1997。

[8] Robert L. Winker and Allan H. Murphy, "Good" Probability Assessors, *Journal of Applied Meteorology*, **7**(8), 1968.

[9] Allan H. Murphy, Ordinal relationships between measures of the "accuracy" and "value" of probability forecasts: preliminary results, *Tellus* XXIV, 6, 1972.

[10] G. Love and A. Downey，澳大利亚中部地区灌木火灾预报，新疆气象，11，1989。

[11] 张书余等，气象与城市火灾及预报方法研究，气象，**25**(10)，1999。

[12] 陈正洪等，武汉市火险天气等级标准初探，应用气象学报，**9**(3)1998。

[13] 段欲晓等摘译，美国国家天气局发布的紫外线指数预报，北京气象，2，1998。

[14] 张书余，医疗气象预报基础，气象出版社，1999。

[15] 杨青等，紫外线强度的计算及预报方法研究，新疆气象，**23**(1)，2000。

[16] 杨贤为等,消化性溃疡病的医学气象研究,应用气象学报,**9**(3),1998。
[17] 杨贤为等,北京地区脑卒中发病率的气象条件研究,气象,**24**(9),1998。
[18] 朱瑞兆,应用气候手册,气象出版社,1991。
[19] G. Hentschel,大尺度和局地尺度的人类生物气象学气候分类,应用气象译文集,气象出版社,1990。
[20] 杨青,生物气象指数预报,新疆气象,**22**(5),1999。
[21] 屠楒等,牧业气象学,气象出版社,1992。
[22] 石凤云等,成都市居民夏季舒适度的评判及分析,成都气象学院学报,2,1992。
[23] 郭成香等,四川省夏季气候舒适度的探讨,成都气象学院学报,3,1997。
[24] 姜启源,数学模型,高等教育出版社,1987。
[25] 王树禾,数学模型基础,中国科学技术大学出版社,1996。

第十八章　专用气象服务产品制作方法举例

专用气象服务是指为特定用户提供的有专门用途的气象信息服务。显然，专用气象服务方法涉及非常广泛的各经济部门的工程技术问题。本章旨在通过若干实例的分析，说明专用气象服务产品制作的思路和基本方法。

第一节　专用气象服务产品制作方法概述

本节介绍的专用气象服务产品制作方法，就是把本书前面讲述的气象服务学方法论以及气象信息服务专业化、气象信息服务产品制作方法等内容针对专用气象服务产品制作问题加以更具体化的介绍。

一、针对用户的特定需求，找出特定的气象服务指标

随着科学技术和生产的发展，专业化程度越来越高，分工越来越细。各行各业甚至同一行业中不同的生产实体，由于具体条件的差别，都可能有特定的气象问题。只有当气象服务有明确的专业针对性时，才能满足用户的需求，产生理想的服务效果。因此，现代化的气象服务首先应是专业化的气象服务。专业化的气象服务首先要求提供专业化的服务产品。所谓专业化的气象服务产品是根据用户特定的需求专门为之制作的产品，是具有专业针对性的产品。为了制作出这样的产品，首先要针对用户的特定需求，找出特定的气象服务指标。下面看两个具体例子。

上海市气象科学研究所吴达铭、王晨稀和上海市中心气象台，通过调查找出了上海地区交通运输行业在成雾天气情况下对水、陆不同交通工具制定出对水平能见度（下称能见度）V 的特定需求情况的定量服务指标①。

陆上交通：

公交车辆：能见度在 100m 或以下实行减速，50m 或以下停驶；

货运车辆：能见度在 200m 或以下实行减速，50m 或以下停驶；

高速车辆或高架桥（路）车辆：能见度在 200m 或以下实行减速，50m 或以下停驶；

铁道运输车辆：能见度在 300m 或以下改雾天航速，50m 或以下停驶。

水上交通（黄浦江）

---

① 吴达铭、王晨稀，上海市成雾概率统计释用预报方案，雾的预报技术专题交流会技术文件汇集，1999。

对面渡：能见度在 200m 或以下有严重影响，100m 或以下停航；

航　行：200 吨以下：逆水航行时能见度在 50m 或以下，停航；

顺水航行时能见度在 100m 或以下，停航。

200 吨以上：逆水航行时能见度在 50m 或以下，停航；

顺水航行时能见度在 200m 或以下，停航。

北京市气象台方玉玲、刘凤辉、宋月梅等也曾给出过北京地区类似的定量服务指标①。

流域的流量、江河的抗洪能力以及水库的蓄泄规模都与流域或面的平均降水量密切相关。例如，为了使已在运行的葛洲坝水利枢纽发挥更大的经济效益，使已经开工的三峡工程安全施工，葛洲坝水力发电厂提出的三峡区间 4 个等级的暴雨标准是②：①平均降水量 $\bar{R}$ 为 20.0～29.9mm；②平均降水量 $\bar{R}$ 为 30.0～49.9mm；③平均降水量 $\bar{R}$ 为 50.0～79.9mm；④平均降水量 $\bar{R}$ 为大于、等于 80.0mm。

二、针对专业化指标要求，制作专业化的服务产品

为了制作出具有专业针对性的气象服务产品，除要针对各行各业的特定需求，找出特定的气象服务指标外，还要针对专业化指标要求，制作专业化的服务产品。

由上海地区交通运输行业对能见度的特定需求情况看出，能见度小于 200m 的预报结果，是一项非常重要的服务产品。吴达铭与王晨稀③ 给出了制作该项专业化服务产品的方法。制作时间为 16 时 30 分与 3 时 30 分（北京时，下同）。事先做的准备工作是建立一个预报方程：

$$Y = b_0 + \sum_i b_i x_i \tag{18.1}$$

其中 b_0 和 b_i 为利用历史资料求出的常数，x_i 为预报因子。挑选预报因子及建立预报方程的步骤（或工作流程）如图 18.1 所示。能见度小于 V_C（例如 200m）的预报，属于“雾级预报”的内容之一。当 16 时 30 分与 3 时 30 分预报未来有雾时，启用方程(18.1)；当算出的 Y 值超过事先确定的临界值时，预报未来能见度小于 V_C。

如上所述，客观地、简便地计算流域（或面）平均降水量具有重要意义。过去，流域平均降水量的计算方法主要有算术平均法、加权平均法和等雨量线法。其中算术平均法虽然较为简便，但因雨量站往往分布不均，故求得的流域平均降水量准确性较差。加权平均法和等雨量线法虽然比较准确，但不易在计算机上实现。为此，孟遂珍、彭治班、吴宝俊等（1999 年）提出一种较为客观、准确率较高、易于在计算机上实现的方法——逐步订正法（或称格点法）。其基本原理为数学中的迭代法。

① 方玉玲、刘凤辉、宋月梅等，北京城近郊区雾的分析及预报方法，雾的预报技术专题交流会技术文件汇编，1999。
② 中国气象科技咨询中心等，“三峡区间中－短期暴雨预报自动化业务系统”科研课题工作和试验报告，1996。
③ 吴达铭、王晨稀，上海市成雾概率统计释用预报方案，雾的预报技术专题交流会技术文件汇集，1999。

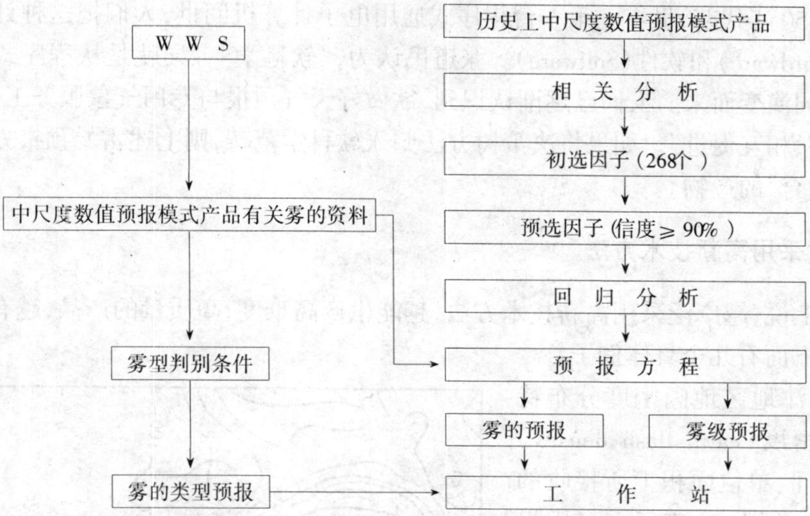

图 18.1　上海市成雾统计释用预报（MOS方法）的工作流程图

流域面雨量预报目前还没有比较成熟的技术与方法，武汉中心气象台在"八五"攻关项目《长江中游防汛重点地域致洪暴雨研究》中，曾对三峡区间面雨量预报作过初步研究，主要成果是：

①应用天气学方法，建立了面雨量≥40mm 的天气学模型并找出了相应的预报判据；

②利月日本降水预报传真图，采用等雨量线法制作三峡区间面雨量预报。

随着数值天气预报技术的发展，经过"九五"几年的努力，现在已经研制出数值预报和以数值预报产品为基础的数值预报产品释用方法方面的面雨量预报方法。数值预报产品释用的方法很多，如客观相似、灰色预测、人工神经网络等。

三、软硬并举，相互促进

决策树（decision tree）方法是以决策树为手段的一种决策方法。其主要特点为使用了决策树图，因而整个决策过程具有直观、简要、清晰等优点。决策树图是运用图论的方法来表达决策过程的一种树形图。自从 Dvorak 于 20 世纪 70 年代中期将决策树方法用于确定热带气旋强度以来，很多人将其用于天气预报和气象服务业务。澳大利亚的 Mills 与 Colquhoun 在 1998 年提出的决策树与数值预报产品相结合用于雷暴预报的方法不失为一个有用的方法。

最近，廖晓农、郭虎、时少英等对上述方法作了介绍①。考虑到雷击、雷暴大风对电网的危害性，上述方法在专用气象服务中也将大有用武之地。

① 廖晓农、郭虎、时少英等，决策树与数值预报产品结合制作雷暴预报，1999 年 8 月。

20世纪50年代初，世界上第一台程序式通用电子计算机问世，人们把这种计算机分成硬件(Hardware)和软件(Software)。张道民认为，"软科学"一词就是从程序式计算机的软件一词演变而来。人们已逐渐认识到，欲做好天气预报与专用气象服务工作，必须"软硬并举，相互促进"。如果将决策树方法归入软科学范畴，则上述雷暴预报方法当属于"软硬结合"的产物。

四、力求采用高新技术方法

从总体上说，越广泛采用高新技术方法，越能生产高难度、高质量的产品，越有利于降低成本。下面看几个具体例子。

例1：天津地区地闪密度分布特征①。地闪密度(earth flash density)是指单位时间、单位面积上所接收的地闪总次数，常用 N_g 表示。可用目测、照相、闪电定位系统、闪电探测网等方法进行观测、记录。图18.2为天津地区负地闪密度分布图，它是根据闪电定位系统记录的大约16万次地闪资料整理而成。由图可见，天津地区地闪活动密集带大致呈带状围绕整个天津地区；北部和东北部远郊县最多，城区和近郊较少。可以想见，假若不利用闪电定位系统，将很难得到图18.2所示结果。

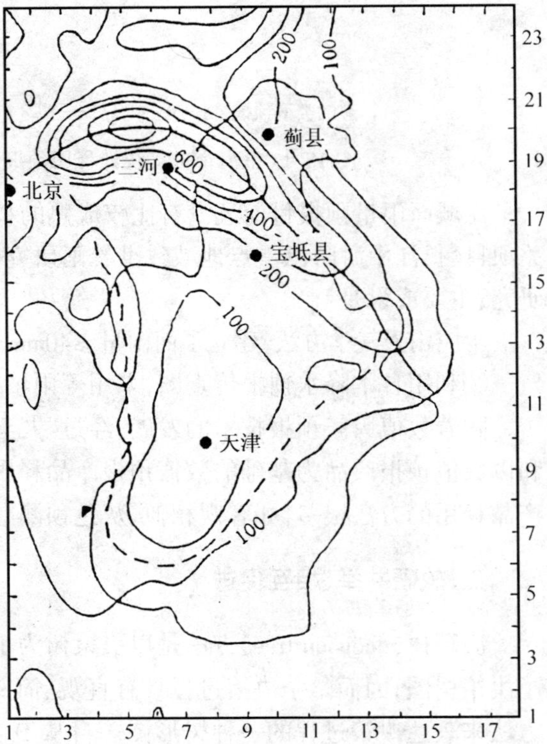

图18.2　1989～1994年天津地区负地闪密度分布图
图框周边数字表示制作客观分析时用的坐标序号

例2：天气雷达在英国高速公路运营中的作用。根据研究结果，雨天公路偶发事故增加70%。雨凇、冻雨等类型的天气，虽然出现得较少，但其出现时导致的交通事故却是令人触目惊心。Symons与Perry指出，天气雷达监测可以改进天气状况的临近预报能力，可以减少某些恶劣天气诱发的交通事故。

① 天津市气象科学研究所、天津市电力局配电部，气象灾害对电力设施的影响及服务研究技术报告，1997年12月。

五、运用统计分析方法，找出气象条件制约用户生产的具体规律

对此，马鹤年、吴宝俊、王淑静曾列举了一个例子：根据某超级市场历史上逐日的雨具销售量和当日的天气要素（如天空状况，雨量等等）的关系及适当的统计分析方法，揭示它们之间关系的统计规律，最终找出具有较高可信度的以基本气象要素为主要预报因子的该商场雨具销量的预报方程。

在这里，再补充一个专用气象服务的例子。为了提供雷暴对电力系统影响的统一标准和客观预测，20 世纪 90 年代初美国的底特律爱迪生公司研究出了一套关于地闪雷暴管理因子的预报算法系统。

地闪雷暴管理因子是指：配电变压器故障，干扰线路命令接收，为了修复雷电引发故障而需要的 2 个线路维修人员工时和 3 个或更多个线路维修人员工时的估计。

预报算法是用 1985、1986 和 1987 年三年风暴季节的地闪数据（约 160 多万个）开发出来的。底特律爱迪生公司对几个回归方程进行测试后发现，多项式回归产生的曲线拟合最好（详见第三节）。

六、应注意采用定量的数学方法

张燕顺以许多生动事例说明，数学与现代社会的联系仍在日益加深，仍在深刻地影响着各门学科（包括社会科学）的研究与发展。正是在这种背景下，1992 年联合国教科文组织在里约热内卢宣布“2000 年是世界数学年”，其目的在于加强数学与社会的联系。里约热内卢宣言指出：“纯粹数学与应用数学是理解世界及其发展的一把主要钥匙”。

现代科学越来越注重利用数学这把钥匙，即采用定量的数学方法，以准确地揭示事物发展的规律，并进而对事物的发展做出定量的预测。作为发展方向，专用气象服务也应力求应用各种适用的数学方法。这也是气象服务学进一步发展成熟的标志。气象服务涉及的问题更应利用气象科技已在定量化上达到较高水平的优势，努力索求各种适用的数学方法，使气象服务学研究更深入。下面举例说明。

冬季，当风吹到因结（积）冰而变为非圆断面的输电导线时，将产生一定的空气动力，在一定的条件下，会诱发导线产生一种低频（约为 0.1～3Hz）、大振幅（约为导线直径的 5～300 倍）的自激振动。由于这种振动上下翻飞，形如龙舞，俗称舞动。研究表明，舞动的形成取决于三方面的因素：①结（积）冰的多少与形状；②风（包括风向与风速）的激励；③线路结构与参数。由于这些因素的千变万化，因此，在实际工程中所发生的舞动是非常复杂的。

自 20 世纪 30 年代至今，对于输电导线舞动的研究已进行了 60 多年，虽然取得了一些成果，但根本解决这个问题还需要做大量的工作。其中，最为紧迫而又相当困难的工作便是对舞动过程的准确的数学描述。而这个数学描述的困难之处又在于舞动过程

及冰激励的非线性以及冰风条件的随机性。我国郭应龙由于注意采用定量的数学方法,在该领域取得了可喜的成果(详见文献[11])。

马鹤年与沈国权在“加强气象服务理论和方法研究,为知识经济发展做贡献”一文中提出了加强气象服务理论和方法研究的设想:建议组织力量加快发展作为气象事业“立业之本”的气象服务业相适应的“气象服务学”,为知识经济发展做贡献。

为了推动这方面的研究,显然有大量的工作要做。然而为了事半功倍,需要首先研究一个带共性和基础性的问题,这就是研究气象服务学的方法论问题。

由于气象服务学还处在发展初期,气象服务学的方法论问题也只能在研究实践中不断发展完善,不可能在初期就预先设定。但是,为了发展气象服务学的需要,总是要先开个头。本书第一编第一章、第二编第十四、十五章在学习和借鉴其他学科方法论的基础上,针对气象服务的特殊性,提出了气象服务学方法论的初步设想。不难看出,本节内容是针对专用气象服务产品制作问题对上述一些内容给出的具体实例。

第二节　电线结(积)冰专用气象服务
——电线结(积)冰时变模式

从20世纪80年代到现在,虽然已经提出了许多电线结(积)冰模式,但考虑到Makkonen时变模式具有“承前启后”的作用,故本节主要讨论该时变模式。

一、建模准备

首先介绍模式中用到的某些术语与知识,作为建模的准备。

电线结(积)冰(electric wire icing 或 ice accretion on electric wire)是指水汽、水滴和(或)雨滴在寒冷或严寒情况下,凝聚粘附在电线上形成的一种冻结物。

引起电线结(积)冰的天气现象有:雨凇、雾凇、湿雪或者它们的混合物。

电线结(积)冰的冰层增长有两种方式:干增长和湿增长。干增长是指:所有撞击到电线、杆塔上的水都产生冻结,没有从其表面流失者;湿增长是指:撞击到冰面上的一部分水会离开冰面。

导线上的覆冰有时是很重的,严重时会超过设计时所规定的上限。假若当导线覆冰时还伴着强风,导线将受到一个激励,将更可能引起导线断折,使金具和绝缘子串破坏,甚至使杆塔损坏。电线结(积)冰引发的电网事故常见有以下几种形式:

①杆塔因覆冰而损坏;

②线路各档距覆冰不均匀引发事故;

③导线覆冰事故;

④绝缘子串覆冰事故。

二、模型假设

在 Makkonen 的时变模式中，用到了以下假设：

①在结(积)冰前及结(积)冰过程中，电线始终是静止的，是轴线呈水平方向的圆柱体；

②风向与电线正交，风速(不等于零)、风向、过冷却水滴含量等诸大气条件为定常的；

③空气中包含的过冷却水滴随气流一起运动，过冷却水滴温度与空气温度相同；

④在结(积)冰过程开始时，电线上没有残留的结(积)冰；

⑤对于结(积)冰增长方式，只考虑干增长与湿增长，不考虑海绵增长；在考虑湿增长时，假设水滴不出现反弹现象；

⑥在讨论电线结(积)冰的热平衡问题时，不考虑短波辐射，不考虑结(积)冰热传导引起的热量损失；

⑦不考虑电线粗细、电场强度、电线原料差别、电线表面粗糙度等因素的影响；

⑧在讨论的电线附近，没有其它电线、树木等的阻挡作用。

读者不难发现，在以上的假设中，不仅大多是与实际不符的理想化情况，而且有的相互矛盾。例如，既然风速不等于零，电线怎能始终静止呢？

众所周知，在建模中总是先将问题简化，按照从简到繁、循序渐进的思路逐步建立一个与实际情况相吻合的数学、物理模型。上面的 8 条建模假设，正说明电线结(积)冰理论尚不成熟，尚等待对该问题感兴趣者去进行探索、研究。

三、电线结(积)冰的时变模式

时变模式是在非时变模式基础上发展起来的，故从非时变模式说起。

1. 电线结(积)冰的非时变模式

根据假设①和②，考虑直径为 φ 的单位长度电线，如图 18.3(a)所示，作与电线垂直的截面，如图 18.3(b)所示。

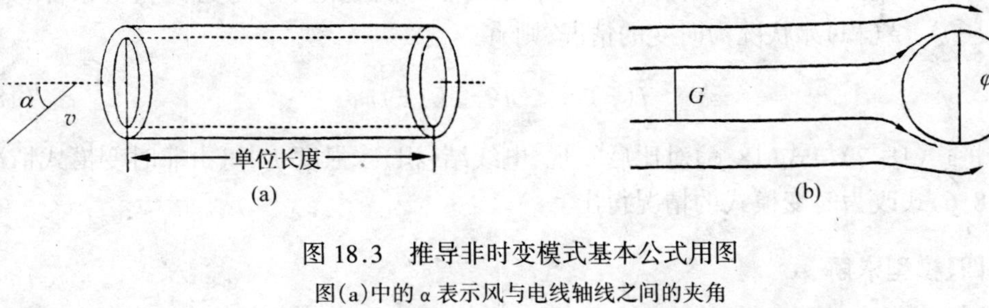

图 18.3　推导非时变模式基本公式用图

图(a)中的 α 表示风与电线轴线之间的夹角

让我们首先把着眼点放于图 18.3 中远离电线的气流。这股气流的截面积是 G,单位体积中的含水量是 w,风速是 v,考虑到空气中过冷却水滴的运动与气流一致(假定③),则在时间由 0 至 τ 的时段内气流输运之含水量的质量 m_1 为:

$$m_1 = \int_0^\tau Gwv\,\mathrm{d}t \tag{18.2}$$

若假定其中液态水遇到电线冻结成冰的百分率为 n,其余的蒸发掉,那么电线上实际结(积) 冰的质量 m_2 为:

$$m_2 = n\int_0^\tau Gwv\,\mathrm{d}t \tag{18.3}$$

如果讨论的着眼点放于电线附近,并考虑到气流速度 v 及含水量 w 未受干扰,那么有可能与电线接触产生结(积) 冰之过冷却含水量的质量 m_3 为:

$$m_3 = \int_0^\tau \varphi wv\,\mathrm{d}t \tag{18.4}$$

令以上各式积分号内各物理量的符号均代表时段 $0 \sim \tau$ 内的平均值,则由式(18.3) 与式(18.4) 得出实际结(积) 冰与可能结(积) 冰质量之比为:

$$\frac{nG\tau wv}{\varphi\tau wv} = n\frac{G}{\varphi} = nE \tag{18.5}$$

式中 E 为碰并效率;它与云雾物理学中的碰并效率类似,差别在于此处的碰撞对象是电线,而不是大水滴。其几何意义是 G 和 φ 之比率。

Makkonen 引入的电线结(积)冰强度 I 系指在电线的迎风面上,单位时间、单位面积电线上增加的电线结(积) 冰量。考虑到单位长度电线迎风面的面积为$\frac{\pi\varphi}{2}$,得:

$$I = \frac{2}{\pi}nEwv \tag{18.6}$$

(18.6)式为非时变情况下电线结(积)冰强度 I 的表达式。

2. 电线结(积)冰的时变模式

在时变模式情况下,电线结(积)冰过程中的结(积)冰强度是随时间变化的。这种变化体现在碰并效率 E 及冻结(百分) 率 n 的随时间变化中。考虑到大气条件为定常(假设②)、结(积)冰状况为时变的情况,则有:

$$I(\tau) = \frac{2}{\pi}n(\tau)E(\tau)vw \tag{18.7}$$

将式(18.7)与式(18.6)对比后发现,电线结(积)冰强度 I ,可由非时变模式情况下的(18.6)式改为时变模式的情况得出。

四、模型求解

这里所说的模式求解是指,对电线结(积)冰时变模式求解,它包括:①对于(18.7)

式中碰并效率 E 及冻结(百分)率 n 求解;②找出描写电线结(积)冰的特征量的递推公式及上述诸特征量之间积分的数值算法。上述内容①对时变与非时变模型都适用;内容②只对时变模型才用到。这里仅讨论后者。

1. 积分的时间步长取法

在 τ_i 时刻,单位长度电线上的结(积)冰荷载 M_i 为:

$$M_i = \int_0^{\tau_i} I(\tau)\frac{\pi}{2}D(\tau)\mathrm{d}\tau = vw\int_0^{\tau_i} n(\tau)E(\tau)D(\tau)\mathrm{d}\tau \tag{18.8}$$

其中 D 为电线结(积)冰后的直径(其不同于电线直径 φ),故随时间有变化。结(积)冰荷载 M(单位为 kg/m)的计算是分段进行的。每次时间步长所计算的量有 M,I,D,E,n,ρ 和总的结(积)冰密度 $\bar{\rho}$。时间步长 $\Delta\tau$ 取 10min。用不同的时间步长 $\Delta\tau$ 做的试验表明,模式对 $\Delta\tau$ 的取值不敏感。例如,在典型的结(积)冰条件下,$\Delta\tau$ 取 1h 和取 10min,10h 之后的结果相差不到 3%。

2. 递推公式

M_i 的下标 i 代表时间步长序号,相邻两时序间的 M 有以下关系:

$$M_i = M_{i-1} + I_{i-1}\frac{\pi}{2}D_{i-1}\Delta\tau \tag{18.9}$$

相邻两时序间的结(积)冰直径 D 有以下关系:

$$D_i = \left[\frac{4(M_i - M_{i-1})}{\pi\rho_i} + D_{i-1}^2\right]^{\frac{1}{2}} \tag{18.10}$$

请注意:(18.10)式右端 ρ 的下标 i,不是代表冰,而是代表步长序号。(18.10)式是在以下前提条件下导出的,即电线在结(积)冰过程中,其几何形状始终为圆柱体(假设①)。

五、模拟结果

图 18.4 和图 18.5 是模拟的有关变量随时间演变的一个例子,计算中输入的参量是典型结(积)冰的大气参量。图 18.4 中风速为 20m/s,气温为 −1℃,液水含量为 0.3g/m³,d_m 为 25μm(d_m 代表液态水滴谱的中值体积直径)。模拟的量是结(积)冰荷载 M,结(积)冰直径 D,结(积)冰强度 I,结(积)冰密度 ρ 和平均密度 $\bar{\rho}$。由图 18.5 可见,结(积)冰强度 I 随时间增加而很快减少,特别是在初期。结

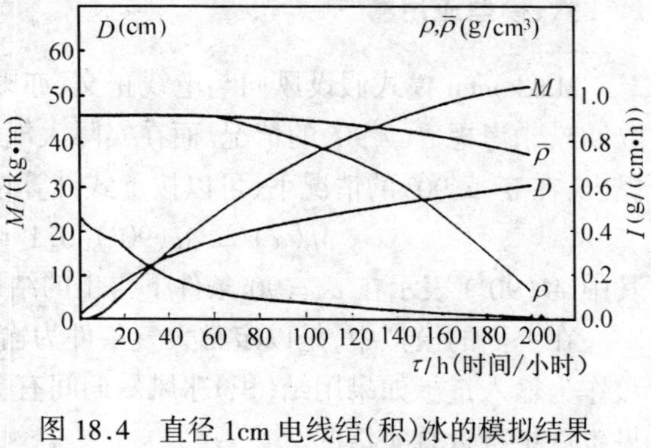

图 18.4　直径 1cm 电线结(积)冰的模拟结果

(积) 冰荷载 M 在开始时稳定增长,然后接近一极限值。从 $\tau = 0$ 到 $\tau = 55h$ 之间,ρ 的减小不明显;自 $\tau = 55h$ 以后,ρ 减小明显。由图 18.5 可见,干增长(即 $n = 100\%$ 的情况) 是从 20h 开始的。在 $\tau = 20h$ 之前冻结(百分) 率 n 持续增加,直到干增长时的 $n = 1$。图 18.5 中风速为 20m/s, 气温为 -1℃, 液水含量为 0.3g/m³, d_m 为 25μm(d_m 代表液态水滴谱的中值体积直径)。模拟的量是冻结(百分) 率 n 和碰并效率 E 随时间的演变。以上结果表明,结(积) 冰过程是随时间变化的,甚至在定常大气条件下结(积) 冰的增长方式也可以发生变化。由湿增长变为干增长时($\tau = 20h$),在图 18.4 中 M 曲线的曲率发生变化。

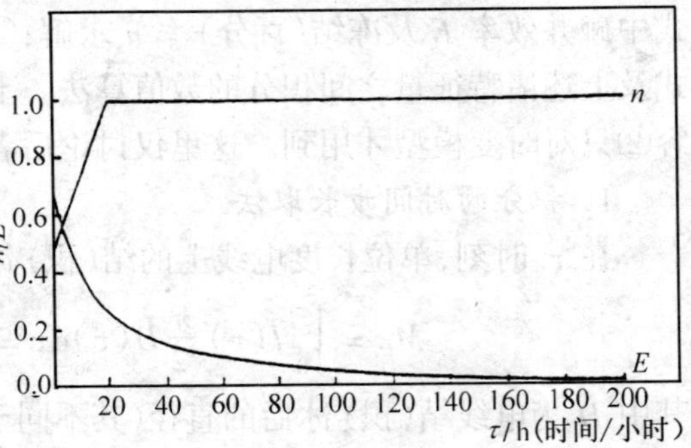

图 18.5　直径 1cm 电线结(积)冰的模拟结果

利用电线结(积)冰时变模式得出的模拟结果,这里不再一一介绍,现将其结论表示如下:

①在干增长情况下,结(积)冰荷载的增长率先随时间增长尔后减少。在湿增长情况下结(积)冰荷载增长率随时间增加;

②在定常大气条件下,结(积)冰过程可从湿增长开始,尔后变为干增长。在达到干增长条件后,结(积)冰密度可以随时间而减少,这会影响结(积)冰荷载的增长率;

③累积结(积)冰荷载与主要大气条件之间的关系强烈地依赖于结(积)冰过程的持续时间;

④气温下降对结(积)冰荷载的增加或减少的影响,取决于其它大气参数及结(积)冰持续时间;

⑤结(积)冰荷载,特别是时间长的结(积)冰荷载,对云雾中的液水滴的滴谱很敏感。

六、模型应用

Makkonen 模式假设风向与电线正交,亦即假设(假设②)风向与电线走向间夹角 α 取 90°,未考虑 $\alpha \neq 90°$ 的情况。而在实际大气中,经常会遇到 $\alpha \neq 90°$ 的情况。Nikiforov 提出,在 $\alpha \neq 90°$ 的情况下,可以按下式计算结(积) 冰荷载 $M(\alpha)$:

$$M(\alpha) = M(90°)[0.1 + 0.9\cos^3(90° - \alpha)] \tag{18.11}$$

其中 $M(90°)$ 表示在 $\alpha = 90°$条件下得出的结果。

在上面的模拟中,是以定常大气条件为输入量。可以想见,也可以用连续变化的参数作为输入量。如果用结(积)冰风暴期间有关大气参量取代定常值输入,那么模拟结果也许更接近真实情况。

犹如数值预报产品释用一样,欲使 Makkonen 时变模式计算出的电线结(积)冰情况(例如 M)更接近真实情况,可以采用模式输出统计方法(model output statisties,简称 MOS)。所谓模式,是指 Makkonen 时变模式,输出是指用结(积)冰期间大气实际参量代入 Makkonen 模式计算的输出结果,统计是指将上述输出结果(大样本)与大气中结(积)冰的实际情况(大样本)进行统计处理找出的统计结果。

可以预料,假若将 MOS 方法与专家系统或人工神经网络相结合,其效果可能优于单单使用 MOS 方法。

Makkonen 时变模式的主要贡献是定性地描述了电线结(积)冰的物理过程,并给出了定量估算和预报方法的概念框架。

广义地说,"电线结(积)冰"的研究对象,不仅包括电线,还包括高耸建筑物和飞行器等的结(积)冰问题,后者的许多文献值得我们借鉴。

正如前面指出过的,当电线结(积)冰与大风相伴时,致灾的可能性更大,这是电线结(积)冰专用气象服务从业人员应当注意的。

关于如何防止结(积)冰导线舞动以及如何对电网防冻融冰,请读者参看文献[11]及[20],本书不作详细介绍。

李军、许源(1999)指出:电线结(积)冰问题是世界上结(积)冰国家普遍关心和亟待解决的难题之一。结(积)冰严重国家如法国、美国、加拿大、日本和英国,在重视野外观测的同时,目前纷纷转入进行实验室研究,创建模型并用于线路设计和安全运行维护。与此同时,为了促进国际技术交流,国际冰雪学会自 1982 年起每 2 年召开 1 次国际性学术讨论,起到了很好的交流、借鉴作用。

我国作为结(积)冰严重国家,在许多方面,诸如防冰、抗冰等领域还存在一些难题;在防冰对策方面,诸如对大面积覆冰、脱冰跳跃、覆冰舞动以及电气设备覆冰绝缘特性等很多方面的研究,还有待加强。

对架设电线的可靠设计标准及其模拟方法,尚需要更多的实际资料验证。

第三节 涉及地闪的电网专用气象服务

雷电引发的电网事故,对电力系统影响很大。考虑到地闪引发之电网事故的重要性,本节将仅仅讨论与其有关的内容。

一、闪电类型与地闪类型

1. 闪电类型

闪电是指大气中的强放电现象;闪电通道急剧膨胀产生的冲击波退化而成的声波,表现为伴随闪电现象发生的隆隆响声,称为雷。

关于闪电的类型,有两种分类方法:一种是以形状分类;一种是以空间位置分类。在形状分类中,可划分为:线状闪电、带状闪电、片状闪电、联珠状闪电和球状闪电;其中线状闪电最常见,研究了解得最多。在空间位置分类中,则可分为云内闪电、云际闪电、晴空闪电和云地闪电。云地闪电简称地闪,俗称落地雷,对人类的关系最密切,是防雷研究的主要对象。

2. 地闪类型(以空间位置分类)

为了说明空间位置分类,先规定雷电流正、负的定义。由于历史的原因,公认为取雷雨云为参考标准:雷电流自云流向地的方向为正,反之为负。照此约定,发生在云中负荷电中心与地物间的闪电称为负地闪,闪电电流为负;发生在云中正荷电中心与地物间的闪电称为正地闪,闪电电流为正。

二、地闪密度及其时空分布

因为地闪是造成雷害事故的主要因素,所以引入地闪密度有非常重要的实际意义。

1. 地闪密度 N_g 与年雷暴日 T_a 的关系

某地区的雷电活动情况可用该地区的年雷暴日或地闪密度来表示。年雷暴日 T_a 是指一年中有雷暴的日数。地闪密度 N_g 与年雷暴日 T_a 的关系受到广泛重视。例如,有人对此提出一个经验关系式:

$$N_g = (0.1 + 0.35\sin\varphi)(0.40 \pm 0.20)T_a \tag{18.12}$$

式中 φ 为纬度。例如若 $\varphi = 45°$,则地闪密度 N_g 约在 $0.068T_a$ 与 $0.21T_a$ 之间。根据多人、多年、多地的观测结果,发现地闪密度 N_g 的变化范围在 $10^{-1} \sim 10^{0}$ 次/$(\mathrm{km}^2 \cdot \mathrm{d})$。

2. 地闪密度 N_g 的空间分布

以天津地区地闪密度分布特征为例说明①。天津地区的分布密度图(图 18.2)表明,天津地区地闪在城区和近郊区较少,远郊县较多。地闪活动密集带大致呈带状围绕整个天津地区。北部和东北部远郊县最多,其中包括三河县、蓟县西南部,宝坻县东北部和宁河县北部。应该指出,近郊区地闪的总次数虽然较少,但强和特强地闪的发生次数却是较多的。

可以想见,地闪密度分布特征,可以作为输电线路选址与设计中的重要依据。

3. 地闪密度 N_g 的时间演变

欲最大限度地减少雷电引发的电网事故,还必须考虑地闪密度的时间演变。

①地闪密度 N_g 的月际变化。由图 18.7 给出的美国 3 个观测站的月地闪密度看出,

① 天津市气象科学研究所、天津市电力局配电部,气象灾害对电力设施的影响及服务研究技术报告,1997 年 12 月。

在佛罗里达州的奥兰多,地闪密度 N_g(每月每 km^2 内的地闪次数),从2月份的0.4变化到7月份的22.8;在德克萨斯州的奥斯汀,这一变化范围是从0.9(1月)至6.8(5月);在北达科他州的大福克斯,从0.003(1月)至6.7(6月)。

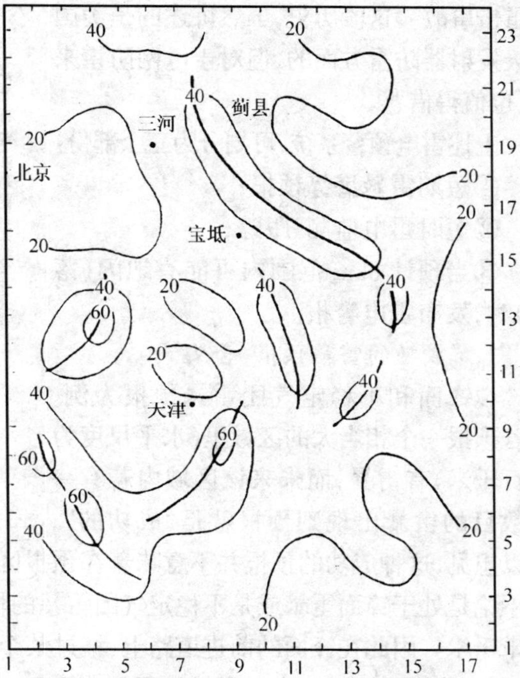

图 18.6 1989~1994 年天津地区强级负地闪密度分布图
图框周边数字表示制作客观分析时用的坐标序号

从图 18.7 可知,在奥兰多只要将易受雷击的工程安排在隆冬而不是在盛夏,就可以把地闪危害缩小到1%。

②雷暴活动的日变化。雷暴活动的日变化,如图 18.8 所示,在当地夏季各月的午后曲线出现尖峰,而在其他季节则较为平滑。

假设我们有一项必须在塔顶上施工的任务,且需要一小时才能完成,那么在佛罗里达州的7月里,根据图 18.8,如果把这任务安排在早上7点半到8点半而不是在下午3点半到4点半,则受雷击的危险性可缩小到1/20。

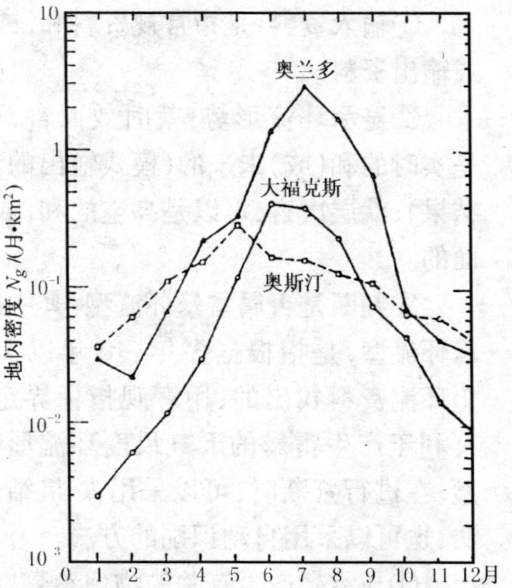

图 18.7 美国3个观测站地闪密度 N_g 的逐月演变

三、雷暴(有无)潜势预报

20世纪70和80年代,美国发生过多次雷击航天发射器事故,损失惨重。尔后,美国肯尼迪(宇宙)空间(研究)中心(KSC)、美国空军、联邦航空管理局(FAA)、美国航空航天局(NASA)、兰利研究中心和新墨西哥理工大学等单位联合进行研究,经过10多年的努力,建立起了闪电监测网和KSC发射场的雷电预警系统,并制定出了严密的管理条例。在之后,就很少再出现设备和人员的雷击事故。这段历史,虽然讲述的是美国航天发射器防雷方面的,但对于电网防雷来说,也值得借鉴。

上述雷电预警系统,可划分为三个部份:

①短期雷暴潜势预报;

②短时雷电监测、跟踪;

③当预计 8km 范围内可能有地闪(落雷)时,发布雷电警报。

1."成功的雷暴预报"含义

以锋面和不稳定气团雷暴预报为例。假若预报一个相当大的区域里(水平尺度为几百千米)有雷暴,而未来该区域内若有一定数目的雷暴出现则预报就是"成功的"。可以想见,这种成功的预报并不意味着在预报区域内的每个地方都将出现雷暴。这是因为不论是处于锋面雷暴或是不稳定气团雷暴的情况下,各雷暴复合体之间的距离都大于几十千米。因此在锋面的前进道路上,移过某个具体地域上空的是雷暴复合体本身还是它们之间的平静空间,在雷暴潜势预报中并不给出,气团雷暴的情况也是如此。

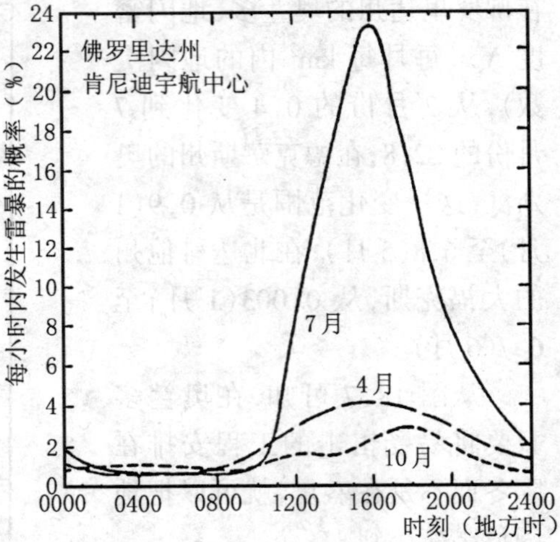

图 18.8　美国肯尼迪宇航中心雷暴活动日变化

2.雷暴潜势(有无)预报流程

以图 18.9 为例:

①输入资料:是指常规资料和(或)模式输出资料。

②显示环流形势:就时效而言,可以是实时的和(或)未来的(模式输出的预报结果);就层次言,可以是高空的和(或)地面的。

③判断是否属雷暴环流型:其中的雷暴环流型,是指根据多年(10 年以上)历史环流资料找出的、用客观指标界定的、有利于产生雷暴的天气尺度环流形势类型;在进行判断时,可以采用人-机结合方法,也可以采用自动识别的方法。

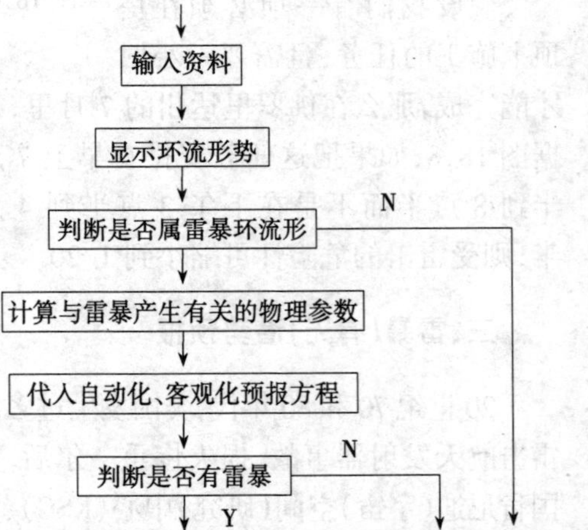

图 18.9　某地区雷暴有无预报流程框图

④与雷暴产生有关的物理参数:从大气能量学的角度看,雷暴的产生是大气静力不稳定能量产生、积聚、释放过程的表现,因此,可将与雷暴产生有关的物理参数划分为三类:表征静力不稳定能量者;表征静力不稳定能量积累机制者;表征静力不稳定能量释

放机制者。

⑤代入自动化、客观化预报方程：该方程可以利用多元非线性回归方法或人工神经网络方法得到。

四、地闪风暴的监测与跟踪

1．一次个例

选取的个例发生在1989年10月14～15日。图18.10表示10月14日2000UTC至10月15日1000UTC时段内24691个地闪回击点的情况。负闪用圆点“·”表示，正闪用“+”号表示。如图所示，地闪风暴（产生地闪的风暴（雷暴））路径是从西北到东南，沿地闪风暴路径的北部边缘几乎只观测到正闪，沿地闪风暴路径的南部边缘几乎完全没有正闪。

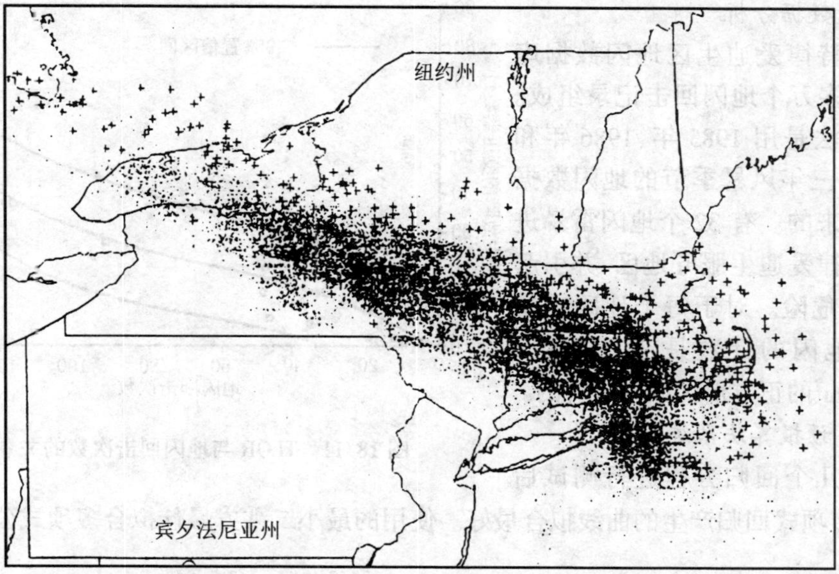

图18.10　1989年10月14日2000至10月15日1000UTC时段内一次强风暴的地闪回击点的情况

2．地闪风暴的监测

闪电探测网络可以用于监视雷暴的发展、演变以及雷电本身的威胁和其它一些与对流活动有关的特殊天气。Holle等人曾经指出：从定向探测器网获得的闪电数据可以应用在日常气象业务的许多方面。对于强风暴短时预报方面的应用包括：

①探测地闪风暴；

②用于告警目的的跟踪地闪风暴；

③了解地闪风暴何时形成、变强或消散；

④在一个较短时段内显示地闪活动的区域和移向、移速。

当制作出雷击潜势预报，根据监测、跟踪判明某地将会发生雷击危害时，如何进行防雷避雷服务呢？请读者参看本书第三编(气象工程服务技术)的有关章节。

五、地闪雷暴管理因子与预报算法系统

为了提供雷暴对电力系统影响的统一标准和客观预测，20 世纪 90 年代初美国的底特律爱迪生公司研究出了一套关于地闪雷暴管理因子的预报算法系统。

1. 地闪雷暴管理因子

底特律爱迪生公司给出了下面几个地闪雷暴管理因子：配电变压器故障(FTRF)，干扰线路命令接收(TLOR)，为了修复雷电引发故障而需要的 2 个线路维修人员的工时(BCRW)和 3 个或更多个线路维修人员的工时(CCRW)。

2. 数据分析

底特律爱迪生区地闪数据库由 160 多万个地闪回击记录组成。预报算法是用 1985 年、1986 年和 1987 年三年风暴季节的地闪数据开发出来的。有 32 个地闪雷暴进入底特律爱迪生服务地区，并引起足够的危险。对于每个地闪雷暴来说，地闪的计数是在 3.048 × 3.048km^{2}的正方形区域内进行的。

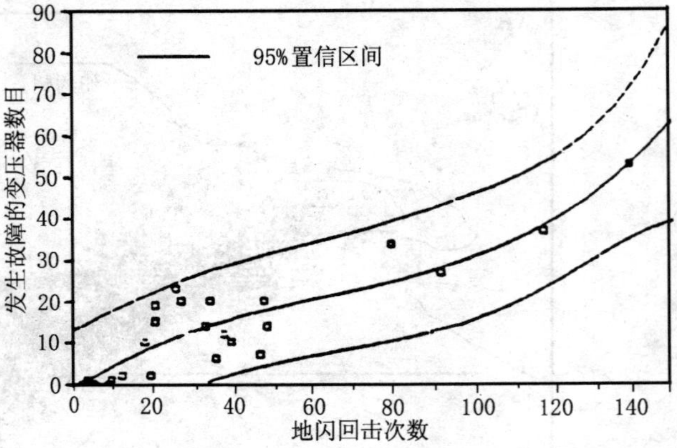

图 18.11　TLOR 与地闪回击次数的关系

3. 预报算法系统

对几个回归方程进行测试后发现，多项式回归产生的曲线拟合最好。使用的最小二乘方最佳拟合多项式公式是：

$$Z = \sum_{i=0}^{p} A_i L_D^i = A_0 + A_1 L_D + A_2 L_D^2 + A_3 L_D^3 + \cdots + A_p L_D^p \qquad (18.12)$$

其中 Z 表示风暴管理因子中的 FTRF 或 TLOR 或 BCRW 或 CCRW；L_D 表示地闪回击次数；$A_0 \sim A_p$ 是由回归分析决定的最小二乘方多项式的系数。

导出的具有 95%可信度的多项式回归方程，可用于每个风暴管理因子。图 18.11 表示发生故障的变压器数目与地闪回击次数的关系。

第四节　涉及雾的高速公路气象服务产品

高速公路因大雾发生的汽车连环撞事故，国内外都屡有发生。因此，高速公路运营

管理部门（“用户”或“高速公路调控中心”），提出了许多与大雾有关的气象服务项目（或题目），希望气象部门（“服务员”）提供相应的气象服务产品。

一、未来会不会因雾影响正常运营？

这里的“未来”，一般为24小时以内，属于短期或短时预报问题。对于用户要求的这项产品，实际上就是雾的有无预报问题，至少有以下三种制作方法：用引进或开发的一个数值预报模式的输出产品制成；以气象台发布的雾的预报为基础，经过进一步加工制成；引进或按照下面介绍的思路研制一个有关的预报方法。

1. 天气形势加指标法

张立祥、周小珊、陆葱葱等在分析辽东半岛雾的概况以及天气形势特点的基础上，进一步分析沈大高速公路沿线的沈阳、辽阳、鞍山、海城、营口、大洼、盖州和熊岳等8个气象站资料后，给出了雾的预报流程框图（图18.12）。

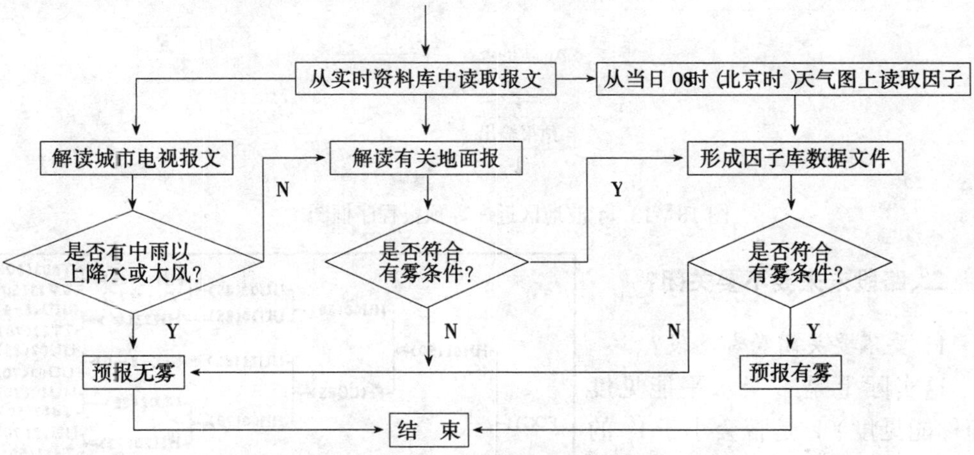

图18.12 辽东半岛雾的有无预报流程图

利用形势加指标法制作雾的有无预报者，还可以举出很多。

2. 相似法

秦慰尊与张家康利用日本FSAS地面24小时数值预报图，建立起逐日格点最佳相似和平均气压场相似两种方案，用于制作宁波地区近海24小时雾的预报，程序框图见图18.13。

3. 模式识别法

重庆雾害组采用模式识别原理，建立起雾的预报规则，制作雾的预报（图18.14）。

应指出的是，当制作解决这个问题的产品时，应当记住以下事实：辐射雾、平流雾、平流-辐射雾等各种雾的成因不同，时空分布特点及预报指标也不同。因此，在制作和应用这类服务产品之前，应当首先辨识未来将出现什么类型的雾。

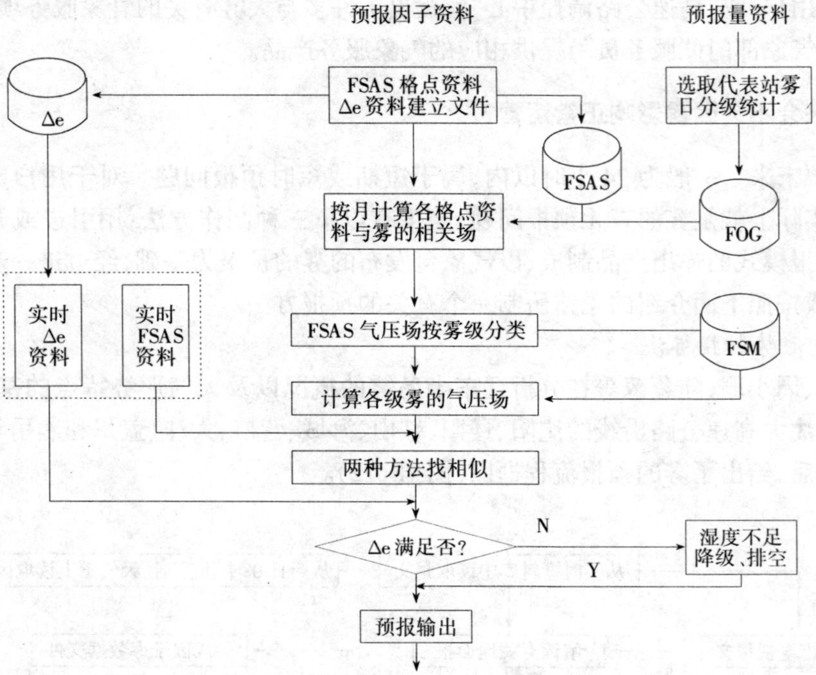

图 18.13　宁波地区近海雾预报程序框图

二、路段未来要不要关闭?

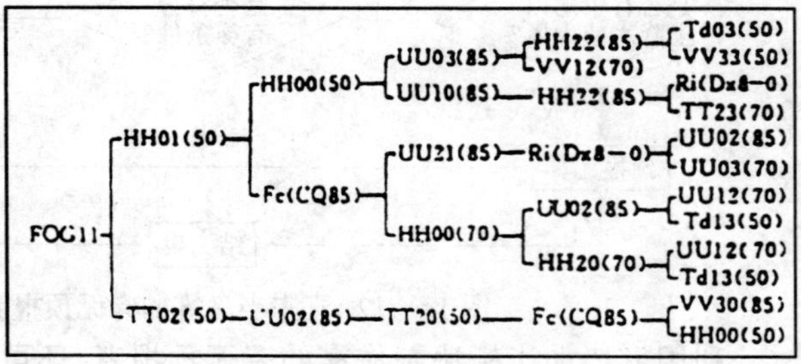

图 18.14　重庆雾预报规则二叉树图举例

11 月高原高脊类

1. 要不要关闭局部路段?

这实际上是一个水平能见度(简称能见度) V 是否会小于 V_c 的短期或短时预报问题。在实际生活中,当能见度小于 150 ~ 100m 时,公路交通便受阻。但是,关于关闭高速公路的能见度临界值 V_c,需请高速公路管理部门(用户)提供或由他们与气象部门(服务员)共同研究确定。

不难想见,在归纳高空与地面形势特征、筛选雾的预报指标以前,在选取大雾个例时,假若仅仅着眼于 $V \leqslant V_c$ 的个例,不妨仍然采用天气形势加指标法作一尝试。

吴达铭与王晨稀(见第一节)给出的制作 $V \leqslant V_c$ 专业化服务产品的方法也可以借鉴(见图 18.1)。

2. 要不要关闭整个路段?

解决这个问题的第一步,是给出在什么情况下关闭整个路段。不言而喻,这也应由用户提供，或由用户和服务员共同研究确定。第二步，研制解决问题的产品。

由于目前介绍这方面的产品的文献尚不多，故下面只能介绍几种设想。

设想 1：文献[28]在制作沈大高速公路的浓雾预报时，选用该路沿线的沈阳等 8 个气象站作参考站，当其中 2 个站出现浓雾或 1 站浓雾与 2 站轻雾同时出现时，作为 1 个雾日，研制出了图 18.12 所示的预报流程。

假若沿用文献[28]的思路，即采用“形势加指标”的方法，但需根据关闭整个路段的条件重新制定“雾日”标准，重新选取个例，重新归纳天气形势特点，重新筛选出预报指标，可以对制作这类产品做一尝试。

设想 2：文献[30]在讨论重庆市的浓雾预报时，以沙坪坝站作为重庆市区的代表站，附近的北碚、江北、壁山、白市驿、江津、巴县、长寿等 7 站为参考站，符合以下条件之一者为雾日：

①沙坪坝能见度 $V \leqslant 0.5$km；

②若 0.5km $<$ 沙坪坝能见度 $V \leqslant 1.0$km 时，则白市驿、北碚能见度 $V < 0.5$km，或参考站中有 2 站以上能见度 $V \leqslant 0.2$km，或 1 站以上能见度 V 为 0.0km。

③江北、壁山、江津、白市驿中有 2 站以上能见度 V 为 0.0km。

假若沿用文献[30]中模式识别方法的思路，重新规定“雾日”标准，可以对制作这类产品做一尝试。

三、何时关闭？何时重新开放？

按照产品制作流程(图 18.16)，只有当制作出“未来需要关闭”的产品后，才需要再制作这类产品。

假若我们能够预报出沿途各站能见度 V 随时间的演变情况(图 18.15，以 1 站为例)，又从高速公路管理部门得到关闭和重新开放高速公路的能见度临界值 V_C，用户提出的这个问题似乎并不难解决。

如图 18.15 所示，若以 t_{01} 和 t_{02} 分别代表$(V - V_c)$从正变到负的时间与从负变到正的时间(假若不考虑预报误差)，则可以想见，关闭时间 t_{close} 与重新开放时间 t_{open} 应为：

$$t_{\text{close}} \approx t_{01} - \Delta t_1 \tag{18.13}$$

$$t_{\text{open}} \approx t_{02} + \Delta t_2 \tag{18.14}$$

其中 Δt_1 与 Δt_2 应由用户给出或由用户与服务员共同研究确定。

图 18.15 中的 t_{01} 与 t_{02}，至少可通过以下途径或思路解决：

1. 相似法

收集历史上出现 $V < V_c$ 的个例，找出 t_{01} 与 t_{02}；当制作预报时，确认历史上最相似的个例，并认为相似个例中的 t_{01} 即预报个例中的 t_{01}，t_{02} 也可用类似办法预报。

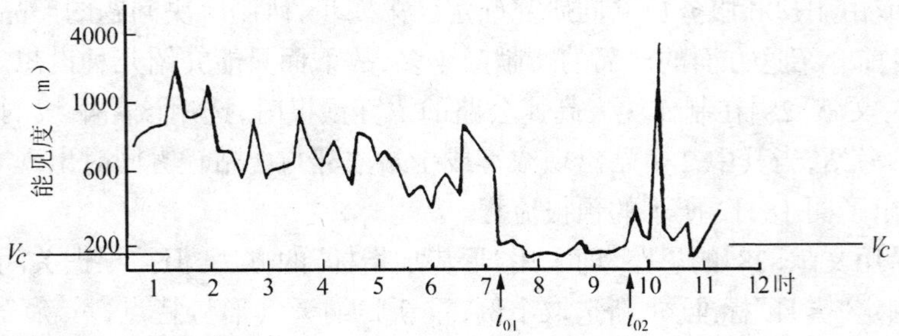

图 18.15　假想预报的某站能见度 V 随时间演变曲线

图中 V_c 为假想，其含义见正文

2. 数值模式法

辐射雾、平流雾、平流-辐射雾的成因不同，时空分布特点也不同。因此，它们使用的模式是不同的。

利用数值模式模拟或预报雾的文献和专著虽然很多，但当将其用于解决"路段未来何时关闭、何时重新开放"的问题时，需注意以下几点：

·假若模式未将能见度 V 作为输出量，应设法将 V 作为输出量；

·在某些文献中液态水含量的单位是 g/m^3，而不是 g/kg。但数值模式或云雾物理中，液态水含量的上述两种表示方法都可遇到；

·借助常用的数值预报产品释用方法，例如 PPM 方法或 MOS 方法，可使模式输出量与预报对象更接近。

3. 数值产品释用法

除上面提及的 PPM 法与 MOS 法外，还有如下一些方法：

①利用模式输出资料进行再(或深)加工。文献[31]中，在制作天气尺度平流雾的预报时，预报雾的因子(参数)是从模式输出的格点资料(GPV)获取的；雾区是从地球静止卫星(GMS)图片获取的，预报方程是利用多元回归分析(MRA)方法给出的。前面提到的文献[29]，也是这方面的例子。

我国 9210 工程投入业务使用后，各级气象台站都有条件对接收到的模式输出资料进行再(或深)加工。

②动力释用法。在文献[32]中，为了改进辐射雾的预报方法，首先通过三维有限区域业务模式提供一个中尺度场强迫产生出夜间边界层，尔后利用动力释用(一维模式)制作雾的预报。

当制作雾的预报产品时，记住以下几点是有益的：

·一般把雾的演变过程划分为 4 个阶段：起雾阶段、发展阶段、成熟阶段和消雾阶段。数值模拟结果表明在雾的发展阶段，雾呈爆发性增长，总液态水含量、总雾滴数的增长速率分别为起雾阶段的 7.6 倍和 17.2 倍。

·很多文献指出,雾(特别是辐射雾)中的液态水含量和液滴数密度都存在着周期为20min左右的准周期振荡现象。

在高速公路运营期间管理部门(用户)要求气象部门(服务员)提供的各类气象服务专业化产品之间的关系,可借助用户所需产品制作流程图(图18.16)示意性地概括如下:

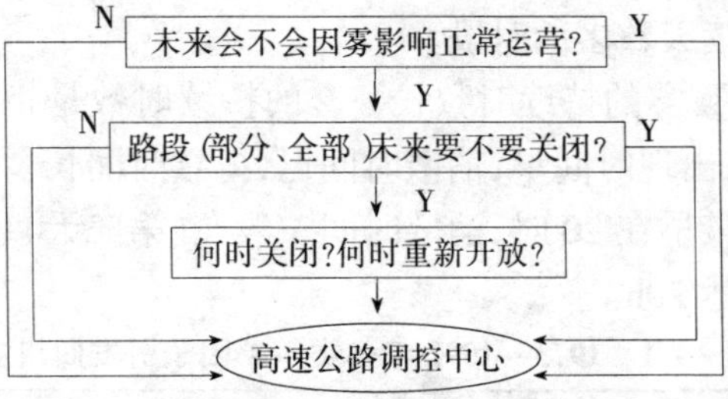

图18.16 高速公路调控中心所需雾产品制作流程图

上述各类产品用到的制作方法,亦即预报方法或思路有:形势加指标法、相似法、模式识别法、数值模式法、数值产品释用法(PPM、MOS、MRA及动力释用)等。

第五节 污(雾)闪专用气象服务

污(雾)闪跳闸事故停电时间长,电量损失大,故电网管理部门(用户)希望气象部门(服务员)能够提供污(雾)闪预报,便于电力部门(用户)积极防治。

一、引发电网污(雾)闪的气象条件

造成电网污(雾)闪跳闸事故的原因虽然较多,但很多文献(包括电网领域的文献)认为,适宜的气象条件,是引发污(雾)闪的因素之一。

1. 引发污(雾)闪的地面气象条件(因子)

用户往往希望知道引发污(雾)闪的地面气象因子有哪些?能否按相对重要性找出主要因子?文献[36]以四川盆地为例解答了上述两个问题(其它地区可能有所不同)。引发四川盆地电网污(雾)闪的地面气象因子有:雾、雾和小雨、小雨、雾和毛毛雨、毛毛雨、雨夹雪以及其它等7类。由表18.1看出:

①由雾、雾和小雨、雨、雾和毛毛雨、雨夹雪以及其它类地面气象因子引发全盆地电网污(雾)闪的相对频率f分别为:58%、20%、9%、3%、1%、8%。其中雾、雾和小雨、雾和毛毛雨3类引发污(雾)闪的相对频率f高达81%。

②虽然各类气象因子引发各地市电网污(雾)闪相对频率f的差异较大,但雾、雾和雨、雾和毛毛雨引发者仍大于、等于50%,其中成都、达川、内江、泸州、宜宾为100%。

由上可见,可以把"雾"作为引发污(雾)闪的主要因子。这里的"雾",实际上包括雾、雾和小雨、雾和毛毛雨。引发污(雾)闪的雾与一般的雾相比,它有以下3个特点:

①水平能见度特低、液态水含量特多。根据定时气象观测记录,有污(雾)闪时的水平能见度(简称能见度)V为0.0~0.7km,实地观测最小值为V_{min} < 5m。液态水含量

没有直接的观测资料,但利用雾与能见度的关系式可以推知。

②雾日持续天数多。当某一天中有雾出现时,称为雾日。电网污(雾)闪发生在雾日持续天数多的时段。

③ 雾的持续时数长。雾的持续时数是指从它形成到消散的时数。引发污(雾)闪的雾,出现时间早,消散时间迟,持续时间长。据统计,出现时间一般在23时左右(前一天),最早在20时;消散时间一般在(第二天)13时,最晚在18时;持续时数一般为14h,最长达20h。

表18.1　1973~1992年各类气象因子引发四川盆地各地市电网污(雾)闪的相对频率 f(%)

地市	雾	雾和小雨	雨	雾和毛毛雨	毛毛雨	雨夹雪	其它	雾、雾和小雨、雾和毛毛雨
成都	76	20	0	4	0	0	0	100
达川	83	17	0	0	0	0	0	100
内江	67	0	0	33	0	0	0	100
泸州	100	0	0	0	0	0	0	100
宜宾	43	14	0	43	0	0	0	100
自贡	50	0	33	17	0	0	0	67
南充	67	0	33	0	0	0	0	67
乐山	67	0	0	0	0	11	11	67
德阳	64	0	32	0	0	0	5	64
绵阳	40	30	0	0	10	0	20	70
广元	50	0	0	0	50	0	0	50
重庆	41	37	8	0	0	0	14	78
全盆地	58	20	9	3	1	1	8	81

2. 引发污(雾)闪的温度层结条件

当逆温出现时,底层大气温度层结稳定,使接近地面的水汽和污秽物不易向上扩散,造成近地层既有丰富水汽,又有可充当凝结核的污秽物,容易发生污(雾)闪事故。对呼和浩特1981~1995年积污期每日08时、20时(北京时)原始探空曲线上地面至离地1000m高度的逆温(包括等温)资料进行统计后发现,该地区15年间积污期逆温出现频率达74.2%;08时逆温出现频率比20时多25%左右;逆温层厚度为100~400m。

3. 出现污(雾)闪的前期气象条件

连续无降水日数的长短,对污(雾)闪现象影响也较大。连续无降水日数长,使绝缘子上污秽物长时间得不到自然清洗,积污加重,这时如果空气湿度突然增加,极易造成污(雾)闪。以内蒙呼和浩特地区为例,用1981~1995年的资料统计表明,在积污期(10~4月)内,最长连续无降水日数平均为38.1天。

二、污(雾)闪潜势预报

下面我们将剖析与设想:制作该项产品遇到的困难;假若必须制作的话,制作的思路和流程将是怎样的。

1. 制作污(雾)闪预报遇到的困难

①污(雾)闪是一种小概率事件。小概率事件一词,在从事天气预报及气象服务的人员中虽颇为流行,但却很难找到具体界定标准。在文献[38]中,按事物发生可能性分为5类:

·极可能发生,概率在90%以上;

·相当可能发生,概率为75%左右;

·可能、不可能发生机会均等,概率为50%左右;

·不太可能发生,概率为25%左右;

·发生的可能性极小,概率小于9%。

这里所说有小概率事件,即指概率小于9%的事件。

由表18.2看出,对于四川盆地而言(其它地区有可能也类似),既便是污(雾)闪发生最多的1月份,其出现概率也小于9%,属于小概率事件。

表18.2　四川盆地污(雾)闪各月发生概率

月　份	1	2	3	4	5	6	7	8	9	10	11	12
污(雾)闪发生概率	5.8	5.4	3.6	2.6	2.3	1.2	0.9	0.7	0.5	0.5	1.5	1.5
本表利用文献[36]资料计算出各月概率后,再计算3个月的滑动平均值而得												

②尚未建成污(雾)闪个例(或数据)库。巧妇难为无米之炊,没有足够多的样本,很难寻求比较可靠的预报指标。一些预报方法,例如相似法与模式识别法,很难有用武之地。另外,形成污(雾)闪的物理机制尚不十分清楚,引发污(雾)闪的气象条件尚剖析得不深入,也是不利于制作该项预报的一个因素。

2. 污(雾)闪潜势预报流程图

考虑到目前制作污(雾)闪潜势预报的有关文献较难找到,故设想出的图18.17仅供参考,有待经过实践检验后逐步完善。

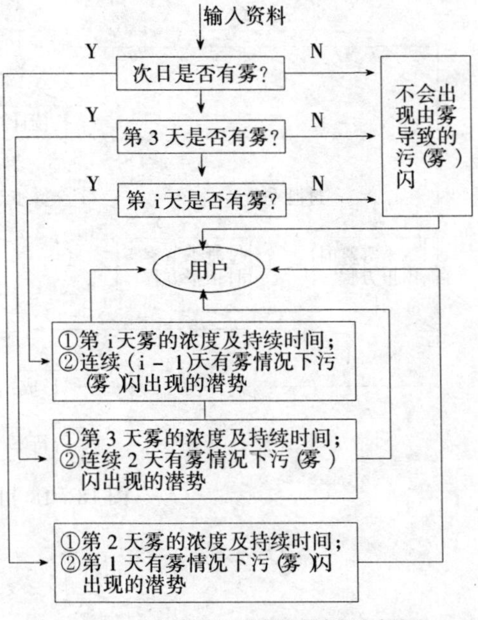

图18.17　污(雾)闪潜势预报流程框图

由图18.17可见,若依序按其流程做,将遇到以下3个问题:

①预报未来是否有雾;

②预报雾的强度;

③预报雾的持续时间。

第1个问题,本章第四节已做过讨论;第2个问题,本章第一节及第四节均有讨论;第3个问题,前面仅仅简单提及,这里再做些补充。

上海市气象科学研究所的程戴晖和杨美川认为①,雾出现与否的定性预报和持续时间(以下简称“雾时”)的定量预报,是雾持续时间客观预报的两个组成部分。只有当预报未来有雾时,才可启动雾时预报程序(见图 18.18)。程戴晖和杨美川给出的预报方程建立的步骤是:选取预报时段有雾的样本,计算确定样本的预报量,构造预报因子,进行标准化处理

$$\frac{X_i - \bar{X}_i}{\sigma_i}$$

与因子的相关分析,确定初选因子,再经逐步回归精选因子,建立预报方程。由于雾的持续时间具有季节性差异和雾的类别差异等气候特征。故他们确定建立五类预报方程,分别为:

·全雾季的雾时(10 月～次年 4 月)预报方程;

·按季节划分的冬季(12 月～次年 2 月)雾时预报方程;

·过渡季(10 月～11 月和 3 月～4 月)雾时预报方程;

·按雾成因分类的辐射雾雾时预报方程;

·平流-混合雾雾时预报方程。

有关的问题详见图 18.18。

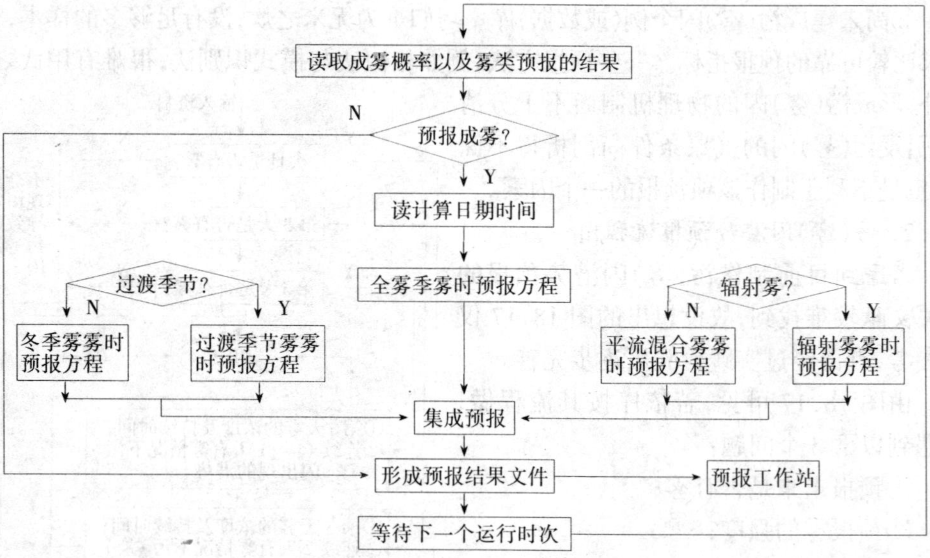

图 18.18 上海雾时预报方程

① 程戴晖、杨美川,雾持续时间的统计释用预报方案,雾的预报技术专题交流会技术文件汇集,1999。

参考文献

[1] 孟遂珍、彭治班、吴宝俊等,流域平均降水量的一种算法,新一代气象服务体系文集(二),112～118,1999。

[2] 彭春华、郑启松等,荆江致洪与三峡区间暴雨预报,空军气象学院学报,1999。

[3] 王仁乔、李武阶,日本降水预告的客观订正及三峡区间面雨量的估算,空军气象学院学报,**17**(2),175～180,1996。

[4] 熊秋芬、王丽、郑启松等,三峡区间面雨量预报方法及其试验效果分析,气象,**26**(10),2000。

[5] Mills, G. A., and J. R. Colquhoun,廖晓农,郭虎,时少英译,气象科技,4,1078～1092,1999。

[6] 张道民,软科学基础,青岛海洋大学出版社,1～2,1992。

[7] Symons, L., and A. Perry, Predicting road hazards by rain, frozening rain and wet surfaces and the role of weather radar, *Meteorol. Appl.*, 4, 17～21, 1997.

[8] 马鹤年、吴宝俊、王淑静,关于气象服务学的方法论问题的思考,新一代气象服务体系研究文集(一).30～41,1999。

[9] Whitney, B.F.et.al.,毕波译,雷电定位及风暴强度显示系统,90WM 059-6 PWRD,1990 IEEE 1～4,1990,空军第七研究所,强对流天气译文集(内部印刷),154～159,1994。

[10] 张顺燕,数学的思想、方法和应用,北京大学出版社,1997。

[11] 郭应龙,输电导线舞动,武汉水利电力大学出版社,8～10,1998。

[12] 马鹤年、沈国权,加强气象服务理论和方法研究,为知识经济发展做贡献,中国气象报,1998年8月10日。

[13] Makkonen, L.,黄万岗译,Modeling of ice accretion on wires, *J. Appl. Met.*, 1984, **23**, 929～939,贵州气象,(4),22～29,1990。

[14] 刘玉芝、韩立忠,一次强雨淞造成的供电中断事故天气分析,气象,**22**(9),48～49,1996。

[15] 广东省电力工业局,架空送电线路岗位技能培训教材(施工、运行和检修),中国电力出版社,58～60,1999。

[16] Makkonen, L.,罗宁译,Estimating intensity of atmospheric ice accretion on stationary structures, *J. Appl. Met.*, 20, 595～600,贵州气象,(4),30～34,1990。

[17] 谭冠日,电线积冰若干小气候特征的探讨,气象学报,**40**,13～23,1982。

[18] 王鹏飞、李子华,微观云物理学,气象出版社,311～315,1989。

[19] Nikiforov, Eu.P., 1982: Icing related problems, effect of line design and ice mapping, Special Rep., 8317, U.S., Army Cold Regions Res. Eng. Lab., Hanover, NH, 239～245,(转引自文献[13])。

[20] 李军、许源,从18年的历程看湖南电网防冻融冰,湖南电力,1999(增刊),45～48。

[21] 谭冠日,近年来关于电线积冰的一些研究,气象,**9**(10),25～26,1983。

[22] 虞昊、臧庚缓、赵大铜,现代防雷技术基础,气象出版社,44～45,,55～56,160～163,1995。

[23] 孙景群,大气电学手册,科学出版社,119～125,1995。

[24]《大气科学辞典》编委会,大气科学辞典,气象出版社,1994。

[25] Golde,,R.H.著,李文恩、李福寿译,雷电(下),水利电力出版社,7～12,1983。

[26] Orville, R.E., et, al., 孙景儒译, 1990: 国家闪电探网——强风暴观测, Preprints, 16th Conf. on Severe Local Storms, 22～26, J27～J30, 空军第七研究所《强对流天气译文集(内部印刷)》, 147～150, 1994。

[27] Holle, R.L., et, al., 毕波译, 1990: 利用定向探测器网进行云地闪电探测——最新进展与应用, WMO Bulletin, 1990.7, **39**(3), 177～180, 空军第七研究所《强对流天气译文集(内部印刷)》, 151～153, 1994。

[28] 张立祥、周小珊、陆葱葱等, 辽东半岛雾的成因分析及预报, 辽宁气象, (1), 16～19, 1998。

[29] 秦慰尊、张家康, 宁波近海雾预报的研究, 应用气象学报, (3), 325～330, 1991。

[30] 重庆雾害课题组, 重庆市区浓雾短期客观预报方法研究, 成都气象学院学报, (2), 31～38, 1992。

[31] Kazuhiro, O., et al., 1994: An objective prediction of synoptic scale fog area: multiple analysis using GPV from NWP model and GMS cloud data, *Geophysical Magazine*, 45, 1～18.

[32] Bergen, T., et al., 1994: Numerical forecasting of radiation fog. Part I: Numerical model and sensitivity tests, **122**, 1218～1230.

[33] 四川省电力工业局、四川省电力教育协会, 电网防污闪技术, 中国电力出版社, 1998。

[34] 马乃祥, 长间隙放电, 中国电力出版社, 180～189, 1998。

[35] 孟遂珍、吴宝俊, 我国电网污(雾)闪跳闸事故发生时的气象条件, 新一代气象服务体系研究文集(二), 122～130, 1999。

[36] 王运禄, 四川盆地电网污闪灾害和引发它的气象因子的特点, 四川气象, (1), 33～35, 1998。

[37] 邸瑞琦、薛起刚, 呼和浩特气候条件对电力污闪现象的影响, 内蒙古气象, (1), 35～38, 1998。

[38] 金哲等, 当代新方法, 上海人民出版社, 103～106, 1990。

第十九章　城市工程的气象服务

第一节　城市工程与可持续发展的气象问题概述

一、城市工程的气象服务是气象服务的重要领域

在联合国旗帜下有一个关于城市环境的论坛,由各国际组织、各国政府和城市参加,主要是讨论与城市发展和居住环境有关的问题,以便就城市可持续发展的战略和实践政策上互相交流经验和信息。其中有两个项目值得我们借鉴,作为城市工程的气象服务问题研究的思路:一是城市指标体系;另一是城市环境论坛中各城市的实践例子。

联合国的城市指标体系包括了城市建设和发展中的所有问题,以符合城市可持续发展的要求。

联合国城市指标体系包括:

①社会经济发展:贫困、城市生产率、就业、健康、教育、社会投资及社会凝聚力;

②基础设施:服务网包括水、卫生设施、电力及电话;

③交通:交通及道路;

④环境:空气及水质量、废弃物的来源及灾害;

⑤地方政府:管理能力、财政及各界参与情况;

⑥住房:住房需求、价格及质量、土地、财政及建设。

可以看出,总的趋势是将城市环境作为整体进行研究。对于气象服务问题研究,我们的重点应放在其中的环境部分和城市建筑发展中如何利用气象条件来营造舒适生活的环境和利用气候资源建立节约能源的建筑,使城市发展符合可持续发展的要求方面。这也是城市工程气象服务学需要研究的核心。以下各节所说明的虽然是目前城市气象服务的内容和实践,但在此基础上,我们可以把眼光放得更远一点,使城市工程的气象服务工作更上一层楼。

总之,城市特别是大城市的气象服务是大有可为的,其科学、技术、社会和经济的各个方面都有待我们去努力探索。

二、城市工程的气象信息服务的内容和特点

城市工程的气象服务内容广泛,涉及到城市自然环境、城市建设中的气象资源利

用、城市运行的气象条件等等。按照气象信息服务的基本原理,城市工程的气象信息服务大体上可分为城市工程的气象环境调控或择优型服务和城市工程的气象影响调控型服务。

城市工程的气象环境调控或择优型服务是指气象部门为城市工程管理部门提供适时的气象环境信息,使后者根据这些信息,对自身的被控制系统实施有效的调控,从而提高自身社会效益或经济效益。这类气象服务包括:城市污染治理中的气象服务、城市供暖调控中的气象服务、城市建筑工程中的气象服务、城市紧急状态如火灾、有害物的泄露等的气象服务。

城市工程的气象影响调控型服务是指城市管理部门根据本地的气象环境,选择能够与之适应的被控制系统,并且根据气象部门提供的气象信息,在可能的条件下对自身的被控制系统实施有效的调控。这类气象服务包括:城市规划布局与建筑物设计的气象服务、城市生命线工程运行保障的气象服务(如排水、燃气、供电的气象环境及条件)、高速公路设计运行的气象服务等等。

城市工程的气象服务就其服务对象、服务内容、服务要求而言,技术上有如下特点:

一是对基本气象预报从时空尺度上要求高。城市工程的气象服务主要涉及城市及周边地区,从气象学角度看,属于局部地区和中小尺度,但就其要求而言,时空的分辨率更高,比基本预报的要求要高得多。

二是对探测手段提出了许多新的要求,特别是对城市大气边界层的探测。要提高预报时空分辨率,就必须有更高密度的监测网络;另一方面由于服务的多样性,不仅要有常规气象观测,还要包括一些与气象相关的要素观测,如污染物的观测。

三是服务内容广泛。由于城市工程的气象服务涉及到城市的诸多方面,因此对气象预报的内容已不仅仅限于基本的气象要素,还要包括一些非常规的气象要素。

四是与其它学科的交叉性。城市工程的气象服务已突破了传统意义上的气象预报服务,它既要包括天气预报,同时又要从服务对象对气象条件的敏感性角度出发,为服务对象提供指导性的参考意见。因此气象人员还应具备一定的其它领域相关知识。

三、城市工程的气象服务存在的问题

城市工程的气象服务是气象服务的一个重要领域,随着我国社会经济的发展,其需求也将越来越广泛和深入,然而目前此项服务的水平和能力还存在着很大差距,突出的问题有:

①基本预报的水平和能力不适应,气象预报的时空分辨率太低,满足不了城市气象服务对预报精度的需求。城市工程的气象服务内容有一些属于气候方面,但更多的是定时、定点或时空尺度很小的服务,比如城市建筑施工,场地有限,时间性强,对气象服务的要求高。作为服务基础的基本天气预报无论从预报准确率,还是从时空分辨率来

讲,都不能满足城市工程的气象服务的要求。

②观测手段缺乏、水平落后,不能为城市气象服务提供更多的基础信息,这是当前制约城市工程的气象服务发展的一个关键问题。一方面它制约了基本预报水平和能力的提高,另一方面限制了城市工程的气象服务开展。如城市排水系统的气象服务,由于雨量观测点的空间分布间距大,较难提供城区内不同地点的雨量分布情况,就不能为城市排涝提供有针对性的服务。

③专业预报产品的水平和质量低下,不能为用户提供有效的服务。目前城市工程的气象服务基本上还是围绕基本气象问题本身开展服务,就气象问题谈服务问题。城市工程的气象服务是一个跨学科的气象服务,它更多的应从服务对象的角度去思考气象条件产生的影响,并具有指导性和针对性。

④服务手段落后,适应不了现代社会快速的发展节奏。现代科技的发展已使各个部门的管理和决策逐步现代化和科学化,气象服务的手段也要适应这种变化,尽可能地与服务对象的管理和决策体系衔接。

第二节　城市工程的气象信息服务技术方法实例

一、城市污染治理的气象服务

世界近50%的人口居住在城市及城市附近,并且城市人口还在迅速地增加,目前在亚洲,城市居民接近10亿。由于城市活动对环境产生的影响,全球有五分之一的人口所呼吸的空气中的污染物(SO_2、微粒、光化学氧化剂等)浓度超过了世界卫生组织建议的最低标准,哮喘病、支气管炎等呼吸道疾病大量增加。

中国环境监测总站就我国城市空气质量状况得出如下基本结论:城市污染较重,主要呈煤烟型污染特征;在少数特大城市氮氧化物的污染不容忽视。

造成空气质量恶化的主要污染源为交通车量、工业排放、能源生产、家庭和餐饮业排放、环境无覆盖尘土及其它等。城市空气质量的恶劣是由于污染物的过度排放与一定的气象条件的综合结果。

造成城市空气污染的原因主要有:大气污染源、地理地形和气象条件。在污染源基本不变的情况下,城市空气质量的优劣主要受当地气象条件的扩散能力所支配。城市本身的地形、建筑、植被等特点改变了城市边界层气象条件特征,从而也导致城市空气污染物扩散规律的改变。影响城市空气污染的气象条件主要有以下几方面:城市热岛效应、边界层风、大气层结稳定度、降水及天气形势等。

防治空气污染的根本途径在于工业的合理布局,改变燃料构成和燃烧方式等控制大气污染的工程技术措施。但对已有的工业区和现有的大城市来说,不但在能源和工程技术方面还存在一定限制，而且还将造成较重的经济负担，因此单从对污染源本身着手来防治空气污染的难度是很大的。

根据空气污染与气象条件的密切关系，利用气象条件的变化控制污染源是防治空气污染的既现实又经济有效的办法，而空气污染预报是其中的关键。当预报将有严重空气污染出现或污染浓度将超过某一限值时，有关部门可提前采取改换燃料、缩减排放甚至暂停生产等应急措施，以防止污染事件的发生。

1. 空气污染治理的气象服务方法

空气污染预报按其内容主要分为潜势预报和浓度预报两类。

(1)潜势预报

潜势预报实际上就是对污染气象条件的预报，可看成是以气象上的天气形势预报为基础的二次预报。其基本方法是从已发生的各污染事件着手，归纳总结出发生空气污染事件时所特有的气象条件、天气形势及气象指标。其预报指标一般有风速、逆温、混合层、气压场配置等。当预期的气象条件符合可能造成严重污染的标准或判据时，就发出警报，以便有关部门采取必要的防预措施。

空气污染潜势预报可分为区域(或天气尺度)预报和城市尺度的预报：

①天气尺度的区域空气污染潜势预报。首先是大面积或区域范围的预报，其面积可包括 100km × 1000km，一般在 $10 \times 10^4 \sim 20 \times 10^4 km^2$ 以上，而时间尺度为 24 ~ 48 小时或更长。区域潜势预报是预报可能造成严重污染的天气形势。这种尺度范围的大的污染潜势常常出现在暖而停滞的反气旋中、后部，或者其它一些等压线稀疏移动缓慢的天气系统之下。在这些系统里，风小、空气下沉，减弱了大气的扩散与传输作用，加剧了污染物的堆积。因而这种预报主要取决于大尺度天气形势。可利用现有气象台站的气象资料与预报结果。

②城市尺度的空气污染潜势预报。城市尺度的空气污染潜势预报范围限于城市及其郊区，主要根据污染源的分布来确定。其长度范围通常是 10 ~ 100km，时间尺度为几小时到 48 小时。在这样的空间-时间尺度范围内，特别是当出现大范围气流停滞的时候，局地环流(如海陆风、热岛效应等)变得很重要。由于预报范围小，局地特点和城市本身的影响也较突出，仅靠气象台站网的常规观测已不能满足要求，应增设气象观测点，观测边界层与地表层的三维风和温度的分布、辐射平衡等。

(2)浓度预报

浓度预报就是在气象场的预报基础上直接预报某一地区范围内的污染物浓度值。浓度预报比潜势预报困难得多，浓度预报可分为统计预报和数值预报，如果采用两者相结合的方法，则更有利于预报结果的对比和验证。

①统计预报主要有因子分析法和回归分析法。用统计法进行空气污染浓度预报，是针对各个不同城市通过简单相关或多元回归方程建立各自的污染浓度与气象参数间

的定量关系。统计模式是在建立数值定量预报模式之前的常用方法,至今仍有很强的实用价值。统计预报模式又可分为三种类型:

统计学回归模式:根据实测值与预报值之间比较,利用过去的实测浓度资料和同步气象实测资料进行诊断预测。通常采用回归分析、相关分析和线性模型等方法。

分类法:通过分析过去的空气污染物浓度模型与天气形势类型之间的对应关系,推导出每类天气型的浓度时空分布规律,建立它们之间的定时关系,用以预报。

趋势外推法:此法遵从连贯原则,通过各类过程发展变化的一致性和连续性来外推预测未来的变化。

要了解城市区域的空气污染物的扩散过程或模拟城市区域的空气质量,风的速度和方向、空气温度、降水、城市混合层高度的时空分布及变化、逆温层高度、大气稳定度是必须要考虑的因素。城市的热岛强度、太阳辐射、城市建筑物的形状和布局等也是要参考的因素。

②数值预报是污染物浓度预报定量化的方向,在动力学上,空气污染浓度预报是运用平流扩散方程进行的:

$$\frac{\partial c}{\partial t} + \vec{V} \cdot \nabla C = \sum Q_i\delta_i + \sum S_j\delta_j + \nabla \cdot \vec{K} \cdot \nabla c \tag{19.1}$$

平流扩散方程在气象上也是经常使用的,但是在空气污染预报中使用有其特殊性。因为,大气污染物的浓度值在不同的预报范围间的变化,比气象要素值在相应尺度的变化大得多,因此不同尺度污染物浓度预报模式所考虑的因子,及各因子在不同尺度问题中所起的作用是很不同的,一般不能互相混用。

由于使用大气扩散概念的理论的问题非常多,作为大气扩散基础理论的湍流问题又是一个远未解决的难题,因此导致大气污染物扩散模式的类型异常的多而繁杂,这些类型的模式大都是在一定的湍流假设的基础上的平流扩散方程的简化解析解或数值解。

就扩散模型而言,最简单的技术就是箱模式与高斯模式,后者又包括直线高斯羽流模式与烟团模式。更复杂一些的扩散模型中有三维欧拉(Euler)格点平流-扩散数值预测模式和拉格朗日(Lagrange)模式等。能够定量预报大气污染物浓度方法的代表性模式有烟羽模式(Plume)(雷孝恩,1981,1982)、烟团(Puff)模式(Lei 和 Qian,1987;Lei 等,1987)、箱(Box)模式,及求解物质守恒方程(雷孝恩,1990b;NAPAP,1990)。例如,HRCM 模式是一个高分辨率对流层化学模式,属 Euler 型输送、扩散、迁移和转化模式,已用于重庆市大气污染预测和控制,并获得了好的效果。被推荐用来预报大气污染浓度的另一个基本模式是 Monte-Carlo 多源模式,它是一个多源的、包括输送、扩散、迁移和转化过程的 Lagrange 型物质模式。

城市空气污染预报与一般的天气预报不同,城市 24 小时污染浓度预报的空间范围一般小于 200km。虽然城市污染预报范围是 β 中尺度范围浓度时空分布问题,但它必

然要涉及到预报 α 尺度的天气过程，由于水平影响范围是天气尺度（可大于 300km），其垂直尺度必须考虑到整个对流层（可大于 16km）（Gifford，1988a，1988b）。

整个污染预报模式系统涉及到的污染物、热量、水气、辐射及其它们的通量大部分来源于行星边界层（PBL）（Longhetto，1980）下层，且呈多极值或多中心分布，因此高水平分辨率的模式系统是非常必要的，一般水平网格小于 5km 为宜。气象场和物质场均有明显的日变化特征，在同一污染源条件下，深夜与中午的地面浓度和气象参数都有很大差异，因此，设计高时间分辨率的模式是非常必重要的，一般以预报每小时的浓度分布为宜。

2. 空气污染预报应用示例

中国气象科学研究院采用京津冀中尺度试验基地的 MOMS 业务模式作为气象预报模式，利用大气平流扩散的非静稳积分模型制作大气污染潜势预报和浓度预报。由平流扩散方程积分后再离散化而建立的箱格预报模型，能克服经典箱模型对时间步长的要求和不能预测小风条件下逐渐恶化的污染状态的缺点；同平流扩散方程的差分模式相比较，箱格预报模型对时间步长和空间步长的要求特别灵活且不存在不守衡问题；此外箱格预报模型对初始浓度有很好的记忆力，并对非相邻地区的浓度有感受力因而特别适用于各种时、空间尺度或多尺度的空气污染预报。

气象科学研究院做空气污染潜势预报所使用的 PPI 指数和源强与浓度初值场的关联不大，但能很好地反映实际气象条件下的通风扩散稀释和干、湿沉降清除大气污染物的总能力，同经典的空气污染潜势预报方法相比，结构严谨、物理意义更清晰明确。使用的空气污染指数 PSI 的预报公式和方法对源强与浓度监测数据的要求灵活，即可以使用源强进行预报也可以使用浓度监测数据进行预报，或同时使用二者进行预报。该方法已在一些省市得到应用。

国家气象中心选用 T106L19 全球预报系统预报产品作为污染预报的气象背景场，参考美国的潜势预报方案，选取了午后通风量、平均地面风速、24 小时降水量和平均相对湿度作为污染气象参数，定义了空气污染气象指数（APMI），制作空气污染潜势预报。

此外，近年来，一些省市如辽宁、广东、天津、北京等也相继开展了空气污染预报，取得了较好的社会效益。

广东区域气象中心利用中尺度数值模式（CSU-RAMS）和烟团分解与和并扩散模式（SMPM）组合成空气质量模式系统，进行珠江三角洲城市大气污染潜势预报和清洁度业务预报。

沈阳区域气象中心研究所收集了多年的历史气象资料及污染源排放强度资料，采用大气扩散模型（HRCM 模型），经过与环境监测值进行反复地验证和修改，建立了全省 14 个市的环境空气质量的预报模式。可以进行城市区域的等级预报，指数预报（浓度预报）。

随着我国对环境意识的加强，治理力度的加大，空气污染预报必将像天气预报一样走向人们的日常生活，气象也将在此领域发挥越来越重要的作用。

二、城市供暖调控中的气象服务

我国北方地区，冬季需要采用供暖来解决生活和生产活动的正常进行，特别是大城市普遍采用集中供暖的方式。

目前，我国北方各大中城市锅炉供热面积递增，仅北京市热力公司统一调度运行的供暖系统，由80年代中期的两个热电厂四条主管网线，目前增加到了7个集中供暖的锅炉厂房，13条出厂的主管网线，担负着国家机关、使馆饭店、交通设施、医疗机构、居民楼群的冬季集中供热任务，供热面积由80年代的800万 m^2，如今增加到了约4000万 m^2。

根据国家《民用建筑采暖通风设计规范》规定：我国累年日平均气温稳定通过≤5℃的起止日之间的日期为采暖期，室内设计温度为18℃。以北京为例，集中供暖起止日期为11月中旬至次年3月中旬，共126天，日平均气温为 -1.6℃。

为了保证供暖既要满足需要，又要节约能源，尤其是减少燃烧废气对环境的破坏，提供气象服务是非常重要的。

1. 供暖气象服务原理

气温、降水（雨、雪）和风影响土壤温度及湿度，而土壤温度及湿度又影响热力管道的保温程度。在热力管道设计管道掩埋深度时，力求热力管道热量耗散最小。另外，还应考虑城市的气候特点，避免在寒冷的冬季气温过低时，热力管道冻裂。

①供暖系统的调节与气象条件的关系。热力部门要满足用户的供热质量，并使热能制备和输送经济合理，就要对热供水系统进行调节，以达到供暖系统热负荷，即在某一室外温度条件下，为了达到国家规范的室内温度，保持房间的热平衡时，供暖系统在单位时间内应向某用户房间内供给足够的热量。

下面是集中供暖热负荷供热调节的基本方程式：

$$Q=\frac{t_n-t_w}{t_n-t'_w}=\frac{(t_g+t_h-2t_n)^{1+b}}{(t'_g+t'_h-2t_n)^{1+b}}=G\frac{t_g-t_n}{t'_g-t'_n} \qquad (19.2)$$

式中 Q 为相对供暖热负荷（供暖热指标比），G 为相对流量（实际流量与设计流量之比）；t_w 为共暖室外的日平均温度，t'_w 为室外的计算温度（多年日平均温度最低临界值），t_n 为供暖室内空气的设计温度（18℃），t_g 为供水温度，t_h 为回水温度；b 为求算散热器传热系数的指标（它取决于散热器的类型和散热器与供暖系统的连接方式，一般为0.15～0.37）。

从方程式中可看出，热水供暖系统中，热用户的热负荷不是恒定的，是随着室外的气象条件变化的，因此，供热调节是把室外的温度变化的规律作为供热调节依据的，室外的气象条件是变化多样的，有冷冬年，暖冬年，冷冬年份中有相对偏暖期，暖冬年份中亦有相对偏冷期，因此做好不同气候条件下的温度预报，对于供暖系统的调节运行，起着指导作用，甚至是决策作用。

②具体操作与数学关系式。对于集中供热的调节方法，目前，我国主要是采取质的调节，即在热源处改变网路的供水温度，网路的循环水量不变。

所改变的供水温度，是在室外不同的温度前提下求出的不同数据，也就是说，室外的气温与供回水温度的变化呈线性关系，即

$$\begin{aligned}\tau_g &= f(t_w)\\ \tau_h &= f(t_w)\end{aligned} \tag{19.3}$$

如某市诸用户室内温度要满足 18℃，采用的是四柱型散热器 $b = 0.3$，供暖室外计算温度 $t'_w = -9℃$，要求绘制出供回水温度为 95℃/70℃ 的质调节水温曲线。

根据质调节公式(适用于无混合装置的直接连接的热水供暖系统)：

$$\begin{aligned}\tau_g &= t_g = t_n + \Delta t'_s Q^{\frac{1}{1+b}} + 0.5\Delta t'_j Q\\ \tau_h &= t_h = t_n + \Delta t'_s Q^{\frac{1}{1+b}} + 0.5\Delta t'_j Q\end{aligned} \tag{19.4}$$

其中 $\Delta t'_s = 0.5(t'_g + t'_h - 2t_n) = 64.5℃$，$\Delta t'_j = t'_g - t'_h = 25℃$，$\frac{1}{1+b} = 0.77$。

将数据代入质调节公式得：

$$\begin{aligned}\tau_g &= 18 + 64.5Q^{0.77} + 12.5Q\\ \tau_h &= 18 + 64.5Q^{0.77} - 12.5Q\end{aligned} \tag{19.5}$$

由上式通过列表计算，描点方法，则绘制出质调节曲线：

$$\begin{aligned}\tau_g &= f(Q)\\ \tau_h &= f(Q)\end{aligned} \tag{19.6}$$

将 $Q = \frac{t_n - t_w}{t_n - t'_w}$ 代入质调节水温计算公式，便可计算并绘制出随室外温度 t_w 变化的质调节水温曲线即：

$$\begin{aligned}\tau_g &= f(t_w)\\ \tau_h &= f(t_w)\end{aligned}$$

式中的 t_w 是未来 48 小时日平均气温预报值。

从上述过程可看出：在确定热网系统供回水时，温度预报 t_w 起着关键性作用。温度预报的准确与否，对供热调节的效果也十分重要。

2. 供暖气象服务示例

由于不同地区集中采暖期实际气温变化与多年历史平均值有一定的差距，因此，热力公司调度部门每年要在入冬前，根据气象台提供室外逐日平均气温变化情况，并参考其它预报参数(综合预报要素)对温度进行适当订正后，查表得出所对应的供水温度，然后向热源电厂(供暖操作部门)发布调度指令，热电厂根据热力公司调度指令来调节各项供热参数。

以北京地区为例，市热力公司调度部门每年要在入冬前，根据气象台提供的11月上、中旬和3月中、下旬的室外逐日平均气温变化情况，并参考其它预报参数对温度进行适当订正后，向热源电厂发布调度指令。与市热力公司合作以来，市专业气象台所提供的温度预报，为供暖系统供热调节的运行，起到了积极的作用，获得了良好的社会效果和经济效益。

据有关统计，在供暖系统的调节中，用短期48小时日平均气温预报来确定锅炉房的供水、回水温度，比凭经验进行供暖，在确保室内气温不低于18℃的情况下，可节省3%的能源，若一个供暖50万m^2的锅炉房，一个供暖期下来，可节省大约500t煤，合人民币10万元。

为了提高供暖天气预报的服务水平，近两年来，北京市气象局专业气象台在提供温度预报的基础上，又增加了供暖参数(综合要素预报)预报，供暖单位根据各要素预报的参数对温度预报进行适当订正后，再来确定锅炉房的供水、回水温度，效果更加良好。

如：在北京重型电机厂锅炉房(供暖面积120万m^2)进行了试验，取得了较好的效果，据近两年来的试验统计，在确保室温不低于18℃的情况下，节能效果可达5%左右，节约煤源3000吨，合人民币60万元。

目前，应用气象条件合理进行城市供暖，已成为我国北方各大城市兴起的一门科学，相信在这个科教兴国的时代，它将像其它科技应用领域一样，有着更加广泛的前景。

三、城市建筑工程中的气象服务

城市建筑工程中的气象服务是最早开展专业气象服务的领域之一。气象条件对城市建筑工程的影响主要有两个方面，一是气象条件对施工人员的影响，包括人身安全和人员的工作状态；二是气象条件对工程环境和工程质量的影响，如建筑的设计要求、建筑材料的选择和改变等。

影响建筑施工的气象因素较多，如气温、湿度、降水、风力、日照、雷电等。在北方，危害最大的是低温所造成的冻害。专业气象服务部门，应针对建筑施工部门的需要制作气象预报。而建筑施工单位在安排施工的日程时，应充分考虑到天气预报，尽量利用有利于施工的时段，避开不利的气象条件，就可以产生巨大的经济效益。

2000年3月27日，北京地区出现了六七级的大风，阵风达到九级。上午10点多钟，在中国音乐学院旁一座商品楼建筑工地，随着一阵大风，将正在两层楼顶施工的4名工人连同钢筋和油毡一起卷到地面，造成三人死亡，一人受伤的重大事故。可见，作好气象服务是非常重要的。建筑工程气象信息服务的价值在于可以根据此类信息为用户系统优选适宜的气象环境条件，从而确保工程质量和安全。

1. 城市建筑工程中的气象服务方法

①风速。风对大型吊装和施工的影响最大，它将直接影响到施工的稳定性和安全

性。阵风和侧风对施工的危害更大,并且随着高度的增加而增大,通常根据多年的经验,当风力达到六级时,将影响到施工的安全性,5 级风时,要停止作业,并对设备实施加固。

下面介绍一下如何测算风在低空中的变化,以便能更好地为客户预报出不同高度上的风速值。

风在低空中的变化,主要受地形和大气稳定度的影响,由于地形将使地面风速发生较明显的变化,因此,这里将利用地面风速测算不同高度上的风速,计算公式如下:

$$V_2 = V_1\left(\frac{Z_2}{Z_1}\right)^P \tag{19.7}$$

其中 V_1 为地面风速,Z_1 为地面风速所对应的高度,V_2 为所要预报高度上的风速,Z_2 为 V_2 的高度,P 为稳定度指标,它的大小代表大气稳定的程度(其具体数值可通过理论计算,也可使用当地实际的观测值)。

②气温。气温对施工的影响主要在两个方面:一是对施工人员的影响,二是对施工材料或施工质量的影响。在适宜的气温环境下,施工进度可以按预想的速度进行,当气温过高或过低时,施工人员会有明显的不适感,造成工作效率下降。另外,气温也可使施工材料的物理性质发生变化,从而影响到施工的质量和进度。因此,过高或过低的气温是不宜进行室外施工的。

室外劳动的最适温度约 10~25℃,低于 5℃或高于 32℃,施工效率就会迅速降低。若单纯考虑温度影响,0℃时工作效率减少 50%,-12℃减至 25%,只有经过训练,穿着特殊服装,才能改善低温下的工作效率。高温下不仅工作效率降低,而且易中暑,甚至造成人员伤亡,只有在一定遮蔽条件下,才能保证施工的正常进行。

温度对建筑材料的影响也是十分明显的,气温的变化可使施工材料的物理性质,甚至化学性质发生变化。如混凝土的水化作用对气温很敏感,气温越低,水化作用和抗压的增长越慢,0℃以下时,还可能出现冻害。温度的变化会使建筑材料发生变形,特别是当对建筑精度要求很高时,温度变化对诸如钢筋、钢梁产生的热胀冷缩,使精度达不到要求,影响施工质量。

③降水。降水对施工也有一定的影响,一般明显的小雨或中雨以上的降水天气,可以增加施工人员的体力消耗,降水越大,则消耗越大,并且对施工人员的心理状态产生极为不利的影响。另外,降水天气将直接影响到设备的移动和操作,使施工现场的施工条件恶化。如果这种情况和施工人员的心理状态结合起来,将使施工现场的危险性增大,极易造成事故,建设在恶劣天气条件下,应暂停施工。

降雨或降雪的另一个不利因素为:可使施工设备的损害速度和施工对象的表面侵蚀速度加快,造成不必要的经济损失。因此,对易受降水损害的物体,在降水天气来临之前,应及时采取防护措施。

降雨会改变混凝土浇注时的水灰比,延迟混凝土的凝固,降低其强度和耐久性。突降的暴雨会使地基坑内积水垮塌。降雪会影响混凝土浇注和降低质量,甚至使混凝土冻坏。

④其它。湿度、雷暴等也会对工程施工造成一定影响。

高湿对混凝土养护有利,但存储的水泥易受潮,甚至会使水泥降低使用价值。另外在冬季,构件、工具容易结冰。

雷暴天气往往产生在盛夏,雷暴容易发生雷击,造成人员伤亡和设备损坏,暴雨又使地面潮湿。

2. 城市建筑工程中的气象服务示例

气象条件影响城市建筑工程是多方面的,这里仅以水泥施工的最佳气象条件为例,说明城市建筑工程中的气象服务。

优质水泥预制件的气象条件为:养护期内日平均气温为 18~27℃,最高气温<33℃,日平均相对湿度>85%,最小相对湿度>50%,无降水,风力<3级。

当日平均气温>25℃或最高气温>32℃时,混凝土预制件因模板粘连易变形。另外,强烈的升温和降温使处于湿润状态下的预制件反复胀缩,而引起产品质量下降。

混凝土的水化作用对气温很敏感。气温越低,水化作用和抗压的增长越慢,0℃以下时,还可能出现冻害。当日平均气温<5℃时,往往气温波动大,且易出现<0℃的低温,形成冻害,是水泥混凝土施工的危险期。应根据天气预报在养护中采取防冻措施或在配料中添加防冻促凝剂。

水泥混凝土施工冻害指数预报。刚刚施工的水泥混凝土是否会发生冻害,不但与当天的最低气温有关,而且还与当天的平均气温和降温时的风力大小有关。综合日平均气温、最低气温、风力等气象要素的预报值,可以计算出水泥施工的冻害指数。

冻害指数计算公式为

$$D_H = (0.2 \times T_p + 0.8 \times T_d) \times (1 + 0.05 \times F) \tag{19.8}$$

其中:D_H 为冻害指数。其数值越小,则越易造成冻害,如表 19.1 所示;T_p 为制作预报之日的日平均气温;T_d 为预报之日的最低气温;F 为预报之日气温低于0℃时的平均风力(级数)。

表 19.1 冻害等级 D_H 值及防冻措施对应表

等级	D_H 值	冻害等级	防冻措施
0级	>0	无冻害	
1级	0.0~-2.9	略有冻害	覆盖蓄热
2级	-3.0~-5.9	轻微冻害	综合蓄热法、加防冻剂
3级	-6.0~-9.9	一般冻害	蓄热法、电加热法、暖棚法、加防冻剂
4级	-10.0~-14.9	较重冻害	蓄热法、电加热法、暖棚法、加防冻剂
5级	<-15.0	严重冻害	不宜进行水泥混凝土施工

冻害指数的适用条件为:设水泥混凝土施工地点在露天的地表面上,未加防冻剂也没有采取遮盖等防冻措施。

参考文献

[1] 李宗恺等,空气污染气象学原理及应用,气象出版社,1985。
[2] 邓玉珍、雷孝恩,城市大气污染分布特征,大气污染数值预报基础和模式,气象出版社,1998。
[3] 雷孝恩,大气污染预报大气污染数值预报基础和模式,气象出版社,1998。
[4] 韩志伟等,大气污染化学预报模式大气污染数值预报基础和模式,气象出版社,1998。
[5] 张美根等,Monte-Carlo 多源模式大气污染数值预报基础和模式,气象出版社,1998。
[6] 中国建筑科学研究院,民用建筑采暖通风设计规范,
[7] 李岱森主编,简明供热设计手册,中国建筑工业出版社,1998。
[8] 黑龙江气象学会,黑龙江气象,(1)~(4),1994。
[9] 2000 年 3 月 28 日北京青年报。
[10] 朱瑞兆等,应用气候手册,气象出版社,1991。

第二十章　气象情报服务

第一节　气象情报服务概述

情报科学是研究如何获取和掌握信息，如何有序化和管理信息，如何加工和传递信息，如何研究、开发和激活信息的一门应用科学技术，是信息学的一个分支。本章所阐述的气象情报服务是相对于气象预测预报信息服务的一类提供客观大气状况，经过归纳、整理和分析并直接应用于决策、管理、科学、技术、生产和经营的一种特定信息服务形式。

一、情报服务的内涵

了解气象情报服务，首先必须对有关情报的一些基本概念以及情报科学体系有个基本的了解。

1. 情报

情报是一种知识，是一种包括情况、消息和信息在内的广义的知识，是一种沿时空序列横向传播尚未到达平衡状态的知识，或者简称为横向传播的知识。情报从对客观世界的反映到现实信息的综合归纳，是对客观世界的一种知识性归纳。情报作为信息的一个有机组成部分，与信息、知识等既有着紧密联系，又有着明显的区别。

情报在国外与信息是一个概念，将情报与信息区别为两个概念是我国情报学界所特有的。信息是物质运动的本质属性之一，是自然界、生物界和人类社会的普遍现象，一切客观存在的物质在其运动过程中都会发出信息。而知识是人类社会实践活动的纪录与经验的总结，是人的主观世界对客观事物的反映和概括，知识的形成是一个复杂的高级创造过程。情报与信息、知识的区别在于，情报是被传递的，有关特点、事实、主体和事体的知识，具有知识性、传递性、需求性和针对性等基本属性。就信息、知识和情报的关系而言，信息是比知识和情报更为广泛的概念，而情报是一种知识，是进入人类社会交流系统的知识，是被人类所认识了的信息。三者的关系可以由图20.1简单概括。

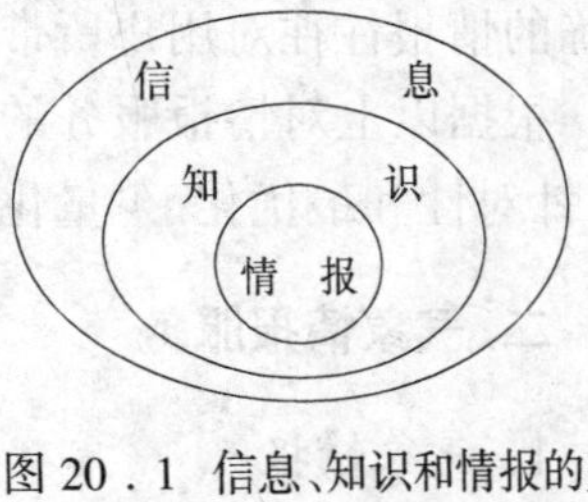

图20.1　信息、知识和情报的关系

情报传统上分为科技情报、经济情报、管理情报、军事情报。随着社会经济的发展，经济全球化和政治多极化的进程正在逐步加快，以信息技术和生物技术为代表的新经济已初见端倪,信息、情报和知识在社会发展和经济建设各个领域越来越发挥着重要作用。尤其是各类竞争的加剧,人们对于情报的需求无论在广度还是深度上都提出了更高的要求。一些新的情报将左右着发展形势和竞争态势,其中主要包括新技术情报、发明专利情报、市场情报、人才情报和政策情报等等。

2. 情报服务

情报服务是以服务的方式直接为用户提供情报或情报线索的开发智力资源的科学性工作。前面讲过,情报系统分为三个子系统。情报服务作为情报系统的一个有机组成部分,具有十分重要的地位。情报服务作为情报工作的核心和情报系统的最终环节,它是情报工作价值具体体现和效益发挥的最根本环节,是衡量整个情报系统的尺度,情报服务最终决定了情报工作的地位和作用。情报服务的主要特点有:

①服务性。衡量气象服务的成绩不在情报服务本身,而是看情报在用户决策与解决其系统问题时所起的作用;

②针对性。针对性有两重含义,一是将特定的知识在特定的时间按特殊的方式传递,提供给用户的情报如果只是泛泛的,并不是用户所需要的,这样的情报对于用户来讲是无价值的,二是服务效益大小不在情报的数量,而在于所提供情报起到的作用。提供情报不是多多益善,提供过多,超过用户的吸收能力,反而会白白耗费用户过多的精力和时间。

3. 情报服务的要求和原则

情报作为重要的决策依据,关系到用户的切身利益。因此,就普遍意义上的情报而言,对它的基本要求就是"广、快、精、准"。广的意思是调查范围要广,即情报的来源不是片面的和狭隘的。快是指情报工作的整个流程运作要快,不仅仅是对客观世界的反应速度要快,情报要新,而且要求服务速度也要快。就情报的速度和准确率而言,往往以 100 的速度传递准确率只有 50% 的情报比用 50 的速度传递 100% 准确的情报对用户更有价值。精是主要针对的是情报自身的可用性,没有用处的情报对特定用户而言是没有价值的。准就是准确率。情报的准确率是决定情报所发挥作用的关键,一些不准确的情报往往对用户所带来的影响将是致命的。

根据以上对情报服务的要求,归纳起来,情报服务的基本原则就是:易用性、适时性、针对性和最优化、少量化。这些原则也是对开展情报服务的普遍要求。

二、气象情报服务

1. 气象情报

气象情报属于情报的一类,是自然界情报的重要组成部分。它包括通过地面观测、高空探测、地面遥感和空间遥感探测所获取的实时大气状况信息,经过整编的气候资料,为某些应用领域,如农业、环境等,所开展的专门探测所获取的信息和资料,再经过一定的整理、加工和分析，直接提供用户利用的各类信息、知识等。气象情报既具有其他各类情报所共有的一些特点，如它也是对现实的客观反映，所不同的是它反映的是瞬息万变的大气及其运动，属于自然情报范畴。

气象情报是气象信息的一类，与气象预报共同组成丰富的气象服务产品。我们所说的气象资料，包括实时观测资料、历史资料和加工产品资料。是一个类似于信息的一个比较大的概念。气象情报是对气象观测资料、历史资料的知识性归纳，并作针对性的加工，能够直接为用户所利用的信息。由于气象条件与人们的生产生活有着十分紧密的关系，而气象又是无时无刻不在变化着、运动着，所以气象情报更具有时间性和普遍性。从广义上理解，气象情报对于所有经济领域以及我们每个人都是有价值的。但是就气象情报的针对性而言，主要服务领域还是集中在和气象关系特别密切的几个领域，如农业、海洋生产、远洋运输、城市建设、工业布局等。气象预报（包括天气预报和气候预测等）则是在气象情报的基础上，通过科学的推算和分析，对未来天气形势的分析和预测，相对于气象情报而言，具有某种不确定性。气象预报也属于信息的一种，它与气象情报本质上的区别就在于一个是对大气过去和当前状况的知识性归纳，一个是对大气未来状况的预测。它们都属于气象信息。三者之间的关系可以图 20.2 所表示。

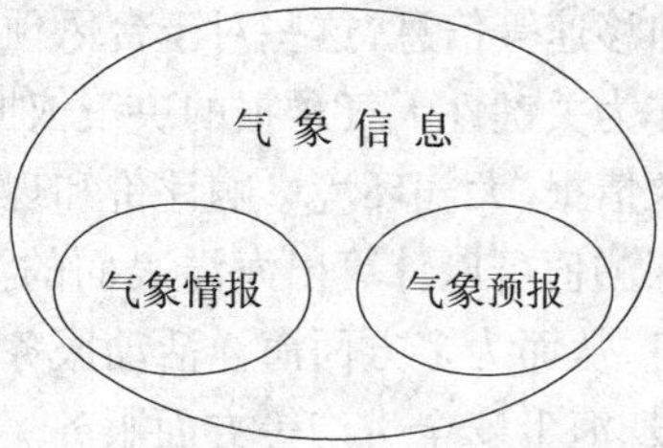

图 20.2　气象信息、气象情报和气象预报的关系

2．气象情报服务

气象情报服务是以服务的方式直接为用户提供气象情报的工作，是整个气象情报系统的最终环节。气象情报服务决定了整个气象情报系统的地位及其作用的发挥。通过几十年的发展和建设，我国气象情报来源从为数不多气象观测站获取的地面要素资料，逐步发展到地面观测资料，高空探测资料，卫星雷达遥感资料，不仅包括国内资料，还包括国际交换资料，为开展气象情报服务提供了坚实的基础。我国各级气象部门利用这些情报源所提供的大量的气象数据资料，经过科学加工和客观分析，为广大用户提供许多针对性的气象情报服务。

气象情报服务是以气象资料为基础，为用户提供有关气象情报的一类信息服务。气象信息服务的基本原理也同样适用于气象情报服务。但是，气象情报服务在某些方面与其它气象信息服务所不同，比如气象情报是对气象观测资料的知识化加工，必须仍能够体现客观大气状况，不含有预报预测成分，具有相对的真实性，其可测性是确定的。所以，提高气象情报服务水平和服务效益的关键更多的是在于更好地找出气象情报与用户系统的制约关系，而不是再去过多地判断气象情报本身的真实性。这些将在后面进行阐述。

3．气象情报的分类

根据气象信息服务的基本原理，气象情报的服务价值在于它可作为决策用户系统气象控制工程的依据，气象情报服务可以分成实时气象控制情报服务和气候控制情报服务。实时气象控制情报服务是指从实时气象观测资料经过快速加工、分析形成情报信息直接应用与用户决策的气象情报服务。与此相对应，气候控制情报服务是指由历史气象资料经过加工、提炼和分析，形成气候情报（分布、组合、特点和变化规律等），并应用于用户决策的气象情报服务。在具体的服务过程中，两类气象情报服务往往是同时开展的。这两类气象情报服务的作用形式是有区别的，实时气象控制情报实际上是预报性的气象控制信息的基础和补充，而气候控制情报服务则是通过用户系统与气候条件的制约关系，为用户系统选择和适应气候条件提供决策依据。

实时气象情报是天气预报的基础，比如在台风预报中，基本气象观测可以给出台风环境场的信息，通过卫星遥感可以给出台风的中心位置，云系范围、强度、移动路径、移向移速等信息，这些对于台风预报中具有非常重要的作用。同时这类气象情报也可以作为关键性天气预报的决策依据。气象情报主要包括农业气象情报、雨情灾情、海洋气象情报、大气环境影响评价和现场观测服务等。比如利用气象卫星在大气红外窗区的探测值可以计算出海洋表面的温度，进一步可以得到洋流、海洋漩涡等海洋状况的信息，从而为多方面海洋活动服务。如为海洋渔业生产服务、监测河口泥沙扩散、港口建设、海上安全生产等方面服务。

第二节　气象情报服务方法

一、气象情报服务基本原理

气象情报服务技术方法就是关于正确进行情报服务的理论、方法和手段。在本编第十五章，我们研究分析了气象服务的基本原理——用户系统的气象控制问题。气象情报服务作为气象信息服务的一个非常重要的方面，它的理论基础也就在于它对于用户气象环境的控制具有重要的作用。气象情报对用户系统的作用取决于与用户系统的气象条件可测性和用户系统的气象可控性。

气象情报对用户系统制约关系的可测性是指在一定的科学技术条件下可以获知气象情报与对象系统的制约关系。比如与农作物生长关系十分密切的有气象条件、土壤墒情、灾害等情报，而这些情报一部分通过基本气象观测可以获得，另外一些通过建立专门的农业气象观测站来获取。如果可以通过分析这些气象情报得出农作物生长发育与气象条件的关系，为调控农作物的生长提供依据，我们称这种气象情报对用户系统的制约关系具有可测性。

根据气象控制理论，气象情报服务的科技本质就是根据气象因子对服务对象系统的制约关系，适时为气象控制工程系统提供有专门针对性的气象控制情报。通过基本气象资料可以分析得出某一地方的气候特点以及人类活动与气候、环境的关系。利用气象情报对气候环境的控制主要体现在两个方面：一是用户系统的最佳气候布局，即帮助用户找到最适宜其的气候环境，这就是对气候环境的选择；二是在气候环境无法选择的情况下，帮助用户设计和建设最适宜当地气候特点的系统。北方住宅设计要求保暖，而南方住宅设计要求通风就是这个道理。比如在产业布局中，可以根据气候环境与人类活动的制约关系，选择最优的产业布局，这也是一种气象控制。比如农业气候区划就可以为调整农业生产布局、改革种植制度、提高复种指数、提高资源承载力等提供科学依据。这种农业气候区划就可以认为是气象工程控制方案。再比如大型工程建设必然会对气候造成一定的影响，大气污染也与天气气候的关系十分密切。通过对大气环境影响评价，引导一些工业污染源布局在气候条件最适宜污染物扩散并处于居住区的下风向地区，这也是一种气象控制。

二、气象情报与用户的制约关系——需求领域及需求量

气象情报用户，从广义上讲，可以包括科研、生产、技术、管理及其他各种活动中需要气象情报的个人和组织。气象情报工作与其他气象信息工作的区别就在于它对当前决策的直接影响。严格讲，气象情报服务对象就是气象调控工程的决策者，因此，气象情报用户应指频繁利用或潜在依赖气象情报机构而获得情报服务的个人和群体。气象情报用户分为现实用户和潜在用户。

气象情报的根本价值在于为用户决策提供有针对性的气象情报信息、知识、数据和资料等。这就是说，人们当前决策面临的不确定性激发了气象情报的需求。决策不确定性的增加、决策信息环境的变化产生了优化决策者情报行为的需求，这一需求推动着气象情报工作的产生和发展。为了给决策提供正确的判断和决定最优系统方案所需的气象情报信息、资料，系统人员必须使用科学的分析工具和分析方法，最后分析整理，汇总成正确可靠的气象情报，作为用户选择最优决策方案的依据。

用户系统分析不同于一般的经济技术分析，它必须从用户系统的总体最优出发，不仅分析技术经济方面的问题，而且还进行包括政策方面、组织体制方面、信息方面等各个方面问题的分析。气象情报用户系统分析主要包括三个方面：

①用户结构。用户结构研究是指用户的数量、范围、类型、行业特点、情报意识、利用情报过程的社会机制和心理机制以及使用情报的行为和习惯等；

②用户气象情报需求特点，特别是气象情报对用户系统的制约关系，并在此基础上研究用户对情报需求类型以及各类型的特殊性、情报需求的产生过程及变化趋势、满足各类型气象情报需求的途径和方法、影响各类气象情报需求的内外因素等，包括对气象情报的内容、形式以及其他方面(情报实效、易用性)的具体要求；

③研究用户系统对情报反映。研究情报用户对气象情报机构和气象情报服务的反

应,包括对气象情报的价值和使用价值的评价,对气象情报服务的易用性、针对性、适时性、最优化和少量化原则的体现和评价,对气象情报服务的类型和方法的评价以及对开辟新的服务方式的要求等。

气象情报用户包括现有用户和潜在用户两大部分,对于用户情报系统的分析也必须注意既要对现有用户进行深入分析,也要善于发现和发展潜在用户,并通过分析这些用户的基本情况,有针对性地开展有关服务。同样,对于每个用户和用户群气象情报服务需求的分析既包括现有需求的分析,听取有关改进服务的意见和建议,同时也要对用户的潜在需求进行分析,提高气象情报服务的渗透性。比如,就农业气象情报服务,传统意义上的情报服务内容和服务形式已经比较成熟,也得到了广大用户的认可,但是并不能说农业气象情报服务就到此为止了。其实,随着我国农业的产业化,农业产品结构调整和农业产业结构调整当中,农业生产不再追求单纯的粮食产量,而更多地将关注于怎么才能提高作物的生产效率和产品的质量,这其中就孕育着大量的农业气象情报服务需求。此外,随着生态环境建设和保护日益得到重视,国家提出了退耕还林还草,天然林保护等作为实施西部大开发战略的重点,这些也为农业气象情报服务等开辟了新的领域。比如在卫星遥感方面,可通过监测森林、牧草长势,为有关决策开展有针对性的情报服务,再比如,在现有农业观测站业务基础上,再进一步推广到对主要非农作物的监测,提供相关的情报服务。根据植物叶面蒸发量的观测和研究,选择最小叶面蒸发量物种作为植树造林的主要物种,对于缺水的西北地区就很有价值。可以说,气象情报用户的开发和适应用户需求的情报服务产品的开发还有更大文章可做。

开展有针对性的服务是对气象情报工作的最根本要求。提高气象情报服务的针对性,就必须研究气象情报与用户的制约关系,找出气象情报与用户的制约程度。气象情报与用户的一定的制约关系也就说明了提供气象情报服务的可能性,而气象情报与用户的制约程度决定了提供用户的情报量。因此,首先要分析自身的情报能力,也即对情报搜集、加工、处理和服务的能力。影响情报能力的因素有很多,其中主要的是情报系统现代化水平、情报人员的业务素质等。这些影响着情报的准确性、及时性并最终决定了情报能力。其次是对用户层的调查。主要是调查具有同一或类似的用户群体是否存在,规模多大,其中是否存在特殊用户群体,用户群的所处的自然条件,其构成和主要运作环节,这些环节与气象条件的相关性,用户各自的素质、能力、经验和气象专业知识等。

为了满足各类用户的要求,需要特别考虑的不是气象情报系统实际的功能有多少,而是将什么样的气象情报以什么样的程度提供给用户。当系统的气象情报种类与深度正好与用户的需求相吻合时,才是最合适的系统。因此必须通过对气象情报用户层的要求进行调查,了解其关心程度以及要求事项。比如,通过卫星遥感监测林火,在提供林火火点情报时,如果还能够提供当时的风向、风速、温度、湿度等相关气象情报,并结合地理信息系统,给出火场具体经纬度、着火面积、威胁范围等,对于及时、快速扑灭火灾,并采取隔离措施,保护下风向林场、草场免于火灾就非常有价值。这也就提出了情报能力开发的问题。

由于科学文化素质和生活水平的提高,人们越来越多地关注到人类生存环境问题,一些新的气象情报源和气象情报资料得到了快速发展,比如臭氧探测、大气粒子辐射、紫外线监测、花粉浓度监测等等,并据此提出生活和生产建议。这就是气象情报不断延伸,满足用户日益增长的新需求的具体体现。气象情报服务不仅仅是提供所监测到的基本资料,而是要对资料进行整序、加工和分析,并与用户系统紧密结合起来,找出这些气象资料与用户系统的各个部分的制约关系,并根据这些关系,提供针对性的情报服务。比如海冰对海上生产(如港口建设、远洋运输、海上石油生产、渔业生产等)具有很大影响,及时防范海冰对海上生产的安全所带来的危害对于提高海上生产的关系十分紧密。对气象卫星探测所获取的资料进行加工,可以生成海冰在海面和洋面的覆盖范围,我们可以把有关海冰的覆盖范围的情报直接提供用户,用户可以据此采取措施防范措施。但就用户系统对情报的要求来看,仅仅提供海冰的覆盖范围还是远远不够的。对于海上生产,如果能把海冰实时覆盖状况、海冰形成与发展轨迹以及海洋洋面温度、洋流等结合起来,对于用户而言,防范措施可以更加充分,用户的损失可以减少到更低限度。

三、气象情报服务技术方法

1. 气象情报服务技术方法体系

借鉴情报服务的普遍规律及其方法体系,结合气象情报服务的实践,并根据气象情报自身一些特点和服务要求,我们提出气象情报服务方法体系这一概念。气象情报工作的主要流程包括情报的搜集和储存、情报的整理和加工、情报的服务与利用等三个环节,在情报的服务和利用中,通过情报检索、情报咨询、情报报道和特殊情报产品等形式为用户提供服务。

气象情报系统是一个开放性系统,不能仅就气象情报服务谈气象情报服务。因此,相应地气象情报服务技术方法体系应是一种广义上的气象情报技术方法体系,它不仅包括情报的服务方法,还包括情报的收集方法、整序方法、分析方法、表达方法和情报服务效益评价方法,涵盖了气象情报服务的各个环节。气象情报服务技术方法体系如图20.3所示。

本章所给出的气象情报服务技术方法体系仍是一个较粗的框架轮廓,其中所涉及到的每个技术方法本身还都有自己的分体系。

2. 气象情报服务技术方法

在整个气象情报服务技术体系当中,气象情报收集方法、整序方法、表达方法和效益评价方法等,有些是我们大家所熟知的技术方法,有些则是通用的技术方法,在一些参考书中能够检索到,这里不作为重点详细阐述。气象情报技术方法体系中,从气象科

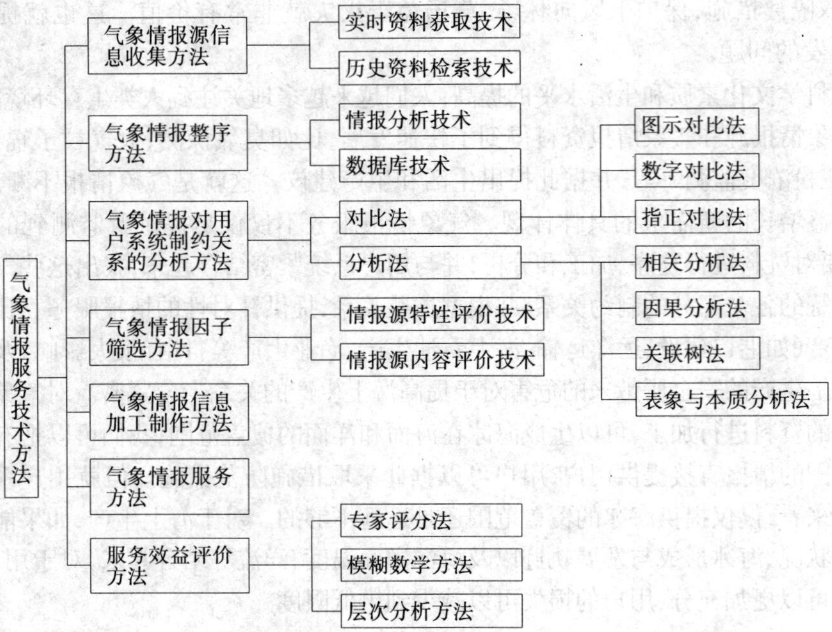

图 20．3　气象情报服务技术方法体系

学技术角度看，难度最大的是“气象情报对用户系统制约关系的分析方法”和“气象情报信息加工制作方法”。本编第三章已经专门讨论了气象信息服务产品的制作方法，这些方法，特别是各种诊断和解释方法原则上也适用于气象情报信息加工制作，这里不再重复。下面重点讨论气象情报对用户系统的制约关系的分析方法，以及在气象情报服务中比较重要的情报筛选方法。

(1)气象情报分析方法

情报分析是把整体分解为部分、复杂事物分解为各种简单要素，并把这些部分或简单要素进行研究，使事物或现象的多重属性和本质清晰地呈现出来的思维方法。气象情报分析的主要方法主要包括分析法、对比法。

①对比法。对比法就是用数据来反映、描述对比不同用户系统所处的气候特征，然后根据这些特征数值进行比较研究。这种方法在气候分析中常用。

图示对比法。图示对比法是通过反映对比气候特征的各种图像、图画、照片等，以反映气候之间的差异。图示对比法比较直观，能够简洁明了地反映对比的气候之间的差异、状态，并能够清楚地反映出天气、气候等的发展趋势。图示对比法常用于反映气候变化图表曲线、卫星遥感监测情报服务等。比如利用极轨气象卫星在第二遥感通道上十分明显水陆差异，可以用来监测冰雪覆盖、计算融雪量和径流、监测干旱和洪涝范围。在积雪监测中，还根据各个时期积雪覆盖图像资料，可以进一步分析出积雪分布特征、估算积雪深度和积雪量，以及积雪的维持状况、维持时间、消融过程等等。

指正对比法。指正对比法也称描述对比法。就是主要用语言文字表达对比天气、气候以及有关事物之间的差异与优劣。在必要时,可以辅之以数据和图形进行描述。当研究对象比较抽象或比较复杂,用数据和图表不易表达,或用少量数据、图表难以准确、完整反映时,可运用描述对比法。指正对比法常用于对天气、气候的定性分析,如在农业气象情报服务中,对农作物生长期天气综述、农作物生长发育与气象条件分析、主要农业灾害及其可能到来的影响,降水情报、土壤蒸发情报、土壤湿度情况、土壤墒情及其对农作物生长发育带来的影响等,这些就指正对比法的典型应用。

在运用对比法时需要注意:

·事物之间的可比性。比如两种事物的时间、空间和范畴要有某种共同的特征。例如一个地区冬天的气候情报与另一个地区夏天某一天的天气情报就不具有可比性;

·进行主要指标和本质的比较。这主要是抓住主要矛盾,面对大量的气象情报,对所有方面进行比较,一是工作量很大,二是可能很多毫无疑义。比如对一个地区夏季某一天天气进行评价,可能只需要对当天最高气温与历史纪录中的极端最高气温进行对比,而不必与平均气温、最低气温等都进行比较;

·多项指标进行比较。比如对某一年的天气气候进行评价,就需要对全年温度、降水以及它们的季节变化与常年同期进行比较。这样才能比较全面地反映当年的气候特征。

②分析法

因果分析法。从客观事物之间固有的因果关系出发,由原因推导出结果,或者由结果推导出原因的分析法就叫因果分析法。这种方法常用于气候评价和大气环境影响评价。比如在分析大气污染与天气气候的关系中,一方面要分析大气污染对天气气候的影响,另一方面要分析边界层气象条件对大气污染的影响。气象科学研究发现,城市工业废气、烟尘的大量排放,生成了大量的凝结核,使得离开大工业城市不远的下风向地区降水量明显增大地区。城市大量废热排放到空中,以及工业粉尘污染的双重影响,时的城市污浊的空气层对地面长波辐射的吸收较强,逆辐射也较强,倒支撑使近地层气温比周围农村要高,这就是城市热岛效应。在分析事物的因果关系时要遵循三项原则:

居先原则。主要指原因与结果在时间上先后相随,原因在前,结果在后;

共变原则。原因的变化引起结果相应地随之改变;

接触原则。原因和结果在空间上是相互接触的或由一系列中介事物的接触而衔接的。

上述三个原则从一个例子就可以得到清楚的说明。由于地球上工业的不断发展,大气中污染物越积越多,造成大气成分的改变,并引起大气辐射平衡的改变,这就引起了气候的变化。大气污染对气候影响比较突出的例子就是二氧化碳(CO_2)排放导致全球气候变暖。大气中 CO_2 并不能够阻碍太阳辐射通过大气层,但它能够吸收来自于地球的红外辐射,这就能够引起近地面层气温增高。地面空气变暖使得地面蒸发增强,大气水分增加,这又使得低层大气对红外辐射的吸收增强,也会使得地面气温增高。这些分析结果就成为城市规划、调整工业结构和布局等具有十分重要的决策参考。

相关分析法。相关分析法就是利用事物之间内在的或现象上的联系,从一种或几种已知事物来判断未知事物的方法。其中有逻辑相关分析法和数量相关分析法之分。这种分析方法常在气象资料难以获取或者获取不是十分完备的情况下运用,比如要在某地建立一个新机场,需要了解选址的风向、风力及其日变化,气温、地温及其日变化等,对被选地址进行长期观测并进行气候资料积累当然是来不及的,如果在备选地址附近恰好有气象观测站,并且已经积累了大量的历史气象资料,就可以通过在备选地址进行1~2年与观测站同步的现场观测,研究两地气象纪录的相关性,利用这种相关性,由观测站的历史气象资料可以分析出备选地址的天气、气候特点。气象观测站迁址,为保持气象资料的连续性,也常常采用这种方法。卫星遥感资料分析中也经常用到相关分析法。比如通过气象卫星进行森林草场的火灾监测,实际上利用卫星遥感红外通道获得地表温度信息,地表温度的异常升高就必然意味着该地有火灾发生,这就是采用相关分析法进行气象情报分析。由此我们也不难看出,间接性和经验性是相关分析法重要特点。

表象与本质分析法。这一方法的实质就是透过现象看本质。可以说,气象情报资料基本上都是通过气象探测所获取的反映大气状况的一些基本要素,如通过基本气象探测获取的气温、气压、空气湿度、风向、风力,通过卫星遥感探测所获取的可见光、红外云图等。这些都是反映大气状况和运动的表面现象。而提供用户决策所需要的气象情报绝不仅仅是这些表面的情况。比如科学家通过研究和长期观察发现了南极臭氧的异常,并进一步证实了南极臭氧空洞的存在及其年际变化。南极臭氧空洞的存在的确给了人类很严厉的警示,但是人们更多的还是要了解空洞的存在是一种自然现象还是与人类活动有着密切的关系,如果有联系,那么又是什么原因造成了空洞的存在等等。还比如,通过钻取冰芯,分析每个冰芯层所含气泡大气化学成分,以及由冰的特点分析出形成冰的气候特征,并找出它们之间的对应关系,由此与现在的大气化学成分和气候特点进行比较,可以判断出历史气候变化特点以及导致气候变化的主要因素。表象与本质联系法的最大优点就是不受表面形式的束缚,而主要依靠和借鉴事物的内在原理。

(2)气象情报筛选方法

进行情报筛选是情报服务工作中比较重要的环节。进行情报筛选主要是对情报源特性以及情报源内容进行评价。情报筛选的具体的技术方法包括综合和提炼。

①提炼。提炼可分共性提炼、特性提炼、典型提炼三种,现分述如下:

共性提炼。是指从反映大气状况不同时间、不同空间或不同性质的气象资料中,寻找相同的特点和规律。从气候角度来看,尽管地方不同,但也可以提炼出一些共性。比如竺可桢利用历史文献进行历史气候研究,在中国首次提出了季风系统的概念,并确立了中国八大气候区。寻找这些共性,对于优势作物引种是非常有价值的。例如专家通过分析宁夏的自然气候特点,发现其在气候类型(具有地中海式气候的一些主要特点)、温度(昼夜温差大等)、日照(时间长、强度均匀)、土壤特点(半沙质土壤)等方面与生产酿酒用葡萄的法国波尔图十分类似,而葡萄产业在我国还处于发展的初期,具有十分广阔的前景,二是就决定在宁夏引种葡萄。到目前,葡萄产业已经成为宁夏的支柱产业。共性提炼常用的方法是概括比较、求同思维等。它多用于气候区划等情报分析中。

特性提炼。特性提炼是指从反映同一事物,并具有大致相同状况的气象资料中,从时间、空间或性质状态中寻找不同的特点和规律。比如气象要素是决定大气污染物浓度分布最主要的因素,因此归纳和整理评价区的有关气象资料,形成评价区气候背景情报,以进一步分析大气污染的潜势和计算评价区的污染物浓度分布。提炼常用的方法有比较、分析、图示、求异思维等。特性提炼多用于大气环境影响评价、气候诊断等。

典型提炼。典型提炼是指从反映同一事物,但时间、空间、性质和状态等方面存在某种差异的气象资料中,选出一种或几种比较典型的具有类似特点和类似条件并可用来借鉴的气象情报。比如专家通过长期观察和对比分析,发现南极臭氧存在极小值的显著变化,并由此揭示了南极臭氧空洞的现象,臭氧的异常变化将进一步影响到大气层对太阳射线的吸收,进而对人类生存环境以及气候变化带来影响。再比如许多国家曾大面积开垦荒原扩大耕地面积,这种做法有什么经验教训?是否值得仿效?前苏联1950~1960年大力开垦荒地,由于毁坏森林,未采取保持水土措施和农作物连作制,使垦区干旱多风的自然条件更为恶化,以至于土壤风蚀日益严重,对环境造成了极大的破坏。通过这一典型案例分析,也就为我国干旱区荒漠治理改造提供了有益的经验教训。典型提炼的常用的方法就是调查、比较和枚举。典型提炼常用于气候环境评价、人工影响天气作业效果检验、人类活动对气候变化的影响等。

②综合。综合是研究气象情报和用户系统制约关系的一种基本方法,也就是把通过各种方法获取的初步资料或成果集中起来,并利用其他方面的补充资料帮助鉴别、理解,综合成对制约关系的系统认识。通过综合加工,能够使认识更加系统化,从而能够概括出更为准确的气象情报因子。

四、气象情报系统建设

气象情报系统建设是开展气象情报服务的基础和前提。气象情报系统建设包括基础设施建设、人才队伍建设以及相应的科技开发、政策制定等。

1. 基础设施建设

在基础设施建设当中,比较重要的是气象情报采集系统建设、气象数据库建设、服务网络建设、服务产品开发系统建设、情报解释应用系统建设,其中既包括硬件建设,也包括软件建设。

2. 气象情报服务政策

由于气象情报服务比其他信息服务更容易受到相关政策的影响,这里再用些篇幅谈一谈气象情报服务的政策问题。

①技术政策——气象情报源集约化发展。面对环境(地球)科学的发展趋势及有关学科日益融合的现状,社会经济的发展已将可持续发展问题提到了战略高度,应当按照集约化发展的要求,从根本上解决各部门、各单位在气象情报资料以及相关领域存在的资源浪费、重复劳动等问题。迫切需要建立一个综合的全球观测系统及相应的国家级地球环境情报资料库和资料管理体制,集中力量对诸多方面地球环境进行有效观测,对所获取的资料进行综合、加工、处理和管理,并在现有条件基础上对基本观测站网的布局、观测业务、技术标准、资料交换等方面进行规范和调整,建立完整的地球环境情报资料体系及相应的服务体系。并通过完善管理体制,改变地球环境情报资源的部门所有制。

②经济政策——基本气象资料的免费和无限制交换。科学、完善的气象情报资料经济政策不仅关系到基本气象业务系统各单位之间实现资源共享,化解矛盾,加强合作,也关系到气象国际合作,关系到未来气象服务的发展。首先,气息资料是国家的宝贵资源,具有明显的公益性和基础性特质,因此,气象情报源建设和维持必须由国家财政支持和保障。其次,大气的无国界性决定了开展气象情报、预报服务不是凭哪一个国家自身力量就能够完成的,任何一个国家也不可能获取、占有所有的气象情报资料。基于这一认识,国际气象界经过长期的奋斗,建立并努力维持着基本气象资料国际间免费和无限制交换、提供的基本原则,这一原则还必须继续坚持。实现气象情报资料共享是提高气象情报资料使用效率和应用效益的根本途径,因此,当前国内也迫切要求尽快建立统一的气象情报资料提供政策、收费政策,规范资料提供和利用行为。

③实施步骤。实现上述技术和经济政策,主要的实施步骤包括:

·建立一个国家的政府组织或部门,负责建立和发展地球环境情报资料系统;

·研究并设法满足情报用户的基本的或专门的气象情报要求;

·建立气象情报网络,特别要注意标准化问题和情报技术的统一性,促进有效地利用和自由地获取现有的情报资源;

·根据气象情报资料加工和传播方法的不断变化对气象情报专家和气象情报用户进行长期的培训和教育,组织气象情报领域的基础研究;

·加强与国际气象情报系统的有效合作;

·经常地和定期地分析与评估气象情报活动的进展情况,目的在于改进现有计划和发展规划。

第三节 气象情报服务技术方法举例
——实时气象情报服务技术方法

根据气象情报服务的基本原理和气象情报的分类,本节将以实时气象情报服务,通过举例来说明气象情报服务的专业化加工问题。这里举通过对卫星遥感资料加工监测沙尘暴的技术方法。

一、沙尘暴气象情报信息用户及其制约关系

沙尘暴尤其是强沙尘暴是一种突发性自然灾害,往往在极短时间里给受灾地区的自然环境和人民生命财产造成极大的破坏性损失。沙尘暴作为一种极端的天气现象,它不仅直接影响到沙尘暴发生范围内居民生活、工农业生产,危及公众生命财产安全,破坏交通、通信等基础设施,还对其所过之地环境带来严重的污染,并引起某些疾病爆发。

1. 对用户系统的制约关系表现为严重地危及有关用户的效益

沙尘暴主要危害方式包括:大风灾害、风蚀沙割、沙埋、冻害、引发火灾等。

沙尘暴危害和影响的主要方面包括:危害农业生产、危害牧业生产、危害工业生产、危害交通、中断通讯、毁坏设备、火灾、人员伤亡、环境污染等。

2. 沙尘暴情报信息服务对用户系统调控的作用

由沙尘暴危害的主要方面可以看出沙尘暴气象情报服务用户范围十分广泛。根据气象情报服务的基本原理,沙尘暴气象情报对用户系统调控的作用主要体现在两个方面:一是作为用户系统防灾调控依据。根据提供沙尘暴气象情报,政府部门可以及早动员和组织防灾救灾,居民可以及时采取保护性措施避免人员伤亡和财产损失,工农业生产部门可以有针对性地采取防范措施,如电力企业暂时停止供电、石油天然气企业停止管道输送油气,交通运输部门暂停一切道路运输,尤其是危险品货运和客运,农业生产单位采取措施固定大棚抵御风吹和沙石打击等等;二是作为调控用户系统的气候环境的工程决策依据。通过监测并提供沙尘暴情报信息(规模、频次、范围等),可以反映出地区性自然环境状况及其变化趋势,利用因果分析法,直接揭示沙尘暴发生区域地表植被恶化状况的机理,为制定和改造生态环境,从而从根本上抑制沙尘暴的发生、发展提供决策依据。2000 年上半年北京地区连续发生沙尘暴和扬沙天气,引起了党中央、国务院对西北地区植被环境的高度重视,因此将退耕还林、植树种草等改善西部地区生态环境作为西部大开发的重点。

二、沙尘暴情报技术方法体系

作为具有重要代表性的一类气象情报服务,同其他气象情报服务一样,沙尘暴情报技术也包括沙尘暴情报用户分析方法、沙尘暴情报获取技术方法、沙尘暴情报筛选技术方法、沙尘暴情报分析技术方法、沙尘暴服务技术方法以及沙尘暴服务效益评估技术方法,具有比较完整的技术方法体系,如图 20.4 所示。

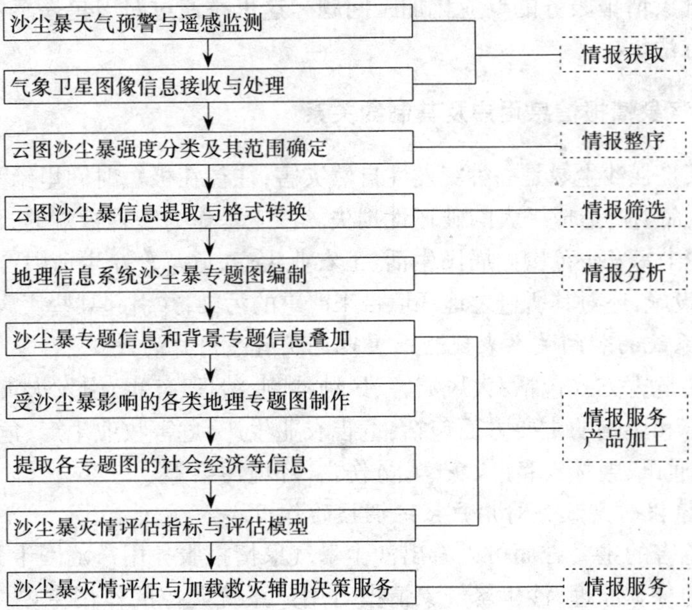

图 20．4　沙尘暴情报服务技术方法体系

三、沙尘暴情报技术方法

1．沙尘暴情报获取

对于沙尘暴情报服务，用户防灾所需的气象情报控制因子是比较明确的，就是要求提供准确的（包括沙尘暴范围、强度以及持续时间等）沙尘暴气象情报。提高沙尘暴气象情报服务的技术关键是如何获取和制作出符合用户需求的这种情报。仅有地面常规气象观测很难对沙尘暴的范围和强度做出准确监测。由于沙尘暴发生地多偏远荒凉，又是小概率事件，常规方法难以观测及反映其发生规律和过程的全面资料，而充分利用气象卫星遥感技术以及地理信息系统可以对沙尘暴进行遥感监测、短时预警以及对灾情做出评估。通过 NOAA 卫星多通道光谱原理实现了提取沙尘暴信息的方法，利用相关分析法，并依据大气辐射传输理论基础，用 Monte-Carlo 方法及 Junge 谱分布模式理论可以推导出沙尘气溶胶光学厚度及其大气含沙量。由此进一步的获知有关沙尘暴的情报信息。

2．沙尘暴情报信息加工

沙尘暴情报信息并不是直接观测的信息，而是通过对大量遥感信息的加工、分析，采用对比方法加工提炼得出的。

首先利用 AVHRR/NOAA 5 个通道（CH1～5）监测卷云和低云（雾），并进行地表识别。卷云高度很高，云顶温度低，由冰粒子组成，具有半透明特性，根据 Planck 的非线性原理,使用 $T_{CH4}-T_{CH5}>0$ 来监测卷云的存在(T_{CH4} 和 T_{CH5} 代表两个通道的亮温)。低云由水粒子组成,光学厚度厚,CH1 比 CH2 对太阳光的反射能力更明显,有一反射峰值区在。使用 CH2/CH1 < 1 来检测低云(CH1 和 CH2 代表两个通道的反照率)。地表识别则直接使用晴空条件下 CH4 测量的地表亮度温度代替(T_{CH4})。

其次进行沙尘暴区的筛选(判识)。测量发现,在 3.7μm 和 11.0μm 波长上,沙尘的折射指数存在很大差异(Ackerman,1989),在 11.0μm 上的折射指数的虚数部分近似的按大小排列,这个序列要大于 3.7μm 上的序列。所以,沙尘在这些波长上表现出的等黑体温度存在较大的差异,这就为确定和追踪沙尘暴提供了方法。同时分析 AVHRR 其它光谱通道,也有监测沙尘暴的能力。对 NOAA/AVHRR 多通道进行分析,并配合地面观测资料,可以判识一般的扬沙、浮尘区和沙尘暴区。由此筛选出沙尘暴基本情报。

3. 沙尘暴基本情报的再加工——含沙量的测算方法

分析沙尘暴情报,主要是进行沙尘暴光学厚度和载沙量计算。依据遥感结构方程和大气辐射传输理论,模拟计算沙尘性高浑浊度大气或沙尘暴的反射率,参考红外数据和有关因子可解出沙尘气溶胶光学厚度,进而得出扬尘天气过程或沙尘暴的大气含沙量。

卫星瞬时视场接收的反射率可以表示为:

$$R(\mu_s,\mu_v,\varphi_v)=t_d(\mu_s,\mu_v,U_{O_3})t_d(\mu_s,\mu_v,U_{H_2O})\times\frac{R_{a,m}(\mu_s,\mu_v,\Phi_v)+R_{a,a}(\mu_s,\mu_v,\Phi_v)+T(\mu_s)T(\mu_v)R_g(\mu_s,\mu_v)}{1-R_e\cdot A_s\cdot t_d(\Delta U_{H_2O})} \tag{20.1}$$

(20.1)式中 $R(\mu_s,\mu_v)$ 为卫星接收的反照率,μ_s,μ_v 分别是太阳天顶方向和卫星天顶方向;t_{O_3} 和 t_{H_2O} 分别是臭氧和水汽的漫射透过率;$R_{a,m}$ 和 $R_{a,a}$ 分别为大气分子反照率和大气气溶胶反照率;R_e 和 R_g 分别是遥感目标环境对卫星视场的作用和地面反照率;A_s 为大气球面反照率;$T(\mu_s)$ 和 $T(\mu_v)$ 分别是日地路径和地星路径上的总透过率。

通过分析可以知道,对于 NOAA-AVHRR 的 CH1(0.58~0.68μm),有 O_3 吸收带和弱 H_2O 吸收。随着扬沙强度和沙尘暴强度的增加,空气中大粒子($r>1\mu m$)的浓度急剧增加,大粒子的散射、消光特征起了主导作用。设沙尘气溶胶层是平面平行气层,散射光为无偏振自然光,引入衰减因子 $\beta(r=10\mu m)$ 和 AVHRR CH3 与 CH4 的亮温以及 HG 相函数 $P_{HG}(\cos A)$。

由以上关系,利用相关分析法,用 Monte-Carlo 方法模拟计算逐像元沙尘气溶胶的反照率和吸收率。引用 Junge 谱分布模式 $n(r)=Cr^{-(v+1)}$,r 为粒子半径,v 为参数,及其光学厚度,利用公式:

$$M=\rho\left(\frac{4}{3}\right)\pi N_c\int_{r_1}^{r_2}r^3n(r)\mathrm{d}r \tag{20.2}$$

可解出逐像元沙尘粒子总质量。通过这一方法计算出的1999年4月24日新疆南部沙尘暴光学厚度为2.0～5.0；载沙量为20～90t/km²。如图20.5～图20.7所示。

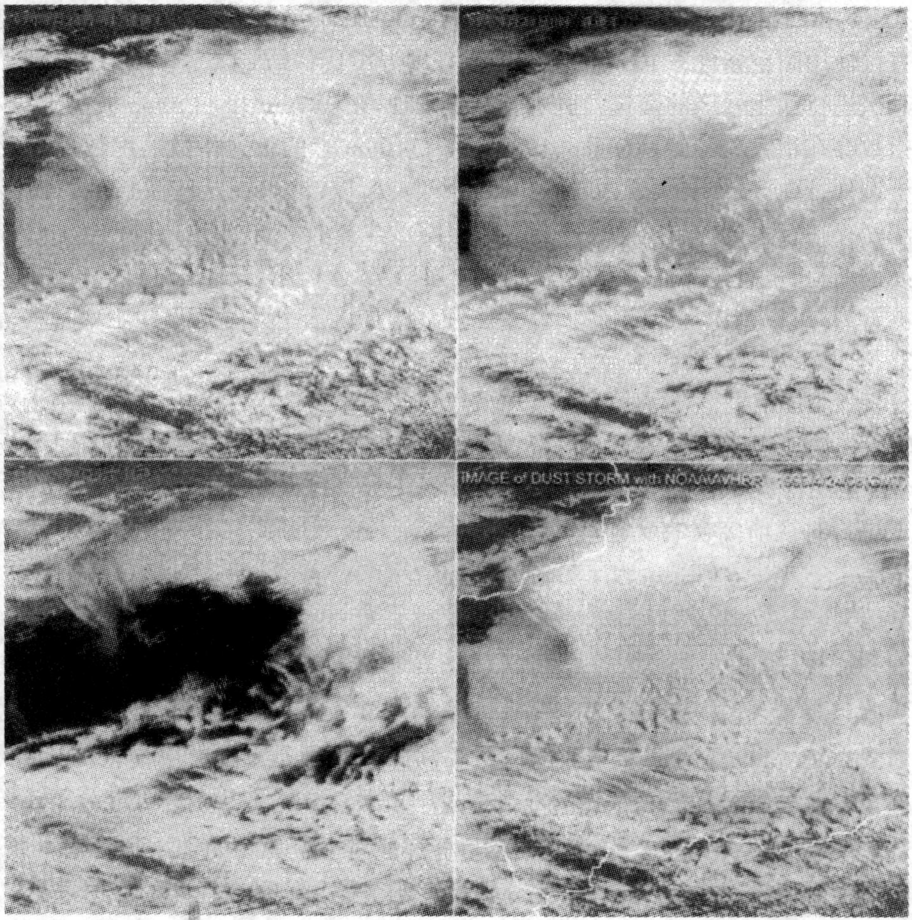

图20.5　1999年4月24日南疆沙尘暴图像

4．沙尘暴情报影响评估方法

以沙尘暴情报服务于决策为例，其服务产品主要包括沙尘暴灾害影响和经济损失评估。

①损失评估。沙尘暴灾害经济损失的评估方法主要采用影子工程法、替代市场价值法、市场价值法、恢复和防护费用法等方法来估算，其数学表达式为：

$$M_i = f(Q_iP_iV_i) \qquad (20.3)$$

其中 M_i 为第 i 项货币损失值，Q_i 为造成损失的数量，P_i 为造成损害的单位产品市场价格，V_i 为第 i 向损害的各个不用变量。

②灾情评估。沙尘暴灾情评估建立在研究沙尘暴发生机理、气象卫星遥感监测沙

尘暴信息的识别、分类及提取和沙尘暴成灾作用基础上。

图 20.6　1999 年 4 月 24 日沙尘暴过程光学厚度图

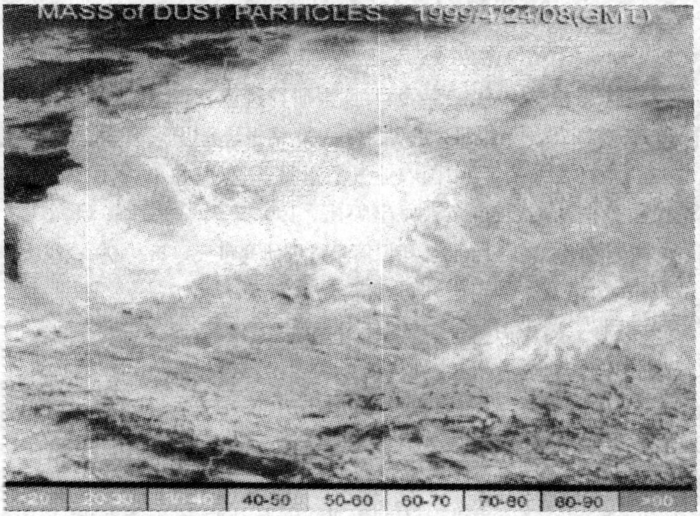

图 20.7　1999 年 4 月 24 日沙尘暴过程载沙量图

5. 沙尘暴情报服务

沙尘暴情报主要包括公众服务和决策服务。其服务流程如图 20.8 所示。

由以上实例可见，气象情报服务绝不是简单地将基本气象资料提供给用户，而是需要根据用户的特点的需求，在基本气象资料基础上，进行专业化的加工制作，向用户提供专业化的气象情报信息。在本例中地面观测资料的精度达不到用户的需求，而从气象卫星上接收下来的基本信息如不做专业化加工，也得不到符合用户需求的高精度的

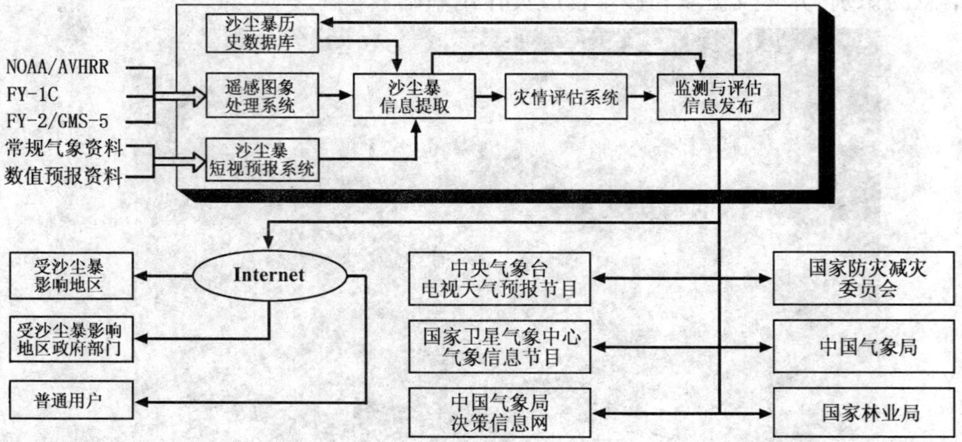

图 20.8　气象卫星监测沙尘暴与灾情评估业务系统总体设计

沙尘暴信息。所以,提高气象情报服务技术水平的关键是在揭示制约关系的基础上进一步加工制作出专业化的气象情报信息服务产品。

参 考 文 献

[1] 朗诵真,情报研究现状及发展综述,231~264,情报研究进展,科学技术文献出版社,1998。

[2] 邹志仁、孙建军,90年代以来我国情报研究进展,217~230,情报研究进展,科学技术文献出版社,1998。

[3] 太华杰、姚克敏、刘文泽、娄秀荣等,中国农业气象情报概论,气象出版社,1994。

[4] 何苏照主编,情报服务理论实践,广东人民出版社。1994。

[5] 严怡民,关于情报学理论研究的几个问题,知识信息管理研究进展,178~199,武汉大学出版社,1998。

[6] 朱庆华编著,情报系统,南京大学出版社,1995。

[7] 周军编著,情报研究引论,蓝天出版社,1999。

[8] 严怡民、刘晓敏、丰承君、秦季章、何军,现代情报学理论,武汉大学出版社,1996。

[9] 邹兢蒙、温克刚主编,中国发展全书·气象卷,红旗出版社,1997。

[10]《航天技术与现代社会》编委会编,航天技术与现代社会,宇航出版社,1996。

[11] 梁鸿光编,减灾必读——献给"国际减灾十年(1990~2000)"活动,地震出版社,1990。

[12] 中国气象局气象服务与气候司编著,'98中国大洪水与气象服务,气象出版社,1999。

[13] 董超华主编,气象卫星业务产品释用手册,气象出版社,1999。

[14] 中国气象局国家卫星气象中心编,国家卫星气象中心在西部大开发中大有作为,中国气象报,2000年4月27日第三版。

[15] 国家卫星气象中心、北京大学遥感技术应用研究所编,气象卫星影像环境动态分析图集,科学出版社,1992。

[16] 国家气象局卫星系统中心编,风云一号气象卫星(FY-1A)图集,气象出版社,1990。

[17] 李郁竹主编,冬小麦气象卫星遥感动态监测与估产,气象出版社,1993。

[18] 孙承咏编著,环境学导论,中国人民大学出版社,1994。

第二十一章　气象信息服务营销技术

第一节　气象信息服务产品的包装技术

大多数物质产品在从生产领域流转到消费领域的过程中,都需要适当的包装。包装工作是整个商品生产的一个重要组成部分。所谓包装,就是对某种产品的容器或包装物的设计和制造活动。

气象信息服务产品是一种信息类消费产品。气象服务产品的包装概念是近年来在气象服务工作实践中提出来的,并在气象服务实践中得到了广泛的应用。气象信息服务产品的包装是指对经过专门加工制作的专业化气象服务信息产品的包装,其作用是使这些气象信息产品能直观、形象、通俗、方便地为用户所接受。因此,气象服务产品的包装应该指气象服务产品的生产者根据不同的用户而对气象信息服务产品外在表现形式的一种创作。

一、气象信息服务产品的包装技术

过去,在多年的气象服务工作中,气象服务产品粗放型经营问题没有引起足够的重视。在气象服务工作中对气象信息产品的后处理工作重视不够,致使气象服务产品包装针对性不强,包装的形式和内容都缺乏特色,有的包装非常粗糙,甚至没有包装,在一定程度上影响了气象服务的效果,也在某种程度上降低了气象服务产品的使用价值。

产品的包装构成一般分为首要包装(即产品的直接包装)、次要包装(即保护首要包装的包装物)和装运包装(为便于运输、识别某些产品的外包装)。如牙膏的包装,其首要包装为铝质或塑料的牙膏皮,次要包装为牙膏的纸盒,装运包装为包装一定数量牙膏的纸箱等。气象服务产品的包装也有类似的情形。信息产品的包装不一定像物质产品那样能样样都区分得很清楚,但包装的基本构成形式还是存在的。

产品包装的作用主要有两个:一是保护产品,不致损坏;二是促进销售。气象信息服务产品的包装主要侧重于促进销售,并且已经成为吸引消费者和促进市场营销的一个重要手段。

改进气象服务产品包装有以下几方面的意义:

①有利于改进用户对服务产品内容的理解。一件好的气象服务产品应当使用户对所阐述的内容理解正确和全面。所谓理解正确,是指用户对气象服务产品所明确指示

内容要有明白无误的理解。所谓理解全面，是指导用户对气象服务产品所指示的内容的理解不应有疑义或异义。

②有利于提高决策服务产品的整体质量。气象服务产品质量的提高，有赖于制作水平和制作工艺的现代化。同时，也有赖于服务产品的包装水平。包装的好坏不仅代表了服务产品的外部形象，它也是气象信息服务产品的整体质量的有机组成部分。

③有利于提高气象服务的整体规范化水平。以往的气象服务产品在表现形式上具有较大的随意性，符号、色彩、表格形式不规范，图示、图标不准确，文字术语不规范，给用户在理解和使用上带来了很多的不方便。用户反映天气预报有时不甚准确，一方面有预报不准的问题，另一方面也存在着解释不确切、理解有偏差的问题。而这个解释不确切就是包装研究所要解决的问题。

④增加用户对气象服务产品的兴趣和注意力。这是气象服务产品包装的一个主要作用。一个包装精美的气象服务产品一方面可以引起人们的兴趣，更引人入胜。另一方面可以增强可读性、可视性，增加用户对气象服务产品的注意力。例如，1997 年中央农村工作会议上，中国气象局提供了一份图文并茂的气象服务材料。据了解，当时在会场上的绝大部分同志都很有兴趣地认真阅读了这份材料。

二、气象服务产品的常用包装方法

1. 气象服务产品包装常用方法

气象服务产品包装有如下常用的几种方法：

①文字说明。这是气象服务产品包装最常用的方法。但使用文字说明，并不等于将气象预报产品照搬过去，不做任何的处理。文字说明要针对用户的特点(需求热点、文化背景等)，既准确又易懂。

②图形说明。这也是经常使用的一种方法。特别是天气预报的各种解释，采用图形的方法更容易说明。采用图形的方法特别要注意不要复杂化。否则，复杂的图形更容易使用户在理解上发生困难。常用的方法有等值线图、曲线图、圆饼图、直方图、流程图等。

③图像显示。图像对于显示遥感监测、卫星云图等有很好的效果。图像显示中需要注意的是图像的颜色要尽量统一。如果用红颜色表示干旱，蓝颜色表示水涝，就应该在各种图像中都使用这个图例。而不要这张图用那个颜色，容易使用户产生误解。

④多媒体显示。计算机服务终端、投影屏幕、幻灯片、因特网等都采用这个方法。这是今后气象信息服务产品包装发展的一个重要方向。

2. 改进气象服务包装的经验

改进气象服务包装的方法很多，各地气象部门在工作实践中创造了许多好的经验。例如：

①要围绕领导关心的热点，突出重点，既泛而杂。气象本身就比较复杂，再加上预

测就更是变化多端了。因此,在一份气象服务产品上罗列了很多的内容,一方面使用户在理解上增加了问题的复杂性,另一方面也可能分散了重点,使要阐述的问题反而没有讲清楚。

②气象服务产品要多用图形、图像表示。气象服务产品中有许多内容用文字表述很困难,但使用图形、图像就简单多了。尤其是对一些天气过程和气象现象的描述。例如,1998年汛期,江泽民总书记想了解厄尔尼诺现象,国家气候中心制作了一份图文并茂的服务材料,很好地说明了问题。对于像厄尔尼诺与中国降水关系这样的问题,用图形表示效果就会远远好于文字说明。

③文字要简炼、浅显易懂,少用专业性强的术语。在气象服务产品中说明性的文字是必不可少的。这里指的是必要的说明和解释是必不可少的。许多气象服务产品需要用图形形式表示,但是图形如果没有必要的文字说明,用户就很难准确和全面理解了。相对来说,气象是小专业。其他部门的同志,特别是使用气象服务产品的用户,对气象领域了解较少。因此,我们的服务产品如果过于专业,势必会影响到服务的质量。我们有些气象服务产品送到国务院或有关部门的领导同志手中,反馈回来的信息还是“太专业”,理解上有困难。因此,如何用简明的语言或图示说明复杂的问题是气象服务产品包装中要研究的一个重要问题。

④动态显示的效果要优于静态的文件形式。用电脑动画、电视片、幻灯等手段,特点是利用多媒体技术制作的动态气象服务产品要比静态的更直观、更能说明问题。实践证明,用电脑动画、电视片等形象、生动的表现形式所制作的气象服务产品,其效果要明显优于传统的文字报告。

第二节　气象信息服务产品的品牌

在产品的营销技术中,除了良好的包装外,品牌也是非常重要的一个方面,是市场营销组合战略的重要组成部分。毫无疑问,气象信息服务产品也需要树立自己的品牌,力争创造自己的名牌。

一、品牌意识

关于品牌,有关市场营销学著作中都有不少论述,这里仅引用郭国庆主编的《市场营销学通论》中关于品牌的一段话:

“所谓品牌,也就是产品的牌子。它是销售者给自己的产品规定的商业名称,通常由文字、标记、符号、图案和颜色等要素或这些要素的组合构成,用作一个销售者或销售者集团的标识,以便同竞争者的产品相区别。品牌是一个集合概念,包括品牌名称、品牌标志、商标。所有品牌名称和所有商标都是品牌或品牌的一部分。品牌名称是指品牌中可以用文字表述的部分。品牌标志是指品牌中可以被认出,但不能用文字表述的部分。

品牌的整体含义。品牌实质上代表着卖者对交付给买者的产品特征。利益和服务的一贯性的承诺。最佳品牌就是质量的保证。但品牌还是一个更复杂的象征。品牌的整体含义可分成六个层次:

①属性。品牌首先使人们想到某种属性。因此'奔驰'牌意味着昂贵、工艺精湛、马力强大、高贵、卖价高、速度快等。

②利益。品牌不止意味着一整套属性。顾客不是在买属性,他们买的是利益。属性需要转化成功能性或情感性的利益。耐久的属性可转化成功能性的利益:'多年内我不需要买一辆新车。'昂贵的属性可转化成情感性利益:'这辆车让我感觉到自己很重要并受人尊重。'制作精良的属性可转化成功能性和情感性利益:'一旦出事时我很安全。'

③价值。品牌也说明一些生产者价值。因此,'奔驰'牌代表着高效、安全、声望及其他东西。品牌的营销人员必须分辨出对这些价值感兴趣的消费者群体。

④文化。品牌也可能代表着一种文化。'奔驰'汽车代表着德国文化:组织严密、高效率和高质量。

⑤个性。品牌也反映一定的个性。如果品牌是一个人、动物或物体的名字,会使人们想到什么呢?。'奔驰'(Benz)可能会让人想到严谨的老板、凶猛的狮子或庄严的建筑。

⑥用户。品牌暗示着购买或使用产品的消费者类型。如果我们看到一位20来岁的秘书开着一辆'奔驰'时会感到很吃惊。我们更愿意看到开车的是一位55岁的高级经理。

所有这些都说明品牌是一个复杂的符号。如果公司只把品牌当成一个名字,那就错过了品牌化的要点。品牌化的挑战在于制定一整套品牌含义。当公众可以识别品牌的六个方面时,我们称之为深度品牌;否则,只是一个肤浅品牌。'奔驰'就是一个深度品牌,因为我们能从六个方面理解它;'奥迪'的品牌深度差一些,因为我们不太容易了解它的独特利益,个性和用户特征。

了解了六个层次的品牌含义,营销人员必须决定品牌特性的深度层次。人们常犯的错误是只注重品牌属性。但是购买者更重视品牌利益而不是属性;而且竞争者很容易模仿这些属性。另外,现有属性会变得没有价值,品牌与特定属性联系得太紧密反而会伤害品牌。

但是,只强调品牌的一项或几项利益也是有风险的。假如'奔驰'汽车只强调其'性能优良',那么竞争者可能推出性能更优秀的汽车,或者顾客可能认为性能优良的重要性比其它利益要差一些,此时'奔驰'需要调整到一种新的利益定位。

品牌最持久的含义是其价值、文化和个性。它们构成了品牌的实质。'奔驰'代表着'高技术、杰出表现和成功'等等。奔驰公司必须在其品牌战略中反映出这些东西。如果奔驰公司以'奔驰'的名称推出一种新的廉价小汽车,那将是一个错误,因为这将会严重削弱奔驰公司多年来苦心经营的品牌价值和个性。"

这一段文字至少表达了这样几层意思:

①品牌是一个集合概念,是商品的重要标志。生产者除了要努力提高产品的质量外,也要重视商品的品牌;

②品牌是一个复杂的符号,它的整体含义有六层。其中价值、文化和个性构成了品牌的实质。品牌代表了企业的文化,是企业特性的突出表现;

③品牌是一种资产,企业应当重视对品牌的培育和投资。

二、气象信息服务产品的品牌问题

气象信息服务产品作为一种信息服务产品,也要有自己的品牌,气象服务人员要有品牌意识,要积极创造气象服务产品名牌。

从广义的产业概念来讲,气象服务属于第三产业,但是气象信息服务产业中包括两类不同性质的服务,为首的是为政府和广大公众服务的公益性气象服务,此外也还有面向市场的商业性气象服务。为了充分发挥公益气象信息服务产品的效益,必须设法使用户能够更深刻地认识所提供的产品,设法使用户对我们的产品建立信心,高度重视并能科学地应用这种产品。从这种意义上讲,公益气象服务产品也有一个“品牌”问题。我们应当学习和借鉴商家在创造品牌方面的思路和成功的经验,使公益性气象服务产品的内在质量和包装能够更好地体现“准确、及时、主动、科学、高效”的公益气象服务产品的特征。

和其他商品类似,创造商业性气象服务产品的品牌是一个重要的营销技术问题。由于我国商业性气象服务市场正处发育初期,这方面尚缺少经验,甚至连品牌意识都还有待逐步建立。这方面需要大力学习和借鉴国内其他行业和国外气象市场的经验。随着气象市场的培育和开放,在激烈的市场竞争中,我们必须努力创造自己的商业性气象服务产品的品牌,这不仅是开拓国内市场的需要,也是进入国际气象市场的基础。

三、如何树立气象服务产品品牌

树立气象服务产品的品牌有两层含意:一是要建立良好的企业形象;二是要规范气象服务产品的种类,努力创造服务产品的名牌。

良好的企业形象是推销企业产品的重要环节。近年来,国内企业纷纷重视企业形象设计和品牌战略。企业的品牌战略是与企业的整体形象设计分不开的。就气象服务产品的品牌而言,也需要首先考虑采取何种品牌战略的问题。品牌战略有:品牌有无战略、品牌统分战略、品牌扩展战略和多品牌战略等等。无品牌战略,就是企业的产品没有特定的品牌。这是低档产品通常使用的战略。显然,这些战略不适用于气象服务产品。多品牌战略是指企业同时使用两种或两种以上的品牌。这种战略的好处是可以占有更多的市场份额,拓展企业的形象。另一种战略就是品牌的统分战略,即:在企业统一的大品牌下，分别采取个别品牌、统一品牌、分类品牌等。气象服务产品的品牌战略似应采取统分战略。

对于集团化的商业性气象服务实体，采用统分战略是比较合适的。这种做法的好处是有利于塑造集团的整体形象，同时个别品牌的建立也有利于在整体形象下，有针对性地做好个别品牌。个别品牌的战略有利于调动集团内部各实体的积极性，是提高气象服务产品质量的一种好方式。

值得注意的是，采取统分战略，原则上对分类产品在数量上要有所控制，不能太多。否则，将会影响到整体形象。

第三节　气象服务产品的宣传和用户培训

一、气象服务产品的宣传

气象服务产品的宣传有助于提高用户对气象信息产品的关注、认识和理解，从而正确的使用气象服务产品，创造其应有的价值。

1. 宣传的含义

所谓“宣传”是指运用正确的观念和主张以影响人们的思想与行为的社会活动。通过宣传可以缩小宣传者与宣传对象之间的思想观念上的距离，使宣传对象对某一问题的认识或态度与宣传者接近或达成一致。

气象服务产品宣传的目的，在于使宣传对象（社会公众和用户）对气象服务产品有正确理解和认识，从而达到正确应用气象信息产品的作用，发挥其应有的效益和价值。由于气象信息产品不同于一般的有形产品，对它的性能、特点有时不能一目了然。为此，对气象服务产品的宣传显得特别的重要和必要。

2. 信息产品的一般特性

信息是一种具有经济价值的资源，是知识和有用消息的增量或积累。从狭义上理解信息是指以物质载体为媒介反映出来的一种新的有用的知识和消息。它是客观实际存在的东西，可以被人们感知、认识、传播、存储、交换、处理和利用。

气象信息产品具有信息产品的一般特性和作用，并有以下特性：

①扩充性。气象信息随着时间和空间的不断变化，其信息也在不断的获得扩充和发展。也就是说气象服务产品的生产正是气象信息的不断扩充和综合。加强气象产品的宣传，就是要使用户了解气象信息产品随时间和空间不断变化的特性。因此，在使用产品时要特别注意时间和空间的界线。

②浓缩性。气象信息可以通过加工、整理、概括、归纳加以浓缩。气象服务产品的生产过程正是气象信息提炼、浓缩的加工过程。不同的气象产品的生产有不同的工艺过程，

因而也就有气象信息的提炼、浓缩过程。因为气象信息产品的提炼、浓缩是从地面到高空,陆地到海洋全球范围的气象信息采集加工而成的,可见气象产品的浓缩来之不易。

③传播性。气象信息的流通需要通过一定的载体传递和扩散,才能使气象信息充分的发挥其功能的内在根据。例如我国的公众气象服务就是通过报纸、电话、广播和电视等大众传播媒介来进行扩散和传递,并发挥其作用的。

④社会占有性。气象信息同其它信息一样不能被独占。通常情况下,人们所获得的信息会逐步变为通用的资源,为社会所共享和占有,气象信息更是如此。如气象公益产品所提供的信息,一开始就具有社会共享性。但在气象服务产品宣传时,应该说明专用气象产品作为生产要素,却具有独占性的,不同的行业必须使用不同的专用气象产品,专业用户不要有所误解。

更重要的是气象信息产品只有通过用户应用后才能实现其效益和价值,所以对于气象信息产品的宣传,非同一般。必须在广度和深度上下功夫,除让用户充分认识气象信息与自身的关系外,同时还要正确认识和理解气象信息的有关常用的专业术语和常识,以便用好气象信息产品。

3. 无形产品的特殊性

气象信息产品是无形产品,显然与有形产品有很大的不同。主要表现在信息产品具有可转换、可压缩、可共享、与载体不可分、可传递等有形(物质)产品所没有的特殊性。另外,信息产品要求传递速度更快,以保持其时效性。时效性的强弱决定着信息有效期的长短,其价值随着时间的推移而递减,超过有效期的信息会失去其价值。时效性强的信息则只能在较短的时间内有用,气象信息尤其如此。信息产品的表达和传递需要有某种物质媒介来承载,这种媒介物质称之为信息载体。

信息载体包括语言、文字、图书、符号、数据、公式、图像等等。它必须有一个基本属性——可识别性。为信息产品的宣传创造了条件。

①信息产品可以直接记录的物质载体,有纸张、磁带、光盘等。这样就把无形的产品转化为看得见,听得见的有形产品的表达形式,便于广泛的交流和宣传。

②各种声、光、电等,它们作用于信息载体,将承载的信息进行传递,最后再转化到纸张、磁带、光盘等物质载体上。为信息产品快速的转换和传播,采用各种宣传方式创造了条件。

③电子计算机它作为一种人工智能机器,是人脑某些功能的延伸和扩大,可以加工、处理、储存和分发各种信息。为信息产品的宣传的自动化和现代化奠定了基础。

4. 气象服务产品宣传的特点和形式

气象服务产品的宣传都依附于信息传播的媒介或载体,因此,它们的特点和形式就由媒介的特点和性质所决定。

目前,信息传播的主要媒介,包括报纸、杂志、广播、电视以及发展迅速的寻呼电话和因特网等等，都各具特色、由于在前面有关章节已有叙述，这里不在重复。现仅对"杂志"作些补充。

杂志是报纸向深度和广度发展的印刷品媒介，亦称期刊，它具以下特点：

①传播信息比报纸更深入、细致、全面，具有较高的参考价值；

②便于查阅和储存；

③在特定范围内，传播效果明显。

但是也存在着出版周期长，信息传播速度慢，读者受文化程度及专业知识的限制，人数更少及感染力虽比报纸强，仍不及广播、电视的缺点。

除上述传播媒体外，对气象服务产品要加大宣传力度，可采用多种方式和形式，使"气象产品"走进千家万户，扩大影响并服务于社会公众与各行各业。在具体做法上包括：

①印发宣传品，利用商店、影院、有关集会散发；

②施放彩球、悬挂标语或制作过街横幅；

③举行"3.23"世界气象日的宣传活动及宣传月的活动；

④设立宣传站，开展咨询服务宣传；

⑤利用各种贸易会、物资交流会、庆典仪式，组织秧歌锣鼓队等文艺形式进行气象服务宣传吸引公众；

⑥印制挂历、宣传卡片、小册子、"课程表"等等，方便公众使用和查阅；

⑦积极组织电视气象科普片的创作和宣传活动。

二、气象服务的用户培训

1. 用户培训的内涵与目的

培训是培训主体以提高培训对象理论水平、业务知识、专业技能为目的特定的教育和训练方式。培训通常包括培训主体，即培训实体或培训人。培训客体，即培训对象或被培训人。因此，气象服务用户培训是培训主体（气象部门）将某些特定的气象服务的内容知识和技能讲授、指导、传授给培训客体（用户），培训客体通过接受培训获得其所需要的气象知识、智能或技能，达到正确使用气象服务产品的目的。

培训是一种特殊的教育方式，它的特征主要表现为：

①培训的特定目标性。培训总是为了满足某种特定的需求展开的。无论是哪种形式和内容的培训，培训对象参加培训，总会有直接、明确的目标。气象服务用户培训，是为了满足用户气象知识的需求，特别是对气象产品的正确认识和理解，以便正确使用产品。

②培训的实用性和时效性。培训对象参加培训，往往源于对业务工作有关的某方面的知识或技能的直接应用和急迫需求，其中既包含了实用性又包含了紧迫性，即能够及时见效和运用。因此，它既不同于基础教育又不同于专业基础教育。而是一种直接以实用为特点的教育方式。

③培训方式的灵活性。与一般基础教育和专业基础教育相比较,而培训方式具有更多的灵活性。首先,是培训内容选择的灵活性,培训内容的类别、深浅等可以根据培训对象的需求灵活安排和布置;其次是培训地点选择上的灵活性,既可以在培训机关集中进行,又可以分散在特定地点进行;再次,是时间选择上的灵活性,培训以达到某种特定的目标为准,不局限于培训时间的长短。

2. 用户培训的特别重要性

现阶级提供气象信息服务后是否需要采取相关的气象控制工程措施或采取何种工程控制措施,目前一般均由用户自己来决定和组织实施。因此,对用户的培训显得特别的重要和必要。

①用户培训是提高气象服务效益的重要途径。众所周知,由于气象服务的广泛性,气象服务效益也是多方面的,大体包括社会效益、经济效益和生态效益,这三方面的效益相互联系,相互转化,构成了气象服务的总体效益或综合效益。一般而言,用户特别是生产性单位或组织生产的部门的用户都比较关心经济效益(或生产效益),他们根据气象服务实体提供的有效产品,以最小的劳动消耗(或节约)而取得较好的经济效果。简单的说,经济效益就是投入和产出的比较。所以,加强用户的培训提高对气象产品深度的理解和认识,才能提高用户决策和组织实施相关气象控制工程措施的能力,也成为提高气象服务效益的重要途径。

②用户培训符合气象服务基本原理的要求。不言而喻,各种有效益的气象服务都遵循一个共同的基本原理,即:根据气象因子对控制系统的制约关系,制作有专门针对性的气象控制信息,并据此实施相应的气象控制工程,从而达到提高该系统功效的目的。因此,气象服务过程的关键技术就是要采取适当的气象控制工程技术措施,对气象控制对象实施有效的控制。加强用户培训使其了解气象因子对控制系统的制约关系和适时有效的气象控制信息,这样做也是符合气象服务基本原理要求的。

③用户培训是促进供求双方密切合作的需要。俗语说"隔行如隔山"。当前,在气象服务中遇到的一个比较普遍的难题是:一方面,由于气象服务人员不太熟悉用户系统工程技术问题,气象服务实体所提供的气象信息往往缺乏专业针对性;另一方面,由于用户系统的工程技术专家往往又不太熟悉气象科技问题,致使用户自己决策采取的工程控制措施往往也难有理想的效果。这就不仅仅要加强用户培训了,而更重要的是加强供求双方的技术合作,采取"双向"培训的办法,解决好气象科技与用户需要的关键结合点。气象服务实体有必要主动走出去,深入到各行各业各个经济部门中去,也参加他们的"用户"培训,并和相关的工程技术专家协作发展气象控制工程技术。逐渐从单纯只从事气象信息服务转变到参与气象控制工程服务。

④用户培训是适应气象科技术进步与发展的有效方式。由于科学技术的飞速发展,不断的推动气象科技术的进步,各种新信息、新知识、新技能大量涌现,知识和技术

更新的频率大大加快。特别是在信息技术革命的推动下，气象信息服务将面临重大影响和变革，网络化、数字化的信息环境将改变传统的气象信息产品开发和气象信息服务模式。为了有效地满足用户的需要，气象服务的方式和手段也面临着深刻的变革。为此，都必须对用户加强培训以适应气象科技进步和这种变革的需要。

3. 用户培训的针对性

由于气象服务具有不同的类型，不同的服务对象（用户）对气象服务的需求是不同的。所以，用户培训的针对性是十分必要的，必须针对不同的用户充实不同的培训内容才能达到培训的目标。

①决策服务用户。决策气象服务产生效益的关键是要此类气象控制工程的决策者——政府有关部门在决策过程中善于科学运用决策气象服务信息。例如，当防汛抗洪紧急关头决定泄洪、分洪等重大问题时，都是政府主要负责同志亲自坐阵指挥。只有这些领导（用户）要对决策气象产品的目录、产品的内容、产品的含义、特别是在深度和广度方面都有较好的了解，在决策中才能应用自如。因此，此类用户的培训对提高效益无疑是重要的。此类用户培训的实际困难是政府有关部门的工作人员都较忙，很难落实培训。必要时也可对领导的助手和秘书等人，特别是针对计算机终端、决策服务系统等现代化服务手段进行操作、使用等方面的培训。

②公众服务用户。公众气象服务和决策气象服务的情况有类似之处，它的气象控制工程的决策者也不是气象工作者，而是公众个人。公众对气象信息科学的运用水平不同，效益也就不同。显然，加强对公众的气象服务培训对提高效益十分重要。

首先，公众服务用户数量十分庞大，集中培训十分困难，应以分散、分级和函授的形式为主，要广泛采用电化教学的方式，特别是电视制作或节目，适用于公众用户需求的气象知识培训内容。可以融声音、文字、图像于一体，便于记录、传播和重复学习，培养学习兴趣和提高培训效率。

其次，在培训内容的安排上照顾到不同层次的人群的程度。以气象科普内容为主，并结合气象产品的特点深入浅出、简明扼要的解说和讲解，达到正确理解气象产品的内容和含义。

再次，在时间的安排上采用细水长流长期培训的方法。充分利用公众气象服务的各种手段，例如报纸、杂志、广播、电视等媒介，设置长期的培训栏目，只要持之以恒，必然收到显著效果。

③专用气象服务用户。由于历史的原因，目前绝大多数专用气象服务的气象控制工程仍由用户系统自己决策并组织实施，即使将来气象服务可以较多地参与这一部分工作，但仍不可能全部承担下来。即使是可以由气象服务实体承担气象服务全过程的服务，也必须在用户自愿接受的情况下，才能按合同提供服务。所以，专用气象服务用户对气象服务的认识深度是产生效益的重要基础。

为此,要根据专用气象服务科技含量高、服务针对性强等特点,按照不同行业的需求进行用户培训。

由于各行各业对气象服务的要求越来越高,越来越专业化,越来越多的用户为提高自己的生产效益需要特定的服务产品,如建筑业、制造业、保险业、仓储业、交通、航空、航海、期货贸易、金融、农业、林业、渔业、餐饮、石油、电力、旅游、盐业等等。因此,这方面的培训任务是十分艰巨的。

首先,要深入了解该行业的生产特点,对气象条件和环境的需求是什么？深加工、精制作所需求的气象产品,对如何理解和正确使用专业气象产品进行培训。

其次,要与用户密切合作研讨本行业与气象条件的关系。例如以粮食仓储气象服务为例,专用气象服务实体要针对粮食仓储的特点,与粮食部门一起研究粮食霉变、病虫害与气象条件的关系,研究外界气象变化与室内微气象的关系,从而总结规律,研究加工制作出诸如粮食霉变气象指数预报或粮食仓储通风(温度、湿度)指数预报等专业化气象服务产品,满足仓储的需求。

再次,为了满足专用服务的需求必要时还需建立专门的服务系统和服务程序。如以远洋运输船支服务为例,就需要制作详细的航线预报,每一条船、每一时刻、每个地点根据该船的质量、大小、货物类型、重量等等所需要的气象保障内容大不一样。必须建立严格的科学的服务程序,才能做到优质的气象导航服务,做到保障安全、减少货损、缩短航程,从而降低成本、提高效益,获得超额利润。

4. 用户培训的基本手段

①培训手段的现代化。随着现代科学技术进步和广泛的应用,培训的手段已日趋现代化。主要标志是电化教学方式的广泛使用。包括幻灯、投影、电影、电视、计算机等教学方式的应用。通过电化教学,具体、生动、形象,便于理解、记录和传播,大大地增强了学习效果和提高了培训效率。

②信息传播网络化。培训的实质是一种信息传播,在计算机联网的条件下,培训即可通过计算机网络来进行。培训主体向培训网络输送有关培训信息,培训对象即可通过网络终端在不同的地方接受培训。

③加快培训内容更新。由于科技进步和社会发展导致新的信息、新的知识急剧增加,从而也导致培训的内容更新速度大大加快。由于气象产品的更新和创新,必须及时满足培训对象接受培训的需要,加快知识的更新,培训周期日益缩短。例如 1997 年 12 月 22 ~ 28 日在国家卫星气象中心举办了接收和处理我国的“风云二号”静止气象卫星云图信号和软件版本升级等内容的用户培训班,来自全国各地的气象、水电和民航等部门的 38 个用户计 62 人参加了学习。“风云二号”静止气象卫星的位置非常适合监视影响我国的来自中亚、孟加拉湾和阿拉伯海的天气系统。把数值预报与卫星、雷达等监测结果很好的结合起来,必将提高我国的天气预报服务能力和水平。

④培训管理现代化。培训现代化,管理要先行。培训管理现代化的内容包括:培训管理体制、法律法规、政策制度有序化;培训实体的机构设置、组织管理、效果评价规范化;培训规划和决策科学化等等。

第四节　气象服务产品的售后服务技术

一、气象服务产品售后服务的意义

售后服务技术是产品促销和竞争的手段之一,因为在产品类型、质量、价格相同的情况下,售后服务将发挥至关重要的作用。

1. 发现用户的真实需要

用户消费物质(有形)产品是看得见、模得着的产品,当场就能按照自己的需要来选择产品并满足需要。气象服务产品大多数是一种信息(无形)产品,用户消费时不可能选择产品,甚至同样一种产品在不同时间和空间内容都会有很大的不同。气象服务实体是按照用户的需求来设计、加工、制作不同时间和空间不断变化的专业化气象服务产品。为此,必须要突破只提供常规气象要素预报的传统作法。切实了解和发现用户的真实需要,积极向非常规气象要素预报的方向发展。如为交通服务除了提供传统的气象要素预报外,应该积极探索增加路面温度、能见度等要素的预报。

2. 了解用户对产品的理解和应用情况

专业气象服务产品只有通过用户使用才能产生社会和经济效益。为此,用户对产品的正确理解和应用显得十分重要。从用户的角度看,服务越及时、产品越有针对性、越与用户的生产、销售等各个环节密切结合,就越能体现气象服务的效益,用户就对其越有依赖性。

服务产品的质量表现在内容和形式等两个方面。产品的恰到好处的宣传和丰富多采的包装容易被用户所接受,有助于用户理解产品内容,增强对产品内在质量的信心,提高产品的附加值。由于传输手段现代化程度的提高,产品的表现形式也可由通常的文字和图表,增加声音、图像以及多媒体等多种形式。产品内容的专业化程度越高,越能满足用户的需求,但也越要深入了解对产品的理解和应用情况。

3. 帮助用户学会使用服务产品

随着专业气象服务手段的现代化,体现在基本气象资料获取、加工分析、产品分发以及用户信息反馈等各个环节的现代化程度不断提高。为此,需要帮助用户学会使用现代化的服务手段。特别要充分发挥气象部门网络通讯、计算机等方面的优势,建立与基本气象系统相联接的专业气象服务系统,提高工作效率和专业气象服务的科技含量。

专用气象服务系统通过计算机网络从基本气象业务系统直接调用历史、实时气象资料和初级信息产品等基本气象信息;根据用户的特点和需求,直接在计算机上进行加工、制作和生产多种形式的专用气象服务产品;生成的服务产品从计算机端口通过传真、电话、视频传送、警报网、互联网等多种形式自动向用户分发;积极了解和反馈用户的使用情况并帮助用户学会使用这些服务产品。

4. 尽可能多地为用户提供满意服务

为尽可能地为用户提供满意的服务,必须对用户的需求及其变化进行调研,从而开展更有针对性的服务。调研内容还应包括所提供的产品是否有必要进一步改进的地方。

对于特殊的用户和行业,必要时应建立专用气象服务特种观测手段,以适应开发新的专业气象服务产品,不断满足新的服务需要。

二、气象服务产品售后服务的内容

顾名思义,售后服务是说产品售出之后为用户开展的一系列服务活动。包括产品的运送、安装、调试、使用、保养、维修、退换等等一系列内容。气象服务产品售后服务这里是借用商业服务的一种概念,由于大多数气象信息产品,是一种以销定产、从销售开始(或签定合同)而服务便贯穿于整个过程。因此,气象服务产品售后服务就具有特定的内容。

1. 为用户设计产品

由于气象服务产品大多数不是现货产品,一般情况下都要根据用户的需求签订合同来设计、加工、制作不同时间和空间不断变化的专业化服务产品。例如针对特定工程所需的有利天气和不利天气条件,为用户工程实施预选作业的时机。又例如,针对交通运输过程和特点,对各种天气条件要求,为运输体预选最优运输路线,为用户省时、省成本,并减少沿途气象灾害的风险。

2. 满足用户需求解决服务难点

气象服务实体要加强专业的针对性,满足用户需求解决服务难点,就必须主动走出去,深入到各行各业各个经济部门,深入调研并与用户密切合作探讨解决难点的方案和措施。例如以粮食仓储气象服务为例,专用气象服务实体要针对粮食仓储的特点,与粮食部门一起研究粮食霉变、病虫害与气象条件的关系,研究外界气象变化与仓储微气象的关系,从而总结规律,研究加工制作出粮食霉变气象指数预报或粮食仓储通风(温度、湿度)指数预报等专业化气象服务产品,解决仓储服务的难点、满足用户的需求。

3. 为用户负责主动跟踪服务

实行跟踪服务是气象服务产品售后服务的重要内容。特别是对提供的时间尺度较长的预报(如中期、长期预报)要不断的向用户提供跟踪订正预报;有时因用户需求发生变化,更需提供新的跟踪补充预报。例如北京市气象局为首都建设与发展提供优质气象服务,在北京市多次重大活动的气象服务保障方面。就根据需要与可能,采取了中期、短期、短时预报相结合，步步逼近，充分发挥不同时段预报工具和监测手段的作用，跟踪服务不放松，取得了很好的服务效益。

4. 与用户保持经常的直接的联系

由于气象业务的特殊性，大多数用户对气象了解得并不多。因此，气象服务实体应主动与用户保持经常的直接的联系，了解用户对气象服务产品使用情况，特别是产生效益的情况，建立必要的用户档案要虚心和耐心的听取用户反馈的意见，并及时研究改进的意见和措施，主动向用户解释和宣传所关心的气象热点，并把宣传工作列为售后服务的一项重要内容。

5. 妥善处理用户的批评与投诉

天气预报偶尔"不准"，可能有很多原因，一部分是主观的，另一部分是客观的，所以用户提出批评，甚至投诉都是可能的。对于气象专用服务实体来说最重要的是在签定合同时，就要实事求是的事先说明我们现阶段的能力和水平及存在的未知因素和风险因素，敢于道出自己能力之所不及之处，按照《气象有偿服务条例》规定明确责任。让用户多一些理解，少一些误会。

三、气象服务产品的售后服务举例

一般而言，实际上气象服务产品的发布和售出并不是服务的终结而仅仅是服务的开始，服务应该贯穿于生产、生活和各项活动的全过程。

1. 1998 年防汛气象服务

以 1998 年特大防汛抗洪决策气象服务为例。由于气象部门在 98 年 4 月就作出了夏季长江中下游流域可能因多雨而出现洪涝的长期预报，以及提前 1 周到 10 天的中期预报，为各地及早的做好防汛抗洪各项准备工作，及早调整水库调度方案提供了科学依据，得以有时间采取有力措施抵御了这场超历史的特大持续性暴雨所带来的洪灾，使灾情损失降低到可能的最小程度。

1998 年防汛气象服务的特点是：

①部署动员早，抓得紧，组织有效，措施有力。在年初，全国气象局长会议上中国气象局对汛期气象服务进行了全面部署和安排。入汛后，针对天气形势的转变和防汛工作的需要，3 次召开全国汛期气象服务电话会议，多次下发紧急通知，及时进行再动员、再部署，及时调整防汛抗洪气象服务的工作重点，有力地组织了部门上下的整体行动。

②长中短期预报比较准确。几次长期预报均作出 6～8 月可能出现南北 2 条雨带，尤其是报出长江中游雨量正距平达 50% 以上；入汛后几次大的降雨过程，中央气象台和各级气象台都提前做出了比较准确的预报。还做出了流域分区的面雨量预报，及时向党中央、国务院、各级政府和有关部门以及社会公众提供了服务。

③跟踪服务主动及时。气象部门上下齐心协力，发扬"万众一心、众志成诚，不怕困

难、顽强拼搏；坚韧不拔、敢于胜利”的抗洪精神，千方百计满足中央与地方各级政府和防汛部门的服务需求，中国气象局领导也及时向中央领导直接汇报，为中央的周密部署与决策提供气象科学依据。

在1998年的防汛抗洪气象服务中，中央领导同志不仅关心与洪水的暴雨预报，同样地关心旱涝的年际变化，关心大涝之后是否有大旱，大涝之年是否有大寒等一系列需要跟踪服务的问题。

④依靠科技进步做好跟踪服务。决策气象服务产品不是一般的服务产品，需要精心加工和特殊的制作。必须充分发挥气象现代化建设的成果，依靠科技进步，做好跟踪服务。

由中国气象局业务发展与天气司组织中国气象科学研究院、国家气象中心和北京市气象局联合研制的MICAPS系统初级版本，于1996年6月在中央气象台投入业务试运行，以后陆续在全国各省、市气象台推广使用。几年来，该系统在实际业务运行中边开发、边使用、边改进，功能不断扩充、性能逐步提高、设计更加合理，发展为1.0版本，1998年6月投入中央气象台业务应用。该系统为预报员提供了业务预报的工作平台，检索和显示各种气象数据的图形图像，并进行编辑加工，具有实时性强、信息量大、资源共享、功能齐全、操作方便，采用人机交互功能、制作和发布天气预报的特点。另外，更高分辨率的T106L19模式预报产品在1998年防汛中，能反映出大型环流的演变和调整，特别是短期时效的预报和实际大气的环流分布都十分接近，都为防汛跟踪服务做出了贡献。

在抗洪抢险中，中国气象局利用卫星话音网召开了4次全国电话会议，紧急传达、部署国家防总的指示精神，指挥各级气象部门为政府提供及时的气象服务。特别是在长江第六次特大洪峰到达武汉前，武汉气象中心与国家气象中心的预报专家通过卫星电话会议进行了天气会商，为迎战长江第六次特大洪峰做好气象服务发挥了重要作用。不少地方电信部门的线路被洪水冲坏，在通信中断的情况下，9210工程建立起来的卫星地球站所接收的气象资料，又快又好地为当地人民抗洪抢险发挥了积极的作用。

2．1987年大兴安岭森林大火气象服务

1987年5月6日在大兴安岭北部林区发生特大森林火灾，过火林地面积114万公顷，其中受害林地面积87万公顷，造成极为严重的损失。在大兴安岭“5.6”扑火救灾的服务中，气象部门在国务院的领导指挥下，以火情为命令，迅速组织了800多名气象人员，利用各种服务手段，提供各种服务，为取得这场扑火救灾斗争的胜利做出了应有的贡献。

在这次扑火气象服务中，一是利用气象卫星云图发现、监测火情变化；二是提供比较及时准确的中短期天气预报；三是实施有效的人工降雨。

卫星气象云图发现和监测火情的变化发挥了突出的作用。5月7日下午，国家卫星气象中心值班人员从NOAA卫星云图上发现大兴安岭林区有3个火源点，多次与林业部防火办电话联系。8日上午，林业部派人到卫星中心希望尽可能提供一切可以利用的火情情报。8 日下午,国家气象局章基嘉副局长主持现场会议,布置森林火灾监测服务工作,并向国务院报告火情。当晚,在中央电视台新闻节目中增播了火情专题新闻。9 日,李鹏副总理主持召开了第一次扑火救灾的会议,为国务院领导作出扑火救灾的工作提供了依据。

国家卫星气象中心和国家气象中心合作,每天将彩色火灾区卫星云图、根据云图制作的火场形势素描图通过中央电视台天气预报节目和气象传真广播向有关地方气象台传送,为各级森林防火指挥部门的战役部署和战斗安排提供可靠的依据。在整个扑火过程中,从卫星云图上发现新火点 8 处,及时通报前线指挥加强扑火。卫星云图成为各级指挥部门决定扑火部署的首要资料,正如李鹏副总理说的,利用卫星云图监测大范围火情是别的办法难以代替的。

准确及时的天气预报为指挥扑火提供了科学依据。在扑火期间,根据国务院领导同志指示,我们加强了大兴安岭地区的天气预报服务。在这次扑火过程中,共出现降雨和大风天气过程 4 次,气象部门均提前两天作出了比较准确的预报。其中,国家气象中心提供天气预报 300 多份;传真图 90 张,传送 217 次;提供火区 5 月下旬、6 月上旬气候分析背景材料 1 份。该省有关气象台站昼夜监测天气变化,进行加密观测,增加天气图表,为省、地、县扑火指挥部提供气象预报服务 480 多次,风、温度、降水的天气预报准确率为 90%。这些天气预报,为组织力量扑火和及时组织人工降雨起到了重要作用。

成功有效的人工降雨为直接扑灭这场特大火灾作出了贡献。气象部门组织了 50 多人参加了人工降雨作业队,在空军和省军区的积极配合下,投入了 4 架飞机,18 门高炮进行了人工降雨。省气象局成立了人工降雨组,统一负责飞机和高炮降雨的技术指挥和具体作业。在 20 多天里,利用有利天气,先后进行了 18 架次飞机增雨催化作业,撒播摧化剂 2.7 吨,高炮发射碘化银人工降雨弹 4700 余发,降雨受益面积共约 2 万平方公里,为取得扑火斗争的决定性胜利起了重要作用。

3. 长江三峡工程气象服务

1994 年 12 月 14 日,长江三峡工程正式开工。这是举世瞩目的跨世纪的特大重点工程建设。按照工程建设的要求,要从建立勘察、设计施工到运行的全程系列化进行气象保障服务。

①集中力量制定长江三峡水利枢纽气象保障服务系统规划。早在 1990 年 12 月,在《长江三峡水利枢纽可行性研究报告》的审查阶段,国家气象局就成立了三峡工程气象服务规划专家组,参加三峡库区的调研考察和论证审查。1991 年 3 月,国家气象局提出了《长江三峡水利枢纽气象保障服务系统规划》初步设计。自此,便开始了漫长的《规划》修改、论证、协商、讨论的过程。

②边建设,边服务。首先,于 1992 年 1 月,在三斗坪气象站开始气象观测,积累坝区气象资料。1993 年 5 月,三峡坝区气象服务中心成立,向施工单位提供了天气预报服务。

1993年12月,三峡库区气象服务中心在四川万县市成立,开展了库区天气预报服务。

1993年5月,具体承担为三峡工程服务的湖北省三峡气象服务中心成立,该中心制定了长江三峡工程气象服务总体方案。是全国气象部门对三峡气象服务的一个窗口。中国气象局迅速调拨资金,在三峡气象服务中心先后建起了NOVELL计算机网络、卫星云图接收处理系统、VSAT卫星通讯系统、中长期天气预报系统等全国最先进的气象现代化系统。同时,在技术开发和软件应用方面也具备了相当的实力。

长江三峡工程气象服务系统分成国家、流域和坝区库区三级。国家级气象服务由气象中心、气候中心、卫星中心和气科院共同承担;流域级气象服务由武汉、成都区域气象中心承拒;坝区库区级气象服务分别由坝区和库区气象服务中心承担。

③准碓的预报,优质的服务。按照三峡工程开发公司提出的"防暴雨、防洪水、防坍塌、防大风、防雷击"的要求,三峡气象服务中心认真做好每年的汛期服务,以保障三峡工程的顺利实施。

1996年7月3日,三峡工程坝区遭受开工以来最大的暴雨袭击,24小时降雨量131.1mm。然而,除了施工区附近3个移民点16间房屋倒塌(但无一人伤亡)、水电通讯交通受影响外,施工程序井然。三峡总公司防汛办的同志说:"气象预报准确及时,在这中间起了很重要的作用。"

1997年11月8日,李鹏总理庄严宣告:大江截流成功!由国家气象中心、武汉区域气象中心和宜昌市气象局高级专家组成的"大江截流三峡气象服务专家联合小组"的专家们终于露出了欣慰的笑脸。三峡工程总公司副总经理贺恭说:"截流成功,水文、气象部门发挥了重要作用"。三峡工程总公司副总经理、总工程师以及施工监理单位都给予了高度赞扬。大江截流既取决于工程进展的速度等工程性因素,同时取决于水文、气象等非工程性因素,在控制性指标中,水文、气象极为重要。

大江截流气象服务现场指挥部负责人、湖北省气象局副局长朱正义说:"大江截流成功,意味着为之起保障作用的气象服务的成功。这充分展示了国家气象部门改革开放所取得的巨大成果。当然,为三峡工程的气象服务任重道远,三峡工程气象服务的前方和后方工作者都以更加饱满的战斗热情,进一步加强业务保障系统的软件和硬件建设,研究三峡地区大坝建成后的气候和生态变化规律,以及为三峡工程更细致深入的专项气象服务等课题。"宜昌市气象局副局长熊传辉解释了大江截流气象服务成功的原因。他说:'充分发挥气象部门的整体优势,成立专门的领导机构,开展专门的研究,进行专门的组织,组建一流的专家队伍,集纳全国专项大江截流气象预报产品。这五个"专"字正是我们取得大江截流气象服务胜利的法宝。"

4. 导航气象服务

1988年12月,国家气象局决定中央气象台成立海洋气象导航中心,上海、天津、广东、大连、青岛分别于89年和90年成立分中心,组成一个全国性的海洋气象导航业务服务系统,并要求各中心充分发挥自身优势,团结协作,坚持“用户第一,质量第一,信誉第一”,积极为远洋船舶提供安全、省时、经济的全球气象导航服务。

气象导航的售后服务可以说是比较完善和周到的服务范例。首先,建立了科学严谨的气象导航业务流程和简便实用的服务程序。申请导航的船舶,应在启航前24—48小时提出,并将导航要求和船舶情况如实通知导航服务实体。然后,为导航船舶选择安全、省时和经济的气象航线,并实行全航程跟踪服务,实现24小时值班和全天候咨询。不断更新资料、监视航区,原则上每两天联络一次,遇复杂情况,随时增加联络通报次数。同时,受导航船舶要每日两次电告船舶所在海域,12时的船位、船速、船向及天气、海况等情况,以便掌握船舶动态。最后,每个航次结束后均要及时写出航次评价报告和导航服务总结等。

例如,1993年6月,天津渤海石油钻井公司有一艘载重拖轮要去湛江,由于载运的机器较高,如遇上大风就有翻船的危险,而航行时间需15~20天,该公司要求天津分中心进行跟踪服务,该分中心每天两次会商并将预报意见通知钻井公司,为避免台风影响,建议船减速行驶或加速行驶抢在台风到来之前,拖轮接到气象预报后,采取有效措施,顺利完成了这次航行任务。

为适应市场经济发展的需要,1992年9月成立了北京市环球气象导航中心并实现企业化管理。1993年6月,环球气象导航中心与中国远洋运输总公司、香港友航轮船有限公司合资创办“北京全球气象导航技术有限公司”,开拓国际市场。

我国海洋气象导航服务始终坚持“三个第一”,实施24小时全天候服务,使接受气象导航服务的船舶在节约航时、节省能源和减轻货损等方面却取得显著的经济效益。几年来,导航范围涉及全球四大洋,导航船数逐年增加,现每年导航船数达250艘次左右。

参考文献

[1] 郭国庆、刘凤军、王晓东,市场营销理论,中国人民大学出版社,1999。
[2] 郭国庆、成栋,市场营销新论,中国经济出版社,1997。
[3] 郭国庆,市场营销学通论,中国人民大学出版社,1999。
[4] 张享祥主编,商业心理学,中国商业出版社,1996。
[5] 黄河主编,信息与经营全书,人民出版社,1996。
[6] 于绍芬报道,FY-2用户培训班在京举办,中国气象报,1998年1月1日。
[7] 1987年中国气象年鉴,气象出版社,1988。
[8] 1990年中国气象年鉴,气象出版社,1991。
[9] 1994年中国气象年鉴,气象出版社,1995。
[10] 温克刚主编,辉煌的二十世纪新中国大纪录·气象卷,红旗出版社,1999。
[11] 姚学祥主编,气象与现代管理,气象出版社,1999。

第二十二章　气象信息服务手段现代化

第一节　概　述

“现代化”是一个使用频率很高、涵界范围很广的概念，也是一个国际化的概念。但是，对“现代化”的确切内涵目前尚无统一的规范性的定义。因此，人们可以从政治的、经济的、科技的、文化的和行业的不同角度去理解和揭示“现代化”内涵的概念和特征。从广义上说，“现代化”应该是以世界性科技进步为先导，以实现现代生产为推动力，带动和渗透到经济、政治、思想、文化各个领域引起适应性的深刻变化。

气象服务现代化应包括以下内容：气象服务思想现代化、气象服务技术现代化（气象信息服务技术现代化、气象工程服务技术现代化）、气象服务体系和运行机制现代化（公益性气象服务体系、有偿性气象服务体系、商业性气象服务体系）、气象服务手段现代化以及气象服务营销技术现代化。

气象信息服务手段的现代化主要是指在气象信息服务中尽可能使用现代技术装备（硬件技术）。

一、气象信息服务手段的现状和问题

1．现状

随着改革开放的步伐和气象部门现代化程度的提高，气象信息服务手段发展迅速。首先，气象信息服务的载体日趋多样化，过去的固有模式已被打破，如声讯电话、电视、计算机终端、警报器（网）都得用户的青睐，互联网的发展也引起普遍关注。其次，由于现代化程度的提高，气象信息服务内容日渐丰富，准确度明显提高。今天，预报员坐在现代化先进技术装备的工作平台前，在短时间内就可以生产出高过以前数倍的气象产品，基本完成了由小生产到规模化大生产的过渡。再次，由于气象信息与载体间的传输日益现代化，气象信息传送更加及时和丰富多彩。过去气象信息传递多是通过电话口报或文字书面专人专送，这种较原始的传输方式严重阻碍了大规模气象信息及时的发布。从90年代开始，气象部门开始利用现代先进的设备制作节目并用现代化的光缆传输，取得了显著的服务效果。

2．问题

根据中国气象局1998年5月“气象服务体系建设问卷调查”分析，在“我国公益气

象服务与国际先进水平相比”为题的问答中，有 75% 的人认为，“服务手段(设备)现代化”水平低；在“阻碍我国公益气象服务进一步提高效益的主要因素”为题的问答中，有 42% 的人认为，是“服务手段(设备)不适应。”

根据“新一代气象服务体系课题组”在 1999 年 3 月和 5 月两次“公众气象服务问卷调查分析”中以“我国公众气象服务提高效益的主要措施”为题的问答中，有 40% 的人认为是提高服务现代化程度，占投票率的第三位。

以上调查中可以看出，人们对服务手段的现代化的呼声较高，受到普遍的关注。气象信息服务手段与实际需求存在着很大差距和问题，影响了进一步发挥气象现代化建设的总体效益，不能积极适应社会主义市场经济的客观要求。为此，必须采取切实措施，不断提高服务手段的现代化。

二、气象信息服务手段现代化的基本要求和内容

1. 基本要求

气象信息服务手段现代化应体现在对基本气象信息资料获取、加工分析、产品分发以及用户信息反馈等各个环节上。要发挥电子计算机、信息网络等现代信息技术的优势，提高气象服务信息流自动化程度。

气象信息服务手段现代化必须贯穿在气象信息服务系统的各方面，(包括气象信息采集、加工制作、产品分发、效益分析等子系统)以现代化的装备手段支持系统的高效运行。图 22.1 为气象信息服务系统图。

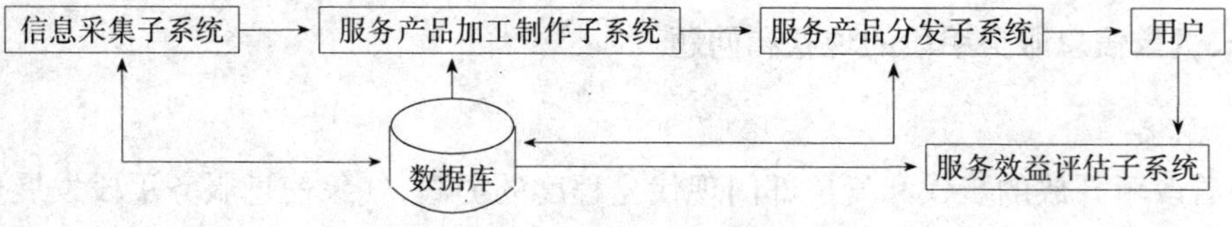

图 22.1 气象信息服务系统图

2. 基本内容

要在统一规划和技术指导的前提下，切实采取措施，加快气象信息手段现代化建设，并要突破重点，具体抓好以下基本内容：

①气象信息服务产品加工制作手段的现代化。气象信息服务产品是一种综合加工、集成的产物，主要来源于各种气象情报、预报预测和资料分析产品等。当前，气象部门的预报预测产品制作水平不断提高、初步形成了比较现代化的业务预报预测体系，也逐步形成了一套较规范化的业务流程。但预报预测产品不等于服务产品，在很多情况下也不能代替服务产品。很显然，特殊的服务产品需要特殊的专门精心加工制作。专业化的气象服务信息的加工需要有相应的现代化装备。因此，加工制作手段的现代化是必不可少的。

②气象信息服务产品显示、输出方式的现代化。输出、显示方式不仅仅是个技巧、美观的问题,而且也是准确、生动、直观、通俗易懂地表达服务产品内容的一种重要形式。同样一个内容,采用不同的显示和输出方式,服务会产生不同的效果。目前,气象信息服务产品使用的显示、输出方式有:书面报告(包括纸质文字、图形、图象与传真等)、计算机屏幕显示(包括台式机、便携机和液晶投影等)、电视图像、投影胶片(包括实物投影、大屏幕输出)、幻灯片及因特网调用等。这些方式各有其特点。③气象信息服务产品传输手段的现代化。传输手段现代化的目的,是使气象信息服务产品快速、有效地传递到用户手中。气象信息是一种时效性很强的信息,同时也是一种集图形、图像、数据和文字于一体的特殊信息。它的传输比一般文字信息复杂得多。尤其是动画卫星云图等图形、图像文件,信息量大,若不采用压缩技术,传输很费时。为了高质量地传递图形和图像信息,采用更先进的传输手段是现代化的必然要求。

综上所述,气象信息服务手段现代化三方面的主要内容,鉴于第一部分加工制作手段现代化的内容类同于基本预报,本章不再展开赘述;第二部分和第三部分的内容将分别在第二节和第三节以电视天气预报制作和互联网的建设为例展开阐述。

第二节　电视天气预报制作技术系统

气象服务手段现代化是准确表达服务内容的一种重要工具。为了准确地表达服务内容,常常需要采用多种表述方式。例如书面形式、计算机屏幕、警报器(网)、投影胶片、电视图像、互联网等等都各具特色。尤其是电视天气预报集气象、电视、计算机、数据通信以及传播技术为一体,成为气象服务手段现代化的重要内容,并伴随着相关高新技术的不断发展而发展。电视制作正面临着数字化和网络化这种革命性的变化。

一、电视天气预报制作技术的发展

随着科学技术的日新月异,当今世界处于飞速发展的信息时代,即将进入21世纪的广播电视技术如何发展已经成为业内人士共同关心的问题。广播电视技术的发展方向可以归纳为:在视频记录方式上表现为由模拟逐渐转向数字,而数字记录又分压缩和非压缩方式;在记录载体方面,表现为由大磁带逐渐过渡到小型或超小型磁带,并进而由硬盘、光盘取代;在编辑方式上,表现为由传统的线性逐渐过渡到简单线性和非线性,以及网络共享占主导地位的编辑方式;在信号传输模式方面,表现为由模拟复合逐渐向采用数字压缩多路复用技术的数字电视方向发展。由于先进的计算机技术、电子集成技术、通讯技术迅速向电视领域渗透,电视正迎来一场革命性的变化。这个变化概括地说主要体现在两个方面,即电视的数字化和网络化。其中电视数字化是网络化的前提和必要条件,网络化是数字化的有益延伸和拓展。

1. 国外电视制作技术概况

从系统的角度来看,数字化电视广播制作系统包括数字化演播室、数字化后期制作系统、数字化网络、数字化广播以及虚拟演播室。

①数字化演播室。数字技术是广播通信和计算机技术会聚成单一工业的根源。模拟电视向数字电视转变是进入 90 年代以后电视技术发展的主要特征。在这个时期,数字电视技术开始成熟,而开始应用的是数字电视制作技术,特别是当国际电联通过了 ITU-R601 数字演播室标准以后,数字演播室的系统设备开始配套成龙,数字演播室已经成为各国电视台新建或改造演播室的首选方案。

②数字化后期制作——非线性编辑和制作系统。非线性编辑系统引进了一种全新的节目后期制作过程。首先要进行素材准备工作,在使用前,一般需要向系统中输入素材,这比传统编辑增加了额外的操作时间。其次是素材浏览,确定编辑点时,非线性编辑系统的最大优点是可以实时定位,既可以手动操作进行粗略定位,也可以使用时码精确定位编辑点。第三是素材的调整和剪接,非线性编辑系统中各段素材的相互位置可以随意调整。编辑过程中,也可以实现磁带编辑中常用的插入和组合编辑。最后是特技处理,在非线性编辑系统中制作特技时,一般可以在调整特技参数的同时观察特技对画面的影响,尤其是软件特技,还可以根据需要扩充和升级,只需要拷入相应的软件升级模块就能增加新的特技功能。

③数字化网络。随着计算机多媒体技术的发展,非线性编辑系统日趋成熟,单机非线性设备正逐步完善,越来越多地应用于电视后期制作中,采用数字化视频网络要以最大限度发挥非线性编辑的优势,如资源共享,节省投入,自由编辑,多格式输入输出等,使用数字化视频网络还可以实现网络非线性编辑,无磁带播出和 VOD 点播(电视节目点播)。

④数字化广播。目前数字电视地面广播系统主要有美国、欧洲和日本三大制式和三个技术标准,分别为美国的数字高清晰度电视系统标准 ATSC,欧洲 DVB-T 标准,日本的 OFDM 标准。1997 年 10 月 21 日举行的 ITU(国际电信联盟)无线通信全体会议上对此三种标准都予以通过。美国计划于 2006 年完成由模拟电视向数字电视的过渡。

⑤虚拟演播室。随着计算机技术与虚拟现实技术的发展,在 1992 年以后虚拟演播室技术实现在一个真三维的环境中制作节目。使用虚拟演播室技术具有以下优点:

·制作和更换电子布景快捷,节省大量人力、物力、财力,而且缩短了节目制作周期;
·可以制作出真实演播室无法实现的效果,其空间不受物理空间的限制,摄像机可以 360°旋转,还可以引入诸如云朵、龙卷风、外太空、卡通演员等特殊环境和工具;
·制作完成的虚拟背景作为一种可再生、可转移的物理空间资源,能被重复利用;
·由于撤换和搭建方便,许多栏目可以合用一个真实演播室。

可以说,虚拟演播室出现,给视频制作工业带来了一场革命,掀起了节目制作崭新的一页。

2. 我国制作技术发展

自从电视天气预报节目开播以来，已由原来的每天 1 套扩展到目前的每天 14 套，是中央电视台收视率最高的节目之一，成为各级领导和广大人民群众防灾减灾及日常生活中不可缺少的“参谋”和“助手”。中国气象局领导多次召开会议研究，并指示电视天气预报节目要不断改进，“要走出亚洲，走向世界，其内容、形式和风格都要不断更新。”

国家级电视天气预报制作系统是经过两年多的调研开发，于 1986 年 10 月 1 日正式建立的。十几年来，虽然历经不断的改进和完善，但是已经不适应当前电视气象服务的要求。目前，国际上已经成熟的数字化技术、非线性编辑以及虚拟演播技术已经应用于电视天气预报制作系统。在我国，数字电视节目制作和数字电视卫星广播等已形成相当的规模，我国于 1998 年开始数字电视卫星广播。1996 年 10 月中央电视台在北京建立数字电视地面广播试验平台，1997 年建成室内数字电视地面广播闭路试验系统，取得了宝贵的数据和经验。在 2000 年将试播数字电视地面广播。中央电视台在“九五”期间要实现制作系统的数字化，迄今，已经建立以 ONYX 为平台的非线性编辑系统和虚拟演播制作系统。从技术上讲，国家气象中心当前的天气预报制作系统是基于模拟复合制的切换台，在信号质量和制作形式上难以进一步提高，与中央电视台的数字化制作系统也不匹配，特别是在信号质量方面，已经无法满足中央电视台的技术要求。应用普通工作站生成降雨、台风、云图、锋面、冷暖气团等天气现象的三维动画，在合成的速度和质量上无法满足实时业务的需求。而且，中央电视台已经提出，希望在电视天气预报中实现虚拟演播效果。这些要求都是目前的制作系统无法实现的。为了满足以上这些要求，跟上中央电视台的发展步伐，并与其相匹配，需要在制作的技术和手段上实现一个飞跃，建立以计算机为基础的数字天气预报制作系统。

虽然我们对节目进行了不断地改进和完善，但是节目离观众的要求和社会经济发展的需求还有一定差距，与国际上先进国家相比，在信息量、图像的质量、制作的速度等方面还有不小的差距，特别是在数字化电视制作系统和多媒体技术的综合应用方面，差距更大。因此，进行新一代数字化天气预报制作系统的建设，不仅可以改进和提高电视天气预报节目的质量和制作水平，从而迈进了世界先进国家行列；而且可以在此基础上开发面向省、地气象部门的天气预报制作系统，进一步在全国各省、地、县气象部门和部分电视部门推进数字化电视技术的应用，提高我国电视天气预报制作技术水平，推进全国的有线电视气象频道的发展，从而不断的提高气象服务的社会效益和经济效益。

二、数字化电视天气预报制作系统

1. 数字化电视天气预报系统结构

国家气象中心新一代数字化电视天气预报制作系统（图 22.2、图 22.3）由虚拟演播室、非线性编辑系统、三维气象信息制作系统、微机多媒体制作系统和数据库网络组成。

虚拟演播室负责制作电视天气预报虚拟场景,解决电视天气预报模拟天气系统场景困难的问题,配合其他视频系统,完成节目制作任务。非线性编辑负责节目的后期制作。三维气象信息制作系统负责电视天气预报信息的制作,制作三维的锋面、底图、动态的曲线、降雨区等。气象影视数据库支持气象影视信息的存储和检索,并通过数字化网络与其他系统联为一个整体。

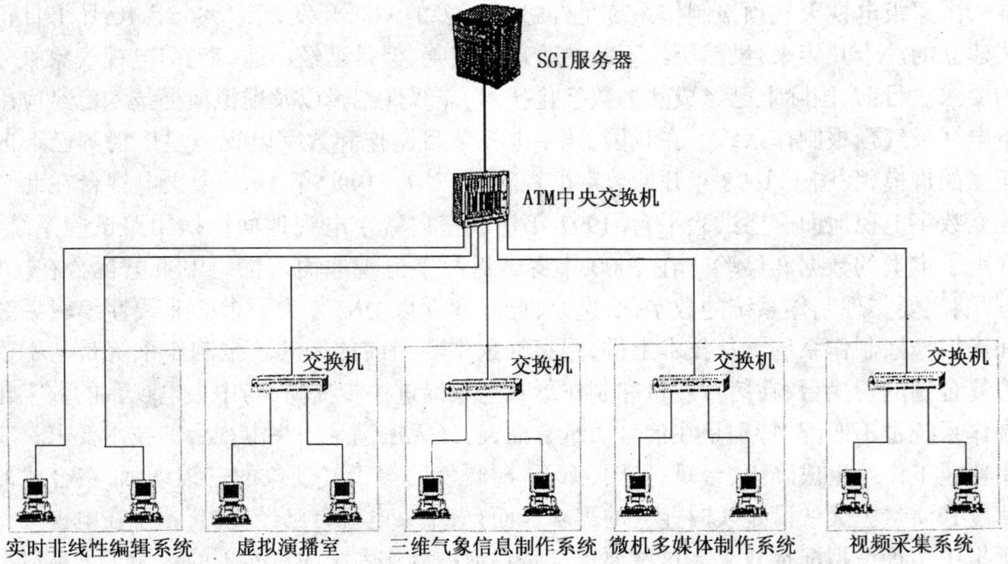

图 22.2　数字化电视天气预报制作系统结构图

2. 数字化电视天气预报制作系统的特点

①实时性:选择具有优越图形性能的专用气象图形制作软件包,并结合天气预报的应用进行开发,作为系统图形制作的基础平台,实时地把最新的气象信息转化为电视天气预报图像和图形,实现预报分析—图形制作—节目制作一体化。

②互连性:新系统通过高速光纤通道网络将非线性编辑、虚拟演播室、图形制作系统、气象影视数据库、视频子系统联为一体,改变传统各自为战的工作方式,实现节目资源共享,提高全系统的工作效益。同时,新系统的网络必须与国家气象中心业务网络相配套。

③高质量:在节目制作这一级上,系统的图像质量达到非压缩或无损压缩,为日后的全数字化系统打下基础。

④可扩充:整个系统建立在计算机基础上,采用国际标准图形格式 AVI 或 OMF,有利于系统的扩充。例如,未来只需增加一台 MPEG2 编码器,就可以将节目输入到有线电视网中,为有线专用气象频道作技术上的准备。

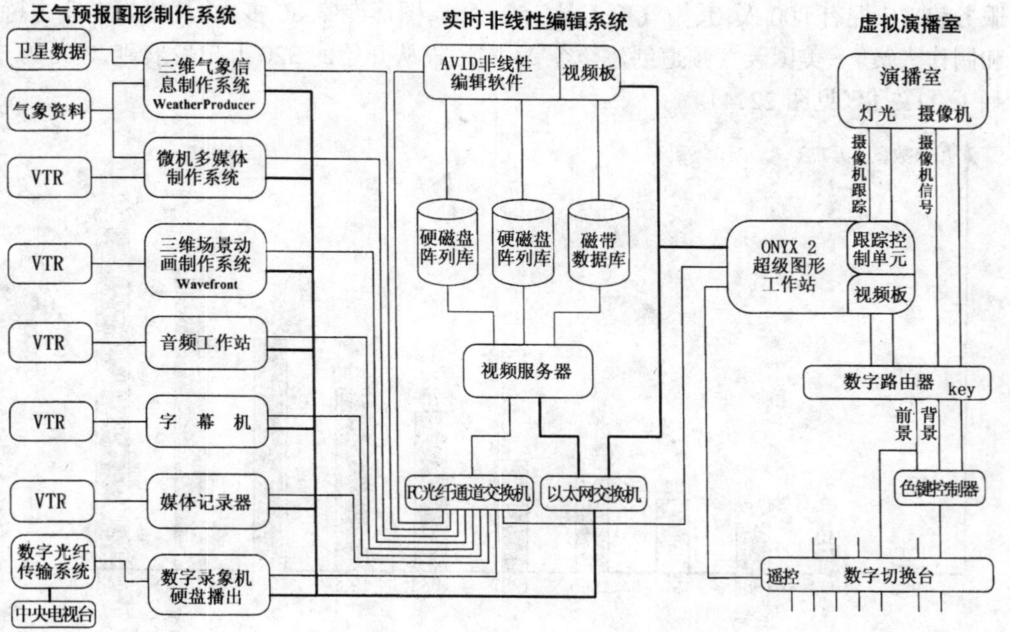

图 22.3　国家气象中心数字化电视天气预报制作系统

⑤可靠性：通过 A/D 和 D/A 设备，将模拟信号转成串行数字分量信号，不但可以充分利用现有的模拟设备，而且新系统与原有系统将互为备份，保证整个业务系统可靠运行。

3. 系统具有极高的整体性

数字化电视天气预报制作系统是以计算机为核心的节目前后期制作系统，涉及许多先进技术和复杂的系统工程。特别是系统还与外部有频繁的信息交互和沟通，又是网络联机的实时性很强的系统。系统具有极高的整体性和可靠性。

三、气象专业频道

1. 国外气象频道发展状况

对国外气象专业频道的分析和研究表明：气象专业频道与气象服务是相辅相成的。气象专业频道办得越好，收视率越高，气象服务就越深入、越全面；气象服务搞得越好，气象频道收益就越大，其制作手段和节目质量就能不断提高。随着数字化电视网络技术的不断发展，气象网络专业频道迅速崛起，大大推动和完善了气象服务业。在国外气象服务公司很多，但天气频道在一个国家都是唯一的。美国天气频道 TWC（The Weather Channel）始建于 1982 年，目前已经发展成为美国唯一的提供 24 小时不间断天气服务的国家有线电视网，可以提供本地、地区性和全国性以及世界的天气预报、警报服务(TWC 拥有 800 人,其中气象人员 150 多人,图形专家 80 多人,其他为专业主持人和制作人员)。美国天气频道创建至今,入网用户从开始的 320 万户发展到 7100 万户,翻了 22.2 倍(见图 22.4)。

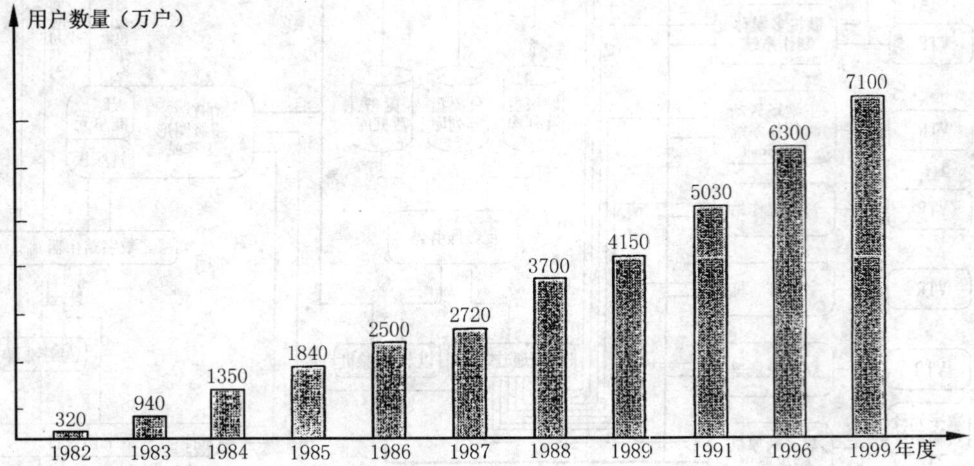

图 22.4　美国天气频道用户数量逐年增长情况

用户调查报告显示:天气频道入网户占全美国有线电视观众总人数的 93%以上。国家统计表明:近 80%的观众把天气网络列为他们所享有的有线服务中最重要的一个。在任何一个时刻,美国会有 26.5 万个家庭正在收看该网的节目,获取他们各自需要的气象信息。在发生灾害性天气期间,高达 100 万个家庭在同一时刻收看天气频道。

某一消费杂志进行观众满意度调查表明:天气频道在所有有线电视网中名列第四。在阶段收视率调查报告中显示,天气频道收视率为 51%,排在美国大众有线网十佳中的第 4 位,与名列榜首的 CNN 新闻频道相比仅低 13%。

天气频道目前已拥有并操纵着分布在欧洲和拉丁美洲的天气网络。它在欧洲拥有 1200 万讲德语的用户,在英国有 760 万用户,在比利时、荷兰、卢森堡 3 国也有 150 万用户。

1997 年秋天,Beta(有线用户调查公司)调查机构进行的关于有线电视用户调查中,根据节目质量以及增进知识和节目的新颖程度,把天气频道提升到了一个较高的地位。

在有线电视用户问卷调查中,被调查者给每个有线频道的节目按 5 个等级评分,最高分为 5 分。天气频道得分较高,72%的投票者给天气频道评定为 4 或 5 分。

天气频道到底靠什么获得如此高的评价和荣誉？调查报告表明:当其它有线电视台同时也在播放图形画面时,观众能从中立即分辨出哪一个是天气频道。原来它是利用自己的图形和天气产品在观众的心目中树立起自己的形象。

加拿大天气网络 TWN(The Weather Network)成立于 1988 年,目前 TWN 作为加拿大

唯一的气象服务专业频道，不仅向观众提供24小时不间断的气象信息，而且加拿大国内50%以上电视台，70%以上的报纸和绝大部分网站的天气信息都从TWN获得(TWN有300多人，有气象学家50多人，主持人为非专业人员，但没有稿子，只有提示)。

美国和加拿大的气象频道之所以能够在激烈地竞争中处于不败之地，并跻身世界先进行列，其成功的诀窍就是有丰富的节目形式和先进的技术手段。

①新闻实时采集增强可视性。天气新闻是气象频道节目的重要组成部分，它可以通过电话、ISDN网(综合业务数字网)、Internet网以及卫星四种通信链路进行传输，实时收集。

②系统高度集成图形自动生成。美国和加拿大的天气频道都经过十多年的发展，制作系统先进，且高度集成。它具有完善的专门天气预报制作系统和电视天气预报节目制作系统，其图形制作系统已经过多次更新和完善。以美国天气频道为例，它目前采用WSI的WxPro作为气象数据分析和电视天气预报图形制作的基本平台，全套系统约由20套WxPro组成，系统硬件平台主要由SGI O2工作站和OCTANE工作站组成。一套WxPro的组成如图22.5所示。

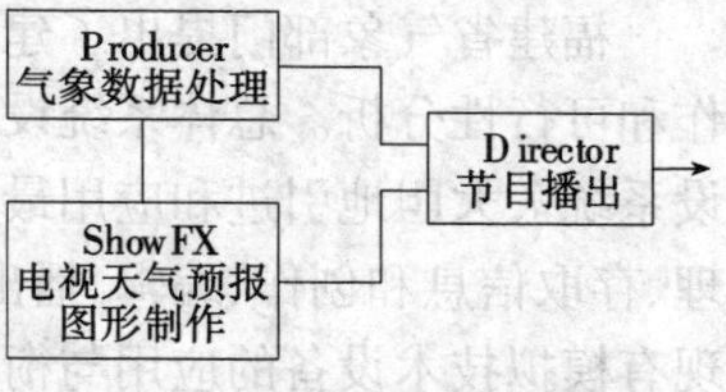

图22.5　WxPro的组成

③节目直播、重大灾害性天气现场跟踪报道。美国和加拿大天气频道的节目采取直播方式，使用抠像技术实现主持人与画面的合成。抠像背景上一般装有传感器，主持人在讲解天气宏观形势时，能够实时画出诸如锋面、天气系统等标志和图形，使之更加直观、形象。

④节目自动检索入网。天气频道节目传输的关键技术在于本地气象信息的插入和接收。即观众在不同的地点除了接收相同的天气节目外，还可以在屏幕的下方看到本地气象图文信息。加拿大已独立研究出该项技术，称为"PMX"。它们都能实现预报信息的本地化。

图22 6为加拿大的PMX技术，由图可看出其节目的传输过程。

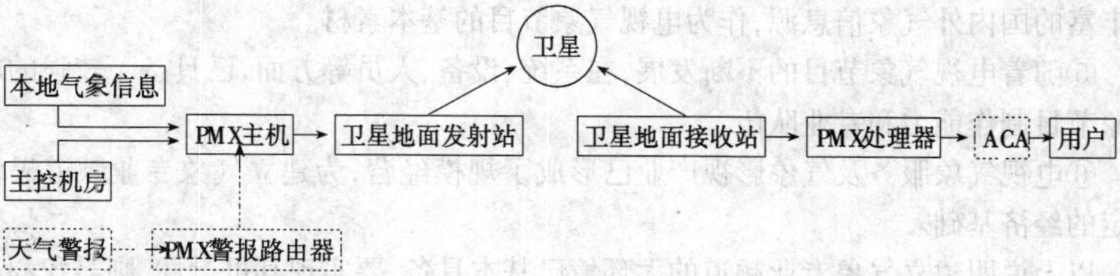

图22.6　加拿大PMX技术的节目传输过程

2. 建立我国气象专业频道的必要性

电视天气预报自开播以来，节目形式和内容不断丰富，节目时段也不断增加，成为气象部门对社会公众服务的重要窗口。但由于种种原因,仅仅依靠无线电视发展天气预报服务速度缓慢,无法满足社会各方面和广大人民群众的需要。而且我们制作的天气预报节目通过中央电视台播出,中央气象台不是媒体,没有广告发布权,成为扩大气象服务至持续发展的一大障碍。另外,我们的气象服务技术和手段已经比较先进,并有一批专业队伍,完全有能力开拓更多的气象信息服务。因此,立足巩固无线、发展有线,建立我国气象专业频道,是贯彻、实施“科教兴国”战略、“可持续发展”战略的一个具体措施,也是贯彻、落实党的十五届三中全会提出的“进一步健全气象、水文、防汛服务体系”精神的一个重要举措,关系到气象事业发展全局,意义十分重大。

3. 建立我国气象专业频道的可行性

福建省气象部门提出了建立我国首家气象专业频道的建议,并做了大量的调研工作和可行性分析。总体系统设计思路是:紧紧依托“广电光纤网络”和“气象业务现代建设系统”,大胆地引进和应用最先进的计算机、视音频技术和网络技术,在采集、接收、处理、存取信息和创作、编辑、播出节目的各个环节,基本实现数字化和网络化;同时兼顾现有模拟技术设备的应用与衔接,具备数字与模拟系统的兼容功能;充分考虑建立并形成系统总体及各分系统之间的互连性和整体性,以实现系统网络连接的高效性、系统硬软件配合的整体性、数据库系统响应的实时性;充分考虑总体设计的整体性、完整性,即分期建设的阶段性、连续性、系统性,为系统的扩充、升级、发展打下基础。

①我们可以借鉴美国天气频道等国内外电视业发展的成功经验,与国际接轨,少走弯路,然后超越。

②中国广播电视综合信息网技术已基本成熟。到2000年将建立30~50个专业频道,为建立气象专业频道提供了良好的资源环境。目前,中共中央办公厅、国家教委、北京图书馆等单位积极加入该网,早加入早受益,这是一项极具战略性和方向性的决策。

③中国气象局VSAT卫星通信网络系统的建立为电视专业气象节目的传输交换提供了条件。

④气象部门有着丰富的卫星、雷达等资料,有各种长、中、短期及数值预报产品和大量丰富的国内外气象信息源,作为电视气象节目的基本素材。

⑤随着电视气象节目的不断发展,在系统、设备、人员等方面,已具备了较强的电视气象节目制作能力和专业队伍。

⑥电视气象服务及气象影视产业已形成了规模经营,为建立气象专业频道提供了一定的经济基础。

以上说明建立气象专业频道的大环境已基本具备,要实现其可行性,则需我们本系统内的自身努力;首先,积累强大的经济实力,以至完全有能力支付专业气象频道创建费用及2~3年的业务运筹费用;其次,建立一个集采、编、播技术为一体的人力基础,有一定的气象专业节目生产和管理经验;建立气象节目资源还必须实行国家和省共同设置制作,节目统一编排的运行机制。

第三节 互联网系统建设

一、国外因特网建设概况

1. 因特网的由来

因特网(Internet,国际互联网络)的前身为 ARPANET。ARPANET 始于 1969 年,是美国国防部高级研究计划局(ARPA)的实验性网络,当时只有四台主机。美国国防部为了在发生核灾难事故中便于国内计算机相互联系,建立起互联网络。当时,建立的互联网络并没有中枢机构,也没有集中领导部门,而是由多个相互联结的中心组建起来的。70 年代到 80 年代,互联网络得到扩展,主要应用于为科研、教育和政府部门服务,并逐步成为全球最大的计算机互联网络。因特网的应用范围已从最早的国防研究扩大到现在的教育、科研、政府管理、商务、娱乐、社区管理、卫生保健、文化艺术、体育、气象等各个领域。80 年代中期开始,一些商业公司专门收集信息,以低廉的价格把信息卖给与他们相互连接的联机用户。于是"网络空间"产生了,计算机网络开始向商业应用过渡。

进入 90 年代以来,随着网络和通讯技术的提高,互联网迅速向商业化、社会化发展,为社会公众提供各类来自世界各地的信息,从事网络商贸活动已成为普遍潮流。从 1994 年到 1997 年底,美国网络企业已从 34 家增加到 20000 多家,在线商务总额 26 亿美元,2002 年将增长到 2200 亿;1997 年全球 Internet 总人数超过 9000 万,已有 186 个国家和地区的 8300 万台电脑连接入网,并正以每月 15%的速度发展。据预测,2001 年将有 1000 万户美国家庭需要在网络上与 24 小时不下班的银行打交道。据 IBM 公司预测,到 2000 年互联网络将拥有电脑 2.68 亿台,用户增加到 5 亿,仅软件和上网服务行业的收入就可超过 322 亿美元。

目前,国际互联网络几乎覆盖了全球所有的国家和地区,用户达 3 亿人以上,据世界银行统计,世界平均每万人联网主机为 63.10 台,高收入国家为 374.89 台,而中低收入国家仅为 2.41 台。

1999 年 1 月,中国互联网络信息中心(CNNIC)发布了第三次《中国 Iternet 发展状况统计报告》。到 1998 年底,我国共有上网计算机 74.7 万台,上网户数 210 万,在我国顶级域名 CN 下注册的域名有 18396 个,WWW 站点 5200 个。

2. 因特网的主要功能

①电子邮件传递。人们要通过因特网进行电子邮件的传递,只须到电子邮件服务站申请一个电子通信地址和电子信箱。除了文字的"电子邮件"外,还可以传递经过计算机处理的电视图像、照片、音乐和语音信号等多种信息。

②数据库检索。因特网不仅有大量的科技数据库,同时还有大量的不同领域方面的数据库。使用数据库检索功能时用户要有相应的账号和口令。

③共享公用软件。国外许多教育和研究工作者自觉地把他们的软件用于非赢利目的,还有一些软件基金支持的团体,不断推出各种高质量的软件和软件工具,这些软件允许无偿转化、复制、使用和修改。

④"远程登录"使用计算机和设备。在事先取得主机方面同意之后,用户可以通过"远程登录"远距离使用大型计算机和专用外围设备,充分利用网络上先进的计算机资源,开展各种合作研究。

⑤文件传输服务。使用文件传输(FTP)可以传送任何类型的多媒体文件,如图像、声音、数据压缩文件等。

⑥电子公告和电子论谈服务。使用这个功能,世界各地同行和爱好者可以展开讨论、交流观点、寻求帮助。还可以利用这个网络来开会。

⑦信息查询功能。近年来,已开发出一些功能完善,使用方便的查询工具,其中最重要的是 FTP 地址查寻(Gopher)、广域信息服务(WAIS)和全球信息网(WWW)。WAIS 是供用户查询分布在因特网上各类数据库的一个通用接口软件。WWW 的用户接口对用户十分友好,只要提供查询要求就可以了,至于到什么地方查询及如何查询则由 WWW 自动完成。

⑧商务应用。目前,互联网络应用最广的应首推经济领域。随着互联网络用户的增加,各种金融机构、商业公司和产业部门纷纷上网,利用网络在全球开展商务活动。

3. 因特网的气象服务

在国外利用因特网进行气象服务已成为气象服务的主要手段和方式。例如美国天气频道(TWC)所属的 Weather.com 网站成立于 1995 年,目前已成为美国重要的天气信息源,也是国际互联网发展最快的网站。据统计,它是美国目前用户点击率最高的 4 个网站之一,每月平均有 1 亿多访问者。该网站每天为全球 7.7 亿多个商业用户提供各种复杂的天气预报和与天气有关的各种信息,并且能针对天气对不同用户的日常生活和商务活动的影响作出及时详细的相关报道,例如休闲、体育、旅游、健康等,并提供全球 1700 多个大城市及 4000 多个地区的天气概况和未来一周的天气形势预报。它以平均每月 1.3 亿网页的大量信息量,被评为最佳专业新闻站。

据估计,目前仅美国通过因特网从事天气预报发布和进行专业气象服务的公司和机构就不下 500 家,而且每年都在增加。由于因特网站和网页组成为一个 24 小时开放的、由用户自由读取的介质,可以向人们提供信息使他们了解气象服务产品的性能和局限,给服务对象很大的选择余地,也迫使气象服务产品质量更精益求精,并树立良好的声誉和形象。

美国的网络气象服务发展迅速,借网络发展之机,依靠经营气象信息而名声鹊起,成为网络界的名流大有人在。例如美国前宾夕法尼亚州立大学的教授兼气象学家——乔尔·迈尔斯，创办了一个气象网站为 Accu Weather（AW）。目前，该站点除发布气象消息以外，还向 1.5 万多家新闻机构提供气象数据。同时，还在主页上连接了近千个站点，如华尔街日报、华盛顿邮报等等。在现今网络运营普遍不景气、基本无利可图的情况下，AW 却经营得有声有色、蒸蒸日上。它的成功之道在于针对客户的不同需求，可以提供各种完善而周到的服务。每月只需要付 25 美元，就可以收到每天定时传来的多达 100 个城市的当日气象信息。每月付 50 美元，则可以获知用户所在城市 5 天内的详细天气情况。此外，根据某些个人或团体的特殊需求，它可以提供非常个性化的服务。

互联网为信息的交换获得巨大的成功。首先，互联网能从美国把全球 4.3 万个气象观测站那是获得详尽的观测数据；其次，这些数据可通过互联网上计算机进行运算分析；第三，分析的结果能够通过互联网迅速发布出去，用户可以通过互联网获得更详细的气象信息服务，而所有这些都是传统的气象预报服务所无法做到的。除了这些专业性的服务外，网络还能提供更为广泛的气象服务。现在，几乎大多数气象预报单位已经建立自己的网站，或者在一些著名的网站发布气象消息，任何人在任何时候都可以通过网站获取气象信息。

美国的国际天气服务公司（WSI，Weather Serbice International）是一家从事国际化综合性气象服务的跨国公司，成立于 1978 年。总部设在美国马萨诸塞州的 Billerica，欧洲的总部设在英国的伯明翰，WSI 在中国以及巴西、墨西哥、智利、德国和东欧诸国均设有分支机构。WSI 所服务的领域十分广泛，除了公众气象服务外，还涉及航空航天、远洋运输、能源交通、国防、电子信息等很多领域。WSI 的 intellicaat.com 网站每月提供 3500～4000 万页的天气信息，每月有 100 多万人访问该站，这一网站提供的是全球综合性天气信息。

亚洲各国对利用 Internet 网络进行气象服务都很重视，其中日本、新加坡、韩国、印度等国的气象部门均建立了自己的网站，积极地开拓气象服务领域。例如韩国气象厅（KWA）有独立的 Internet 网址，通过专线将局域网连入 Internet。各职员都可以通过自己的计算机方便地上网查询各种资料，收发电子邮件。

KMA 通过一台 Web 服务器向 Internet 用户无偿提供各类气象信息。此 Web 服务器使用的是一台 Indigo Ⅱ工作站，配置为：200M 主频，4G 硬盘，128M 内存。

KMA 通过 Internet 向公众提供以下信息：

·未来 7 天天气预报（每小时更新）；

·海区天气预报；

·下月天气；

·季气候预测；

·世界 28 个城市天气预报；

·历史气候分析(数字及图表,如逐年逐月降水分布图);
·卫星云图(实时数据,各通道保留最新 24 幅);
·数值预报的各种产品(如 Mos Model, Typhoon Model 等);
·全国各地天气实况;
·世界各城市天气实况;
·全国雷达拼图及动画。

二、国内气象互联网建设

1. 中国气象局的互联网建设

中国气象局(CMA)大院 Internet 接入网络,于 1996 年底完成第一期工程建设,1997 年 1 月正式开通运行,为用户提供拨号上网的服务功能。1997 年 11 月 24 日,安装了具有地址翻译功能的 PIX 防火墙,完成了第二期工程建设,局大院各大单位的局域网,经过地址转换可以直接访问 Internet 网。

中国气象局大院 Internet 网络系统采用 WaveNET 扩频微波通信技术,将局大院 Internet 网络作为接入网直接连接到我国互联网络之一的原电子工业部金桥网(CHINAGBN),使局大院 Internet 网络中心点成为我国 Internet 网络的二级节点,构成局大院 Internet 局域网与国际网互连通道。内部采用 CISCO 2514 双以太网端口路由器,一口连接在扩频微波无线接入点 AP 上,一口连接在交换式集线器上构成局大院 Internet 局域网。4 台 Internet 网络服务器,PIX 防火墙和 CISCO 2511 拨号服务器连接在 CISCO Catalyst 3200 LAN Switch 交换式集线器上。该网向用户提供局域网接入,主机专线接入和远程拨号入网服务(见图 22.7)。

Internet 综合服务器:采用 SUN NETRA-I-1150, 128MB 内存, 6.7GB 硬盘,主频 167MHz。配置的软件有 Solaris 2.5 和功能强大且完善的 Internet 集成软件 Netra Software 3.0。该服务器的主要功能是域名服务(DNS)、电子邮件(E-MAIL)、远程登录(TELNET)、文件传输(FTP)。

中国气象局大院 Internet 网的子域名为 cma.gov.cn;域名服务器的名为 DNS.cma.gov.cn;该网段共有 256 个 C 类 IP 地址。

信息代理服务器采用 SUN ULTRA-I-140 工作站,配置 128MB 内存,6GB 硬盘,主频 143MHz。安装了 Solaris 2.5 系统软件和 Proxy Server 信息代理服务软件。

WWW 服务器采用 IBM RS/6000 E30 工作站,128MB 内存、4GB 硬盘、1998 年扩充到 12GB,主频 167MHZ、AIX 操作系统。

远程拨号访问服务器采用 CISCO 2511 和 USR MODEM POOL(MODEM 池)构成远程拨号访问服务器,提供异步拨号入网接入服务,具有 16 个异步端口,支持 PPP/SLIP 协议,并采用动态 IP 地址分配。还有 2 个串行端口可提供用户专线接入。目前 12 部

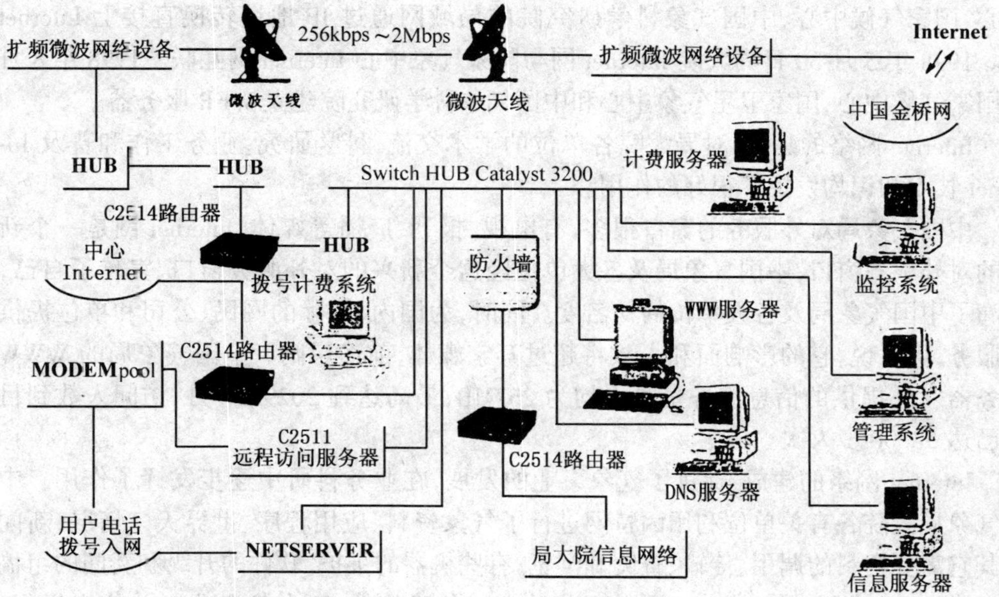

图 22.7　中国气象局 Internet 网络图

局内四码电话,并做成连选功能,用户可以在任何地方通过拨号访问 Internet 网,进行网上站点的浏览,支持匿名 FTP,收发电子邮件等服务。

采用 USR NETSERVER 远程拨号访问服务器,提供异步拨号入网接入服务,具有 8 个异步端口,支持 PPP/SLIP 协议,并采用动态 IP 地址分配。目前有 2 部局内四码电话和 6 部气象卫星电话,专用于气象部门全国财务电算化使用。

采用 SUN Ultra-I-140 工作站建成计费系统,配置 128MB 内存,6GB 硬盘,主频 143MHZ。安装了 Solaris2.5 操作系统和 IP 计费软件。另外还采用微机作为拨号计费系统。

采用技术先进,功能强,具有地址转换的 CISCO PIX Firewall 防火墙,用户终端通过 PIX 将内部地址静态(或动态)转换成 Internet 网外部地址。

采用微机建成 Internet 网络运行监控系统,该系统的监控软件可对 IP 地址的通信流量和拨号系统的运行状况进行监视。

无线扩频微波信道工作在 S 频段(2.4GHZ),传输速率在 256KBPS～2MBPS 之间。扩频微波设备分别安装在国家气象中心西楼顶和电子部 28 层楼顶。无线扩频速率可达 3MBPS,实际速率为 1.5MBPS 左右。

无线网桥 Breezenet PRO,采用跳频扩频技术,工作频段为 2.4GHZ,先进的射频技术保证了各种情况下都能实现可靠的无线连接。

1997 年 6 月,中国气象局发布了自己的主页。1998 年 5 月,局机关、国家卫星气象中心、国家气候中心、中国气象科学研究院的局域网通过 IP 地址转换直接上 Internet 网。1998 年 5 月 30 日局大院 Internet 网与国家气象中心 Internet 网互联。1998 年 8 月为国家气候中心、国家卫星气象中心和中国气象科学研究院建立 WEB 服务器。

Internet 网络的建成，对局大院各单位的学术交流，科学研究，业务工作和普及 Internet 技术知识均发挥了很好的作用。

中国气象局对外服务的窗口很多，有电视、报刊、广播等媒体，Internet 网是一个新兴的对外服务窗口，中国气象局及各大单位经这个新兴的对外服务窗口，宣传了自己，提高了中国气象局及各大单位的知名度。同时，为国内、国际的网民、公司和单位提供了服务，可以说，它的影响面和人数将超过其它媒体，前途广阔。中国气象局的 WWW 服务器对外提供的信息服务量月平均为 267MB，最高达到 2029MB/月，访问人数到目前已达 58000 多人次。

Internet 网络的建成，促进了气象事业的发展，在业务科研中逐步发挥了作用。中国气象局大院各有关单位利用因特网进行了气象资料、应用程序、世界天气情况、新闻及其它需要资料的调用、传输、查阅和浏览；有些机器的维护、软件的升级和新闻的组稿通过 Internet 进行；从 Internet 网上下载的一些免费软件，正在各个业务单位中运行，如：国家气象中心经 Internet 网，调用美国并行机上运行的并行浅水波模式程序(PSTSWM)等作参考，在 SP2 上进行应用程序的开发；1998 年 6 至 8 月，国家气候中心进行南海季风试验，调用日本的 T213 编码资料；1998 年国家气象中心在抗洪救灾工作中，在国际通信线路有故障时，调用欧洲中心气象资料；1998 年 8 月开始，局计划财务司经 Internet 网接收全国各省市的财务报表；中国气象报社经 Internet 网进行组稿、传送新闻等等。

2. 各省气象局互联网的建设

中国气象局明确了“十五”期间气象服务的主要任务，并强调指出：“建立与我国经济建设、国防建设、社会发展和人类生存相适应，具有较高现代化水平的新型气象服务体系和国家与省两级重大灾害天气气候防灾减灾气象决策服务系统”。总之，“十五”期间要以科学技术为先导，依靠科技进步，积极采用先进的成熟的通信技术、计算机技术、网络技术和数据库技术，不断优化气象信息网络，充分发挥中央和地分的两个积极性，确保气象信息网络的建设和发展。

不少省局都积极筹划加入和进行 Internet 网的建设，以便从 Internet 网获取和提供更广泛的信息，并通过气象部门的信息网，实现国际互联网上的信息共享。现将广东省气象局的互联网建设情况作个介绍。

(1)VPN 及关键技术

VPN(Virtual Private Network)虚拟专用网是指在公用网络(如 Internet，Intranet，Extranet)中建立专用的数据通信网络技术。在 VPN 上，任意两节点之间的连接并没有传统专网中端到端的物理链路，这不仅可节省投资，还可以由服务供应者完成网络及其设备的管理与维护，这对于缺乏资金和人才的气象部门无疑是一种经济方便的方式。

VPN 适用于总部与各地分支机构及其合作伙伴的网络互联。目前能实现的功能有：与授权用户共享信息；在网上安全、快速地交换信息和文件；安全发送电子邮件；在网上进行无纸办公和商务贸易。VPN 的访问方式包括拨号、ISEN、XDSL、专线。客户端可以不需要增加设备投资和软件投资而获得 VPN 的好处。

VPN 的关键技术是隧道技术(Tunneling)，它类似于点对点的连接技术，在公用网上建立一条数据通道(隧道)，让数据包在专用的隧道上传输。隧道允许 VPN 的数据包按照规定的路由通过 IP 网络而不管生成数据包的设备和网络，因此，VPN 的操作独立于其它网络协议。隧道是由隧道协议形成的，分第二层和第三层。目前捆绑于 Win 95/98/NT 中的第二层点对点隧道协议(PPTP)已被广泛应用，L2TP 是最新的第二层隧道协议，它优于 PPTP 的是可以建立多点隧道，使用户能开出多个 VPN，同时访问 Internet 和 Intranet。

VPN 的安全性：VPN 在其隧道所承载的数据包中应用了下列专用的安全协议：

①加解密技术；

②密钥管理技术；

③身份认证技术。

微软的点对点加密(MFPE)、鉴别握手协议(MS-CHAP)，第三层隧道协议 IP Security(Ipsec)则已包含了用户身份证鉴别、保密和数据完整性检查，其鉴别安全机制与解密的管理系统是相对独立的。

(2)VPN 的构建和方案

①移动用户透过 Internet 远程访问总部网络(见图 22.8)。

②分部与总部透过 Internet 扩展广域网络(见图 22.9)。

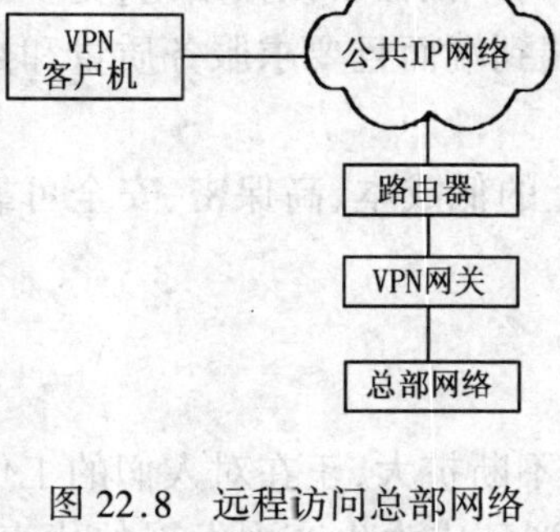

图 22.8　远程访问总部网络

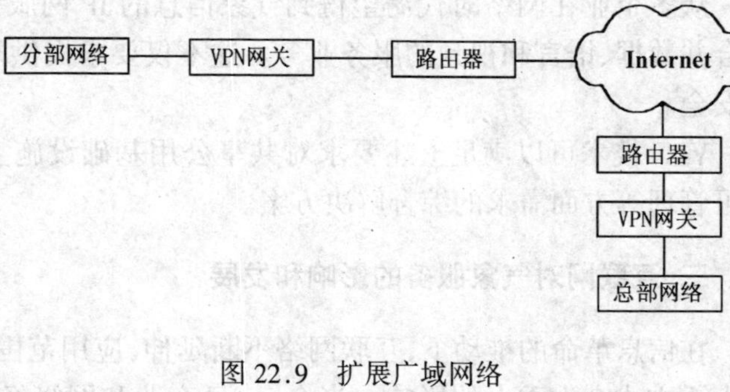

图 22.9　扩展广域网络

③设备和网络结构。目前商用 VPN 设备(硬件和软件)很多，3Com，Intel，Cisco 等公司都有。现将选用 Cisco 3640 路由器和 Cisco 3640 系列 Ios IP plus Ipsec56 软件构建

VPN、远程分支机构将用 Cisco 1700 作为 VPN 网关。具体结构如图 22.10 所示，图中 VSU 为 VPN Service Unit。

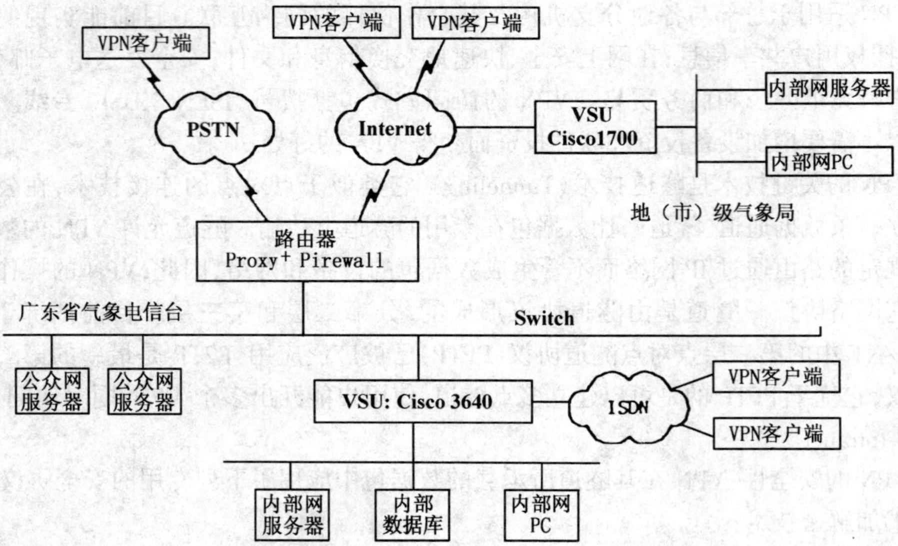

图 22.10 设备和网络结构图

(3)广东省气象局的公众网

目前广东省气象局的公众网(WWW.GRMC.gov.cn)和内部网(172.22.1.201)的数据库、主干路由器、访问路由器、3W、FTP、E－mail 等信息服务器通过多条 DDN、ISDN 和代理服务器、防火墙接入 Chinanet 和省政府网。但是网上传输的数据未经加密，希望通过 163 或 169 让地县气象局和防灾期间的流动气象台可以访问省局内部网，而不允许其他人访问。

众多企业在网络时代渴望得到气象信息的 IP 网服务，不仅需要预报结论，更多要求合并数据、语言和视频的服务业务。这不仅要求提供端到端而且要求服务质量和数据安全。

VPN 技术可以满足上述要求对共享公用基础设施上的低成本、高保密、安全可靠和可管理等方面需求的综合解决方案。

三、互联网对气象服务的影响和发展

在信息革命的推动下，互联网络不断延伸，应用范围不断扩大，正在对人们的工作和生活方式产生重大的影响。当今，信息产业和网络经济已成为生产力发展的代表。气象服务的最主要方式是为用户提供气象信息，因此，利用互联网来直接进行服务将为它开拓新局面，并积极参与网络经济活动。

1. 互联网将赢得新的市场

目前,互联网络应用最广的首推经济领域。随着互联网络用户的增加,各种机构、企业、公司和部门纷纷上网,利用网络在全球开展商务活动。据估计仅美国通过互联网从事天气预报发布和进行专业气象服务的公司和机构就有好几百家,而且每年都在增加。利用 Internet 赢得新的市场,将为经济发展开创更广阔的商机。

2. 互联网将创造新的营销手段

Internet 将会改变顾客的期望,改善销售和顾客的关系,随着厂商对顾客了解的增多,销售信息将变得更加专业化和个性化。正从一个制造—销售市场转向成一个了解—答复市场。气象服务公司将能够了解每个顾客的要求并迅速给予答复,在生产服务产品时就可以"量体裁衣"进行定制。例如旅游气象服务公司能为个别旅客制定最佳天气的旅游路线和计划,并实行遇到不良天气的赔偿制度,大大提高了旅游专业服务的质量和效益。

3. 互联网将革新服务方式

将网站和网页组成为一个 24 小时开放的、由用户自己读取的介质,可以使用户了解气象服务产品的性能和局限,给服务对象有很大的选择余地,也迫使气象服务产品质量精益求精和树立声誉与形象。互联网服务方式也很容易让全世界人来了解和判断某一公司的服务质量,从而做出选择和取舍,只要真正具有实力和水平,很容易造就有国际声誉的服务的大企业。Internet 不仅可以为传统产品和服务开辟新天地,反过来,这种新的电子媒介市场又促进了新的未曾预料的气象服务方式的诞生。如开展交互式的专业气象服务就可能在今后大显身手。

关于互联网的完善和发展问题,也是一个值得关注的热点。互联网络(又称信息中速公路)是目前惟一的国际信息交换网,同时又是一个松散的、无中心控制的国际网,各分网络分散管理,它的完善与发展主要依靠用户自愿组成的一些小组进行协调。如,互联网络协会(ISOC),网络活动委员会(IAB)等。它们的工作是通过 Internet 技术推出与互联网络通信相适应的协议、标准,为用户提供文件以及介绍网络的服务内容。建立在中速通信设备基础之上的互联网络目前已趋饱和状态。据英国报道,由于用户和多媒体信号迅速增加,互联网络在 3～4 年可能瘫痪。其解决办法是建设容量大 20 倍的光纤信息高速公路。

兴建信息高速公路是 1992 年美国总统克林顿在竞选时采纳其班子的意见提出的口号,1993 年 12 月美国拟定了"全国信息基础设施"(National Information Infrastructure)方案和计划。1994 年法国、新加坡等国家和地区也提出了类似的计划,日本、英国和德国等国的政府和大公司均对此高度重视,深入研究,提出对策,并准备拨出巨款加以实施。可以说掀起了一阵"信息高速公路"热。

"信息高速公路"(Information Super High Way)是现代国家信息基础设备的一个形

象比喻。它主要是指现代国家信息基础设施，就是以最新的数字化光纤传输、智能化计算机处理和多媒体终端服务技术装备的、地区、国家或国际规模的多用户、大容量和高速度的交互式综合信息网络系统。这个系统能够达到传输高通量化、网络普及化、服务综合化和系统智能化的标准和要求。

互联网已成为气象信息服务的重要新手段。可以预言，随着信息高速公路的发展，互联网将逐步成为气象信息服务的主要手段。无论是公益性气象信息服务还是商业性气象服务，都需要充分利用互联网这种先进的信息交流手段，以最大限度地提高服务的效率。

参 考 文 献

[1]　《气象软科学研究应用论文选集》编委会编，气象软科学研究应用论文选集，气象出版社，1998。
[2]　黄河主编，信息与经营全书，人民出版社，1996。
[3]　汪勤模编著，识破天机的现代神探，气象出版社，1998。
[4]　吴季松著，21世纪社会的新趋势知识经济，北京科学技术出版社，1998。
[5]　中国气象局新一代气象服务体系研究课题组，2000年全国气象服务学术研讨会论文集，气象出版社，2000。
[6]　周燕玲报道，钱天白——中国网络第一人，北京广播电视报，1999年6月。
[7]　杨京英，中国的信息能力如何，中国信息报，2000年5月。
[8]　白钢，韩国气象服务介绍，北京气象，(3)，1998。

第三编

气象工程服务技术

第二十三章　气象工程服务技术

第一节　气象工程服务技术的内涵与发展过程

一、气象工程服务技术的概念

气象服务除了大量的以气象信息产品进行信息服务之外,还有相当大的一个领域是以气象工程技术手段所进行的服务。例如,50年代中期以来,我国广泛应用人工影响局部天气技术开展人工增雨、增雪与消雹作业,以达到增雨(雪)抗旱、消除雹灾的目的。90年代以来,随着温室与大棚在农业生产上的广泛应用,通过增施CO_2技术,增加棚室内的CO_2浓度,大大提高了温室与大棚生产的产量与农户的效益。我们把应用一定的气象工程技术手段,为国民经济各行各业、各类不同的用户所进行的技术性、工程性的气象服务,概称为气象工程服务。按照马鹤年先生的观点,也可以把此类服务进一步阐明为"气象工程服务是指应用一定的气象工程技术手段,对一定的生产对象或用户系统所处的气象环境本身,或生产对象、用户系统与气象环境之间的相互影响,进行调节、改造或控制,以达到趋利避害、提高服务对象的社会、经济、生态效益的目的所进行的气象服务"。

在气象工程服务中所采用的相应技术,称之为气象工程服务技术。现阶段气象工程服务的主要领域包括人工影响局部天气服务、农业气象适用技术服务、防雷减灾服务和城市环境气象技术服务等。在这些气象工程服务领域中,均有其相应的特定的气象工程服务技术,其共同的特点是采用气象科技领域中的成熟技术、适用技术,并具有实际的应用服务效果。

二、气象适用技术与技术成果应用的发展过程

当代科学技术已被广泛应用到生产与国民经济各领域,引起社会生产、国民经济和公众生活的重大变革。知识创新、技术创新和高技术产业化,成为世界各国综合国力竞争的核心。

近50年来,人们普遍认识到科学技术是生产力。80年代邓小平同志提出了"科学技术是第一生产力"的著名论断,科学技术、知识经济对人类社会的进步和经济发展起着巨大的推动作用。二次世界大战以来的50年间,世界科学技术的发展经历了五次大

的变革,促进社会生产力的跨越式发展。1945～1955年的第一个10年,是以原子能的释放与利用为标志,人类开始利用核能的新时代;1955年～1965年的第二个10年,是以人造地球卫星的发射成功为标志,人类开始向外层空间的进军;1965～1975年的第三个10年,随着重组DNA实验的成功,人类进入可以控制遗传和生命过程的新阶段;1975～1985年的第四个10年,是以微机大量生产和广泛使用为标志,揭开了扩大人脑能力的新篇章;1985～1995年的第五个10年,是以软件开发和大规模产业化为标志,人类进入信息革命的新纪元。实际上科学技术对经济增长的决定性作用,已使发展高技术、实现产业化,成为一股世界性的潮流。生物技术、信息技术、航天技术、新材料技术、新能源技术和海洋技术等将成为21世纪重点开发研究和应用的高技术领域。

我国气象工程服务技术的发展,从50年代开始,随着社会的进步、经济建设的发展,气象服务从信息服务向工程服务发展,更紧密地与生产实际结合在一起,其应用的服务领域不断拓宽,服务不断深入,服务技术的科技含量不断提高,服务效益不断上升,表现出气象工程服务具有很强的生命力。以下列举几类主要气象适用技术与技术成果应用在国民经济中的发展过程:

1. 人工影响局部天气技术

人工影响局部天气技术是应用向云中播撒催化剂,改变云微物理等结构,使云降水等局地天气现象朝着有利于人类的方向转化,以达到改造自然的预定目的的一项科学技术。20世纪40年代末,在美国开始了人工影响局部天气的科学试验。用干冰对层积云进行实际催化试验,发现云中过冷却水滴很快转化为成群的冰晶,不断增大并从云底下落。接着又发现碘化银也具有催化作用,推动了人工影响局部天气的试验与作业活动的开展。

1958年我国在北方特大干旱进行抗旱的迫切需要下,吉林、甘肃等省相继开展飞机人工降水试验,利用播云催化技术开展人工增雨试验。此后,有组织的人工影响局部天气作业与试验活动在各地逐步开展。经过40余年的不懈努力,人工影响天气作业已达到相当大的规模,成为抗旱、消雹等减灾服务的重要手段,取得明显的社会、经济和生态效益。据1997年统计,全国绝大部分省、自治区、直辖市的1167个县(市)开展了人工增雨作业,拥有"三七"人工增雨高炮5500余门,约20个省、自治区、直辖市开展了飞机人工增雨作业,该年飞行近360架次。1997年全国共有24个省、自治区、直辖市开展了高炮、火箭人工防雹作业,保护农田面积达23.9万平方千米,有效地减轻了冰雹灾害,保护了农业生产和人民群众生命财产的安全。对人工增雨作业而言,在适宜的天气条件下,一般可增雨6%～15%,此外,人工增雨还用于扑灭森林火灾,用于生态环境的增绿、保绿工程。自80年代以来,我国人工影响局部天气的试验与作业活动逐步从增水(增雨、增雪)、消雹,进一步发展到消雾、驱雨活动。消雾对保障重要航空港的活动有极重要的价值。人工影响局部天气的服务成效,日益得到了政府、社会和群众的认同。

随着我国水资源短缺问题日趋严重，随着西部大开发对环境整治进程的推进，以及人类活动对调控局部天气条件要求的日益增强，我国人工影响局部天气技术及其应用，必将在21世纪有一个更快的发展，达到更高的水平，对社会经济发展、环境生态改善和人民生活起到更大的作用。

2. 农业气象适用技术

长期以来，我国气象在为国民经济各行各业服务中，坚持以农业服务为重点。50年代初期我国建立农业气象站网，进行农业气象观测与农业气象情报、预报信息服务，之后又开展了农业气候区划成果服务，对各地农业综合开发、农业结构调整、种植制度改革和农业专业化生产基地建设提供了重要依据。但随着高产优质高效农业的发展，“认识大气候、改造小气候”的要求日益突出。现代农业发展要求对生产对象进行规范化、目标化栽培。80年代以来，利用农业气象适用技术直接调控局地农业生产环境与光、温、水、气小气候条件，充分合理利用本地气候资源，促进农业生产优质高产，成为发展农业生产的重要气象科技措施。农业气象适用技术服务的发展使农业气象服务从过去只“提供依据”，改变为直接利用技术措施去改变小气候，调控微环境作物生态系统，在气象更结合生产与经济的道路上走出了重要的一步。

80年代以来应用范围大、效果好的农业气象适用技术主要有：温室、大棚、设施农业中人工小气候调控技术、地膜覆盖增温保墒技术、优化灌溉节水技术、棚室内CO_2施肥技术以及抗旱剂、防冻剂、保鲜剂的利用技术等。目前大力推广应用技术成熟、实用性好、规模效益大的先进农业气象适用技术，成为各地充分合理利用气候资源，积极开展气象科技扶贫服务，促进农业生产高产优质低耗的重要技术手段。

3. 雷电防御技术

雷电灾害是重要的气象灾害之一。改革开放以来，随着我国社会经济与科学技术的发展，先进的计算机网络与大量电子设备的广泛应用、城市化的发展以及高层建筑的迅速增加，都使雷击灾害频繁发生，造成国民经济与人民财产的重大损失。从80年代中期以来，我国雷电防御技术在防雷工程服务中得到了快速发展。

雷电防御技术最早始于18世纪美国人富兰克林发明避雷针。避雷针使雷云对特定的人为设置目标提前放电，主要是防御直接雷击。20世纪开始，随着电力、电信事业的发展开始重视感应雷的防御技术，出现了新的避雷器等避雷装置。70年代航天飞行器兴起，促进了航天系统和火箭防雷技术的发展。80年代以来微电子设备对雷电电磁脉冲的极端灵敏，扩大了雷电的受灾空间与行业受灾面，进一步推动了对雷电电磁脉冲进行防护的现代防雷技术的发展。

我国气象部门从1985年开始从事有组织的避雷检测技术服务，以后不断扩大，并发展到防雷工程设计与施工服务，现已形成一支有数千人的防雷专业技术队伍，对防御和减轻雷电灾害进行了有成效的工程技术服务。

90年代以来,我国的气象工程服务还拓展到城市环境气象工程技术服务等领域,在本编的随后各章中将进行更详细的论述。

三、气象工程服务技术的发展前景

随着知识经济的发展和进一步实施"科教兴国"战略,在21世纪,科技和经济与社会发展的结合将更加紧密。高科技的不断创新及其产业化,将具有更大的现实服务意义。依靠科技进步,大力推动气象工程服务的发展是气象服务中具有强大生命力和发展前途的领域。在实际应用服务中也将使气象工程服务技术有不断的提高、开发和创新,并形成产业化,这种发展前景在21世纪将会呈现强劲的势头。

1. 气象工程服务技术的创新

江泽民同志在1999年8月召开的全国技术创新大会上强调指出"创新是民族进步的灵魂,是国家兴旺发达的不竭动力。"通过加强技术研究和开发能力,大力推动技术创新,将不断提高气象工程服务技术的科技含量。

有的专家将现代科学技术与生产力诸要素的关系表述为:

生产力=科学技术×(劳动力+劳动工具+劳动对象+生产管理)

上述表达中,科学技术以幂函数的乘法效应放大了生产力的诸要素。由此可见,气象工程服务技术的创新与科技含量的提高、技术升级,必将极大地提高气象工程服务的效益。

在本编的随后各章中,虽然重点只是论述了人工影响天气服务技术、农业气象工程服务技术与雷电灾害防御技术等目前已初具规模的气象工程服务技术,但随着国民经济与社会的发展、应用气象科学技术的进步以及气象工程服务技术的创新,还将在更多的领域中发展出更多的新的气象工程服务技术项目。

2. 气象工程服务技术具有产业化的发展前景

《中共中央、国务院关于加强技术创新,发展高科技,实现产业化的决定》(1999年8月)中,提出要"加强技术创新,发展高科技,实现产业化,推动社会生产力跨越式发展。"推进气象工程服务技术及其相应技术成果的产业化,是提高气象服务业活力与效益的重要方面,这方面已呈现出良好态势。

在人工影响局部天气的产业化方面,国外现在已有人工影响局部天气公司。美国全国目前有3家人工影响局部天气公司,其中以位于美国北达科他州的人工影响局部天气公司最大,该公司称,它在美国、中东、希腊、加拿大、墨西哥、南非和亚洲一些地方的商业性活动已取得成功。俄罗斯也曾派出人工影响局部天气作业的专业技术队伍、专用技术装备在中东等地开展商业性增雨活动。我国也有一些地方和保险部门合作,在农业保险方面开展增雨、消雹作业。

我国发展高产优质高效农业,必将在更大程度上依靠科技进步,必将加快农业气象工程服务的新技术开发及其产业化的发展。目前，在节水保墒技术、地膜覆盖技术、人工小气候调控技术、食用菌栽培农业气象技术及水产养殖环境调控等一批先进实用的农业气象工程服务技术的推广应用中，有的已在服务过程中逐步转化为产业实体。如湖北省气象局保康林特产气象基地利用干干湿湿等小气候调控技术，培育高档花菇，形成一定的产业规模。一些地方还将棚室内 CO_2 施肥技术产业化，对 CO_2 施肥剂进行加工生产，使技术成果商品化、产业化。

在我国气象防雷工程服务方面，一批防雷工程产业实体也正在应运而生，并不断取得发展。可以预期随着气象工程服务技术的发展，不仅在上述领域中，还将在更多的领域中形成更多的专业性的气象工程服务实体，在气象领域的更多方面推进高技术产业化的进程。

第二节　气象工程服务的技术基础与技术开发

一、应用气象是气象工程服务的科学技术基础

气象工程服务是气象科学技术与有关工程技术的融合，在科学技术边缘上发展的生长点。气象工程服务的科学技术基础，除了气象科学技术的一般基础外，当首推应用气象学。应用气象学是气象科学技术和其他专业学科，如农业科学、海洋科学、航空科学、水文科学等相互结合、相互渗透形成的边缘学科。其分支领域十分广泛，除了世界气象组织已列入应用气象计划的传统的农业气象、海洋气象与航空气象三个重要分支之外，还包括水文气象、建筑气象、交通气象、能源气象、医疗气象、城市环境气象等。人工影响局部天气则通常作为云物理学的一个重要分支而单独列出。按照世界气象组织应用气象计划列出的应用气象的目标，是通过气象资料、气象知识和技术的应用及提供专业气象服务，为一些易受天气、气候影响的专业生产和重要活动的安全、经济、效率做出贡献。应月气象的这一目标和气象工程服务的宗旨是一致的。

二、若干主要气象工程服务的科学技术基础简介

1. 人工影响局部天气

人工影响局部天气是以云物理学、降水物理学为其科学技术基础，通过对云、雾和降水过程施加人为影响，达到增雨、防雹和消雹等目的，是云物理学的一个重要应用方面。

半个多世纪以来，在世界范围内对云、雾、降水、降雹所涉及的各种尺度的物理过程，以及他们之间相互制约关系，已进行了大量的观测、实验和理论研究，逐步建立并不断改进了包括各种尺度的自然降水、降雹过程的框架图像；提出了人工影响云、降水过

程的原理和途径，研究了进行人工影响的潜力和条件，发展和改善了技术方法，对人工影响局部天气的效果作了研究和科学评估。在此基础上建立了人工影响局部天气工程服务的技术体系。

人工影响局部天气工程服务的主要技术体系包括：

①作业设计技术；

②建立对人工影响局部天气对象进行实时监测、分析与判据技术；

③选择有利作业时机、作业部位的指标与判断技术；

④掌握有效影响的作业技术、作业物质和手段的技术；

⑤切实可行的有效的客观的作业效果检验技术等。

上述技术体系涉及的基本原理和知识，构成人工影响局部天气工程服务技术的科学技术基础。

随着人工影响局部天气工程服务的扩大，以及试验研究的进一步深入，对云、雾、降水、降雹发生、演变、发展的模型、机理的认识将进一步丰富与完善。对人工影响局部天气的背景条件、作业时机、潜力与效果等一系列问题取得进一步的进展，不仅将改进人工影响局部天气的作业技术，同时也将开发出新的人工影响局部天气的原理和技术方法，从而有可能最终从“影响”走向“控制”，达到人类能控制局地天气，有效地减少气象灾害的目的。

2. 农业气象适用技术

农业生产是一个十分复杂的系统，包括生物、环境、技术、经济四个基本要素。农业环境要素主要有气候、土壤、地形、水文等，其中天气、气候是最重要的可变因素。由于我国农业的丰、欠受气象条件影响很大，也常常被称为是气候型农业。

农业气象适用技术的科学技术基础是农业气象学。农业气象学旨在探求农业生物群落与气象条件之间相互作用、相互影响的内在联系，研究农业生物群落与气象环境之间能量与物质交换的基本规律，从而有可能在改变、调节、控制农业生态系统（包括农业生物群落及其所处环境两个方面），使该系统有最高的生产效率，达到农业生产高产、优质、高效、低耗的目的。

农业气象适用技术的科学技术基础主要建立在不同地区的农业生物－环境－技术措施的最佳关系模式与内在机理上。因此，与农业气象适用技术直接相关的科学技术基础主要有：

①掌握气象要素影响农作物、农业畜群生长发育过程、产量形成过程的动态机理，进行生长发育的农业气象条件模拟，探索气象条件与农业生物生长发育之间微观联系与量化指标；

②了解并掌握“大气－土壤－作物”系统中光热能量、肥水气物质转化规律，以及微观气象调控技术理论，以形成转化为农业气象工程服务的适用技术；

③设施农业(温室、大棚、饲养室、贮藏室等)中,设施环境的农业气象要素特征及其形成机制,设施农业环境与生物工程的最优化气象条件的调控。

由于农业生物的产量与品质的形成,涉及许多复杂的生物学过程与环境条件之间的关系,从事农业气象适用技术服务需要更多的了解有关的动植物生理学、农业生态学、作物生态学方面的基础理论知识。

3. 雷电防御技术

雷电防御技术主要是选择一个使雷电(包括雷电电磁脉冲)对地泄放的合理路径,而不是任其随机地选择放电通道,因此实质上是控制雷击能量的泄放或转换。现代防雷技术概括来说,包括接闪、分流、均压、屏蔽、布线、接地等环节。这些技术内容将在本编的有关章节中介绍。雷电防御技术的物理基础是大气电学,该项气象工程服务技术需要对雷电的发生规律,包括对直击雷、感应雷及闪电电磁脉冲的电场、电位理论加深了解。此外还需要对雷电防御的具体保护对象,包括建筑和构筑物、设备和人群的雷电传导以及有关避雷装置电工学特性的掌握。随着城市基础设施建设的发展,雷电防御将扩展其保护空间,将更多地从全局出发考虑制定防雷规划,特别是对大型建筑群、住宅小区、计算机广域网、局域网等,制订防雷工程设计的整体保护方案,进行智能化设计,因此系统工程方法也成为雷电防御技术所必须的技术基础。

三、气象工程服务技术的研究开发

1. 气象工程服务技术的研究开发方向

江泽民同志在1999年8月的全国技术创新大会上的讲话中指出:“我们要按照‘有所为、有所不为’的方针,突出重点,选准一些对推动经济和社会发展、维护国家安全、提高生产力和综合国力有重大带动作用的领域,集中力量,大力协同,重点攻关,力求突破。”同时还指出:“加强科技成果向现实生产力转化的工作,必须把市场和社会需求作为科技工作的主导方向,注重研究开发和产业化的有机衔接。要营造良好的政策环境和社会环境,引导和激励大多数科技力量进入经济建设这个主战场,努力适应社会主义市场经济的发展需要。”根据上述讲话的精神,气象工程服务技术研究开发方向主要是:

①气象工程服务技术的研究开发要以市场和社会需求作为主导方向,依靠科技进步,开发有自主知识产权的技术和产品,进入经济建设主战场;

②选准目标、突出重点。要在我国气象工程服务技术的优势领域和高技术渗透较好的领域,选择对国民经济与气象服务有重要影响、市场前景看好的适用先进技术,组织力量,集中研究开发。同时也要注意对传统技术的优化、升级;

③注重研究开发与产业化的有机衔接。将研究开发与推广应用紧密结合,迅速推动科技成果的转化,并形成产业化。

2. 气象工程服务技术研究开发的重点领域与重点项目

1999 年国家计委、科技部制定了《当前国家重点支持和鼓励发展的高技术产业化重点领域指南》。在该指南中共列出信息、生物与医学、环保及资源、农业、能源、交通、制造、材料、轻纺、建筑及服务业等 11 个高技术开发领域的数百项重点项目,其中有不少重点项目和气象工程服务有紧密联系。从我国社会经济、资源环境的可持续发展出发,气象工程服务技术的研究开发应选择对国民经济趋利避害有重大作用与良好应用前景的领域与项目作为重点。

表 23.1 和表 23.2 分别列出气象工程服务技术在气象灾害防御和气候资源合理开发利用方面进行研究开发的若干重点领域和重点项目,可供组织气象工程服务技术的研究开发参考。

表 23.1　气象工程服务技术研究开发的重点领域与重点项目(一)气象灾害防御技术

重点领域	重点项目
人工影响局部天气技术	·增雨(雪)技术 ·消雹技术 ·消雾技术 ·驱雨技术
雷电防御技术	·直击雷防御技术 ·感应雷防御技术 ·雷电电磁脉冲防御技术
农业气象灾害防御技术	·农作物霜冻害、冷害防御技术 ·农业干旱防御技术 ·干热风防御技术
城市气象灾害防御技术	·城市防风工程技术

表 23.2　气象工程服务技术研究开发的重点领域与重点项目(二)气象资源利用技术

重点领域	重点项目
水资源保护利用技术	·农业节水灌溉技术 ·农业蓄水保墒技术(薄膜覆盖、沟植垄盖)
气象能源开发利用技术	·风能利用技术 ·太阳能利用技术
农业环境工程技术	·高效节能型温室、大棚设计技术 ·设施农业小气候调控技术 ·塑膜暖棚饲养畜禽技术 ·棚室 CO_2 施肥技术 ·果品冷库贮藏保鲜技术
地热资源利用技术	·中低温热水利用技术 ·高温地热资源(150℃以上)开发利用技术
天气信息资源利用技术	·交通运输路线优选技术 ·海洋导航技术 ·基于面雨量的水库库容调控技术 ·供暖节能的天气调控技术

3. 气象工程服务技术科研开发的支持条件和组织管理

做好气象工程服务技术的研究开发与技术创新,应给予有力的支持条件,并切实加强组织管理。

(1)切实加强研究开发的领导

气象部门各级领导要高度重视气象工程服务技术的研究开发与技术创新对推动气象服务业发展的重要作用。充分认识技术创新能更好地培育服务增长点，尤其是气象高新技术成果的广泛应用可以强化气象服务功能，拓宽服务领域，改善服务质量，从而使气象工程服务开辟更广阔的成长空间。领导层对气象工程服务研究开发与技术创新的重视，就可以在技术开发规划、资金资源投入以及研究开发力量的组织管理方面给予充分有力的支持。

(2)编制研究开发规划，加强管理，保证有组织的技术创新取得成效

做好规划，首先要通过调查研究，了解国内外气象工程服务技术的发展动向，摸清技术家底；同时明确方向，选准目标，切实组织服务实体与气象工程服务科技人员参与研究开发，对气象工程服务技术的研究开发与应用作出系统部署；投入必要的资金，根据不同阶段的研究开发重点，在管理上要加强相关部门的协调，制定相关的支持政策。

研究开发规划的具体内容包括：

①气象行业及本地区气象工程服务技术的发展现状及主要问题；

②本部门、本地区气象工程服务技术所具有的优势、特点与发展趋势分析；

③本地区社会经济发展与气象工程服务的需求分析；

④研究开发的选定目标与重点任务；

⑤实施规划的阶段目标与工作进程；

⑥实现规划目标的支撑体系与保障措施；

⑦加快技术创新，实现产业化，促进技术研究开发成果转化成生产力的政策环境。

在总体规划的指导下，可以进一步制定研究开发计划，系统运筹、有效组织能够对本部门、本地区气象服务业发展带来重要影响的重点项目，集中力量攻关，实现技术的跨越式发展。

(3)给予研究开发的资金投入和人力支持

气象工程服务技术的研究开发需要进行试验、外场和内业，需要一定的手段、设备，应给予相应的研究开发资金投入与人力支持。1995 年在湖北宜昌召开全国第三次气象服务工作会议之后，中国气象局建立了气象科技服务应用技术开发资金，用于支持技术研究开发。2000 年 2 月在《中国气象局贯彻落实中共中央、国务院〈关于加强技术创新，发展高科技，实现产业化〉的实施意见》中提出，中国气象局将采取有效措施，切实加大科技开发的投入，并要求中国气象局直属事业单位和各省(区、市)气象局都要从气象科技服务与产业收入中提取一定比例的经费用于研究开发工作。国家为支持、促进我国科技型中小型企业技术创新，经国务院批准设立了用于支持科技型中小企业技术创新项目的政府专项基金(《国务院办公厅转发科学技术部、财政部关于科技型中小企业技术创新基金的暂行规定的通知》国办发[1999]47 号文)。该项创新基金是一种引导性资金，是一种新型投资机制。创新基金支持的项目符合国家产业技术政策，有较高创

新水平和较强市场竞争力,有较好的潜在经济效益和社会效益,是有望形成新兴产业的高新技术成果转化的项目。

(4)建立和完善有利于技术创新与研究开发的政策环境

要十分重视制定研究开发和成果转化的政策性措施。鼓励科技人员投入高新技术研究开发,对在技术创新、研究开发成果转化和推广应用中取得突出成绩与重大效益的给予重奖。努力营造优秀人才、特别是青年人才脱颖而出的政策环境。

参考文献

[1] 马鹤年,气象服务基本原理与气象知识经济,2000年气象服务学术研讨会论文集,气象出版社,2000。

[2] 胡志晋、徐华英,中国云降水学和人工影响天气研究,人工影响天气(十二)全国人影办,1999。

[3] 宋健主编,现代科学技术基础知识,科学出版社,1994。

[4] 虞昊等,现代防雷技术基础,气象出版社,1995。

第二十四章 人工影响天气服务技术

第一节 概 述

一、人工影响天气及其基本原理

人工影响天气是采用人工催化等技术手段,选择合适天气条件和有利时机,对大气中的物理过程施加影响,使局部地区的气象环境发生某种变化,以达到趋利避害目的的一种气象科技活动。例如,为减轻干旱、缺水而开展的人工增雨;为减免冰雹危害而进行的人工防雹;为防止作物冻害而实施的人工防霜;以及机场的人工消雾,城市上空的人工消云等。此外,在军事上也有应用。

科学的人工影响天气是基于实验室内实验发展起来的。1946 年美国科学家谢弗(Vicent Schaefer)用干冰对天空层积云进行了实际催化试验,发现云中过冷却水滴很快转化为成群的冰晶,且不断增大并从云底下落,在云中留下一个明显的空洞。这次成功的试验对人工影响天气走向外场是一个有力的推动。接着,谢弗和万涅古特(Bernard Vonnegut)发现了可使过冷云中产生冰胚的催化剂——碘化银,至今仍被各国在人工影响天气中广泛应用。

二、人工影响天气的业务试验

随着人工影响天气室内实验的不断深入,外场试验和作业在许多国家陆续开展。作为气象服务于防灾减灾的一项技术,1858 年之后,我国开始了在政府领导下、有组织的人工影响天气业务试验工作。几十年来,各级气象部门及有关科研院所和工厂的人工影响天气工作者,应各地抗旱减灾的迫切需求,结合具体条件,对人工影响天气的各种技术手段和催化效果进行了不懈的外场试验和室内研究工作。研制成功的增雨防雹炮弹、焰弹、火箭等催化工具和新型高效催化剂在各地人工影响天气作业中被普遍采用;天气雷达、云物理仪器等探测、监测手段在人工影响天气中的应用提高了作业的科学性和作业成效;取得的一批科学研究成果,不少已在实践中得到应用。

据世界气象组织对各国有关工作情况的统计报告,1994 年有 32 个国家开展人工影响天气作业和试验研究。其中美国、以色列、俄罗斯和一些欧洲国家尤为活跃。美国除了开展人工增雨防雹,还开展机场消雾。美国的人工增雨防雹主要采用飞机在云底和云中播撒催化剂,或利用地面碘化银发生器向云中播撒催化剂。以色列在利用飞机和地面碘化银发生器进行多年人工增雨试验的基础上,已经把人工增雨作为一项业务,每年在冬半年按计划开展增雨作业。这些国家的人工影响天气计划均有周密的设计方案,普遍采用多种先进技术装备,如多功能天气雷达、机载云物理测量仪、微波辐射计、风廓线仪、测雹板网等。

三、人工影响天气的工程服务

我国改革开放以来,国民经济快速发展,农业生产对防灾减灾的需求日益迫切,人工影响天气愈加受到各级政府的重视,相应的领导和管理机构逐步完善,经费投入年年增加,作业规模明显扩大,抗旱减灾成效显著提高。1994 年国务院批准建立由 13 个部、委、局参加的人工影响天气协调会议制度,标志着我国人工影响天气工作进入了一个加强组织、协调和指导的新阶段,标志着人工影响天气已成为防灾减灾气象服务的重要内容。到 1998 年,全国有 1338 个县开展高炮、火箭人工增雨防雹作业,高炮数量达到 6100 多门。当年,有 18 个省(区、市)开展飞机增雨作业 341 架次,931 小时。

为了提高人工影响天气的成效,地方同中央有关科研院所及高等院校间的科技合作以及地方之间科研的横向协作不断加强,在指导作业实践中发挥了应有作用;省级人工影响天气现代化建设成绩显著,依托气象现代化业务系统,初步建成或正在建设的人工影响天气综合技术系统,提高了天气监测、信息传输、作业分析判断、实时指挥作业的科学水平;人工增雨防雹作业工具和催化技术不断改进,地基和机载监测、探测手段进一步加强,人工增雨防雹作业的总体科技水平明显提高。长期以来,我国以地方为主体开展的人工增雨工作,主要为当地紧急抗旱服务,近年,国家有关部门和一些省区非常重视在非干旱季节开展以缓解水资源短缺为目的的人工增雨工作,例如,在西北地区特别是在黄河上游开展的有科学设计的人工增雨计划,表明我国人工影响天气工程服务已发展到更高层次。

1. 人工影响天气工程服务系统

为了对有限的局地大气过程施加有效影响,应充分收集有关气象信息,了解和掌握该大气过程的现状及其可能的变化趋势,并作出准确的天气预报,这是实施人工影响天气的前提;密切监测天气变化,依据有关指标和判据,选定适宜的作业时机和催化方式是搞好人工影响天气的关键;在作业过程中,随时观察天气变化和云物理过程的变化,及时调整作业的地点、催化方式是提高人工影响天气效果的措施;同时,及时收集同作业效果有关的包括仪器监测和人工目测的各种资料,进行科学评估,是提高人工影响天气效果的保证。人工影响天气作为一项工程服务系统,其运行流程如图 24.1 所示。

2. 人工影响天气效果问题

人工消雾和人工防霜等人工影响天气作业,其效果通常在播撒催化剂之后,很快或

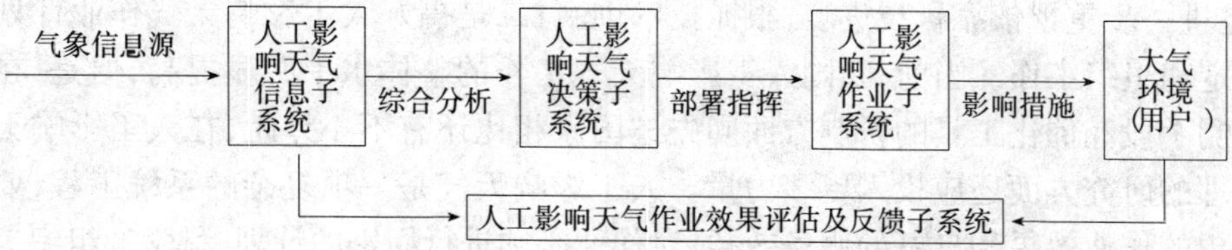

图24.1　人工影响天气工程服务系统框图

经过不长时间就可以明确。这是因为作业对象雾和霜是在近地面层出现,人们借助仪器可以准确地对其形成、发展和消亡直接进行观测并确定催化前后的具体变化情况,有时通过目测也能观察清楚,进而估算出作业效果和服务效益。

相比之下,人工增雨和防雹作业的效果评估要复杂得多,也困难得多。这是因为降雨云和降雹云在远离地面的天空,它们形成和发展所涉及的因素很多,目前,气象部门对降雨量,特别是降雹的时间和空间预报还有许多工作要做。众所周知,如果降雨量的预报是20mm,实际降雨量为24mm时,这个预报也被认为是正确的。而对于人工增雨的效果,国际上认为比较成功的人工增雨率为5%~20%,即一个作业地区降雨云的自然降雨量,如果是20mm,通过人工催化之后,实际降雨量可增加到21~24mm。显然,这一人工增雨作业所增加雨量的信号完全可能被淹没在噪音之内,即被降雨量预报的误差所覆盖,这给增雨效果评估造成了很大难度。因此,做好效果评估是对人工影响天气工作者的严峻挑战。尽管如此,国内外科学家们还是为之做了许多有益的试验研究工作。例如,以色列采用目标区和对比区的随机化增雨试验方案,进行10多年的持续试验,得到增雨15%左右的结论。我国福建古田水库开展了10多年随机化增雨作业试验,统计结果是增雨24%。前苏联在重点地区的防雹,其投入效益比达到1∶3~1∶11以上。随着对云降水机制研究的不断深入,随着探测技术、云数值模式和计算机技术的发展,人们可以对作业云系中云物理状况的变化进行更深入的研究,对人工影响天气的效果进行比较快的物理检验。例如,催化之后云中过冷水含量系统减少,而冰晶浓度相应增加,雷达回波增强、云体发展、降水量增加,则表明催化取得了效果。采用云数值模式对催化前后云的物理状况进行模拟和计算,在作业的效果评估工作中也在发挥日益重要的作用。目前,在一些增雨防雹作业的效果评估工作中,已把数理统计、云物理探测和云数值模拟等方法结合起来,评估结果更加符合实际情况。

3. 不断提高人工影响天气服务效益

我国人工影响天气工作所以取得良好的服务效益,除了积极主动地为用户做好服务外,人工影响天气作业科技水平不断提高是一个重要原因。作业科技水平提高主要表现在:拥有一批现代化的监测、探测手段;采用性能良好的催化工具;建立起比较科学的作业指挥系统;以及一些应用基础研究项目的科研成果在指导作业中发挥了重要作用。

今后,在提高人工影响天气的服务效益方面,还有许多工作要做。最重要的有两条：一是进一步重视依靠科技进步，狠抓技术创新；二是搞好人工影响天气作业计划的科学制定和组织工作。当前，我国人工影响天气工作的整体水平明显提高，但是，在云物理探测手段和催化工具的研制方面同先进国家相比还有不小差距，在人工影响天气催化机理的研究方面还应投入更多力量。人工影响天气是一项复杂的系统工程，要想取得理想的作业效果和良好的服务效益，对作业必须进行周密的计划、科学的组织。今后，各省在进一步搞好以紧急抗旱减灾为目的的人工增雨防雹作业的同时，还应建立常年的人工增雨雪计划。有关省际间应加强协作，参加在国家统一规划部署下的重大人工影响天气工程项目，如黄河上游人工增雨工程项目。从组织方面保证人工影响天气的服务效益不断提高。

第二节 人工增雨技术

人工增雨(雪)技术的关键是适时地、正确地输送足够数量的增雨催化剂到适当云中的适当部位，使其按照所期望的方式影响足够大的云体，促使其增加降水量。飞机、气球等是从空中将催化剂播撒到云中的一类工具；高炮、火箭、地面发生器等是从地面将催化剂发射播撒到云中的另一类工具。

一、人工增雨原理

人工增雨是采用某种手段向一个地区上空可能下雨或者正在下雨的云中播撒催化剂，开发云中水资源，使降水量增加。一个地区某天下雨 10mm，并不是当天经过这个地区上空的云中只有这么多水分，一般是由于某些条件不具备，云中更多的水分难以形成降水。我国人工增雨对象主要是云体温度低于 0℃的冷云，通过播撒适当催化剂对其实施静力催化或动力催化。对于云体温度高于 0℃的暖云，人工增雨技术相对薄弱，开展的工作较少。

冷云降水，是云中存在的大量冰晶通过水汽凝华增长并与云中水滴不断碰并后形成的。云模式计算表明，每升空气中有 10～100 个冰晶才有利于形成降水。降水效率不高或没产生降水的冷云，通常含冰晶数量较少。

所谓静力催化，是向这种云中播撒适量人工冰核，促使过冷水淞附在冰核上，形成冰晶，加速冰水转化，使云中凝结水有更大份额变为降水，从而增加降水效率。由于静力催化只是影响云的微物理过程，所以降水效率增加一般不很大。

所谓动力催化，是影响云的动力过程，主要是针对积状云，使云体迅速增长，旺盛发展，延长生命期，产生更多降水。与静力催化相比，需要过量播撒人工冰核，使每升空气中冰核达到 100～10000 个。丰富的冰核使云中过冷水滴在其上面冻结，水汽在其上面凝华，同时释放潜热，云中温度随之升高。云模式计算表明，动力催化如果使云的温度升高 0.5～1.0℃，则其体积将发生中度膨胀，降水量明显增加。这是因为云体温度升高后，其密度变小，相对周围环境空气将产生上升运动，并带动云底的潮湿空气入流增加，使云中水分不断得到补充，为冰核能够迅速捕获云滴形成冰晶并不断长大，直至形成降水提供了必要条件。

上述人工增雨原理已被室内实验和大量的室外试验所证实，为科学家所公认。实践表明，只要人工增雨技术方法应用得当，一般均可取得成效。

二、催化剂

人工增雨催化剂具有激发云的物理过程发生巨大变化的功能，通常分为三类：第一类是产生大量凝结核或凝华核的成核剂；第二类是使云中水分形成大量冰晶的成冰剂；第三类是可以吸附云中水分变成较大水滴的吸湿剂。

1. 成核剂

碘化银（AgI）和碘化铅（PbI_2）是典型的成核剂。由于铅进入大气会污染环境，所以碘化铅已不作为催化剂。碘化银不受环境制约，一般作为优选催化剂。碘化银粉末温度到 1000℃时，可升华或从熔融态蒸发形成气溶胶，发挥冰核作用。制备碘化银气溶胶可用燃烧法和爆炸法。燃烧法又有直接燃烧、溶液燃烧和烟火剂燃烧三种。直接燃烧是将碘化银在耐热坩埚中加热汽化；溶液燃烧是把碘化银溶于加有碘化铵等增溶剂的丙酮溶液，利用溶液喷射方式燃烧；烟火剂燃烧是燃烧含碘化银的固体燃料，如焰弹、火箭等。爆炸法是将碘化银填充在炮弹或火箭适当部位，发射到云中爆炸。目前我国各地普遍使用的直径 37mm 增雨防雹炮弹，在 -10℃云中爆炸后，1g 碘化银的成核率是 10^9 个。燃烧法碘化银的成核率要高得多，1g 可达 10^{12}～10^{15}个。在 -0℃～-20℃范围内，碘化银成核率与温度有关，随温度的降低成核率增加。

除碘化银外，一些有机物质（碳的化合物）也是有效的冰核，如间苯三酚、三氯苯、蜜三糖、笨均三酸、三聚氰胺（蜜胺，氰脲酰胺）、1-亮胺酸、1-色胺酸、四聚乙醛等。这些物质有的具有比较高的活化阈温，可在接近 0℃云层附近应用。但是，它们被用于增雨外场作业前还有许多室内外试验研究工作要做。

2. 成冰剂

这是一些升华或汽化温度很低的制冷剂，如干冰（固体二氧化碳）、液氮、液态丙烷和液态空气等。它们被播撒到云中后，迅速升华或汽化，由于吸热，其外围一层空气急剧降温，可使过冷云滴和汽态水变为冰晶。在通常大气压力下，干冰的升华温度是 -78.2℃，液氮的汽化温度是 -195.8℃。实验表明，在 -2℃～-15℃云中，1g 干冰能形成 10^{11}～10^{13}个冰晶。液氮也有类似量级的成冰率。成冰剂的优点是，能很快将过冷的小云滴和汽态水变为冰晶，没有毒性残留物，而且价格低。缺点是将成冰剂直接播撒到云的过冷区，难度较大，需要特制机载撒播系统；干冰宜制成 1cm 大小的颗粒，且不易保存。

3. 吸湿剂

吸湿剂通常指食盐、尿素和硝酸铵等。这些物质被碾磨成很细小的颗粒，播撒到云中，利用其强吸湿性充当凝结核，可吸附云滴形成水滴。但是，吸湿性材料作为暖云增雨催化剂的研究和外场试验工作还有待加强。我国个别地区曾在飞机增雨中使用盐粉，缺点是播撒量太大，且对飞机有腐蚀作用。

三、人工增雨前期准备

一个地区是否有适于人工增雨的云层条件，在什么季节和时段有利于开展人工增雨，选用何种催化手段和方式，按照什么样的催化判据和指标确定催化剂的播撒时机和技术等都应提前进行考虑和研究。

1. 作业区域和时段

在什么地区和时段适于开展增雨作业，应该对相关地区内常规气象资料和天气雷达、气象卫星等有关历史资料进行分析，对出现的各种云系的云水资源条件及人工增雨潜力进行研究，在此基础上，确定适于人工增雨的天气系统和地区，再根据拟开展增雨地区的具体天气气候条件和空域条件，划定空中作业区域或确定地面作业点。例如，河北省适于增雨作业的天气系统有西风槽、西南涡、冷锋和回流天气。浙江省在 1999 年人工增雨计划中，把 7 月 20 日至 10 月 31 日作为飞机增雨时段，并将全省划分 13 个飞行区域。

2. 催化手段和方式

催化手段和方式主要根据选定的作业地区和云系情况而定。催化冷性层状云，可利用飞机在较大地域范围内反复进行。飞机应能飞到 0℃层高度以上，机舱有安装必要仪器设备和作业人员工作的足够空间，例如安-26 型飞机。催化对流性云，需要在短时间内将催化剂播撒到云的适当部位，一般是利用高炮或火箭，或用飞机发射焰弹。一些高海拔地区冷性地形云的云底很低，可以采用碘化银地面发生器。气球携带碘化银焰弹升空的方式在有些地区也被应用。飞机播撒的优点是：催化剂播撒到云中有效区的保证率高；具有对大范围云进行大剂量催化的能力。缺点是：费用较高，飞机在积冰或颠簸条件下飞行有潜在危险。地面发生器的优点是：作业费用较低，具有长时段连续作业的能力。缺点是：在大气层结稳定时无法使用；催化剂命中目标区的保证率有不确定性；遥控发生器的维护工作量大。

3. 作业判据

作业判据，是指当地可以进行催化的云所具备的一些主要指标，包括云的厚度、云顶和云底高度等宏观指标，以及云的温度、云中过冷水含量和冰晶浓度等微观指标。对于一个确定的地区，这些指标需要通过多次作业和试验研究确定。作业前，除了要做好有利于增雨的天气和降雨落区预报外，还应及时了解云层条件是否已满足增雨作业判据，以捕捉作业时机。目前，由于云微物理参数尚难以准确、适时地获取，所以在实际工作中一般是利用宏观判别指标推测云中的微观情况。我国各地通过多年的增雨作业实践，总结出不少宏观判别指标，其具体量值在各地不尽相同，如表 24.1 所示。

表 24.1 人工增雨宏观判别指标

参 数	河北省指标	北京市指标
云底高度	<2km	<2km
云顶高度	4~6km	5~7km
云顶温度	-4~-24℃	-4~-24℃
云体厚度	>2km	>2.5km
过冷云层厚度	>1.5km	
催化云层高度	4~5.5km	4.5~5.5km
催化云层温度	-4~-20℃	低于-1℃
雷达回波强度		15~40dB

4. 仪器装备

为保证增雨作业的科学性，提高作业效果，作业指挥中心应具有必要的仪器装备，进行天气探测和监测，以获取指挥增雨作业的科学依据。

气象业务网资料——这是气象部门现成的资料，包括基本气象观测数据和天气预报结果，以及经过分析的各种气象资料。同时，要尽量利用作业地区附近的气象资料，这对建立增雨作业判据、选择作业时机和分析增雨效果十分必要。

天气雷达——这是开展科学人工增雨所必需的一种基本探测装备。它可定时和连续监测云的变化，随时为指挥中心提供云的移动和变化信息，特别是回波强度等的变化信息，这些是重要的作业判据指标。各种波长的天气雷达在增雨工作中的功能略有不同，X 波段（波长 3cm）雷达能探测大雪和中雨，C 波段（波长 5cm）雷达对于雨和雪都有足够的灵敏度，S 波段（波长 10cm）雷达测量大雨和冰雹更有优势，但测雪的灵敏度不高。多普勒雷达可提供风向和风速信息，并可估计降雨强度。

微波辐射计——可对降水云系进行连续测量，获取波束路径上云中液态水和汽态水含量，为合理播撒催化剂开发利用液态水提供依据。如果在作业影响区和对比区各设一部微波辐射计，分别测得的资料可作为增雨效果评估的物理依据。

气象卫星云图接收设备——气象卫星可提供云的可见光图像、红外图像，以及大气中水汽的信息等。分析这些图像可以确定有关的风暴或云系位置及其运动，估计云顶温度和大气中水分含量，实时指导增雨工作。

专用雨量计——气象部门的业务雨量站网，其数量或位置，或两者可能都不能完全满足特定的人工增雨项目的要求。为此，通常需要增设专用雨量站，特别是架设遥测或自动雨量站，以便根据需要提供实时降雨资料。雨量计的分辨率很重要，对于冬季增雨项目，雨量计应能分辨 0.3mm 以内的降水，这是催化后一小时之内产生降水的量级。

四、飞机增雨技术

飞机升空后,要通过机载气象仪器(如 PMS 云粒子测量系统、含水量仪等)和地面探测设备(雷达、微波辐射计等)对云的物理状况进行连续监测,特别是观测云中过冷水含量、冰晶浓度和云的温度情况,以便决策人员实时确定相应的的播云技术,包括飞机的飞行航线、高度、播撒催化剂的时机、剂量和速率等。如果飞机上装有增雨作业用的天气雷达,则更有利于实时决定播撒催化剂的时机和部位。

1. 播撒催化剂

根据云的类型、发展情况以及飞机性能等来设计飞机在云顶、云中或在云底飞行的具体方案,以利于催化剂在云中充分扩散。

播撒碘化银的方式是:

①在机翼下悬挂碘化银丙酮溶液燃烧器,它由装碘化银丙酮溶液的容器(碘化银浓度在 1% ~ 5%)和加压室、喷嘴、燃烧室组成,在机舱内有控制器,可使碘化银丙酮溶液受压冲出喷嘴,呈雾化态在燃烧室燃烧,形成的大量碘化银微粒被排入大气中。国内使用的溶液罐,容量有 33L 和 42L 两种。

②在机翼下悬挂装有碘化银焰弹的贮弹架,在机舱内遥控,使焰弹从弹架中依次下落并被点燃,在下落的几百米空间内播撒碘化银气溶胶,形成连续的催化带。

播撒干冰需要在机舱内安装专用播撒装置,将直径 0.6 ~ 2.5cm 大小的干冰颗粒抛出,在 1 ~ 2km 的下落空间内升华,可形成一个相当大的催化"帘"。

播撒液氮也需要在机舱内安装专用播撒装置,最好使液氮附于载体上播撒。北京市人工影响天气办公室对硅藻土等载体进行了试验,播撒时将载体罐中的载体和贮液罐中的液氮分别压入混合器,使两者充分混合,然后由混合器喷嘴喷出。喷出的载体吸附大量液氮,其温度可低于 - 190℃。播撒速率为每分钟 2.0 ~ 2.5L。

美国对飞机催化冬季地形云的研究工作表明,碘化银丙酮溶液燃烧器是最简单、最有效的催化工具。

2. 催化剂播撒部位和速率

我国各地的飞机增雨主要是针对层状云,飞机在云中飞行并播撒催化剂。催化剂的播撒速率须考虑云中的自然冰晶浓度,催化剂在云中扩散之后,要使每升空气增加数十个到数百个冰核,实现"静力催化"。播撒速率,碘化银每小时约 200g,干冰每 km 是 100 ~ 1000g。

美国夏季的人工增雨,飞机通常在云底作业,使用碘化银丙酮溶液燃烧器或固定式焰火剂播撒碘化银,播撒在入流区或者上升气流区内,这些区域含有最高的水汽密度,播撒速率一般为每小时数十克到数百克碘化银。飞机也可在云中作业,但一定要用天气雷达(机载的或地面的)监测,以避开雷雨云。冬季,飞机在温度 - 5 ~ - 10℃的云中作业,催化剂在有较高浓度过冷水滴的云中,可有效地发挥作用。干冰、投掷式碘化银焰弹、末端燃烧焰弹以及碘化银丙酮溶液燃烧器都可以应用。使用干冰时,播撒率通常是每千米250~3000g;使用碘化银时,通常每千米数十克到数百克。一个30L的碘化银丙酮溶液燃烧器中容纳的溶液可供播撒4~5个小时。冬季和夏季也可在增长中的积云云顶作业,飞机穿越云的顶部,把催化剂播撒在含有高浓度过冷水滴的上升气流区。飞机也可沿云顶飞行,将干冰或碘化银焰弹投入正在增长的云顶。播撒率类似于云中播撒。如果实施"动力催化",碘化银的播撒率为每小时数百克到数千克。

3. 作业航线

设计航线的原则是使播撒的催化剂在云内得到充分扩散。对于在层状云中作业的单架飞机,一般是使其航向与高空风向垂直,并以适当间距往复飞行,形成平行排列的若干条播撒带。考虑到催化剂在云中的扩散速率,往复两条航线的间距可为6km,航线长度为30~50km。如果作业飞机兼有探测云物理参数变化或试验研究的任务,则飞行航线应据需要进行新的科学设计。

4. 飞机增雨综合技术系统

为了提高飞机人工增雨科学性和作业成效,90年代以来,我国各省普遍加强人工影响天气现代化建设,许多省建立了飞机增雨综合技术系统,利用计算机联网和地空通讯手段,通过对基础气象资料和实时天气资料,以及测雨雷达、气象卫星和飞机实测云物理资料等的综合分析,迅速做出决策,对飞机作业进行科学指挥。

各省的飞机增雨综合技术系统,功能类同,但又各有特色。河北省的飞机人工增雨作业决策指挥系统由降水背景、概念模型、天气资料采集、数值模拟、天气预警、实时指挥、飞行方案、航线显示、效果评估、结果汇报和存储记忆共11个子系统组成。指挥人员不仅可根据该系统迅速做出飞机起飞作业的决策,还可通过机载卫星定位系统了解飞行航迹,并把地面收集的雷达和卫星等探测资料传送到飞机上,帮助作业人员选择适宜增雨的区域和部位,以提高作业的科学性和增雨效果。吉林省人工影响天气指挥中心包括资料获取、资料分析、模式分析、自动化指标判断和实时指挥、信息贮存与通讯等项内容和功能,其运行流程如图24.2所示。

五、高炮、火箭增雨技术

在地面借助高炮、火箭把碘化银播撒到云中,形成大量冰核以实现增加降水的技术在我国很多地区被采用。

1. "三七"高炮和火箭

"三七"高炮发射直径37mm的炮弹。用于人工增雨防雹的炮弹(简称人雨弹)系专门制造,弹头内装有适量碘化银,被发射到适当的高度后,以爆炸的方式播撒,有的型号炮弹在爆炸之前还以燃烧方式播撒碘化银。各地经常采用的人雨弹主要技术性能如表24.2

所示。

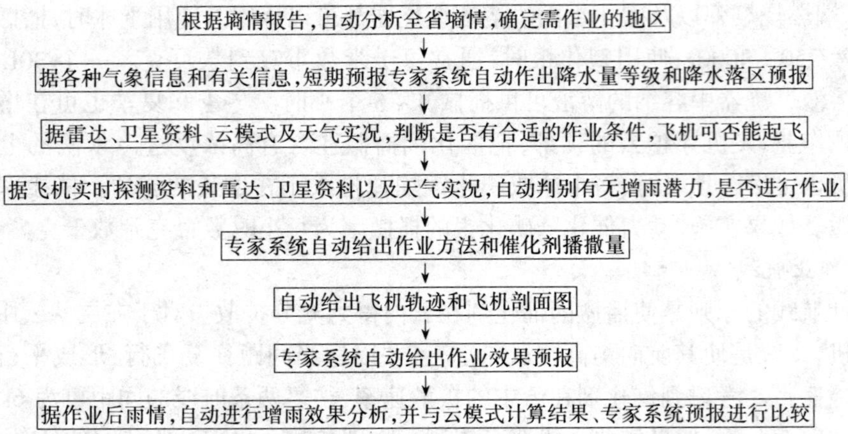

图 24.2　人工影响天气工作流程框图

表 24.2　几种型号人雨弹主要技术性能表

项　　目	83 型人雨弹	JD-89 型人雨弹	92 型人雨弹
炮弹全长(mm)	382 ~ 386	382 ~ 386	386
炮弹全重(kg)	1.416	1.284	1.34
弹丸重量(g)	732	600	658
有效作用高度(可控,m)	2000 ~ 6000	2400 ~ 5800	2000 ~ 6000
最大射高(m)	6700	6900	6700
引信自炸时间(s)	7 ~ 10 9 ~ 12 13 ~ 17	9 ~ 12 13 ~ 17	7 ~ 10 9 ~ 12 13 ~ 17
含碘化银量(g)	1	1	1
成核率(个/g, - 10℃时)	2.0×10^9	9.0×10^9	2.0×10^9
黑炸药重量(g)	60	34	57 ~ 60
引信瞎火率	≤1/30	≤3/100	≤1/40
弹体最大破片(g)	≤30	≤70	≤20

"三七"高炮具有土炮无可比拟的优越性,自 70 年代在各地用于人工增雨防雹以来,发挥了重要作用。但是也存在一些严重缺点,主要是爆炸播撒的碘化银成核率不高、高炮维护保养工作量大、存在不安全隐患等。

90 年代,一些厂家研制成功高射程的人工增雨防雹火箭,由于具有明显优点,而受到用户欢迎。表 24.3 所示是两种人工增雨防雹火箭的基本技术性能。

2. 作业点布局

高炮由于机动性差,很多地区是建立固定作业点,包括炮台、炮库,炮弹库、值班工作室和简易气象观测场等。火箭发射系统相对高炮重量轻,便于车载,通常可根据需要选择临时作业点。但是,不论是固定的还是流动的临时作业点,其选点和布局都应考虑下面几点：

①在有利于增雨作业的天气出现最多的路径上；

②在影响区上风方4公里范围内，视野开阔，远离居民区，有较好的交通和通信条件；

③根据条件逐步实现作业点联网，以收到更好的作业效果；

④作业应能在雷达等探测手段的直接指挥下进行，即作业点设在现有雷达的有效监测范围之内。

表24.3　人工增雨防雹火箭主要技术性能

参　　数	WR-1B型火箭弹	BL-1型火箭弹
弹径(mm)	82	56
弹长(mm)	1440	765
弹重(kg)	8.5	2.1
射高(km)	8	7.2
使用、储存温度(℃)	-15～45	-20～50
储存湿度(%)	≤75	-
最大残骸重量(g)	≤4000	≤100
残骸落地速度(m/s)	≤8	12.5
储存年限(年)	3	2
碘化银含量(g)	10	3
碘化银焰剂总量(g)	725	180
碘化银焰剂燃烧时间(s)	45	≥15
碘化银成核率(个/g、-10℃条件下)	1.8×10^{15}	1.8×10^{15}

3. 作业指挥体系

在高炮、火箭作业点实施作业，不能凭目测和经验进行指挥，应该依靠天气雷达等探测手段，或按照上一级的指挥进行作业，以保证作业的科学性。为此，许多省都建立了地面作业指挥体系。

地面作业指挥体系通常以市(地)作业指挥系统为主，省、市、县、炮点四级联网，上一级将探测的信息和指令通过专用通信线路适时传送到下一级，或者直接传达到作业点。

省级指挥中心——主要通过收集全省各地天气实况和雷达探测资料，并进行综合分析后，将可能出现的增雨作业天气先兆以预警指令方式向有关地区传达。并对有可能作业的地区进行6小时、3小时、0.5小时滚动预警。根据需要，可对本地雷达监测范围100km内的炮位进行直接指挥。

市(地)级指挥中心——主要参照省级指挥中心的预警指令，进行短时天气预报，充分发挥本地雷达和高空探测以及其它地面探测手段的作用，加密监测天气，根据雷达等探测结果和有关判别指标确定作业时机，并向县级指挥中心下达或直接向炮点下达作业指令。

县(市)级指挥中心——主要是随时接收上级指挥中心有关作业预警指令，并及时对照本地天气的各种特征指标，及时向上级指挥中心反馈实况和意见，订正作业时机和作业技术方案，向所辖炮点及时下达作业指令，并收集作业前后各种有关资料。

4. 作业时机

高炮、火箭人工增雨通常针对降水性积云、层状云和地形云。增雨作业时机,应根据有关仪器装备对云的宏微观物理状况的探测结果来确定。在探测手段不完全具备时,作业时机应根据当地的天气指标和雷达回波指标来定,参看前面飞机增雨的作业判据。

5. 作业方案

从作业时机选择到作业实施,直到作业结束,雷达应进行连续监测,根据测得的云底高度、云层厚度、云中温度和云的移速等,选用适当自炸时间引信的炮弹,并随时修正作业方案,包括作业时间、部位、剂量、射击方向、射高等。

高炮增雨作业用弹量比防雹作业用弹量少,通常一次作业用几十发炮弹。由于炮弹是以爆炸方式播撒碘化银,碘化银呈点源扩散,所以要根据云的类型、发展情况和距作业点远近来确定射击方法,包括选用何种时间引信的炮弹。参照第三节人工防雹技术中的防雹作业射击方法。

火箭主要以燃烧焰剂的方式播撒碘化银,目前使用的火箭一发含 3g 或 10g 碘化银,可持续燃烧几十秒钟,在飞行轨迹上形成一条较长的催化带。一次作业,用火箭的数量比用炮弹的数量少得多,因此设计好火箭的发射方案十分重要,这直接关系到催化效果。发射火箭应使其仰角、方位呈扇形配置,形成线、面、体组合,以有利于扩大催化范围。为此,使用火箭作业时,应配备雷达,并进行连续探测,根据对云的探测情况实时决定和调整发射方案。

六、地面发生器法

地面发生器法是利用放置地面的某种装置产生碘化银气溶胶,使其向云中扩散。例如电弧法、碘化银丙酮溶液燃烧器以及直接燃烧法等。电弧法是在有碘存在的情况下,使电流通过银电极棒产生碘化银粒子。地面碘化银丙酮溶液燃烧器和飞机上使用的类似,既可手动操作也可远程控制。目前我国一些地区使用的是手动操作装置。为确保催化剂能达到云的过冷区,需要将该装置放在目标区上风方较高地势处。直接燃烧法,一种是燃烧碘化银焰火剂,一种是直接将碘化银在耐热坩埚中加热汽化。研究表明,烟云通常以 15°～20°角度在空中水平扩散,并垂直扩散到释放点上空大约 1000m 高度。如果要使碘化银冰核的烟云在设定时间从上风方扩散到催化目标区的 –5～–6℃的云层,实现每升约 10 个核的最小浓度,就须合理布置和启动地面发生器。

在过去的 40 多年中,地面发生器被频繁用于美国西部及其它国家一些山区的冬季人工增雪项目中,在大山屏障的上风方建立发生器网。所使用的发生器的数量、间距以及在上风方距山障的距离,由目标区的大小、预测的云内温度,以及催化物质的传输和扩散情况等因素确定。大约每小时耗碘化银 5～35g。美国有一种遥控液态丙烷发生器,安装在山上,处于云底高度,接近催化目标区。几年的外场试验表明,是一种催化过冷云的较好方法。

除借助炮弹、火箭等载体，以及地面发生器方法外，还可利用气球携带碘化银焰弹和装有液氮的开口容器等方式升空播撒催化剂。

七、增雨效果评估

我国各地在人工增雨效果评估工作中摸索出多种方法，可大致分为物理检验和统计检验两种方法。物理方法是分析影响对象被催化之后发生的物理变化，其检验概念清楚，结果比较客观，但目前还不能定量估算效果。统计方法能定量计算效果，但其物理概念不十分明确。如果将两者结合起来，即采用物理统计方法进行效果评估，可能会得到较为科学的结果。下面是常用的几种效果评估方法：

1．固定目标区法

这是一种统计检验方法，事先须固定目标区和对比区，并且需要积累相当多数量的催化个例资料。本方法主要是对多次人工增雨作业进行总体效果评估。具体思路和步骤如下：

①根据本地区对人工增雨的需要和自然降水的时空分布特征，确定作业时段并固定作业区目标和对比区，作业区目标和对比区可各有几个；

②选择与增雨作业相匹配的效果检验时间单元（3～6小时）；

③作业时，根据天气情况确定作业区，使目标区尽可能全部被作业效果覆盖，同时保证至少有一个对比区不被催化所“污染”；

④用历史资料建立多目标区和对比区在作业时间单元的雨量相关，确定最终目标区和对比区；

⑤统计检验多次作业的增雨效果。

2．移动目标区法

当飞机人工增雨的作业目标区不固定时，其效果评估可参照以下条件，利用移动目标区法：

①被催化云的条件。催化云系应为降水性层状云系，云厚≥2km；云的过冷区厚度≥1km；被催化云处于天气系统前部的上升气流区（发展期）；飞机在－5℃以上高度层作业；

②确定影响区和对比区。每次作业前都将包括影响区在内的一个较大地区用3条曲线分开，形成三个相邻、面积相近的区域，依次为作业影响区A、空白区B和对比区C。空白区B介于A、C二者之间，是为了减少催化剂给对比区造成的污染；

③雨量资料收集与处理。在影响区和对比区设置足够密的自记雨量站，对不同时段的雨量作1小时雨量的内插，使区域雨量资料网格化，便于分析催化前后的雨量变化；

④进行影响区和对比区雨量差异的显著性检验。

3. 有物理条件约束的直观对比法

本方法是在作业区和对比区直观对比法基础上，对作业区和对比区增加一些限制性条件，并对作业技术和作业条件进行必要的规定。该方法可在每次作业后对增雨效果作出评估，具体限制条件及操作步骤如下：

①被催化的云层要较为均匀，应有一定的过冷水含量；

②作业云系的云顶温度应在 -5～-24℃；

③飞机作业层高度的合成高空风要严格测定，并作为计算作业影响区的主要技术参数；

④飞机播撒催化剂时，要垂直于作业层高空风，以 3～6km 水平间距播撒。记录作业起始位置、时间和航迹；

⑤作业影响区和对比区的面积要根据有关参数认真确定；对比区应选在作业区上风方，或选在作业区左、右侧不受作业影响的地区，但不得选在作业区下风方；

⑥两区的各自平均雨量，要考虑云数值模拟结果，当催化剂在云中增加冰核的数量是每立方米约 1000 个时，则取 3 小时内的降雨量；当增加冰核的数量是每立方米约 10000 个时，则取 6 小时内的降雨量；

⑦根据作业影响区和对比区的面积、雨量，计算出作业影响区的增雨量和增雨率，即为人工增雨的效果。

第三节　人工防雹技术

一、人工防雹原理

冰雹是直径大于 5mm 的冰粒，它对农业的危害，虽然不如旱灾影响面积大，但是由于冰雹的形成和发展快，雹粒动能大，常常会给农业生产造成严重损失，有时甚至导致果品绝产、粮食绝收。我国不少地区坚持开展人工防雹，避免和减轻了冰雹灾害。从国内外上百个防雹试验和作业的效果分析来看，大多数都有成效，一般防雹后雹灾减少 20%～80%不等，并在统计上具有一定显著水平。

人工防雹，是对一个地区上空可能产生冰雹的云层施加影响，使云中的雹胚不能发展成冰雹，或者在小冰粒变成冰雹之前就降落到地面。冰雹云是发展很旺盛的对流云，云中有上下强烈运动的气流，并且含有大量水分，具有雹胚发展成冰雹所需要的水分条件，雹胚也有充分的机会捕捉水分使自身迅速长大。目前，科学家公认人工防雹的基本原理是设法减少或切断雹坯的水分供应，所采用的技术方法与人工增雨类似，只是需要向云的雹胚源区播撒足够量的催化剂，以产生大量冰晶，造成同雹胚竞争水分的优势，纷纷迅速形成水滴或冰粒，从而抑制雹胚增长成冰雹。同时，一些科学家认为，播撒催化剂的炮弹爆炸时的巨大声浪和局部高温，对抑制冰雹增长也具有一定作用。

二、防雹手段和仪器装备

我国各地用高炮或火箭进行人工防雹，采用与人工增雨同样的炮弹和火箭弹，将其发射到冰雹云的适当部位，以燃烧或爆炸的方式播撒碘化银。通常，防雹作业的用弹量比增雨作业的用弹量大得多。有的国家防雹使用飞机在云层下部播撒碘化银焰剂；有的国家使用地面发生器，依靠云层下面的上升气流将碘化银烟雾送到云中。

为提高防雹成效，应设立作业指挥中心，进行科学指挥。指挥中心除了具有开展人工增雨所需要的一些装备外，还应配备下面一些必要的仪器设备和探测手段：

闪电定位仪——24 小时开机，用于实时显示某方位、一定距离内出现的闪电（主要是云闪），为雷达及时开机监测冰雹云提供预警信息。

多普勒双偏振雷达——用于帮助识别冰雹云，选择作业时机，指挥作业。也可用于测量降水粒子垂直下落速度谱，为效果检验提供依据。

测雹板——在防雹试验区内设置，用于获取冰雹谱和冰雹落地动能资料。其布点需根据雹云路径和雹击带范围和地形等进行周密设计。

三、作业点的布局和区域联防

防雹作业点的合理布局，对实施科学作业，提高防灾减灾成效至关重要。应遵照如下原则：

①作业点的间距不超过 8 ~ 10km，以便能够形成火力交叉、相互衔接的防雹网；

②在重点防雹区及其上游地区应多设作业点；

③作业点应设在当地雷达探测覆盖范围内，以便统一指挥，提高作业的科技水平。

在冰雹活动频繁、集中而又跨越省、县境界的地方，为有效地进行防雹作业，最好组织起来，对各作业点实施统一指挥、联合防雹。这需要成立联防指挥部，调整作业火力网，建立天气信息情报网，组建快速指挥通信网，并且应加强有关仪器装备建设，如配备数字化天气雷达、雹雨分测计和测雹板等。

四、冰雹云的预报和识别

冰雹是在强烈发展的积雨云中产生的，降雹区水平尺度小、多呈带状，而且离散度大。各地冰雹天气的成因及其活动规律不尽相同，深入研究当地产生冰雹的中小尺度强对流天气的发生、发展规律，是做好冰雹预报的基础。冰雹天气预报通常是根据大气热力和动力参数，综合当地雷达的观测资料作出的。较大范围的降雹与一定的天气形势有关，强对流经常发生在对流性不稳定的大气层结中，这是导致产生强烈风暴的主要因素。对于特定冰雹云单体降雹的临近预报，通常需要将雷达监测和冰雹云识别指标结合起来。

我国各地在开展防雹工作中，利用雷达识别冰雹云，总结了很多经验，积累了不少可供借鉴的指标，主要有：

①强冰雹云的回波顶高≥11km，弱冰雹云的回波顶高不低于6.5km，回波顶高平均值≥8.5km，云体温度为－6～－12℃；

②雷达回波强度≥40dB，随季节变化，夏季较强；回波宽度≥15km，移速每小时30km左右；

③雷达回波指标对应的卫星云图云顶温度低于－40℃；

④垂直回波出现弱回波穹窿、悬挂回波、砧状回波、回波墙等某一特征；

⑤垂直回波强度、回波顶高、强回波区顶高出现突增，5分钟内上移1～2km；

⑥水平回波呈现人字形带状、钩状、指状、涡旋状或V形缺口回波等某一特征；

⑦在5～7km高度上出现强度为10～15dB的初始回波，并且几块回波生消后排列成带状，有突发性增长。

上述各种指标也被一些地区用来区别冰雹云与雷雨云，但有关指标的确定及其应用具有地方性特点。

五、作业方案

1. 作业时机

抓住防雹作业时机非常重要，应设计好时间提前量，所谓时间提前量，是在冰雹云形成早期进行作业。为此，当出现雷雨云时，要用天气雷达进行连续监测，当初始回波顶高出现5分钟上升1～2km的跃增现象时，即表明雷雨云向冰雹云的发展出现跃变，要抓住这一时机进行作业，不能延误。另外，在冰雹云单体初生时或冰雹云形成之前的雷雨云阶段，也是提前作业的适宜时间，可收到好的防雹效果。如果作业未能提前，可在防护区上游5km处作业，促使冰雹提前降落，以避免或减少对防护区的危害。

2. 催化部位和剂量

催化剂冰核应播撒在云中自然雹胚容易形成的部位，该处温度一般低于－6℃，是弱上升气流区，有利于冰核形成雹胚，并进入冰雹生长区争食云中过冷水。

催化剂撒播层厚度一般不小于1km，通常需要播撒过量催化剂。就“三七”高炮而言，许多地区在冰雹云初始期的用弹量为50～100发；在冰雹云发展期的用弹量为100发左右，有的达到200发以上。但从高炮发射的安全性考虑，一般情况下，一个炮点在一次作业中发射炮弹不宜超过200发。

合适用弹量的科学计算比较难，通常是利用雷达与临近探空站资料估计雹源的体积和液态水含量，结合催化剂成核率等来计算。

3. 射击方法

高炮、火箭防雹作业时采用何种射击方法，关系到催化剂入云的催化效果。下面是各地利用高炮防雹时采用的一些射击方法：

①前倾梯度射击组合：当云体呈前倾状态向炮点移来时，用相同引信的炮弹，以几个扇面形式，适当弹距，迅速射击，使炮弹在不同高度和水平距离上，迅速相继爆炸；

②垂直梯度射击组合：当云体呈立柱式状态向炮点移来时，以相同扇面，适当弹距，低射角发射短引信炮弹，高射角发射长引信炮弹，使炮弹在不同高度的同一水平距离相继爆炸；

③水平射击组合：当云体逼近炮点时，以相同扇面，适当弹距，低射角发射长引信炮弹，高射角发射短引信炮弹，使炮弹在同一高度，不同水平距离迅速相继爆炸；

④同心圆射击组合：当云体移到天顶时，用低射角发射长引信炮弹，高射角发射短引信炮弹，适当弹距，连续点射 360°若干圈，使炮弹在天顶周围同一高度上爆炸；

⑤后倾射击组合：当云刚移过炮点呈后倾状态时，用相同或上小下大的扇面，适当弹距，不同射角发射相同引信的炮弹，使炮弹组成一个后倾平面或梯形相继迅速爆炸。

六、防雹作业指挥体系

我国很多地区的地面作业点既开展增雨又开展防雹作业，因此，作业指挥体系兼有综合功能。只开展防雹的地区，一般也都建立作业指挥体系，形成省、市、县、炮点四级联网。由于冰雹天气的局地性很强，所以市、县以下指挥中心的作用显得尤为重要。省级指挥中心主要对下发布冰雹云天气的预警指令；市(地)级指挥中心和县(市)级指挥中心，特别是县(市)级指挥中心要根据当地天气的变化及雷达的探测实况，负责订正作业时机和制定作业方案，并向所辖炮点及时下达作业指令。

七、人工防雹效果评估

防雹效果的评估一般是以作业之后影响区与对比区的降雹实况和灾情为主要依据，结合高空、地面有关物理参量的观测资料进行。每次作业后应以最快的速度，最好在半小时之内收集到有关实况资料，包括降雹时间、冰雹大小、密度、分布，以及受灾面积和灾情等。下面是一些地区进行效果评估的几种方法：

1. 雷达回波参量对比法

防雹作业是否抑制冰雹的形成和发展，可用雷达连续监测冰雹云的变化，如果作业后雷达回波强度减弱 10dB 以上，回波顶高度降低 1km 以上，则表明作业有效。多普勒雷达可以测量降水粒子垂直下落速度谱，反映粒子形态和谱宽度等特征的变化，如果作业后空中降水粒子变小，速度谱变窄，则表明催化有效。雷达回波参量对比法通常是对冰雹云雷达回波的几个参量在作业前后的变化，进行对比分析并做相应的统计检验。

2. 区域回归分析法

在作业影响区外，选择一个或几个对比区，根据历史资料建立影响区与对比区某些统计参量的回归方程。若两区相关性较好，可用对比区的统计参量估计影响区的参量变化，然后与实测值比较，得出作业效果的估计值。

3．多物理参量评估方法

选用与冰雹云或降雹密切相关的物理量作为效果评估的统计参量，除了雷达回波外，还有与雹灾危害大小密切相关的冰雹动能、冰雹质量、冰雹质量通量、冰雹动量等物理参量。通过对作业与不作业、作业前后有关统计参量的计算，并进行对比分析与检验，确定防雹效果。

有条件的地方或试验区，在作业期间进行雷达连续探测和加密探空观测，加密布设测雹板，建立自动气象站等，积累丰富的气象观测资料和有关雹灾资料，可以取得可信度更高的多物理参量的效果评估结果。

第四节　人工消雾技术

一、雾的生成及其类型

雾是由于近地层空气中悬浮的无数小水滴或小冰晶造成水平能见度小于 1km 的一种天气现象。近地层的气温降低和水汽增加是形成雾的基本条件。

雾的分类方法有多种。按其强度可分为重雾（能见度小于 50m）、浓雾（能见度 50 ~ 200m）、中雾（能见度 200 ~ 500m）和轻雾（能见度 500 ~ 1000m）4 级。从人工消雾的观点考虑，可以主要按雾中温度低于 0℃或高于 0℃将其分为冷雾和暖雾，以便采取相应的消雾技术方法。

二、消雾原理和技术

1．消冷雾

向雾中播撒成核剂或成冰剂使之形成大量冰晶，冰晶与水汽和水滴共存时，由于冰面饱和水汽压小于水面饱和水汽压，雾中的水汽便会迅速凝华到冰晶上，冰晶迅速增长抑制了水滴的增长，并促使水滴不断蒸发、数量减少。冰晶增长到一定大小后便开始下降，使大气的能见度转好。常用的成核剂主要有碘化银，成冰剂有液氮、丙烷和干冰等。另外，也可使用压缩空气通过膨胀降温的方法产生冰晶。从技术上讲，人工消冷雾较为成熟。

1994 年 2 月 17 ~ 18 日，北京市人工影响天气办公室在昌平县沙河机场进行了 3 次较大规模的喷洒液氮消冷雾试验。喷洒液氮后，夜间能见度由 40m 提高到 200 ~ 300m，维持 30 分钟；早晨能见度由 30m 提高到 1000m 以上，维持 120 分钟。并产生 0.2mm的降雪。

2. 消暖雾

消暖雾的技术尚处于进一步的试验研究之中。采用的方法有:播撒盐粉、氯化钙等吸湿性核在雾中培植大水滴,拓宽雾滴谱,诱发冲并过程,造成雾的沉降,使雾消散;用蜗轮发动机加热的方法,增加局地空气温度,并制造扰动气流,使雾滴蒸发而消散;采用直升飞机破坏雾层顶部的逆温层方法,使雾因气流上升而消散等。

第五节　其它人工影响天气技术

一、人工防霜冻

霜冻会给果树和农作物造成严重危害,采取适当措施使气温回升到作物遭受霜冻的临界温度以上,就可使之避免冻害。国内外防霜冻的技术方法主要有:

①加热法,在果园内用加热炉燃烧石油,可使园内气温比园外高出2℃;

②送风法,当近地面存在逆温层时,采用送风机吹风,加速上下层空气混合,使近地面气温升高;

③喷水法,用喷水设施向作物不断喷水,利用较高的水温和水结冰时释放的潜热来保护作物;

④泡沫法,使用泡沫发生器在作物表面形成适当厚度的泡沫来达到保温效果。日出后,泡沫会由于其中水分蒸发而很快消失;

⑤烟雾法,利用烧烟产生烟雾或用烟雾发生器喷射由水和油形成的的混合汽雾来防止和减轻辐射冷却降温。我国一些农村常采用燃烧柴草或某些化学药品来制造烟雾,含有较多的固体污染微粒。90年代,吉林省人工降雨防雹办公室研制出一种发烟量较大、污染较小的防霜烟雾剂,试验表明效果较好。

二、人工消云和消雨

人工消云和消雨是使局部地区上空的云、可能或已经出现的降雨消退。国内外试验表明,对于小块积云,利用飞机播撒盐粉等吸湿剂,一般可以消除。人工消雨,特别是对系统性天气过程降雨的消除,尚需做大量的试验研究工作。90年代初,上海为举办东亚运动会,成都为举办熊猫节分别搞过飞机消雨试验。1999年昆明世界园艺博览会开幕前夕,云南进行了人工消雨试验:在昆明以外100km和20km范围内布设两道高炮、火箭作业防线,分别实施人工增雨拦截云雨和过量催化消雨。4月28日至5月1日,云南西部地区出现大范围降雨天气,雨区渐向昆明逼近。4月29~30日凌晨,在滇西适时组织了大规模人工增雨,产生明显降水。当云系移到昆明附近时降水已大大减弱,云层逐渐消退,30日晚上举行开幕式时,出现了晴朗的夜空。

第六节　人工影响天气的发展前景

世界上人工影响天气50多年的发展历史，是试验与作业紧密结合，由室内实验走向外场实践，逐渐成为一门应用性学科的历史。社会发展和抗旱减灾的迫切需求是人工影响天气这门学科不断前进、发展的根本动力。展望未来，随着遥感探测技术、自动控制技术、计算机技术和通信技术的发展，同其它国家一样，我国人工影响天气的科学技术水平将进一步提高。随着我国社会主义市场经济的发展，人工影响天气的服务领域和作业规模将不断扩大，在抗旱和防灾减灾中将发挥越来越大的作用。

一、服务领域和规模不断扩大

①我国开展人工影响天气的主要目的是防灾减灾，具有相当强的公益性质。今后，人工影响天气特别是人工增雨和人工防雹工作仍将主要是在各级政府的领导和支持之下进行。从缓解水资源短缺的大目标和提高人工增雨的成效出发，各级政府特别是国家有关部门将进一步加强对人工影响天气工作的领导，加大科技和经费投入的力度，全国一盘棋，统筹规划，科学组织，把人工增雨工作推上一个新高度，使其总体成效明显提高。

②人工影响天气在抗旱防雹等方面继续发挥积极作用的同时，其服务领域将不断扩大。如配合重大社会活动对天气条件的需求，在局部地区上空开展人工消云、人工消雨的试验和作业；在国际机场开展人工消雾作业，在一些重要海港和高速公路进行人工消雾试验；对一些贵重经济作物采取防霜冻措施等。此外，人工削弱强降雨和洪涝灾害的探索性试验也将进行。

③人工增雨在缓解地区水资源短缺上将进一步发挥积极作用。在加强以抗旱减灾为主要目的的人工增雨和防雹作业的同时，开展非干旱季节的人工增雨，增加水库蓄水量、高山积雪量；特别是在大江大河流域的重点地区开展的人工增雨计划，坚持实施几年，将收到明显成效。

二、科学技术水平进一步提高

①对于人工影响天气的不同对象和目的，将在充分了解影响的物理机制基础上，确定采取相应的技术途径，并根据催化对象的条件和实施催化的指标判据，制定有针对性、有充分科学依据的作业方案。

②随着对云降水规律认识的深化，从加强实时监测、及时发现和捕捉作业时机、科学指挥作业和比较快地检验催化效果出发，一批专用的先进仪器装备，如数字多普勒雷达和偏振雷达、风廓线仪、微波辐射计等将在人工影响天气中被普遍应用。

③高效催化技术系统和新型监测探测系统、催化指标判断系统、高速通信传输系统密切配合，将构成现代化的人工影响天气综合技术系统，在提高人工影响天气成效中发挥重要作用。

④几种简便、实用，而且比较科学、客观的人工影响天气效果检验评估方法将在实际工作中应用。

参考文献

[1] 章澄昌编著，人工影响天气概论，气象出版社，1992。

[2] Register of national weather modification projects, 1993 and 1994, WMO, 1996.

[3] 曹学成、王伟民、迟玉明、朱文治、宋润田，北京地区人工消雾的可行性研究和试验，液氮人工消过冷雾论文集，气象出版社，1999。

[4] 美国土木工程师协会著，牟海省、钟志武译，播云增雨指南，“全国人工影响天气协调会议”办公室、中国气象局科技教育司印，1997。

第二十五章　农业气象工程服务技术

第一节　概　　述

一、农业气象工程服务技术的内涵

我国是一个农业大国，农业是国民经济的基础。改革开放以来我国农业基础设施的建设得到了显著加强，农业生产取得了举世瞩目的成就，但是依靠科学技术，实现我国农业现代化仍是一项十分突出的任务。目前农业靠天吃饭的状况尚没有得到根本改变，我国农业仍然是“气候型”农业。农业生产丰收与否，作物品质优劣及农业生产效益的高低，在一定程度上取决于气象条件，气象条件是影响我国农业和农村经济发展的重要因素。气象部门十分重视气象科学技术为农业服务工作，坚持气象服务以农业服务为重点，而农业气象服务则是气象为农业服务的重要手段之一。近年来随着农业和农村经济的发展，对农业气象服务的需求不断增强，农业气象服务工作得到了长足发展，服务的能力和水平得到了显著提高。农业气象的服务领域，由以粮食作物为主的种植业，逐步拓宽为包括农、林、牧、渔、果、菜等在内的大农业；农业气象的服务对象由为政府的决策服务转变为决策服务为主，兼顾广大农民和集约化的农业生产实体的服务；农业气象的服务内容，除常规农业气象情报、预报、专题分析等信息服务产品得到进一步发展外，农业气候区划成果、遥感信息产品的应用也得到了加强，尤其是农业气象适用技术推广等农业气象工程服务技术得到迅速发展；农业气象的服务手段，由仅限于文字材料的寄送，开始发展为利用报纸、广播、电视等新闻媒介、微机终端、国际互联网等现代化电信工具，快速、直观地传播服务信息。

农业气象服务按服务方式可分为农业气象信息服务和农业气象工程技术服务两大类。农业气象信息服务包括：

①农业气象情报服务，主要有农业气象旬(月)报、雨情、墒情、农情、灾情和春秋季播种季节地温情报；

②农业气象预报服务，主要有播种期预报、物候期预报、土壤水分条件预报、农作物和牧草产量预报、病虫害发生发展气象条件预报、农业气象灾害预报以及农用天气预报等；

③农业气候评价和专题分析。主要是对作物或全年的农业气候利弊进行全面鉴定或针对农业生产中的某一农业气象问题进行专题分析服务；

④农业气候资源分析应用服务，从农业气候资源调查和区划入手，充分利用各地的

农业气候资源,为调整农业生产结构、优化作物布局、改革种植制度提供科学依据。

从气象服务基本原理看,农业气象工程服务才是最终产生农业气象服务效益的关键。农业气象科技人员有较好和农业生产实践结合的传统,在服务实践中比较注意发挥所掌握的农业气象服务信息的优势进一步开拓农业气象工程。农业气象科技工作者在实践中创造了多种农业气象工程服务的方法,第一编第二章所概括的五种类型的气象工程服务技术在农业气象工程服务中都有一些成熟的技术成果。

根据气象工程服务技术的定义和分类,农业气象工程服务技术也可以分为五类:

①气象环境调控型。其原理是利用农业气象学的科学原理,通过采用工程技术措施,改变动植物生长发育的小气候环境,调节农业生态系统的结构,从而有效地满足农业动植物对气象条件的需求或减轻不利气象条件对农业动植物生长发育和产量形成的影响,从而实现农业生产高产优质高效低耗的一种适用技术服务手段;

②气象环境影响型。这类技术的原理与第一类相似,只是限于科学技术水平和能力,难以做到完全意义上的气象控制,但可以做到一定程度的影响;

③气象环境择优型。由于人们还不能有效地控制大范围的气象条件,但是人们可以根据相对稳定的气候条件,选择适应这种气候条件的作物和相应品种,使作物最大限度地利用当地的气候资源,有效避免气候灾害,达到作物稳产、高产的目的;

④气象影响调控型。是指通过一定的工程技术,提高作物的生理机能,以适应所处的气象环境,提高农业生产的效益;

⑤综合型气象调控技术。是指综合运用上述各种农业气象工程服务技术,通过对气象环境的调控、择优和影响调控等手段,使作物趋利避害,处于利于生长发育和产量形成的气象环境之中。

农业气象工程服务技术对农业灾害防御、农业气候资源合理开发利用与农业生态环境治理起到了重要作用。

二、农业气象工程服务技术发展过程及今后前景

我国古代劳动人民为了获得农业增产丰收,对农业生产与气候条件的关系进行了许多观察和总结,提出了不少科学价值较高、实用性较强的技术措施。如在大田作物种植方面,公元前二世纪西汉氾之提出:“当种麦,若天旱无雨泽,则薄渍麦种以酢浆并蚕矢。……酢浆,令麦耐旱,蚕矢,令麦忍寒”,指出了采用农业技术来调节小麦生长发育所需的水热条件,提高小麦抗御干旱和低温的技术措施。在农业气象灾害防御技术方面,《齐民要术》在防御霜冻方面指出:“凡五果,花盛时遭霜,则无子。常预于园中,往往贮恶草生粪。天雨新晴,北风寒切,是夜必霜。此时放火作温,少得烟气,则免于晚霜矣”。这充分说明了我国古代劳动人民一方面重视霜冻对农业生产造成的危害,另一方面也提出了预测霜冻的方法和防御霜冻的有效措施,这些方法和措施对现代农业生产

仍具有重要意义。在设施农业的农业气象工程技术方面,我国古代农业生产中就有风障、暖房技术措施的应用。这样的论述在我国的古书、历史文献中有很多记载,需要认真整理、借鉴和吸收。

50年代以来,特别是改革开放以来,广大农业气象工作者为了农业生产的高产、优质、低耗,在我国农业气候资源利用及区划、我国主要农业气象灾害的防御、作物生长发育、产量形成与气象条件关系,农田和人工环境小气候改良及调控技术等方面做了大量工作,推动了农业气象工程服务技术的发展,形成了一大批农业气象适用技术,从1988年至1998年10年间,中国气象局有关职能司先后编辑整理了五册气象科技适用技术选编和出版了《气象为高产优质高效农业服务100例》,推动了农业气象工程服务技术在农业生产中的运用和发展。

随着知识经济的发展和农业科技、气象科技的不断创新,未来农业气象工程服务技术的科技含量将不断提高,应用于农业生产实践而产生的社会、经济和生态效益不断增强。在大田农业气象工程服务技术方面,随着"精准农业"在我国的逐步引入,传统的大田农业气象工程服务技术将与计算机技术、信息网络技术等先进技术融合,形成更加科学、实用的工程服务技术,为作物生长发育创造更加适宜的外部环境,进一步提高产量和改善品质。设施农业的农业气象工程服务技术将在调控传统设施光、温、水、气等气象要素的同时,更加广泛地应用于现代化的大型温室,从单一气象要素的调控发展为多气象要素的综合调控,从单纯气象要素的调控发展为作物生长所处的生态环境的调控,向集约化、工厂化方向迈进。在农业气象灾害防御技术方面,随着"九五"期间国家科委设立的"农业气象灾害防御技术研究"项目的全面完成,在农业干旱、涝渍灾害、森林火灾、农作物低温冷害、霜冻灾害等方面形成了一整套防御技术,不仅有传统的耕作技术措施,而且有用于灾害防御的物化产品,如防御农作物低温冷害的增温助长剂和稀土益植素等,这些技术成果将进一步应用于农业生产实践并发挥重要作用。

第二节　气象调控型农业气象工程服务技术

气象环境调控型农业气象工程服务技术主要是通过改善作物生长的小气候环境从而达到防灾减灾、趋利避害,提高作物产量的目的。目前在农业气象工程服务技术中主要是设施农业的气象调控技术,它是为了克服不利天气气候等自然条件而采取一系列工程技术措施,从而为作物生长或农产品的储藏创造适宜的小气候环境,从而实现农业生产的高产优质高效。

设施农业的气象调控技术主要体现在两方面:一是设施的建设如何更加合理,以便更充分地利用自然界中的光、热、水、气等气候资源;二是如何准确掌握设施内各种气象要素的分布和变化规律,采取相应措施对气象要素进行调控,这类技术称之为气象调控型农业气象工程服务技术。设施农业是一种现代化的农业生产方式，虽然一次性投入较高，且日常维持经费也较大，但它属于技术密集型产业，效益非常可观，已成为一些发达国家生产高价值农产品，发展创汇农业的主要途径。

一、设施农业简介

传统设施农业是指人们为了克服不利的天气气候等自然条件限制而采用人工建筑、覆盖、增温、保墒、加光等工程设施，为大田作物、果蔬花卉、畜禽水产等农业生物生长发育、产量形成以及农产品储藏加工等创造适宜的小气候环境，以实现周年高效生产、供应和农产品有效储藏加工。广义的设施农业一般包括阳畦、暖坑、风障等保护地栽培、地膜覆盖、塑料大棚、玻璃温室、圈养厩舍和现代化机械化养鸡场、养猪场、水产养殖场以及各种类型的饲养场、储藏室、冷冻室等。狭义的设施农业则主要指塑料大棚、玻璃温室、阳畦、暖坑、风障、地膜覆盖和圈养厩舍等。高级的农业保护设施主要有塑料棚和温室两大类。大规模的现代化温室等设施农业更把农业生产技术提高到了一个新的水平。设施农业是长期与大自然斗争的经验结晶和应用现代科技的结果，已成为现代农业发展的方向之一。

二、塑料棚与传统温室

1. 塑料棚

按塑料棚的空间大小分为小棚、中棚和大棚三种。

塑料小棚在我国各地应用广泛，主要是蔬菜的春提前、秋延后栽培，春季育苗和越冬栽培，在水稻育秧上应用也很普遍。小棚的突出特点是空间小，因而增温能力强，但保温能力差。白天受太阳照射，棚内气温骤然上升，棚内外温差可达15～20℃；夜间棚内气温迅速降低，仅比棚外高1～3℃。塑料小棚的棚面有拱形和双斜面屋脊型两种。前者适用于多风、少雨、有积雪的北方地区。后者适用于南方风小但多雨的地区。

塑料中棚就其面积和空间而言，比小棚稍大，人可进入棚内操作，是小棚和大棚的中间类型。中棚的性能比小棚要好，但次于大棚，其特点也是升温快、降温也快。中棚可加盖草帘防寒或不盖。

塑料大棚有单栋、连栋(连接式)两种类型，棚面有拱形和双斜面屋脊型两种。大棚的作用主要是延长春秋两季的天数，缩短冬季的天数。塑料大棚的性能大大优于中棚和小棚。从光照条件而言，由于不论直射光、散射光，各部位都能透过，因此光照水平分布较好，棚内作物生长较整齐。从温度而言，白天太阳升起后，棚内气温迅速升高，午后光线减弱，棚内气温迅速下降，其基本变化规律为：外温越高棚温越高，外温越低棚温越低，晴天温差大，昼夜温差大，阴天相对平稳。从水分条件而言，棚温升高，空气相对湿度降低，棚温降低则相对湿度升高；当空气湿度高时，土壤水分蒸发量少，表层土壤湿度也大。

2. 传统温室

温室的基本类型有单屋面和双屋面温室两种。单屋面温室按其屋面形状又可分为一面坡式、二折式、三折式和拱圆式等；双屋面温室有连栋和单栋之分。目前在生产上还是以塑料薄膜为透光材料的拱圆形温室最为普遍。按冬季室内是否有加热设备又划分为“日光温室”和“加温温室”。

日光温室是一种完全不加热或加热很少的温室，它的能源来自太阳辐射。由于广大科技工作者的潜心研究，温室的建筑结构不断改进，实现了充分采光和严密保温的目标，形成了我国独特的“高效节能型日光温室”。

加温温室在结构上与日光温室类似，不同的是室内增添了加热设备，如火炉、热水散热器、散热管等，以调节室内的温度，可使室内不出现冬季的温度。

对温室内光、热、水、气等气象要素的调控主要通过以下方式进行：

(1)采暖

温室内调控的气象要素主要是温度，增温的措施主要有安装采暖设施和加强温室的保温。在保证最寒冷的季节，温室内的温度能提供作物正常生育所需要的热量时，温室内的热量的供给为最大采暖负荷，它是加温温室设计采暖量大小的重要依据。最大采暖负荷由温室的表面积、采暖期间温室内要保持的温度、当地冬季室外气温、保温覆盖材料的热节省率、采暖负荷系数等概算。

(2)保温

温室的保温措施很多，主要有以下三个方面：一是多层覆盖，它是温室最重要的一种保温措施，增加覆盖层次可以大大减小温室的传热系数，增大热节省率；二是增加地温，增加地温的措施主要有：在温室内或温室外挖防寒沟，以防止室内地中热量的横向流失；大量施用有机肥或草粪，栽培床上或畦底施工加碎麦秸、稻草等绝热物；喷洒增温济；覆盖地膜等措施；三是改善温室墙体结构，如加厚墙体、墙外堆土或披草等措施。

(3)降温

降温的途径主要有三种途径，即削弱进入设施内的太阳辐射能、通风换气和增大潜热消耗。具体措施为：

①遮光。遮光的目主要是削弱温室内的太阳辐射和降低室内气温，方法为玻璃面涂白，覆盖各种遮光材料，如苇罕、遮阳网、遮阳塑料膜等，玻璃面流水，既可遮光，也可降温。

②通风。通风换气是缓和室内气温上升的最简易的方法，通常有自然通风和强制通风两种，自然通风是通过启、闭温室内的换气窗实现，强制通风是通过设置风扇实现室内通风。通风换气降温受到室内日照的限制不可能使室内气温降到比室外气温低，要使夏季室内气温降到室外气温以下，需要采取蒸发冷却或冷风致冷的方法。

③蒸发降温。蒸发降温的目的是增大潜热消耗并与通风相结合，使潜热排出室外，达到室内降温的目的，具体措施是地面灌水、喷水或在作物冠层上喷雾。

(4)CO_2 浓度调节

CO_2 浓度的调节主要是增加其浓度,也叫 CO_2 施肥。

①CO_2 施肥技术原理。CO_2 是作物光合作用的重要原料,它对作物的生长发育起着与水肥同等重要的作用。CO_2 供应不足,作物光合能力降低,叶片形成的碳水化合物减少,传输到根系的养分就不足,这样,就会抑制新根的分化与发育,使作物吸收水分的能力下降,进而影响地上部分的生长发育,降低产量和品质。许多国家非常重视 CO_2 的人工补充,把 CO_2 称为"气肥",并把 CO_2 追肥列为重要增产措施。

空气中的 CO_2,约占 0.036%(360ppm①)左右。在大田里,在通风良好的情况下,作物的叶片能够很巧妙地从周围流动着的空气中吸收 CO_2,进行旺盛的光合作用,制造有机物。在大田状态下,作物一般不会感到 CO_2 缺乏。可是,在冬季和早春,为了防寒保温,塑料温棚从傍晚到第二天日出后 2－3 小时通风之前,基本上处于密闭状态,这时 CO_2 能否满足棚室内作物生长发育的需要,就成了影响产量高低、品质好坏的重要因素。

温棚内 CO_2 浓度的日变化规律是:在夜间,由于蔬菜作物的呼吸作用、土壤微生物活动和有机质分解生成的 CO_2,使大棚内 CO_2 很快增加,可上升到 500～600ppm,比棚外空气中 CO_2 的浓度高出近一倍,但日出后,蔬菜光合作用加强,大量消耗温棚内夜间积存的 CO_2,使其浓度急剧下降。日出后一小时,CO_2 浓度下降到 300ppm 左右,日出后 2～3 小时,如不通风换气,CO_2 将继续下降,以至降到大多数蔬菜的 CO_2 补偿点 80～150ppm。这时 CO_2 浓度低,叶片不能从周围环境中吸收 CO_2,光合作用停止,对蔬菜生长十分不利。因此,从日出后 1～1.5 小时左右至放风换气这段时间是温室内 CO_2 最为匮乏的时段,在此关键时段,增施 CO_2 来弥补其不足,正是人工 CO_2 施肥促使温棚蔬菜增产的基本原理。

②CO_2 施肥技术效果。我国在温棚内采用钢瓶和 CO_2 发生剂,在温棚内增施 CO_2 气肥取得了显著的增产效果,大棚蔬菜表现季节提早,抗逆性增强,产量大幅度增加。以黄瓜为例,根据对黄瓜定点定期的调查结果可见,增施 CO_2 可使叶面积增加,植株增高、瓜条数增多,这说明 CO_2 不仅能影响与光合作用直接有关的叶片,而且还促进营养生长向生殖生长转化,进而促进产量提高,据测定增产率一般在 30%以上。

三、现代化温室的农业气象调控技术

现代设施农业是一种高投入、高产出、知识和技术密集的集约型产业。它利用机械工业、农业工程产业、化学工业、计算机控制技术、通信网络技术等先进的设施和技术对农业资源最大限度地调控利用,通过部分甚至全部的环境调控功能,一方面不同程度地摆脱不利自然环境条件的影响和制约;另一方面不同程度地延长作物的生长期,从而大大地提高土地和其它资源的利用率。

---

① ppm 表示某种成分的含量为 10^{-6},下同。

目前现代设施农业最突出的体现就是利用大型现代化连栋温室进行生产,大型是传统设施农业发展到一定阶段的必然产物,也是设施农业发展的高级形式。由于其具有结构合理、配套设备齐全、技术含量高、控制和管理技术先进、土地利用率高、可控性能好等特点,适合规模化、产业化、工厂化生产。

大型现代化连栋温室的发展在一定程度上反映了一个国家的整体农业科技发展水平,它集诸多技术和学科于一体,一方面依托于建筑工程学、农业气象学、材料科学、生物技术、农业栽培技术、环境调控与计算机技术等科学技术;另一方面大型现代化连栋温室的发展又大大促进了相关科学和技术的发展。世界上一些发达国家如荷兰、以色列、日本等国从60年代末开始就一直致力于发展现代设施农业,取得了显著成绩。70年代后期,中国开始自己设计制造大型温室,同时还从国外引进各类大型温室,特别是进入90年代后,北京、上海、广东等一些经济较发达的地区相继从荷兰、以色列、法国、韩国等国家引进大型现代化连栋温室,北京市还与以色列合作在中国办起了示范农场,示范、推广其大型现代化温室技术,对于促进我国现代化设施农业向规模化、产业化方向发展起到了积极作用。

现代设施农业利用各种先进技术,用人工控制环境因子如温度、光照、湿度、CO_2浓度等的方法来获得作物最佳生长条件,从而达到增加作物产量,改善品质、延长生长季节的目的。从现代温室的技术先进性分析,主要体现在环境控制系统的先进性和环境控制系统的管理水平,这是我国现代化温室发展过程中最为薄弱的环节,也是我国目前大型现代化温室设施主要靠引进的主要原因之一。

80年代以来,随着我国大型现代化温室的不断引进,我国农业科技人员在吸收、借鉴外国大型温室先进控制技术的基础上,对现代化温室的环境因子控制技术的研究,从单因子控制到综合环境因子的控制,取得了较显著的效果。下面简要介绍江苏理工大学李萍萍教授等在温室环境综合因子控制的研究情况,其原理主要是通过传感器检测温室中的各环境参数,得到模拟输入量,经相应变送器转变成数字信号,经接口板采集数据和计算机分析处理,输出开关量,通过驱动电动开关,控制各执行机构,各环境因子控制措施如下:

1. 温度控制

升温控制包括关闭门窗、室内小环境围护保温,太阳能热水器加温和营养液加温等措施;降温控制由自然通风、轴流风机强制通风、遮阳网张开和开启湿帘风机系统等措施。

2. 湿度控制

增湿采用湿帘风机装置来实现;降湿通过开启天窗进行自然通风和轴流风机强制通风换气,达到降低空气湿度的目的。

3. 光照控制

遮光控制:夏季的晴天,中午前后光照强度大,对作物生长不利,通过开启银灰色遮阳网实现。

增光控制：阴雨天的人工补光采用400W镝灯，主要是因为镝灯的光谱能量分布接近日光，光通量较高，补光效果好。

4. CO_2浓度控制

对CO_2的控制安排在温度、湿度和光照控制满足之后进行。计算机首先检测当时的天窗和侧窗开闭状态和湿帘风机系统的开闭状态，若窗户和风机都处于关闭状态，且室内气温大于10℃，光照强度大于5000Lx，满足作物进行光合作用的条件，此时再进行CO_2施肥。CO_2施肥由钢瓶CO_2气体发生器完成。

第三节　气象环境影响型农业气象工程服务技术

气象环境影响型农业气象工程服务技术主要包括以下类型，地膜覆盖技术、沟植垄盖技术、作物间作套种、秸秆覆盖技术、免耕技术、作物优化灌溉技术、霜冻防御技术、干热风防御技术等气象环境影响型农业气象工程服务技术，在一定程度上改善了作物生长发育的小气候环境，克服或避免了不利生长条件，这些技术对我国农业生产产生了重大影响。以地膜覆盖技术为例，该项技术对于克服一些地区农业生产上长期存在的低温、干旱、无霜期短、水涝灾害等不利自然条件对农业生产的影响，实现大幅度高产稳产具有重要意义。

一、地膜覆盖技术

地膜覆盖是利用厚度为0.01~0.02mm的聚乙烯或聚氯乙烯覆盖于农田地表面或近地面的表层的一种栽培方式。该项技术是1978年由农业部通过对外交流自日本引进的一项新兴的应用技术。经过二十多年的适应性与可行性的试验研究和推广应用，被确认为是一项适应我国目前栽培水平与技术、经济条件的早熟高产措施，对于解决一些地区农业生产上长期存在的低温、干旱、无霜期短、水涝灾害等不利自然条件的影响，实现大幅度高产稳产具有重要意义。地膜覆盖技术推广之快、应用作物之多，适应范围之广、增产幅度之大、经济效益之高是我国乃至世界推广史上所罕见的。目前已在全国三十一个省、市、自治区的四十多种主要农作物上大面积推广应用。至1996年地膜覆盖栽培面积达770.9万hm^2。

1. 地膜覆盖技术原理

地膜覆盖农田后，地膜能改变地表的颜色和物理性质，使地表的反射率增大或减小，地膜还能阻挡或部分隔断土壤与空气的乱流热交换。由于改变了地表的辐射平衡和热量平衡，减少了水分蒸发，使土壤上层和贴地气层形成特有的小气候环境，引起农田小气候的改善，使之有利于作物的生长发育，缩短作物生育期，防止病虫害等。

地膜覆盖对土壤温度的影响：覆盖后太阳光透过薄膜使土层积蓄辐射热，土温升高，并通过传导使下层土壤增温。由于薄膜的气密性强，一方面可减少长波辐射，增加净辐射，另一方面抑制水分蒸发，减少热量损耗，因而可增加并保持土壤温度。

地膜覆盖增温的效果，因覆盖时期、方式、天气条件及地膜种类不同而异，地膜增温在高寒山区特别明显。

地膜覆盖对土壤水分的影响：地膜覆盖后，切断了水分与大气的交换通道，阻碍了土壤的水分直接蒸发，使大部分水分在膜下循环，因而土壤水分能较长时间贮存于土壤中，使土壤含水量比较稳定，可以长时间的保持湿润，有一定的保墒作用。同时由于地膜覆盖后，加大了土壤热梯度的差异，使较深层土壤的水分向上移动，并在上层集积，这种能使下层土壤水分向上移动的作用，称为“提墒”。提墒效益提高了水分利用率，为增加产量创造了条件。

覆盖对增加光效的影响：塑料薄膜对光具有透射、反射、吸收和改变光质的作用。由于薄膜具有反射作用，薄膜覆盖后，可使植株中、下部的反射光增强，提高光合作用强度，同时也可使中下部叶片的衰老期推迟，促进干物质的积累，从而提高产量。

地膜覆盖对霜冻的影响：露地使用地膜并不能完全避免霜冻的危害。白天晴天时覆盖畦上的表面气温要高于露地，夜间或阴天时，由于辐射作用，覆盖畦表面上的气温往往低于露地。当春、秋季骤然降温时，有覆盖的地区比不覆盖的地区更早形成霜。遇有低温霜冻时比不覆盖区更易遭受冻害，这是要引起注意的。

2. 地膜覆盖技术的应用效果

地膜覆盖技术的推广应用对各地传统的种植区划、品种布局、耕作制度等方面引起了重大变化。由于地膜覆盖设施能使每个生长季增加有效地积温 200～300℃，首先可以提前满足作物对热量的需求，提早 7～10 天通过各个发育期，提早成熟；其次使作物适宜种植区的临界纬度向北推移 2～4°；第三，在品种的选择上有了大的突破，我国北方高纬度的一些地区和南方部分高海拔山区，由于积温不足，过去只能种植生育期短的早熟作物品种，产量很低，覆盖地膜后，可提前播种，生育期提前，保证作物正常成熟，实践证明，采用地膜覆盖技术可使一些高产品种由低海拔向高海拔推进 1000～2000m；第四，地膜覆盖技术提高了复种指数，北方一些地区过去一年一熟有余，两季不足，应用地膜覆盖技术即可实现两季生产，提高了作物产量。

二、沟植垅盖技术

沟植垅盖技术是一种增墒技术，其名称是与平作相比而得名，它人为地改变了局部地形和生态环境，是在起垅时在垅上覆盖地膜，可以抑制蒸发，同时降水沿垄上流入种植小麦（或其它作物）的沟内，使土壤含水量增加，既可在沟内单作，也可“一膜两用”即在沟内种植小麦,次年垅上种植其它作物如棉花、玉米等。

1. 沟植垅盖技术调节小气候的原理

根据王化兰等人多年的试验表明,采用沟植垄盖技术无论垅上或沟内的温度,均比平作明显提高。垅上增温效应比沟中明显,特别是10cm土层内。由于垅上增温效应随土层加深有变小趋势,而沟内增温效应随土层加深而增大,因此,到15cm土层时,垅、沟两者增温效应的差异明显减小。另外,从增温效应随时间变化情况看,沟中春季增温效应有减小趋势,而垅上则相反,这种变化分别有利于小麦与套种作物的生长。

①调水。春季玉米播种后的小麦、玉米共生期,遇有降水,垄种小麦带上层土壤可直接接纳降水供小麦返青后生长对水分的需要;沟种地膜玉米带通过地膜两侧缝隙除接纳本带降水外,并可接纳垄种小麦带流入的降水,这些水分除供玉米幼苗期对土壤浅层水分的需要外,其余降水贮藏在玉米带的中下层土壤中。当小麦进入拔节、抽穗、开花、灌浆期时,耗水量迅速增加,它不但吸收本带的土壤水分,并通过本身根系扎得深、分布广的优势吸收利用相邻玉米带中、下层的土壤水分,使玉米带的土壤水分急剧下降。而玉米正处幼苗期,耗水量较少,所以玉米带的大量水分被麦带所调用,也不会影响玉米的生长。待玉米进入旺盛生长期后,需水量增多,小麦成熟收获,大量降水流入玉米带,玉米不但利用本带的水分,也调用了麦带的水分。这种种植形式的相互调水作用,不但提高了水分利用率,也补偿了作物不同发育时期对水分的需求,对作物的生长发育是很有利的。

②保墒增湿。沟植垅盖技术的一个特殊点是起垅,并在垅上覆膜,使有限的降水能较长时间保持在土壤中,测定结果表明,这项措施在秋季和春季均有保墒增湿的作用。

沟植垅盖不仅具有抗旱播种、保证全苗的作用,而且由于它的增温、保墒、增湿的效应,极有利于冬小麦安全越冬,再加上边行效应等原因,返青后沟植苗情明显好于平作,表现在麦苗高度明显增加,单株分蘖增多,绿叶面积增大,群体光合作用能力增强,干物质增加。

2. 沟植垅盖技术的应用效益

①充分利用降水资源,提高了降水利用率;

②改善了小气候环境,充分利用了光温资源,增强了群体光合作用,积累了较多的干物质,有利于作物生长发育,有利于冬麦安全越冬;

③实现"一膜两用",增产及经济效益明显,不仅适用于旱地,对于发展节水农业也有重要意义。

三、作物间套作技术

作物间作技术,是指两种作物基本上同时播种,同时收获,相间生长,一般为高矮相间,共生期占第二种作物的2/3以上。作物套作,是指前季作物收获前即在行间播种(或移栽)下一季作物的栽培方式。前作物收获后,套种的作物继续生长。

科学合理的间套作种植制度是充分合理利用气候资源的有效途径,是增加作物产量有效途径之一，在我国农业种植中普遍采用。作物的间套作方式与当地的气候资源有密切关系，一方面气候资源状况是间套作种植方式的决定性因素之一；另一方面不同的间套作方式又影响、改善着田间小气候状况。

1. 作物间套作技术改善田间小气候的原理

通过作物的间套作，改变了农田中的风速、温湿度、光照等小气候条件，使得农田生态系统进一步优化，从而比平作种植方式更有效地利用土地和气候资源，提高了作物复合群体的光能利用率及经济效益。

①间套作可以分层、分时用光，因此间套作农田中相对太阳辐射明显高于平作，具有明显的透光优势；

②农田中的风速受到农作物的阻挡而大大减弱，使得农田中的湍流交换相应减弱，导致 CO_2 输送量的减少及农田中热量和水汽不易扩散。但是若采用高矮作物搭配的间套作种植方式则可充分利用边行效应，可增加田间风速，提高农田 CO_2 输送量；

③农田中的温湿度变化主要决定于农田中的湍流交换、太阳辐射及田间水分条件，观测表明，不同的种植方式，湿度差异比较明显，平作高于间套作，日平均差 5.3%，特别是中午，平作与间套作差异更大。而温度两者的差异不明显。

2. 作物间套作技术的效益

①增强田间太阳辐射，提高光能利用率。一方面由于间套作农田中相对太阳辐射明显高于平作，具有明显的透光优势，加上间套作增大了农田密度，增加了光合面积，从而增加了群体截光量，两方面的优势提高农田光合作物效率。另外通过作物光特性的差别，按喜光或耐阴特性作不同布局和合理配置，并因作物高矮相间可侧面使用光能，增加光的透光率，分层立体用光可达到较均匀的利用直射光，也提高了农田的光合效率。

②充分利用季节，充分利用不同层次的温度、水分。一方面可充分利用整个生长季(大于 0℃积温)，另一方面还能更好地利用各季节的温度、水分、光照。一般冬季种植喜凉耐寒作物，春、秋季种植喜温、喜热作物。

③节约用水，提高水分利用率。间套复种上层叶较多截留雨水，同时不同作物需水特性和根深不同，可利用不同深度的土壤水。套种必需有水浇条件，但往往一水两用，如麦黄水即为玉米的底墒水。

④增强抗灾能力。合理的间套作，使各种作物种植在各自较适宜的季节，可避抗不利的气候灾害或病虫害。

⑤增加作物产量。通过分别测定间作和平作光合作用强度发现，间作光合作用强度明显高于平作，加上 CO_2 输入量高，因此，间作产量明显高于平作。

四、秸秆覆盖技术

秸秆覆盖技术系指将农作物的秸秆覆盖土壤表面的一种实用技术。按覆盖秸秆的时期可分为休闲期覆盖和生育期覆盖两种,主要是针对北方旱区在休闲期降水保墒差和在作物生育期土壤蒸发量大而实施的农田水分调控技术,这是一种极有效的保墒措施。

1. 秸秆覆盖技术的农业气象原理

①调节地温。农田秸秆覆盖后,由于覆盖层对太阳直接辐射和地面有效辐射的拦截作用,使覆盖地冬季温度偏高,但生长季覆盖秸秆可造成地温轻微偏低。以冬小麦为例,冬季覆盖可使冬小麦一方面防寒保苗、安全越冬,又能使冬小麦提早4~5天返青,若春季继续覆盖,则可造成冬小麦发育期轻度偏迟。

②改善农田水分状况。农田覆盖一层秸秆后,一方面可使土壤免受风吹、日晒和雨滴的直接冲击,保护表层土壤结构,减缓和防止地表径流,提高降水入渗率;另一方面可以隔断蒸发表面与下层土壤的毛管联系,减弱土壤空气与大气之间的乱流交换强度,有效抑制土壤蒸发。据中国农业科学院农业气象所赵聚宝、梅旭荣测定,麦田休闲期覆盖,麦播前0~100cm、0~200cm土层的储水量比对照分别增加15mm、21mm。生育期覆盖,使土壤的蓄水和供水能力明显增加。

此外,秸秆覆盖可使土壤免受雨滴的直接冲击,保护表层土壤结构,防止土壤板结,改善耕层物理性状,促进微生物活动。同时秸秆覆盖也是对土壤增加有机物投入的方式之一,秸秆覆盖一段时间后,基本能够腐烂,从而增加土壤有机质。

2. 秸秆覆盖技术的应用效果

由于秸秆覆盖技术改善了农田水、热、肥条件,尤其是提高了水分利用率,使得作物产量有了明显增加。据中国农科院土肥研究所高绪科等试验测定:以秸秆覆盖小麦为例,在小麦收获后的夏闲期和小麦播种后连续覆盖麦桔,不同的耕地方式其增产效益不同,深耕、普耕、耙茬地分别比对照增产41.7kg/亩(14.3%)、58.3kg/亩(21.9%)和28.3kg/亩(11.0%),增产效果十分明显。

五、免耕法技术

免耕技术是指作物播种前既不用犁、耙耕整土地,直接在茬地上播种,播后在作物生育期间又不进行农田的土壤管理,只是在播种前后喷洒化学除草剂消灭杂草的技术方法。

1. 免耕技术的原理

①少耕可以避免翻耕破坏犁底层,导致水分下渗和不利于蓄墒;同时防止由于耕层过松,旱季不易保墒,雨季蓄水过多的问题,提高土壤水分的利用率。在风多风大的地方,还可防止风蚀。

②免耕能保持作物老根遗留给土壤大小不等的根孔和蚯蚓一类小动物活动遗留在土壤的洞穴。在植物残体的覆盖下,潮湿土壤里的蚯蚓和其它生物大量活动,它们可以把覆盖物翻入土中,发挥“生物犁”的作用,形成通透性较好的土体结构;同时由于免耕保持了土壤原有的层次结构,能够提供作物更多的易于吸收的土壤水。

③由于免耕地表面有残茬覆盖,提高了土壤的入渗能力,据测定免耕土壤的饱和入渗率要比翻耕地高 1 至 5 倍,同时残茬和秸秆还能明显抑制土壤水分蒸发。

2. 免耕技术的应用效果

免耕技术是在一定自然、社会、经济条件和科学技术水平下发展起来的,无论在节水节能、省时省工方面,还是在保持和提高土壤肥力方面都有其独特的效果。目前国内外农业生产的试验、示范、推广正蓬勃开展。北京市国营农场局示范免耕地,推广速度很快。在京、津、冀、鲁、豫、晋等省(区、市)示范推广效果较好,其中以京、冀推广面积最大。免耕法与常规耕作种植制度相比,一般年份增产 10% ~ 20%,干旱年份增产幅度更大。

六、作物优化灌溉技术

我国是一个水旱灾害频繁、水资源短缺的国家,虽然水资源总量居世界第六位,但人均水资源占有量只相当于世界人均水平的四分之一,居世界第 110 位,被联合国列为世界上 13 个贫水国之一。由于受季风气候的影响,我国降水在时空分布上很不均匀,年降水量的分布自东南沿海向西北内陆递减,呈南多北少、东多西少分布。在时间分布上,各地降水季节分配的差异很大,特别是北方地区,雨季短,降水明显集中于夏季,因此季节性、区域性干旱缺水问题十分突出。实施作物优化灌溉技术对于我国农业的可持续发展具有重要意义。

作物优化灌溉技术是根据节水灌溉管理技术的原理,根据作物需水规律,控制调配水源,在最大限度的满足作物对水分需求的同时,实现区域效益最佳的农田水分调控管理技术。目前该项技术在许多作物中得到了很好地应用,如冬小麦、夏玉米、棉花等作物,特别是冬小麦优化灌溉技术在华北地区得到了很好地推广应用,产生了较好的社会经济效益。下面以冬小麦为例简要介绍作物优化灌溉技术。

冬小麦是我国的一种主要粮食作物,在其生育期间,多数地区干旱少雨,水分是影响冬小麦生长发育的重要因子之一。据研究,在冬小麦整个生育期内,维持其正常生长发育和产量形成所需水分为 400mm,但是在我国冬小麦的主产区,一般很难满足这一需求,因此灌溉是保证小麦正常发育的重要措施。但是由于农业水资源短缺问题越来越突出,而且以往由于对冬小麦水分需求规律认识不足,在一些地区存在着“地皮不干,产量翻番“的错误认识,误认为浇水越多越好。在一些地区甚至出现了浇底墒水、越冬水、返青水、拔节水、开花水、灌浆水、麦黄水等七水的灌溉制度。这不仅浪费了宝贵的水资源,增加了农业投入,而且由于麦田过湿,小麦个体和群体结构不良,易产生倒伏并导致病虫害发生,反而影响了冬小麦高产、优质和高效、低耗。冬小麦优化灌溉技术就是为了解决此问题而研究出的一种新的优化灌溉技术。

1. 冬小麦优化灌溉技术的原理

优化灌溉是目前在国际上处于领先的作物供水技术,它与传统灌溉技术认为地表干旱即作物需要灌水的作法有着本质的不同。该项技术是根据冬小麦各发育期对水分的需求量、各发育期的耗水规律和其生长发育适宜田间土壤水分指标，通过对麦田土壤水分的监测掌握其动态变化，结合苗情长势及短期气候预测，运用作物－土壤－大气干旱预报模式，作出未来一个月内麦田墒情预报。按作物生长生理需水要求，确定其具体灌溉量和灌溉日期。这样能充分利用土壤蓄水和自然降水，在保证小麦正常生理耗水的前提下减少无效生态耗水，确保小麦需水关键期和干旱期用水，充分提高水分利用率。这一技术使有限的水资源发挥最大的经济效益，同时也能避免盲目灌水带来的生态恶化，形成病虫害滋生的不利环境。如冬小麦优化灌溉技术特别不主张浇返青水，这是因为这样可控制春后无效分蘖的生长，促进冬前分蘖长成大穗；可使茎部节间粗壮，群体结构合理，既不易倒伏，也不利于病虫害的发生，达到高产、优质、高效的目的。该技术的基本特点是根据麦田土壤水分、小麦生长状况和气象条件的监测资料进行计算，确定适宜灌溉期和灌溉量，因此简便易行，投资少，符合我国的国情，适宜大面积的推广应用。

2．冬小麦优化灌溉技术的应用

该技术从1991年开始在我国冬小麦主产区大面积推广。以山东泰安为例，1991年推广该项优化灌溉技术50万亩，1992年推广60万亩，平均比往年少浇水2～3次，但产量却比以往大幅度提高，其中1991年亩增产71kg，1992年亩增产34kg。两年节水1.1亿m^3，省工200多万个，节省投入1595万元，增值5785万元，取得了良好的社会经济效益，受到了推广区农民和领导的一致好评。

目前该项技术已经系统化、实用化。建成了冬小麦优化灌溉技术监测、预测、评估、决策、服务系统，并在华北地区推广了5000多万亩，把过去冬小麦浇5次水的不合理灌溉制度改变为浇1～3次水，小麦亩产可达350～450kg。其节水、抗旱、高产、增收节支效益十分显著。

第四节　其它农业气象工程服务技术

由于人们还不能有效地控制大范围的气象条件，但是人们可以根据相对稳定的气候条件，通过选择适宜作物或采取其它措施，使作物充分利用当地气候资源，也就是选择作物最适宜的环境，间接地达到优化气象环境，实现提高经济效益的目的。这类调控技术有农业气候相似引种技术和设施农业的设计技术。

一、农业气候相似引种技术

物种的引种技术就是一种最直观、具体的气象环境择优型农业气象工程服务技术，通过进行农业气候相似分析，在全国范围或某一区域范围内选择适应这种物种生长的气象环境，使之处于最优的气象环境之中，最大限度地利用当地的气候资源和有效避免气候灾害，达到作物稳产、高产的目的。

一个物种的引种成功，伴随而来的是巨大的经济效益、社会效益和生态效益。我国中南沿海有不少风沙地，不但寸草难生，而且经常对沿海地区农田、庄舍、道路、人畜等造成严重威胁。长期营造防护林均因树种无法成活而难于形成护林带。1964 年福建沿海地区从与之气候相似的泰国引进木麻黄树种植成功，目前已种植木麻黄营造了几十万亩的防护林，有效地防止了风沙的侵蚀，还改善了生态环境，取得了良好的效益。与此相反，盲目引种却常常给农业生产造成相当惨重的损失。日本北海道水稻种子青森 5 号被引种到我国长江流域，结果颗粒无收，造成有名的青森 5 号事件；由荷兰引种到西藏的荷兰牛 39 头，死于拉萨 37 头。像这样的事例举不胜举。由此可见，有意识地引种国外和国内其它地区的优良物种，其意义十分重大，它将对我国农业的发展、农产品生产及基地建设、布局调整、发展名优特产、发展外向型和创汇农业等到有着直接的指导作用，引种是一本万利的事，而无视引种规律，盲目引种，将给国家财力、物力、人力造成巨大的浪费和损失。

1. 农业气候相似引种的原理

本世纪以来，各国学者研究总结了大量引种的经验和规律。本世纪初，德国学者迈耶尔(H.Mayr)在研究树木引种时提出“气候相似说”。他认为引种成功的最大可能性是原产地气候条件和新引种地气候条件相似。40 年代美国生态学家纳顿逊(M.Y.Nuttonson)进行了世界各国的气候与美国相似程度的比较。他研究指出，农业引种不仅要求农业生物在新引种地能够存活，而且要能很好地生长发育，形成较高的生物产量与优良的产品品质，需要确切了解农业生物的生物学特性及其对气候条件的生态适应性，尤其是要着重分析农业生物生长发育关键时期其必须的光温水等生存因子是否得以满足并且相互之间配合适宜。1972 年前苏联生态学家戈利茨别尔格按已知作物生长可能性的农业气候指标(如积温、干燥度等)来寻找农业气候相似，并以影响作物的主要因素列表分析，对多年生和冬作物只考虑生长期和越冬条件，对一年生作物考虑生长期内相似等。

我国学者魏淑秋针对上述“气候相似研究方法”的不足之处，提出了生物气候分布相似的概念，将气候相似与生物适应性两者结合起来考虑，采用多维空间相似距离来度量各地之间的相似程度，简称**相似距**。它是将某个地方的每一种农业气候要素作为一维空间，m 种农业气候要素即有 m 维空间，世界上每个地方就作为这 m 维空间上的一个点，计算两个空间点之间的距离，其距离愈大，越不相似，其间距离愈小愈相似。这样，各地之间相似程度大小便有了数量表示和度量。两地间相似距离是综合 m 种农业气候因素的相似指标。根据魏淑秋先生改进的农业气候相似种种方法，具体引种步骤如下：

①确定拟引进物种的原产地，并在全国范围内进行气候相似模拟，分别计算全国各气象站点与物种原产地之间温度、空气相对湿度、降水量、日照时数等气象要素的相似距；

②根据引种作物对各种气象要素依赖的敏感程度，分别确定温度、空气相对湿度、

降水量、日照时数等气象要素的相似距的阀值,相似距低于阀值的站点,即为引种可能成功的地点;

③根据引种作物的生物学特性指标,在相似距低于阀值的站点中,找出满足引种作物生物学特点指标的站点,这些站点即为通过农业气候相似方法求出的引种成功地点。

2. 农业气候相似引种的优点

农业部门传统的引种方法为将拟引进品种在全国各地进行多年试种,然后根据试种情况进行筛选确定引种是否成功。由于这种引种方法具有一种盲目性,成功的可能性较小,因此常常造成大量土地、物种、人力、财力的极大浪费,而且试种的周期长,引种效益差。而农业气候相似引种技术符合物种引种的基本规律,它是在分析、计算引种地与原产地之间气候的相似程度、拟引进物种的各种生物学特性能否得到满足的情况下做出的,是建立在科学规律基础上的一种方法,因此引种成功的可能性大,而且引种周期短。

二、化学制剂的气象调控技术

作物的生长发育活动及内部代谢反映具有可调节性,为化学物质应用于作物生产提供了前提。化学制剂气象调控技术正是基于这一基础,通过化学制剂提高作物生理机能,使作物增强在不利气象条件下的生存能力,主动适应气象环境,它是一种十分明显的气象影响调控型农业气象工程服务技术。目前在农业生产中应用的化学制剂很多,防御干旱的化学制剂有保水剂和黄腐酸(FA)等,防御干热风的化学制剂有石油助长剂、磷酸二氢钾、草木灰水等,防御低温冷害的化学制剂有九二〇、增产灵等。本节以防御干旱的化学制剂为例,说明化学制剂气象调控技术。

1. 吸水剂

吸水剂即高吸水树脂,又称保水剂,是一种新型高吸水、高保水、高分子有机化合物,与水接触能迅速吸收和保持比自身重量多数百倍乃至上千倍的水分。吸水剂能提高土壤保水保肥能力,节约农田用水,改良土壤结构,防止土壤侵蚀,提高种子出苗率,促进植物生长发育,增加产量。其使用方法为种子包衣、根部涂层、插条涂层和与培养土混用等形式。下面以种子包衣技术说明吸水剂的应用效果。

种子丸衣技术是将种子外表涂抹一层药物膜衣。膜衣均匀而牢固地粘附在种子上,不因运输、播种等破损脱落。它具有以下特点:

①抗旱。由于种衣剂的主要成份是保水剂,1g 保水剂可吸收 800 ~ 1000g 的水。通过测定计算,种子膜衣的平均厚度可达 0.2mm,一粒玉米种子的膜衣可在土壤中吸收 1g 左右的水,膜衣在土壤中吸水溶胀,湿润种子,利于种子膨胀、发芽和生长发育。特别是潮干地块,效果更好;

②杀虫灭菌。由于种子剂里含有杀虫剂、杀菌剂,可防止地下害虫、病菌的危害;

③发根壮苗。种衣剂里的多种营养素、植物生长调节剂等多种药物营养成份,可使

作物根系发达，茎叶茂盛，增产增收；

④广泛适用于玉米、高粱、谷子、棉花、小麦等大田作物种子，飞播造林油松种子、蔬菜种子都可应用该项技术作包衣处理。

⑤成本低，效益高。该项技术实用性好，成本低，其投入产出比一般可达1:10～1:30，投入1元，可增收10至30元。

2. 抗旱剂一号(FA)

抗旱剂一号(FA)其化学成份为黄腐酸，易溶于水，活性基团含量较高，易于植物的吸收利用，是一种多功能调节植物生长型的抗蒸腾剂。使用方法为伴种或喷施。抗旱剂主要具有以下功能：

①缩小气孔开张度，抑制植物蒸腾；

②增加叶绿素含量，加强光合作用；

③促进根系活力，加快吸收运转；

④减慢土壤水分消耗，改善植物水分状况。

据北方旱区多年多点试验推广，增产效果十分显著。作物增产一般均在10%以上。

三、霜冻防御技术

农业气象灾害防御技术主要是综合运用农业生产耕作技术措施和其它工程技术措施，避免或减轻农业气象灾害对农业生产的危害，是一种综合型的农业气象调控技术，其中通过控制或影响气象环境的农业气象灾害防御技术主要有霜冻的防御技术和干热风的防御技术，因此在本节中重点加以介绍。随着监测预测灾害性天气手段的提高和栽培技术的改进及农业气象灾害防御技术的提高，农业气象灾害对农业生产的危害已相对减轻，如70年代中后期，长江中下游地区发生的水稻烂秧烂种、华北地区干热风对小麦灌浆的危害得到了一定程度的抑制，但是有效防御农业气象灾害对我国农业生产和国民经济发展的影响仍然是农业气象工作者需要加以解决的重大课题。

霜冻危害是指生长季节里因植株体温降低到0℃以下，而受害的一种农业气象灾害。

1. 霜冻类型

根据霜冻发生的季节不同，可分为晚霜冻和早霜冻二种，晚霜冻又称春霜冻，也就是春播作物苗期、果树花期、越冬作物返青期发生的霜冻。随着温度的升高，晚霜冻发生的频率逐渐降低，强度也减弱，但是发生得越晚，对作物的危害就越大。早霜冻又称秋霜冻，是秋收作物尚未成熟、露地蔬菜还未收获时发生的霜冻。随着季节的推迟，秋霜冻发生的频率逐渐提高，强度也加大。

2. 霜冻危害机理

霜冻对作物的危害机理是：

①温度下降到0℃以下时，作物细胞间隙中的水分形成冰晶，细胞内原生质与液胞

逐渐脱水,冰晶不断扩大,对细胞壁产生机械压力,当脱水和机械压力超过一定限度时,原生质就会发生不可逆的凝固,使细胞致死;

②温度再继续下降,作物细胞出现胞内结冰,使细胞致死;

③解冰时温度上升过快,细胞间隙中冰融化成的水,还没来得及被原生质吸回就很快蒸发,原生质因失水使植物干死。在一次降温过程中作物是否遭受霜冻的危害以及受害程度取决于作物的抗寒性、降温的速度、低温的强度及解冻时升温的快慢。

3. 霜冻防御技术

从气象工程服务的方法论考虑,有效的霜冻防御技术方法主要有两种:

①通过适应的气象工程措施,提高作物周围环境温度,也就是第一编第二章所阐述的调控用户系统的气象环境;

②通过调控作物,使之具有更强的趋气象之利和避气象灾害的能力,也就是第一编第二章所阐述直接调控气象对用户系统的影响。

本编第二十四章在阐述人工影响天气工程服务技术时已经对上述第一种技术方法作了论述。第二种方法的主要思路是通过选取合理品种和应用灵活的栽培措施,预防霜冻。如根据作物种类选择适宜的种植地点和播期,以避开霜冻害。对不抗霜冻的多年生作物,就要种在不出现霜冻或危险最小的地区。对于一年生春播作物,无霜期长的地区可选择晚熟品种,无霜期短的地区就应该选择早熟品种,并选择适宜的播种期,使作物在终霜冻后出苗,初霜期前成熟,做到既能躲过终霜冻,又能避开初霜冻。

如果预计作物在初霜冻来临前难以成熟,就要减少追肥的数量,防止贪青晚熟,也可以通过打老叶,切断侧根的办法,促进成熟。

四、干热风防御技术

干热风是一种在作物生长发育期间,因同时受高温、低湿和一定风力影响而减产的农业气象灾害。

2. 干热风的类型

干热风多数为高温低湿型干热风;另一种是由于雨后高温,使小麦青枯称为雨后热枯型干热风。在我国华北平原地区,农民一般称它为“火风”、“旱风”或“热南风”,主要危害小麦,在长江中下游地区,农民称为“南洋风”,主要危害水稻。干热风出现时温度高、湿度小、蒸发量大大增强。一次干热风天气过程前后的温湿度有很大突变,在短时间内给作物造成伤害。

2. 作物受害症状

受干热风危害的小麦颖壳发白,有芒品种芒尖干枯或炸芒,叶片、茎杆和穗变黄,在雨后暴热的条件下,茎叶青枯,受害的麦粒干秕,种皮厚,腹沟深,千粒重下降。水稻受干热后危害后,穗呈灰白色,秕粒率增加,严重者整穗枯死,不结实。

3．干热风危害时期

干热风危害小麦多在乳熟中、后期。水稻抽穗扬花期遇到干热风，会使柱头变干，影响授粉；在灌浆成熟期遇到干热风后则导致子粒逼熟，粒重下降。

4．干热风危害机理

干热风通过影响植物的蒸腾作用、光合作用和细胞膜透性使植物受害。主要是：

①高温、低湿和风加强了植物蒸腾，使叶片含水量减少，根系活力降低，导致植株水分平衡失调；

②干热风破坏了叶片的光合作用；

③干热风破坏了植物细胞膜的透性，影响了植物体的物质运输。在高温条件下，细胞膜发生相变，由液晶相变为固相，膜的透性受到损伤，造成细胞内电解质外渗。

5．干热风防御技术

①浇麦黄水。可以改善农田小气候，延长灌浆时间，以减轻或消除干热风的危害；

②营造防风林带。可以减弱风速，增加农田相对湿度，以减轻干热风的危害；

③培育和选用抗干热风的优良品种；

④喷洒化学药剂。用石油助长剂、氯化钙、磷酸二氢钾、草木灰水等防御干热风；

⑤运用综合农业技术措施。如合理施肥，调整播种时期和播种方式，改革种植制度等。

参考文献

[1] 《中国的气候与农业》编辑委员会，中国的气候与农业，气象出版社，1991。

[2] 张养才、何维勋、李世奎编著，中国农业气象灾害概论，气象出版社，1991。

[3] 王春乙、郭建平主编，农作物低温冷害综合防御技术研究，气象出版社，1999。

[4] 北京农业大学主编，蔬菜栽培学(保护地栽培)，农业出版社，1989。

[5] 韩湘玲主编，农业气候学，山西科学技术出版社，1999。

[6] 李萍萍、毛罕平等，智能温室综合环境因子控制的技术效果及合理的环境参数研究，农业工程学报，**14**(3)，1998。

[7] 中国农用塑料应用技术学会主编，新编地膜覆盖栽培技术大全，农业出版社，1998。

[8] 安徽省农业厅编，农用地膜覆盖技术，安徽科学技术出版社出版，1999。

[9] 山东省气象学会农业气象委员会编，农业气象适用技术，气象出版社，1993。

[10] 国家科委、水利部、农业部有关司编，农业节水技术，水利电力出版社出版，1992。

[11] 王龙昌、贾志宽主编，北方旱区农业节水技术，世界图书出版公司，1998。

[12] 水利部农林水利司主编，节水灌溉，中国农业出版社，。

[13] 农业气象卷编辑委员会，中国农业百科全书(农业气象卷)，农业出版社，1986。

[14] 魏淑秋等著，中国与世界生物气候相似研究，海洋出版社，1994。

[15] 王修兰主编，二氧化碳、气候变化与农业，气象出版社，1996。

[16] 中国气象局气候司，气象为高产优质高效农业服务 100 例，气象出版社，1994。

第二十六章　雷电灾害防御技术

第一节　概　述

一、雷电灾害防御的必要性

雷电是发生在大气层中的气象现象。在雷雨云之间发生的雷电称为云际闪,发生在雷雨云与大地之间的雷电称为云地闪或地闪。地闪对地面建筑物的直击一般称为直击雷,其定义是:雷电直接击在建筑物、其它物体、大地或防雷装置上,产生电效应、热效应和机械力者。雷电发生时其颇为壮观的声、光、电现象,可以用“雷霆万钧—雷霆之所击、无不摧折者;万钧之所压,无不糜灭者”。来形容。1992 年和 1995 年,国际电工委员会(IEC)出版的标准 IEC61024-1-1 和 IEC61312-1 相继公布了雷电流参数(表 26.1～表 26.3)以定量的方式告知:第一类防雷建筑物需防范的雷电流幅值是 200kA,此时其雷电电荷量为 300As(库仑),而世界上观测到的最大雷电流为 430kA,即电荷量可高达 645As。强大的雷电流和雷电通道两端上万伏特的电位差,在短短不足 1 秒钟的时间内释放出来,其功率的巨大可以把雷电通道周围的空气加热到 1.7 万～2.8 万℃,能在地面上击出 1 米深的大坑,能在一次雷击过程中击伤 66 人,并将其中 1 人抛出 7m 远,5 人抛出 3m 之外。

表 26.1　首次雷击的雷电流参量

雷电流参数			防雷保护级别(防雷建筑物类别)		
			Ⅰ(一类)	Ⅱ(二类)	Ⅲ－Ⅳ(三类)
I	幅值	(kA)	200	150	100
T_1	波头时间	(μs)	10	10	10
T_2	半值时间	(μs)	350	350	350
Q_S	电荷量	(C)	100	75	50
W/R	单位能量	(MJ/Ω)	10	5.6	2.5
保护级别为 IEC 规定的防雷装置保护级别;类别为国标规定的建筑物防雷类别					

表 26.2　首次以后雷击的雷电流参量

雷电流参数			防雷保护级别(防雷建筑物类别)		
			Ⅰ(一类)	Ⅱ(二类)	Ⅲ－Ⅳ(三类)
I	幅值	(kA)	50	37.5	25
T_1	波头时间	(μs)	0.25	0.25	0.25
T_2	半值时间	(μs)	100	100	100
I/T_1	平均陡度	(kA/μs)	200	150	100

表 26.3 长时间雷击的雷电流参量

雷电流参数			防雷保护级别(防雷建筑物类别)		
			Ⅰ(一类)	Ⅱ(二类)	Ⅲ-Ⅳ(三类)
Q_1	电荷量	(C)	200	150	100
T	时间	(s)	0.5	0.5	0.5
平均电流 $I \approx Q_1/T$ 以上参数是雷击点的参量,而不是空中的雷电参量。对一、二、三类防雷建筑物,一次雷击的总电荷分别为300、225、150C,本表中 $Q_1 = Q_{总} - Q_s$					

长期以来雷电一直以直击雷的形式给人类及地球上的生物以及人类文明带来灾难性的打击。1977 年 7 月 13 日晚,美国纽约市五条 34.5×10^4V 的输电线路全部被雷击断,全市停电达 26 小时。1989 年 8 月 12 日,山东黄岛油库雷击爆炸事件中,19 人丧生、78 人受伤、大火燃烧了 104 个小时,直接经济损失数千万元。

随着人类文明进步的脚步,以 1973 年首次将 1 万个元件集成在 $1cm^2$ 的芯片上为代表,人类由电子时代进入了信息时代。大量的以集成电路为主要元件的计算机设备、通讯设备为各行业创造了高速,大容量的工作环境,但与此同时集成电路与以往的电子管设备相比较,其耐受过电压和过电流水平却大大降低了。文献[4]统计说明,现代信息系统设备的耐受能力已由电子管的 0.1 ~ 10 J(焦耳)降到 10^{-8} ~ 10^{-6}J,相差 7 个数量级!图 26.1 表明,由德国慕尼黑 TELA 保险公司理赔的雷害金额在 1978 年到 1994 年 17 年间增长了 4 倍。而德国法兰克福 ELELTRA 保险公司在 1994 年理赔中,雷害赔偿占全部赔偿的 33.8%,为第一位(见图 26.2)。我国城市中电子设备和电气设备雷击损坏的经济损失也达到总损失的 70% ~ 80%。来自上海市保险业信息显示,仅 1998 年一年雷击赔偿便高达 3 亿元!值得一提的是,1995 年 6 月 29 日发生在广州白云国际机场凤凰山导航雷达站的一次雷击,直接经济损失仅 1.2 万美元,而因通信故障却导

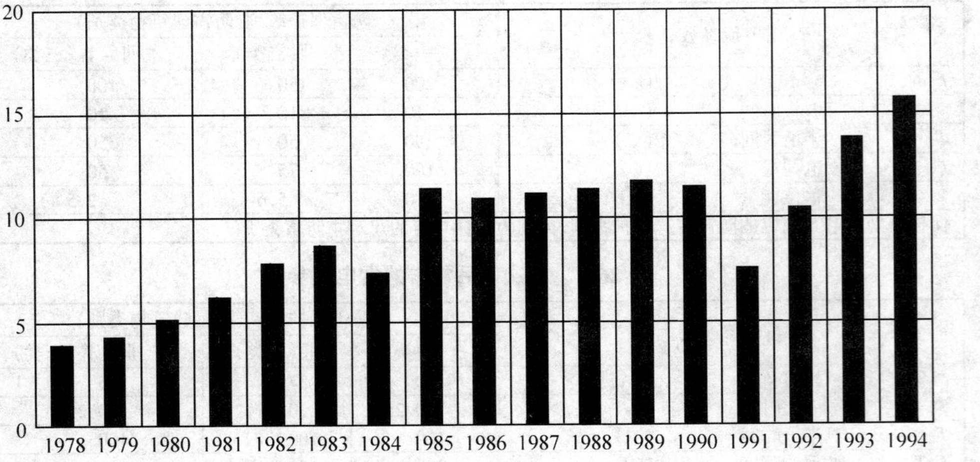

图 26.1 损害分析:过电压及雷击(直接、间接)造成的损失引自 TELA 保险公司,慕尼黑

致了空中航路关闭3.5小时,120多架航班无法降落,在港飞机延误起飞12个小时的间接损失却是难以估量的。因此,供电、广电、民航、电信、金融、石化等行业及军队的通信、雷达等部门都十分注意防御雷电灾害的工作。防雷减灾的重点已由防直击雷为主转为以防雷击电磁脉冲为主。IEC在其《雷击电磁脉冲的防护》标准IEC61312-1"通则"中宣称"鉴于各种类型的电子系统,包括计算机、电信设备、控制系统等(在本标准中称之为信息系统)的应用在不断增加,使本国际标准的制定成为必需。这样的信息系统用于商业和工业的许多部门,包括高资金投入,大规模及高度复杂的工业控制系统,对这样的系统从代价到安全方面考虑非常不希望由雷电导致系统运转的停顿"。

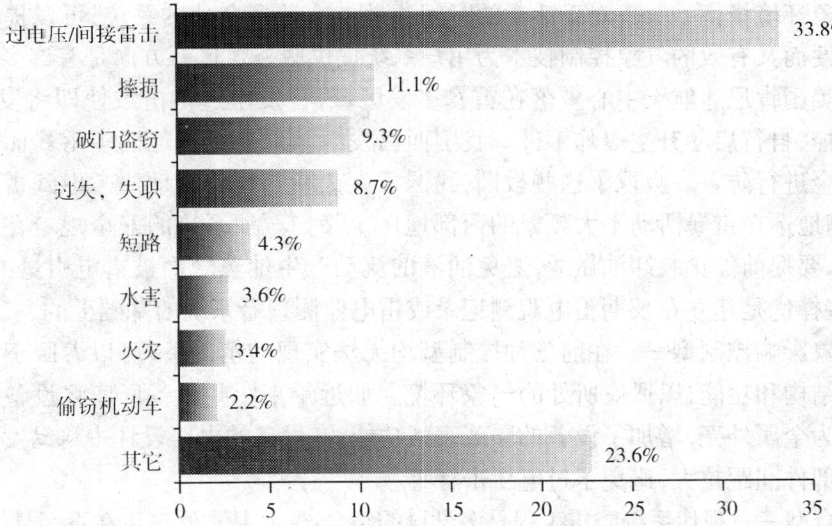

图26.2　1994年各种灾害的损害统计

二、雷电灾害防御的原理

1. 服务对象系统的可控性

从科学技术角度看,防雷减灾服务同其他气象服务一样必须具备如下基础,才能产生经济效益:服务对象系统具有气象(如雷电)可控性;气象(如雷电)对该服务对象系统的制约关系具有可测性;相关的气象因子(雷电)本身也具有可测性。

从原则上讲,人类目前除在小范围内进行小规模的火箭引雷外,对雷电这一气象环境是不可调控的。但是由于具备了两个条件,一是通过人类对雷电这一气象现象对服务对象系统制约的规律已经基本掌握;二是经过长期的研究和实践,完全可能应用相应的控制工程技术利用这一规律去实施控制,即防止和减少雷电对服务对象系统的破坏或干扰。因而具备了服务对象系统的气象可控性,即具备了基础条件。总结各行各业

的气象控制实践活动,可将气象控制活动概括为五种类型,结合防雷减灾的实际描述如下:

①气象环境调制型——人类目前尚无能力如在现代人工气候室内进行温度、湿度、光照和风速一样对自然界发生的雷电进行控制工程。

②气象环境影响型——从1750年富兰克林发明避雷针时,曾设想可能"在云层将要产生电击的千钧一发之际,静悄悄地把电从云中引走,因而使我们免受最突然、最骇人的悲剧"起,250多年来,人类一直在局部影响雷电技术上。进行了多方面的研究和探索。如利用激光技术、放射性元素、水柱或金属箔丝等高速运动的导体人工触发闪电。但是,迄今为止,这些技术均属"研究中的技术",无法应用于工程实际。

③气象环境择优型——对于活动的时间或地点有选择余地的系统,可以提供另外方式的简便而又有效的气象控制技术为用户系统提供服务。这一方面是有许多经验教训的。如美国肯尼迪航天中心坐落在雷暴多发区域,曾发生过雷击致使即将发射的3枚火箭失控,自行启动升空爆炸事件。我国西昌发射基地由于该地区多雷暴而投入了大量的资金进行防雷。吸取了这些教训,我国载人火箭基地的选址便考虑到雷电活动因素,将基地选在雷暴活动不大频繁的西部地区。又如石油系统的安全规定在当地雷电发生时,要提前停止装卸油做业,避免油液的流动产生油蒸气而被雷电引爆的危险。当然,这些择优是建立在长期雷电观测记录或雷电监测预警系统的基础上的。

④气象影响控制型——在前三种控制型均无法实现的情况下,可以着眼于改变系统的某些结构和功能,以适应所处的气象环境。如近年来一些设备厂商将设备的非金属外壳改为金属外壳,增加了设备的屏蔽衰减功能;在设备的电路设计中将易发生电位差闪络的部件间距拉大,避免了过电压击穿等。

⑤综合型——现代系统防雷工程是多学科的结合部,其基本原理将在下面具体介绍。

2. 现代防雷基本原理

由于基本掌握和了解了雷电机理,雷击电磁脉冲的耦合机制和信息系统设备的耐冲击过电压能力,即掌握了制约的规律,因此,目前国内外防雷界对现代防雷基本原理比较一致的看法是:

现代防雷技术基本上由外部防雷、内部防雷和电涌保护三部分组成:

①外部防雷。即由外部防雷装置(接闪器、引下线和接地装置)承接50%以上的雷电流泄入大地,如同防洪中主河道。

②内部防雷。采用等电位连接、屏蔽和防闪络技术和装置、阻塞雷电波沿金属导线和空间电磁场入侵的途径,如同防洪中利用湖泊调节平衡水位,在堤坝上打桩防止管涌等技术。

③电涌保护。利用某些元件的非线性特征,组成电涌保护器(SPD)并将其并连在配电和信号线路中,将雷击产生的过电压和过电流通过SPD泄入地中,如同防洪中设置的分洪区一样。

可以认为:现代防雷技术原则如同防洪,是将洪水疏导入海一样,是为雷电流提供一条低阻抗的对地泄放途径,同时要防止其泄放过程中对弱电设备的干扰。

在国际防雷标准中按上述三个组成部分分为三大系列:

①IEC61024 - 1:1990 建筑物防雷　第1部分　通则

IEC61024 - 1 - 1:1993 建筑物防雷　第1部分第1分部分　防雷装置保护级别的确定

IEC61024 - 1 - 2:1998 建筑物防雷　第1部分第2分部分　防雷装置的设计、施工、维护和检测

IEC61024 - 2:(草案)建筑物高于60m的附加要求

IEC61024 - 3:(草案)火灾爆炸危险环境的建筑物的附加要求。

②IEC61312 系列(雷击电磁脉冲防护系列,雷击电磁脉冲英文简写为LEMP)

IEC61312 - 1:1995 年 LEMP 的防护　第1部分　通则

IEC61312 - 2:1999 年 LEMP 的防护　第2部分　建筑物的屏蔽,等电位连接及接地

IEC61312 - 3:LEMP 的防护　第3部分　对电涌保护器(SPD)的要求

IEC61312 - 4:LEMP 的防护　第4部分　现在建筑物内信息系统的保护

IEC61312 - 5:LEMP 的防护　第5部分　应用指南

③IEC61643 系列(电涌保护器系列)

IEC61643 - 1:1998　低压系统的电涌保护器　第1部分　性能要求及测试

IEC61643 - 2:1997　低压系统的电涌保护器　第2部分　选择和使用原理

依据IEC标准,结合我国实际情况,强制性国家标准《建筑物防雷设计规范》(GB50057 - 94)于1994年颁布,近日该标准"局部修改"已通过审定,主要是增加了第六章"防雷击电磁脉冲"。由国家计委重点科技项目支持的《气象台(站)防雷技术规范》、《新一代天气雷达站防雷设计规范》、《信息系统雷击电磁脉冲防护规范》也即将公布。我们相信,只要正确的遵循这些技术标准,进行防御雷电灾害的研究和实践,就能有效的防止和减少雷电灾害。

三、雷电灾害防御技术的发展趋势

雷电灾害防御技术是随着人类对雷电的认识而提高,随着科学技术的进步而发展的。

古代中国和古代世界各国一样,人们把雷当作"神"的意志,要靠拜"雷神"来保佑平安。但是也出现了王充(东汉)、沈括(北宋)、刘基(元末明初)等一批唯物论者,他们认为雷是自然现象,是"阴气团于阳,必迫,迫极而迸,迸而声为雷,光为电"。中国古代的建筑师也巧妙的在高耸的宝塔顶部设一铁刹接闪,之后用几条铁链垂至地下乃至井中,以保护宝塔免遭雷击。距今900多年的山西应县木塔和湖南岳阳慈氏塔,可以说是世界上最早

的防直击雷典范工程。然而通过科学实验确认“雷就是电”,并建立防直击雷装置的,应归功于 18 世纪富兰克林(Benjamin Franklin)、罗蒙诺索夫(M.B.Romanosov)等一批科学家。他们在 1750 年前后发明的使用金属棒(避雷针)接闪,并用金属线(引下线)将雷电流传导泄入大地的方法,迄今仍是惟一有效的直击雷防御技术,这一点已为国际标准 IEC61024 – 1:1990 年《建筑物防雷》所确认。在富兰克林之后的 250 年中,虽然在世界各地出现了形形色色、鼓噪一时的“新发明”、“新技术”,但均在严酷的实践检验中纷纷被遗弃。当然,富兰克林防雷技术也有缺陷,也需要进一步发展,最突出的问题是如何解决引雷入地过程中的二次雷击对电子设备的干扰和破坏,即雷击电磁脉冲的防护。

早在 1958 年,我国防雷技术人员便在人民大会堂的建设中采用了等电位连接技术,电力和电信部门也在线路上采用放电间隙、高压避雷器和放电管等防雷装置。这些无疑对供电和电信设备起到积极的保护作用。1995 年 IEC 防雷委员会(IEC/TC81)在认真研究和实践的基础上,公布了《雷击电磁脉冲的防护》IEC61312 标准系列,为信息系统的防雷技术提供了理论依据。

可以认为,现代防雷技术主要是指信息系统的防雷技术,它分别由防雷工程技术人员和信息系统设备制造厂家承担防范任务。防雷工程技术人员用综合防雷工程实现对系统的保护;制造厂家在可能承受的成本增加的情况下提高设备的耐雷能力。无论是前者还是后者都受到经济目标函数的制约。即在本书第二章出现过的公式:

$$G = C/L$$

其中 C 为实现控制而支付的经济代价;L 为由于采取控制而获得的经济权益(还应包括减少人员伤亡损失,减少因系统运转停顿而带来的间接损失的绝对值)。

我国幅员广阔,气候差异很大。仅以省会城市为例,年雷暴日数的极值多的可达 134 天/年(海口),少的仅有 16 天/年(乌鲁木齐)。在这种情况下,设备制造厂在设计生产时只能选取中间值而定设备耐雷能力,短时间内不可能生产出少雷地区适用的型号或强雷暴地区适用的型号。因此,防雷减灾的任务将主要落在防雷工程技术人员身上。《信息系统雷击电磁脉冲防护规范》将诸多因子纳入公式,定量化的对信息系统进行雷击风险评估,这些因子计有:信息系统所在建筑物的地理位置;建筑物所在地区雷击大地的年平均密度;建筑物的长、宽、高;建筑物材料结构;信息系统的重要程度;信息系统设备耐冲击类型;信息系统发生雷击事故后果严重程度;信息系统所在的雷电防护区;供电系统和各种信号线缆屏蔽接入状况等等。防雷工程设计前只有经过雷击风险评估,通过经济目标函数测算,才能达到预期的目标。

目前,国内气象和电力部门都配置了一些闪电定位监测仪器,如 1989 年 8 月 12 日黄岛油库的雷击、1998 年 4 月 7 日发生在上海南汇的多普勒天气雷达雷击事故均被监测和记录下来,这就为事故分析提供了雷电流性质、幅值、强度等科学依据。将闪电定位监测仪器按其监测半径范围合理布设,可以将多站联网同步监测,并将数据集中到中心站计算机上处理,一方面能更精确地定出雷暴中心电荷的数量、分布、运动情况,另一方面也能预测闪电的移动和发展。美国的 KSC/CCAFS(卡纳维拉尔空军基地)为防止 56m 高的航天飞机及发射塔遭到雷害,从 20 世纪 80 年代便建立了闪电监测定位和防护体系,设在多点的监测站随时将情报传至中心机房,当得知一定范围(一般定 8km)有可能发生雷击时,中心将自动发布雷电警报。

近年来,信息有线传输正在向光纤化方向发展。光纤作为非导体是能有效的隔离雷电过电压的。随着光纤技术的发展,雷电波侵入将局限在供配电系统,这将为进一步研制开发低压配电系统的电涌保护器提供良好的发展机遇。

1992 年日本关西电力公司和大阪大学等单位合作,将一束特定波长的大功率(100 万 kW)强激光束射向雷雨云,在空气中形成高温等离子体,为闪电提供给定的放电通道。美国人还在雷雨云下方区域用飞机播撒大量的金属箔丝,这些箔丝随上升气流进入雷雨云后,观测到云中出现电晕放电,强电场得到明显减弱。我国近年来也利用火箭进行人工引雷试验。这些试验虽未取得实用性成果,但都预示着人工影响雷电,乃至控制雷电的日子不会太远了。

第二节　防雷装置的检测

一、检测的目的和检测技术依据

防雷装置是:接闪器、引下线、接地装置、电涌保护器及其它连接导体的总和,防雷装置可分为外部防雷装置,它由接闪器、引下线和接地装置组成;内部防雷装置是除外部防雷装置以外,所有附加设施。对防雷装置进行检测的任务:

1. 防雷装置的设计、施工是否符合标准要求

如 1994 年前我国防直击雷设计采用保护角法计算接闪器的保护范围,但 1994 年新的国标《建筑物防雷设计规范》中对接闪器保护范围的计算改用了国际标准的滚球法。这样有许多旧的建筑物甚至新设计安装的接闪器需检查是否达到新标准要求。

2. 防雷装置的定期检测

许多防雷装置的设计和施工虽符合标准并经过验收,但由于雷电的冲击、环境的腐蚀,人为的改动等可能已达不到原设计要求,失去了防御雷电灾害的作用,因此,为达到防雷装置能有效的防御雷电灾害的目的,必须对防雷装置实行定期检测。

到目前为止防雷装置的检测尚无国家或行业的正式标准或规范,其检测内容和检测方法主要是依据防雷设计规范或标准。为规范检测技术,中国气象局正组织力量编写“防雷装置检测规范”。

二、外部防雷装置的检测

1. 检测内容和项目

外部防雷装置主要检测接闪器、引下线和接地装置。主要检测依据是《建筑物防雷设计规范》(GB50057-94)。主要检测项目有:

①接闪器:接闪器的材质和尺寸是否符合规范要求;接闪器的安装是否牢固;避雷带在拐角处的弯曲是否达到规范的圆弧要求;高于滚球半径部分建筑物是否设置了均压环;建筑物是否在接闪器的保护范围内等。

②引下线:引下线的材质和尺寸是否符合规范要求;引下线的根数和间距是否达到规范中对不同类别防雷建筑物的要求;明敷引下线在人员稠密地带的绝缘保护;引下线的防腐措施等。

③接地装置:接地装置一般分为两种,其一是利用建筑物基础钢筋网作为共用接地系统,其二是单独设置人工垂直接地体或人工水平接地体或二种人工接地体的组合。由于均埋于土壤中,一般采用仪器测量方式检测。

④其它:如第一类防雷建筑物独立避雷针和架空避雷线(网)的支柱及其接地装置至被保护建筑物及其有联系的管道、电缆等金属物之间的距离是否大于 3m 以上;当树木高于建筑物且不在接闪器保护范围之内时,树木与建筑物之间的净距是否大于 5m 等。

2. 检测的时间间隔

新设置的外部防雷装置,必须经过检测合格并竣工验收后方可投入使用,以后应定期进行检测。考虑到雨季和冻土层对土壤电阻率的影响,应在土壤解冻后和雨季到来之前对防雷装置进行检测。检测的时间间隔应考虑建筑物的防雷类别、所在地区雷电活动的剧烈程度。外部防雷装置周围的环境条件(如有无腐蚀性),外部防雷装置材料的耐腐蚀性等。如属一般情况,检测的时间间隔不应大于 12 个月,如属火灾危险爆炸环境,检测的时间间隔不应大于 6 个月。

3. 检测的方法

外部防雷装置的检测方法主要有:直观检查、计算和测量。

直观检查包括:检查外部防雷装置的锈蚀程度、明敷引下线在人员稠密地带的绝缘保护、避雷带的弯曲弧度、均压环的设置,接闪器和明敷引下线的材质和安装的牢固性等。

计算:按照建筑物的防雷类别,用滚球法计算接闪器的保护范围,再检查被保护物是否全部在接闪器的保护范围内。计算建筑物引下线的最小间距是否达到规范的要求。

测量:接地装置的冲击接地电阻是通过仪器测量和计算完成的。《建筑物防雷设计规范》规定了冲击接地电阻与工频接地电阻的换算方法,可按该方法和不同测量仪器的使用说明进行测量和计算。为测量建筑物高度、接闪器和引下线的尺寸,还应备有卡尺和米尺及经纬仪等设备。

三、内部防雷装置的检测

1. 检测内容和项目

外部防雷装置以外的所有附加设施,如等电位连接、屏蔽、防闪络措施、电涌保护器及连接导体等均为内部防雷装置。主要检测项目有:

①确定被保护设备所处的雷电防护区(LPZ):将被保护设备所在建(构)筑物按电磁兼容(EMC)原理划分不同的雷电防护区,以确定被保护物所处的 LPZ 空间的雷击电磁脉冲(LEMP)强度,由此判断内部防雷装置应采用的技术措施。

②低压配电系统:查问和检查低压配电的系统型式(供电制式);高低压引入方式(架空、埋地、铠装及其长度);机房配电的功率分配、机房的稳压电源和不间断电源(UPS)的配备;有无分级保护;输电电线和电缆及接插件;配电线入户后中性线(N)是否与保护线(PN)绝缘等。

③等电位连接网络:检查交流地、防静电地、屏蔽地、保护地、防雷地和直流工作地是否实现了等电位连接,是否使用共用接地系统;如果是功能性接地与保护性接地分设,其间安全距离是否达到标准的要求;等电位连接导体的尺寸;等电位连接的网络类型;等电位连接网络的过渡电阻和接地电阻等。

④屏蔽措施:检查低压配电线路和信号线入户前屏蔽接地状况;计算建筑物利用金属结构体的屏蔽效果,或利用仪器检测被保护设备所处位置的屏蔽衰减状况;检查线缆连接器的屏蔽状态等。

⑤防闪络措施:检查被保护设备和综合布线系统与干扰源的安全距离等。

⑥电涌保护器:通过建筑物防雷分类的计算和分流系统估算,确定低压配电系统和信号线上在各雷电防护区交界处安装的电涌保护器(SPD)能否承受预期的电涌电流;检查 SPD 的安装方法和可靠程度;测量 SPD 的老化程度;测量 SPD 到等电位连接母排的距离和是否形成较大的回路等。

2. 检测的时间间隔

内部防雷装置的检测时间和时间间隔原则上与外部防雷装置的检测一致,一般可同时检测。但由于雷击活动对内部防雷装置的可靠性影响较大,因此除定期检测外,尚可在一些重要部门遭受雷击后立即进行不定期检测。

3. 检测方法

内部防雷装置的检测方法主要有:直观检查、计算和测量。

直观检查有:低压配电系统型式;高、低压引入方式;配电功率分配;稳压电源和 UPS 的配置等;等电位连接网络的牢靠性;连接导体的锈蚀状态;电源线和信号线入口前是否屏蔽接地;SPD 的安装方式和标称参数及安装牢靠程度等。

计算:内容包括 LPZ 的划分;分流系统和 SPD 能承受预期电涌电流的能力;屏蔽衰

减系数等。

测量:指利用米尺(卷尺)测量被保护设备和综合布线系统与干扰源的安全距离,利用米尺和卡尺测量在不同 LPZ 区域内等电位连接导体的尺寸;利用仪器测量等电位连接网络的有效性,测量 SPD 老化程度等。

四、接地电阻的测量

接地电阻的测试,一般应在土壤电阻率最高时期进行,即在夏季土壤最干燥时期进行,不宜在雨天或雨后进行,以免产生测量误差。

测量接地装置的接地电阻的方法很多,通常有利用地阻测试仪测量法,电流－电压表法,电流－电力表法,电桥法和三点法等。一般说头一种方法用得较多,因为:

①地阻测试仪本身备有电源,很适用于野外测量;

②测试仪便于携带,方法简单,直接读数无须计算;

③测试仪附件(辅助接地极和接地棒)成套供应,不必另行制作;

④测试仪本身能自行消除辅助接地极,接地棒的接地电阻,以及外界杂散电流对测量结果的影响,使测量更为准确。

上述各种测量方法中,测量时都要敷设两组辅助地极(A 和 P)。一组用于测量被测接地装置与零电位之间的电压,称之为电压极 P(又称电位极))。另一组用于构成流过被测接地装置的电流回路,称之为电流极 A,如图 26.3 所示。被测接地装置 T 和电流极 A 通以电流 I。T ~ A 间的距离要远远大于接地装置的尺寸,将 T 与电压极 P(电位极)之间的电压测出来,则测得的电阻值为 U/I 。

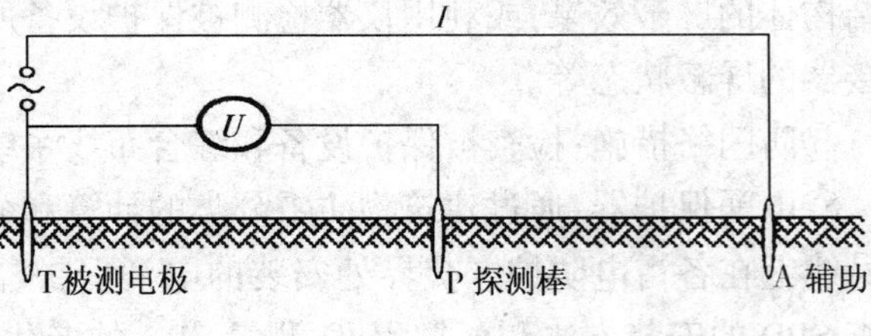

图 26.3　接地电阻的测量

注意测量时,必须使用交流电,以防止大多数土壤中所具有的电解效应引起误差。电压表的内阻,必须比电压极 P 的接地电阻高。

测量接地电阻时,电压极 P 的位置,常常选在 T ~ A 连线的中点,这时测量值就认为是接地装置的实际接地电阻。

在均匀土壤中,测量结果与 T ~ A 长度无关,但是土壤常常是不均匀的,如上层土壤与下层土壤的电阻率不同。T ~ A 距离增加将使下层土壤的作用加强,因而就增加或减少了被测电阻值。

实际测量中,通常通过下述方法而得到改善:即对一固定的 T ~ A 距离,以不同的 T ~ P 距离反复测量接地阻值,将测量结果作为 T ~ P 距离的函数形式画出。所得结果是一个上升的曲线,在中部有一个拐点。对于均匀土壤,当 T ~ P 距离增加时,曲线保持不变。对于下层土壤电阻率较低的,曲线的中间部分变得较为平坦。对于下层土壤电阻率较高的,曲线在拐点处变得较为陡峭。由此我们还可以了解土壤分层的情况。

用地阻测试仪测量一个尺寸较大的地网时,正确布置电流极和电压极的位置是十分关键的。由于测量电流从地网流入,从电流极流出,因此电流极至地网的距离应从地网中心点算起,若地网中心不能准确确定,可大致假设一个中心。但测量线是从地网边线引出,而不是从地网中心向外引出。一般采用 4D 或 5D 法,即测量线长度应为地网最大对角线长度的 4～5 倍。

被测地网与测试极之间如果有地下金属管道,(如地下电缆,自来水管等),会使测试极与被测地网之间有效距离缩短,也会使测试值小于实际接地电阻值。

山上或岩石地区电阻率都比较高,测量地网的接地电阻时,如使用的电源频率不恰当,则可能因激发极化效应或大地的集肤效应而产生显著的异常。这时,宜使用两种电源频率测量,并将测量结果相互比较。

五、检测工作中的安全要求

防雷装置检测工作中的安全是针对被检测单位和检测工作人员两方面而言的。

为保障被检测单位的安全和设备正常运转,检测工作人员要认真遵守被检测单位的安全规定。进入易燃易爆场所禁止将火种带入现场,车辆要安装防火罩后才能驶入,不得使用非防爆型检测仪器、现场作业禁止敲打金属物体产生火花等。测试过程中使用设备不应对运行设备造成干扰,未经许可不得擅自切断电源线和信号线路。在高层建筑物上检测禁止吸烟,防止乱扔烟头酿成火灾。在机要和军事部门检测要严格遵守保密制度。在火灾危险爆炸环境检测,工作人员应穿防静电服和穿防静电鞋。进入施工现场应戴安全帽。打接地钎时应先了解地下的管线情况等。

为了保证检测工作人员的安全,禁止在雷雨天气情况下进行检测。露天检测时如遇 5－6 级大风,禁止高空作业和带电作业。进行外部防雷装置检测时,从高处抛掷测量线时要注意不要搭接在电源线上和发生其他危险。在检查电源系统和检查电源 SPD 时要防止触电。从事带有一定危险性检测工作时,现场不应少于 2 人。严禁酒后作业,带病作业。攀登室外扶梯应系保险带,危险的扶梯无法攀登时,用仪器观测取代等。

第三节　防雷工程技术

一、承接防雷工程的一般程序

防雷工程的设计、施工业务属市场行为,承接防雷工程的单位(企业)首先要具备防雷工程专业资质和在工商部门注册的营业执照,应在许可的经营范围内承接防雷工程。

承接的一般程序为：

·向甲方提供承接防雷工程单位（企业）的资质证明，营业执照，业绩说明等证明材料，取得甲方的认可或得到工程项目的投标权。

·接受甲方防雷工程设计委托或取得（或购买）工程投标书。

·工程勘察，重点勘察和了解工程所在地区的雷暴活动规律、土壤地质特点、被保护对象的现状及甲方对工程的技术要求等。

·提交防雷工程设计方案。设计方案一般应由目录、由来（概述）、设计原则和依据标准、设计方案、经费预算、说明及附图、附表等组成。

·工程洽商或投标答辩。

·重大工程可由甲方或乙方组织专家评审方案。

·设计方案的审批。

·编制工程预算书。工程预算应根据国家或本地区或行业对工程预算的规定进行。

·签订合同。

·设计与施工。

·竣工验收。

二、外部防雷装置的设计

外部防雷装置的设计主要是指接闪器、引下线和接地装置的设计。其设计依据标准主要是强制性国家标准《建筑物防雷设计规范》GB50057-94 和其他国家、行业标准。我国标准管理规定，新标准公布后旧标准作废，当各类标准之间有矛盾时，行业标准要服从国家标准，推荐性（自愿性）标准要服从强制等标准。为“促进技术进步，提高产品质量，扩大对外开放，加速与国际惯例接轨，发展社会主义市场经济”。《中华人民共和国标准法》规定：“国家鼓励采用国际标准和国外先进标准。”因此，设计中也可依据 IEC 标准、ITU（国际电信联盟）标准、美国标准 NFPA780、英国标准 BS6651、法国标准 NFC17-102、日本标准 JISA4201 等进行。

1. 接闪器（避雷针、避雷带、避雷线和避雷网）

1998 年 8 月，IEC 对 1990 年出版的标准 IEC61024-1《建筑物防雷》进行修订时，将原文件中“防雷装置不能阻止雷电的形成”一句修改为“应该注意到，到目前为止还没有任何一种装置或方法能阻止雷电的产生，也没有能阻止雷击到建筑物上的器具和方法。采用金属材料拦截雷电闪击，使用金属材料将雷电流安全引下并泄入地中，是目前惟一有效的外部防雷方法”。

鉴于法国、西班牙和南斯拉夫均颁布有提前放电接闪的避雷针（E.S.E）国家标准，且其接闪器材质和尺寸均符合 GB50057-94 的技术标准，在设计中应允许使用。但该产品必须具有完备的进口手续，具有该国国家高压测试技术合格证书、出厂合格检验证等。在我国使用此类避雷针时,应按强制性国家标准(GB50057-94)的要求,用滚球法计算其接闪保护范围。

各类防雷建筑物接闪器的设计详见 GB50057-94 和相关标准。在此应补充说明的是:“在设有信息系统的建筑物需防雷击电磁脉冲的情况下,当该建筑物没有装设防直击雷装置和不处在其他建筑物或物体的保护范围内时,宜按第三类防雷建筑物采取防直击雷的防雷措施。在要考虑屏蔽的情况下,防直击雷接闪器宜采用避雷网。”

2. 引下线

引下线是接闪器成功的拦截雷电后,将雷电电流顺利地泄入地中的雷电通道。因此,引下线必须使用金属材料制成,且符合各类防雷建筑物的最小截面和最小间距要求,以最直和最短的途径接至接地装置。

引下线一般分为两种:

①利用钢筋混凝土结构或钢架结构的建(构)筑物的垂直金属结构作为自然引下线,这时由于埋设在混凝土中的钢筋或铁塔钢架具有数量多、尺寸大及埋在混凝土中不易被腐蚀的特点,一般均能很好的完成分流引下的预期效应。

②人工引下线,主要指一些砖混结构或砖木结构的低层建筑物。这些建筑物的引下线大多明敷在建筑物的外墙上。其设计的材质、尺寸和根数应符合 GB50057 - 94 对各类防雷建筑物的要求,且应有防腐蚀措施和防人身接触的防护措施。

近年来,一种具有双重屏蔽效果的引下线电缆进入国内市场。这种电缆在雷电流幅值较小时具有引下线和屏蔽电磁场的效果,但在雷电流幅值较大时会发生绝缘击穿。因此,设计中如使用这种电缆为引下线,仍需按 GB50057-94 的要求,必须达到规定的材质、尺寸和根数要求,不能用单一的屏蔽电缆取代多根引下线。

GB50057-94 要求,引下线宜采用圆钢或扁钢,圆钢直径不应小于 8mm,扁钢截面不应小于 $48mm^2$,其厚度不应小于 4mm。烟囱上的引下线圆钢直径不应小于 12mm,扁钢截面不应小于 $100mm^2$,其厚度不应小于 4mm。对建筑物艺术要求较高者,人工引下线可以暗敷,其圆钢直径不应小于 10mm,扁钢截面不应小于 $80mm^2$。引下线应在距地面 0.3~1.8m 之间装设断接卡,当利用混凝土内钢筋作为自然引下线时,可不设断接卡,但应在室内外适当地点设若干连接板,供测量和做等电位连接用。引下线在易受机械损坏和防人身接触的地方,应改用暗敷或使用绝缘材料进行保护。

3. 接地装置

埋设于土壤中的角钢、圆钢、钢管、扁钢或铜材以水平和垂直埋设的形式构成人工水平(垂直)接地体和利用直接与大地接触的各种金属构件、金属井管和钢筋混凝土结构的建筑物基础钢筋网形成的自然接地极是接地装置的两种主要形式。其作用是利用接地装置的低阻抗特性,将由引下线传导来的雷电流尽快泄入大地。

接地装置的设计为达到规定的低阻值,首先应考虑土壤干燥或冻结等季节变化时对接地电阻的影响，为达到接地电阻在四季均应符合各类防雷建筑物的接地要求，一般以土壤化冻后干燥状况下的接地电阻值为准。其次，接地装置的水平接地的形状、总长度、埋设深度、直径或等效直径均与接地电阻值相关。垂直接地极使用金属材料的直径和长度则影响接地电阻的大小。另外，土壤电阻率的大小也直接影响了接地电阻的大小。国家电力行业标准《交流电气装置的接地》DL/T621-1997 对人工接地及工频接地电阻的计算给出如下方法：

(1)垂直接地极的接地电阻可利用下式计算(图 26.4)

当 $l \gg d$ 时

$$R_V = \frac{\rho}{2\pi l}(\ln \frac{8l}{d} - 1) \tag{26.1}$$

式中：R_V 为垂直接地极的接地电阻(Ω)；ρ 为土壤电阻率(Ω·m)；l 为垂直接地极的长度(m)；d 为接地极用圆钢时，圆钢的直径(m)。

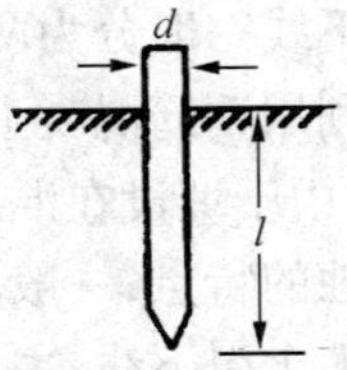

图 26.4　垂直接地极的示意图

当用其他钢材时，其等效直径应按下式计算(图 26.5)：钢管，$d = d_1$；扁钢，$d = b/2$；等边角钢，$d = 0.84b$；不等边角钢，$d = 0.71 \sqrt[4]{b_1 b_2 (b_1^2 + b_2^2)}$]。

(2)不同形状水平接地极的接地电阻可利用下式计算

$$R_h = \frac{\rho}{2\pi l}(\ln \frac{L^2}{hd} + A) \tag{26.2}$$

式中：R_h 为水平接地极的接地电阻(Ω)；L 为水平接地极的总长度(m)；h 为水平接地极的埋设深度(m)；d 为水平接地极的直径或等效直径(m)；A 为水平接地极的形状系数。

水平接地极的形状系数可采用表 26.4 所列数值。

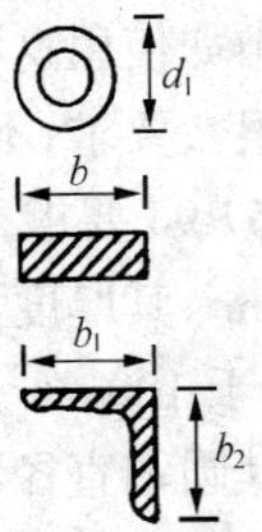

图 26.5　几种型式钢材的计算用尺寸

(3)水平接地极为主边缘闭合的复合接地极(接地网)的接地电阻可利用下式计算

$$R_n = a_1 R_e$$

$$a_1 = (3\ln \frac{L_0}{\sqrt{S}} - 0.2) \frac{\sqrt{S}}{L_0}$$

$$R_e = 0.213 \frac{\rho}{\sqrt{S}}(1 + B) + \frac{\rho}{2\pi L}(\ln \frac{S}{9hd} - 5B) \tag{26.3}$$

$$B = \frac{1}{1 + 4.6 \frac{h}{\sqrt{S}}}$$

式中：R_n 为任意形状边缘闭合接地网的接地电阻(Ω)；R_e 为等值(即等面积、等水平接地极总长度)方形接地网的接地电阻(Ω)；S 为接地网的总面积(m^2)；d 为水平接地极的直径或等效直径(m)；h 为水平接地极的埋设深度(m)；L_O 为接地网的外缘边线总长度(m)；L 为水平接地极的总长度(m)。

表 26.4　水平接地极的形状系数 A

水平接地极形状										
形状系数 A	-0.6	-0.18	0	0.48	0.89	1	2.19	3.03	4.71	5.65

(4)人工接地极工频接地电阻的简易计算

人工接地极工频接地电阻的简易计算可采用表 26.5 所列公式。

表 26.5　人工接地极工频接地电阻(Ω)简易计算式

接地极型式	简易计算式
垂直式	$R \approx 0.3\rho$
单根水平式	$R \approx 0.03\rho$
复合式(接地网)	$R \approx 0.5\frac{\rho}{\sqrt{S}} = 0.28\frac{\rho}{r}$ 或 $R \approx \frac{\sqrt{\pi}}{4} \times \frac{\rho}{\sqrt{S}} + \frac{\rho}{L} = \frac{\rho}{4r} + \frac{\rho}{L}$
1.垂直式为长度 3m 左右的接地极； 2.单根水平式为长度 60m 左右的接地极； 3.复合式中，S 为大于 $100m^2$ 的闭合接地网的面积；r 为与接地网面积 S 等值的圆的半径，即等效半径(m)	

近来有一种用石墨为主并掺入少量其它导电材料和胶合剂制成的非金属接地模块，在一些土壤电阻率较高的地区使用，替代金属材料的人工接地极。国内著名的防雷专家林维勇先生经测试和计算分析后指出，这种非金属接地模块无论从热平衡计算、接地电阻的计算或实测均达不到标准，建议不应推广使用。对于土壤电阻率较高的地区，如岩石上的接地装置，可以将接地装置设计成环型闭合状，并使用 4 根以上的扁钢在不同方向上作等电位连接，环型水平接地极的半径不应小于 5m，此时由于实现了等电位连接，接地电阻值的要求可适当放宽。

为防止跨步电压对人身造成伤害，人工接地极距建筑物出入口或人行横道不应小于 3m。当小于 3m 时应采取下列措施之一。

·水平接地体局部深埋不应小于 1m；

·水平接地体局部应包绝缘物，可采用 50～80mm 厚的沥青层；

·采用沥青碎石地面或在接地体敷设 50～80mm 厚的沥青层，其宽度应超过接地体 2m。

为防止接地装置的腐蚀，接地线与接地体应焊接，并在焊接处做防腐处理。在高腐蚀地带，尚可采用阴极保护法。阴极保护法有无源法和有源法两种方式。无源法是牺牲较钢铁更活泼的金属，如锌和镁来保护接地体，具体的做法是在接地体附近埋设同深度的锌或镁棍,用导线将钢铁接地极与锌棒连接,此时接地体在海水或土壤电解质中为阴极,锌棒是阳极,电流将从作为阳极的锌棒流向阴极,因此锌将溶解于电解质中而被溶掉,钢铁接地极受到保护。有源法则是在阴阳级间装设直流电源,负极接到接地体上,正极接到辅助地板上,如图 26.6 所示,其作用同上。

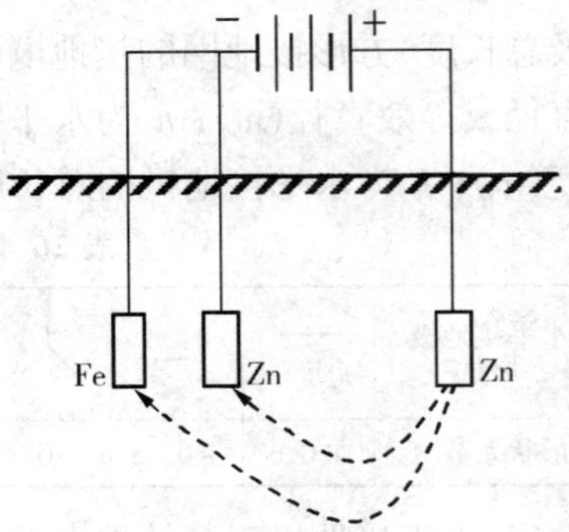

图 26.6　有源法阴极保护

三、内部防雷装置的设计

内部防雷装置是由等电位连接、屏蔽和防闪网络措施,电涌保护器等防雷装置组成的,其设计依据标准主要是 GB50057-94 局部修订条文、IEC61312 系列标准,信息系统雷击电磁脉冲防护规范等。

1. 雷电防护区(LPZ)的划分

按 EMC 原理将建筑物按需要防护的空间由表及里划分为不同的雷电防护区(LPZ),在防雷设计中有如下实际意义:

①可以计算出各 LPZ 内空间雷击电磁脉冲的强度,以确认是否需采取进一步的屏蔽措施;

②可以确定等电位连接的位置(一般是各 LPZ 区交界处);

③可以确定在不同 LPZ 交界处选用电涌保护器的具体指标;

④可以选定敏感电子设备的安全放置位置;

⑤可以确定在不同 LPZ 交界处等电位连接导体的最小截面。

IEC61312-1 将 LPZ 分为以下各区:

LPZ 0_A(直击雷非防护区)、LPZ 0_B(直击雷防护区)、LPZ 1(第一屏蔽防护区)、LPZ 2(第二屏蔽防护区)等。

2. 屏蔽保护技术

雷击电磁脉冲主要是以场和路两种形式耦合影响设备的,屏蔽是减少电磁干扰(场形式)的基本措施。为了减少电磁感应可联合采用外部屏蔽,线路敷设于合适的路径,线路屏蔽等措施,因此利用各种金属屏蔽体吸收或反射以衰减施加在设备上的电磁干扰和过电压能量是必要的。

(1)屏蔽的分类

屏蔽可按原理分为静电屏蔽、电磁屏蔽和磁屏蔽三种,应按屏蔽对象而使有不同的屏蔽材料,如低电阻金属材料、高导磁率高饱和的磁性材料等。其材料形状可分为板式、网式和薄膜式三种。对雷击电磁脉冲的屏蔽具体可分建筑物屏蔽、设备屏蔽和各种线缆(包含管道)的屏蔽。建筑物的屏蔽可利用建筑物的钢筋、金属构架、金属门窗、地板等均相互连接在一起,形成一个法拉第笼,并与地网有可靠的电气连接,形成初级屏蔽网。设备的屏蔽应在对电子设备耐过电压水平调查的基础上,按 LPZ 施行多级屏蔽。屏蔽的效果首先取决于初级屏蔽网的衰减程度,其次取决于屏蔽层对于入射电磁波的反射损耗和吸收损耗程度。在屏蔽中要特别注意对各种"洞"的密封,除门、窗外,重点对入户的金属管道、通信线路,电力线缆入口作好屏蔽。各种线缆均要采取屏蔽措施,金属丝编织网、金属软导管、硬导管、栈桥均可用于屏蔽线缆。雷电流的"趋肤效应"可使相当大的一部分电流沿屏蔽层接地端口泄入大地。在线缆的屏蔽中应注意以下四点:其一是屏蔽管线的接地:一般要求入户线在入户前应埋入地中水平距离 15m 以上,如条件不允许时,应尽可能加长入户屏蔽层或栈桥长度,且最少在前后两端做良好接地。测量结果表明,电线(缆)屏蔽层一端接地时可将高频干扰电压降低一个数量级,两端接地时可降低两个数量级。其二是电缆连接器的屏蔽往往会被忽视,良好的连接器当它的插头与插座配合好以后,其屏蔽效果应等于或优于所连接同等长度屏蔽电缆的屏蔽效果,最佳办法是沿电缆的周边,把屏蔽层与连接器沿周长连起来,实现沿周长360°的连接,或使用尽可能短的附加连线将连接器两端电缆屏蔽相连,或利用插头的一备用芯将两端屏蔽相连。其三是使用金属丝编制网屏蔽电缆,因其重量轻,使用方便而广为应用,但是在电磁波频率较高时,其波长接近编织层网孔尺寸时,波的透入将增加,因此,最好再穿一层金属管。其四光缆介质冲击击穿强度约为 40kV,比同轴电缆和对称电缆(5kV 左右)大的多,同时光中继站多采用当地供电,雷电沿线侵入中继设备或终端设备的机率很小,直埋光缆很少受雷击,但光缆的金属保护层或内部加固金属芯会减弱防雷效果,因此,也有必要采取屏蔽措施,并在光缆进入光端机之前将金属芯和防护金属层断开,进行等电位连接。埋地线缆也存在着直接雷击的问题,有必要时应安避雷线加以保护。

(2)磁场强度的衰减的计算方法

在《信息系统雷击电磁脉冲防护规范》中等同采用了 IEC 标准中磁场强度计算方法,其要点是:

当雷电击于格栅形大空间屏蔽以外附近区域的情况下,在无屏蔽的情况下产生的没有衰减的磁场强度 H_0,相当于处于 LPZ 0 区内的磁场强度,应按下式计算

$$H_0 = \frac{i_0}{2 \cdot \pi \cdot Sa} (\mathrm{A/m}) \qquad (26.4)$$

式中:i_0 为雷电流(A);Sa 为雷击点与屏蔽空间之间的平均距离(m)。

即无屏蔽情况下,H_0 与 i_0 成正比、与 Sa 成反比。具体计算方式从略。

3.等电位连接和共用接地系统

在防雷装置的设置上人们往往比较注意外部防雷装置和内部的电涌保护,容易忽

视等电位连接在雷电防护的重要作用。有时还特意设置单独的接地装置,单独的引下线等,一方面给设计施工增加了难度和增大了开支,另一方面违背了等电位的基本原理,会给被保护设备以及人身安全造成潜在的威胁。

(1)基本概念

防雷等电位连接:是将分开的导电装置各部分用等电位连接导体或电涌保护器(SPD)做等电位连接。其目的是减小建筑物金属构件与设备之间或设备与设备之间由雷电流产生的电位差。防雷等电位连接区别于电气安全的等电位连接,最主要是将不能直接连接的带电体通过电涌保护器做等电位连接。

等电位连接网络:是对一个系统的外露各导电部分做等电位连接的各导体所组成的网络。

共用接地系统:是一建筑物接至接地装置的所有互相连接的金属装置(包括外部防雷装置),并且是一个低电感的网形接地系统。

接地基准点:是一系统的等电位连接网络与共用接地系统之间唯一的一点连接点。

信息系统的等电位连接:

由计算机、通信设备、控制系统等电子设备组成的信息系统,应对信息系统的外露导电部分建立等电位连接网络。

信息系统的各金属组件(如各种箱体、壳体、机架)与建筑物共用接地系统的等电位连接有两种原则方法,见图 26.7 中的 *h* 和 *g*。

图 26.7 中的 h 为 S 型等电位连接网络,即星形结构或通称为单点接地;g 为 M 型等电位连接网络,即网形结构或通称为多点接地。

当采用 S 型等电位连接网络时,该信息系统的所有金属组件,除等电位连接点外,应与共用接地系统的各组件有足够的绝缘(>10kV　1.2/50μs)。通常,S 型等电位连接网络用于相对较小、限定于局部的系统,所有服务性设施和电缆仅在一点进入该信息系统.本网络应仅通过惟一的一点(即接地基准点 ERP)组合到共用接地系统中去。在此情况下,在各设备之间的所有线路和电缆应按照星形结构与各等电位连接线平行敷设,以避免产生感应环路。由于采用惟一的一点进行等电位连接,故不会有与雷电有关联的低频电流进入信息系统,而信息系统内的低频干扰源也不会产生大地电流。做等电位连接的这惟一的点也是接电涌保护器以限制传导来的过电压的理想连接点。

如果采用 M 型等电位连接网络,则该信息系统的各金属组件不应与共用接地系统各组件绝缘。M 型等电位连接网络应通过多点组合到共用接地系统中去。通常,本网络用于延伸较大和开环的系统,而且在设备之间敷设许多线路和电缆,服务性设施和电缆在几个点进入该信息系统。本网络用于各种高频也能得到一个低阻抗网络。这种网络所具有的多重短路环路对磁场将起到衰减环路的作用,从而在信息系统的邻近区使初始磁场减弱。

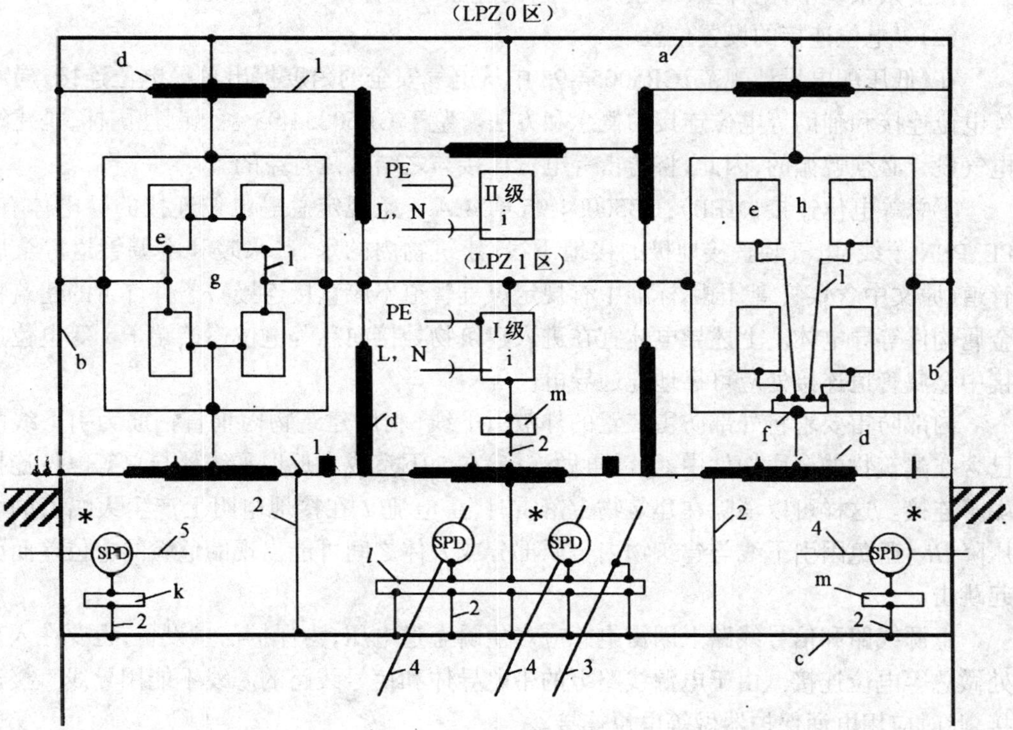

图 26.7　接地、等电位连接和共用接地系统的构成

a—防雷装置的接闪器以及可能是建筑物空间屏蔽的一部分(如金属屋顶)；

b—防雷装置的引下线以及可能是建筑物空间屏蔽的一部分(如金属立面、墙内钢筋)；

c—防雷装置的接地装置(接地网络、共用接地体网络)以及可能是建筑物空间屏蔽的一部分(基础内钢筋和基础接地体)；

d—内部导电物体，在建筑物内及其上的金属装置(不包括电气装置)，如电梯轨道，吊车，金属地面，金属门框架，各种服务性设施的金属管道，金属电缆桥架，地面、墙和天花板的钢筋；

e—(局部)信息系统的金属组件，如箱体、壳体、机架；

f—代表局部等电位连接带(单点连接)的接地基准点(ERP)；

g—(局部)信息系统的网形等电位连接结构；

h—(局部)信息系统的星形等电位连接结构；

i—固定安装的Ⅰ级设备(引入 PE 线)Ⅱ级设备(不引入 PE 线)；

等电位连接带：

k—主要供电力线路的、供电力设备等电位连接用的总接地端(总接地带、总接地母线、总等电位连接带)。也可用用共用等电位连接带；

l—主要供信息线路和电缆用的、供信息设备等电位连接用的等电位连接带(环形等电位连接带、水平等电位连接导体，在特定情况下：采用金属板)。也可用作共用等电位连接带。用接地线多次接到接地系统上做等电位连接(典型值为每隔 5m 连接一次)；

m—局部等电位连接带：

1—等电位连接导体；2—接地导体；3—服务性设施的金属管道；4—信息线路或电缆；5—电力线路或电缆。

*—进入 LPZ1 区处，用于外来服务性设施的等电位连接(管道、电力和通信线路或电缆)。

在复杂系统中,两种型(M 型和 S 型)的优点可组合在一起。

(2)等电位连接的设置位置

在《低压配电设计规范》GB50054-95 中从电气安全的角度提出总等电位连接,局部等电位连接和辅助等电位连接的概念和方法。鉴于 GB50054-95 系强制性国标,是建筑电气设计必须遵循的,因此,将防雷等电位连接与之结合是有益的。

①总等电位连接(MEB):GB50054-95 第 4.4.4 条规定总等电位连接的导电体有:PE、PEN 干线;电气装置接地极的接地干线;建筑物内的水管,采暖和空调管道等金属管道(原文中含煤气管,国际标准中有规定煤气管道不应直接连接),条件许可的建筑物金属构件等导电体。上述导电体宜在进入建筑物处接向总等电位连接端子。等电位连接中金属管道连接处应可靠地连通导电。

内部防雷要求将外部防雷装置的外敷引下线(利用建筑物内垂直钢筋为引下线的已含在建筑物的金属构件中,无需再做连接)在地下室或靠近地平线处与总等电位连接端子连接。这样可以消除在建筑物上落雷时,雷电流 I 在接地电阻上产生大幅值的电压降 IR,避免因引下线与建筑物内金属部分或人体之间可能出现的危险的电位差而引起跳击。

电源线路和信号线路上因雷电感应产生瞬态过电压,为保护信息设备,也要在入户处做总等电位连接。由于电源线路上的带电导体和信号线路的芯线不能用导线直接连接,此时应用电涌保护器做等电位连接。

原则上等电位连接的位置应在雷电防护区的交界处,即进入建筑物入口处,但有时被保护设备不一定会恰好设在交界处而是在其附近,这时当线路能承受发生的电涌电压时,SPD 可安在被保护设备处,而线路应在交界处做一次连接。

在大建筑物内可能有多个电源进线和多个接地母排(等电位连接带),这些接地母排应互相连通,以实现全建筑范围内的等电位连接。在防雷等电位连接中指 LPZ 0 与 LPZ 1 区交界处的连接。

②局部等电位连接(LEB):在高层建筑物内装设电子设备,使用一根设备专用引下线接至共用接地装置(网),会产生什么效果呢?由表 26.6 可以得知一根专用接地线在高频下其阻抗为

$$Z = \sqrt{R^2 + (\omega L)^2} \tag{26.5}$$

将信息系统的工作频率 1MHz,专用引下线 18m 的 R,ωL 代入上式,阻抗高达近 200Ω,因此当这个接地装置的阻抗即便很低(如小于 1Ω)也是毫无意义的。

当在信息系统上安装电涌保护器时,在电涌保护器承受雷电流冲击而对地泄放时,被保护的信息系统设备绝缘承受的电涌电压为电涌保护器上的残压和其连接线上的电压降之和,即

$$U = U_{res} + L\frac{di}{dt} \tag{26.6}$$

其中残压 U_{res} 与电涌保护器的性能有关,$\frac{di}{dt}$ 为雷电流的陡度,L 与专用引下线的长度成正比,专用引下线过长,整个 U 值将偏大,而使设备损坏。因此在 IEC60364-5-534 中规定,电涌保护器连接线的全长不宜超过 0.5m。而为了达到这个要求,则必须在设备所在楼层按 S 型或 M 型设接地基准点(ERP)或环型接地母排,并将其与建筑物主钢筋连接,达到局部等电位连接。在防雷等电位连接中指 LPZ 1 和 LPZ 2 区交界处的连接。

表 26.6　25mm² 铜导体在自由大气中的电阻和电抗

长度(m)	L (μH) (>1MHz)	1MHz 时		10MHz 时		100MHz 时	
		R	$\omega L = X_L$	R	$\omega L = X_L$	R	$\omega L = X_L$
3	4	0.05Ω	25Ω	0.15Ω	250Ω	0.5Ω	2.5 kΩ
6	9	0.1Ω	57Ω	0.3Ω	570Ω	1.0Ω	5.7 kΩ
12	20	0.2Ω	126Ω	0.6Ω	1.26kΩ	2.0Ω	12.6 kΩ
18	31	0.3Ω	195Ω	0.9Ω	1.95 kΩ	3.0Ω	19.5 kΩ
30	55	0.5Ω	346Ω	1.5Ω	3.46 kΩ	5.0Ω	34.6 kΩ

③辅助等电位连接(SEB):GB50054-95 第 4.4.5 条规定:当电气装置或电气装置某一部分的接地故障保护不能满足切断故障回路的时间要求时,尚应在局部范围内作辅助等电位连接。当难以确定辅助等电位连接的有效性时,可采用下式进行校验

$$R = \frac{50}{I_a} \tag{26.7}$$

式中:R 为可同时触及的外露可导电部分和装置外可导电部分之间,故障电流产生的电压降引起接触电压的一段线段的电阻(Ω);I_a 为切断故障回路时间不超过 5s 的保护电器动作电流(A)。

辅助等电位连接在防雷等电位连接中主要指 LPZ 1 和 LPZ 2 交界处或 LPZ 2 和 LPZ 3 交界处以及后续雷电防护区的交界处的连接。

(3)共用接地系统和电子设备的独立接地

电子设备接地技术是一探讨多年的问题。在工程中经常遇到的有防雷接地、交流工作接地、屏蔽接地、防静电接地、安全保护接地、直流工作接地(信号地、逻辑地)等。其作用可分为保护性接地和功能性接地二大类。目前人们最关心的是对功能地的保护。在电子信息设备的电路中,输入信息、传输信息、转换能量、放大信号、逻辑运算、输出信号等一系列过程都是通过微电位或微电流快速进行的,且设备之间常通过互联网络进行工作,除需稳定的电源外,尚需一稳定的基准接地点,又称为信号参考电位。如使用悬浮地不易消除静电,易受电磁场的干扰而使参考电位变动。以往在实际工作中大量采用 TN-C 系统供电(俗称零地合一),50Hz 的工频干扰经由设备外壳,元件底板串

入信息系统，使功能性（直流）地要与保护性地隔离，对防雷接地更是谈虎色变要避而远之。然而随着建筑物面积和高度的增大，随着城市建筑的发展，功能性地与保护性地的分离已越来越困难，同时使用多个接地系统必然在建筑物内引进不同的电位导致设备出现功能故障或损坏。因此采用等电位连接和共用接地系统后，使讯号接地不形成闭合回路，共模型态的杂讯不易产生，同时可消除静电和电场的干扰，不易受磁场干扰。共用接地系统已为国际标准采用，并逐步在我国国家标准中推广。

①供电系统的说明：在低压配电系统中常用的型有：

TN 型：系统中，电源有一点与地直接连接，又可分为：

TN-C：在此系统中，整个中性线（N）与保护线（PE）是合一的。

TN-C-S：在此系统中 N 线与 PE 线只有在变压器电力系统接地点连接（即 PEN 线），进入建筑物后 N 与 PE 不可连接。

TN-S：在整个系统中 N 线与 PE 线是分开的，N 线不接地。

IT 型：在此系统中，电源与地绝缘或一点经阻抗接地，电气装置外露可导电部分则接地。

TT 型：在此系统中，电源有一点与地直接连接，负荷侧电气装置外露可导电部分连接的接地极和电源的接地极无电气联系。

在《电子计算机机房设计规范》GB50174-93 第 6.1.9 条规定“电子计算机低压配电系统应采用频率 50Hz，电压 220/380V，TN-S 或 TN-C-S 系统”。在 GB50057-94 局部修订条文中也提出“当电源采用 TN 系统时，从建筑物内总配电盘开始引出的配电线路和分支线路必须采用 TN-S 系统”。这是由于在一建筑物内采用共用接地系统之后，若采用 TN-C 供电系统，会产生连续的工频电流及其谐波电流对设备的干扰。干扰来源于 TN-C 系统中“中性导体电流”（在三相系统中由于不平衡电荷在 PEN 线上产生的电流）分流于 PEN 线、信号交换用的电缆的屏蔽层，基准导体和室外引来的导电物体之间。而采用 TN-C-S 或 TN-S 系统，这种“中性导体电流”仅在专用的中性导体（N）中流动，不会通过共用接地系统对设备产生干扰。当然，在实际工程中常由于接地方法有问题可能导致中性线（N）与地（PE）接触，使系统全部或部分又转回为 TN-C 系统，再度产生干扰，这一点只能依靠检测才能找出故障的起因。

②独立接地不利于过电压保护。以往采用电子设备的独立接地在实践中确已消除了连续的低平噪声，但也有突然发生的大灾害事件。分析这些事件得出，由于采用独立接地，在雷雨天气条件下会有很高的电压加在计算机等信息设备上，而产生高电压的原因包含了直接雷击、雷电波沿线路侵入和雷电感应。

当雷电直击建筑物时，建筑物接地装置和与之连接的金属构件电位迅速抬高，相对而言，由于电子设备采用了独立接地，其电位未明显抬高，这样存在一电位差和设备与建筑物金属框架之间所存在的电容，使设备元件上所感应的电压高于其击穿电压。在雷云电荷的感应下,有时并不发生雷击也会由于建筑物的感应电压通过上述形式影响到设备的元件。如果采用共用接地系统,电位差的问题便得到了解决。

③瞬态共地的危害。为了避免雷害和干扰,我国一些电气安装图提出在防雷地、保护地和交流地与电子信息设备的独立接地之间串连一 FS-0.22 型避雷器,国外产品中也有类似用途的放电间隙(国外产品的主要用途是用于煤气管道与共用接地的连接)。采用在两种地之间串接能在瞬态导通的器件其目的是:在正常工作状态下两种地是分开的,不会有泄漏电流对电子信息设备工作时必需的高频信号接地点零伏参考电位产生干扰;而当雷击发生时,将使用 FS-0.22 避雷器将两种地瞬态导通以达到等电位。这种瞬态共地的作法不能保证电子信息设备的安全,相反却能招致雷击损坏危险。原因是在电源线上(含相线与中性线)可感应雷电瞬态过电压并传导到电子信息设备内,当这种瞬态过电压冲击发生后,即使 FS-0.22 工作导通,其残压也在上千伏以上,加上长长的连接导线上的电压降,仍会对电子信息设备造成危害。这种瞬态共地在一些规程或图册中称为联合接地,这些规程中还不恰当地规定联合接地的接地电阻值不大于 1Ω。

(4)等电位连接的材料和方法

IEC60536-2 对等电位连接导体提出如下基本要求:

①能耐受由于设备内部故障电流可能引起的最高热效应及最大动应力;

②具有足够低的阻抗,以避免各部分间显著的电位差;

③能耐受可预见的机械应力,热效应及环境效应(含腐蚀效应);

④可移动的导体连接件(铰链和滑片等)不应是两部分间唯一的保护连接件,能满足①、②、③条者除外;

⑤在预计移开设备某一部件时,不应切断其余部件的保护联结,这些部件的电源事先已切断者除外;

⑥当耦合器或插头插座能控制保护联结和向设备组件供电的所有导体的开断,保护联结应在供电导体断路(或接通)之后(或之前)切断(或接通);

⑦保护联结导体应宜于识别;

等电位连接可以使用焊接、螺栓连接和熔接三种方法。当使用螺栓连接时要考虑螺栓松动的问题,一般应用铜鼻将连接线焊牢后栓紧。

连接材料一般推荐使用铜材,是因其导电性能和强度都比较好,使用多股铜线的弯曲也比较方便。但使用铜材与建筑物内结构钢筋连接时,可能会因铜的电位(+0.35V)与铁的电位(−0.44V)不同而形成原电池,产生电化学腐蚀。因此在土壤中(基础钢筋处)连接,要避免使用裸铜线,最好使用同一金属(钢材)为宜。

等电位连接导体的尺寸与其所在位置,与估算流过的雷电流的量相关。为了满足等电位连接基本要求,IEC 标准规定了各种材料的最小截面为:

直击雷引下线(mm^2):铜 16、铝 25、铁 50;

LPZ 0 与 LPZ 1 区(mm^2):铜 16、铝 25、铁 50;

LPZ 1 与 LPZ 2 区(mm^2):铜 6、铝 10、铁 16。

等电位连接端子板(母排)的最小截面不小于 $50mm^2$(铜或镀锌钢板)。

在实际工程中,为了醒目和便于检测维修,等电位连接线应使用外皮为黄绿相间的线缆,并在工程完成后使用专用仪器对等电位连接的有效程度进行测试。《等电位联结安装》(97SD567)标准图参考德国标准提出 3Ω 的阻值要求,实际上所测的阻值主要为接触电阻。

在实施等电位连接的平面(如计算机房防静电地极下),在敷设环型接地母排后,应将环型母排(铜带或扁钢)就近与建筑物内钢筋焊接,M 型母排与主钢筋应多点连接,一般每 5m 连接一次。

4. 滤波和隔离技术

①国标《建筑与建筑群综合布线系统工程设计规范》GB/T50311-2000 规定了综合布线电缆的间距,见表 26.7 和表 26.8。

表 26.7 综合布线电缆与电力电缆的间距

类　别	与综合布线接近状况	最小净距(mm)
380V 电力电缆 <2kV·A	与缆线平行敷设	130
	有一方在接地的金属线槽或钢管中	70
	双方都在接地的金属线槽或钢管中	10
380V 电力电缆 2~5kV·A	与缆线平行敷设	300
	有一方在接地的金属线槽或钢管中	150
	双方都在接地的金属线槽或钢管中	80
380V 电力电缆 >5kV·A	与缆线平行敷设	600
	有一方在接地的金属线槽或钢管中	300
	双方都在接地的金属线槽或钢管中	150

1. 当 380V 电力电缆 <2kV·A,双方都在接地的线槽中,且平行长度 ≤10m 时,最小间距可以是 10mm;
2. 电话用户存在振铃电流时,不能与计算机网络在同一根对绞电缆中一起运用;
3. 双方都在接地的线槽中,系指在两个不同的线槽,也可在同一线槽中用金属板隔开

表 26.8 墙上敷设的综合布线电缆、光缆及管线与其他管线的间距

其他管线	最小平行净距(mm)	最小交叉净距(mm)
	电缆、光缆或管线	电缆、光缆或管线
避雷引下线	1000	300
保护地线	50	20
给水管	150	20
压缩空气管	150	20
热力管(不包封)	500	500
热力管(包封)	300	300
煤气管	300	20

注:如墙壁电缆敷设高度超过 6000mm 时,与避雷引下线的交叉净距应按下式计算

$$S \geqslant 0.05L$$

式中 S 为交叉净距(mm); L 为交叉处避雷引下线距地面的高度(mm)

②滤波技术,使用滤波器是由电感、电容、电阻或铁氧体器件构成的频率选择性二端口网络,可以插入传输线中抑制不需要的频率进行传播。

③电气隔离技术:利用磁隔离(隔离变压器、电源变压器、各种电源电流互感器、调制解调式隔离放大器)的方法和光隔离(光电开关、光电隔离器、光缆、光触发可控硅、模拟信号光电隔离装置等)方法,使信息传输的路经在电气上隔离,使隔离前后的两部分线路之间无电气上的连接,从而依靠非电的方式,即用磁或光在信号传输中起作用。

四、电涌保护器

SPD(Surge Protective Device)是国际电工委员会(IEC)标准中对电涌保护器的英文缩写。过去国内大多数生产厂商使用避雷器、低压避雷器、电子防雷器等名称均不够准确,使用避雷器一词易与使用于高压供电系统的避雷器相混淆,特别是国家标准已颁布了避雷器的内容和设有专门的检测单位,它们主要应用于高压系统。把SPD定名为防雷保安器是与国家制定电器安全标准的规定相矛盾的,该标准对使用"安全"一词有特定规定,不允许把"安全"及类似含意的词与某元件联用,而且SPD除具备有防雷的功能外,还有抑制投切过电压的作用。

1. SPD的定义

在《建筑物防雷设计规范》局部修订条文中,SPD定为电涌保护器(浪涌保护器,以前称过电压保护器):目的在于限制瞬态过电压和分走电涌电流的器件。它至少含有一非线性元件。

2. SPD的分类

SPD可按几种不同方法进行分类:

(1)按使用非线性元件的特性分类(设计电路拓扑)

电压开关型SPD:当没有浪涌出现时,SPD呈高阻状态;当冲击电压达到一定值时(即达到火花放电电压),SPD的电阻突然下降变为低值。常用的非线性元件有放电间隙,气体放电管等。开关型SPD具有大通流容量(标称通流电流和最大通流电流)的特点,特别适用于易遭受直接雷击部位的雷电过电压保护,即LPZ 0_A或LPZ 0_B与LPZ 1区交界处使用。

电压限制型SPD:当没有浪涌出现时,SPD呈高阻状态;随着冲击电流及电压的逐步提高,SPD的电阻持续下降。常用的非线性元件有压敏电阻,瞬态抑制二极管等。这类SPD又称箝压型SPD,是大量常用的过电压保护器,一般适用于户内,即IEC规定的第一屏蔽防护区(LPZ 1)、第二屏蔽防护区(LPZ 2)的雷电过电压防护。IEC标准要求将它们安装在各雷电防护区的交界处。

混合型SPD:开关型元件和箝压型元件混合使用,随着施加的冲击电压特性不同,SPD有时会呈现开关型SPD特性,有时呈现箝压型SPD特性,有时同时呈现两种特性。

(2)按 SPD 的端口型式分类

根据在不同系统中使用的需求,SPD 生产商厂可以把 SPD 制造成一端口或两端口的型式。

一端口(又称单口)SPD:与被保护电路并联连接。一端口 SPD 可能有隔开的输入端及输出端,在它们之间没有特意设置的电阻或电感(见图 26.8)。

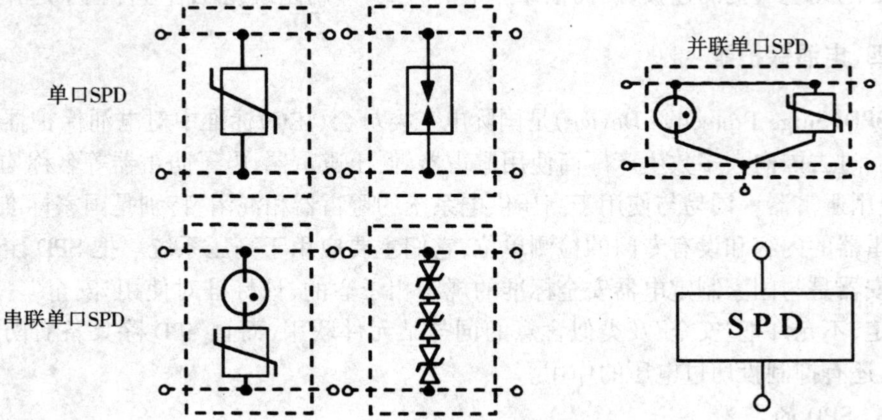

图 26.8　单口 SPD 总示意图

两端口(又称双口)SPD:具有两组端口的 SPD,一般与被保护电路串联连接,或使用接线柱连接,在输入端与输出端之间有特意设置的串联阻抗(见图 26.9)。

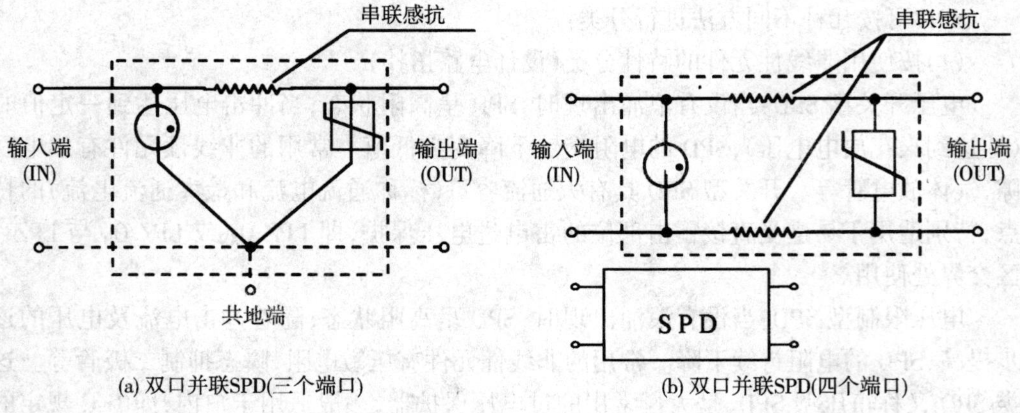

图 26.9　双口 SPD 总示意图

图 26.8 和图 26.9 上可以看出,无论 SPD 从外表上看是否串接或并联在被保护电路中,SPD 的非线性元件实质上都是与被保护电路处于并联状态,当其动作时,能将被

保护电路中的电涌电流通过 SPD 分流泄入地中。

(3)按使用的性质分类

由于雷电过电压和投切过电压(过去常称为操作过电压)可能沿供(配)电线路侵入,雷电过电压可能沿信号线(含电话线)或天馈线侵入,因此安装在不同的系统中的 SPD 必须满足不同系统的特殊要求。这样,生产厂商又可将 SPD 按使用性质将 SPD 分为:电源系统 SPD、信号系统 SPD 和天馈系统 SPD。

此外,还可以按安装的环境(位置)分为室内用或户外用;按可接触性分为可接触或不可接触;按安装方式分为固定式或卡接可移式等等。

3. SPD 有关性能参数定义

(1)最大持续运行电压 U_C

指能持续加在 SPD 各种保护模式间的最大方均根电压或直流电压。U_C 不应低于低压线路中可能出现的最大连续工频电压。选择 220/380V 三相系统中的 SPD 时,其接线端的最大持续运行电压 U_C 不应小于下列规定:

TT 系统中 $U_C \geqslant 1.55\ U_0$

TN、TT 系统中 $U_C \geqslant 1.15\ U_0$

IT 系统中 $U_C \geqslant 1.15 U_0$

注:1. 在 TT 系统中 $U_C \geqslant 1.15U_0$ 是指 SPD 安装在剩余电流保护器的电源侧;$U_C \geqslant 1.55U_0$ 是指 SPD 安装在剩余电流保护器的负荷侧;

2. U_0 是低压系统相线对中性线的标称电压,在 220/380V 三相系统中 $U_0 = 220V$。

(2)冲击试验分类

Ⅰ级分类试验:对样品进行标称放电电流 I_n,1.2/50μs 冲击电压和最大冲击电流 I_{imp} 的试验(仅对 I 类 SPD),最大冲击电流在 10ms 内通过的电荷 $Q(A_S)$ 等于电流峰值 I_{peak} 的 50%,测试电流波形为 10/350μs。

Ⅱ级分类试验:对样品进行标称放电电流 I_n,1.2/50μs 冲击电压和最大放电电流 I_{max} 试验(仅对 II 类 SPD),I_{max} 波形为 8/20μs。

Ⅲ级分类试验:对样品进行混合波(1.2/50μs,8/20μs)试验。

注:I_{imp} 最大冲击电流:由电流峰值 I_{peak} 及总电荷 Q 定义,此类电流脉冲一般用于 I 类 SPD 操作规定试验中的不同等级。

I_{max} 最大放电电流:通过 SPD 的 8/20μs 电流峰值,大小从 II 类 SPD 操作规定试验中规定值选定,$I_{max} > I_n$。

混合波:由发生器产生的开路电压波形为 1.2/50μs 波,短路电流波形为 8/20μs 电流波。当发生器与 SPD 相连,SPD 上承受的电压、电流大小及波形由发生器内阻和 SPD 阻抗决定。开路电压峰值与短路电流峰值之比为 2Ω(相当于发生器虚拟内阻 Z_f)。短

路电流用 I_{SC} 表示,开路电压用 U_{OC} 表示。

(3)标称放电电流 I_n

8/20μs 电流波形的峰值,一般用于Ⅱ类 SPD 试验中不同等级,也可用于Ⅰ、Ⅱ类试验时的预试。

(4)过电压保护水平 U_P(保护电平)

一个表征 SPD 限制电压的特性参数,它可以从一系列的参考值中选取过(如 0.08,0.09,0.10,0.12,0.15,0.22,0.33,0.4,0.5,0.6,0.7,0.8,0.9,1.0,1.2,1.5,1.8,2.0,2.5,3.0,4.0,5.0,6.0,8.0,10kV 等),该值应比在 SPD 端子测得的最大限制电压大,与设备的耐压一致。

(5)额定负载电流

由电源提供给负载,流经 SPD 的最大持续电流有效值(一般指双口 SPD)。

(6)I 类试验中单位能量指标 W/R

电流脉冲 I_{imp} 流过 1Ω 电阻时,电阻上消耗的能量。数值上等于电流脉冲波形函数平方的时间积分

$$\frac{W}{R} = \int i^2 \mathrm{d}t$$

(7)额定电压 U_n

是制造厂商对 SPD 规定的电压值。在低压配电系统中运行电压(标称电压)有 220V(AC)、380V(AC)等,指的是相对地的电压值也称为供电系统的额定电压,在正常运行条件下,在供电终端电压波动值不应超过 ±10%,这些是制造商在规定 U_n 值时需考虑的。

(8)残压 U_{res}

当冲击电流通过 SPD 时,在其端子处呈现的电压峰值。U_{res} 与冲击电涌通过 SPD 时的波形和峰值电流有关。为表征 SPD 性能,经常使用 U_{res}/U_{as} = 残压比这一概念,残压比一般应小于 3,越小则表征着 SPD 性能指数越好。

(9)额定泄放电流 I_{sn}

此值与当地雷电强度、电源系统型式、有无下一级 SPD 及被保护设备对电涌的敏感程度有关,SPD 的 I_{sn} 决定其尺寸大小和热容量。

(10)泄漏电流

由于绝缘不良而在不应通电的路径上流过的电流。SPD 除放电间隙外,在并联接入电网后都会有微安级的电流通过,常称为漏电流。当漏电流通过 SPD(以 MOV 为主的)时,会发出一定热量,致使发生温漂或退化,严重时还会造成爆炸,又称热崩溃。

(11)响应时间

SPD 两端施加的压敏电压到 SPD 箝位电压的时间。

(12)过电流保护装置

安装在 SPD 外部的一种防止当 SPD 不能阻断工频短路电流而引起发热和损坏的过电流保护装置(如熔丝、断路器)。

(13)退耦装置

当对 SPD 施加工频电压并进行冲击试验时,一个阻止冲击反馈到供电网的装置。

作为 SPD 的生产厂商,除应为用户提供上述参数外,尚应提供制造厂家、商标和型号;安装位置类别;端口数;安装方法;外壳提供的保护水平;短路承受能力;备用过电流保护装置的最大推荐值;使用温度范围;安装指南等信息内容。

4. 雷击电涌保护器的安装

将信息系统中不能直接连接的带电体,如电源相线和中性线、信号线等使用电涌保护器与共用接地系统连接,是等电位连接的组成部分,能起到限制瞬态过电压,对电涌电流分流以达到保护信息系统装置的作用。

选择使用电涌保护器应考虑到如下因素:

·雷电防护区(LPZ)的划分;

·利用建筑物外部防雷装置和进入建筑物的金属管线分流;

·按雷击风险评估进行分级;

·区分供电系统型式进行安装;

·充分考虑电涌保护器的特性分别安装。

①分流计算方法。在 LPZ0 与 LPZ1 区的界面处做等电位连接用的接线夹和电涌保护器,应采用雷电流参量估算通过它们的分流值。当无法估算时,可按以下方法确定:全部雷电流 i 的 50% 流入建筑物外部防雷装置的接地装置,其另 50%(即 i_s)分配于引入建筑物的各种设施(外来导电物、电力线、通信线等)。流入每一设施的电流 i_i 等于 i_s/n,n 为上述设施的个数。流经无屏蔽电缆芯线的电流 i_v 等于电流 i_i 除以芯线数 m,即 $i_v = i_i/m$(见图 26.10)。对有屏蔽的电缆,绝大部分的电流将沿屏蔽层流走。尚应考虑沿各种设施引入建筑物的雷电流。应采用以上两值的较大者。

在 LPZ 0_B 与 LPZ 1 区的界面处做等电位连接用的接线夹和电涌保护器,应按上述方法考虑雷电击中建筑物防雷装置时通过它们的雷电流,可不考虑沿全长处在 LPZ 0_B 区的各种设施引入建筑物的雷电流,其值仅为感应电流和小部分雷电流。

当流过等电位连接导体的雷电流大于或等于总雷电流的 25%时,其截面应符合总等电位连接的规定;当小于 25%时,其截面应符合局部等电位连接处的规定。

电涌保护器必须能承受前述预期通过它们的一部分雷电流,并应符合以下两个附加要求:对电涌的最大箝压,有能力熄灭从电源跟着流经它们的电流。

在建筑物进线处的最大电涌电压应与信息系统各位置上的承受能力相一致。

②当无法获得 220/380V 三相系统各种设备的耐冲击过电压时可按表 26.9 选用。

③10/350μs 与 8/20μs 的电荷量换算。电涌保护器按组成的非线性元件特性可分为

电压开关型、电压限制型和混合型。它们在电涌冲击下具有不同的响应曲线。选用时应根据安装所处的雷电防护区和雷击中建筑物时雷电流分布估算而区别选择安装。

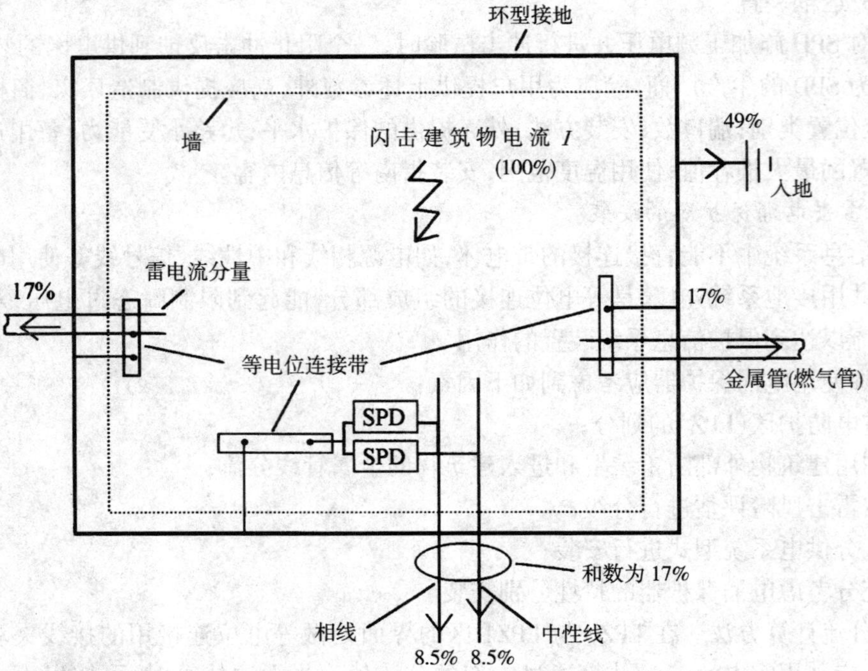

图 26.10　雷击中建筑物外部设施时的电流分布

表 26.9　220/380V 三相系统各种设备耐冲击过电压额定值

设备的位置	电源处的设备	配电线路和最后分支线路的设备	用电设备	特殊需要保护的设备
耐冲击过电压类别	Ⅳ类	Ⅲ类	Ⅱ类	Ⅰ类
耐冲击电压额定值(kV)	6	4	2.5	1.5
Ⅰ类——需要将瞬态过电压限制到特定水平的设备； Ⅱ类——如家用电器、手提工具和类似负荷； Ⅲ类——如配电盘、断路器、布线系统(包括电缆、母线、分线盒、开关、插座),应用于工业的设备和一些其他设备(例如永久接至固定装置的固定安装的电动机)； Ⅳ类——如电气计量仪表、一次线过流保护设备、波纹控制设备				

由于首次雷击波形为 10/350μs,在 LPZ0 区与 LPZ1 区界面上宜选用经 10/350μs 波形最大冲击电流试验的 SPD。在后续的雷电防护区的界面上宜选用经 8/20μs 波形的最大放电电流试验或混合波试验的 SPD。8/20μs 波形与 10/350μs 波形的电荷量换算如下式

$$\frac{Q(8/20\mu s)}{Q(10/350\mu s)}=\frac{20}{350}=\frac{1}{17.5} \tag{26.8}$$

当电源线为铠装电缆或穿金属管屏蔽入户时,使用Ⅱ级分类波形试验的 SPD 时,可将 1/17.5 改为 1/5 换算。

④电涌保护器的安装需注意下列事项:

·电涌保护器接至等电位连接带的导线要短而直,长度一般不应大于 0.5m;

·按 IEC61643-1 规定进行Ⅰ、Ⅱ、Ⅲ级分类试验的 SPD 可安装于建筑物的入口处,Ⅱ、Ⅲ级分类试验的 SPD 一般应靠近被保护装置安装;

·为避免不必要的感应回路,SPD 与被保护装置之间应采用无回路或小回路方式安装;

·为满足信息系统装置耐受能量的要求,SPD 的安装可以进行多级配合。在进行多级配合时应考虑 SPD 之间的能量配合,当有续流时应在线路中串接退耦装置;

·必须考虑 SPD 退化或寿命终止后可能产生的对地短路对信息系统装置运行的影响,因此 SPD 的安装应有过流保护装置,SPD 宜有劣化显示功能;

·在爆炸危险环境中使用 SPD 应具备防爆功能;

·在信号线上安装 SPD,其功率、插入损耗、驻波、频率、带宽等参数应符合信息系统的匹配要求。

第四节 防雷装置的维护

对防雷减灾服务对象系统的服务除应进行以上所讲的勘察设计,综合防雷工程以外,为使该系统的防雷装置能长期有效的工作,必须提出维护方案。这是由于用户往往不熟悉防雷装置的配置和功能,在工程竣工验收后往往由于系统设备的增减,周围环境的变更而改变了原设计,因而可能造成事故的发生。如中央电视塔在竣工投入使用后增设了一套进口火灾报警系统,由于不了解原防雷设计的思路而按设备厂家的要求专门设置了独立的接地网,在一次雷击中因地电位反击而使单独接地的火灾报警设备损坏。又如有的系统的地网在邻近地区土建施工时被挖掘机碰断,也造成了事故的隐患。

防雷装置的维护是由使用单位或业主负责的,其中对防雷装置的检测可以由从事防雷装置检测工作单位进行。从使用单位或业主的角度着想,应建立全套的维护管理计划(或办法),其中包括:

①将所有防雷装置的设计方案、图纸、竣工报告和维修、改造资料逐一建档保存。

②建立维护规程,把要维护的项目按维护周期的长短列成表格,以便能对防雷装置定期进行维护更换。

③定期和不定期的对防雷装置进行检测,对检测中的不合格及时整改。检测报告和记录要妥善保存 。

④对可能影响防雷装置保护效果的建筑施工、电气改造、综合布线等应有明确的管

理办法,并在施工过程中密切关注,施工后进行检查。

⑤在发生雷击或雷电灾害后及时检查,或报请防雷减灾机构派人员进行勘察分析。

在 IEC61312-1 中关于组织、管理防雷击电磁脉冲工作的建议中也提出:需对防雷装置"经常检查,以保证信息系统的正常运行",维护和管理可以由用户自行安排,但建议最好聘请防雷专家来承担。

参考文献

[1] 国家标准《建筑物防雷设计规范》GB50057-94,1994。

[2] 贾山(西汉)《至言》。

[3] 关象石,国内外雷电灾害事故案例,气象出版社,1997。

[4] 约·希曼斯基(J Schimanski)[德国],过电压保护理论与实践,1996。

[5] 国际电工委员会标准《雷击电磁脉冲的防护 第1部分 通则》IEL61312-1,1995。

[6] 虞昊、关象石等,现代防雷技术基础,清华大学出版社,1995。

[7] 刘基(明朝),《刘文正公文集》。

[8] 王时煦,人民大会堂工程等电位笼式避雷网的创作始末。

[9] 国家经委、计委、科委、技术监督局,关于推进采用国际标准和国外先进标准的若干规定,1993。

[10] 国际电工委员会标准《建筑物的防雷 第1部分 通则》IEC61024-1,1990年出版,修改文件 81/122/CD 1998年8月14日,日内瓦。

[11] 林维勇,GB50057-94 局部修订条文。

[12] 林维勇,关于电感型接闪器针和石墨接地体的讨论,雷电与静电专刊,1999年11月。

[13] 姚成芳、张晓东,海水养殖场电气设备的防雷,工科物理·现代防雷专辑·2,1999年9月。

附录一：

中华人民共和国气象法

目　录

第一章　总　　则

第一条　为了发展气象事业，规范气象工作，准确、及时地发布气象预报，防御气象灾害，合理开发利用和保护气候资源，为经济建设、国防建设、社会发展和人民生活提供气象服务，制定本法。

第二条　在中华人民共和国领域和中华人民共和国管辖的其他海域从事气象探测、预报、服务和气象灾害防御、气候资源利用、气象科学技术研究等活动，应当遵守本法。

第三条　气象事业是经济建设、国防建设、社会发展和人民生活的基础性公益事业，气象工作应当把公益性气象服务放在首位。

县级以上人民政府应当加强对气象工作的领导和协调，将气象事业纳入中央和地方同级国民经济和社会发展计划及财政预算，以保障其充分发挥为社会公众、政府决策和经济发展服务的功能。

县级以上地方人民政府根据当地社会经济发展的需要所建设的地方气象事业项目，其投资主要由本级财政承担。

气象台站在确保公益性气象无偿服务的前提下，可以依法开展气象有偿服务。

第四条　县、市气象主管机构所属的气象台站应当主要为农业生产服务，及时主动提供保障当地农业生产所需的公益性气象信息服务。

第五条　国务院气象主管机构负责全国的气象工作。地方各级气象主管机构在上级气象主管机构和本级人民政府的领导下，负责本行政区域内的气象工作。

国务院其他有关部门和省、自治区、直辖市人民政府其他有关部门所属的气象台站，应当接受同级气象主管机构对其气象工作的指导、监督和行业管理。

第六条　从事气象业务活动，应当遵守国家制定的气象技术标准、规范和规程。

第七条　国家鼓励和支持气象科学技术研究、气象科学知识普及，培养气象人才，推广先进的气象科学技术，保护气象科技成果，加强国际气象合作与交流，发展气象信息产业，提高气象工作水平。

各级人民政府应当关心和支持少数民族地区、边远贫困地区、艰苦地区和海岛的气象台站的建设和运行。

对在气象工作中做出突出贡献的单位和个人，给予奖励。

第八条　外国的组织和个人在中华人民共和国领域和中华人民共和国管辖的其他海域从事气象活动，必须经国务院气象主管机构会同有关部门批准。

第二章　气象设施的建设与管理

第九条　国务院气象主管机构应当组织有关部门编制气象探测设施、气象信息专用传输设施、大型气象专用技术装备等重要气象设施的建设规划，报国务院批准后实施。气象设施建设规划的调整、修改，必须报国务院批准。

编制气象设施建设规划，应当遵循合理布局、有效利用、兼顾当前与长远需要的原则，避免重复建设。

第十条　重要气象设施建设项目，在项目建议书和可行性研究报告报批前，应当按照项目相应的审批权限，经国务院气象主管机构或者省、自治区、直辖市气象主管机构审查同意。

第十一条　国家依法保护气象设施，任何组织或者个人不得侵占、损毁或者擅自移动气象设施。

气象设施因不可抗力遭受破坏时，当地人民政府应当采取紧急措施，组织力量修复，确保气象设施正常运行。

第十二条　未经依法批准，任何组织或者个人不得迁移气象台站；确因实施城市规划或者国家重点工程建设，需要迁移国家基准气候站、基本气象站的，应当报经国务院气象主管机构批准；需要迁移其他气象台站的，应当报经省、自治区、直辖市气象主管机构批准。迁建费用由建设单位承担。

第十三条　气象专用技术装备应当符合国务院气象主管机构规定的技术要求，并经国务院气象主管机构审查合格；未经审查或者审查不合格的，不得在气象业务中使用。

第十四条　气象计量器具应当依照《中华人民共和国计量法》的有关规定，经气象计量检定机构检定。未经检定、检定不合格或者超过检定有效期的气象计量器具，不得使用。

国务院气象主管机构和省、自治区、直辖市气象主管机构可以根据需要建立气象计量标准器具，其各项最高计量标准器具依照《中华人民共和国计量法》的规定，经考核合格后，方可使用。

第三章　气象探测

第十五条　各级气象主管机构所属的气象台站，应当按照国务院气象主管机构的规定，进行气象探测并向有关气象主管机构汇交气象探测资料。未经上级气象主管机构批准，不得中止气象探测。

国务院气象主管机构及有关地方气象主管机构应当按照国家规定适时发布基本气象探测资料。

第十六条　国务院其他有关部门和省、自治区、直辖市人民政府其他有关部门所属的气象台站及其他从事气象探测的组织和个人，应当按照国家有关规定向国务院气象主管机构或者省、自治区、直辖市气象主管机构汇交所获得的气象探测资料。

各级气象主管机构应当按照气象资料共享、共用的原则，根据国家有关规定，与其他从事气象工作的机构交换有关气象信息资料。

第十七条　在中华人民共和国内水、领海和中华人民共和国管辖的其他海域的海上钻井平台和具有中华人民共和国国籍的在国际航线上飞行的航空器、远洋航行的船舶，应当按照国家有关规定进行气象探测并报告气象探测信息。

第十八条　基本气象探测资料以外的气象探测资料需要保密的，其密级的确定、变更和解密以及使用，依照《中华人民共和国保守国家秘密法》的规定执行。

第十九条　国家依法保护气象探测环境，任何组织和个人都有保护气象探测环境的义务。

第二十条　禁止下列危害气象探测环境的行为：

（一）在气象探测环境保护范围内设置障碍物、进行爆破和采石；

（二）在气象探测环境保护范围内设置影响气象探测设施工作效能的高频电磁辐射装置；

（三）在气象探测环境保护范围内从事其他影响气象探测的行为。

气象探测环境保护范围的划定标准由国务院气象主管机构规定。各级人民政府应当按照法定标准划定气象探测环境的保护范围，并纳入城市规划或者村庄和集镇规划。

第二十一条　新建、扩建、改建建设工程，应当避免危害气象探测环境；确实无法避免的，属于国家基准气候站、基本气象站的探测环境，建设单位应当事先征得国务院气象主管机构的同意，属于其他气象台站的探测环境，应当事先征得省、自治区、直辖市气象主管机构的同意，并采取相应的措施后，方可建设。

第四章　气象预报与灾害性天气警报

第二十二条　国家对公众气象预报和灾害性天气警报实行统一发布制度。

各级气象主管机构所属的气象台站应当按照职责向社会发布公众气象预报和灾害性天气警报，并根据天气变化情况及时补充或者订正。其他任何组织或者个人不得向社会发布公众气象预报和灾害性天气警报。

国务院其他有关部门和省、自治区、直辖市人民政府其他有关部门所属的气象台站，可以发布供本系统使用的专项气象预报。

各级气象主管机构及其所属的气象台站应当提高公众气象预报和灾害性天气警报的准确性、及时性和服务水平。

第二十三条　各级气象主管机构所属的气象台站应当根据需要，发布农业气象预报、城市环境气象预报、火险气象等级预报等专业气象预报，并配合军事气象部门进行国防建设所需的气象服务工作。

第二十四条　各级广播、电视台站和省级人民政府指定的报纸，应当安排专门的时间或者版面，每天播发或者刊登公众气象预报或者灾害性天气警报。

各级气象主管机构所属的气象台站应当保证其制作的气象预报节目的质量。

广播、电视播出单位改变气象预报节目播发时间安排的，应当事先征得有关气象台站的同意；对国计民生可能产生重大影响的灾害性天气警报和补充、订正的气象预报，应当及时增播或者插播。

第二十五条　广播、电视、报纸、电信等媒体向社会传播气象预报和灾害性天气警报，必须使用气象主管机构所属的气象台站提供的适时气象信息，并标明发布时间和气象台站的名称。通过传播气象信息获得的收益，应当提取一部分支持气象事业的发展。

第二十六条　信息产业部门应当与气象主管机构密切配合，确保气象通信畅通，准确、及时地传递气象情报、气象预报和灾害性天气警报。

气象无线电专用频道和信道受国家保护，任何组织或者个人不得挤占和干扰。

第五章　气象灾害防御

第二十七条　县级以上人民政府应当加强气象灾害监测、预警系统建设，组织有关部门编制气象灾害防御规划，并采取有效措施，提高防御气象灾害的能力。有关组织和个人应当服从人民政府的指挥和安排，做好气象灾害防御工作。

第二十八条　各级气象主管机构应当组织对重大灾害性天气的跨地区、跨部门的联合监测、预报工作，及时提出气象灾害防御措施，并对重大气象灾害作出评估，为本级人民政府组织防御气象灾害提供决策依据。

各级气象主管机构所属的气象台站应当加强对可能影响当地的灾害性天气的监测和预报，并及时报告有关气象主管机构。其他有关部门所属的气象台站和与灾害性天气监测、预报有关的单位应当及时向气象主管机构提供监测、预报气象灾害所需要的气象探测信息和有关的水情、风暴潮等监测信息。

第二十九条　县级以上地方人民政府应当根据防御气象灾害的需要，制定气象灾害防御方案，并根据气象主管机构提供的气象信息，组织实施气象灾害防御方案，避免或者减轻气象灾害。

第三十条　县级以上人民政府应当加强对人工影响天气工作的领导，并根据实际情况，有组织、有计划地开展人工影响天气工作。

国务院气象主管机构应当加强对全国人工影响天气工作的管理和指导。地方各级气象主管机构应当制定人工影响天气作业方案，并在本级人民政府的领导和协调下，管理、指导和组织实施人工影响天气作业。有关部门应当按照职责分工，配合气象主管机构做好人工影响天气的有关工作。

实施人工影响天气作业的组织必须具备省、自治区、直辖市气象主管机构规定的资格条件，并使用符合国务院气象主管机构要求的技术标准的作业设备，遵守作业规范。

第三十一条　各级气象主管机构应当加强对雷电灾害防御工作的组织管理，并会同有关部门指导对可能遭受雷击的建筑物、构筑物和其他设施安装的雷电灾害防护装置的检测工作。

安装的雷电灾害防护装置应当符合国务院气象主管机构规定的使用要求。

第六章　气候资源开发利用和保护

第三十二条　国务院气象主管机构负责全国气候资源的综合调查、区划工作，组织进行气候监测、分析、评价，并对可能引起气候恶化的大气成分进行监测，定期发布全国气候状况公报。

第三十三条　县级以上地方人民政府应当根据本地区气候资源的特点，对气候资源开发利用的方向和保护的重点作出规划。

地方各级气象主管机构应当根据本级人民政府的规划，向本级人民政府和同级有关部门提出利用、保护气候资源和推广应用气候资源区划等成果的建议。

第三十四条　各级气象主管机构应当组织对城市规划、国家重点建设工程、重大区域性经济开发项目和大型太阳能、风能等气候资源开发利用项目进行气候可行性论证。

具有大气环境影响评价资格的单位进行工程建设项目大气环境影响评价时，应当使用气象主管机构提供或者经其审查的气象资料。

第七章　法律责任

第三十五条　违反本法规定，有下列行为之一的，由有关气象主管机构按照权限责令停止违法行为，限期恢复原状或者采取其他补救措施，可以并处五万元以下的罚款；造成损失的，依法承担赔偿责任；构成犯罪的，依法追究刑事责任：

(一)侵占、损毁或者未经批准擅自移动气象设施的；

(二)在气象探测环境保护范围内从事危害气象探测环境活动的。

在气象探测环境保护范围内，违法批准占用土地的，或者非法占用土地新建建筑物或者其他设施的，依照《中华人民共和国城市规划法》或者《中华人民共和国土地管理法》的有关规定处罚。

第三十六条　违反本法规定，使用不符合技术要求的气象专用技术装备，造成危害的，由有关气象主管机构按照权限责令改正，给予警告，可以并处五万元以下的罚款。

第三十七条　违反本法规定，安装不符合使用要求的雷电灾害防护装置的，由有关气象主管机构责令改正，给予警告。使用不符合使用要求的雷电灾害防护装置给他人造成损失的，依法承担赔偿责任。

第三十八条　违反本法规定，有下列行为之一的，由有关气象主管机构按照权限责令改正，给予警告，可以并处五万元以下的罚款：

(一)非法向社会发布公众气象预报、灾害性天气警报的；

(二)广播、电视、报纸、电信等媒体向社会传播公众气象预报、灾害性天气警报，不使用气象主管机构所属的气象台站提供的适时气象信息的；

(三)从事大气环境影响评价的单位进行工程建设项目大气环境影响评价时，使用的气象资料不是气象主管机构提供或者审查的。

第三十九条　违反本法规定，不具备省、自治区、直辖市气象主管机构规定的资格条件实施人工影响天气作业的，或者实施人工影响天气作业使用不符合国务院气象主管机构要求的技术标准的作业设备的，由有关气象主管机构按照权限责令改正，给予警告，可以并处十万元以下的罚款；给他人造成损失的，依法承担赔偿责任；构成犯罪的，依法追究刑事责任。

第四十条　各级气象主管机构及其所属气象台站的工作人员由于玩忽职守，导致重大漏报、错报公众气象预报、灾害性天气警报，以及丢失或者毁坏原始气象探测资料、伪造气象资料等事故的，依法给予行政处分；致使国家利益和人民生命财产遭受重大损失，构成犯罪的，依法追究刑事责任。

第八章　附　　则

第四十一条　本法中下列用语的含义是：

(一)气象设施，是指气象探测设施、气象信息专用传输设施、大型气象专用技术装备等。

(二)气象探测，是指利用科技手段对大气和近地层的大气物理过程、现象及其化学性质等进行的系统观察和测量。

(三)气象探测环境，是指为避开各种干扰保证气象探测设施准确获得气象探测信息所必需的最小距离构成的环境空间。

(四)气象灾害，是指台风、暴雨(雪)、寒潮、大风(沙尘暴)、低温、高温、干旱、雷电、冰雹、霜冻和大雾等所造成的灾害。

(五)人工影响天气，是指为避免或者减轻气象灾害，合理利用气候资源，在适当条件下通过科技手段对局部大气的物理、化学过程进行人工影响，实现增雨雪、防雹、消雨、消雾、防霜等目的的活动。

第四十二条　气象台站和其他开展气象有偿服务的单位，从事气象有偿服务的范围、项目、收费等具体管理办法，由国务院依据本法规定。

第四十三条　中国人民解放军气象工作的管理办法，由中央军事委员会制定。

第四十四条　中华人民共和国缔结或者参加的有关气象活动的国际条约与本法有不同规定的，适用该国际条约的规定；但是，中华人民共和国声明保留的条款除外。

第四十五条　本法自2000年1月1日起施行。1994年8月18日国务院发布的《中华人民共和国气象条例》同时废止。

附录二：

国务院办公厅转发国家气象局《关于气象部门开展有偿服务和综合经营的报告》的通知

（国办发[1985]第25号，1985年3月29日）

各省、自治区、直辖市人民政府，国务院各部委、各直属机构：

国家气象局《关于气象部门开展有偿专业服务和综合经营的报告》，已经国务院同意，现转发给你们，请遵照执行。

关于气象部门开展有偿专业服务和综合经营的报告

气象工作与国民经济各部门关系密切，正确地运用气象部门提供的各种气象信息，对实现趋利避害，促进四化建设有着重要的意义。气象部门应当大力加强公益服务，在做好公益服务的基础上积极开展有偿专业服务，并围绕气象事业发展开展综合经营。

（一）关于开展有偿专业服务问题

气象事业是一项公益事业，多年来气象服务一直是无偿的。随着四化建设的发展，国民经济各部门对气象服务的需要越来越迫切，要求越来越具体、细致。气象部门根据这些部门的需要开展了专业服务。开展专业服务，要求气象部门在原已进行的公益服务的基础上，使用现代化的装备和多种手段，耗费更多的人力、财力、物力，才能为使用部门提供针对性强、使用价值高的气象信息。鉴于目前国家对气象部门的资金安排基本上只能维持正常业务和开展公益服务的需要，经费的短缺直接影响到开展专业服务的深度和广度。为了使气象工作能更好地适应各行业企事业单位和个人发展商品经济的需要，气象部门在继续做好无偿的公益服务的同时，要逐步推行有偿专业服务。

有偿专业服务包括为农业、工矿、城建、交通运输 、海洋开发、水利电力、环境保护、财贸、旅游以及文化体育等行业的企事业单位和个人（包括外资企业、外商）提供的各种专业专项服务；无偿的公益服务是指为各级党、政、军领导机关指挥生产、组织防灾抗灾而提供的气象服务和为军事、国防科学试验而提供的天气预报以及通过广播、电视、报刊、自动应答系统等手段向社会提供的气象服务。

有偿专业服务收费的原则是:按照提供气象信息所耗费的人力、物力的直接成本(包括劳务、材料、动力的消耗等),加适当比例的管理费;或按照提供服务的工作量大小,技术上的难易程度以及新产生经济效益的大小,本着自愿互利的原则,由供需双方协商,合理收费。开展有偿专业服务的收入,扣除成本费用后的纯收入部分,可用于技术开发、改善技术装备,或适当提取一部分作为奖励基金和改善职工的集体福利。

保护人民和为社会主义建设服务是气象工作的唯一宗旨。气象部门在积极推行有偿服务的同时,要大力加强无偿的社会公益服务,制定有力措施,努力提高服务质量。

开展有偿专业服务的具体办法,由国家气象局有关部门制定。

(二)关于开展综合经营的问题

全国各级气象部门要在完成气象业务、服务和科研教学任务的前提下,围绕气象事业的发展需要,因地制宜地积极开展种植、养殖、加工、旅游和生活服务等多种产业。经营这些产业的单位在经济上同原单位脱钩,逐步实行独立核算,自负盈亏,企业经营。在收益分配上要正确处理国家、集体、个人的关系。开展综合经营的资金主要通过贷款、集资等形式解决。

(三)关于财务管理问题

开展有偿专业服务和开展综合经营收入的财务处理办法,由国家气象局商财政部制定。

以上报告如无不当,请批转各省、自治区、直辖市人民政府和有关部门参照执行。

附录三：

世界气象组织第 12 次大会 40 号决议

关于气象及其有关资料和产品交换的政策和实施方案以及商业化气象活动中有关各方的关系准则

大会，

注意到：

(1)第 42 届执行理事会第 23 号决议 – 关于提供基本和专业气象服务的国际准则，

(2)第 46 届执行理事会第 20 号决议 – 世界气象组织关于气象及其资料和产品交换的政策，

(3)第 46 届执行理事会第 21 号决议 – 关于气象及其有关资料与产品交换新实施方案的建议，

(4)第 46 届执行理事会第 22 号决议 – 世界气象组织关于商业化活动的准则，

(5)应第 11 次大会的要求，根据第 43 届执行理事会第 2 号决议而建立的执行理事会气象水文服务商业化问题工作组组长向第 12 次大会提交的报告，

忆及：

(1)第 11 次大会通过的世界气象组织第 3 个长期计划(1992 ~ 2001)规定的本组织的总政策，其中特别包括：各会员应重申其义务，即免费和无限制交换世界气象组织各项计划(世界气象组织第 3 个长期计划，第 1 部分，第 4 章，第 127 段)所定义的基本气象资料；

(2)第 11 次大会对商业化气象活动对国家气象部门之间气象资料与产品免费交换产生的潜在损害所表示的关注；

考虑到：

(1)在世界天气监视网计划中的各成员气象或水文气象部门之间，以及在世界气象中心和各区域专业气象中心之间交换气象资料和产品对各国的气象服务具有重要意义，

(2)与其它国际组织一并发起并合作实施的具有世界性重要意义的其它计划，如：全球气候观测系统(GCOS)、全球海洋观测系统(GOOS)、世界气候研究计划(WCRP)、综合全球海洋服务观测系统(IGOSS)；

(3)世界气象组织会员的气象部门在进一步推动气象在各项人类活动中的应用中所发挥的基本作用，

(4)各国领导人在联合国环发大会(巴西，1992)上呼吁，要加强交换科学资料和分析结果的义务，并增加系统观测，提高资料获取水平，

(5)联合国气候变化框架公约规定，所有缔约方有义务促进气候系统和气候变化信息全面、公开和迅速的交换并开展合作，

认识到：

(1)除在世界天气监视网范围内业已形成的气象资料和产品的交换以外，对各类环境资料全球交换的需求正日益增加，

(2)各会员及其国家气象部门的基本责任是提供全方位服务，以保障本国人民的安全和经济效益，

(3)国家气象部门为履行其职责，需要依赖稳定的、相互合作的气象资料和产品的国际交换，

(4)各国政府需要继续不断地对本国的气象基础设施提供支持，

(5)为了提高服务水平，需要不断加强各国，特别是发展中国家气象部门的能力，并从中受益，

(6)科研和教育界对于气象及其有关资料和产品的依赖，

(7)政府有权选择进行国内和国际资料和产品交换的方式和范围，

进一步认识到：

(1)许多气象和水文活动存在着商业化趋势，

(2)一些会员要求其气象部门开展或扩大商业化活动，

(3)作为世界天气监视网基础的免费和无限制交换资料和产品的体制以及全球气象合作正面临着商业化带来的风险，

(4)一些商业化机构开展的商业化服务，其中包括来自其它国家气象部门的商业化活动，对一些国家，特别是发展中国家气象部门的能力、技术和发展产生了正反两方面的影响，

提醒： 各会员根据世界气象组织公约第 2 条有义务促进国际合作，以建立全球观测网络，并促进气象及其有关信息的交换，并要确保稳定的资金投入，以完成所有国家共同关心的职责；

通过： 以下关于国际气象及其有关资料和产品交换的政策：作为世界气象组织的一项根本原则，为响应科学技术日益增长的需求，世界气象组织有义务扩大和加强免费和无限制的气象及其有关资料和产品的国际交换；

通过： 以下关于气象及其有关资料和产品国际交换的实施方案

(1)各会员将免费和无限制地提供为保护各国人民生命、财产和福利而提供所需的基本资料和产品，特别是那些为精确描述和预报天气和气候，以及为支持世界气象组织各项计划所需的至少如本决议附录 1 所示的基本资料和产品；

(2)各会员还应提供为在全球、区域和国家等级上维持世界气象组织各项计划，以及为支持其它会员在其国内提供气象服务所需的额外的资料和产品，通过提供这些额外的资料和产品以便增加资料和产品数量的同时，世界气象组织会员出于国家法律或

制作代价等原因可以对以商业目的将这部分资料和产品转口到接收国(或同一经济体的国家集团)以外附加条件;

(3)各会员应当让科研和教育界为其非商业化活动免费和无限制地提取在世界气象组织管理下交换的所有资料和产品,但他们的商业化活动应受"通过第(2)条"中同样规定条件的制约;

强调:各会员之间交换的基本的和额外的资料和产品应当囊括各会员在世界气象组织各项计划下履行义务所需的全部气象及其有关的资料和产品;

敦促会员:

(1)加强其免费和无限制交换气象及其有关资料和产品的义务;

(2)增加资料和产品的交换量,以满足世界气象组织各项计划的需要;

(3)在双方同意的前提下,通过提供额外资料和产品尽可能支援其它会员开展那些时间紧迫,涉及强天气警报的业务;

(4)加强他们对世界气象组织和国际科联理事会下属世界资料中心所承担的在免费和无限制条件下收集和提供气象及其有关资料和产品的义务;

(5)实施上述"通过第(1)~(3)条"中有关气象及其有关资料和产品国际交换的实施方案;

(6)通过世界气象组织秘书处,将资料接收国(或同一经济体的国家集团)为商业目的向境外转口施加条件的资料和产品的范围通告所有会员;

(7)尽最大努力确保最初和后来的接收者能够充分了解始发国对额外提供的资料和产品所附加的各种条件;

进一步敦促各会员遵守:

(1)附录2中规定的商业化活动中国家气象部门之间的关系准则;

(2) 附录3中规定的国家气象部门与商业气象服务部门之间的关系准则;

邀请各会员国就WMO的政策、实施方案和各项准则向商业部门和其他有关部门和组织作出解释;

要求执行理事会:

(1)邀请基本系统委员会主席协同其它有关技术委员会,提供有关执行本实施方案的咨询和技术支持;

(2)邀请水文学委员会主席继续从事关于水文资料和产品国际交换商业化问题的工作;

(3)不断检查本决议的执行情况,并向第13次大会报告;

要求秘书长:

(1)将商业化活动对世界气象组织各项计划的影响及时通告会员,并帮助国家气象部门之间交流有关商业化的情况;

(2)按时向所有会员通报对商业化转口附加条件的气象及其有关资料和产品的内容;

(3)在世界气象组织实施上述方案期间,与政府间海洋学委员会及其它有关国际组织在开展联合计划方面保持行之有效的协调；

决定在第 13 次世界气象组织大会上审议本决议的执行情况。

世界气象组织第 12 次大会第 40 号决议附录 1

免费交换和无条件使用的资料和产品

目的:列举气象及其有关资料和产品清单的目的是为了确定出一套最低限度的资料和产品集,它对于支持世界气象组织各项计划是至关重要的,对此会员将免费交换并无条件使用。对支持世界气象组织各项计划至关重要的气象及其有关资料和产品一般包括:区域基本天气站网的资料以及有助于确定水平尺度至少为 200 公里,6~12 小时内大气状况的尽可能多的资料。

内容:

(1)区域基本天气站网每 6 小时一次的地面天气资料,如:用 SYNOP,BUFR 或世界气象组织其他通用电码编报的资料;

(2) 所有海洋现场观测的资料,如:用 SHIP、BUOY,BATHY、TESAC 格式编码的资料等;

(3) 所有的飞机报告,如 AMADAR,AIREP 等;

(4) 所有高空观测站网的资料,如:TEMP,PILOT,TEMPSHIP,PILOTSHIP 资料等;

(5) 所有由区域协会推荐的有气候代表性站网的报告,如:CLIMAT/CLIMAT TEMP 和 CLIMAT SHIP/CLIMAT TEMT SHIP 等;

(6) 为履行世界气象组织义务,由世界气象中心和区域专业气象中心分发的产品;

(7) 面向最终用户的用于保护人民生命财产的强天气警报和咨询报告;

(8) 世界气象组织和卫星运行组织双方同意发布的业务气象卫星资料产品(其中应当包括强天气警报和热带气旋警报必须使用的资料和产品)。

世界气象组织第 12 次大会第 40 号决议附录 2

在商业化活动中各国家气象部门之间的关系准则

目的:以下准则的目的是面对商业化气象活动越来越高涨的形势,在各国对这个问题采取不同做法的情况下,为了公共利益,保持和加强国家气象部门之间的合作互助关系。

准则:面临商业化气象活动发展所提出的新挑战,为了确保维持世界气象组织各会员之间资料和产品的国际交换,为了开拓气象应用:

(1)为了使国家气象部门在不违反本国法律的条件下完整及时地获取制作天气预报和警报及其它气象/气候服务所需的气象信息,以便履行其保护人民生命财产和其它公共利益的职责,国家气象部门应当提供本国对世界天气监视网资料和产品的集中收发点。

(2)国家气象部门应当尽最大努力确保使最初和后来的接收者了解额外资料和产品的始发国所附加的各种条件。

(3)在额外资料和产品的附加条件未得到遵守的情况下,作为始发国的国家气象部门可采取适当行动,其中包括终止接收者获取额外的资料和产品;

(4)除非受影响的某个会员表示反对,国家气象部门可以把利用额外资料和产品制作的数值天气预报区域模式产品在运行模式会员的境外用于商业出口,应当尽一切努力事先对提供这种服务进行协调,以避免可能出现的对其它会员造成的伤害;

(5)国家气象部门可分发和出口全球数值天气预报模式的产品,无需考虑对模式中所使用的原始资料所附加的各种条件;

(6)若去掉额外的资料或产品,所提供的服务或所制作的产品质量会出现重大下降,若从所提供的产品中能很容易地反演出额外的资料或产品,或者可以明确地认定它使用了额外的资料或产品,那么这种服务或产品应当如同额外资料或产品一样,受到商业化转口所附加条件的限制。

(7)某个国家气象部门收到当地某个用户的服务请求,但又不能提供服务时可以寻求其他有能力提供这种服务的国家气象部门的帮助,为了促进 WMO 会员间免费和无限制交换资料和产品,只要适合,上述服务应当尽可能通过用户所在国的国家气象部门提供;

(8)同样,除非已作出其它安排,某国家气象部门收到国外的服务请求时应将该请求反馈到用户所在国的国家气象部门,若当地气象部门由于缺乏设备或由于其它原因不能提供服务,外部的国家气象部门可以寻求与当地国家气象部门建立某种合作安排以提供这种服务;

(9)当一个国家气象部门提供的服务有可能影响其他国家气象部门时(如:提供区域气象信息广播或广泛分发季度气候预报),提供预报的国家气象部门应尽早提前听取并最大程度考虑受其影响的国家气象部门的意见;

(10)在使用收自其它国家的世界天气监视网基本资料和产品时,各国家气象部门应当尽可能避免损害始发国在其国内行使有关公共利益的职责,如果某国家的气象部门在履行上述职责中发现它受到他国的公共或私营机构的不利影响,受影响的国家气象部门可以警告向上述机构提供资料和产品的国家气象部门,并在其国家法律范围

内采取适当的行动;

(11)在商业化活动方面有经验的国家气象部门应当根据要求,通过世界气象组织秘书处或通过双边方式,将其技能向其它国家气象部门,特别是发展中国家的气象部门开放,并根据要求向发展中国家提供有关文件,研讨会和培训计划,其收费标准与世界气象组织举办其它教育培训课程类同。

在执行上述准则时,国家气象部门应当尽可能考虑并尊重其它国家或其它同一经济体的国家集团的不同的法律、行政以及资金方面的规定。这些规定制约着其气象部门实行该实施方案。各国家气象部门应特别注意在贸易限制方面,其它国家气象部门均受本国法律、法规的制约。另外,对于同一经济体的国家集团,就所有集团内部活动而言,与该国家集团有关的内部法律和法规将优先于任何与之相抵触的其它准则。

世界气象组织第12次大会第40号决议附录3

国家气象水文部门与商业部门之间的关系准则

目的:以下准则的目的是进一步改善国家气象部门与商业部门之间的关系。气象及其有关信息交换的发展在很大程度上要取决于这两个部门之间健康、公正、透明和稳定的关系。

准则:以下准则适用于从事气象活动的商业部门,其中包括从事商业化气象活动的政府机构。

为了加强两类部门之间的关系:

(1)为了共同的利益,敦促商业部门尊重世界天气监视网及世界气象组织其它计划关于国际资料交换的原则;

(2)敦促商业部门认可国家气象部门和世界气象组织对商业部门活动的重要贡献,敦促国家气象部门和商业部门承认相互的依赖性以及合作的互利性。

(3)如果某国家,特别是发展中国家的气象部门认为由于商业部门以盈利为目的使用该国始发的资料,从而使该气象部门自身受到影响,那么所有各方应当进行谈判,以便达成适当的令人满意的协议。

(4)未经有关会员的授权,提供气象服务的商业部门不应当在作业国或其海区内发布涉及人民生命及财产安全的警报和预报,商业部门公开发布的涉及人民生命及财产安全的警报和预报,应当与当地国家气象部门或其它官方部门在行使其公共服务职责过程中所发布的警报和预报内容相一致。

(5)在提供服务时,应当鼓励商业部门使用符合国家和国际惯例的气象术语;

(6)提供气象服务的商业部门应当尊重他们提供服务所在国的主权和法规；

(7)鼓励国家气象部门与其本国气象界以及其它专业团体探讨关于商业部门从事国际活动的各类问题；

(8)鼓励国家气象部门与其本国的商业部门及其它专业团体进行合作，以便最大限度地利用其国内的气象信息。

世界气象组织第12次大会第40号决议附录4

实施方案及各项准则中术语的定义

术　语：	定　义：
实施方案	对世界气象组织各会员之间交换的资料和产品使的分类规定及其附加条件。
转口	在接收国(或同一经济体的国家集团)以外，以物理或电子手段，直接或通过第三方再分发。
商业目的	征收除资料和产品的复制和交付增支成本以外的费用。
商业部门	以商业为目的运营的政府、非政府机构或个人。
气象及其有关的资料和产品	各会员获取和/或制作的用以支持世界气象组织各项计划的地球物理(气象、海洋等)观测资料以及根据这些资料制作的产品 **注：** 1.气象及其有关的资料和产品视为包括气候资料和产品。 2.在现阶段，水文资料和产品不属于本实施方案的范畴。 3.专门为满足航空需要和根据国际民事航空公约(芝家哥，1944)管理的航空信息不属于本实施方案的适用范畴。
免费和无限制	无歧视，不征收费用(第42届执行理事会第23号决议－基本和专业气象服务国际问题准则)。在本决议中，“不征收费用”指仅收取资料复制和交付成本费，不征收资料和产品本身的费用。
科研和教育界	按国家法律和法规的规定，在学术研究机构、以及政府和非政府组织中的其它科研单位从事工作的研究人员、教师、学生以及上述机构本身。

附录四：

防雷减灾管理办法

（中国气象局令第3号，2000年）

第一章　总　　则

第一条　为了加强雷电灾害防御工作，保护国家利益和人民生命财产安全，促进经济建设和社会发展，依据《中华人民共和国气象法》有关规定，制定本办法。

第二条　在中华人民共和国领域和中华人民共和国管辖的其他海域内从事防雷减灾活动的组织和个人，应当遵守本办法。

本办法所称防雷减灾是指防御和减轻雷电灾害的活动，包括雷电灾害的研究、监测、预警、防御等。

第三条　防雷减灾工作，实行预防为主、防治结合的方针。

第四条　国务院气象主管机构负责组织管理和指导全国防雷减灾工作。

地方各级气象主管机构在上级气象主管机构和本级人民政府的领导下，负责组织管理本行政区域内的防雷减灾工作。

国务院其他有关部门和地方各级人民政府其他有关部门所属的防雷减灾机构，应当接受同级气象主管机构的行业管理，密切合作，共同做好防雷减灾工作。

第五条　国家鼓励和支持防雷减灾的科学技术研究和开发，推广应用防雷科技研究成果，提高防雷技术水平，开展防雷减灾科普宣传，增强全民防雷减灾意识。

第六条　外国组织和个人在中华人民共和国领域和中华人民共和国管辖的其他海域从事防雷减灾活动，必须经国务院气象主管机构会同有关部门批准。

第二章　监测与预警

第七条　各级气象主管机构应当会同有关部门组织对防雷减灾技术、防雷产品以及雷电监测、预警系统的研究和开发。

第八条　国务院气象主管机构应当组织有关部门按照合理布局、信息共享、有效利用的原则，组建全国雷电监测网，编制雷电灾害防御规划，避免重复建设。

第九条　各级气象主管机构应当加强雷电灾害预警系统的建设工作，提高雷电灾害预警和防雷减灾服务能力。

第三章　防雷工程专业设计与施工

第十条　新建、扩建、改建的建筑物、构筑物和其他设施需要安装的雷电灾害防护装置(以下简称防雷装置),应当符合国务院气象主管机构规定的使用要求,并由具有相应防雷工程专业设计或者施工资质的单位承担设计或者施工。

本办法所称防雷装置是指接闪器、引下线、接地装置、电涌保护器及其他连接导体等防雷产品和设施的总称。

第十一条　防雷装置的设计实行审核制度。

防雷装置的设计审核由当地气象主管机构授权的单位承担。对新建、扩建、改建的建筑物、构筑物防雷装置的设计审核,当地气象主管机构授权的单位可以会同建设行政主管部门有关单位进行。未经审核同意的设计方案,不得交付施工。

对不符合防雷标准、规范的防雷工程专业设计方案,防雷工程专业设计单位应当按照审核结论进行修改并重新报批。

第十二条　防雷工程的施工单位应当按照审核同意的防雷工程专业设计方案进行施工,并接受当地气象主管机构授权的单位监督管理。

在施工中变更和修改防雷工程专业设计方案,应当按照原审批程序重新报批。

第十三条　新建、扩建、改建的防雷装置必须经当地气象主管机构委托的单位进行验收。验收合格后,由当地气象主管机构委托的单位发给合格证书。未取得合格证书的,不得投入使用。

第四章　防雷检测

第十四条　各级气象主管机构应当会同有关部门指导对可能遭受雷击的建筑物、构筑物和其他设施安装的防雷装置的检测工作。

第十五条　防雷装置实行定期检测制度。防雷装置检测为每年一次,对爆炸危险环境的防雷装置可以每半年检测一次。

第十六条　具有防雷检测资质的检测单位对防雷装置检测后,应当出具检测报告,检测项目全部合格后颁发合格证书。不合格的,应当限期整改。

防雷检测单位必须执行国家有关标准和规范,保证防雷检测报告的真实性、科学性、公正性。

第十七条　防雷装置使用单位必须做好防雷装置的日常维护工作,并指定专人负责。发现问题,由使用单位及时维修或者报告承担该装置检测的单位进行处理。

第十八条　厂矿企业应当加强防雷减灾工作,定期检测、维修防雷装置,并接受当地气象主管机构和当地人民政府安全生产管理部门的监督检查。

第五章　资质与资格

第十九条　对从事防雷装置检测、防雷工程专业设计或者施工的单位实行资质管理制度。对从事防雷活动的专业技术人员实行资格管理制度。

第二十条　省、自治区、直辖市气象主管机构应当会同有关部门组织对本行政区域内从事防雷装置检测的单位进行资质认证。

第二十一条　防雷工程专业设计或者施工的单位，应当在按照有关规定取得相应资质证书后，方可在其资质等级许可的范围内从事防雷工程专业设计或者施工。

第二十二条　防雷工程专业设计或者施工的单位，必须按照相应资质等级承担防雷工程专业设计或者施工。禁止无证或者超出资质等级承接防雷工程专业设计或者施工。

第二十三条　从事防雷装置检测、防雷工程专业设计或者施工等活动的专业技术人员，必须经省、自治区、直辖市气象主管机构或者其他有关部门资格认可的组织进行专业培训和考核，取得相应的资格证书。

第六章　防雷产品管理

第二十四条　防雷产品应当符合国务院气象主管机构规定的使用要求。

第二十五条　防雷产品应当通过正式鉴定，并由国务院气象主管机构委托的检验机构测试合格，经国务院气象主管机构认可，方可投入使用。

对社会提供公正数据的防雷产品质量检验机构，应当按照国家有关规定通过计量认证或者获得资格认可。

第二十六条　防雷产品的使用，应当接受省、自治区、直辖市气象主管机构的监督检查。禁止使用未经认可的防雷产品。

第七章　雷电灾害调查、鉴定

第二十七条　各级气象主管机构负责组织雷电灾害调查、统计和鉴定工作。

其他有关部门和单位应当配合当地气象主管机构做好雷电灾害调查与鉴定工作。

第二十八条　遭受雷电灾害的组织和个人，应当及时向当地气象主管机构报告，并协助当地气象主管机构对雷电灾害进行调查与鉴定。

第二十九条　地方各级气象主管机构应当及时向当地人民政府和上级气象主管机构上报本行政区域内的重大雷电灾情和年度雷电灾害情况。

第八章　罚　　则

第三十条　违反本办法规定，有下列行为之一的，按照《中华人民共和国气象法》的有关规定，由各级气象主管机构责令改正，给予警告；《中华人民共和国气象法》未明确规定的，可以根据地方性法规或者地方政府规章的有关规定给予处罚；给他人造成损失的，依法承担赔偿责任：

(一)不具备防雷检测、防雷工程专业设计或者施工资质和资格，擅自从事防雷检测、防雷工程专业设计或者施工的；

(二)防雷工程专业设计未经当地气象主管机构授权的单位审核同意，擅自施工的；

(三)新建、扩建、改建的防雷装置未经当地气象主管机构委托的单位验收或者未取得合格证书，擅自投入使用的；

(四)应当安装防雷装置而拒不安装的；

(五)安装和使用不符合使用要求的防雷装置的；

(六)已有防雷装置，拒绝进行检测或者经检测不合格又拒不整改的；

(七)对重大雷电灾害事故隐瞒不报的。

第三十一条　违反本办法规定，导致雷击造成火灾、爆炸、人员伤亡以及国家财产重大损失的，由主管部门给予直接责任人行政处分；构成犯罪的，依法追究刑事责任。

第三十二条　防雷工作人员由于玩忽职守，导致重大雷电灾害事故的，由所在单位依法给予行政处分；致使国家利益和人民生命财产遭到重大损失，构成犯罪的，依法追究刑事责任。

第九章　附　　则

第三十三条　省、自治区、直辖市气象主管机构可以依据本办法制定实施细则。

第三十四条　本办法由国务院气象主管机构负责解释。

第三十五条　本办法自公布之日起施行。